Geschichte der Analysis

Texte zur Didaktik der Mathematik

Herausgegeben von
Prof. Dr. Norbert Knoche
Universität Essen
und
Prof. Dr. Harald Scheid
Bergische Universität Gesamthochschule Wuppertal

Hans Niels Jahnke (Hrsg.)

Geschichte der Analysis

unter Mitarbeit von Sibylle Ohly

mit Beiträgen von Thomas Archibald, Umberto Bottazzini,
Moritz Epple, Craig Fraser, Niccolò Guicciadini,
Thomas Hochkirchen, Hans Niels Jahnke, Jesper Lützen,
Jan van Maanen, Marco Panza,
Reinhard Siegmund-Schultze, Rüdinger Thiele

Wichtiger Hinweis für den Benutzer
Der Verlag, der Herausgeber und die Autoren haben alle Sorgfalt walten lassen, um vollständige und akkurate Informationen in diesem Buch zu publizieren. Der Verlag übernimmt weder Garantie noch die juristische Verantwortung oder irgendeine Haftung für die Nutzung dieser Informationen, für deren Wirtschaftlichkeit oder fehlerfreie Funktion für einen bestimmten Zweck. Der Verlag übernimmt keine Gewähr dafür, dass die beschriebenen Verfahren, Programme usw. frei von Schutzrechten Dritter sind. Die Wiedergabe von Gebrauchsnamen, Handelsnamen, Warenbezeichnungen usw. in diesem Buch berechtigt auch ohne besondere Kennzeichnung nicht zu der Annahme, dass solche Namen im Sinne der Warenzeichen- und Markenschutz-Gesetzgebung als frei zu betrachten wären und daher von jedermann benutzt werden dürften. Der Verlag hat sich bemüht, sämtliche Rechteinhaber von Abbildungen zu ermitteln. Sollte dem Verlag gegenüber dennoch der Nachweis der Rechtsinhaberschaft geführt werden, wird das branchenübliche Honorar gezahlt.

Bibliografische Information der Deutschen Nationalbibliothek
Die Deutsche Nationalbibliothek verzeichnet diese Publikation in der Deutschen Nationalbibliografie; detaillierte bibliografische Daten sind im Internet über http://dnb.d-nb.de abrufbar.

Springer ist ein Unternehmen von Springer Science+Business Media
springer.de

Nachdruck 2009
© Spektrum Akademischer Verlag Heidelberg 1999
Spektrum Akademischer Verlag ist ein Imprint von Springer

09 10 11 12 13   5 4 3 2

Das Werk einschließlich aller seiner Teile ist urheberrechtlich geschützt. Jede Verwertung außerhalb der engen Grenzen des Urheberrechtsgesetzes ist ohne Zustimmung des Verlages unzulässig und strafbar. Das gilt insbesondere für Vervielfältigungen, Übersetzungen, Mikroverfilmungen und die Einspeicherung und Verarbeitung in elektronischen Systemen.

Planung und Lektorat: Dr. Georg W. Bort, Martina Mechler
Umschlaggestaltung: SpieszDesign, Neu–Ulm

ISBN 978-3-8274-0392-6

Inhalt

Einleitung		1
1	**Antike**	**5**
1.1	Der Anteil der griechischen Mathematik an der Herausbildung der Analysis	5
1.1.1	Der Gegenstand	5
1.1.2	Über Analysis und Synthesis	6
1.1.3	Zur Interpretation	7
1.2	Der griechische Zahl- und Größenbegriff	8
1.2.1	Die Zahl als mathematisches Objekt	8
1.2.2	Die Arten der Zahlen	9
1.2.3	Zahlverhältnisse („Brüche")	10
1.2.4	Der Begriff der Größe	11
1.2.5	Verhältnisse von Größen („reelle Zahlen")	13
1.2.6	Andere Auffassungen	18
1.3	Quadraturprobleme: Beispiel Kreis	19
1.3.1	Vorgeschichte	19
1.3.2	Die Möndchen des Hippokrates	20
1.3.3	Stetigkeitsüberlegungen	22
1.3.4	Exhaustionsmethode	23
1.3.5	Kreismessung des Archimedes	25
1.4	Archimedes' Beiträge zur Infinitesimalmathematik	26
1.4.1	Das Leben	26
1.4.2	Das Werk	26
1.4.3	Die mechanische Methode	28
1.4.4	Die mathematische Rechtfertigung	31
1.4.5	Hatte Archimedes einen Integralbegriff?	33
1.4.6	Zur Wirkungsgeschichte	35
1.5	Der antike Kurvenbegriff	36

1.5.1	Einteilung	36
1.5.2	Beispiel: Quadratrix	36
1.5.3	Tangenten	39
1.6	Philosophische Reflexionen über das unendlich Kleine	39

2 Vorläufer der Differential- und Integralrechnung 43

2.1	Motivationen	43
2.2	Die Analyse von Kurven in der *Geometria*-Ausgabe von 1659	44
2.2.1	Descartes verbindet Geometrie und Algebra (1637)	44
2.2.2	Desartes über die Normale der Ellipse	47
2.2.3	Van Schooten über die Normalen-Methode	51
2.2.4	Die Ellipse: Übersetzung ins Lateinische	52
2.2.5	Die Ellipse: Bedeutung des Textes	53
2.2.6	Die Ellipse: weitere Untersuchungen	53
2.2.7	Huddes Regel	55
2.2.8	Exkurs: Fermat	59
2.2.9	Extremwerte	62
2.2.10	Exkurs: die Zykloide und eine kinematische Methode zur Konstruktion von Tangenten	64
2.2.11	Vorläufer der Differentiation: Schlußbemerkungen und weitere Lektüre	66
2.3	Vorformen der Integration in den Briefwechseln von Huygens und Sluse (1658)	66
2.3.1	Die Kissoide von Diokles bis 1650	67
2.3.2	Exkurs: Torricellis Trompete	69
2.3.3	Sluse und Huygens. Sluse dreht die Kissoide	72
2.3.4	Exkurs: Keplers Apfel	74
2.3.5	Huygens quadriert die Kissoide	76
2.3.6	Exkurs: Wallis' *arithmetica infinitorum*	80
2.3.7	Sluses Überraschung	84
2.3.8	Schlußfolgerungen	85
2.4	Barrow ahnt den 'Hauptsatz'	86

3 Newtons *Methode* und Leibniz' *Kalkül* 89

3.1	Einleitung	89
3.2	Newtons Reihen- und Fluxionenmethode	90
3.2.1	Ein isoliert arbeitender Mathematiker	90
3.2.2	Die binomische Reihe (1664 bis 1665)	92
3.2.3	Der Hauptsatz (1665 bis 1669)	94

3.2.4	Die Methode der Fluenten, Fluxionen und Momente (1670 bis 1671)	96
3.2.5	Die Geometrie der ersten und letzten Verhältnisse (1671 bis 1704)	102
3.2.6	Fluxionen höherer Ordnung und die Taylor-Reihe (1687 bis 1692)	105
3.3	Leibniz' Differential- und Integralrechnung	106
3.3.1	Ein Mathematiker und Diplomat	106
3.3.2	Unendliche Reihen (1672 bis 1673)	107
3.3.3	Die Geometrie der unendlich kleinen Größen (1673 bis 1674)	109
3.3.4	Der Kalkül der Infinitesimalen (1675 bis 1686)	112
3.4	Die Mathematisierung des Kraftbegriffs	117
3.5	Newton *versus* Leibniz	122
3.5.1	„Nicht äquivalent in der Praxis"	122
3.5.2	Das Problem der Grundlagen	124
3.5.3	Die zwei Algorithmen: Methode *versus* Kalkül	127
3.5.4	Die Rolle der Geometrie	129
4	**Die algebraische Analysis des 18. Jahrhunderts**	**131**
4.1	Grundbegriffe, Probleme, Personen	131
4.2	Das Beispiel der Kettenlinie	136
4.3	Taylors Satz	139
4.4	Der analytische Funktionsbegriff	142
4.4.1	Eulers *Introductio* (1748)	142
4.4.2	Die elementaren transzendenten Funktionen	144
4.4.3	Die Kontroverse um die Logarithmen negativer Zahlen	147
4.5	Das Rechnen mit Reihen	149
4.5.1	Die Reihe der reziproken Quadratzahlen	150
4.5.2	Das Problem der Reihenumkehr	152
4.5.3	Konvergenz und Divergenz	153
4.6	Die Grenzen des analytischen Funktionsbegriffs	157
4.7	Lagranges algebraische Begründung der Analysis	163
4.8	Die Allgemeinheit der Algebra	168
5	**Die Entstehung der analytischen Mechanik im 18. Jahrhundert**	**171**
5.1	Das Prinzip der kleinsten Wirkung: Maupertuis, Euler und Lagrange (1740 - 1761)	172

5.2		Lagranges *Mécanique analytique*	183
5.2.1		Das Prinzip der virtuellen Geschwindigkeiten	183
5.2.2		Die Mechanik in Lagranges *Théorie des fonctions analytiques*	186

6 Grundlagen der Analysis im 19. Jahrhundert — 191

6.1	Einleitung	191
6.2	Der Funktionsbegriff	193
6.3	Cauchy und der *Cours d'Analyse*	198
6.3.1	Variablen und Grenzwerte	201
6.3.2	Unendlich kleine Zahlgrößen	203
6.3.3	Stetigkeit	205
6.3.4	Summe einer Reihe	208
6.3.5	Ableitung	211
6.3.6	Integral	212
6.3.7	Funktionalgleichungen und der binomische Lehrsatz	216
6.4	Gauß, Bolzano und Abel	218
6.4.1	Gauß	218
6.4.2	Bolzano	219
6.4.3	Abel	222
6.5	Konvergenz von Fourier-Reihen	225
6.6	Cauchys Theorem und die gleichmäßige Konvergenz	230
6.7	Weierstraß	234
6.8	Pathologische Funktionen und der neue Stil in der Analysis	238
6.9	Verbreitung und Akzeptanz der Strenge in der Analysis	240
6.10	Die Befreiung von den Fesseln der Strenge	242

7 Randwertprobleme der mathematischen Physik — 245

7.1	Analysis und Physik um 1800	245
7.1.1	Fernwirkungskräfte und Potentiale	246
7.1.2	Fourier: Wärmeleitung und Trennung der Variablen	248
7.1.3	Von Laplace und Fourier beeinflußt: Poisson und Ohm	251
7.2	Green, Gauß und Dirichlet: Fortschritte bei den Randwertproblemen	252
7.2.1	Greens Abhandlung	253
7.2.1.1	Biographische Notiz: George Green	253
7.2.1.2	Die Entdeckung der Greenschen Funktionen	254

11.3.3	Die Sturm-Liouville-Theorie und die Integration in endlichen Ausdrücken	436
11.3.4	Partielle Differentialgleichungen erster Ordnung: Pfaff und Jacobi	439
11.3.5	Die Anwendung der Weierstraßschen Methoden auf Differentialgleichungen	440
11.3.6	Die Lipschitz-Bedingung	441
11.3.7	Sonja Kovalewskaja	442
11.3.8	Picards Existenztheorie	444
11.3.9	Neue Orientierung: Lie und Poincaré	446

12 Die Genese der Variationsrechnung — 449

12.1	Einleitung	449
12.2	Die Vorgeschichte	451
12.3	Die Bernoullis, Taylor und Euler	452
12.4	Lagrange	457
12.5	Legendre	460
12.6	Jacobi	462
12.6.1	Jacobi und seine „Schule"	462
12.6.2	Jacobis Abhandlung von 1837	463
12.7	Mayer	467
12.8	Erdmann	469
12.9	Weierstraß	471
12.9.1	Die Vorlesungen von Weierstraß	471
12.9.2	Die Weierstraßsche Exzeßfunktion	473
12.9.3	Der Feldbegriff	476
12.10	Die Verfeinerung der Weierstraßschen Methoden	477
12.10.1	Hilberts invariantes Integral	477
12.10.2	Die moderne Sicht	481
12.11	Variationsmethoden in der Mechanik	482
12.12	Existenzfragen	484

13 Die Entstehung der Funktionalanalysis — 487

13.1	Einführung	487
13.2	Die Wurzeln in der Theorie linearer Gleichungssysteme und Integralgleichungen	489
13.3	Die Wurzeln in der Variationsrechnung und der italienische *calcolo funzionale*	490

13.4	Der mengentheoretische Impuls und Fréchets *analyse générale*	491
13.5	Pioniertaten ohne Wirkung: G. Peanos und S. Pincherles Axiomatik unendlichdimensionaler Vektorräume	493
13.6	David Hilberts Integralgleichungstheorie und ihre Vereinfachung durch E. Schmidt	493
13.7	Der verfehlte Versuch einer Synthese durch einen Außenseiter: die *General Analysis* von E. H. Moore	497
13.8	F. Riesz' Synthese der Fréchetschen *analyse générale* und der Hilbert-Schmidtschen Integralgleichungstheorie	499
13.9	Der Beginn der Operatorentheorie bei Riesz	501
13.10	Die Polnische Schule um Stefan Banach	502
13.11	Schluß	502

Literatur 505

Personenverzeichnis 543

Sachverzeichnis 551

Zu den Autoren 563

Einleitung

Hans Niels Jahnke

Als eigenständige Teildisziplin der Mathematik ist die Analysis eine Schöpfung der wissenschaftlichen Revolution des 17. Jahrhunderts. Kepler, Galilei, Descartes, Fermat, Huygens, Newton und Leibniz, um nur einige bedeutende Namen zu nennen, haben an ihrer Entstehung mitgewirkt. Innermathematische Probleme wie die Berechnung von Inhalten und Schwerpunkten krummliniger Flächen und Körper und die Analyse verwickelter Kurven spielten ebenso eine Rolle wie Fragestellungen aus Mechanik, Optik und Astronomie. Insbesondere standen *Bewegungsvorgänge* unter veränderlichen Krafteinwirkungen und auf gekrümmten Bahnen im Mittelpunkt des Interesses, nachdem Galilei mit der Untersuchung des freien Falls einen ersten großen Erfolg erzielt hatte. Am Ende des 17. Jahrhunderts schälte sich so aus vielfältigen Bestrebungen im Werk von Newton und Leibniz die neue mathematische Disziplin heraus, deren Geschichte Gegenstand dieses Buches ist und die das Studium der *Abhängigkeiten veränderlicher Größen* zum Gegenstand hat.

In der Folge hat kein anderes mathematisches Gebiet die Entwicklung des neuzeitlichen wissenschaftlichen Denkens so stark beeinflußt wie diese Theorie. Der Grundgedanke einer Differentialgleichung, aus Informationen über (infinitesimale) Änderungen von Größen Aufschlüsse über deren globales Verhalten zu gewinnen, hat sich weit über Mathematik und Physik hinaus als fundamental erwiesen und das generelle wissenschaftliche Weltbild, vor allem unsere Auffassung von Kausalität, geprägt. Am Ende des 18. Jahrhunderts war es weitgehend unumstritten, daß die Vorgänge in Natur (und Gesellschaft) deterministisch verlaufen, nach Gesetzen, die durch Differentialgleichungen beschrieben werden. Laplace, der damalige Meister der mathematischen Physik, zeichnete das Bild einer fiktiven Intelligenz, die diese Gesetze und den Zustand der Welt zu einem bestimmten Zeitpunkt vollständig kenne. Dann müsse sie, so schloß er, auch das weitere Geschehen bis in alle Zukunft vorhersagen können. Die Idee des *Naturgesetzes* stand Pate bei der Herausbildung des mathematischen *Funktionsbegriffs*, und umgekehrt wäre diese Idee nie so einflußreich geworden, wenn die mathematische Analysis nicht so erfolgreiche Methoden entwickelt hätte, funktionale Abhängigkeiten zu untersuchen.

Ein besonderes Kennzeichen der Entwicklung der Analysis war ihre große Dynamik. Newton und Leibniz waren sich durchaus der Neuheit und Bedeutung ihrer Entdeckungen bewußt. Dennoch kann man sich nur schwer vorstellen, daß sie eine zutreffende Idee hätten haben können, was aus der von ihnen begründeten Wissenschaft im Laufe von nur hundert Jahren werden würde. Ähnliche Gedankenexperimente ließen sich für Euler und Cauchy anstellen. Man mag die Tiefe der Veränderung auch daran ermessen, wie weit unser heutiges Denken sich von dem Laplaceschen Determinismus wieder entfernt hat.

Die vorliegende Geschichte der Analysis möchte diese dramatische Entwicklung in ihrer Breite und Tiefe darstellen. Ein realistisches und zugleich adäquates Bild gewinnt man dabei nur, wenn neben den übergreifenden Entwicklungen nicht vergessen wird, daß wissenschaftlicher Fortschritt wesentlich in der Lösung konkreter Probleme besteht. Neben die rationale Rekonstruktion einer Logik der Entwicklung muß daher der differenzierende und individualisierende Blick treten, der einzelne Fragestellungen und Methoden in ihren vielfältigen Modifikationen und Variationen verfolgt.

Es war daher naheliegend, dieses Buch als Werk einer Gruppe von Autoren zu konzipieren, die in den von ihnen beigetragenen Teilen ausgewiesene Experten sind. Es ist auf ähnliche Weise entstanden wie die in derselben Reihe von Erhard Scholz herausgegebene *Geschichte der Algebra*. Entwürfe der einzelnen Kapitel wurden zwischen den Autoren ausgetauscht und auf einer von Norbert Knoche und dem Herausgeber organisierten Tagung an der Universität Essen diskutiert und aufeinander abgestimmt. Nach erneuter wechselweiser Begutachtung und Kritik sind dann die Endfassungen erstellt worden.

Es ist die Absicht des Buches, den begrifflichen Wandel, den die Analysis im Laufe ihrer Entwicklung durchgemacht hat, ebenso deutlich zu machen wie den Einfluß angewandter, physikalischer Probleme. Biographische und philosophische Hintergründe sollten ausgeleuchtet und ihre Relevanz für die Theorieentwicklung gezeigt werden.

Der Band ist für einen breiten Adressatenkreis verständlich. Die mathematischen Beispiele sind so ausgewählt und aufbereitet, daß sie mit Abiturkenntnissen und einer gewissen Bereitschaft für mathematische Argumente verstanden werden können. Demjenigen, der sich in einen Problembereich weiter einarbeiten will, wird ein umfassender Zugang zu den Quellen und der relevanten Sekundärliteratur geboten. Wenn eine zuverlässige deutsche Übersetzung einer Originalarbeit verfügbar ist, wird diese neben der Quelle aufgeführt und im Text benutzt.

Die ersten 10 Kapitel des Buches stellen die fortlaufende Geschichte des Gebietes bis zum Ende des 19. Jahrhunderts dar. Kapitel 1 beschreibt die Entwicklungen der Antike, an die die Mathematiker des 16. und 17. Jahrhunderts anknüpfen konnten. Die Darstellung der infinitesimalmathematischen Arbeiten des 17. Jahrhunderts im 2. Kapitel setzt den Schwerpunkt vor allem auf die sonst häufig unterbewertete kartesische Tradition. Kapitel 3 richtet ein besonderes Augenmerk auf die unterschiedlichen Denkwelten von Newton und

Leibniz und ihre Beziehungen zur Mechanik. Kapitel 4 untersucht den Wandel von der geometrischen zur algebraischen Auffassung der Analysis, der im 18., Jahrhundert im Werk von Euler und Lagrange stattgefunden hat und mit der Herausbildung des Funktionsbegriffs verknüpft war.

Der tiefgreifende begriffliche Wandel, dem die Analysis im 19. Jahrhundert bei Cauchy und Weierstraß unterworfen war, wird in Kapitel 6 dargestellt. Kapitel 8 behandelt die Entstehung und Blüte der komplexen Funktionentheorie im 19. Jahrhundert. Ihre breite Berücksichtigung ist eine Besonderheit dieses Buches. Die Geschichte des Integralbegriffs von Riemann bis Lebesgue war ein faszinierender, geradezu idealtypischer Prozeß einer mathematischen Begriffsentwicklung, bei der jeder Schritt durch konkrete Probleme und Intentionen motiviert war. Er wird in Kapitel 9 analysiert. Kapitel 10 schließlich behandelt die Entwicklung der Grundlagen der Analysis in der zweiten Hälfte des 19. Jahrhunderts. Mathematisch geht es um die Herausbildung einer geeigneten Theorie der reellen Zahlen und um die Entstehung der Mengenlehre. Diese Entwicklung hatte weitreichende Konsequenzen für die Mathematik insgesamt und ihre Philosophie, sie mündete schließlich in der sogenannten Grundlagenkrise.

Der Bezug zu den vorwiegend physikalischen Anwendungen spielt in allen Kapiteln dieser narrativen Geschichte eine Rolle. Darüber hinaus wird in Kapitel 5 die Herausbildung der analytischen Mechanik skizziert, und Kapitel 7 enthält eine Darstellung derjenigen Fragestellungen der mathematischen Physik des 19. Jahrhunderts, wie etwa der Potentialtheorie, die zu den fundamentalen Integralsätzen von Gauß, Green und Stokes geführt haben.

Neben diese fortlaufende Geschichte treten Überblickskapitel zu Teilgebieten, die sich in die Gesamtdarstellung nur mit Verlusten hätten integrieren lassen. Diese betreffen die Differentialgleichungen (Kapitel 11), die Variationsrechnung (Kapitel 12) und die Funktionalanalysis (Kapitel 13).

Jedes Kapitel enthält eine oder zwei Biographien von Mathematikern, die im jeweiligen Zusammenhang besonders wichtig sind.

Einige Hinweise zum Literaturverzeichnis sind angebracht. Grundsätzlich zitieren wir in der Form (Autor Jahr, Seite), also etwa (Cauchy 1825, 50). Im Literaturverzeichnis wird man unter Cauchy 1825 die Originalpublikation finden und eine Referenz auf den Wiederabdruck dieser Arbeit in Cauchys *Oeuvres*. Die Jahreszahl bezieht sich immer auf die Originalpublikation, die Seitenzahl hingegen auf die jeweils zuletzt genannte Ausgabe, im vorliegenden Fall also die *Oeuvres*. Manche Referenzen enthalten zwei Jahreszahlen. In der Regel, wie z. B. bei (Euler 1748/1885, 53) bedeutet dies, daß für die betreffende Arbeit eine deutsche Übersetzung vorhanden ist. Dann bezeichnet die erste Jahreszahl wieder das Jahr der Originalpublikation, die zweite bezieht sich auf die deutsche Ausgabe, der auch die Seitenzahlen folgen. Ein zweiter Fall betrifft Akademiepublikationen wie z. B. (Euler 1753/1755, 234). Hier bezeichnet 1753 den Jahrgang des Akademiebandes, 1755 das Jahr der tatsächlichen Publikation. Die Seitenzahl bezieht sich auf die Ausgabe in den *Opera*. Aus dem jeweiligen Kontext ist klar, auf welchen Fall sich die doppelte Jahreszahl bezieht.

An der Entstehung dieses Buches haben viele Personen mitgewirkt. Acht Kapitel sind vom Englischen ins Deutsche übersetzt worden. Günter Seib hat Entwürfe für die Übersetzungen von Kapitel 2, 3, 5, 6, 8, 11 angefertigt, Isolde Maschke für Kapitel 7 und 12. Die endgültigen Übersetzungen sind dann vom Herausgeber erstellt worden, der auch für alle eventuellen Fehler verantwortlich ist. Dabei hat ihn Sibylle Ohly so tatkräftig unterstützt, daß auch ihr Name im Titel des Bandes genannt wird.

Das Typoskript hat Herta Ritsche erstellt. Beim Korrekturlesen und der Herstellung von Literaturverzeichnis und Registern haben neben Sibylle Ohly Britta Habdank - Eichelsbacher, Helene Worms und Karin Achterholt mitgewirkt. Ihnen allen sei für ihre hilfreiche und unermüdliche Mitarbeit herzlich gedankt. Besonders bedanken möchte ich mich bei Norbert Knoche, der dieses Buch angeregt und durch seine freundschaftliche Begleitung und Unterstützung wesentlich zu seiner Entstehung beigetragen hat.

Ein abschließender Dank gilt den Autoren des Buches für die Kompetenz und das Engagement, mit dem sie an diesem Projekt teilgenommen haben.

Bielefeld, im Januar 1999

1 Antike

Rüdiger Thiele

1.1 Der Anteil der griechischen Mathematik an der Herausbildung der Analysis

1.1.1 Der Gegenstand

In geometrischer Form waren einige Grundprobleme der Analysis auch Themen der griechischen Mathematik. Neben der Frage, Tangenten an Kurven zu legen, befaßten sich die Griechen mit der Bestimmung von Längen, Flächen, Volumina und Schwerpunkten. In diesem Zusammenhang sind auch die Betrachtungen über das Unendliche und die damit verbundenen Paradoxien zu sehen (Zenon, Aristoteles). Das verbindende Band für diese verschiedenen Probleme wurde allerdings erst in der Neuzeit erkannt (Barrow, vgl. Kap. 2.4).

Blickt man aus heutiger Sicht auf die Entwicklung der Analysis zurück, so finden sich für diese Disziplin logisch gesehen vier Wurzeln: die *Buchstabenrechnung* (Viète, Descartes), die *analytische Geometrie* (Fermat, Descartes), der für die Analysis zentrale Begriff der *Funktion* (Oresme, Joh. Bernoulli, Euler) und der *reelle Zahlkörper* (Bolzano, Dedekind, Cantor). Allerdings sind diese Wurzeln nicht direkt in der griechischen Mathematik aufweisbar. Anstelle der uns vertrauten Formeln der Buchstabenrechnung erscheinen *Proportionen*, anstelle der Variablen werden *Größen* betrachtet, und anstelle des reellen Zahlkörpers findet sich etwa die *Eudoxische Proportionenlehre*. Natürlich kann man in diese griechischen Auffassungen die uns geläufige moderne Sicht projizieren, indem man beispielsweise die Sehnentafeln des Ptolemaios als (trigonometrische) Funktionen in Tabellenform deutet, aber das entspricht nicht der griechischen Sicht der Dinge (Schramm 1965, Thiele 1990). Derartige anachronistische Vergleiche dienen uns gelegentlich zur Problematisierung historischer Sachverhalte, aber nicht zu deren geschichtlicher Interpretation!

1.1.2 Über Analysis und Synthesis

Im Griechischen wurde ursprünglich das Zusammenfügen von Größen zu einer Summe als ihre *Synthesis* (σύνθεσις) bezeichnet, während das nachfolgende Zergliedern einer gegebenen Summe in bestimmte Summanden *Analysis* (ἀνάλυσις) genannt wurde. Ein charakteristisches Beispiel für den alltäglichen Gebrauch dieser Begriffe wäre die Addition verschiedener Geldwerte zu einem Betrag und die anschließende Auflösung dieses Betrages in Vielfache einer bestimmten Geldeinheit. Das gegensätzliche Begriffspaar Analysis - Synthesis gelangte nach und nach aus der Umgangssprache in die mathematische Fachterminologie.

Das Schema eines griechischen Beweises, der in der geometrischen Konstruktion am klarsten entwickelt war, enthält als wesentlichste Teile zwei Schritte, die *Analysis* und *Synthesis* genannt werden. In der Analysis wird mittels korrekter logischer Schlüsse das gegebene Problem so lange zergliedert oder aufgelöst, bis man entweder zu etwas bereits als wahr Erkanntem kommt oder einen Widerspruch erzielt (womit im letzten Fall sich das Problem als unlösbar erweist). Die Synthesis vollbringt den noch ausstehenden Beweis, indem sie die Umkehrung der Analysis ausführt, nämlich den Rückschluß von dem in der Analysis als wahr Erschlossenen zur Behauptung.

Die Griechen unterschieden streng zwischen der *Entdeckung* eines mathematischen Sachverhaltes (lat. inventio) und dem *Nachweis*, daß ein gegebener Sachverhalt wahr ist (lat. verificatio), und sie benutzten daher für das Finden und Beweisen verschiedene Formen der Analysis und Synthesis. Pappos (*Collectio*, Buch VII) nennt die entsprechende Analysis jeweils *problematisch* bzw. *theoretisch*, Viète spricht von zetetisch und poristisch. Diese beiden Bezeichnungen gehen auf ζήτησις (griech. Aufsuchen) und πορισμός (griech. Erforschung) zurück. Als Beispiel für den Unterschied kann die Parabelquadratur des Archimedes dienen: Die *problematische Analysis* ermittelt den Flächeninhalt des Parabelsegments (zu $\frac{4}{3}F$, vgl. 1.4.4) und die *theoretische Analysis* zeigt, daß diese Behauptung zutrifft. Damit kann die *Synthesis* einer *problematischen Analysis* auch als *theoretische Analysis* verstanden werden.

Laut Pappos hat Euklid die Methode Analysis - Synthesis erfunden. In die Beweistechnik drang jedoch der technische Ausdruck Analysis erst aus der Aristotelischen Logik ein, wo er für die Rückführung von Schlüssen auf Standardformen verwendet wurde; und zwar erscheint der Terminus Analysis im Sinn der theoretischen Analysis (also für die Aufgabe, eine Beweisführung zu finden) zeitlich eher als im Sinn der problematischen Analysis (also die Lösung eines Problems zu finden). Beim Problem des Findens einer Lösung sprach man anfänglich von der Apagoge (ἀπαγωγή, Zurückführung) und ging später wegen der Analogie zur theoretischen Analysis zur Bezeichnung problematische Analysis über und verstand danach unter einem apagogischen Beweis einen indirekten. Der aus dem arithmetischen Gebrauch geläufige gegensätzliche Begriff Synthesis diente schließlich in beiden Fällen zur Bezeichnung einer umgekehrten Analysis.

Die problematische Analysis der Griechen, die von dem als gelöst betrachteten Problem ausgeht, ist in der Neuzeit zur *analytischen Methode* geworden. Viète legte seine Gleichungslehre 1591 in dem Buch *In artem analyticam isagoge* (Einführung in die analytische Kunst) nieder, so daß im 17. Jahrhundert der Begriff *ars analytica* auch gleichbedeutend mit Algebra war, die man im Gegensatz zur *geometrischen Analysis* auch als *arithmetische Analysis* bezeichnete. Noch im 18. Jahrhundert bedeutete *analytische Geometrie* gelegentlich die Anwendung algebraischer Rechnung auf die Geometrie. Seit Beginn des 18. Jahrhunderts erhielt der Begriff Analysis nach und nach seine moderne Bedeutung; bei Ch. Wolff etwa ist bereits die Differentialrechnung einbegriffen (*Mathematisches Lexicon*, 1716, vgl. Kap. 4.1). G. S. Klügel faßte ein Jahrhundert später den Sachverhalt in seinem *Mathematischen Wörterbuch* so zusammen:

> Die Analysis der Alten bezog sich auf die Geometrie, und bediente sich also bloß geometrischer Hülfsmittel; die Analysis der Neueren erstreckt sich auf alle meßbaren Gegenstände, und gebraucht die allgemeine Arithmetik, indem sie den Zusammenhang der Größen in Gleichungen bringt. (Klügel 1803-1808, 86)

1.1.3 Zur Interpretation

Die Quellen zur griechischen Mathematik bestehen aus etwa zwei bis drei Dutzend Arbeiten, die nur einen Bruchteil des griechischen Wissens wiedergeben, und sie sind durchweg aus mindestens zweiter Hand. Neben zahlreichen älteren Papyri sind die ältesten überlieferten griechischen Texte aus dem 9. Jahrhundert (Euklidhandschriften seit 888), d.h., diese mittelalterlichen Texte sind uns zeitlich näher als den Autoren aus der Blüte der griechischen Mathematik (etwa Euklid oder Archimedes). Diese Texte sind auch nur Kopien von Kopien, oft in übersetzter und bearbeiteter Form, und sie enthalten häufig Fehler. Mit Hilfe von philologischer Textkritik, die die Wege des Abschreibens und Tradierens verfolgt, lassen sich trotzdem Ergebnisse gewinnen und das Werden der Mathematik rekonstruieren. Allerdings hängen viele Aussagen an Datierungsfragen. Während beispielsweise Heath die Methodenlehre des Archimedes an den Beginn und dessen wichtige Kreislehre an das Ende seines Schaffens stellt, kehren neuerdings Mathematikhistoriker wie Knorr diese Reihenfolge um (Berggren 1984; vgl. auch die Erörterungen in Reidemeister 1949).

Ein weiteres grundsätzliches Interpretationsproblem der griechischen Mathematik ergibt sich für uns aus deren geometrisch-verbalem Charakter. Natürlich ist es vom logischen Standpunkt aus gleichgültig, ob eine mathematische

Erkenntnis verbal oder durch eine Formel ausgedrückt wird. Aber es ist eben doch ein *psycho*logischer Unterschied, ob man in Euklids verbaler Fassung des *Wegnahmesatzes* denkt, die durch technische Formulierungsschwierigkeiten bei den Größenbeziehungen schwerfällig wird:

> Nimmt man bei Vorliegen zweier ungleicher (gleichartiger) Größen von der größeren ein Stück größer als die Hälfte weg und vom Rest ein Stück größer als die Hälfte und wiederholt dies immer, dann muß einmal eine Größe übrig bleiben, die kleiner als die Ausgangsgröße ist (*Elemente* X, 1),

oder ob man diesen Wegnahmesatz nur als eine andere, sogenannte *divisive Form* des Axioms des Messens betrachtet:

> Daß sie ein Verhältnis zueinander haben, sagt man von Größen, die vervielfältigt einander übertreffen können (*Elemente* V, 4)

(vgl. Dijksterhuis 1956, Knorr 1978) oder ob man eine moderne „standardisierte" Aussage (bzw. ihre analytisch gefaßte Form) benutzt:

> Jede Größe a kann beliebig klein gemacht werden (das heißt, daß mit einer geeignet gewählten natürlichen Zahl n $\frac{a}{2^n}$ kleiner als jede beliebige Größe b gemacht werden kann, also $\frac{a}{2^n} < b$).

Wir werden wie Heath eine moderne Beschreibung der griechischen Texte geben, was dem Rahmen dieses Buches angemessen scheint (zur Terminologie siehe Heath 1953, Kap. VIII).

1.2   Der griechische Zahl- und Größenbegriff

1.2.1   Die Zahl als mathematisches Objekt

Zählen ist eine grundlegende menschliche Tätigkeit und wird schlechterdings in allen mathematischen Disziplinen benötigt. Mittag-Leffler ließ daher in seinem mathematischen Institut in den Kamin einmeißeln, daß die Zahl der Anfang des Denkens sei (*Talet är tänkandets början* ...). Aber erst in der griechischen Mathematik war die Zahl nicht mehr nur Mittel des Denkens, sondern sie wurde ein Gegenstand des Denkens, kenntlich durch die einfache Unterscheidung von geraden und ungeraden (natürlichen) Zahlen (Pythagoreer um 500 v. Chr., Beleg beim Dichter Epicharmos). Damit waren Aussagen über

Zahlen an sich möglich, und es stellte sich auch das Problem einer Zahldefinition.

Das älteste griechische *Mathema* (μάθημα, Lehre), das einfache mathematische Lehrstück von den geraden und ungeraden Zahlen, ist in überarbeiteter Form Gegenstand des Buches IX in Euklids *Elementen*, und diese einfache Unterscheidung führte bereits auf bemerkenswerte Ergebnisse wie eine hinreichende Bedingung für gerade vollkommene Zahlen (*Elemente* IX, 36; Becker 1957, 125 - 145). Für *ungerade* vollkommene Zahlen ist das Problem bis heute ungelöst. In unserem Zusammenhang wird diese Unterscheidung bei Euklids Beweis benutzt, daß die Seite und die Diagonale eines Quadrates kein gemeinsames Maß haben bzw. *inkommensurabel* sind (*Elemente* X, 115a). Euklids Beweis verläuft über die Paritätskontrolle der Gleichung $m^2 = 2n^2$ für die teilerfremden ganzen Maßzahlen m und n eines unterstellten gemeinsamen „Elementarmaßes" von Diagonale und Seite und führt auf den Widerspruch, daß n zugleich gerade und ungerade sein muß. Wie die Entdeckung inkommensurabler Strecken erfolgte, wissen wir nicht. Es ist durchaus naheliegend, daß die Pythagoreer das Phänomen der Inkommensurabilität nicht an diesem einfachen Beispiel fanden, sondern in der Musiktheorie oder bei der Beschäftigung mit ihrem Ordenszeichen, dem Pentagramm, der Diagonalenfigur eines Pentagons, in dem gleichfalls Seite und Diagonale kein gemeinsames Maß haben (so 1945 K. von Fritz über Hippasos, deutsch in: Becker 1965, 271 - 301).

1.2.2 Die Arten der Zahlen

Unter Zahl verstanden die Griechen stets *natürliche Zahl*. Nach Euklid ist Zahl die aus *Einheiten* zusammengesetzte Menge (*Elemente* VII, 2), wobei Einheit das ist, wonach jedes Ding eines genannt wird (*Elemente* VII, 1). Die Einheit selbst bzw. die Eins ist keine Zahl (Aristoteles, *Metaphysik* N1, 1088a). Hier wirkt noch das frühere Zusammenfassen von gleichartigen Dingen in Zählklassen vom Anfang des Zählens nach, und die Eins wird nicht als die nur aus einer Einheit bestehende Menge und somit als Zahl aufgefaßt. Erst seit der Neuzeit (etwa Stevin, 1585) wird die Eins zu den natürlichen Zahlen gerechnet.[1]

Wir fassen heute mathematische Objekte als Zahlen auf, sofern sie bestimmten Rechenvorschriften (Addition, Multiplikation) genügen. Damit rücken wir das diesen verschiedenen Objekten Gemeinsame in den Vordergrund, selbst wenn die Rechenvorschriften für verschiedene Arten von Zahlen ganz unter-

---

[1] Das durch Formalisierung in der Mathematik beseitigte Problem zeigt sich jedoch noch bei der Interpretation physikalischer Meßwerte, die als absolute Zahlen keinen Sinn ergeben, sondern die stets auf eine geeignete Einheit bezogen werden.

schiedlich erklärt werden, wie das beispielsweise für natürliche Zahlen und Brüche bei der Addition der Fall ist. Diese vereinheitlichende *operationale* Sicht gibt es in der griechischen Mathematik nicht. Euklid erklärt in den *Elementen* vielmehr drei Arten von Dingen: *Zahlen* sowie zwei *Verhältnisse*, einmal Verhältnisse von Zahlen (*Elemente* VII; „positive Brüche") und einmal von Größen (*Elemente* V; „positive reelle Zahlen"), obwohl er durchaus Gemeinsamkeiten dieser Objekte bemerkt hat. Beispielsweise wurde das Verhältnis 2 : 1 von den Griechen nicht mit der Zahl 2 identifiziert, sondern beide Größenarten wurden auseinandergehalten.

1.2.3 Zahlverhältnisse („Brüche")

Euklid entwickelt die Lehre von den *Zahlverhältnissen* in *Elemente* VII der *Elemente* als elementare Zahlentheorie, in der Teiler und Vielfache von natürlichen Zahlen erklärt werden, aber das Verhältnis zweier (natürlicher) Zahlen a und b selbst als nicht definierter Grundbegriff unerklärt bleibt.[1] Allerdings vergleicht die Definition 20 in *Elemente* VII zwei Verhältnisse bzw. sagt, wann vier natürliche Zahlen a, b, c, d in einer Proportion

$$a : b = c : d \qquad (1.1)$$

stehen, was die Grundlage des Rechnens mit ihnen ist:

Zahlen stehen in Proportion, wenn die erste von der zweiten Gleichvielfaches oder derselbe Teil oder dieselbe Menge von Teilen ist wie die dritte von der vierten.

Aus heutiger Sicht läuft das auf die Existenz zweier teilerfremder natürlicher Zahlen m und n mit der Eigenschaft

$$a = m\,\frac{b}{n}, \qquad c = m\,\frac{d}{n} \qquad (1.2)$$

hinaus; für $n = 1$ ergeben sich die (Gleich-)Vielfachen, für $m = 1$ die Teile und für m und $n > 1$ die Menge von Teilen. Diese Definition läßt sich mit Hilfe der Wechselwegnahme (*Anthyphairesis*) auch auf den inkommensurablen Fall ausdehnen, vgl. Kap. 2.7. Gleichheit besteht, wenn $\frac{a}{b}$ und $\frac{c}{d}$ denselben Kettenbruch erzeugen.

---

[1] Man könnte auf eine ältere Erklärung zurückgreifen, die Nicomachos (1886, *Arithmetik* II, 21) überliefert hat: „Verhältnis ist eine Beziehung zweier Terme zueinander." Jedoch bliebe dann der Begriff „Beziehung" unerklärt.

1 Antike 11

Begreift man Brüche als Verhältnisse von Zahlen, so bedarf es in der Tat zunächst nur einer Erklärung der Gleichheit. Rechentechnisch wichtig sind dann die nachfolgenden Sätze, die das Umformen von Verhältnissen erlauben (*Elemente* VII, 16 - 24; z. B. VII, 16 für das Vertauschen der inneren Glieder einer Proportion). Für die Zahlenverhältnisse wird von Euklid lediglich eine Rechenoperation eingeführt, nämlich das zusammengesetzte Verhältnis (*Elemente* VIII, 5): $a : c$ heißt das aus $a : b$ und $b : c$ zusammengesetzte Verhältnis. Man beachte, daß das Zusammensetzen eine passende Form des zweiten Verhältnisses erfordert bzw. die entsprechende Umformung als möglich ansieht (zur Existenz der vierten Proportionalen, vgl. 1.2.4).

Die Bezeichnung „zusammengesetztes Verhältnis" weist auf die pythagoreische *Musiktheorie* hin, die ein Lehrfach der sogenannten freien Künste war. Die fundamentale Entdeckung der Pythagoreer, die ihr Weltbild und darüber hinaus die Haltung der Griechen gegenüber der Naturforschung insgesamt prägte, war die Einsicht in die Rationalität der musikalischen Harmonie. Nach diesem Vorbild versuchten sie die gesamte Natur mittels einer reinen Form (der Zahl) zu entzaubern und zu bewältigen (Philolaos). Sie erkannten die mathematische Beziehung der Tonintervalle zur Frequenz (bzw. die reziproke Beziehung zur Saitenlänge), genauer deren logarithmischen Charakter: das *additive* Zusammenfügen von Intervallen entspricht dem *multiplikativen* Zusammenfügen ihrer Frequenzen. Oktave, Quinte und Quarte ergeben sich durch Schwingungen im Verhältnis von 1 : 2, 2 : 3 und 3 : 4 Teilen einer festen Saitenlänge; das additive Zusammenfügen von Quinte und Quarte ergibt die Oktave, der das multiplikativ zusammengesetzte Verhältnis 2 : 4 bzw. 1 : 2 entspricht.

1.2.4 Der Begriff der Größe

Auf die vier planimetrischen Bücher Euklids (*Elemente* I - IV) in den folgt die auf Eudoxos zurückgehende *Proportionenlehre* (*Elemente* V), die Größen behandelt. Eine Definition der *Größe* (μέγεθος), dem als allgemeinem mathematischen Begriff ein einschlägiger Oberbegriff der übergeordneten Gattung fehlt, gibt es nicht. Jedoch handelt der Text beständig von Größen, wenn auch die allgemeine Bezeichnung dafür nur in den *Elementen* V (Def. 3) und VI erscheint und in späteren Büchern lediglich vereinzelt genannt wird. Der Begriff der Größe wird zweifach benutzt: nämlich ein Ding *ist* eine Größe, und ein Ding *hat* eine Größe (Maß). Das Maß einer Größe ist stets positiv. Charakteristisch für Größen ist, daß sie vermehrt und vermindert werden können.

Die Griechen unterscheiden streng zwischen *Zahlgrößen* (natürliche Zahlen) und *stetigen Größen*. Das ist aus ihrer Sicht unerläßlich, da die Eins (Einheit) unteilbar ist, während jede stetige Größe unbegrenzt geteilt werden kann. Es zeigt sich, daß „gleichartige" Größen als miteinander vergleichbar angenommen werden und daß sie sich der Größe nach anordnen lassen sowie zusammengefügt (addiert) werden können. Damit sind insbesondere Vielfache erklärt. Stetige geometrische Größen sind beispielsweise Linien, Flächen, Volumina oder Winkel (Euklid), andere stetige Größenarten sind Zeiten, Orte oder Gewichte (Archimedes). Derartige Größen bilden Systeme, algebraische Strukturen würden wir heute sagen, ohne daß dieser Sachverhalt jemals ausdrücklich erwähnt wurde.

Wir haben oben darauf hingewiesen, daß den Griechen seit dem fünften vorchristlichen Jahrhundert bekannt war, daß sich gewisse geometrische Größen *nicht* wie Zahlen zueinander verhalten (Euklid, *Elemente* X, 7). Diese Einsicht wird in der Mathematikgeschichte häufig als (erste) Grundlagenkrise der Mathematik angesehen. Wenn ein Verhältnis von Größen kein Verhältnis von Zahlen ist, was ist es dann? Zunächst folgte für die Griechen daraus, daß die Geometrie allgemeiner als die Arithmetik ist, da sich jedem Zahlenverhältnis ein Streckenverhältnis zuordnen läßt, aber nicht umgekehrt! Man beachte, daß *nicht* die Objekte als solche problematisch waren, sondern lediglich ihr Verhältnis. Da dieses Verhältnis die Grundlage der Proportionen ist, die den Griechen seit dem 5. Jh. v. Chr. in unserem rückblickenden Verständnis als „Ersatz" für Gleichungen dienten, wird die dem Thema gewidmete Aufmerksamkeit verständlich. Es gab mehrere Ansätze in der griechischen Mathematik, mit diesem Dilemma umzugehen. Am fundiertesten ist die Lösung des Eudoxos von Knidos, die wir nachfolgend skizzieren.[1]

Zuvor jedoch noch einige Bemerkungen über die „Grundlagenkrise". Der Nachweis inkommensurabler Größenverhältnisse brachte zwangsläufig die pythagoreische Weltsicht zu Fall, wonach die natürlichen Zahlen und ihre Verhältnisse das Wesen der Dinge zu beschreiben vermögen. Das war zweifelsohne ein schwerer Schlag gegen diejenigen philosophischen Auffassungen, die von einem rationalen Weltgeschehen ausgingen. In der nachfolgenden griechischen Philosophie, also insbesondere ein Jahrhundert später bei Platon oder Aristoteles, ist jedoch von einer krisenhaften Erschütterung nichts zu spüren. Kommensurabilität wird zwar in der griechischen Harmonielehre (*Proportionenlehre*) verlangt, aber daß die Geometrie zwangsläufig auf inkommensurable Verhältnisse führt, war für die Griechen nicht wirklich problematisch. Aristoteles schreibt deutlich, daß ein Geometer, sofern er nur den Beweis verstanden habe, sich doch mehr wundern müsse, wenn Diagonale und Quadratseite kommensurabel sein könnten, und Platon läßt den Athener in den *Gesetzen* drastisch sagen, lediglich der naive Hellene sei es, der, unwissend

---

[1] Ridell äußerte die Auffassung, Eudoxos habe die Proportionentheorie an seinem Sphärenmodell gewonnen (Ridell 1979). Knorr vertritt die These, die in den *Elementen* V, wiedergegebene Lehre stamme nicht von Eudoxos, sondern dieser habe eine andere Theorie besessen, die etwa der wie in *Elemente* VII, 10 entspricht, sofern man diese Definition für Größen anstelle von Zahlen lese (Knorr 1978).

wie ein Schwein, alles Meßbare für kommensurabel halte (Aristoteles, *Metaphysik* 983 A 15 (auch 76 B 9); Platon, *Gesetze* 819 D - 820 C; Platon empfiehlt hier alten Leuten zum Zeitvertreib anstelle des Brettspiels das Nachdenken über Inkommensurables!).

Der Nachweis inkommensurabler Strecken bzw. der Tatsache, daß es kein „elementares" Einheitsmaß zum Ausmessen zweier Größen gibt, führte zu einer Wende im griechischen Denken. Er charakterisiert die *abstrakte Seite* der griechischen Mathematik, denn die vorgriechischen Kulturen hätten aufgrund ihrer anschaulichen Orientierung eine derartige Feststellung niemals treffen können, da die aus der Meßgenauigkeit (und -bedürftigkeit) resultierenden Fehlergrenzen das Vorhandensein eines Einheitsmaßes gar nicht in Frage stellen konnten. Der Nachweis, daß es Dinge nicht gibt, ist nur logisch zu führen, und hierfür war die eleatische Philosophie im fünften vorchristlichem Jahrhundert (Parmenides) wichtig.

1.2.5 Verhältnisse von Größen („reelle Zahlen")

Anders als bei den Verhältnissen diskreter Größen im Buch VII der *Elemente*, den Zahlverhältnissen, gibt Euklid eine Definition der Verhältnisse von Größen (*Elemente* V, Def. 3). Diese ist wenig erhellend, aber ihr wird eine grundlegende Erklärung (*Elemente* V, Def. 4) angeschlossen:

3. Verhältnis ist das gewisse Verhalten zweier gleichartiger Größen der Abmessung nach.
4. Daß sie ein Verhältnis zueinander haben, sagt man von Größen, die vervielfältigt einander übertreffen können.

Die Definition 4 drückt das *Axiom des Messens* schlechthin aus: Soll eine Größe durch eine andere (die dann den Maßstab bildet) ausgemessen werden, so ist das nur möglich, wenn hinreichend häufiges Aneinanderfügen der Maßgröße die zu messende Größe übertreffen kann. Für natürliche Zahlen ist das unmittelbar einleuchtend, für Brüche (Zahlverhältnisse) ist das Axiom gleichfalls gültig, was man durch Einführen eines Hauptnenners bestätigt. Aber für reelle Zahlen (Größenverhältnisse) ist das Meßaxiom zu fordern. Diese Erkenntnis des Eudoxos wird in der Regel (nach O. Stolz) als *archimedisches Axiom* bezeichnet. Das Axiom schließt - modern gesprochen - *nichtarchimedische* Größensysteme aus. Anders gesagt, es darf keine Größe a in Bezug auf eine Größe b so klein sein, daß für alle natürlichen Zahlen n die Vielfachen na stets kleiner als b sind.

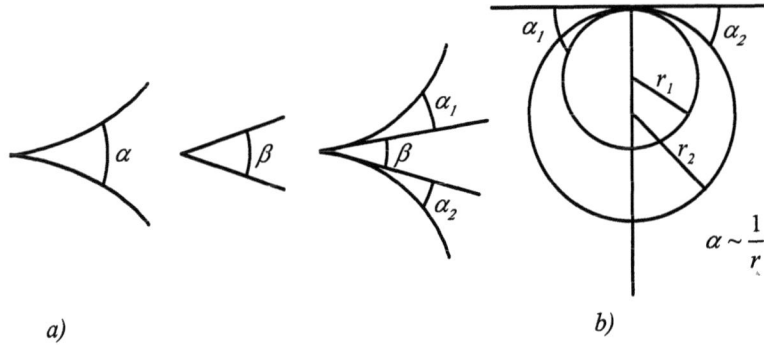

a)   *b)*

Abbildung 1.1: Der Winkelbegriff in den *Elementen* des Euklid.
a) *Ebene* und *geradlinige* Winkel (= α bzw. β) (I, 8 und 9).
b) *Hornförmige* Winkel α (indirekt propotional zu r) am Kreis, die ein nichtarchimedisches System bilden. Obwohl der hornförmige (ebene) Winkel $\alpha \neq 0$ nicht verschwindet, übertrifft keine Vervielfachung von α einen geradlinigen Winkel β, m. a. W., für kein n gilt $n\alpha > \beta$.

Ein anschauliches Beispiel für ein nichtarchimedisches Größensystem war in der griechischen Mathematik bekannt: die *hornförmigen Winkel* (Abb. 1.1). Die von uns heute benutzte Definition eines Winkels mittels zweier Geraden war für Euklid bereits ein Spezialfall (nämlich ein geradliniger Winkel) der allgemeineren Definition des Winkels von zwei Kurven (*Elemente* I, 8 und 9). In diesem allgemeineren Sinn bilden bei einem Kreis in jedem Punkt die Tangente sowie der entsprechende Kreisbogen einen als hornförmig bezeichneten Winkel α, dessen im allgemeinen Sinn verstandene Größe indirekt proportional zum Kreisradius r angesetzt werden kann und so eine zahlenmäßige Unterscheidung der hornförmigen Winkel untereinander erlaubt. Im Hinblick auf geradlinige Winkel hat jedoch jeder hornförmige Winkel (und damit jede Zusammenfügung solcher Winkel) den Wert null. Anders gesagt, jedes Vervielfachen eines hornförmigen Winkels α liefert stets den Wert null, bzw. es gibt keine natürliche Zahl n, für die $n\alpha > 0$ möglich wäre.

Das weitere methodische Vorgehen Euklids (bzw. Eudoxos') entspricht nun dem bei den Zahlenverhältnissen praktizierten: es wird definiert, wie man die Verhältnisse vergleicht, und dadurch erzeugt man eine Anordnung unter den Verhältnissen und definiert sie gleichzeitig implizit.

1 Antike

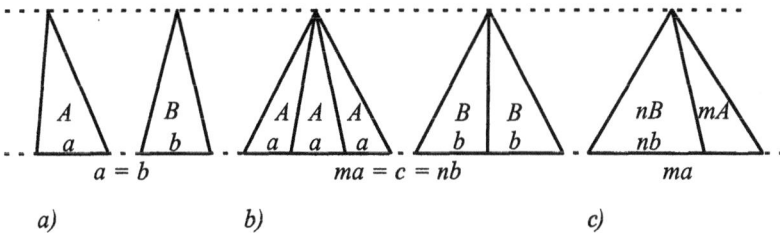

a)   b)   c)

Abbildung 1.2: Eine geometrische Veranschaulichung der eudoxischen Defnition (*Elemente* V, 5) mit Hilfe des Satzes: *Die Flächeninhalte A von Dreiecken mit gleicher Höhe verhalten sich wie deren Grundlinien a.* (*Elemente* VI, 1)
a) Gleiche Grundlinien ($a = b$) gemäß *Elemente* VI, 1.
b) Kommensurabilität der Grundlinien a und b bedeutet das Vorhandensein von Zahlen m und n, so daß eine Grundlinie c mit $c = ma = nb$ vorhanden ist.
c) Inkommensurable Grundlinien a und b haben für die Vielfachen ma bzw. mA die anschauliche Eigenschaft, daß aus $ma < nb$ usw. auch $mA < nB$ usw. folgt.

Um Verhältnisse von Größen vergleichen zu können, müssen die betrachteten Größen nicht unbedingt gleicher Art sein. Eudoxos geht von zwei „Größenbereichen" $a, b, ...$ und $A, B, ...$ aus (etwa Linien- und Flächengrößen wie in Abb. 1.2). Wann sind nun zwei Verhältnisse $a : b$ und $A : B$ gleich, und wann ist das eine größer, d.h. wann gilt

$a : b = A : B$ bzw. $a : b < A : B$?   (1.3 a, b)

Interessant ist der Fall dann, wenn a und b bzw. A und B kein gemeinsames Maß haben, wenn also im heutigen Verständnis die Verhältnisse *irrationalen Zahlen* entsprechen. Eudoxos (400 - 347 v. C.) vergleicht - modern gesehen - die Verhältnisse der Größen mit Zahlverhältnissen („Brüchen") und nennt dann zwei Verhältnisse gleich, wenn sie stets zwischen denselben Zahlverhältnissen liegen und damit beliebig „eng" eingeschlossen werden können. Der zugrundeliegende Grundsatz, der bereits Bryson (450 - 370 v.C.) zugeschrieben wird, läßt sich etwa so ausdrücken: Was gegenüber demselben stets gleich oder größer oder kleiner ist, das ist einander gleich.
Die entscheidende Definition (*Elemente* V, 5) lautet:

Man sagt, daß Größen in demselben Verhältnis stehen, die erste zur zweiten wie die dritte zur vierten, wenn bei beliebiger Vervielfältigung die Gleichvielfachen der ersten und dritten [= ma und mA] den Gleichvielfachen der zweiten und vierten gegenüber, paarweise entsprechend genommen, entweder zugleich größer oder zugleich gleich oder zugleich kleiner sind.

Modern ausgedrückt heißt das, daß (1.3a) genau dann gilt, wenn für alle natürlichen Zahlen m, n aus

$$\begin{aligned} ma &> nb \quad \text{stets} \quad mA > nB, \\ ma &= nb \quad \text{stets} \quad mA = nB, \\ ma &< nb \quad \text{stets} \quad mA < nB, \end{aligned} \tag{1.4}$$

folgt und umgekehrt. Für uns ist der in (1.4) ausgeführte Vergleich der Größenverhältnisse mit Zahlenverhältnissen (rationalen Zahlen) einsichtiger, wenn wir (1.4) mit dem „Testverhältnis" $\frac{n}{m}$ gleichwertig so schreiben:

$$\text{Aus } \frac{a}{b} > \frac{n}{m} \text{ folgt stets } \frac{A}{B} > \frac{n}{m} \text{ und umgekehrt.} \tag{1.4'}$$

Aber so kann Eudoxos nicht definieren, weil ja die Ordnung (d. h. $>, =, <$) für die Verhältnisse der Größen erst festgelegt werden soll, was er mit Hilfe der in den Größenbereichen selbst erklärten Ordnung tut, mit der die Vielfachen ma, nb usw. der Größe nach geordnet werden können. Der kommensurable Fall wird mit dieser Definition durch die Zeile mit der Gleichheit in (1.4) erfaßt (vgl. Abb. 1.2). Die Ungleichheit (1.3b) wird in *Elemente* V, 7 definiert, indem beispielsweise in der ersten Gleichung von (1.4) bzw. in (1.4') die umgekehrte Richtung nicht verlangt wird. Das kann auch so formuliert werden, daß (wenigstens) ein Zahlenpaar n^*, m^* existiert, für das $m^*a < n^*b$ und $m^*A > n^*B$ ist.

Anschließend werden einige Rechengesetze für die Größenverhältnisse bewiesen, die der Addition und Multiplikation reeller Zahlen entsprechen, die aber nicht dem modernen Aufbau der Rechenregeln in einem reellen Zahlkörper gemäß sind, sondern deren Wahl im Hinblick auf den weiteren Bedarf in den *Elementen* erfolgt. Bei der Multiplikation ergibt sich dabei ein wichtiger Gesichtspunkt. Das uns schon oben in der Harmonielehre begegnete Zusammenfügen von Verhältnissen erfordert, eines der zusammenzufügenden Verhältnisse in eine bestimmte Form $A : B$ mit vorgegebenem A zu bringen. Dabei wird jeweils unterstellt, daß es stets ein dazu geeignetes B, die *vierte Proportionale*, gibt. Diese Eigenschaft drückt die *Kontinuität* des Bereiches aus, und die Griechen haben die einschlägigen Bereiche von Strecken, Flächen usw. als im Sinne ihres geometrischen Konstruktionsbegriffs kontinuierlich unterstellt, ohne das explizit zu formulieren. Ein solches *Stetigkeitsaxiom* findet sich erst später, etwa in einer Euklidausgabe des Clavius von 1580. Stevin motiviert 1585 die Stetigkeit der Maßzahlen von Größen mit dem Vergleich der Feuchtigkeitsgrade der Erscheinungsformen von Wasser, was Platon ähnlich im *Philebos* mit dem Gegensatzpaar Wärme - Kälte getan hatte. (Die rationalen Vielfachen einer beliebigen Größe C liegen natürlich überall dicht: Für beliebiges A, B mit $A > B$ gibt es stets Zahlen m und n, so daß $A < \frac{m}{n} C < B$ gilt.)

Die *Proportionenlehre* geht von solchen Größen aus, die geometrisch *konstruierbar* sind und die damit für die Griechen existent sind, und sie bezieht sich nur auf die Verhältnisse von solchen Größen. Dieses System ist offensichtlich *lückenhaft*. In *Was sind und was sollen Zahlen?* (1888) wurde von Dedekind angemerkt, daß die euklidische Geometrie gar keinen stetigen Raum benötige, da alle Konstruktionen aus den *Elementen* auch in einem solchen lückenhaften Raum ausführbar sind, und daß man deshalb die Unstetigkeit dieses Raumes gar nicht bemerken würde. Im Gegensatz zur antiken Proportionenlehre ging Dedekind in seiner Theorie der reellen Zahlen (1872) von der Menge der rationalen Zahlen aus, und er erzeugte aus ihr mit den *Dedekindschen Schnitten* alle möglichen Zahlverhältnisse. Er *verlangte* axiomatisch, daß zu jedem Schnitt (Verhältnis) stets genau eine geometrische Größe (eine Strecke) angebbar ist, womit er die Stetigkeit des Systems der Schnitte auf das der geometrischen Größen übertrug.

Die Menge der konstruierbaren Verhältnisse geometrischer Größen und die Menge aller möglichen Schnitte unterscheiden sich wesentlich, und hier liegt die Differenz zwischen der antiken Proportionenlehre und der Theorie der reellen Zahlen.[1] Hinzu kommt, daß die griechischen Mathematiker die Verhältnisse von Zahlen oder Größen als neue mathematische Objekte betrachtet und die strukturellen Gemeinsamkeiten dieser Verhältnissen mit den Zahlen *nicht* herausgestellt haben. Euklid vermeidet in den *Elementen* beispielsweise den Begriff der Gleichheit von Zahlenverhältnissen und spricht in *Elemente* VII, 20, von vier in Proportion stehenden Zahlen.[2] Erst *mit Dedekind löst sich die Analysis ganz von der Geometrie* und kann Begriffe wie Stetigkeit ohne geometrische Rückgriffe aufstellen.

Mit der Proportionenlehre ließen sich die zunächst (bis in das 5. Jh. v. Chr.) naiv unter Annahme einer Einheitsgröße (Maßeinheit) begründeten Sätze, wie etwa die Strahlensätze (*Elemente* VI, 2) streng beweisen.

---

[1] vgl. Kap. 10.1.3
[2] Eine Auffassung, die unter Bezug auf Euklid und Platon die Rolle der Verhältnisse und nicht die der Proportionen betont, findet sich bei Fowler (z. B. Fowler 1979).

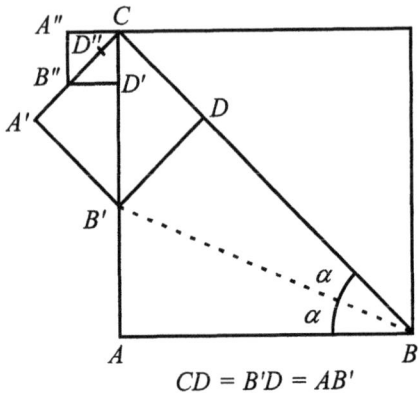

$CD = B'D = AB'$

Abbildung 1.3: Die geometrische Form der *Wechselwegnahme* für den Nachweis der *Inkommensurabilität* von Seite und Diagonale im Quadrat. Angenommen, es gibt eine Einheitsstrecke e, die sowohl AB als auch BC ausmißt, dann tut sie das auch bei der Differenz $BC - AB = DC$. Für das über DC errichtete Quadrat, dessen Diagonale $CB' = AB - CD$ gleichfalls meßbar ist, wird wie eben geschlossen und entsprechend weiter, so daß eine nicht abbrechende monoton fallende Folge meßbarer Strecken $CD > CD' > CD'' > \ldots$ entsteht, die nach dem Wegnahmesatz beliebig kleine Folgeglieder aufweisen muß, also auch solche, die kleiner als e sind, was widersinnig ist.

1.2.6 Andere Auffassungen

Vor und neben der Proportionenlehre des Eudoxos gab es andere Auffassungen, um die Probleme zu bewältigen. Beispielsweise versuchte man das gemeinsame Maß zweier Größen durch das Verfahren der gegenseitigen *Wechselwegnahme* (*Antanairesis* oder *Anthyphairesis*) zu ermitteln. Dabei wird von zwei Größen die kleinere so oft wie möglich von der größeren abgezogen, dann der verbliebene Rest von der kleineren usw. Bricht das Verfahren nicht ab, so erklärt man das Verhältnis beider Größen als *inkommensurabel*. Die Wechselwegnahme muß jedoch für jede Größenart gesondert definiert werden, und Aristoteles hebt in der *Ersten Analytik* (I, 5, p. 74a) hervor, daß mit der Eudoxischen Lehre nicht mehr alles gesondert erfaßt werden müßte, sondern ein allgemeiner Beweis möglich sei. Da für die Griechen - wie bereits in 1.2.4 erwähnt - bei diskreten Größen (Zahlen) die Einheit unteilbar, aber andererseits bei geometrischen Größen die Einheit als Maß teilbar war, erschien ein getrenntes Vorgehen durchaus als angemessen. Beispielsweise ist für natürliche Zahlen die Wechselwegnahme nichts anderes als der *euklidische Algorithmus* des Teilerverfahrens, den Euklid (*Elemente* VII, 2) formuliert. Entweder bricht das Verfahren (bzw. der korrespondierende *Kettenbruch*) im n-ten Schritt ab, womit ein gemeinsames Maß erhalten wird, oder der Algorithmus hat kein Ende, und er kann demzufolge auch kein gemeinsames Maß liefern (*irrationales Verhältnis*). Für geometrische Größen gibt Euklid die Wechselwegnahme (*Elemente* X, 2-3) gesondert an (Abb. 1.3).

Die Proportionalität von Größen konnte auch umgangen werden, indem man anstelle von (1.1) die gleichwertige Flächengleichheit $ad = bc$ benutzte, und in dieser Weise ist Euklid in den ersten vier planimetrischen Büchern der *Elemente* auch vorgegangen. Schließlich versuchte Theaitetos (*Elemente* X) die bei Konstruktionen auftretenden inkommensurablen Größen dadurch zu klassifizieren, indem er für entsprechend umgeformte Ausdrücke Kommensurabilität erhielt, so daß er beispielsweise von *quadriert kommensurablen* Strecken sprechen konnte. Diese Überlegungen haben wesentlich zur Behandlung von Wurzelausdrücken geführt und letztendlich ihre Anerkennung als Zahlen gefördert.

1.3 Quadraturprobleme: Beispiel Kreis

1.3.1 Vorgeschichte

Die ältesten Probleme der Analysis sind Längenbestimmungen von Kurven und Inhaltsbestimmungen von Flächenstücken und Körpern. Von diesen Problemen haben die griechischen Mathematiker wichtige gelöst. Seit dem fünften vorchristlichen Jahrhundert konnten *Flächeninhalte* beliebiger geradlinig begrenzter Figuren (Polygone) bestimmt werden. Im Sinne der griechischen Mathematik war ein Flächeninhalt bekannt, wenn ein flächengleiches Quadrat mit Zirkel und Lineal konstruiert werden konnte. Daher die alte Bezeichnung *Quadratur*. Aufgrund des Satzes, daß alle Dreiecke mit gleicher Grundseite und gleicher zugehöriger Höhe flächengleich sind, kann zu jedem Dreieck ein flächengleiches rechtwinkliges Dreiecks konstruiert werden, womit die Umwandlung in ein flächengleiches Rechteck gelingt. Der Höhensatz erlaubt die Verwandlung von Rechtecken in Quadrate, und der Satz des Pythagoras gestattet schließlich das Zusammenfügen von zwei Quadraten zu einem Quadrat. Das wird erschöpfend in Herons *Geometrica* (um 100 n. Chr.) dargestellt, die wir allerdings nur in einer byzantinischen Überlieferung haben. Jedoch waren diese Kenntnisse bereits bei den Pythagoreern vorhanden.

Wo eine solche geometrische Konstruktion zur Flächenbestimmung nicht möglich oder nicht bekannt war, benutzten die Griechen Verfahren, die auf eine *Approximation* der Flächen hinausliefen. Wir betrachten als exemplarisches Beispiel die *Kreisquadratur*.

Im ägyptischen *Papyrus Rhind*, der auf etwa 1800 v. Chr. zurückgeht, gibt es eine Berechnung der Kreisfläche (Aufgabe 48). Die entsprechende Zeichnung kann so gedeutet werden, daß ein Kreis mit dem Durchmesser d durch ein „beschnittenes" Quadrat approximiert wird. Genauer, das Quadrat wird durch ein Raster in neun gleiche Teilquadrate zerlegt und die an den vier Ecken des Ausgangsquadrates befindliche Teilquadrate werden halbiert, so daß ein Achteck entsteht (Abb. 1.4).

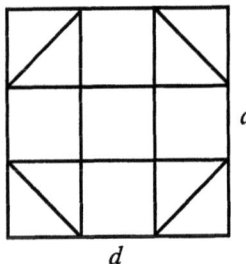

Abbildung 1.4: Deutung der Aufgabe 48 des ägyptischen *Papyrus Rhind*

Die Fläche des beschnittenen Quadrats entspricht der von 7 Teilquadraten bzw. $(1 - \frac{2}{9})d^2$, und sie kann als Näherung für den Kreis betrachtet werden. Dies haben die Ägypter mit $\left(\frac{8d}{9}\right)^2$, also $\pi = \left(\frac{16}{9}\right)^2$ bzw. $\approx 3{,}160$ approximiert.

Die *Bibel* (1. *Kön.* 7, 23) benutzt $\pi = 3$, die babylonische Mathematik kennt daneben vermutlich auch den Wert $\pi = 3\frac{1}{8}$ (bzw. $= 3{,}125$).

1.3.2 Die Möndchen des Hippokrates

Bei den Griechen beginnt die Kreisquadratur mit den Sophisten. Berichte, daß Anaxagoras im Gefängnis den Kreis quadriert habe, zeigen, daß man dieses Problem behandelt hat. Hippokrates von Chios bestimmte im 5. Jh. v. Chr.

1 Antike

nach einem Bericht des Eudemos durch Kreisbogen begrenzte Flächenstücke, die sogenannten *Möndchen* (μηνίσκος). Diese Überlegungen zählen zu den ältesten überlieferten mathematischen Texten der Griechen. Hippokrates stützte sich auf den Satz, daß ähnliche Segmente von Kreisen sich wie die Quadrate ihrer Grundlinien verhalten, was er aus der Proportionalität der Kreisfläche mit dem Quadrat des Radius folgerte. Das ist eine zu dieser Zeit wohl kaum streng bewiesene, sondern vermutlich aus analogen Sätzen für Vielecke verallgemeinerte Erkenntnis.

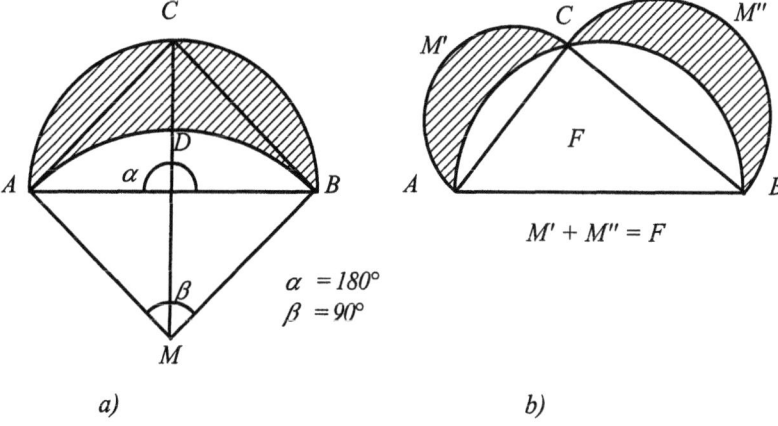

Abbildung 1.5: Die Möndchen des Hippokrates von Chios.
  a) Der im Text diskutierte Fall $\alpha :: \beta = 2 : 1$, $\alpha = 180°$
  b) Ein mit dem Satz des Pythagoras leicht zu beweisender Fall, der vermutlich auf Ibn al-Haitam zurückgeht.

Eines der drei von Hippokrates quadrierten Möndchen zeigt Abbildung 1.5a. AB ist der Durchmesser des Halbkreises ACB, das Dreieck ABC ist in C rechtwinklig und gleichschenklig, und die Kreissegmente $ADBA$ sowie AC und CB seien ähnlich. Dann ist wegen $AB^2 = 2AC^2 = 2CB^2$ die Fläche des Segmentes $ADBA$ gleich der Summe der Flächen der beiden Kreissegmente AC und CB, folglich ist das Möndchen $ADBCA$ flächengleich dem Dreieck ABC bzw. ABM. Damit ist das Möndchen im Sinne der Griechen quadrierbar, d. h. es läßt sich mit Zirkel und Lineal ein flächengleiches Quadrat konstruieren. Hippokrates gab insgesamt vier quadrierbare Möndchen an.

Die Quadrierbarkeit eines Möndchens hängt von dem Verhältnis der Winkel α und β der Kreissektoren ab. Erst im 18. Jahrhundert fanden D. Wijnquist, ein finnischer Mathematiker, und L. Euler alle fünf (rationalen) Verhältnisse $\alpha:\beta$, die quadrierbare Möndchen liefern. Durch Arbeiten von N. G. Chebotarev und A. V. Dorodnov aus den Jahren 1923 und 1947 konnte gezeigt werden, daß damit alle quadrierbaren Möndchen erfaßt sind. Dieser Weg, der erstmals krummlinig begrenzte Flächenstücke quadrierte, war zwar für die Kreisberechnung letztlich eine Sackgasse, hat aber die Bemühungen der Griechen um die Kreisquadratur stimuliert.

1.3.3 Stetigkeitsüberlegungen

Ebenfalls im fünften vorchristlichen Jahrhundert beschäftigte sich der Sophist Antiphon mit der Kreisquadratur, indem er in einen Kreis regelmäßige n-Ecke einbeschrieb und mit einer hinreichend großen Zahl von Ecken die Kreisfläche durch das Polygon als „ausgeschöpft" sah; anders gesagt, die Polygonseiten würden sich bei dieser Auffassung infolge der Kleinheit mit dem Kreisumfang decken (bzw. eine hinreichende Anzahl von Teilungen führt auf das "unendlich Kleine"). Aristoteles sagt beiläufig in der *Physik* (185 a), daß man diese Lösung nicht zu kritisieren brauche, da sie den mathematischen Prinzipien ganz und gar nicht entspreche.

Diese vagen Vorstellungen versuchte der jüngere Sophist Bryson präziser zu fassen, worüber die Kommentatoren Themistios und Philoponos berichten. Bryson schließt den Kreis zwischen umbeschriebene und einbeschriebene n-Ecke ein, deren Flächen jeweils größer bzw. kleiner als die des Kreises sind. Dann gibt es ein Zwischenpolygon, das dem Kreis flächengleich ist. Denn der Kreis K und das Zwischenpolygon P^* sind beide kleiner als das umbeschriebene, aber auch größer als das einbeschriebene Polygon. Folglich muß, so der Schluß von Bryson, da nach einem arithmetischen Grundsatz der Übergang einer Größe vom Größeren zum Kleineren sich durch das Gleiche vollziehe, das Zwischenpolygon dem Kreis flächengleich sein: $K = P^*$.

Der Aristoteles-Kommentator Alexander von Aphrodisias bemängelte die *formale* Seite des Schlusses mit folgendem Gegenbeispiel: Die Zahlen 8 und 9 sind zugleich kleiner und größer als 10 und 7 (8 < 10, 9 < 10 und 8 > 7, 9 > 7), aber trotzdem sei zwischen ihnen keine Gleichheit vorhanden. Der Brysonschen Auffassung liegt letztendlich auch eine atomistische Vorstellung zugrunde, der zufolge für hinreichend große n ein n-Eck und ein Kreis identifiziert werden können. Proklos kritisierte diesen Grundsatz von der *inhaltlichen* Seite und zeigte anhand der „hornförmigen Winkel" (s. Abb. 1.1), daß man beim Übergang vom Größeren zum Kleineren in derselben Größengattung bleiben müsse. Vermutlich hatte Proklos erkannt, daß die Anwendung des Stetigkeitsprinzips das Axiom des Messens (Archimedisches Axiom) voraussetzt. Auch im Euklidkommentar des Campanus (um 1260) wird der Lehrsatz des Bryson als falsch angesehen und ähnlich wie bei Proklos mit Hilfe von

Euklid problematisiert (*Elemente* III, 16). Bereits Platon hatte sich im Dialog *Parmenides* (161d, 165a) über den stetigen Durchgang ausführlich geäußert, und auch Aristoteles hob in der *Metaphysik* (I, 5, 1056a) hervor, daß nicht alles gleich ist, was nicht größer oder kleiner ist, sondern nur das, dem jenes seiner Natur nach zukommt.

1.3.4 Exhaustionsmethode

Eudoxos gab diesen in frühe Zeiten zurückreichenden Überlegungen zur Approximation eine strenge Form, die zum *Exhaustionsbeweis* führte. Der Name geht auf Gregorius a St. Vincento zurück (1647). Das Meßaxiom (*Elemente* V, 4):

Für jedes gleichartige a und b existiert eine natürliche Zahl m mit $ma > b$

wird für $m = 2n$ in die sogenannte *divisive* Form, den logisch gleichwertigen Wegnahmesatz, (*Elemente* X, 1)

$$\frac{b}{2^n} < a \qquad (1.5)$$

gebracht, und es garantiert hiermit durch Wegnahme von Teilen von b die Existenz einer beliebig kleinen Größe $\frac{b}{2^n} < a$. Dadurch wird eine beliebig genaue Approximation ermöglicht.[1] Die Exhaustionmethode besteht aus zwei Schritten: Im *ersten Schritt* wird die zu untersuchende Größe A durch eine andere, besser beherrschbare Größe B angenähert. Im *zweiten Schritt* wird - modern gesprochen - die Trichotomie der reellen Zahlen benutzt: Sofern mit einem doppelten Widerspruchsbeweis gezeigt werden kann, daß weder $A > B$ noch $A < B$ möglich sein kann, muß $A = B$ sein. Die Exhaustion von A durch B ist dabei *keine* Grenzwertbetrachtung - weder offen noch verdeckt! Es werden keine unendlichen Folgen für das Ausschöpfen ins Auge gefaßt, sondern es wird stets nach endlich vielen Schritten abgebrochen, und der beliebig kleine Rest wird nicht vernachlässigt, sondern in den Widerspruchsbeweis einbezogen. Der Name *Exhaustion* (lat., Ausschöpfung) ist daher irreführend, besser wäre *Exklusion* (lat., Ausschließung). Für die Exhaustion haben die antiken Geometer keinen Namen, erst Simplikios spricht bei der Kreisquadratur davon,

---

[1] Aus moderner Sicht wird der Wegnahmesatz daher auch als *Stetigkeitsaxiom* bezeichnet. Die Formulierung „kleiner als jede vorgeschriebene Größe" findet sich erst bei Archimedes (*Konoide und Sphäroide*, Sätze 19 und 20); Euklid sagt lediglich, daß eine Größe kleiner als eine andere wird (*Elemente* XII, 2).

daß die Vielecke den Kreis „aufbrauchen"; später umschreibt man es als Verfahren der Alten. Das Verfahren ist streng, aber sehr unhandlich. Die Exhaustion ermöglicht einen strengen Beweis für den schon Hippokrates bekannten Satz: Zwei Kreise K_1 und K_2 verhalten sich zueinander wie die Quadrate ihrer Durchmesser d_1 und d_2 (*Elemente* XII, 2). Der Wegnahmesatz ermöglicht die Konstruktion von einbeschriebenen und umbeschriebenen n-Ecken P_n und P^n, deren Flächen sich beliebig wenig von der Kreisfläche unterscheiden, weil jedesmal durch die Konstruktion des nächsten n-Ecks von der entsprechenden Differenzmenge $K \setminus P_n$ bzw. $P^n \setminus K$ mehr als die Hälfte weggenommen wird. Bei der Ausschöpfung des Kreises von innen argumentiert Eudoxos prinzipiell so: Wäre nicht, wie behauptet,

$$K_1 : K_2 = d_1^2 : d_2^2, \qquad (1.6)$$

so müßte es eine Flächengröße F ($\neq K_2$) mit

$$K_1 : F = d_1^2 : d_2^2, \qquad (1.7)$$

geben. Die Existenz dieser vierten Proportionale F wird bei diesem Beispiel mit allgemeinen Größenbeziehungen in den *Elementen* des Euklid unbewiesen angenommen, während der Beweis für das Problem (*Elemente* XII, 10) mit speziellen Zahlenangaben gleich so organisiert wird, daß diese Annahme nicht benötigt wird. Wir haben die zwei Fälle $F > K_2$ und $F < K_2$ zu betrachten. Sei zunächst $F < K_2$. Dann gibt es ein K_2 einbeschriebenes n-Eck P_n'' mit

$$F < P_n'' < K_2. \qquad (1.8)$$

Sei P_n' ein weiteres, K_1 einbeschriebenes n-Eck, das zu P_n'' ähnlich ist. Aus elementargeometrischen Überlegungen folgt

$$P_n' : P_n'' = d_1^2 : d_2^2, \qquad (1.9)$$

(*Elemente* XII, 1), d. h. für die besser handhabbaren Polygone gilt die Behauptung.[1] Folglich ist wegen (1.6)

$$P_n' : P_n'' = K_1 : F \quad \text{bzw.} \quad P_n' : K_1 = P_n'' : F. \qquad (1.10)$$

---

[1] Das moderne Vorgehen würde hier auf die Gleichheit der Grenzwerte schließen, aber die griechischen Geometer führten hier den folgenden doppelten Widerspruchsbeweis.

Da $P_n' < K_1$ ist, folgt $P_n'' < F$, was der Annahme $F < P_n''$ widerspricht. Also ist $F > K_2$ Entsprechend wird der Fall $F > K_2$ zum Widerspruch geführt.
Der Satz eignet sich nicht zur Berechnung von Kreisflächen, obwohl (1.10) in der Form

$$K_i : d_i^2 = \text{const.} \quad (i = 1, 2) \tag{1.11}$$

indirekt π charakterisiert, da const. $= \pi$ ist.

1.3.5 Kreismessung des Archimedes

Archimedes führte über ein einbeschriebenes und ein umbeschriebenes 96-Eck eine sorgfältige Abschätzung für die Proportionalitätskonstante π von Kreisfläche und dem Quadrat des Radius durch und fand

$$3\frac{10}{71} < \pi < 3\frac{1}{7}. \tag{1.12}$$

Der Unterschied d der Schranken beträgt lediglich 0,002 !
Archimedes berechnet nicht - wie man erwarten könnte - die Flächen der n-Ecke, sondern *rektifiziert* näherungsweise den Kreisumfang U durch den Umfang s_n der n-Ecke und gelangt mittels der Formel $K = \frac{1}{2} Ur$ zum gewünschten Ergebnis. Das setzt die Erkenntnis voraus, daß die Konstante π nicht nur die Beziehung von Fläche und Radiusquadrat, sondern auch von Umfang und Radius beherrscht. Auch diese Einsicht geht auf Archimedes zurück. Bemerkenswert ist außerdem zweierlei: Zum einen entwickelt Archimedes keine Standardmethode für das Ausschöpfen (vgl. 1.4.5) und zum anderen arbeitet er mit einer Beziehung, mit der er s_{2n} aus s_n erhält. Es ist aus heutiger Sicht leicht zu verifizieren, daß diese Beziehung $\sin\frac{\alpha}{2}$ durch $\sin \alpha$ ausdrückt (da s_n = $2 \sin\frac{\alpha}{2}$ ist). Es geht also auch um die Anfangsgründe der *Trigonometrie*. Diese wurden von Hipparchos und Ptolomaios weiter entwickelt, um mit ihrer Hilfe Sehnentafeln („Sinustafeln") zu berechnen, die der Astronomie bis in die Neuzeit dienten.
Archimedes benutzt dort, wo er keine exakten Werte hat, *Näherungswerte*, und er rechnet ganz selbstverständlich mit Brüchen. Auf dem praktischen Gebiet des Rechnens, der *Logistik* (Rechenkunst, von griech. λογιστικός) unterscheidet er sich von Euklid und dessen strenger Zahlenauffassung, er arbeitet jedoch beständig mit *scharfen Ungleichungen*. Müheloser geht indessen Ptolemaios mit Brüchen um, da er das elegantere Sexagesimalsystem babylonischen Ursprungs benutzt.

1.4 Archimedes' Beiträge zur Infinitesimalmathematik

1.4.1 Das Leben

Archimedes gilt als der größte Mathematiker der Antike und einer der größten Mathematiker überhaupt. Seine Arbeiten betreffen auch Physik und Technik; in einer für die Antike ungewöhnlichen Weise verband er Theorie und Praxis.

Archimedes wurde etwa 287 v. Chr. in Syrakus, einer reichen griechischen Stadt in Sizilien, die eine Metropole der antiken Welt war, geboren, und er wurde dort während des 2. Punischen Krieges 212 v. Chr. bei der Eroberung der Stadt von einem römischen Legionär umgebracht. Über sein Leben wissen wir wenig. Sein Vater, der nach einer Aussage in der Schrift *Sandrechnung* vermutlich Astronom war, erteilte ihm den ersten Unterricht; später war er offenbar in Alexandria, wo er wahrscheinlich Konon und Eratosthenes, Schüler von Euklid, getroffen hat. Auf jeden Fall hat er aus Syrakus mit den Kollegen in Alexandria korrespondiert.

Von Plutarch gibt es eine kurze Lebensbeschreibung (vgl. Ziegler, 1955; vgl. auch Schneider, 1979), daneben existieren viele Legenden, deren Wahrheit fraglich ist. Nach einer von ihnen beauftragte König Hieron von Syrakus Archimedes, den Goldgehalt seines Weihekranzes zu überprüfen. Der Gelehrte entdeckte beim Baden den Auftrieb, und ohne sich Zeit für das Ankleiden zu nehmen, lief er mit den Worten „Heureka, heureka!" (ηὕρεκα, „Ich hab' es!") nach Hause, um entsprechende Versuche auszuführen. Sprichwörtlich ist auch der archimedische Punkt, nach dem er angeblich verlangte, um die Welt zu bewegen, als er alleine mit Hilfe seines Flaschenzuges ein Schiff zu Wasser gelassen hatte.

Sein physikalisches Wissen setzte er in die Konstruktion viel bestaunter mechanischer Maschinen um, darunter waren Wasserschnecken ebenso wie Kräne, Flaschenzüge, Schiffe, Kriegsmaschinen. Archimedes war aber vor allem ein Mathematiker mit beeindruckender Vielseitigkeit, wobei viele seiner Gedanken erst in der Neuzeit wieder zur Geltung kamen.

1.4.2 Das Werk

Obwohl einige seiner Arbeiten verloren gegangen sind, sind uns von Archimedes mehr Arbeiten als von anderen antiken Mathematikern überliefert. Das ist sowohl seiner hohen Produktivität als auch seinem Ansehen geschuldet. Man kann die erhaltenen Arbeiten des Archimedes etwa so gruppieren:

1 Antike   27

i)   Flächen- und Volumenbestimmungen, Berechnung des Kreisumfangs
     (1) *Über Kugel und Zylinder,*
     (2) *Die Kreismessung,*
     (3) *Über Konoide und Sphäroide*
          [Rotationsparaboloide, -hyperboloide und -ellipsoide],
     (4) *Über Spiralen,*
     (5) *Die Methodenlehre* (15 Probleme, auch aus der Gruppe ii),
     (6) *Die Quadratur der Parabel* (der erste Teil gehört zur Gruppe ii),

ii) statische und hydrostatische Probleme
     (7) *Über schwimmende Körper,*
     (8) *Über das Gleichgewicht von ebenen Flächen*[stücken],

iii) arithmetische Aufgaben
     (9) *Die Sandzahl,*
     (10) *Rinderproblem,*

iv) ein Geduldsspiel
     (11) *Stomachion*

v)   nur in arabischer Übersetzung überliefert
     (12) *Buch der Lemmata*
          [Geometrie, insbesondere Kreisbogendreieck bzw. Arbelos],
     (13) *Die Konstruktion des regelmäßigen 7-Ecks.*

Verloren sind Schriften über halbregelmäßige Körper, über Plinthiden (Fußplatten) und Zylinder, über Brennspiegel sowie die Anfertigung von Sphären.

Archimedes berechnete den Kreisumfang; den Flächeninhalt des Kreises, eines Parabelsegments und eines Segments der (archimedischen) Spirale, den Rauminhalt der Kugel, eines Kugelsegments, eines Kugelsektors, eines Sphäroids, eines Sphäroidensegments.; die Oberfläche der Kugel und eines Kugelsegments; er bestimmte den Schwerpunkt einer Halbkugel, eines Kugelsegments, von Segmenten bei Rotationsparaboloiden, Rotationshyperboloiden und Sphäroiden usw. Er legte Tangenten an Kegelschnitte und Spiralen. Da die Zahlwörter des griechischen Zahlensystems bei 10^4 (Myriaden) enden, schuf Archimedes in der *Sandzahl* ein System, um Zahlen *beliebiger* Größe zu erfassen und mit ihnen rechnen zu können und zeigte damit, daß es Zahlen gibt, die größer sind als die größte physikalisch sinnvolle Zahl, nämlich die der Sandkörner im Universum. Das *Rinderproblem* führt auf eine Pellsche Gleichung mit einer exorbitanten Lösung der Größenordnung $10^{103 \cdot 275}$ (eine Herde dieser Größe läßt sich nicht, wie in der Aufgabe vorausgesetzt, auf die ca.

$2,5 \cdot 10^7 \mathrm{m}^2$ großen Insel Sizilien unterbringen!). Für zahlreiche irrationale Wurzelausdrücke benutzte er ohne weitere Angaben Näherungen (vgl. 1.3.5). Neben der Abschätzung von π ist sein wohl bekanntestes Ergebnis dasjenige über das Verhältnis der Volumina von Kegel, Halbkugel und Zylinder mit gleichem Radius wie 1 : 2 : 3 (siehe 1.4.3). Gegenüber der ersten uns bekannten Extremwertaufgabe, einer einfachen Maximumaufgabe, die von Euklid (*Elemente* VI, 27) behandelt wird, löst Archimedes in *Kugel und Zylinder* (II, 9) ein anspruchsvolleres Extremproblem: Von den Kugelabschnitten, welche unter der gleichen Oberfläche enthalten sind, hat die Halbkugel das größte Volumen. Auch grundlegende trigonometrische Kenntnisse werden Archimedes zugeschrieben.

1.4.3 Die mechanische Methode

Gemäß der rationalen Auffassung der Griechen von der Natur, die kein von Geistern beherrschter, sondern ein durch (mathematische) Gesetze geordneter Kosmos ist, behandelt Archimedes physikalische Aufgaben mit mathematischen Methoden und begründet so die *Statik* und *Hydrostatik* im Sinn der euklidischen Axiomatik, so daß diese Arbeiten als die Wurzeln der *mathematischen Physik* angesehen werden können. Den zahlreichen Schwerpunktbetrachtungen liegen neben den einschlägigen physikalischen Annahmen rein geometrische Verfahren zugrunde, und das Hebelgesetz wird ganz mathematisch jeweils für den kommensurablen und inkommensurablen Fall behandelt.

Von ebenso großer Bedeutung ist auch die umgekehrte Perspektive des Archimedes, mit der er physikalische Sachverhalte zur Gewinnung neuer mathematischer Sätze ausnützt. Archimedes begreift diese Sicht als heuristisch (*problematische Analysis*), wie seine Zeilen an Eratosthenes zeigen:

> Denn es ist leichter den Beweis zustande zu bringen, wenn man schon vorgreifend durch die „mechanische" Weise einen Begriff von der Sache gewonnen hat. (Archimedes 1963, 380)

Das Zitat entstammt der Schrift *Methode der mechanisch herleitbaren Sätze* (*Ephodikon*), einem aufsehenerregenden Fund, der Heiberg 1906 glückte und der außerordentlich interessante Einblicke in Archimedes' Denken ermöglicht. Die mechanische Methode allein wird von ihm *nicht* als beweiskräftig angesehen, sondern die heuristisch gefundenen Ergebnisse bedürfen einer strengen Begründung mittels eines doppelten Widerspruchsbeweises. Diese Strenge hat bis in die Neuzeit als Maßstab gedient, und auch Leibniz hat bemerkt, daß er in der Lage sei, seine Ergebnisse „in der Art des Archimedes" zu beweisen.

1 Antike

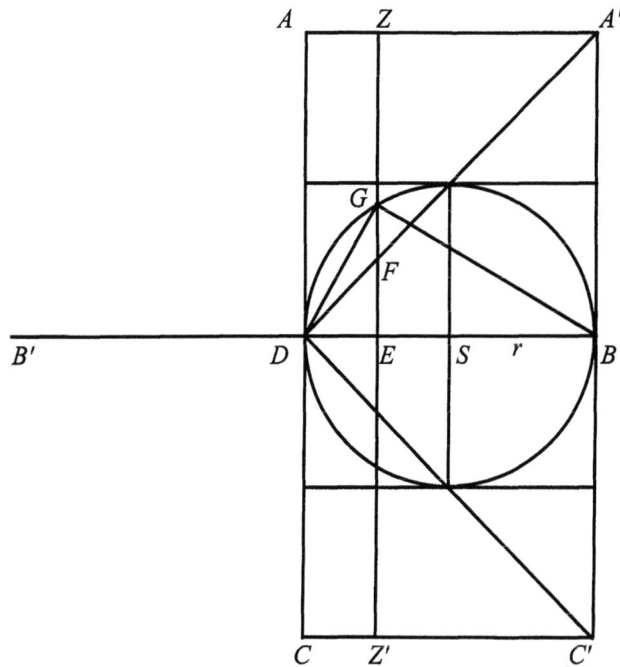

$BD = BD' = d, \quad AA' = A'B = d = 2r, \quad DS = SB = r$

Abbildung 1.6: Die mechanischen Vorstellungen des Archimedes für den Beweis, daß sich die Volumina von Kugel und umbeschriebenem Zylinder wie 2 : 3 verhalten

Der Grundgedanke der „mechanischen Methode" beruht auf atomistischen Vorstellungen, die mechanisch ausgewertet werden. Wir wählen aus den fünfzehn Beispielen der Methode dasjenige aus, in dem gezeigt wird, daß der einer Kugel umbeschriebene Zylinder anderthalbmal so groß wie die Kugel ist. Dieses Ergebnis muß Archimedes für besonders bemerkenswert gehalten haben, da er es auf seinem (nicht erhaltenen) Grabstein dargestellt haben wollte.

Archimedes zeigt zunächst, daß für die in der Abbildung 1.6 im Schnitt gezeigten Körper Kugel (Radius $r = DS$), Kegel und Zylinder (Radius jeweils $d = 2r = BA'$) bezüglich der Volumina V gilt

$$V_{\text{Kugel}} + V_{\text{Kegel}} = \tfrac{1}{2} V_{\text{Zylinder}} \quad [\tfrac{4}{3}\pi r^3 + \tfrac{1}{3}\pi d^2 d = \pi d^2 \tfrac{1}{2} d, \quad d = 2r]. \qquad (1.13)$$

Die Gerade BB' ist die Achse, um die durch Rotation von Rechteck, Dreieck und Kreis die Körper Zylinder, Kegel und Kugel entstehen, und sie dient im Beweis als Hebel mit dem Drehpunkt D. Durch E wird parallel zur Grundfläche des Zylinders (erscheint in der Abbildung als Strecke $A'C'$) ein Schnitt ZZ' geführt. Es gilt wegen $EF = DE$ und dem Kathetensatz im Dreieck DBG:

$$EF^2 + EG^2 = ED^2 + EG^2 = DG^2 = ED \cdot DB. \tag{1.14}$$

Die Schnittflächen von Kegel und Kugel (jeweils Kreise) verhalten sich zu der des Zylinders wie

$$(EF^2 + EG^2):EZ^2 = DG^2:EZ^2 = (ED \cdot DB):EZ^2 =$$
$$(ED \cdot DB):DB^2 = ED:DB, \quad \text{oder} \tag{1.15a}$$
$$(EF^2 + EG^2)DB = EZ^2 \cdot ED, \tag{1.15b}$$

wobei $EZ = DB$ benutzt wurde. Denkt man sich die (infinitesimalen) zylindrischen Scheiben materiell, wobei das Volumen proportional zum Gewicht sei, so kann (1.19b) als Hebelgesetz gedeutet werden, bei dem die im Punkt B' mit $DB = DB'$ aufgehängten Kegel- und Kugelscheiben der Zylinderscheibe in E das Gleichgewicht halten. Begreift man die Körper als Menge ihrer zylindrischen Scheiben, so halten die in B' aufgehängten Körper Kugel und Kegel dem „unverrückten" Zylinder das Gleichgewicht. Nun kann letzterer wegen seiner Symmetrie und Homogenität durch den in S liegenden Schwerpunkt ersetzt werden, wobei $DS = SB = \frac{1}{2} DB$ ist. Es gilt damit für die entsprechenden Volumina V:

$$(V_{\text{Kugel}} + V_{\text{Kegel}}) \cdot DB' = SB \cdot V_{\text{Zylinder}}. \tag{1.16}$$

Also ist wegen $SB = DB'$ der Zylinder doppelt so schwer wie Kugel und Kegel zusammen. Da nach Eudoxos das Volumen des Zylinder das Dreifache des Kegels ist, folgt

$$V_{\text{Kugel}} = \frac{4}{3}\pi r^3 \tag{1.17}$$

und damit für den umbeschriebenen Zylinder V mit der Höhe d und dem Radius r:

$$V = \pi r^2 d = 2\pi r^3 = \frac{3}{2} V_{\text{Kugel}}, \tag{1.18}$$

was zu zeigen war.

Wir deuten noch an, wie Archimedes die Oberfläche einer Kugel mit dem Radius r auf mechanische Weise bestimmt: Er denkt sich die Kugel durch hinreichend viele Pyramiden von der Höhe r und mit Spitzen in Mittelpunkt der Kugel ersetzt. Die Grundflächen aller Pyramiden bilden (näherungsweise) die Kugeloberfläche O. Nun gilt die für jede einzelne Pyramide gültige Volumenformel $V = \frac{1}{3}$ Grundfläche $\times$ Höhe auch insgesamt, mithin ist $Or = 4\pi r^3$ bzw. $O = 4\pi r^2$.

Diese mittels problematischer Analysis erhaltenen Ergebnisse werden dann im euklidisch-eudoxischen Stil streng bewiesen, d.h. mit einem doppelten Widerspruchsbeweis, dessen einer Teil, die theoretische Analysis, $O < 4\pi r^2$ und $O > 4\pi r^2$ ausschließt, so daß die Synthesis aufgrund der Trichotomie $O = 4\pi r^2$ ergibt.

1.4.4 Die mathematische Rechtfertigung

Das oben dargestellte heuristisch-deduktive Vorgehen des Archimedes zeigt, daß die später aufgekommenen Ideen über *Indivisiblen* (Cavalieri, 1635) ihre Wurzeln bereits in der Antike hatten. Ein weiteres Beispiel dafür ist Demokritos, was seine Frage nach der Kongruenz der Schnittflächen, die bei einem ebenen (= infinitesimalen bzw. atomaren) Schnitt eines Kegels entstehen, belegt: Wenn die aneinander grenzenden Schnittflächen der Kegel kongruent sind, wäre der Kegel ein Zylinder, im anderen Fall müßte er stufenförmig sein. Allerdings bedingt die spekulative physikalische Atomtheorie der Antike nicht notwendig eine diskontinuierlich (atomare) Struktur des geometrischen Kontinuums.

Mit Hilfe der mechanischen Methode hat Archimedes sowohl in *Über die Quadratur der Parabel* (§ 6 - 16) als auch in der *Methode* (Prop. 1) die Aussage erhalten, daß die Fläche eines Parabelsegments P um ein Drittel größer ist als die des einbeschriebenen Dreiecks ABC (vgl. Abb. 1.7). Wir skizzieren als exemplarisches Beispiel den strengen Beweis hierfür, der ebenfalls in *Über die Quadratur der Parabel* (§ 24) steht. Im ersten Schritt schöpft Archimedes das Parabelsegment durch das Dreieck ABC mit der Fläche F aus, wobei er mehr als die Hälfte des Segments erfaßt, was anschaulich sofort nach Spiegelung des Dreiecks an den Seiten CA und CB folgt. Im zweiten Schritt werden die Segmente über AC und BC ausgeschöpft, indem parallel zur Achse CM zwei Geraden gezogen werden, die AM bzw. MB halbieren und auf den Parabelbögen die neuen Dreieckspunkte B_1 und B_2 festlegen. Wiederum sind die hinzugekommenen Dreiecke AB_1C und BB_2C flächenmäßig größer als die Hälfte der zugehörigen Parabelsegmente. Das Verfahren wird fortgesetzt, und der Wegnahmesatz (*Elemente* X, 1) gewährleistet, daß die Ausschöpfung beliebig genau wird. Dabei berechnet Archimedes die Summe der Flächen der jeweils erzeugten Dreiecke, und er erhält das Ergebnis, daß im n-ten Schritt die neu hinzugekommenen Dreiecke die Fläche $\frac{1}{4^{n-1}}F$ haben. Mithin liefert die Ausschöpfung die geometrische Reihe

$$F \cdot \left(1 + \frac{1}{4} + \frac{1}{16} + \frac{1}{64} + \dots + \frac{1}{4^{n-1}}\right) = S_n \ . \tag{1.19}$$

Archimedes führt nicht, wie wir es heute täten, einen Grenzübergang durch, sondern er verwendet die endliche Reihe, um mit einem doppelten Widerspruchsbeweis zu zeigen, daß für die Fläche des Parabelsegments P sowohl

$$P > \tfrac{4}{3}F \text{ als auch } P < \tfrac{4}{3}F \tag{1.20}$$

unmöglich ist. Dazu beweist er die „Summenformel" der geometrischen Reihe

$$S_n + \frac{1}{3}\frac{1}{4^{n-1}}F = \frac{4}{3}F \ . \tag{1.21}$$

Wäre $P > \tfrac{4}{3}F$, also $P - \tfrac{4}{3}F = d > 0$, so ließe sich die Ausschöpfung von P durch S_n solange ausführen, bis $P - \tfrac{4}{3}F = d > P - S_n > 0$ gilt. Hieraus folgt $S_n > \tfrac{4}{3}F$, was (1.21) widerspricht. Wäre andererseits $P < \tfrac{4}{3}F$, also $\tfrac{4}{3}F - P = d > 0$, so gäbe es aufgrund des Wegnahmesatzes ein Reihenglied $\tfrac{1}{4^n}F$ von (1.19) mit $d > \tfrac{1}{4^n}F$. Mithin wäre $\tfrac{4}{3}F - P > \tfrac{1}{4^n}F$, also erst recht $\tfrac{4}{3}F - P > \tfrac{1}{3}\tfrac{1}{4^n}F = \tfrac{4}{3}F - S_{n+1}$, die letzte Gleichheit wegen (1.21). Hieraus folgte $S_{n+1} > P$, was nicht sein kann.

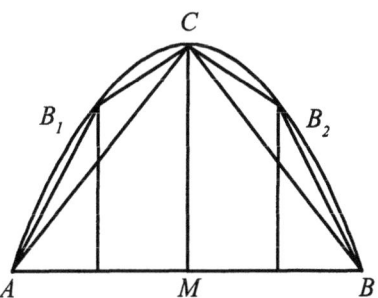

Abbildung 1.7: Der „Exhaustionsbeweis" für die Parabelquadratur. Die Fläche des Parabelsegments P ist gleich $\frac{4}{3}$ der Fläche F des Dreiecks ABC.

1.4.5 Hatte Archimedes einen Integralbegriff?

Die dargelegten Überlegungen streifen aus formaler Sicht den *Riemannschen Integralbegriff*, und dies um so mehr, wenn man zur oben dargelegten Approximationsmethode noch die Archimedische *Kompressionsmethode* (Bezeichnungen von Dijksterhuis) hinzunimmt, die er bei der Kreisquadratur und den Volumenbestimmungen von Sphäroid (Rotationsellipsoid) und Konoiden (Rotationsparaboloid und -hyperboloid) sowie bei einer weiteren Parabelquadratur benutzt hat. Die Kompressionsmethode legt nicht nur einbeschriebene Ausschöpfungen S_* zugrunde, mit der eine Größe A nebst einer konstruierbaren Vergleichsgröße A^* beliebig angenähert werden, sondern verlangt auch Eingrenzungen durch umbeschriebene S^*:

$$S_* < A < S^*, \quad S_* < A^* < S^*. \tag{1.22}$$

Auch Verhältnisse von Größen werden so angenähert (*Kugel und Zylinder*, Prop. 13, 14). Da die Differenz $S^* - S_*$ sich gemäß Wegnahmesatz beliebig klein machen lassen soll, folgt $A = A^*$.

Die approximative Parabelquadratur (*Parabel*, §§ 18 - 24) entspricht bis auf den fehlenden Grenzübergang der heute im Schulunterricht gegebenen Integration einer stetigen Funktion mittels Rechtecksummen durch Ober- und Untersummen. Man meint aus heutiger Sicht, die Darbouxschen Ober- und Untersummen des *Riemannschen Integrals* zu sehen. Aber gegen eine Archimedische „Integralrechnung" sprechen doch einige Tatsachen, die wir heute mit dieser Theorie verbinden, auch wenn wir den damaligen Entwicklungsstand in Rechnung stellen. Zunächst ist Archimedes die *Existenz* eines ebenen Flächeninhalts oder eines Volumens im Rahmen der euklidischen Geometrie unproblematisch. Er sieht weiterhin diese Größen durch sein jeweiliges Verfahren als bestimmt an, ohne eine mögliche Abhängigkeit des Ergebnisses vom *speziellen Verfahren* in Erwägung zu ziehen (wie es später Cavalieri bei den Regulae tut). Ebenfalls ist Archimedes nirgends daran interessiert, ein allgemeines Verfahren (einen *Algorithmus*) zu entwickeln, sondern er sucht für jedes neue Problem ein angemessenes Herangehen, wobei analoge Aufgaben und, wie die Parabelquadratur zeigt, selbst gleiche Aufgaben mit ganz verschiedenen Kunstgriffen gelöst werden. Er hat den allen Quadratur- bzw. Integrationsproblemen zugrundeliegenden gemeinsamen Sachverhalt nicht dargestellt oder zu formalisieren versucht, und er hat ihn vermutlich auch nicht bemerkt.

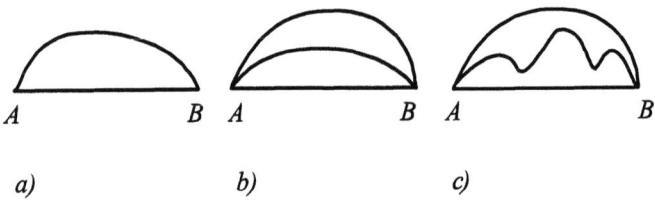

a)   *b)*   *c)*

Abbildung 1.8:   Zu den *Postulaten* des Archimedes über die Bogenlänge.
                   a) Jeder Bogen ist länger als die ihn abschließende Sehne.
                   b) Umschließt ein konvexer Bogen einen anderen konvexen Bogen, so ist er länger.
                   c) Beispiel für einen problematischen Sachverhalt bei beliebigen Bögen, der durch konvexe Bögen ausgeschlossen wird.

Euklid waren die Existenz ebener Flächeninhalte und die Länge ebener Kurven selbstverständlich: Lediglich die Kommensurabilität von Geradem und Gekrümmtem war problematisch. Archimedes verläßt diesen von Euklid und Eudoxos abgesteckten deduktiven Rahmen dort, wo er Neuland betritt, wie das in *Kugel und Zylinder* (I, Def. 1 - 6) bei der Behandlung krummer Linien- und Flächenstücke der Fall ist. Dort erklärt er *konvexe* Linien- oder Flächenstücke und verlangt, daß eine Linie oder Fläche, die eine andere umfaßt, länger oder größer als diese ist (I, Postulate 1 - 5). Von der Geraden wird postuliert, daß sie die *kürzeste Verbindungslinie* ist (vgl. Abb. 1.8).

1.4.6 Zur Wirkungsgeschichte

Schopenhauer hat einmal die Beweise Euklids, die auch für Archimedes den Beweisstandard verkörpern, als stelzbeinig charakterisiert, und tatsächlich war es ein Ziel der Herausbildung der Infinitesimalrechnung, diese Schwerfälligkeit, die das Denken in ein Prokrustesbett zwängte, zu überwinden. Bereits am Ausgang der Antike schleift sich das Bewußtsein dieser Strenge ab, wenn beispielsweise Ptolemaios in seinen Sehnentafeln (die substantiell auch auf der Archimedischen Kreismessung fußen) in pragmatischer Weise den exakten Gebrauch des Zahlbegriffs aufweicht, indem er zur Vereinfachung der Rechnung ohne Begründung Sexagesimal-Stellen wegläßt - ein Vorgehen, das für den durchaus praktisch orientierten Archimedes auch beim Gebrauch von Näherungswerten noch nicht möglich gewesen wäre.

Die Mathematiker der Neuzeit, die Archimedes' Arbeiten wieder aufgreifen, lesen ihn häufig in dieser geänderten und „verschwommenen" Sicht. Cavalieri, um einen extremen Standpunkt zu markieren, äußerte, daß Strenge Sache der Philosophie und nicht der Mathematik sei. Nichtsdestoweniger galt bis zu dieser Zeit und auch darüber hinaus für die geometrisch ausgerichteten Quadraturverfahren die Archimedische *Strenge* als methodisches Vorbild. Als Beleg für die geänderte Sicht sei ein Satz von Valerio, den Galilei übrigens als den Archimedes seiner Zeit ansah, aus dessen Werk *De centro gravitatis* (Lib. II, prop. II) von 1604 zitiert:

> Wenn sich eine Größe, die größer oder kleiner ist als die erste (von vier Größen), zu einer Größe, die zugleich größer oder kleiner ist als die zweite, beide um einen Unterschied, der kleiner als irgendeine gegebene Größe ist, sich wie die dritte zur vierten verhält, so verhält sich die erste zur zweiten wie die dritte zur vierten.

Hier werden in Proportionen — also ganz im Rahmen der geometrischen Theorie — Größen durch „infinitesimal benachbarte" ersetzt. In diesem „approximativen Sinn" verkündet Lacroix 1797 im *Traité du calcul différentiel et du calcul intégral*, daß man sich nicht mehr mit solchen Spitzfindigkeiten (doppelten Widerspruchsbeweisen) wie die Griechen abquälen müsse. L. Carnot hat im gleichen Jahr in den *Réflexions sur la métaphysique du calcul infinitésimal* u. a. mit der sogenannten Methode der Fehlerkompensation (diese Bezeichnung ist für seinen Gebrauch von Hilfs- und Hauptgrößen sehr irreführend) interessante Rechtfertigungen dieses Denkens gegeben, das Beziehungen zur *Nichtstandardanalysis* aufweist (Thiele 1990).

1.5 Der antike Kurvenbegriff

1.5.1 Einteilung

Pappos berichtet, daß die griechische Mathematik die Kurven in *ebene, körperliche* und *linienhafte Örter* einteilt. Ebene Örter sind solche, die mit Hilfe von Gerade und Kreis konstruiert werden können; für körperliche Örter wie Kegelschnitte war eine räumliche geometrische Konstruktion erforderlich. Die Kurven werden durch Proportionen, ihre *Symptome*, beschrieben; beispielsweise erhält man das Symptom des Kreises mit dem Durchmesser d aus dem Höhensatz für das dem Halbkreises einbeschriebene rechtwinklige Dreieck:

$$h^2 = pq \text{ bzw. } h : p = q : h \text{ oder } y : x = (d-x) : y \qquad (1.23)$$

(h oder y Höhe des Dreiecks, p und q die durch den Höhenfußpunkt festgelegten Abschnitte auf dem Durchmesser d oder $x = p$ und $q = d - p$). Linienhafte Örter (höhere Kurven) können nicht mehr geometrisch konstruiert werden. Hiermit liegt ein Versuch vor, die Kurven nach ihrem Wesen und nach ihrer Kompliziertheit einzuordnen, ohne sie koordinatenmäßig erfaßt zu haben, worauf sich unsere Auffassung von der Schwierigkeit einer Behandlung gründet.

In seiner *Géométrie* nimmt Descartes 1637 diese Einteilung auf (*plans, solides, linéaires*). Er versteht Kurven als Ergebnis einer geometrischen Konstruktion oder sieht sie durch algebraische Gleichungen ausgedrückt an. Mit dieser Beschränkung auf algebraische Gleichungen schließt er die meisten linienhaften Örter, von denen die Griechen eine Reihe (wie Spiralen, Konchoiden, Kissoiden oder Schraubenlinie) kannten, aus der Betrachtung aus. Descartes nennt diese Kurven wegen ihrer Erzeugungsart *mechanisch*. Leibniz (1684) spricht hier von *transzendenten* Kurven. Bereits eine alltägliche Bewegung wie das Rollen eines Rades auf einer Geraden führt auf eine mechanische Kurve (Zykloide), und das Abrollen von Kreisen aufeinander bringt Epizykloiden hervor, die in der griechischen Astronomie eine wichtige Rolle spielten. Archimedes erzeugt seine Spirale durch einen sich auf einem Halbstrahl von D gleichmäßig weg bewegenden Punkt, während der Strahl sich gleichmäßig um D dreht (in Polarkoordinaten übersetzt: $r = a\varphi$).

1.5.2 Beispiel: Quadratrix

Eine bekannte mechanische Kurve war die sogenannte *Quadratrix* (griech. τετραγωνίζουσα) des Hippias. Der Sophist Hippias hat sie vermutlich im Zusammenhang mit der Winkeldreiteilung betrachtet. Pappos berichtet, daß

1 Antike

Deinostratos und Nikomedes die Kurve zur Kreisquadratur benutzten, woher ihr Name rührt.

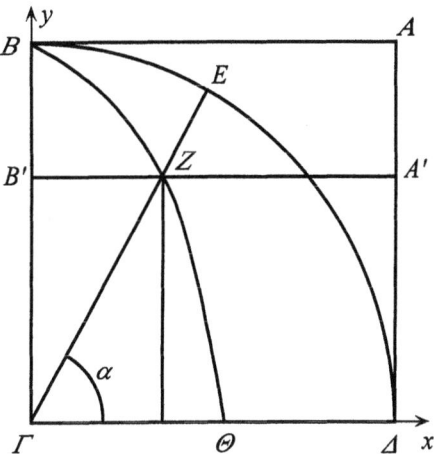

Abbildung 1.9: Die mechanische erzeugte *Quadratrix* des Hippias von Elis

Nach Pappos wird die Kurve wie folgt erzeugt (vgl. Abb. 1.9, zur Vereinfachung der Rechnung haben wir ein Koordinatensystem sowie den Winkel α eingezeichnet):

Beschreibe in ein Quadrat *ABΓΔ* [mit der Seitenlänge *a*] einen Kreisbogen *BEΔ* um *Γ*. Die Gerade *ΓB* drehe sich gleichförmig um *Γ*, so daß *B* den Bogen *BEΔ* durchläuft, und *BA* verschiebe sich außerdem, stets parallel zu *ΓΔ* bleibend, gleichförmig nach *ΓΔ*. Die beiden gleichförmigen Bewegungen mögen sich in derselben Zeit abspielen, so daß die beiden Geraden *ΓB* und *BA* im gleichen Augenblick mit *ΓΔ* zusammenfallen. Die beiden sich bewegenden Geraden schneiden sich in einem Punkt *Z*, der sich mitbewegt und dabei eine Kurve *BZΘ* beschreibt. (Pappos 1875-78/1965, Buch IV, xxx)

Da nach Vorschrift α proportional zu *y* ist (genauer: $y : a = \alpha : \pi/2$), vermittelt eine Teilung der *y*-Achse auch eine des Winkels *α*, sofern die Kurve als gezeichnet angesehen wird. Man kann zwar eine dicht liegende Menge von Punkten der Kurve mit Zirkel und Lineal konstruieren (z. B. durch Halbieren der Winkel und Strecken), aber man erhält so nicht jeden beliebigen Punkt. Viète findet über die Quadratrix die berühmte erste analytische Darstellung von π:

$$\frac{2}{\pi} = \sqrt{\frac{1}{2}} \cdot \sqrt{\frac{1}{2} + \frac{1}{2}\sqrt{\frac{1}{2}}} \cdot \sqrt{\frac{1}{2} + \frac{1}{2}\sqrt{\frac{1}{2} + \frac{1}{2}\sqrt{\frac{1}{2}}}} \cdots \quad (1.24)$$

Für die Kreisquadratur wird die Eigenschaft der Kurve ausgenützt, daß die Quadratseite a mittlere Proportionale zwischen dem Viertelkreis $BE\varDelta$ und $\varGamma\varTheta$ ist. Diese Proportion wird im eudoxischen Stil durch einen doppelten Widerspruchsbeweis nachgewiesen. Der Punkt $\varTheta$ der Kurve ist durch die mechanische Bewegung nicht definiert, aber diese Lücke wurde intuitiv stetig ergänzt; modern sieht man das so ein:

$$x = x(\alpha) = \frac{y}{\tan \alpha} = \frac{2a\alpha}{\pi \tan \alpha} = \frac{2a\cos\alpha}{\pi} \cdot \frac{\alpha}{\sin\alpha} \quad (1.25)$$

(da α proportional zu y ist), also wegen $\lim\limits_{\alpha \to 0} \frac{\alpha}{\sin\alpha} = 1$

$$x(0) = \lim_{\alpha \to 0} x(\alpha) = \frac{2a}{\pi}. \quad (1.26)$$

Mit Hilfe der archimedischen Formel für die Kreisfläche $F = \frac{1}{2}Ur$, wobei U der Kreisumfang ist, bereitet eine Quadratur keine Probleme, denn die Länge des Viertelkreisbogens $BE\varDelta$ wurde in der gerade genannten Proportion als $\dfrac{a^2}{\varGamma\varTheta} = \dfrac{1}{2}a\pi$ bestimmt.

Gegen die bei der Quadratur durchgeführten Betrachtungen erhob am Ausgang der Antike Sporos (3. Jh. n. Chr.) Einwände. Er monierte u. a., daß die Koordinierung der Bewegungen bereits die Möglichkeit der Rektifikation des Viertelkreisbogens voraussetze. Damit wird bemerkenswerterweise zwischen der realen „geometrischen Konstruierbarkeit" und der gedachten mathematischen Existenz im modernen Sinn unterschieden. In der *Zweiten Analytik* des Aristoteles hatte bereits Philoponos berichtet:

> Denn die den Kreis quadrieren, forschen nicht danach, ob es möglich sei, daß ein dem Kreis flächengleiches Quadrat existiere, sondern in der Meinung, daß dies so sein könne, versuchten sie ein dem Kreise gleiches Quadrat zu konstruieren. (Becker 1975, 96)

1.5.3 Tangenten

Bei Euklid (*Elemente* III, 2) steht die einzige uns aus der Antike bekannte Definition einer *Tangente* an eine Kurve für den Fall eines Kreises:

> Daß sie den Kreis berühre (Tangente sei), sagt man von einer geraden Linie, die einen Kreis trifft, ihn aber bei Verlängerung nicht schneidet.

Aufgrund der Symmetrie des Kreises liegt die Konstruktion der Tangente nahe, aber der Satz aus *Elemente* III, 12, der eine weitere Gerade im Winkelraum zwischen Tangente und Kreisbogen ausschließt, zeigt, wie sorgfältig argumentiert wurde. Diese *statische* Tangentendefinition wird sinngemäß bei allen anderen Kurven (wie Kegelschnitten und Spiralen) benutzt. Erst im 17. Jahrhundert begann man, die Tangenten *dynamisch* als Grenzlage einer Sekantenfolge zu erklären.

In den Fällen, die die Griechen betrachteten, waren die Tangentenaufgaben einfacher als die Quadratur von Flächenstücken: denn Kreis und Ellipse waren schwierig zu quadrieren, aber Tangenten konnten an diese Kurven leicht gezogen werden. Auch für die Hyperbel war das gelungen, die sich in der Antike der Quadratur entzogen hatte, und Archimedes konnte sogar Tangenten an die von ihm definierte Spirale konstruieren. Apollonius behandelte in seinem Buch über Kegelschnitte (*Konika*) Tangenten, die auch bei ihm diejenigen Geraden sind, welche mit dem Kegelschnitt einen Punkt gemeinsam haben und im übrigen außerhalb desselben verlaufen (Apollonius 1967, I, 33 - 34). Apollonius zeigte analog zu Euklid, daß zwischen Tangente und Kegelschnitt keine weitere Gerade gelegt werden kann (Apollonius 1926/1967, I, 32). Noch Galilei (1638) wiederholt für die Parabeltangente den Beweis des Apollonius.

1.6 Philosophische Reflexionen über das unendlich Kleine

Nach H. Weyl wird der lebendige Mittelpunkt der Mathematik durch das kurze Schlagwort *Wissenschaft vom Unendlichen* charakterisiert, und Weyl weist darauf hin, daß es die große Leistung der Griechen gewesen sei, diese Spannung zwischen dem Endlichen und dem Unendlichen für die Erkenntnisgewinnung fruchtbar gemacht zu haben (Weyl 1966, 89). Andererseits hat H. Hankel geschrieben:

> Solange es griechische Geometer gab, sind dieselben immer vor jenem Abgrund
> des Unendlichen stehen geblieben. (Hankel 1874, 213)

Am Ausgang der Antike hat Proklos, der Leiter der Platonischen Akademie in Athen, in seinem Euklidkommentar das Hand-in-Hand-Gehen von Philosophie und Mathematik in der Antike ausführlich dargestellt (Proklos 1945, 157 ff). Daher sind auch einige knappe Bemerkungen über die griechische Philosophie erforderlich, wenn das Problem des Unendlichen in der Antike skizziert werden soll.

Die griechischen Naturphilosophen fragten in einer Welt, in der beständig ein *Werden* und *Vergehen* wahrgenommen wird, nach dem *unwandelbaren Wesen* der Dinge, dem *eigentlichen Sein*, das hinter diesen Veränderungen vermutet wurde. Im Kosmos galt der supralunare Bereich, also alles jenseits der Mondbahn, schlechthin als unwandelbar, und Werden und Vergehen war nur im irdischen Bereich möglich. Es bildeten sich zwei konträre Anschauungen heraus, mit denen der Wandel begründet oder als Schein dargestellt wurde: der *Atomismus* des Demokritos und die *Ideenlehre* Platons.

Der *Atomismus* (eine Synthese der Philosophien von Heraklit und Parmenides) verlegt das *metaphysische* Problem, wie Sein möglich ist, auf die *physikalische* Ebene: es gibt die unwandelbaren Atome und weiter nichts. Die Verschiedenheit der Erscheinungen wird durch die Form, die Lage und die Bewegung der Atome hervorgerufen. Ebenso zwingend, wie sich in dieser spekulativen Philosophie das Atom als unwandelbar ergibt, erscheint als Pendant des Atoms die für die Bewegung unerläßliche *Leere*: im philosophischen Verständnis des Parmenides wäre das ein „seiendes Nichtsein".

In diesem Spannungsfeld der philosophischen und physikalischen Seinsebene sind die bekannten *Paradoxien* des Zenon von Elea (*Achilles und die Schildkröte, der fliegende Pfeil* u. a.) angesiedelt, die den Gegensatz von Diskretem und Kontinuierlichem betreffen. Zenon will damit die auf heftige Kritik gestoßene Ontologie seines Lehrers Parmenides stützen, und er problematisiert dazu den Begriff der Bewegung: obwohl wir Bewegung sinnlich (physikalisch) wahrnehmen, können wir sie nicht (mathematisch) denken. Will man beispielsweise auf einer Geraden von A nach B gelangen, so muß man einen Punkt C_1 auf der halben Strecke von A nach B erreichen, danach einen Punkt C_2 auf der halben Strecke von C_1 nach B usw. Mit anderen Worten, man kommt niemals in B an, da stets noch eine Strecke $C_n B$ zur Halbierung ansteht, womit sich die Ortsveränderung gedanklich als *unvollendbar* erweist. Zenon hat hier geometrisch das Verhalten einer konvergenten (monotonen) Folge in aller Schärfe formuliert, daß nämlich eine unendliche Folge sich ihrem Grenzwert *beliebig nähern* kann, ohne diesen jemals zu erreichen. Für Courant sind alle Versuche, einen intuitiven physikalischen Begriff wie den der Bewegung mathematisch exakt zu formulieren, wiewohl sie seit Zenon un-

1 Antike

ablässig wiederholt werden, grundsätzlich zum Scheitern verurteilt. Er schreibt in seinen *Vorlesungen über Differential- und Integralrechnung*:

> Die intuitive Idee eines Kontinuums und eines stetigen Fließens ist völlig natürlich. Aber man kann sich nicht auf sie berufen, wenn man eine mathematische Situation aufklären will; zwischen der intuitiven Idee und der mathematischen Formulierung, welche die wissenschaftlich wichtigen Elemente unserer Intuition in präzisen Ausdrücken beschreiben soll, wird immer eine Lücke bleiben. Zenons Paradoxien weisen auf diese Lücke hin. (Courant 1971, 46)

Der *operationale* Umgang mit Zenons Paradoxien führte jedoch in der sogenannten Epsilontik auf eine statische Fassung des Grenzwertbegriffs, mit der die Zenonschen Aporien zwar bewältigt, aber *nicht* gelöst werden (Pietschmann 1996, 43).

Was ist das Letzte, das beim Teilen entsteht? Sind es unendlich kleine Atome oder dimensionslose Punkte? Zenon hat die physikalischen Atome an sich in Frage gestellt. Denn haben sie Größe, Dicke und Gewicht, so sind es nur endlich viele (da der griechische Kosmos endlich ist); greift man andererseits auf einen alten Gedanken des Anaxagoras zurück, mit dem das geometrische Kontinuum beschrieben, so gibt es im Kleinen (Großen) kein Kleinstes (Größtes), und diese stetige Teilbarkeit verlangt als Antithese unendlich viele Atome, da jedes Linienstück weiter teilbar wäre. Also wären die letzten Teile wiederum so klein, daß sie keine Größe haben könnten. Solche Größen ohne Ausdehnung würden aber an anderem Seienden nichts ändern: „Denn was ein Ding nicht größer oder kleiner macht, wenn man es zu dem Ding hinzufügt oder von ihm wegnimmt, das - so sagt Zenon - gehöre nicht zum Seienden." (Aristoteles, *Metaphysik*, B4, 1001b). Man vergleiche mit dieser Aussage Johann Bernoullis Axiome der Differentialrechnung (Kap. 4.2).

Das *atomistische Bild* des Kontinuums, also eine diskontinuierliche Raumstruktur wie es etwa eine als endliche Perlenschnur aufgefaßte Gerade wäre, erweist sich andererseits bereits bei einem so einfachen Vorhaben wie dem des Teilens als problematisch, da nicht vermieden werden kann, sofern man dabei die alte elementare Lehre von den geraden und ungeraden Zahlen einbezieht, daß Schnitte auch auf unzerlegbare Atome fallen. Aber die Gerade als eine Vereinigung von ausdehnungslosen Größen aufzufassen, erscheint gleichfalls ungereimt. „Inwiefern sollen die Punkte in der Linie enthalten sein?" fragt Aristoteles (*Metaphysik*, A9, 992a), und er betont immer wieder: „Punkt an Punkt reiht sich nicht [zur Linie]."

Es bleibt jedoch die Möglichkeit, Größen durch die *Bewegung* anderer Größen hervorzubringen. Antike Ansätze gibt es schon bei Platon, wo der Punkt die Linie erzeugt, obwohl Platon die Bewegung als Werden nicht zur Ideenwelt zählt. Auch Euklid, der weitgehend bestrebt ist, der Forderung Platons nachzukommen, Bewegungen als Veränderungen in mathematischen Darstellungen zu vermeiden, läßt in den Definitionen der *Elemente* XI Bewegungen zu (in den vorangehenden Büchern gab es keine „Bewegungsgeometrie"), um Rotationskörper wie Kugel oder Kegel zu erklären. Ähnlich verfahren Apollonius und Proklos, und die mechanische Methode des Archimedes findet hier ihre philosophische Rechtfertigung. Erst nach der Antike (z. B. Oresme) bürgert sich der Begriff des *Fließens* einer Größe allgemein ein; er ist bei Napier oder Barrow ganz selbstverständlich, und er wird bei Newton in abgeänderter Form zentral.

Aristoteles läßt das Unendliche nur als ein Werdendes (als ein *Potentielles*) und nicht als ein vollendetes Sein (als ein *Aktuales*) zu. Es gibt keinen Abschluß der natürlichen Zahlenreihe, und eine geometrische Größe ist unbegrenzt teilbar. Die Auffassung der Autorität Aristoteles war folgenreich und bis zu G. Cantor eine verbreitete Anschauung. Beispielsweise protestierte Gauß gegen den Gebrauch des Unendlichen als einer vollendeten Größe. Bemerkenswerterweise lehnte auch G. Cantor die Verwendung unendlich kleiner Größen strikt ab.

Der Atomismus hat für das mathematische Denken fruchtbare heuristische Bilder wie das der *Indivisiblen* geliefert. Jedoch sind seine begrifflichen mathematischen Möglichkeiten gegenüber einem Kontinuitätsprogramm eingeschränkt (man versuche z. B. eine „atomare" Erklärung des Kreises), und so entfaltete sich die Mathematik und die mathematische Physik unter dem Dach der Platonischen Philosophie. Das Denken konzentriert sich bei Platon auf das eigentliche Sein ohne ein Werden (auf die Idee), und es überließ das ständige Werden (ohne ein bleibendes Sein) den Sinnen, denn nur ersteres führt zur Wahrheit, letzteres nur auf Meinungen. Mathematik ist für Platon die Erkenntnis des ewig Seienden. Der Kritik des Protagoras, daß eine tatsächlich gezeichnete Tangente einen Kreis in mehr als einem Punkt treffe, begegnet Platon mit dem Hinweis, daß das in der realen Welt der Erscheinungen wohl so sei, aber nicht in der idealen Welt des Denkens, von deren Begriffen wir Plato zufolge ein „angeborenes" Vorwissen haben. Sinnlich erfaßbare Dinge haben nur teil an den Ideen, und über die Geltung der Mathematik in der Wirklichkeit sei keine strenge Wissenschaft möglich.

2 Vorläufer der Differential- und Integralrechnung

Jan van Maanen

2.1 Motivationen

Dieses Kapitel konzentriert sich auf drei Texte aus der Vorgeschichte der Differential- und Integralrechnung. Sie dienen als Kerne, um die herum mehrere andere Entwicklungen vor 1680 angeordnet werden.

Der erste ist Frans van Schootens Kommentar von 1659 über die Methode Descartes' für die Konstruktion der Normalen einer Kurve. Darin erörtert van Schooten mehrere der vor der Erfindung der Differentialrechnung benutzten Verfahren und legt außerdem weitere eigene Ergebnisse vor. Spätere Autoren weisen diesem Text eine große Bedeutung zu. L'Hospital schloß 1696 seine *Analyse des infiniment petits,* das erste Lehrbuch der Differentialrechnung,) mit einem Kapitel, in welchem er nachwies, daß die Differentialrechnung dieselben Ergebnisse erbringt wie van Schootens Methoden. Die Differentialrechnung sei vorzuziehen, da sie leichter und schneller sei und außerdem für kompliziertere Ausdrücke als Polynome gebraucht werden könne.

Der zweite Text ist ein Briefwechsel zwischen Huygens und Sluse von 1658 über die Quadratur der Kissoide (Efeublattkurve). Die beiden Briefschreiber verwendeten mehrere Quadraturverfahren und kamen zu eleganten und befriedigenden Ergebnissen. Nur dreizehn Jahre später konnte Newton diese originellen und scharfsinnigen geometrischen Erkenntnisse durch ein paar Formelzeilen ersetzen.

Die Differential- und Integralrechnung entstand erst, als den Mathematikern klar wurde, daß Differentiation und Integration umgekehrte Operationen sind. Ein Text von Barrow (1674) zeigt, daß das Wissen darüber vorhanden war, auch wenn es noch nicht genutzt wurde.

Die Mathematiker interessierten sich aus verschiedenen Gründen für diese
Themen (vgl. Kline 1972, Kap. 17.1). Ein Schwerpunkt war die quantitative
Beschreibung von Bewegungsvorgängen: die von einem Körper in einer bestimmten Zeit zurückgelegte Entfernung, die Momentangeschwindigkeit eines
Körpers, seine Beschleunigung und die Beziehung zwischen diesen drei Größen. Tangenten und Normalen an Kurven ergaben sich auch in anderen Bereichen der Physik. Der Durchgang des Lichtes durch eine Linse etwa wird mit
Hilfe der Normalen auf die Oberfläche der Linse beschrieben, und dies war
eindeutig Descartes' Motivation für seine Methode zur Konstruktion von
Normalen. Bei der Untersuchung eines Körpers, der sich längs einer Bahn
bewegt, also einem üblichen Thema der Himmelsmechanik, benötigte man die
Tangente an diese Bahn als Richtung der Geschwindigkeit. Die Bestimmung
von Normalen und Tangenten ermöglichte die Behandlung von Extremwertproblemen, die sich in der Physik, der Astronomie und der Mathematik stellten. Weitere Probleme betrafen Kurvenlängen, Flächen zwischen Kurven,
Volumina und Schwerpunkte von Körpern. Seit Kepler und Cavalieri versuchten die Mathematiker, dafür Lösungsmethoden zu finden. Manche Lösungen waren aus den Werken des Archimedes bekannt, doch seine Exhaustionsmethode betraf den Beweis von Ergebnissen und sagte nicht, wie man sie
finden konnte. Daher gab es einen großen Bedarf an heuristischen Verfahren.

2.2 Die Analyse von Kurven in der *Geometria*-Ausgabe von 1659

2.2.1 Descartes verbindet Geometrie und Algebra (1637)

Dreitausend Jahre lang waren Geometrie und Algebra relativ getrennte Disziplinen gewesen, bis 1637 Descartes' *La Géométrie* erschien.

René Descartes wurde 1596 in La Haye bei Tours in eine Adelsfamilie hineingeboren. Aus den Werken von Clavius erhielt er eine gründliche Ausbildung in der damals modernen Geometrie. 1618 machte er nach seinem Juraexamen eine Rundreise durch Europa, trat als Freiwilliger der holländischen
und der bayerischen Armee bei und besuchte von Dänemark bis Italien andere
Gelehrte. 1628 ging er nach Holland, dessen liberale Atmosphäre er bei einem
früheren Aufenthalt genossen hatte. Bis 1648 wohnte und arbeitete er dort an
verschiedenen Orten. In dieser Zeit knüpfte er gute Kontakte in der holländischen Gesellschaft an, zum Beispiel mit dem Staatsmann Constantijn Huygens, dem Vater von Christiaan Huygens, und dem jungen Leydener Mathematiker Frans van Schooten. Eigenständig entwickelte er seine rationalistische
philosophische Methode, die er 1637 unter dem Titel *Discours de la méthode*

2 Vorläufer der Differential- und Integralrechnung

in Leyden veröffentlichte, seine Kosmologie und - für dieses Kapitel entscheidend - seine neue Auffassung von Geometrie und Algebra, die in der *Géométrie* als Anhang zum *Discours* veröffentlicht wurde. In Briefwechseln kämpfte er gegen Fermat, Roberval und andere für seine Ansichten.

1648 nahm er eine Einladung Königin Christinas von Schweden nach Stockholm an. Das Leben dort war schwer, da die Königin Philosophieunterricht um fünf Uhr morgens wünschte und Descartes nicht im königlichen Palast wohnte. Descartes erkältete sich und starb am 11. Februar 1650.

Einer der Grundgedanken der *Géométrie* ist es, die Algebra als Methode zur Lösung geometrischer Konstruktionsprobleme einzusetzen. In der klassischen Geometrie erfordert jedes Problem eine neue Erkenntnis, und in manchen Fällen, wie der Dreiteilung des Winkels, fehlten solche Einsichten seit dem Altertum. Erfahrung war nützlich und führte zu besseren Ergebnissen, aber es gab ein starkes Bedürfnis nach einem allgemeinen und wirksamen Verfahren. Descartes schlug ein solches Verfahren in Form eines Algorithmus vor:

- erstelle ein Diagramm, in dem Du die gegebene Situation und die als bekannt angenommene Lösung darstellst
- benenne die zugehörigen Strecken mit Buchstaben
- übersetze das geometrische Problem in eine oder mehrere Gleichungen, in denen die eingeführten Buchstaben verknüpft sind
- löse die Gleichung(en) und
- übersetze den algebraischen Ausdruck der Lösung in eine Reihe geometrischer Operationen, aus denen sich die gesuchte Strecke ergibt.

Descartes wandte den Algorithmus in der *Géométrie* erstmals zur Analyse eines Problems von Pappos an. Pappos und vor ihm Appolonius hatten an diesem Problem, das eine Anzahl von Geraden betraf, gearbeitet. Appolonius betrachtete drei oder vier Geraden, Pappos fügte die Fälle von fünf oder sechs Geraden hinzu, und Descartes weitete das Problem auf eine beliebige Anzahl von Geraden aus. Die Aufgabe bestand dann darin, alle Punkte C einer Ebene so zu konstruieren, daß im Falle von $2n$ Geraden das Produkt der Entfernungen d_i der ersten n Geraden von C in einem festen Verhältnis zum Produkt der Entfernungen von den letzten n Geraden steht. Im Falle von drei Geraden soll $d_1^2 = c \cdot d_2 d_3$ sein; und wenn die Anzahl der Geraden ungerade und mindestens fünf ist, dann soll d_{2n} konstant sein.

Descartes' Lösung des allgemeinen Falls ist umfangreich (vgl. Descartes 1637/1969, 8 - 18, 27 - 36). Aus Platzgründen untersuchen wir daher, wie sein Algorithmus bei einem anderen Problem funktioniert, das von seinem Hauptinterpreten van Schooten behandelt wurde. Es lautet:

Eine gegebene Strecke *AB*, auf der ein Punkt *C* liegt, so nach *D* zu verlängern, daß das Rechteck mit den Seiten *AD* und *BD* gleich dem Quadrat über der Seite *CD* ist. (van Schooten 1659 - 1661, 149)

Nach Descartes' Anweisung fertigte van Schooten ein Diagramm (Abb. 2.1) an,

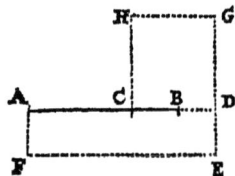

Abbildung 2.1: van Schootens Diagramm

in dem er den Punkt *D* einfügte, als sei er bereits gefunden. Die relevanten Strecken erhielten Namen: *AC* = *a*, *CB* = *b* und *BD* = *x*. Die Seiten des Rechtecks (in Abb. 2.1 *ADEF*) waren dann *AD* = *a* + *b* + *x* und *BD* = *x*, und seine Fläche betrug daher (*a*+*b*+*x*)*x*. Die Fläche des Quadrats *CDGH* betrug entsprechend $(b+x)^2$. Das geometrische Problem war also algebraisch umformuliert:

$$(a+b+x)x = (b+x)^2 \qquad (2.1)$$

Dann löst man nach *x* auf, was

$$x = \frac{b^2}{a-b} \qquad (2.2)$$

ergibt.

Schließlich mußte van Schooten diesen Ausdruck für *BD* in eine Folge von Konstruktionsschritten umsetzen. Er bemerkte, daß die letzte Gleichung äquivalent zu $x : b = b : (a-b)$ ist und daß daher eine Konstruktion, die auf zwei ähnlichen Dreiecken beruht, zum Ziel führen würde, was sich leicht verifizieren läßt.

2 Vorläufer der Differential- und Integralrechnung   47

Es sind dann so viele solcher Gleichungen aufzufinden, als unbekannte Linien vorhanden sind; ... (Descartes 1637/1969, 4)

Ein Problem stellt sich, wenn es mehr unbekannte Geraden als Gleichungen gibt:

... wenn sich aber nicht so viele [Gleichungen] angeben lassen, obwohl man nichts, was in der Aufgabe enthalten ist, übergangen hat, so ist die Aufgabe nicht vollkommen bestimmt. Man kann alsdann für diejenigen Unbekannten, für die sich keine Gleichungen ergeben haben, nach Belieben gewählte bekannte Linien setzen; ... (Descartes 1637/1969, 4)

Wenn das Problem zum Beispiel zu einer Gleichung in zwei Unbekannten führt, kann man y beliebig wählen und x aus der Gleichung bestimmen, zumindest ging Descartes selbst so vor.

Wieder folgte ein völlig neuer Schritt, nämlich der Gedanke, daß ein Streckenpaar in Bezug auf einige „Hauptgeraden" (in anderen Worten: Koordinatenachsen) einen Punkt bestimmt, und daß unendlich viele Paare von Streckenabschnitten eine Kurve erzeugen. In Descartes' Worten:

Indem man der Linie y der Reihe nach unendlich viele verschiedene Größen beilegt, erhält man auch unendlich viele für die Linie x, und auf diese Weise unendlich viele Punkte von der Beschaffenheit, wie der mit C bezeichnete, mit Hilfe deren alsdann die gesuchte krumme Linie beschrieben werden kann. (Descartes 1637/1969, 17)

Descartes hätte es hierbei bewenden lassen können, aber er fuhr unmittelbar fort und warf das Problem auf, wie die Normale einer Kurve durch einen ihrer Punkte zu konstruieren sei. Das war ein klassisches Problem, das auch in der geometrischen Optik Anwendungen hatte. Um den durch eine Linse gebrochenen Lichtstrahl zu konstruieren, benötigt man die Normale auf die Oberfläche der Linse. Wiederum wandte Descartes Algebra an, da ihm klar war, daß der von ihm gerade entdeckte Weg von der 'Gleichung in x und y' zur 'Kurve' auch in die entgegengesetzte Richtung gangbar war. In einem Gedankenblitz scheint ihm klar geworden zu sein, daß man ihre Gleichung benutzen konnte, wenn man etwas über eine Kurve wissen wollte. Es ist verblüffend, daß alle diese neuen Gedanken in einem einzigen Text auftreten.

2.2.2 Desartes über die Normalen der Ellipse

Die Ellipse ist die erste von drei Kurven, deren Normalen Descartes konstruierte.

Der Anfang ist allgemein formuliert. Eine Kurve CE ist durch eine Gleichung in x und y gegeben, die noch nicht spezifiziert ist. In unseren Worten:

Die Kurve CE sei durch die Gleichung $f(x,y) = 0$ dargestellt, in der f irgend ein Polynom in x und y ist. Man konstruiere die Normale an die Kurve durch den Punkt C.

Descartes folgte Schritt für Schritt seinem Algorithmus und begann damit, ein Diagramm zu zeichnen, in dem die Konstruktion als bereits ausgeführt angenommen wird. In diesem Diagramm (Abb. 2.2) ist CP die gesuchte Normale, A der Ursprung eines Achsensystems, dessen positive y-Achse AG ist.

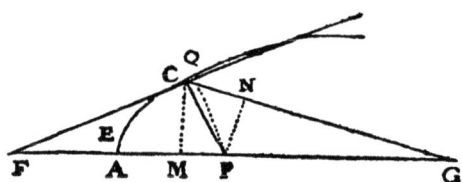

Abbildung 2.2: Konstruktion der Normale in C

Die positive x-Achse ist nicht dargestellt, aber Descartes betrachtete sie als senkrecht zu AG stehend (was nicht immer der Fall war, da er auch mit schiefen Achsen arbeitete) und nach oben positiv. Dann, sagte Descartes, sind $CM = x$ und $AM = y$ die Koordinaten von C. Er unterschied nicht zwischen allgemeinen Variablen (x und y) und den Koordinaten eines festen Punktes (x_C und y_C), hier wird aber zwischen ihnen ein Unterschied gemacht.

Nun, so fuhr Descartes fort, betrachte man die Kreise, die durch C gehen und ihren Mittelpunkt $(0, v)$ auf der y-Achse AG haben. Im Allgemeinen wird ein solcher Kreis in der Nachbarschaft von C die Kurve CE noch in einem anderen Punkt schneiden, wenn aber der Radius auf CE normal ist, haben der Kreis und die Kurve einen doppelten Schnittpunkt (x_C, y_C), und umgekehrt. Diese intuitive Beobachtung versetzte Descartes in den Stand, das Problem in die algebraische Sprache zu übersetzen, d. h. aus

Bestimme $P(0,v)$ so, daß die Kurve $f(x,y) = 0$ und der Kreis durch $C(x_c, y_c)$ mit dem Mittelpunkt P einen doppelten Schnittpunkt haben.

in

Für welches v ist (x_C, y_C), eine doppelte Wurzel des Systems

2 Vorläufer der Differential- und Integralrechnung

$$\begin{cases} f(x,y) = 0 \\ x^2 + (y-v)^2 = s^2 \end{cases} \left(s = \sqrt{x_C^2 + (y_C - v)^2} \text{ ist der Radius} \right) \quad (2.3)$$

Über die zweite Gleichung des Systems bemerkte Descartes

Das heißt $x = \sqrt{s^2 - v^2 + 2vy - y^2}$ oder $y = v + \sqrt{s^2 - x^2}$. Vermittels dieser beiden letzten Gleichungen kann ich eine der zwei Größen x und y aus der Gleichung eliminieren, die die Beziehung zwischen den Punkten der Kurve CE und denen der Geraden GA (...) ausdrückt. Das Ergebnis ist dann eine Gleichung mit nur einer Unbekannten x oder y. (Descartes 1637/1969, 43)

Um die Ellipse untersuchen zu können, brauchte Descartes ihre Gleichung $f(x,y) = 0$, und da war sie auch schon, wie das Kaninchen aus dem Hut des Zauberers.

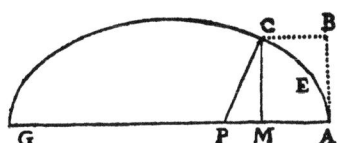

Abbildung 2.3: Der Fall der Ellipse

In Abbildung 2.3 ist die positive y-Achse von A nach links gerichtet:

$$x^2 = ry - \frac{r}{q} y^2 \quad (2.4)$$

Er gab keine weitere Erklärung zu dieser Gleichung außer einem Verweis auf Satz 13 des Buchs I von Apollonios' *Konika* und der Mitteilung, daß r und q *latus rectum* und *latus transversum* seien. Van Schooten gab weitere Einzelheiten an (siehe unten). In diesem Fall war der Schritt der Elimination trivial, denn

$$\begin{cases} x^2 = ry - \dfrac{r}{q} y^2 \\ x^2 + (y-v)^2 = s^2 \end{cases} \qquad (2.5)$$

gestattet die unmittelbare Auflösung nach x^2, was Descartes zu

$$s^2 - v^2 + 2vy - y^2 = ry - \dfrac{r}{q} y^2 \qquad (2.6)$$

führte. Dies aber, so meinte er, sollte besser in

$$y^2 + \dfrac{qr - 2qv}{q-r} + \dfrac{qv^2 - qs^2}{q-r} = 0 \quad \text{(das ist die 'resultierende Gleichung')} \qquad (2.7)$$

umgeformt werden (Descartes 1637/1969, 44). An diesem Punkt verließ Descartes die Ellipse und führte die Elimination für die anderen beiden Kurven durch.

Danach kehrte er auf die allgemeine Ebene zurück und erörterte die Tatsache, daß die resultierende Gleichung entweder in x oder in y x_C oder y_C als doppelte Wurzel haben müsse. Wenn sie also durch den Koeffizienten der höchsten Potenz der Unbekannten (vgl. die Division durch $q-r$ im Fall der Ellipse) dividiert wird, müßte die resultierende Gleichung von einem der beiden folgenden Typen sein:

$$(x - x_C)^2 p(x) = 0 \text{ oder } (y - y_C)^2 q(y) = 0. \qquad (2.8)$$

Hier sind p und q Polynome, die mit x^{k-2} oder y^{k-2} beginnen (wobei k der Grad der resultierenden Gleichung ist) und $k - 2$ beliebige Koeffizienten für die Terme niedrigeren Grades haben. Dies ermöglichte Descartes, die Koeffizienten der resultierenden Gleichung (in der die beiden Parameter v und s erscheinen) mit den Koeffizienten von z. B. $(x - x_C)^2 p(x) = 0$ (worin $k - 2$ Parameter auftreten) zu vergleichen. Beide Gleichungen haben x^k als höchste Potenz, also müssen k Paare von Koeffizienten verglichen werden. Insgesamt lieferte dies Descartes ein System von k Gleichungen in k Unbekannten (v, s und die $k - 2$ Koeffizienten von p oder q); aus diesem System sollte zumindest v gelöst und dadurch die Position von P bestimmt werden können.

Für die Ellipse lief dieses Verfahren auf den Vergleich der 'resultierenden Gleichung' (2.7)

2 Vorläufer der Differential- und Integralrechnung 51

$$y^2 + \frac{qr-2qv}{q-r}y + \frac{qv^2-qs^2}{q-r} = 0 \qquad (2.9)$$

mit (2.8)

$$(y-y_C)^2 = 0 \qquad (2.10)$$

hinaus (hier ist $q(y) = 1$), und die gleichzusetzenden Koeffizientenpaare sind

$$\begin{cases} \dfrac{qr-2qv}{q-r} = -2y_C \\ \dfrac{qv^2-qs^2}{q-r} = y_C^2 \end{cases} \qquad (2.11)$$

Aus dem ersten Paar läßt sich v ermitteln:

$$v = y_C - \frac{r}{q}y_C + \frac{1}{2}r \qquad (2.12)$$

und hierdurch wird P vollständig bestimmt. Die Elimination von s aus dem zweiten Paar ist nicht mehr notwendig.

Nachdem er das Problem auf der algebraischen Ebene gelöst hatte, hätte Descartes den Ausdruck für v in geometrische Operationen übertragen sollen. Dieses letzte Stadium seines Algorithmus ließ er jedoch kommentarlos aus. Wir werden noch darauf zurückkommen.

Zusammenfassend hatte Descartes in einer einzigen Veröffentlichung enorme Fortschritte gemacht, doch die Anzahl seiner Zeitgenossen, die seine Arbeit verstanden, muß sehr klein gewesen sein. Für Kurven höherer Ordnung war die Methode der Normalen unbequem, da eine zunehmende Zahl von Koeffizienten verglichen werden mußte, ganz zu schweigen von transzendenten Kurven, bei denen sie überhaupt nicht anwendbar war.

2.2.3 Van Schooten über die Normalen-Methode

Von der Fülle der neuen Gedanken Descartes' erfuhr die mathematische Gemeinschaft durch die Arbeiten von van Schooten (vgl. Hofmann 1962).

Frans van Schooten wurde 1615 in Leyden geboren und studierte unter anderem bei seinem Vater Frans Sr., der Professor an der Universität von Leyden und der Ingenieursschule war. Er lernte Descartes kennen, der ihn für die Zeichnungen in seinem *Discours de la Méthode* einsetzte. Auf einer Rundreise durch Europa (1641 - 1643), die ihn auch nach Paris führte, konnte er Manuskripte von Viète und Fermat abschreiben. Wieder in Leyden drang van Schooten allmählich in akademische Kreise vor. Nach dem Tode seines Vaters 1645 wurde er 1646 zu dessen Nachfolger ernannt. Durch Privatunterricht hatte er auch großen Einfluß auf die Brüder Constantijn und Christiaan Huygens.

Van Schooten bearbeitete Descartes' *Géométrie* nachhaltig, und zwar unter drei Aspekten

- er schrieb einen Kommentar zum Text, in dem er Punkte erklärte und vervollständigte, bei denen Beweise oder Einzelschritte fehlten, er legte Grundlagen, er verknüpfte den Text mit der Theorie in anderen Publikationen, er vereinfachte Argumente und nahm Korrekturen vor,
- er systematisierte den Inhalt,
- er erweiterte den Geltungsbereichs des Textes (d. h. er nahm Verallgemeinerungen vor, beantwortete von Descartes offen gelassene Fragen, entwickelte ähnliche Fälle, schlug neue Probleme vor und erweiterte die Theorie).

1649 publizierte er eine lateinische Ausgabe der *Géométrie*. In der zweibändigen zweiten Auflage (van Schooten 1659 - 1661) wurden die Kommentare erweitert und van Schooten nahm Arbeiten seiner Schüler van Heuraet, Hudde, Huygens und de Witt auf. Diese Auflage diente als grundlegendes Lehrbuch für die Generation, die im letzten Viertel des Jahrhunderts die Führung übernahm und die Differential- und Integralrechnung einführte.

Van Schooten starb 1660 und hatte seinen Halbbruder Pieter zum Nachfolger, der nicht über das Niveau und den Neuererdrang von Frans van Schooten Jr. verfügte.

Zur Veranschaulichung der Überarbeitung van Schootens folgen nun seine Kommentare zu Descartes' Normalen-Methode.

2.2.4 Die Ellipse: Übersetzung ins Lateinische

Zuerst übersetzte van Schooten Descartes' Bestimmung der Normalen der Ellipse ins Lateinische. Die Übersetzung hält sich durchgängig eng an das Original. Zusätze werden in Kommentaren, in Gestalt von Anmerkungen in einem gesonderten Kapitel gegeben, das doppelt so lang ist wie der Text der *Geometria* selbst. Van Schooten änderte jedoch die Zeichnungen, ließ Abbildung 2.2 aus, und beschloß, Abbildung 2.3 sowohl für die allgemeine Einführung der Normalen-Methode als auch für die Ellipse bis zu dem Punkt zu benutzen, wo

2 Vorläufer der Differential- und Integralrechnung

x^2 eliminiert wird. In Kommentar K (van Schooten 1659 -61, 241) wies er seine Leser auf diese doppelte Verwendung der Figur hin.

2.2.5 Die Ellipse: Bedeutung des Textes

Van Schooten schrieb einen Kommentar (L; 241 - 242), in dem er die Gleichung der Ellipse ableitete. Da Kegelschnitte in der *Géométrie* entscheidend sind (sie erscheinen zum Beispiel in einigen Fällen von Pappos' Problem als Lösung), hatte van Schooten bereits in einem langen Kommentar (CCC; 206 - 223) die klassische appolonische Theorie der Kegelschnitte in die kartesische Sprache übersetzt. Außerdem befand van Schooten offenbar Descartes' Eliminierung von x^2 als einen zu großen Schritt, da er diesen in der zweiten Hälfte seines Kommentars L in eine Anzahl kleinerer Schritte zerlegte.

Wenn ein heutiger Mathematiker diesen Kommentar liest, würde er ihm überflüssig erscheinen, zu einer Zeit aber, wo noch niemand mit algebraischen Argumenten in einem Text über Geometrie vertraut war, muß er eine wichtige Klärung geboten haben.

2.2.6 Die Ellipse: weitere Untersuchungen

Während Descartes seine Erörterung der Ellipse mit zwei Beispielen von Kurven höherer Ordnung fortgesetzt hatte, ergänzte van Schooten die Erörterung der Ellipse durch einige Bemerkungen. Zunächst wies er nach, wie die Normalen-Methode bei Hyperbel und Parabel funktioniert. Und zweitens zeigte er, wie der algebraische Ausdruck für v in eine geometrische Konstruktion der Normalen übersetzt werden kann. Es folgen einige Zitate aus seinem Kommentar M (van Schooten 1659 - 61, 242 - 249). Um die Klarheit von van Schootens Darstellung zu betonen, fügen wir auch seine Ankündigung dessen an, was der Leser zu erwarten hat:

> Und da diese Art, diese Geraden zu finden (d.h. die Normalen der drei von Descartes erörterten Kurven) nicht nur elegant und fein ist, sondern auch an sich interessant und praktisch, vertraue ich darauf, daß sie denen willkommen sein wird, die sich an solcherlei Dingen üben wollen, wenn ich zeige, wie sie für die Hyperbel und Parabel zu finden sind und außerdem für die Konchoide.

Wir werden die Konchoide später erörtern, die Hyperbel auslassen und nun zuerst die Parabel behandeln.

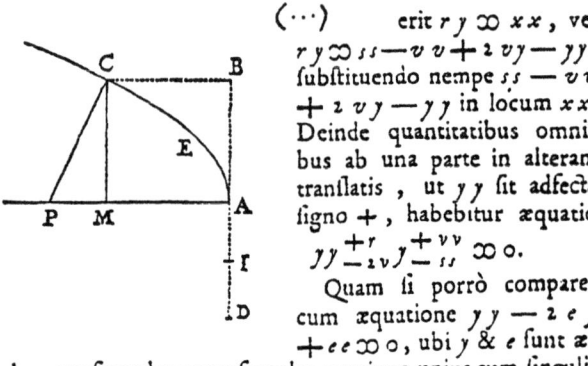

(...) erit $ry \infty xx$, vel
$ry \infty ss - vv + 2vy - yy$,
fubftituendo nempe $ss - vv$
$+ 2vy - yy$ in locum xx.
Deinde quantitatibus omnibus ab una parte in alteram tranflatis, ut yy fit adfecta figno +, habebitur æquatio
$yy \frac{+r}{-2v} y \frac{+vv}{-ss} \infty 0$.
Quam fi porrò compares cum æquatione $yy - 2ey$ $+ ee \infty 0$, ubi y & e funt æquales, conferendo nempe fingulos terminos unius cum fingulis alterius: nimirum, fecundum $+r - 2v$ cum fecundo $- 2e$, invenietur $v \infty e + \frac{1}{2}r$, vel $v \infty y + \frac{1}{2}r$. (...)

Abbildung 2.4: Die Normalen der Parabel (van Schooten 1659 - 1661, 246)

$AD = r$ sei das *latus rectum*, und $CM = AB = x$, $MA = BC = y$, $PA = v$ und. $PC = s$. Da nach dem elften Satz des ersten Buches von Apollonios' *Konika* das Reckteck über dem Abschnitt MA des Durchmessers und das *latus rectum* AD gleich dem Quadrat der Ordinaten CM sind, erhalten wir: $ry = x^2$, oder $ry = s^2 - v^2 + 2vy - y^2$ (d. h. durch Substitution von $s^2 - v^2 + 2vy - y^2$ für x^2). Wenn dann alle Ausdrücke so von einer Seite auf die andere gebracht werden, daß y^2 positives Vorzeichen hat, erhalten wir die Gleichung

$$y^2 + (r - 2v)y + v^2 - s^2 = 0.$$ (2.13)

Wenn man dies dann mit $(y - y_C)^2 = 0$ vergleicht, d. h., die einzelnen Terme der ersten mit den einzelnen Termen der anderen, also das zweite $r - 2v$ mit dem zweiten $-2y_C$, erhält man $v = y_C + \frac{1}{2}r$. Hieraus ist deutlich, daß man zum Zeichnen von PC nur noch das *latus rectum* AD im Punkt I in zwei Hälften teilen und dann PM gleich AI oder ID zu machen braucht.

Diese Konstruktion spricht für sich. Weniger einleuchtend ist der Fall der Ellipse. Descartes hatte ihn unbemerkt ausgelassen, doch van Schooten gab sogar zwei Konstruktionen an,

2 Vorläufer der Differential- und Integralrechnung

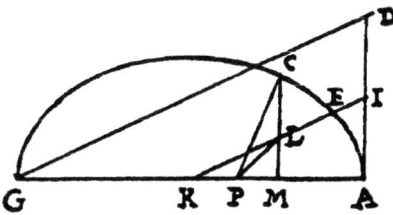

Abbildung 2.5: Auzouts Konstruktion

eine Standardlösung und eine Speziallösung, die ihm Auzout übersandt hatte. Diese letztere geht wie folgt (vgl. Abb. 2.5):
Die Ellipse $x^2 = ry - \frac{r}{y}y^2$ wird mit ihrem *latus rectum* $r = AD$ gezeichnet. AG ist gleich dem *latus transversum* q, da $x = 0$, wenn $y = 0$ oder $y = q$; also sind die Koordinaten von G gleich $(0, q)$. Auzouts Verfahren ist dann, GD zu zeichnen, dann von K als Zentrum der Ellipse eine Gerade parallel zu GD zu ziehen, die CM in L schneidet. Dann liegt P so auf AG, daß $MP = ML$.

Der Beweis beruht auf ähnlichen Dreiecken. Im gleichen Kommentar zeigt van Schooten auch, wie Tangenten direkt, ohne die Normale als Zwischenschritt, zu berechnen sind. In diesem Fall schneidet eine beliebige Gerade durch C die Kurve in C in zwei zusammenfallenden Punkten.

Bis jetzt haben wir van Schootens Arbeit bei der Übersetzung, Erläuterung, Vervollständigung und Verallgemeinerung gesehen, doch seine Forschung und die seiner Schüler gingen weit darüber hinaus. Das soll am Beispiel von Huddes Regel veranschaulicht werden.

2.2.7 Huddes Regel

Hudde (vgl. Haas 1956) studierte Jurisprudenz in Leyden und hatte bei van Schooten Privatstunden in Mathematik. Er gehörte zu der wachsenden Zahl von Studenten, die über reichliche Mittel verfügten und daher viele Jahre studieren und umherreisen konnten. Für diese Studenten lag der Schwerpunkt nicht so sehr in der Vorbereitung auf eine Arbeitsstelle, und sie konnten Themen mehr Aufmerksamkeit widmen, die nicht von direktem praktischem Interesse waren. Neben Hudde gehörten mehrere weitere bedeutende holländische Mathematiker dieser Zeit wie van Heuraet, Huygens und de Witt zu dieser neuen Art von Studenten.

Hudde trug zwei Artikel zu van Schooten bei, einen über die Reduzierung des Grades polynomialer Gleichungen, den anderen über Maxima und Minima

(1659 - 1661, 507 - 516). Dieser Artikel in Gestalt eines Briefes an van Schooten, enthält 'Huddes Regel':

> Wenn eine Gleichung zwei gleiche Wurzeln hat und mit einer beliebigen arithmetischen Progression multipliziert wird (d.h., der erste Term der Gleichung mit dem ersten Term der Progression, der zweite Term der Gleichung mit dem zweiten Term der Progression, und so weiter), dann sage ich, daß das Ergebnis eine Gleichung sein wird, in der eine der besagten Wurzeln wieder zu finden sein wird.

Kurz: Wenn $f(x) = \sum_{k=0}^{n} a_k x^k$ eine doppelte Nullstelle x_0 hat, und wenn $t_k = p + kq$ eine beliebige arithmetische Progression ist, dann ist x_0 auch eine Nullstelle von $g(x) = \sum_{k=0}^{0} a_k t_k x^k$. Hudde lieferte einen Beweis für den Fall einer Gleichung fünften Grades, der sich leicht auf den allgemeinen Fall erweitern läßt. Obwohl die Progression t_k beliebig ist, arbeitete man normalerweise mit $q = 1$ und fast immer mit $p = 0$.

Im Fall der Normalen der Ellipse, wo Descartes die doppelte Wurzel y_C der 'resultierenden Gleichung' (2.7)

$$y^2 + \frac{qr - 2qv}{q - r} y + \frac{qv^2 - qs^2}{q - r} = 0 \qquad (2.14)$$

bestimmen mußte, ist der Unterschied zwischen dem Verfahren Descartes' und dem von Hudde nicht sehr groß. Hudde ergibt in diesem Fall: y_C ist eine doppelte Wurzel der Gleichung, also ist y_C immer noch eine Wurzel, wenn man

$$\begin{array}{ccccc} y^2 & + \dfrac{qr - 2qv}{q - r} y & + \dfrac{qv^2 - qs^2}{q - r} & = 0 & \text{mit} \\[1em] 2 & 1 & 0 & & \text{multipliziert,} \\ \hline \text{was} \quad 2y^2 & + \dfrac{qr - 2qv}{q - r} & & = 0 & \text{ergibt.} \end{array} \qquad (2.15)$$

Diese Gleichung hat eine Wurzel $y_C \neq 0$, so daß

$$2y_C + \frac{qr - 2qv}{q - r} = 0 \text{ oder } 2y_C(q - r) + qr - 2qv = 0 \qquad (2.16)$$

2 Vorläufer der Differential- und Integralrechnung 57

mit $v = y_C - \frac{r}{q} y_C + \frac{1}{2} r$, wie zuvor in (2.12).

Die Regel ist vorteilhafter, wenn die 'resultierende Gleichung' wie in folgendem Beispiel von höherem Grade ist. Es wird ein Teil von van Schootens Kommentar O (1659 - 1661, 250 - 255) zu Descartes unbewiesener Konstruktion der Normalen der Konchoide (1637/1969, 43 - 52) paraphrasiert.
K sei die Konchoide mit Kanon AG, Pol G und Intervall AE (vgl. Abb. 2.6).
Man setze $AG = b$, $AE = LC = c$, $AB = x_C$ und $AM = y_C$. Dann lautet die Gleichung von K $x^2 y^2 = (c^2 - y^2)(y + b)^2$. Mit einer längeren Argumentation, die hier ausgelassen werden kann, zeigte van Schooten, wie die Formel zu finden ist.

Van Schooten nahm $P(0,-v)$ als Mittelpunkt und $CP = s$ als Radius des Kreises an, der K in $C(x_C, y_C)$ berührt. Durch das System

$$\begin{cases} x^2 y^2 = (c^2 - y^2)(y+b)^2 \\ x^2 + (y+v)^2 = s^2 \end{cases} \tag{2.17}$$

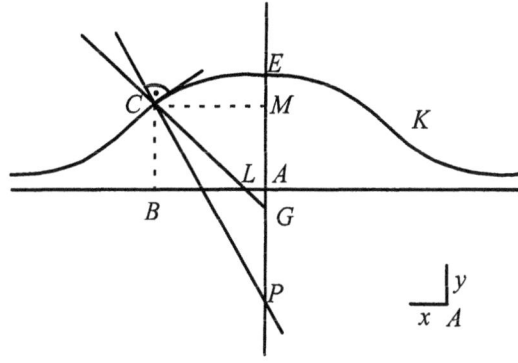

Abbildung 2.6: Die Normale der Konchoiden

findet van Schooten nach Elimination von x

$$y^3 + \frac{1}{2v - 2b}\left\{(c^2 - b^2 + v^2 - s^2)y^2 + 2bc^2 y + b^2 c^2\right\} = 0. \tag{2.18}$$

Bis hierhin stimmen die Methoden von Descartes und Hudde überein. Descartes' Methode fährt wie folgt fort: da (2.18) y_C als doppelte Wurzel hat, muß (2.18) von der Form

$$(y-y_C)^2(y+f) = y^3 +(f-2y_C)y^2 +(y_C^2-2y_Cf)y + y_C^2 f = 0 \qquad (2.19)$$

sein.
Die Gleichsetzung der entsprechenden Koeffizienten von (2.18) und (2.19) erzeugt ein System von drei Gleichungen in v, s und f, von denen zwei

$$\begin{cases} \dfrac{b^2c^2}{2v-2b} = y_C^2 f \\ \dfrac{bc^2}{v-b} = y_C^2 - 2y_C f. \end{cases} \qquad (2.20)$$

sind.
Dies ist bereits ein System nur in f und v, und die Elimination von f ergibt:

$$v = b + \frac{bc^2}{y_C^2} + \frac{b^2c^2}{y_C^3}. \qquad (2.21)$$

Um Huddes Regel anzuwenden schreibt van Schooten (2.18) wie folgt um:

$$\underbrace{\frac{b^2c^2}{y^2}}_{} + \underbrace{\frac{2bc^2}{y}}_{} + \underbrace{c^2-b^2+v^2-s^2}_{} \underbrace{-2by+2vy}_{} = 0$$

mal $t_k = k$: $\quad -2 \qquad\quad -1 \qquad\qquad 0 \qquad\qquad\quad 1$

ergibt $\quad \dfrac{-2b^2c^2}{y^2} - \dfrac{2bc^2}{y} \qquad\qquad\qquad -2by+2vy = 0,$

$$(2.22)$$

und da y_C als eine Wurzel dieser Gleichung bekannt ist, gelangt van Schooten wiederum zu (2.21).
Der Wert von Huddes Regel, eindeutig die bequemere der beiden Methoden, wurde von Huddes Zeitgenossen erkannt. Newton zum Beispiel lernte sie zwischen 1664 und 1666 kennen, als er die Ausgabe der *Geometria* von 1659 studierte und umfassend nutzte. Sie wurde auch für die Bestimmung von Maxima und Minima algebraischer Kurven verwendet, eine Anwendung, die unten erörtert wird.

2.2.8 Exkurs: Fermat

Dieses Kapitel würde sich von einer anderen Perspektive als der Achse Descartes-van Schooten völlig anders ausnehmen. Mit Sicherheit hätte Descartes' Hauptkonkurrent Fermat eine wesentlich größere Rolle zugewiesen werden müssen. In der hier eingenommenen Sicht jedoch ist Fermat auch wichtig, da van Schooten (1659, 253 - 255) nachwies, wie Normalen

auch auf andere Weise untersucht werden können, das heißt, mit Hilfe des *Methodus de Maximis et Minimis*, dessen Verfasser der verehrte Herr de Fermat ist, Mitglied des Parlaments von Toulouse, eine Methode, die Hérigone in einem Anhang zu seinem *Cursus Mathematicus* mit einigen Beispielen veranschaulicht hat, und die nach einem dortigen Hinweis auch zur Auffindung von Tangenten benutzt werden kann.

Genau wie Descartes scheint Fermat seine Methode zur Auffindung eines Maximums oder Minimums für einen bestimmten algebraischen Ausdruck $I(x)$ auf eine Argumentation mit doppelten Wurzeln aufgebaut zu haben. Wenn x_M der Wert ist, für den der Extremwert angenommen wird, dann gibt es in einer kleinen Umgebung von x_M zu jedem $x < x_M$ ein e, so daß $x_M < x+e$ und $I(x+e) = I(x)$. Dadurch wird ausgedrückt, daß in der Nähe eines Extremums die zur x-Achse parallelen Sekanten den Graphen in zwei verschiedenen Punkten schneiden, während die Extremstelle dadurch charakterisiert ist, daß die Sekante zur Tangente wird und das Schnittgebilde sich auf einen doppelt zählenden Punkt reduziert. Folglich werden aus der Gleichung $I(x+e) = I(x)$ gemeinsame Ausdrücke in x entfernt, und die sich ergebende Gleichung dann durch e dividiert. Etwa verbleibende Ausdrücke in e werden gestrichen, und die Ergebnisgleichung wird nach x_M aufgelöst.

Spätere Autoren konnten nur schwer der Versuchung widerstehen, den Algorithmus wie folgt umzuformulieren:

$$\text{löse } \lim_{e \to 0} \frac{I(x+e) - I(x)}{e} = 0 \text{ nach } x = x_M \text{ auf}. \tag{2.23}$$

Das folgende Problem Fermats (in van Schooten nicht enthalten, vgl. Fauvel & Gray 1987, 358 - 361) veranschaulicht das Verfahren.

Den Abschnitt a so zu unterteilen, daß das Produkt des Quadrats des einen der Abschnitte mit dem anderen ein Maximum wird.

Fermats Lösung verläuft (in moderner Schreibweise) wie folgt: x sei der Teil des Abschnitts, der quadriert werden soll, das Produkt wird dann

$P(x) = x^2(a-x)$. Daher ist $P(x+e) = (x^2 + 2ex + e^2)(a-x-e)$ und der Ansatz $P(x+e) = P(x)$ führt, wenn gemeinsame Terme entfernt worden sind, zu der Gleichung

$$(2ex + e^2)(a - x - e) - x^2 e = 0. \tag{2.24}$$

Dies läßt sich durch e dividieren

$$(2x + e)(a - x - e) - x^2 = 0, \tag{2.25}$$

wonach Ausdrücke, die immer noch e enthalten, entfernt werden:

$$2ax - 3x^2 = 0. \tag{2.26}$$

Hier führt $x = 0$ offensichtlich zum Minimum $P(0) = 0$, und $x = \tfrac{2}{3}a$ ergibt das gesuchte Maximum $P(\tfrac{2}{3}a) = \tfrac{4}{27}a^3$.

Wie wandte van Schooten (1659 - 61, 253 - 255) diese Methode auf die Normale der Konchoide an? Seine Argumentation ist: Lege $P(0, -v)$ auf der y-Achse fest und verbinde es mit einem beliebigen Punkt C auf der Konchoide K. C_M sei ein Punkt auf K, bei dem PC_M ein lokales Maximum oder Minimum der Strecke PC ist. Dann ist PC_M senkrecht zu K. Wenn also die Normale in einem gegebenen Punkt $C_M(x_C, y_C)$ gesucht ist, muß v so bestimmt werden, daß PC_M ein lokaler Extremwert von PC ist. Zur Vermeidung von Quadratwurzeln entschied sich van Schooten stattdessen dafür, PC^2 zu maximieren oder zu minimieren.

K sei die Konchoide (vgl. Abb. 2.6) mit $GA = b$, $AE = LC = c$, $AM = CB = y$ und $PA = v$. Zunächst drückt van Schooten PC^2 in diesen Größen aus, und zwar über die Ähnlichkeit von $\triangle CBL$ und $\triangle GMC$:

$$\frac{CB}{CL} = \frac{GM}{GC} \text{ oder } \frac{y}{c} = \frac{b+y}{GC}, \text{ und daher } GC = \frac{bc+cy}{y}. \tag{2.27}$$

Dann wird MC^2 berechnet:

$$MC^2 = GC^2 - GM^2 = \left(\frac{bc+cy}{y}\right)^2 - (b+y)^2, \tag{2.28}$$

2 Vorläufer der Differential- und Integralrechnung   61

und schließlich wird PC^2 durch Addition von MP^2 zu MC^2 gefunden, was

$$PC^2 = \frac{b^2c^2 + 2bc^2y + c^2y^2}{y^2} - b^2 - 2by + v^2 + 2vy \quad (2.29)$$

ergibt. Um das von y abhängige PC^2 zu minimieren, wiederholt van Schooten die Berechnung von PC^2, aber jetzt mit $AM = y + e$ anstatt $AM = y$, und gelangt zu

$$PC^2 = \frac{b^2c^2 + 2bc^2y + c^2y^2 + 2bc^2e + 2c^2ey + c^2e^2}{y^2 + 2ey + e^2}$$
$$- b^2 - 2by - 2be + v^2 + 2vy + 2ve. \quad (2.30)$$

Die beiden Werte von PC^2 werden gleichgesetzt, und wenn $-b^2 - 2by + v^2 + 2vy$ von beiden Seiten weggekürzt ist, und $-2be + 2ve$ den Nenner $y^2 + 2ey + e^2$ erhalten hat, wird das Ergebnis über Kreuz multipliziert. Unter Auslassung einiger Zwischenschritte erhält man:

$$b^2c^2y^2 + 2bc^2y^3 + c^2y^4 + 2b^2c^2ey + 4bc^2ey^2 + 2c^2ey^3$$
$$+ b^2c^2e^2 + 2bc^2e^2y + c^2e^2y^2 =$$
$$b^2c^2y^2 + 2bc^2y^3 + c^2y^4 + 2b^2c^2ey + 2c^2ey^3 + c^2e^2y^{[2]} \quad (2.31)$$
$$- 2bey^4 - 4be^2y^3 - 2be^3y^2 + 2evy^4 + 4e^2vy^3 + 2e^3vy^2$$

(wobei im Original der Exponent [2] fehlt, der hier ergänzt worden ist). Wieder werden gemeinsame Ausdrücke weggekürzt. Die Teilung durch e und eine Umordnung derart, daß alle Terme in v auf einer Seite stehen, ergibt

$$2vy^4 + 4evy^3 + 2e^2vy^2$$
$$= 2b^2c^2y + 2bc^2y^2 + b^2c^2e + 2bc^2ey + 2by^4 + 4bey^3 + 2be^2y^2. \quad (2.32)$$

Dann vernachlässigt van Schooten die Ausdrücke in e und e^2, teilt durch $2y^4$ und erhält eine Gleichung, die y_C als Wurzel hat: daher

$$v = \frac{b^2c^2}{y_C^3} + \frac{bc^2}{y_C^2} + b, \quad (2.33)$$

was dasselbe ist, was er zuvor in (2.21) gefunden hatte. Van Schooten sagt, die Berechnung lasse sich abkürzen, wenn man zu Beginn die Ausdrücke in e^2 und e^3 vernachlässige, doch beim Lesen bleibt immer noch der Eindruck, daß die Regel „unseres sehr feinsinnigen und hoch geehrten Hudde" überlegen ist.

2.2.9 Extremwerte

In einem der folgenden Abschnitte seines langen Kommentars O nimmt van Schooten (1659 - 61, 250 - 270) die folgende Herausforderung von Descartes auf:

Aber ich möchte euch darauf aufmerksam machen, daß die Erfindung, von zwei Gleichungen anzunehmen, sie hätten dieselbe Form, um dann ihre Koeffizienten zu vergleichen und so aus einer Gleichung deren mehrere entstehen zu lassen, (. . .), auch bei einer Anzahl anderer Probleme angewandt werden kann, und daß dies nicht eine der geringsten unter den Methoden ist, deren ich mich bediene. (Descartes 1637/1969, 51)

Wie häufig wird diese Behauptung nicht durch weitere Beweise untermauert, und wiederum ergänzte van Schooten den Text, indem er Beispiele lieferte. Eines davon ist die Konstruktion der Wendepunkte der Konchoide (1659-61, 256 - 262), ein anderes das oben von Fermat gestellte, aber jetzt in einem geometrischeren Kontext formuliert (vgl. Abb. 2.7):

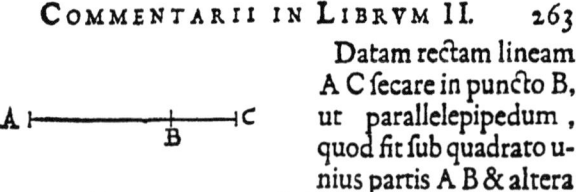

Abbildung 2.7: Das Maximum-Problem (van Schooten 1659 - 1661, 263)

2 Vorläufer der Differential- und Integralrechnung

Eine gegebene gerade Linie AC im Punkt B so zu schneiden, daß das Parallelepiped, das durch das Quadrat des ersten Teils AB und durch den anderen Teil BC aufgespannt wird, das größte aller so erzeugten Parallelepipede ist.

Mit $AC = a$ und $AB = x$ ist das Volumen $ax^2 - x^3$. Man erhält einen Extremwert b^3, wenn $ax^2 - x^3 = b^3$ eine doppelte Wurzel hat. Daher stellt sich die Frage: Bestimme x_M und b^3 so, daß x_M eine doppelte Wurzel von $ax^2 - x^3 = b^3$ ist. Mit Descartes' eigener Fortsetzung geht die Lösung wie folgt: Die Gleichung

$$x^3 - ax^2 + b^3 = 0 \tag{2.34}$$

läßt sich auch schreiben als

$$(x - x_M)^2 (x + f) = x^3 + (f - 2x_M)x^2 + (x_M^2 - 2x_M f)x + x_M^2 f = 0. \tag{2.35}$$

Ein Vergleich der Koeffizienten ergibt dann

$$f - 2x_M = -a, \quad x_M^2 - 2x_M f = 0 \quad \text{und} \quad x_M^2 f = b^3. \tag{2.36}$$

Die zweite führt, wenn man das Minimum vernachlässigt, das sich für $x_M = 0$ ergibt, zu $x_M = 2f$, und kombiniert mit der ersten Gleichung ergibt dies

$$x_M = \frac{2}{3}a, \text{ und daher } b^3 = \frac{4}{27}a^3. \tag{2.37}$$

Huddes Regel beschleunigt die Rechnung:

$$\begin{array}{l} \text{wenn } x_M \text{ eine doppelte Wurzel von} \quad x^3 \quad -ax^2 \quad +b^3 \quad = 0 \text{ ist,} \\ \phantom{\text{wenn } x_M \text{ eine doppelte Wurzel von} \quad} 3 \quad 2 \quad 0 \quad 0 \\ \text{dann ist es auch eine Wurzel von} \quad 3x^3 \quad -2ax^2 \quad\quad = 0, \end{array} \tag{2.38}$$

woraus sich $x_M = \tfrac{2}{3}a$ unmittelbar ergibt.

Diese Anwendung von Huddes Regel ist in van Schooten nicht enthalten, doch hatte dieser bereits ein stärkeres Beispiel ihrer Wirksamkeit gegeben. Denn er hatte Fermats Extremwertmethode angewandt, um die Normale der Konchoide zu bestimmen, die (vgl. oben) darauf beruhte, daß v so berechnet wurde, daß

$$PX^2 = \frac{b^2c^2}{y^2} + \frac{2bc^2}{y} + c^2 - b^2 - 2by + v^2 + 2vy = s^2 \quad (2.39)$$

für $X = C(x_C, y_C)$ den Extremwert annimmt.
Für dieses spezielle v ist die Ordinate y_C eine doppelte Wurzel der Gleichung (2.39). Folglich ist y_C auch eine Wurzel der Gleichung, die sich ergibt, wenn man

	$\frac{b^2c^2}{y^2}$	$+\frac{2bc^2}{y}$	$+c^2$	$-b^2$	$-2by$	$+v^2$	$+2vy$	$= s^2$	
mit	-2	-1	0	0	1	0	1	0	multipliziert
was	$-\frac{2b^2c^2}{y^2}$	$-\frac{2bc^2}{y}$			$-2by$		$+2vy$	$= 0$	ergibt,

$$(2.40)$$

und daher

$$v = \frac{b^2c^2}{y_C^3} + \frac{bc^2}{y_C^2} + b \quad (2.41)$$

wie zuvor, aber viel schneller.

2.2.10 Exkurs: die Zykloide und eine kinematische Methode zur Konstruktion von Tangenten

Ein Problem von Descartes' Normalen-Methode, ihre algebraische Komplexität, wurde durch Huddes Regel erheblich reduziert. Das zweite Problem, daß die Methode auf transzendente Kurven nicht anwendbar ist, stellte sich aber immer noch. Van Schooten bemerkte dies und äußerte, daß er auch ein Beispiel einer Kurve behandeln wolle, die „nicht zur Geometrie gehört", also nicht algebraisch ist. Sodann erörterte er eine kinematische Konstruktion der Tangente an die Zykloide, die Roberval gefunden hatte, und verwies dafür auf Descartes, Mersenne, Galilei, Torricelli und Roberval. Die folgende Darstellung löst sich von von diesem speziellen Beispiel bei van Schooten und richtet sich auf Robervals kinematische Methode im allgemeinen (Manuskript 1638; veröffentlicht 1693; vgl. Baron 1969, 174 - 177).

2 Vorläufer der Differential- und Integralrechnung

Roberval betrachtete die Kurve als die Bahn eines Punktes, der zwei oder mehr gleichzeitigen Bewegungen unterworfen ist. Die Richtung der Tangente ist dann die Resultante ihrer Geschwindigkeitsvektoren.

Als Beispiel betrachte man die Ellipse, das ist eine Menge von Punkten, so daß die Summe ihrer Entfernungen zu zwei Brennpunkten (F_1 und F_2) konstant ist (vgl. Abb. 2.8).

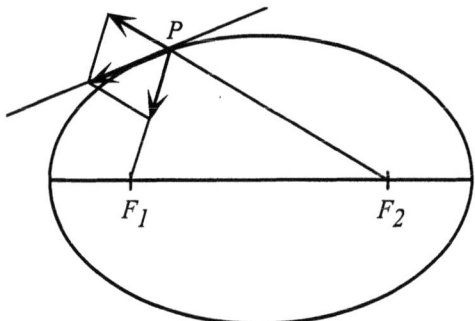

Abbildung 2.8: Die Tangente an die Ellipse nach Roberval

Das impliziert, daß ein Punkt auf der Ellipse sich mit gleichen Geschwindigkeiten von F_2 weg und auf F_1 zu bewegt, und daß die Richtung der Tangente in P durch die Summe dieser beiden Geschwindigkeiten gegeben ist.

Die Zykloide (vgl. Abb. 2.9) ist die Bahn eines Punktes P auf einem Kreis, der auf einer Geraden AB rollt. Die Bewegung von P läßt sich zerlegen in die lineare Bewegung von C,

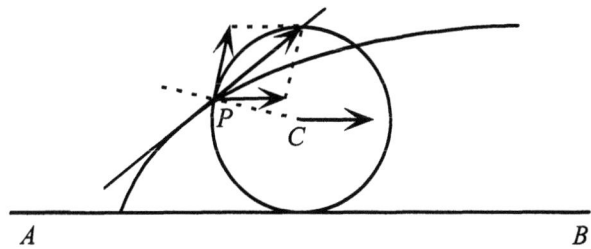

Abbildung 2.9: Die Tangente an die Zykloide nach Roberval

dem Mittelpunkt des Kreises, und die kreisförmige Bewegung entlang des Kreises. Die zwei Geschwindigkeiten, die eine parallel zu *AB*, die andere senkrecht zum Radius *CP,* sind dem Betrag nach gleich. Die Richtung der Tangente ist daher durch die Summe der beiden Geschwindigkeitsvektoren gegeben.

Roberval behandelte mehrere andere Kurven mit derselben Methode. Für Einzelheiten und spätere Kritik an der Methode vergleiche Auger (1962) und Baron (1969).

Um zum Hauptthema zurückzukehren: van Schooten präsentierte dieselbe Konstruktion, aber mit einem anderen Beweis, in dem er den rollenden Kreis als ein Polygon mit unendlich vielen Seiten betrachtete und den Fall eines auf *AB* 'abgerollten' endlichen Polygons erstmals erörterte.

2.2.11 Vorläufer der Differentiation: Schlußbemerkungen und weitere Lektüre

Vorläufer der Differentiation hat es vor 1680 viel mehr gegeben. Das ist in früheren Publikationen (vgl. Bibliographie) hervorragend beschrieben worden, aber auch in den vorangehenden Abschnitten erhält der Leser Zugang zu den gedruckten Hauptquellen, die die beiden Begründer der Differential- und Integralrechnung (und viele andere Mathematiker) inspirierten. Mathematiker von heute werden ihren Elan und ihre Zielbewußtheit immer noch schätzen.

2.3 Vorformen der Integration in den Briefwechseln von Huygens und Sluse (1658)

Ebenso wie der vorige Abschnitt eine besondere Sichtweise hatte, hat es auch dieser. Wieder ist dies kein umfassender Überblick, sondern unvollständig, gibt aber einen nützlichen Einblick in die Entwicklung der Integration:

- Er präsentiert die Arbeit von Mathematikern, die ohne Integralrechnung elegante Ergebnisse zu Flächeninhalten und Volumen erzielten.
- Er stellt einige der Hauptentwicklungen auf dem Gebiet der Quadratur dar (Keplers Verfahren, Cavalieris Indivisibeln, Guldins Lehrsatz, Wallis' *Arithmetica infinitorum*).
- Er zeigt einen scharfen Kontrast zur späteren Integralrechnung. Diese scheint viel schneller zu sein als die geometrische Quadratur, sie kann oft in

2 Vorläufer der Differential- und Integralrechnung

wenigen Minuten vollzogen werden, aber die Eleganz ist verloren gegangen.
- Er zeigt, wie sich Begriffe im Laufe der Geschichte verändern. Die Kissoide, ein zentraler Gegenstand in diesem Teil, begann ihr Leben im Altertum als spezielle Kurve zur Lösung eines speziellen Problems (der Verdoppelung des Würfels), wurde aber im siebzehnten Jahrhundert zu einem mathematischen Gegenstand, der um seiner selbst willen untersucht werden sollte. Die Suche nach ihrer Quadratur war eines der vielen Ereignisse, die der Integralrechnung zur Entstehung verhalfen.

Zur Einführung der Kissoide kehren wir für eine Weile ins Altertum zurück.

2.3.1 Die Kissoide von Diokles bis 1650

Eines der klassischen Probleme der Griechen war, mit Lineal und Zirkel die Kante eines Würfels mit dem doppelten Volumen eines gegebenen Würfels zu konstruieren. Die Algebra des neunzehnten Jahrhunderts hat bewiesen, daß eine derartige Konstruktion unmöglich ist. Unter Zuhilfenahme zusätzlicher Mittel kann ein solcher Würfel jedoch konstruiert werden, z. B. mit Hilfe der Kissoide von Diokles. Die Kissoide wird mit Hilfe eines Halbkreises vom Durchmesser AB definiert (vgl. Abb. 2.10). Auf diesem werden die gleichen Bögen AX und BC abgemessen. Von X wird die Senkrechte auf AB gefällt, die AB in Q schneidet. Dann wird die Linie AC gezogen, die QX (falls nötig verlängert) in E schneidet. Der Ort des Punktes E, wenn sich C auf dem Halbkreis von A nach B bewegt, ist die Kissoide.

In der klassischen Definition waren die Bögen AX und BC nicht größer als ein Viertel des ganzen Kreises, was impliziert, daß die Kissoide innerhalb des erzeugenden Kreises eingeschlossen war. In einem Brief an Huygens vom 14. März 1658 (Huygens *Oeuvres*, 2, 150 - 152) schlug Sluse vor, für AX und BC auch größere Bögen bis zum Halbkreis zuzulassen.

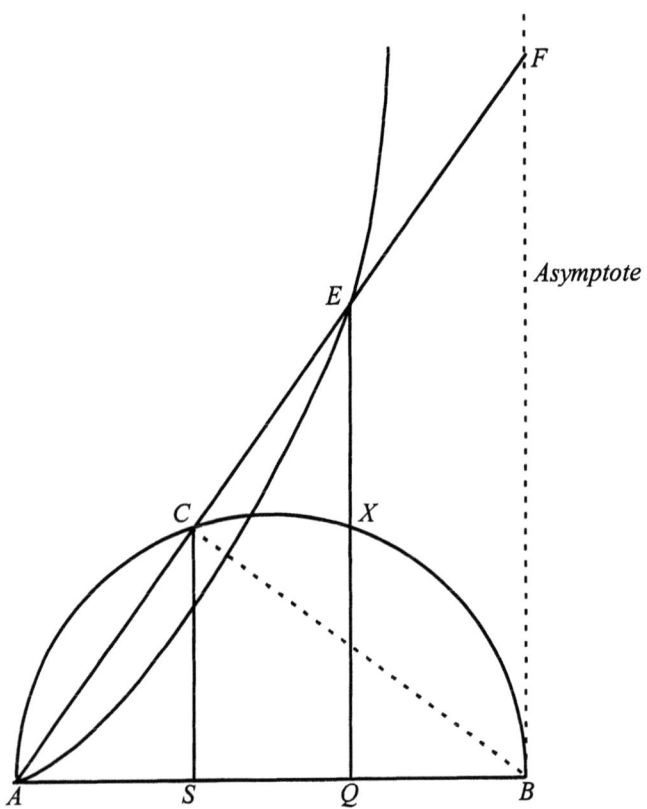

Abbildung 2.10: Die Kissoide des Diokles: Der Ort von E bei Variation von C gemäß Bogen AX = Bogen BC

In diesem Fall nähert sich die Kurve einer Asymptote, die in B als Tangente am erzeugenden Kreis anliegt.

Zwei Eigenschaften der Kissoide werden für unsere weitere Erörterung gebraucht.

Erste Eigenschaft
Wenn AC verlängert wird und die Asymptote in F trifft, dann ist die AC = EF und AE = CF, weil AS = QB.

2 Vorläufer der Differential- und Integralrechnung

Zweite Eigenschaft
Wegen ähnlicher Dreiecke gilt $EQ:AQ = CS:AS = XQ:BQ$. Aber $\angle AXB$ ist ein rechter Winkel und daher wiederum wegen der Ähnlichkeit $AQ:XQ = XQ:BQ$, so daß

$$EQ:AQ = AQ:XQ = XQ:BQ. \qquad (2.42)$$

In anderer Formulierung sind hier AQ und XQ zwei mittlere Proportionale zwischen EQ und BQ. Dies ist der Schlüssel zur Verdoppelung des Würfels.
Diokles führte die Kissoide in einem Buch über Brennspiegel etwa 185 v. C. ein, das bis zu seiner kürzlichen Wiederentdeckung in einem arabischen Manuskript aus dem fünfzehnten Jahrhundert als verloren galt. Die Kurve indessen wurde von Eutokios (etwa 450 n. C. geboren) in seinem Kommentar zu Archimedes beschrieben, und der Kommentar wurde 1544 in der Baseler Ausgabe von Archimedes' *Opera* veröffentlicht. Auf diese Weise hatten Sluse und Huygens Zugang dazu.

2.3.2 Exkurs: Torricellis Trompete

Etwa 1643 bewies Evangelista Torricelli, daß das Volumen eines durch Rotieren einer rechtwinkligen Hyperbel um ihre Achse produzierten festen Körpers endlich ist. Über Mersenne fand diese Nachricht rasch Verbreitung. Sluse und Huygens wußten davon, und es war eine ihrer Inspirationsquellen für ihre Forschungen zur Kissoide.
Es lohnt sich, Torricellis Ergebnis im einzelnen zu erörtern, da seine Beweismethoden typisch für viele Verfahren in der Vor-Integralrechnung sind. Hauptgedanke ist der von Cavalieri 1635 eingeführte Begriff der Indivisibeln. Seine in Andersen 1986 sorgfältig dargestellte subtile Methode wurde von Zeitgenossen wie Torricelli nicht völlig verstanden, doch diese konnten mit ihrer eigenen Version der Indivisiblenmethode Flächen und Volumina auf neue Art und Weise und anders als mit der Exhaustionsmethode berechnen. Sie betrachteten eine Fläche als aus einer Menge von 1- dimensionalen Elementen (im allgemeinen parallele Strecken oder konzentrische Kreise) und einen Körper als aus einer Menge von 2- dimensionalen Elementen (parallele Querschnitte oder konzentrische Zylinder) bestehend. Dann wandten sie darauf Cavalieris Postulat an, daß gleiche Indivisibeln gleichen Flächen (oder Volumina) entsprechen. In dieser Sicht bestand eine Fläche aus *omnes lineae* („alle Linien"). Mit *omnes* rechneten Cavalieris Nachfolger nach einer Reihe von Regeln, eine Vorgehensweise, die großen Einfluß auf Leibniz hatte, der seine Gedanken über Integration aus dem *omnes*-Begriff entwickelte und Cavalieris Schreibweise verwandte, bevor er das Integralzeichen einführte.

Anstatt anzugeben, wann Indivisibeln „gleich" sind, betrachten wir einige Beispiele. Zwei Parallelepipede mit derselben Basis und Höhe haben das gleiche Volumen, da sie in der gleichen Höhe gleiche Querschnitte haben (vgl. Abb. 2.11).

Abbildung 2.11: Gleiches Volumen infolge gleicher Querschnitte in derselben Höhe

Der Kreis mit Radius r und das rechtwinklige Dreieck ABC, von dem AB (die eine Kathete) gleich dem Radius und AC (die andere Kathete) gleich dem Umfang ist, sind gleich. Denn ein Indivisibel des Kreises (der konzentrische Kreis in der Entfernung d vom Mittelpunkt) ist gleich dem entsprechenden Indivisibel des Dreiecks (dem zu AC parallelen Streckenabschnitt) in derselben Entfernung d von der Spitze B (vgl. Abb. 2.12). „Gleich" bezieht sich also nicht nur auf die Länge oder Fläche der Indivisibeln, sondern auch auf ihre Entfernung von einem Bezugspunkt.

Weitere Beispiele von Torricelli und Sluse folgen nachstehend.

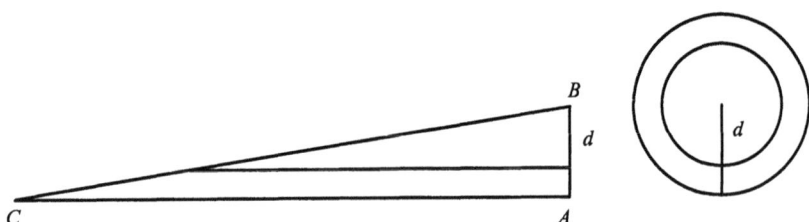

Abbildung 2.12: Gleiche Fläche wegen gleicher Indivisibeln

Torricelli schuf eine unendlich lange 'Trompete', indem er eine rechtwinklige Hyperbel um eine ihrer Asymptoten rotieren ließ und sie mit einer Ebene senkrecht zur Asymptote abschnitt. Seine Argumentation ist in Struik (1969, 227 - 231) zugänglich. Torricelli verwendete die klassische Sprache der Kegelschnitte, doch wird das Beispiel aus Gründen der Klarheit hier mit Hilfe von

2 Vorläufer der Differential- und Integralrechnung

Gleichungen dargestellt. Sei $xy = \frac{1}{2}a^2$ die Hyperbel und $x = b$ die Ebene. Dann, so behauptete Torricelli (paraphrasiert):

die Trompete zusammen mit dem Zylinder derselben Basis und der Höhe b ist gleich dem Zylinder, bei dem der Radius der kreisförmigen Basis die Achse ist (d. h., die Entfernung zwischen den Scheitelpunkten $\pm\left(\frac{a}{\sqrt{2}}, \frac{a}{\sqrt{2}}\right)$, also $2a$), und dessen Höhe gleich dem Radius der Basis der Trompete ist.

Er argumentierte wie folgt (vgl. Abb. 2.13, worin $AP = b$, PD der Radius der Basis der Trompete und $AH = 2a$ die Achse der Hyperbel ist).

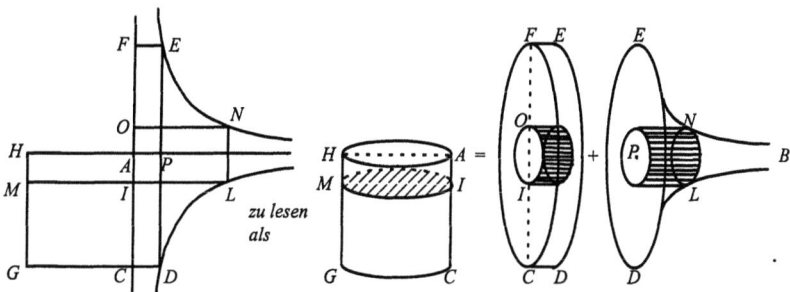

Abbildung 2.13: Torricellis Diagramm

Der aus dem Zylinder *CDEF* und der Trompete zusammengesetzte Körper besteht aus Indivisibeln in Gestalt konzentrischer Zylinder. Man nehme einen beliebigen dieser Zylinder, etwa *ILNO* (vom Radius *AI*). Seine Fläche ist gleich dem Umfang der kreisförmigen Basis × der Höhe $= 2\pi \times AI \times IL$ $= 2\pi \times \frac{1}{2}a^2 = \pi a^2$, damit (x_L, y_L) der Gleichung $xy = \frac{1}{2}a^2$ genüge. Der Zylinder *AHCG* ist aus Indivisibeln in Gestalt kreisförmiger Querschnitte zusammengesetzt, und ihre Fläche ist ebenfalls $\pi \cdot a^2$, da ihr Durchmesser *AH* mit $2a$ angenommen wurde. Daher ist das Indivisibel des ersten Körpers in der Entfernung *AI* von der Rotationsachse gleich dem Indivisibel des zweiten Körpers in derselben Entfernung von der Spitze. Cavalieris Postulat vervollständigt den Beweis.

2.3.3 Sluse und Huygens. Sluse drehte die Kissoide

Im Laufe des Jahres 1658 begannen Sluse und Huygens die Kissoide zu untersuchen.

Der 1622 in Visé bei Lüttich geborene René François de Sluse, war ein Domherr von Liège und führte als Gelehrter einen reichen Briefwechsel mit vielen anderen europäischen Gelehrten. Er starb 1685 in Liège.

Christiaan Huygens war in vielerlei Hinsicht ein besonderer Mensch. Er wurde 1629 in eine wohlhabende Familie in Den Haag hineingeboren, war daher finanziell unabhängig und konnte sich seinen Studien in Leiden bei Frans van Schooten und seiner wissenschaftlichen Arbeit widmen. Er verdiente erst 1663 in Paris durch seine Mitarbeit beim Aufbau der Académie Royale des Sciences sein erstes Geld. Im selben Jahr wurde er Mitglied der Royal Society.

Seine Arbeiten in Astronomie, Physik und Mathematik haben gemeinsame Elemente. Allgegenwärtig ist die Geometrie im streng archimedischen Stil. Ein weiterer durchgängiger Bestandteil seiner Arbeit war das Gleichgewicht zwischen praktischer Beobachtung und theoretischer Untersuchung. In Astronomie und Physik führte er lange Beobachtungsreihen durch, machte aber seine Hauptentdeckungen durch Verarbeitung dieser Beobachtungen auf einer theoretischen Ebene, und dies bedeutete häufig, daß er seine Beobachtungen mit seinen geometrischen Erkenntnissen verglich. Auf diese Weise war er 1656 imstande, Beobachtungen vom Saturn als von einer Kugel mit einem Ring herrührend zu interpretieren. Die Hartnäckigkeit bei der Arbeit an einem Problem ist ein weiteres wiederkehrendes Kennzeichen und außerdem ein gutes Gespür dafür, was 'in der Luft liegt'. Am Ende seines Lebens mußte Huygens mit den neuen analytischen Methoden von Newton, Leibniz, L'Hospital und den Bernoullis konkurrieren und verlor diesen ungleichen Kampf. Er war sein ganzes Leben lang von schwacher Gesundheit, und seine Familie mußte ihm mehrfach über depressive Phasen hinweghelfen. In seinen letzten Jahren in Den Haag, wo er 1695 starb, war er unglücklich und krank.

Die Untersuchung der Kissoide hatte einen doppelten Hintergrund. Zunächst fügte sie sich in ein umfassenderes Programm ein, das darauf zielte, die Quadratur des Kreises aus der Quadratur von Kurven abzuleiten, die mit dem Kreis in Verbindung stehen. Die Kissoide ist eindeutig eine solche Kurve. Zweitens waren Sluse und Huygens wie viele ihrer Kollegen über Torricellis Entdeckung des 'uneigentlichen Integrals' verwirrt. Sluse und Huygens versuchten, ein ähnliches Ergebnis für andere Kurven unendlicher Länge zu finden. Auch hier war die Kissoide ein Kandidat. Tatsächlich wies Sluse in seinem Brief an Huygens vom 14. März 1658 (Huygens *Oeuvres*, 2, 150 - 152) nach, wie das Rotationsvolumen der Kissoide um ihre Asymptote gefunden werden kann, und bewies, daß dieses Volumen endlich ist.

2 Vorläufer der Differential- und Integralrechnung

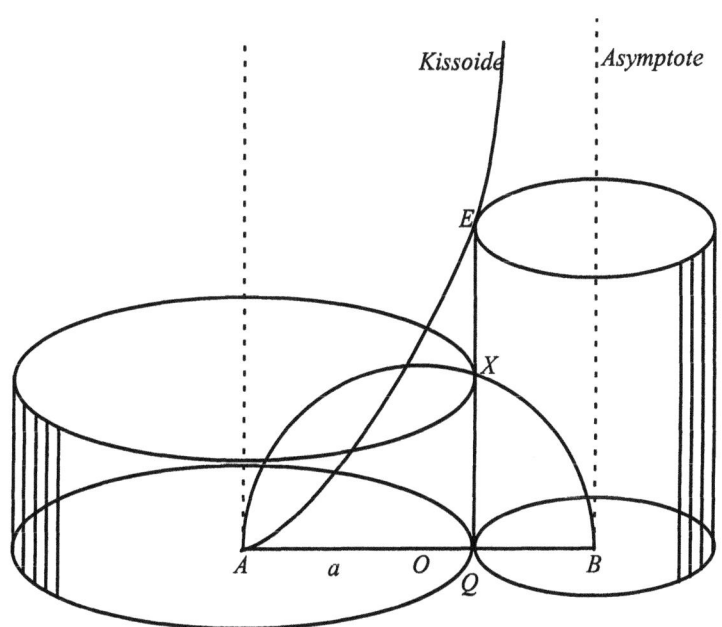

Abbildung 2.14: Rotationsvolumen der Kissoide um ihre Asymptote, als bestehend aus Zylindermänteln von der Höhe EQ und dem Radius BQ gedacht; und gleich dem Rotationsvolumen des Halbkreises um seine Tangente, der als bestehend aus Mänteln der Höhe XQ und des Radius AQ gedacht wird (wobei sich EQ senkrecht zu AB bewegt).

Dieser Beweis, der als Indivisibeln Zylindermäntel verwendet (vgl. Erläuterungen zu Abb. 2.14), beruht auf der zweiten Eigenschaft der Kissoide:

$$EQ: AQ = AQ: XQ = XQ: BQ \qquad (2.43)$$

und daher durch Überkreuzmultiplikation der äußeren Glieder,

$$EQ \times BQ = AQ \times XQ \text{ und } 2\pi \times BQ \times EQ = 2\pi \times AQ \times XQ \qquad (2.44)$$

oder

Oberfläche des Zylinders links = Oberfläche des Zylinders rechts. (2.45)

Außerdem haben die Mäntel denselben Abstand zur Asymptote. Daher ist das Volumen der Rotationskissoide um ihre Asymptote dasselbe, wie das Volumen, das sich durch Rotation des Halbkreises um seine Tangente durch A ergibt. Das Volumen dieses Körpers, der einem Apfel ähnelt, war bereits von Kepler in seiner *Neuen Stereometrie der Fässer* von 1615 berechnet worden. Die Apfel-Metapher stammt von Kepler.

2.3.4 Exkurs: Keplers Apfel

Der Titel von Keplers Buch weist darauf hin, daß der Verfasser an ein praktisches Publikum dachte, das sich mehr für Ergebnisse und klare Darstellungen interessierte als für archimedische Strenge. Das Buch enthält eine Vielfalt von Methoden, die bisweilen unmittelbar an eine bestimmte Situation angepaßt, aber manchmal auch ziemlich allgemein sind. Zwei dieser Methoden sollen hier nach Baron (1969, 110 - 115) anhand des Körpers veranschaulicht werden, den Sluse durch Rotieren des Halbkreises um seine Tangente erzeugte.

Zunächst verwandte Kepler die Technik, unendlich viele gleiche Scheiben zu erzeugen, indem er den Körper mit Ebenen durch seine Rotationsachse schnitt (vgl. Abb. 2.15 und 2.18).

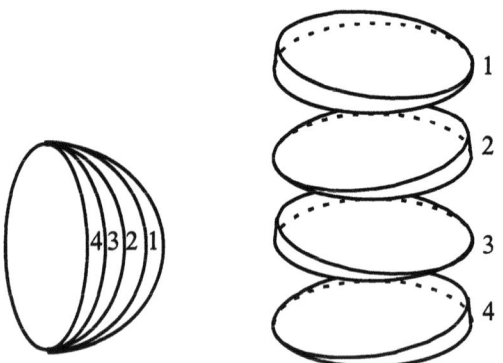

Abbildung 2.15: Zerschneiden des Apfels und Stapeln der Schnitze

In diesem Fall hat der Teil eines solches Schnitzes, der die Achse berührt, die Dicke 0, die andere Seite eine unendlich kleine Dicke, etwa t. Die Summe aller t's ist $2\pi \cdot 2a = 4\pi a$, wenn a der Radius des Kreises ist. Die Schnitze lassen sich stapeln, wobei jedesmal die Schmalseite auf die Breitseite des vorigen gelegt wird. Dies ergibt einen Zylinder mit der Grundfläche πa^2 (der Fläche des rotierten Kreises) und der Höhe $\frac{1}{2}4\pi a$ (weil zwei Schnitze zusammen t ergeben). Daher beträgt der Rauminhalt des Apfels $2\pi^2 a^3$. Kepler wandte dieselbe Methode auf den Torus an.

Wie Baron bemerkt, ist dies ein Fall von Guldins Satz, der auch dann gilt, wenn eine nicht-symmetrische ebene Figur um eine Gerade in ihrer Ebene rotiert, die die Figur nicht schneidet. In diesem Fall ist das Volumen des Rotationskörpers gleich der Fläche der rotierenden Figur mal der Länge der Bahn ihres Schwerpunkts.

Kehren wir zu dem Volumen zurück, auf das Sluse durch Rotation der Kissoide kam, und betrachten wir eine zweite Methode, durch die sich ihr Volumen bestimmen läßt, die von Kepler entwickelt wurde und Cavalieris Indivisibeln nahekommt.

Man lege in A eine Tangente an den erzeugenden Kreis (vgl. Abb. 2.16) und zeichne parallel zur Tangente eine Sehne BC. Wenn der Kreis um die Tangente rotiert, beschreibt BC einen Zylindermantel, der gleich dem Rechteck mit den Seiten BC und der Bahn von BC während einer Umdrehung ist. Nun stelle man sich vor, daß der Kreis auf einem Tisch liege und das Rechteck aufrecht auf BC stehe (vgl. Abbildung 2.17).

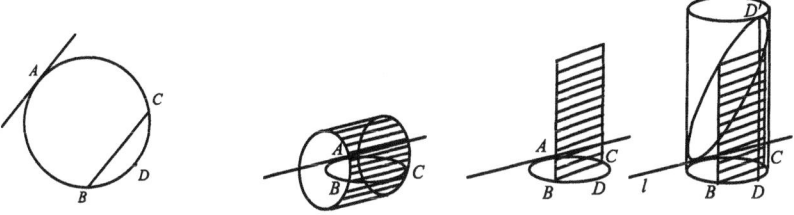

Abbildung 2.16:
Der Kreis, rotierend um seine Tangente

Abbildung 2.17: Der Körper, verwandelt in einen Zylinderstumpf

Die stehenden Seiten dieser Rechtecke, sagt Kepler, werden auf dem Zylinder sein, der den gegebenen Kreis als Basis hat, und ihre oberen Seiten werden alle in einer Ebene α liegen. Daher addieren sich diese Rechtecke zu einem Zylinder, der von der Ebene α abgeschnitten wird. Die Höhe des Zylinders ist gleich der Länge der Bahn von D, dem Punkt auf dem Kreis gegenüber von A. Dieser Zylinder wird durch die Fläche in zwei gleiche Teile zerschnitten, so daß sein Volumen wie zuvor

$\frac{1}{2}$ Kreisfläche · Pfad von $D = \frac{1}{2} \cdot \pi a^2 \cdot 2\pi \cdot 2a = 2\pi^2 a^3$ (2.46)

ist.

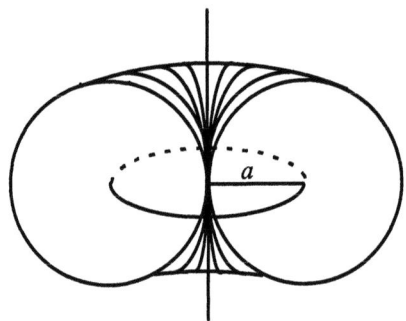

Abbildung 2.18: Keplers Apfel

Und mit einem Blick auf die Abbildungen 2.14 und 2.18 (wobei die letztere Keplers Apfel darstellt), impliziert dies, daß das Rotationsvolumen der Kissoide um ihre Asymptote die Hälfte davon ist, das heißt $\pi^2 a^3$.

2.3.5 Huygens quadriert die Kissoide

Einige Wochen nachdem Sluse das Rotationsvolumen der Kissoide bestimmt hatte, fand Huygens ihre Quadratur. Er teilte Sluse das Ergebnis am 5. April 1658 mit:

> Der unendlich ausgedehnte Raum zwischen der Kissoide *ADE*, der Asymptote *BF* und dem Durchmesser *AB* des erzeugten Halbkreises ist das Dreifache des Halbkreises,

und übersandte ihm am 28. Mai 1658 einen Beweis (Huygens *Oeuvres*, 2, 163 - 164, insb. 178 - 180). Das Folgende ist eine Paraphrase (vgl. Abb. 2.19):

2 Vorläufer der Differential- und Integralrechnung

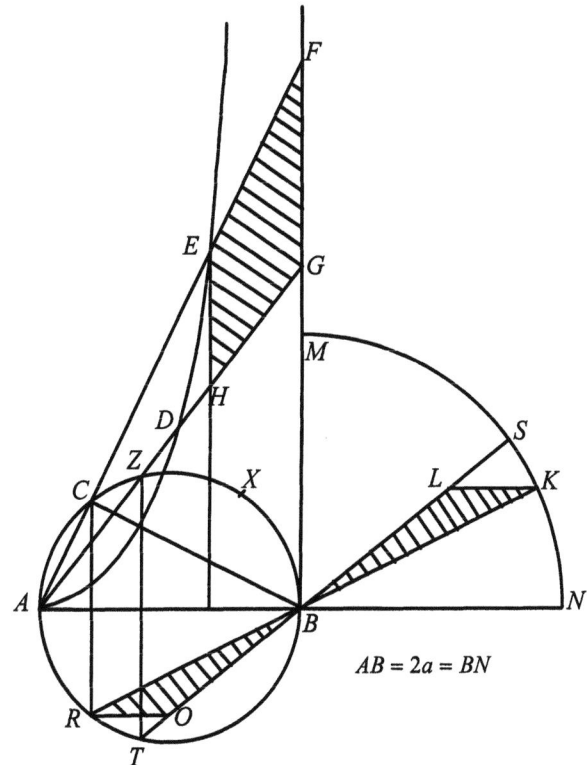

Abbildung 2.19: Huygens' Skizze (Neuzeichnung der Version vom 28. Mai 1658)

Man ziehe zunächst eine beliebige Gerade durch A, die den Halbkreis in C, die Kissoide in E und die Asymptote in F schneidet. Diese Gerade schneidet einen endlichen Teil $ADEFBA$ von dem unendlich ausgedehnten Raum ab.

Dann zeichne man einen Viertelkreis BMN mit dem Radius $BN = BA$, mache den Bogen $BR = BC$, und zeichne die Gerade RBK (K auf dem Viertelkreis). Diese Gerade schneidet aus dem unteren Halbkreis den Abschnitt BVR und aus dem Viertelkreis den Sektor BKM aus. Dann, sagt Huygens:

$ADEFBA$ = Segment BVR + Sektor BKM. (2.47)

Dies beweist tatsächlich seine Behauptung, denn wenn F auf der Asympotote gegen Unendlich geht, geht R auf dem unteren Halbkreis gegen A und K auf dem Viertelkreis gegen N (vgl. Abb. 2.20).

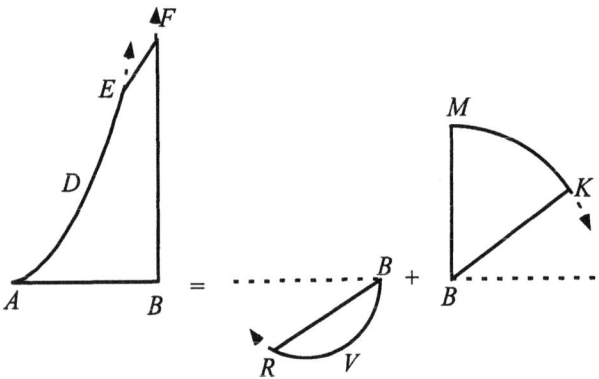

Abbildung 2.20: *ABEFBA* = Segment *BVR* + Sektor *BKM*

Folglich ist der unendlich lange von Kissoide, Asymptote und *AB* umgrenzte Raum gleich dem Halbkreis *BVA* plus dem Viertelkreis *BMN*. Der Radius des letzteren ist das Doppelte des Radius des Halbkreises, daher ist seine Fläche gleich der Fläche des Vollkreises links. Zusammen genommen ergibt dies das Dreifache des erzeugenden Halbkreises.

Auf diese Weise hat Huygens das Problem auf den Bereich des Endlichen reduziert: zum Beweis der Gleichheit (2.47) schreibt er an Sluse:

> Um den Beweis für den abgeschnittenen Teil [*ADEFBA*] zu liefern, teile ich den Bogen *CXB* in gleiche kleine Teile und errichte durch Ziehen der Geraden *ADG* usw. durch die Teilungspunkte innerhalb des Raumes *ADEFB* eine einbeschriebene Figur, die sich aus den Trapezen (mit Diagonalen) *EG*, *DP* usw. zusammensetzt. Der Bogen *BR* wird in die gleiche Anzahl Teile zerlegt, und dies ergibt durch Ziehen von Geraden von den Teilungspunkten über *B* auch eine Teilung des Sektors *BKM* in dieselbe Anzahl von Teilen. Nun seien *RO* und *TV* sowie *KL* und *SQ* parallel zu *AB*. Ich will nun nachweisen, daß das Trapez *EG* gleich den gegenüberliegenden Dreiecken *ROB* und *BKL* ist. Ebenso ist das Trapez *DP* gleich den Dreiecken *TBV* und *BSQ*, usw. Aus diesem werden Sie das übrige leicht verstehen können.

Mit diesem Grenzwertargument hat Huygens die krummlinig begrenzten Flächenstücke aus der Szene entfernt, denn er hat es jetzt nur noch mit Trapezen und Dreiecken zu tun. „Den Rest verstehen" bedeutet, Sluse solle sich darüber klar werden, daß die in *ADEFBA* einbeschriebene aus der Trapezfolge bestehende Figur gleich den beiden einbeschriebenen Figuren des Segments *BVR* und des Sektors *BKM* zusammen genommen ist, die wiederum aus den beiden Dreiecksfolgen zusammengesetzt sind, und daß diese Gleichheit auch für den

2 Vorläufer der Differential- und Integralrechnung

Fall gilt, daß der Bogen BC in unendlich viele Teile zerlegt wird. Denn in dem Fall ist (2.47) bewiesen.
Der letzte Schritt des Beweises hat zu zeigen, daß

$$\text{Trapez } EFGH = \text{Dreieck } ROB + \text{Dreieck } BKL. \tag{2.48}$$

Das Auftreten ähnlicher Dreiecke in diesem Beweis ist wesentlich. Die Dreiecke AFG und AEH sind wegen gemeinsamer Winkel und paralleler Seiten ähnlich. Wegen gegenüberliegender Winkel und paralleler Seiten sind BRO und BKL ähnlich. Aber auch AFG und BRO sind ähnlich, da Bogen $CZ =$ Bogen RT (Symmetrie), und daher $\angle CAZ = \angle RBT$; außerdem ist ACB ein rechter Winkel, und daher $\angle AFB = \angle ABC = \angle ABR = \angle BRO$. Zusammengefaßt:

$$\Delta AFG \sim \Delta AEH \sim \Delta BRO \sim \Delta BKL. \tag{2.49}$$

Dann sehen wir, daß

$$AF^2 = AB^2 + BF^2 = AB^2 + BC^2 + CF^2 = BK^2 + BR^2 + AE^2 \tag{2.50}$$

(letztere Gleichheit, weil $CF = AE$; das ist die erste Eigenschaft der Kissoide). Die Flächen ähnlicher Figuren sind proportional zu den Quadraten über ihren entsprechenden Seiten. So sagt diese letzte Gleichheit für Huygens, daß

$$\Delta AFG = \Delta BKL + \Delta BRO + \Delta AEH. \tag{2.51}$$

Aber ΔAEH ist Teil von ΔAFG, wobei der andere Teil das Trapez $EFGH$ ist, und daher

$$\text{Trapez } EFGH = \Delta BKL + \Delta BRO. \tag{2.52}$$

Und mit diesem Argument hat Huygens seinen Beweis vollendet.

Huygens war sich über den Schwachpunkt dieses Beweises, den Übergang von den einbeschriebenen Figuren gekrümmter Räume zu diesen Räumen selbst, klar. Am Ende seines Briefs an Sluse vom 28. Mai warf er die Frage selbst auf und sagte, daß der wirkliche Beweis einer klassischen archimedischen *reductio ad absurdum* bedürfe. Er formulierte sogar mehrere Versionen eines formalen Beweises. Eine von diesen (Huygens *Oeuvres*, 2, 170 - 173) vom April 1658 wurde an Wallis geschickt. Zunächst aber sandte Huygens Wallis am 6. September 1658 das Ergebnis ohne Beweis (Huygens *Oeuvres*, 2, 212), offenbar um Wallis 'aufzufordern', einen Beweis durch seine *Arithmetica infinitorum* zu liefern. Wallis entwickelte tatsächlich einen Beweis nach seinen eigenen Methoden, den er am 1. Januar 1659 an Huygens

(Huygens *Oeuvres*, 2, 296) sandte und bald danach veröffentlichte. Durch die Arbeiten von Wallis und Gregory begann sich Newton in seinen frühen Jahren für die Quadratur der Kissoide zu interessieren. Seine Lösung, in der er seinen Kalkül der Fluxionen benutzte und die nur wenige Zeilen in Anspruch nahm, wird in Kapitel 3 erörtert. Wegen seines von Cavalieri, Torricelli, Kepler, Sluse und Huygens ganz verschiedenen Ansatzes verdient Wallis einen Exkurs.

2.3.6 Exkurs: Wallis' *arithmetica infinitorum*

John Wallis, der 1649 zum Savilianischen Professor für Geometrie in Oxford ernannt worden war, hatte von da an Zeit und Muße Mathematik zu betreiben und interessierte sich für eine Vielzahl von Themen. In seiner *Arithmetica infinitorum* (1656) verwandelte er die geometrische Argumentation Cavalieris und Toricellis in ein rein arithmetisches Verfahren. Die Quadratur der Parabel $ay = x^2$ zwischen $x = 0$ und $x = a$ folgt beispielsweise, indem man das Intervall in n Stücke der Länge $\frac{a}{n}$ aufteilt, diese dann zu $\frac{a}{n}\left(\frac{a}{n^2} + \frac{4a}{n^2} + \frac{9a}{n^2} + \ldots + \frac{n^2 a}{n^2}\right)$ aufaddiert und schließlich n gegen Unendlich gehen läßt. Dies bezeichnete Wallis als erster mit dem Symbol ∞. Wallis leitete den Grenzwert solcher Summen aus einer Kombination wohlbekannter klassischer Ergebnisse und raffinierter Mutmaßungen ab. Im Falle von $\frac{0}{n^2} + \frac{1}{n^2} + \frac{4}{n^2} + \frac{9}{n^2} + \ldots + \frac{n^2}{n^2}$ beobachtete er, daß

$$\frac{0+1}{1+1} = \frac{1}{2}$$
$$\frac{0+1+4}{4+4+4} = \frac{5}{12} \qquad (2.53)$$
$$\frac{0+1+4+9}{9+9+9+9} = \frac{14}{36}$$

und die Summen $\frac{1}{2}, \frac{5}{12}, \frac{14}{36}$ gleich

$$\frac{1}{3} + \frac{1}{6}, \quad \frac{1}{3} + \frac{1}{12}, \quad \frac{1}{3} + \frac{1}{18}, \qquad (2.54)$$

zu sein scheinen und allgemein $\frac{0+1+4+9+\ldots+n^2}{n^2+n^2+n^2+n^2+\ldots+n^2} = \frac{1}{3} + \frac{1}{6n}$, woraus offensichtlich ist, daß

2 Vorläufer der Differential- und Integralrechnung

$$\frac{a}{n}\left(\frac{a}{n^2}+\frac{4a}{n^2}+\frac{9a}{n^2}+\ldots+\frac{n^2 a}{n^2}\right) = \frac{n+1}{n}\cdot\frac{a^2}{(n+1)n^2}\left(0+1+4+9+\ldots+n^2\right)$$
$$= \frac{n+1}{n}\cdot a^2\frac{0+1+4+\ldots+n^2}{n^2+n^2+\ldots+n^2} = \frac{n+1}{n}\cdot a^2\left(\frac{1}{3}+\frac{1}{6n}\right)$$ (2.55)

gegen $\frac{1}{3}a^2$ strebt. Das wirklich Neue daran war, daß Wallis es wagte, Grenzwerte wie

$$\lim_{n\to\infty}\frac{0^p+1^p+2^p+\ldots+n^p}{n^p+n^p+n^p+\ldots+n^p}=\frac{1}{p+1}$$ (2.56)

auf gebrochene und negative Potenzen zu erweitern, was ihn darauf brachte, $x^{p/q}$ als $\sqrt[q]{x^p}$ zu definieren. In diesem Fall nämlich blieb die arithmetische Quadratur der 'höheren Parabeln' $y = x^k$ (k als positive ganze Zahl)

Quadr $(x^k;\ x$ zwischen 0 und $1) = \frac{1}{k+1}$ (2.57)

gültig.
1659 wandte Wallis, durch Huygens' Resultat herausgefordert, seine arithmetische Technik der Quadratur zusammen mit einer klugen Interpolation auf die Kissoide an und veröffentlichte die Ergebnisse in seinem *Tractatus duo, prior de cycloide . . ., posterior . . . de cissoide . . .* von 1659. Er arbeitete mit einem erzeugenden Kreis des Durchmessers 1, so daß $x = 1$ die Asympotote war (vgl. Abb. 2.21). In diesem Fall ergibt die zweite Eigenschaft der Kissoide (vgl. 2.3.1)

$$\frac{EQ^3}{AQ^3}=\frac{EQ}{AQ}\cdot\frac{AQ}{XQ}\cdot\frac{XQ}{BQ}=\frac{EQ}{BQ},$$ (2.58)

oder

$$EQ^2\cdot BQ = AQ^3,$$ (2.59)

und mit $AQ = x$, $BQ = 1-x$, $EQ = y$ ergibt dies

$$y^2\cdot(1-x)=x^3 \text{ oder } y = x^{3/2}(1-x)^{-1/2}$$ (2.60)

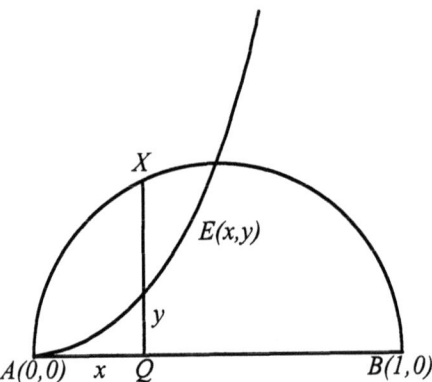

Abbildung 2.21: Die Kissoide $y = x^{3/2}(1-x)^{-1/2}$

als Gleichung der Kissoide. Für die Fläche A_{C1} des Kreises vom Radius 1 hatte Wallis 1656 gefunden

$$(\pi =)A_{C1} = 2 \cdot \frac{2}{1} \cdot \frac{2}{3} \cdot \frac{4}{3} \cdot \frac{4}{5} \cdot \frac{6}{5} \cdot \frac{6}{7} \cdots, \qquad (2.61)$$

und konnte daher auch die Fläche des erzeugenden Halbkreises der Kissoide 'berechnen', die wir wie folgt schreiben:

$$Q\left(y = x^{1/2}(1-x)^{1/2}\right) = \frac{1}{8} \cdot A_{C1}. \qquad (2.62)$$

Der erzeugende Halbkreis K_1 gehört zur Kurvenfamilie:

$$K_m : y = x^{m/2}(1-x)^{1/2}, \qquad (2.63)$$

für die Wallis mehrere Quadraturen auf [0, 1] durch direkte Berechnungen mit der Technik seiner *Arithmetica infinitorum* bestimmte. Diese sind

$$Q(K_o) = \frac{2}{3}; \; Q(K_2) = \frac{2}{3} \cdot \frac{2}{5}; \; Q(K_4) = \frac{2}{3} \cdot \frac{2}{5} \cdot \frac{4}{7}; \; Q(K_6) = \frac{2}{3} \cdot \frac{2}{5} \cdot \frac{4}{7} \cdot \frac{6}{9}. \qquad (2.64)$$

Für diese m schloß er, daß

2 Vorläufer der Differential- und Integralrechnung

$$Q(K_m) = \frac{m}{m+3} Q(K_{m-2}).$$ (2.65)

Verblüffend wirkt ein großer Teil von Wallis' Arbeiten dadurch, daß er eine Beziehung, die er für eine begrenzte Zahl von Fällen verifiziert hatte, als gültig für alle Fälle annahm. In diesem Fall fuhr er mit (2.65) fort, als gelte die Gleichung für alle ganzen Zahlen m. Dadurch erhielt er unmittelbar:

$$Q\left(y = x^{3/2}(1-x)^{1/2}\right) = Q(K_3) = \frac{3}{6} Q(K_1) = \frac{1}{2} Q(K_1)$$ (2.66)

Dann wandte sich Wallis einer weiteren Kurvenfamilie zu:

$$L_m : y = x^{3/2}(1-x)^{m/2},$$ (2.67)

zu der die Kissoide (L_{-1}) gehört. Hier wiederum konnte er mehrere Quadraturen unmittelbar berechnen:

$$Q(L_0) = \frac{2}{5}; \quad Q(L_2) = \frac{2}{5} \cdot \frac{2}{7}; \quad Q(L_4) = \frac{2}{5} \cdot \frac{2}{7} \cdot \frac{4}{9},$$ (2.68)

und schloß, daß für diese Fälle

$$Q(L_m) = \frac{m}{m+5} Q(L_{m-2}).$$ (2.69)

Dies nahm er als gültig für alle m an. Die Quadratur der Kissoide $Q(L_{-1})$ ergab sich dann aus

$$Q(L_1) = \frac{1}{6} Q(L_{-1})$$ (2.70)

oder

$$Q(L_{-1}) = 6Q(L_1) = 6Q\left(y = x^{3/2}(1-x)^{1/2}\right) = 6Q(K_3) = 6 \cdot \frac{3}{6} Q(K_1)$$
$$= 3Q(K_1).$$ (2.71)

In Worten: Die Quadratur der Kissoide ist das Dreifache der Quadratur des erzeugenden Halbkreises.
Baron (1969), Edwards (1979) und ihre Quelle Whiteside (1961) geben hierzu Details.

2.3.7 Sluses Überraschung

Die Geschichte um Sluse, Huygens und die Kissoide hatte ein unerwartetes Ende. Huygens erkannte, daß die Kenntnis sowohl der Fläche unter der Kissoide als auch des Volumens eines Rotationskörpers - nach Guldins Satz - implizierte, daß er auch den Schwerpunkt bestimmen konnte. Hierzu betrachtete er die Kissoide zusammen mit ihrem Bild unter der Spiegelung an AB, dem Durchmesser des Halbkreises (vgl. Abb. 2.22).

Wenn der Raum zwischen der Kissoide und der Asymptote um die Asymptote rotiert, ergibt dies einen ganzen Apfel oder $2\pi^2 a^3$, worin a der Radius des erzeugenden Halbkreises ist. Da die rotierte Fläche drei erzeugenden Kreisen oder $3\pi a^2$ entspricht, läßt sich der Schwerpunkt L auf der Geraden AD errechnen. Während einer Umdrehung um die Asymptote bewegt sich L um die Strecke $2\pi \cdot DL$.

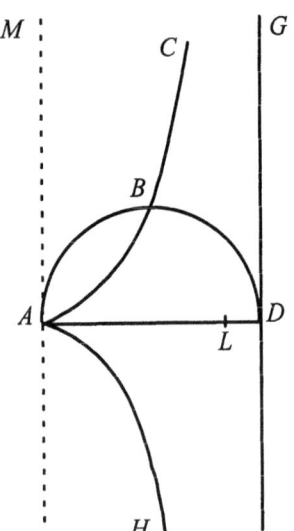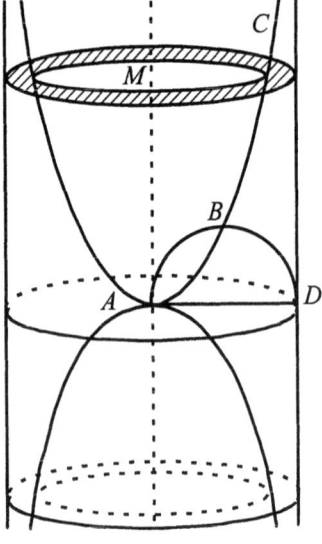

Abbildung 2.22: Sluses unendliche Sanduhr

2 Vorläufer der Differential- und Integralrechnung

Mit Guldins Satz schloß Huygens, daß

$$2\pi^2 a^3 = 3\pi a^2 \cdot 2\pi DL \qquad (2.72)$$

oder

$$DL = \frac{1}{3}a = \frac{1}{6} \cdot AD. \qquad (2.73)$$

Dann war wieder Sluse an der Reihe. Er beschloß, den Raum zwischen der Kissoide und der Asymptote um eine weitere Gerade rotieren zu lassen, nämlich um die Tangente an den Kreis in A. Der so erzeugte Körper (eine unendliche 'Sanduhr') hat das endliche Volumen

$$3\pi a^2 \cdot 2\pi \cdot \frac{5}{3}a \qquad (2.74)$$

und läßt sich daher aus einer endlichen Menge (etwa) Glas herstellen. Daher ist das Glas, wenn es leer ist, nicht schwer. Aber der Hohlraum innerhalb des Körpers hat ein unendliches Volumen (dies ist die Differenz zwischen dem von der rotierenden Asymptote beschriebenen unendlichen Zylinder und der endlichen Masse der Sanduhr). Sluse war offenbar freudig überrascht, als er dies erkannte, da er in Bezug auf diesen Körper an Huygens schrieb, er könne ein Glas entwerfen, „das von geringem Gewicht ist, doch von dem hartnäckigsten Trinker nicht geleert werden könnte".

2.3.8 Schlußfolgerungen

Im siebzehnten Jahrhundert wurden verschiedene Verfahren angewandt, um Quadraturen zu finden. Am Ende verloren die geometrischen Methoden gegenüber den arithmetischen an Boden. Sie waren immer für eine spezielle Situation entworfen, während arithmetische Methoden allgemein und algorithmisch waren. Bereits 1671 lieferte Newton, der die früheren Quadraturen der Kissoide in den Werken von Wallis und Gregory gelesen hatte, in wenigen Zeilen eine analytische Quadratur. Bald danach folgten Leibniz und die Gebrüder Bernoulli.

Vieles ist in diesem Abschnitt über die Quadratur unerörtert geblieben. Weitere Lektüre wird empfohlen, zum Beispiel über das charakteristische Dreieck (vgl. 3.3.3) und andere Werke Pascals, über Fermat und über die Feinheiten von Cavalieris *indivisibilia* und ihrer Anwendung bei der Quadratur von $y = x^n$.

2.4 Barrow ahnt den *Hauptsatz*

Die Differential- und Integralrechnung entstand erst, als den Mathematikern klar wurde, daß Differentiation und Integration umgekehrte Operationen sind, die algorithmisch durchzuführen und in symbolischer Sprache zu notieren waren. Newton und Leibniz kamen beide zu dieser Erkenntnis, aber ein Teil davon erschien zumindest in einem früheren Fall, und zwar 1670 in Barrows *Lectiones geometricae* (Barrow 1674/1976; vgl. Baron 1969). Barrow, der eine Methode zur Konstruktion von Tangenten an algebraische Kurven im Fermatschen Stil entwickelt hatte und umfangreiche Forschungen über Quadraturen anstellte, zeigte in der folgenden Argumentation, daß er sich über die Beziehung zwischen Tangenten und Quadraturen im klaren war (Lectio X, Prop. 11).

ZGE sei eine steigende Kurve mit den Ordinaten $VZ < PG < DE$ senkrecht zur Achse *VD* (vgl. Abb. 2.23). Gegeben sei eine zweite Kurve *VIF* mit den Ordinaten *PI* und *DF*, und eine gegebene Länge *R*, so daß für jede Position der Linie *EF* (die die Achse in D schneidet)

Quadratur von $VDEZ = R \times DF$ gilt. (2.75)

Wenn dann *T* (auf der Achse links von *D*) so geartet ist, daß $DE : DF = R : DT$, dann berührt *TF* die Kurve *VIF*.

Wie würden wir das heute darlegen? *DF* ist eine Konstante $\left(\frac{1}{R}\right)$ mal der Quadratur von *VDEZ*, oder wenn wir die Kurve *ZGE* als Graph der Funktion f betrachten,

$$DF = \frac{1}{R} \int_{x_V}^{x_D} f(t)dt.$$ (2.76)

T ist so bestimmt, daß $DE : DF = R : DT$, oder $\frac{DF}{DT} = \frac{1}{R}DE = \frac{1}{R}f(x_D)$. Da aber nach dem Satz *TF* die Tangente in *F* ist, können wir auch $\frac{DF}{DT}$ als Steigung der Kurve *VIF* im Punkt *F* ansehen, oder

$\frac{DF}{DT} = \frac{d}{dx}DF = \frac{d}{dx}\frac{1}{R}\int_{x_V}^{x} f(t)dt$, und zusammen genommen ergeben diese

beiden Interpretationen von $\frac{DF}{DT}$

2 Vorläufer der Differential- und Integralrechnung

$$\frac{d}{dx}\frac{1}{R}\int_{x_V}^{x} f(t)dt = \frac{1}{R}f(x) \qquad (2.77)$$

und nach Entfernung der Konstanten $\frac{1}{R}$:

$$\frac{d}{dx}\int_{x_V}^{x} f(t)dt = f(x). \qquad (2.78)$$

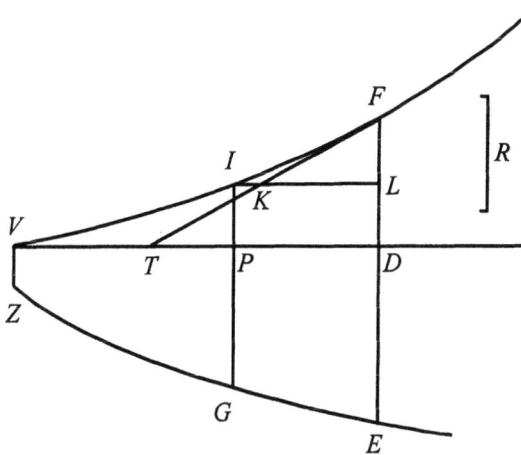

Abbildung 2.23: Barrows Erkenntnis des 'Hauptsatzes'

Die Umkehrung, daß das Integral von f' gleich f ist, wird von Barrow ebenfalls angegeben (Lectio XI, Prop. 19).

Barrows Beweis, daß FT die Tangente ist, ist rein geometrisch. Unter Verwendung der klassischen Definition der *'Tangente'*, muß er nachweisen, daß alle Punkte von FT auf einer Seite der Kurve VIF liegen. K, sagt Barrow, sei ein solcher Punkt. Man ziehe eine Gerade durch K parallel zur Achse VD, die VIF und FD jeweils in I und L schneidet. IP und PG seien Ordinaten der Kurven VIF und ZGE. Dann ist $LF : LK = DF : DT = DE : R$ oder $R \times LF = LK \times DE$. Nun ist

$R \times LF = R \times (FD - LD) = R \times FD - R \times IP$

$=$ Quadr $(VDEZ)$ − Quadr $(VPGZ) =$ Quadr $(PDEG)$

und daher $LK \times DE =$ Quadr $(PDEG) < DP \times DE$ (da ZGE steigt), oder

$$LK < DP = LI. \tag{2.79}$$

Daher liegt K zwischen I und L und mithin außerhalb der Kurve VIF.

Diese Schlußfolgerung kann man auch ziehen, wie Barrow behauptet, wenn K auf FT auf der anderen Seite von F liegt, und auch wenn die Ordinaten VZ, PG, DE abnehmen. Dann verläuft VIF konkav zur Achse VD und die Gerade FT liegt darüber.

Die Erkenntnis über die inverse Beziehung zwischen Quadratur und Tangente ist also vorhanden. Ein Algorithmus zur Nutzung dieser Erkenntnis und die angemessenen Symbole fehlen noch. Sie kamen in den Arbeiten von Newton und Leibniz, und Newton hatte sie sogar schon handschriftlich niedergelegt, als Barrow seine *Lectiones* 1670 veröffentlichte.

3 Newtons *Methode* und Leibniz' *Kalkül*

Niccolò Guicciardini

3.1 Einleitung

Von den 60er bis zu den 80er Jahren des 17. Jahrhunderts schufen Isaac Newton und Gottfried Wilhelm Leibniz das, was wir heute als Infinitesimalrechnung bezeichnen. Eine Untersuchung ihrer Leistungen enthüllt sowohl Elemente der Kontinuität zu den früheren Arbeiten (vgl. Kap. 2) als auch Eigentümlichkeiten, in denen sich ihre Methoden und Begriffe von den in der heutigen Mathematik anerkannten unterscheiden. Es ist problematisch zu sagen, daß 'Newton und Leibniz den Kalkül erfunden haben'. Zum einen entwickelten sie zwei verschiedene Versionen des Kalküls, und dies wirft das Problem ihres Vergleichs oder der Feststellung von Gleichartigkeiten und Unterschieden auf (vgl. Kap. 3.5). Die zweite Frage ist, was wir in diesem Kontext mit 'Erfindung des Kalküls' meinen.

Die Neuheit von Newtons und Leibniz' Beiträgen läßt sich kurz durch drei Aspekte ihres mathematischen Werkes charakterisieren: Problemreduktion, die Berechnung von Flächen durch Umkehrung des Verfahrens zur Tangentenberechnung und die Entwicklung eines Algorithmus. Die 'Erfindung des Kalküls' bestand in diesen drei Aspekten.

Newton und Leibniz bemerkten, daß eine ganze Reihe von Problemen im Zusammenhang mit der Berechnung von Schwerpunkten, Flächen, Rauminhalten, Tangenten, Bogenlängen, Krümmungsradien, Oberflächen usw., die die Mathematiker in der ersten Hälfte des 17. Jahrhunderts beschäftigt hatten, nur Sonderfälle zweier grundlegender Probleme waren. Außerdem war ihnen klar, daß die Probleme der Tangentenbestimmung und Flächenberechnung invers zueinander waren (dies ist der „Hauptsatz der Differential- und Integralrechnung"). Daher begriffen sie, daß die Lösung des ersteren und leichteren Problems benutzt werden könnte, um das letztere zu behandeln. Schließlich entwickelten Newton und Leibniz zwei leistungsfähige Algorithmen, die sich systematisch und allgemein anwenden lassen. Durch diese Beiträge verwandelten sie die Mathematik.

Die Historiker sind bisweilen versucht, die besondere Eigenart der Algorithmen von Newton und Leibniz zu vergessen. Tatsächlich ähneln beide, besonders der von Leibniz, dem heute von uns benutzten. Wir sind deshalb in der Gefahr, sie zu modernisieren. Faktisch sind ihre Kalküle aber stark in die zeitgenössische Kultur eingebettet. Es genügt, auf zweierlei hinzuweisen: Weder bei Newtons noch bei Leibniz' Kalkül geht es um „Funktionen" (vgl. Bos 1980, 90). Der Funktionsbegriff entstand erst später (vgl. Kap. 4). Newton und Leibniz reden vielmehr von „Größen" statt „Funktionen" und beziehen diese Größen, ihre Veränderungsraten, ihre Differenzen usw. auf bestimmte geometrische Objekte, typischerweise eine gegebene Kurve. Daher werde ich im folgenden die Bezeichnung „Funktion" stets in Anführungszeichen setzen. Außerdem beziehen wir uns in der Differential- und Integralrechnung gewöhnlich auf das Kontinuum der reellen Zahlen, jedoch ist das Kontinuum, auf das Leibniz und Newton ihren Kalkül beziehen, geometrisch oder kinematisch. Sie entwickeln ihr Grenzwertverfahren unter Bezug auf ein intuitives geometrisches oder kinematischen Kontinuum (vgl. Kap. 3.5.2).

3.2 Newtons Reihen- und Fluxionenmethode

3.2.1 Ein isoliert arbeitender Mathematiker

Isaac Newton wurde in eine Familie kleiner Landbesitzer hineingeboren. Nach der Grundschule wurde er nach Cambridge geschickt, wo er sich 1661 als *subsizar* einschrieb. *Sub-sizar* waren mittellose Studenten, die als Diener für die Lehrenden und die reichen Studenten fungierten. Aus dieser Lage arbeitete sich Newton zum Lucasian Professor, Aufseher der Königlichen Münze, Mitglied des Parlaments und Präsident der Royal Society hoch. Seine Beerdigung wurde von Voltaire als so prachtvoll wie die eines Königs beschrieben. Newtons Erfolg in der britischen Gesellschaft wurde von der Hochachtung bestimmt, die seine veröffentlichten wissenschaftlichen Entdeckungen erregten. In seinen geheimen unveröffentlichten Studien pflegte Newton Interessen, die sein öffentliches Ansehen ruiniert hätten. Er beschäftigte sich mit Alchimie, und seine theologischen Interessen, die auf eine tiefe Gläubigkeit zurückgingen, veranlaßten ihn zu einer sehr kritischen Haltung gegenüber der Staatskirche.

3 Newtons *Methode* und Leibniz' *Kalkül*

Einige der größten wissenschaftlichen Entdeckungen Newtons erfolgten in den Jahren 1664 bis 1666, als Cambridge wegen der Pest evakuiert worden war. Während dieser *anni mirabiles* führte Newton Experimente mit Prismen durch, überzeugte sich vom zusammengesetzten Charakter des weißen Lichts, formulierte den binomischen Lehrsatz für gebrochene Potenzen, entdeckte die Fluxionsrechnung und stellte Hypothesen über die Bewegungen des Mondes auf.

Aus komplizierten Gründen teilte er seine mathematischen Ergebnisse nicht sofort anderen mit. Das läßt sich nur zum Teil durch die Kosten damaliger mathematischer Publikationen erklären. Entscheidender war seine Introvertiertheit, die ihn bewog, seine Gedanken für sich zu behalten. Außerdem hatte er seit den 70er Jahren kein volles Vertrauen mehr in die begrifflichen Grundlagen seines Kalküls. Zu diesen Gründen, die Newton davon abgehalten haben könnten, seine Entdeckungen zu veröffentlichen, könnte man noch hinzufügen, daß es bei manchen Mathematikern des 17. Jahrhunderts Praxis war, ihre mathematischen Methoden geheim zu halten. Die mathematischen Werkzeuge zur Lösung von Problemen wurden als Privateigentum betrachtet, an dem man andere nicht zu großzügig teilhaben lassen sollte. Ganz wie Maler die Geheimnisse der Farbenherstellung für sich behielten, lieferten Mathematiker häufig eine Lösung ohne Beweis. 1676 erhielt der Sekretär der Royal Society, Henry Oldenburg, zwei Briefe von Newton, in denen einige seiner mathematischen Ergebnisse zusammengefaßt waren. Mit diesen Briefen sollte ein deutscher Philosoph, Gottfried Wilhelm Leibniz, über den Umfang von Newtons Leistungen informiert werden. Auch die *Philosophiae Naturalis Principia Mathematica* (1687), in denen Newton seine Gravitationstheorie entwickelte, enthielten Ergebnisse im Zusammenhang mit dem Kalkül. Erst 1704 veröffentlichte Newton eine systematische Abhandlung darüber: *De quadratura curvarum*. Doch kam diese zu spät, um einen Prioritätsstreit mit Leibniz zu vermeiden, der seine Differentialrechnung bereits 1684 veröffentlicht hatte. Leibniz wurde von Newton und den britischen Mitgliedern der Royal Society des Plagiats beschuldigt. In Wirklichkeit hatte er die Differential- und Integralrechnung 1672 bis 1676 unabhängig von Newton entdeckt. Er ersuchte die Royal Society daher, den Plagiatsvorwurf zurückzuziehen, der in mehreren Zeitschriften kursierte. Ein insgeheim von Newton geleiteter Ausschuß der Royal Society stellte fest, daß Leibniz des Plagiats schuldig sei. Die Newtonsche und Leibnizsche Schule bekämpften einander in vielen Themenbereichen. Sie vertraten verschiedene Kosmologien, verschiedene Ansichten über das Verhältnis von Gott und Natur, verschiedene Standpunkte zu Raum und Zeit und zu den für die Physik grundlegenden Erhaltungsgesetzen. Mit dem Prioritätsstreit spalteten sie sich auch in der Mathematik. Das war ein bitterer Schluß für Leibniz, der immer behauptet hatte, daß die Beweiskraft der Mathematik allem Streit ein Ende machen und eine harmonischere Welt fördern würde.

3.2.2 Die binomische Reihe (1664 bis 1665)

Newtons Interesse an der Mathematik begann 1664, als er François Viètes Werke (1646), Descartes' *Géométrie* (1637) (in der zweiten lateinischen Ausgabe (1659 - 1661) mit Frans van Schootens Kommentaren und Huddes Regel), William Oughtreds *Clavis mathematicae* (1631) und Wallis' *Arithmetica Infinitorum* (1656) gelesen hatte. Durch die Lektüre dieser Auswahl mathematischer Werke der „neuen Analysis" erfuhr Newton von den aufregendsten Entdeckungen in analytischer Geometrie und Algebra, bei Tangentenproblemen, Quadraturen und Reihen. Nach wenigen Monaten autodidaktischen Lernens konnte er im Winter 1664-65 bereits seine erste mathematische Entdeckung machen, den „binomischen Lehrsatz" für gebrochene Potenzen. In leicht modernisierter Schreibweise stellte er die Formel:

$$(a+x)^{m/n} = a^{m/n} + \frac{m}{n}a^{m/n-1}x + \frac{1}{1\cdot 2}\frac{m}{n}\left(\frac{m}{n}-1\right)a^{m/n-2}x^2 + ... \quad (3.1)$$

auf. Newton erzielte dieses Ergebnis durch Verallgemeinerung von Wallis' „induktiver" Methode zur Quadratur von Kreissektoren. Das Verfahren der Interpolation, mit dem Newton die Binomialkoeffizienten bestimmte, ist zu lang, um hier im einzelnen beschrieben zu werden. Eine gute Darstellung der Vermutungen und Analogieschlüsse, durch die Newton zu diesem Ergebnis gelangte, ist bei Edwards (1979, 178 - 187) zu finden. Hier soll die Feststellung genügen, daß Newton

$$1x - \frac{1}{2}\frac{1}{3}x^3 - \frac{1}{8}\frac{1}{5}x^5 - \frac{1}{16}\frac{1}{7}x^7 - \frac{5}{128}\frac{1}{9}x^9 ... \quad (3.2)$$

als Reihe für die Fläche unter der Kurve $(1-x^2)^{1/2}$ erhielt, ein Ergebnis, mit dem die Kreisfläche berechnet werden kann. Er stellte außerdem fest, daß er das für die Fläche gültige Ergebnis auf die Kurve selbst erweitern konnte, da $\frac{x^{n+1}}{n+1}$ die Fläche unter x^n im Intervall $[0,x]$ ist, und fand die Beziehung:

$$(1-x^2)^{1/2} = 1 - \frac{1}{2}x^2 - \frac{1}{8}x^4 - \frac{1}{16}x^6 - \frac{5}{128}x^8 ... \quad (3.3)$$

Durch die Beschäftigung mit ähnlichen Beispielen gelangte Newton zur Vermutung des allgemeinen Bildungsgesetzes der Binomialkoeffizienten für gebrochene Potenzen (vgl. (3.1)). Außerdem extrapolierte er (3.1) auf negative Exponenten. Besonders wichtig ist der Fall n = -1:

$$(1+x)^{-1} = 1 - x + x^2 - x^3 + x^4 - \ldots \tag{3.4}$$

Da die Herleitung des binomischen Satzes auf unsicheren „induktiven" Verfahren im Stile von Wallis beruhte, verspürte Newton das Bedürfnis, die Übereinstimmung der Reihen, die man durch Anwendung von (3.1) erhält, mit solchen, die durch algebraische und numerische Verfahren gewonnen werden, zu überprüfen. So wandte er zum Beispiel auf $(1-x^2)^{1/2}$ bzw. $(1+x)^{-1}$ Standardtechniken des Wurzelziehens bzw. Dividierens an und sah mit Freude, daß er die Reihen (3.3) und (3.4) erhielt.

Er wußte auch, daß die Fläche unter $(1+x)^{-1}$ im Intervall $[0,x]$, oder das negative dieser Fläche, wenn $-1 < x < 0$, gleich $\ln(1+x)$ ist. Durch gliedweise Integration von (3.4) konnte er so $\ln(1+x)$ als Potenzreihe ausdrücken

$$x - \frac{x^2}{2} + \frac{x^3}{3} - \frac{x^4}{4} + \frac{x^5}{5} - \ldots \tag{3.5}$$

In Wirklichkeit war die Reihenfolge von Newtons Schlüssen ganz anders: er erhielt zunächst (3.5) durch Interpolation, und dann (3.4) durch Differenzieren. Mit Hilfe von (3.5) konnte Newton $\ln(1+x)$ für $x \approx 0$ bestimmen. Seine numerischen Rechnungen trieb er bis zu mehr als 50 Dezimalstellen!

Wir halten drei Aspekte von Newtons Arbeit über die binomische Reihe fest. Zunächst führte er in Anlehnung an Wallis negative und gebrochene Exponenten ein. Ohne seine innovative Schreibweise $x^{a/b}$ für $\sqrt[b]{x^a}$ wäre keine Interpolation oder Extrapolation des binomischen Lehrsatzes von den positiven ganzen Zahlen zu den rationalen Zahlen möglich gewesen. Zweitens erhielt Newton eine Methode, um eine große Klasse von „Kurven" durch Potenzreihen darzustellen. Für ihn werden Kurven daher nicht nur durch endliche algebraische Gleichungen (wie bei Descartes) ausgedrückt, sondern auch durch unendliche Reihen (vorzugsweise Potenzreihen), die von Newton und seinen Zeitgenossen als *unendliche Gleichungen* verstanden wurden. 1665 hatten die Mathematiker gerade erst angefangen, die Nützlichkeit unendlicher Reihen für die Darstellung „schwieriger" Kurven schätzen zu lernen. Transzendente Kurven wie der Logarithmus können daher eine „analytische" Darstellung erhalten, auf die sich die Regeln der Algebra anwenden lassen. Vor dem Aufkommen unendlicher Reihen hatten solche „Funktionen" keine analytische

Darstellung, sondern wurden im allgemeinen geometrisch definiert. Zum dritten ist festzuhalten, daß Newton einen ziemlich anschaulichen Begriff der Konvergenz hatte. So war ihm zum Beispiel klar, daß die binomische Reihe (3.1) angewandt werden kann, wenn x „klein" ist, aber er entwickelte keine strenge Behandlung der Konvergenz.

3.2.3   Der Hauptsatz (1665 bis 1669)

Newtons erste systematische mathematische Abhandlung trägt den Titel *De analysi per aequationes infinitas*. Newton begann diese kurze Zusammenfassung seiner Entdeckungen mit der Darlegung dreier Regeln, die wie folgt wiedergegeben werden können (Newton 1669, 206ff):

- Regel 1: Wenn $y = ax^{\frac{m}{n}}$, dann ist $\frac{an}{n+m}x^{\frac{m}{n}+1}$ die Fläche unter y.
- Regel 2: Wenn y als Summe von mehreren (auch unendlich vielen) Termen gegeben ist, $y = y_1 + y_2 + ...$, dann ist die Fläche unter y gleich der Summe der Flächen unter den entsprechenden Terme.
- Regel 3: Um die Fläche unter einer Kurve $f(x,y) = 0$ zu berechnen, muß man y als eine Summe von Termen der Form $ax^{m/n}$ entwickeln und Regel 1 und 2 anwenden.

Regel 1 stammte von Wallis. Wie wir noch sehen werden, lieferte Newton mit Hilfe des Hauptsatzes einen Beweis dieser Regel. Die binomische Reihe erwies sich als wichtiges Werkzeug bei der Anwendung von Regel 3. In etlichen Fällen jedoch kann die binomische Reihe nicht angewandt werden. In den Jahren 1669 bis 1671 entwickelte Newton mehrere raffinierte Verfahren, um aus einer impliziten „Funktion" $f(x,z) = 0$ eine Reihe $z = \sum b_i x^i$, i rational, zu erhalten. Er verfügte auch über eine Methode zur „Umkehrung" von Reihen. Diese bestand darin, zu einer gegebenen Reihe $z = \sum b_i x^i$ eine Serie von aufeinanderfolgender Näherungen zu berechnen, die zur Umkehrreihe $x = \sum a_i z^i$ führten. Mit Hilfe dieses Verfahrens erhielt er aus der Potenzreihenentwicklung von $z = \ln(1+x)$ (3.5) die Reihe für $x = e^z$ (vgl. Edwards 1979, 204-205 und Kapitel 4).

3 Newtons *Methode* und Leibniz' *Kalkül*　　　　　　　　　　　　　　　95

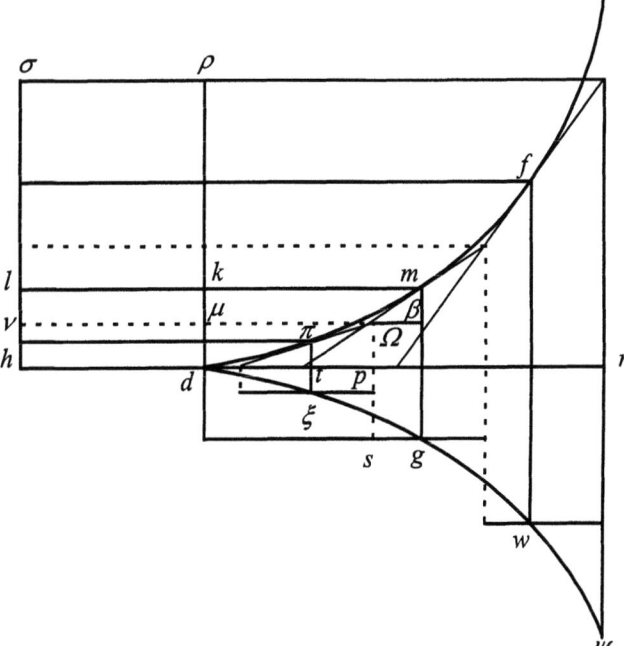

Abbildung 3.1

Das allgemeinste Ergebnis zur Quadratur von Kurven (also ihrer „Integration") ist der „Hauptsatz der Differential- und Integralrechnung", den Newton 1665 entdeckte. Newtons Argumentation, die der von Barrow ähnelt (vgl. Kap. 2.2.4) bezieht sich auf die zwei speziellen Kurven $z = x^3/a$ und $y = 3x^2/a$ (Abb. 3.1), ist aber vollkommen allgemein: y sei gleich der Steigung von z und definiert als:

$$bg = dh\frac{m\beta}{\Omega\beta}, \qquad (3.6)$$

wobei bg eine Ordinate der Kurve y, $m\beta$ und $\Omega\beta$ unendlich kleine Zuwächse von z und x sind, während dh eine Strecke der Länge 1 ist. Hieraus ergibt sich unmittelbar, daß die Fläche $bpsg(=\Omega\beta \cdot bg)$ und die Fläche $\mu\kappa\lambda\nu(= m\beta \cdot dh)$ gleich sind. In der Mathematik des 17. Jahrhunderts war es allgemein üblich, die Fläche unter einer Kurve als gleich der Summe unendlich vieler infinitesimaler Streifen wie $bpsg$ zu betrachten. Hieraus ergibt sich, daß die von y berandete Kurvenfläche, das heißt $d\psi n$, gleich der rechteckigen Fläche $dh\sigma p$ ist. Die Kenntnis von z ermöglicht dann die „Quadratur" von y, da „die Fläche unter y (der abgeleiteten Kurve) proportional zur Differenz zwischen den entsprechenden Ordinaten von z" ist (Westfall 1980, 127). In Leibnizscher Formulierung beweist Newton, daß das Integral der Ableitung von z gleich z ist (vgl. Newton 1665).

Ein Beweis, daß die Ableitung des Integrals von y gleich y ist, wurde von Newton am Ende von *De analysi* als Beweis für Regel 1 gegeben.

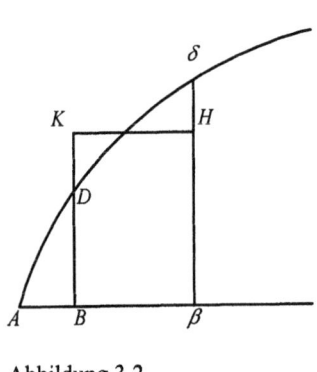

Abbildung 3.2

Er betrachtete eine Kurve $AD\delta$ (vgl. Abb. 3.2), bei der $AB = x$, $BD = y$ und die Fläche $ABD = z$ ist. Dann definierte er $B\beta = o$ und $BK = v$, so daß „das Rechteck $B\beta HK$ (= ov) gleich dem Raum $B\beta\delta D$" ist. Außerdem nahm Newton $B\beta$ als „unendlich klein" an. Mit diesen Definitionen ergibt sich, daß $A\beta = x + o$ und die Fläche $A\delta\beta = z + ov$ ist. An diesem Punkt schrieb Newton: „aus der beliebig angenommenen Beziehung zwischen x & z suche ich y." Er stellte fest, daß der Zuwachs der Fläche ov geteilt durch den Zuwachs der Abzisse o gleich v ist. Da man aber annehmen kann, daß „$B\beta$ unendlich klein ist, oder o Nichts ist, werden v & y gleich". Daher ist die Rate des Zuwachses der Fläche gleich der Ordinate (Newton 1669, 242-244).

Mit dem Hauptsatz konnte Newton die Probleme der Quadratur auf die Suche nach primitiven „Funktionen" reduzieren. Er berechnete sogar die Tangenten für eine große Vielfalt von Kurven und stellte von ihm sogenannte „Tabellen der Fluenten" (in Leibnizscher Sprache „Tabellen der Integrale") auf. Wir werden im nächsten Abschnitt sehen, wie er den Hauptsatz anwandte, um Kurven zu quadrieren.

3.2.4 Die Methode der Fluenten, Fluxionen und Momente (1670 bis 1671)

Während *De analysi* hauptsächlich den Reihenentwicklungen und der Anwendung von Reihen bei Quadraturen gewidmet war, galt das 1670/1671 geschriebene *De methodis serierum et fluxionum* hauptsächlich der Anwendung eines Algorithmus, den Newton 1665 bis 1666 entwickelt hatte. Die Objekte, auf die dieser Algorithmus angewandt wird, sind Größen, die in der Zeit

3 Newtons *Methode* und Leibniz' *Kalkül*

„fließen". So zum Beispiel erzeugt die Bewegung eines Punktes eine Linie, die Bewegung einer Linie eine Fläche. Die durch diesen „Fluß" erzeugten Größen werden „Fluenten" genannt. Ihre momentanen Geschwindigkeiten werden als „Fluxionen" bezeichnet. Die „Momente" der fließenden Größen sind „unendlich kleine Zuwächse, um welche jene Größen in den unendlich kleinen Zeitintervallen vermehrt werden" (Newton 1670/71, 80). Man betrachte z. B. einen Punkt, der mit variabler Geschwindigkeit entlang einer Geraden fließt. Die seit t zurückgelegte Entfernung ist die Fluente, die momentane Geschwindigkeit die Fluxion, der „unendlich" (oder „unbestimmt") kleine Zuwachs in einem unendlich kleinen Zeitabschnitt ist das Moment. Newton bemerkte ferner, daß die Momente „sich wie die Geschwindigkeiten des Fließens verhalten", d. h. wie die Fluxionen (Newton 1670/71, 78). Seine Argumentation fußt auf dem Gedanken, daß die Fluxion während einer „unendlich kleinen Zeitspanne" konstant bleibt, das Moment also proportional zur Fluxion ist. Newton mahnt den Leser, die „Zeit" der Fluxionsrechnung nicht mit der realen Zeit zu verwechseln. Jede fließende Größe, deren Fluxion als konstant angenommen wird, spielt die Rolle einer Zeit im Sinne der Fluxionsrechnung.

In diesem Kontext entwickelte Newton keine besonders handliche Schreibweise. Er verwandte a, b, c, d für die Konstanten, v, x, y, z für die Fluenten und l, m, n, r für die jeweiligen Fluxionen, so daß zum Beispiel m die Fluxion von x ist. Das „unendlich" (oder „unbestimmt") kleine Zeitintervall wurde mit o bezeichnet. Damit ist no das Moment von y. Erst in den 90er Jahren führte Newton die heute übliche Notation ein: Die Fluxion oder Ableitung von x wird durch $\dot{x}$ bezeichnet und das Moment von x durch $\dot{x}o$. Die Fluxionen (Ableitungen) selbst können als fließende Größen betrachtet werden, und somit kann man nach der Fluxion von n/m suchen. In den 90er Jahren bezeichnete Newton die „zweite" Fluxion von x mit $\ddot{x}$.

Für die Fläche unter einer Kurve verwendete Newton keine durchgehende Schreibweise. Im allgemeinen setzte er Worte wie „Fläche von" oder ein großes Q vor den analytischen Ausdruck der Kurve. In manchen Fällen verwendete er $\boxed{a/x^2}$ für „die Fläche unter der Kurve mit der Gleichung $y = a/x^2$." In Leibniz' Schreibweise wäre dies $\int (a/x^2)dx$. Wie wir noch sehen werden (vgl. Kap. 3.2.6), verwendete Newton auch $\overset{\prime}{y}$ zur Bezeichnung einer fließenden Größe, deren Ableitung y ist. Die Integrationsgrenzen waren entweder durch den Kontext klar oder wurden in Worten erklärt.

In *De methodis* gibt Newton die Lösung einer Reihe von Problemen. Die Hauptprobleme sind, Maxima und Minima, Tangenten „Krümmungen, Flächen und Bogenlängen zu finden. Dank der Darstellung von Größen als durch kontinuierliches Fließen erzeugt lassen sich alle diese Aufgaben nun auf die folgenden beiden Probleme 1 und 2 reduzieren:

1) wenn ein stetiger Weg zu jedem Zeitpunkt gegeben ist, die Bewegungsgeschwindigkeit in einem gegebenen Zeitpunkt zu finden;
2) bei gegebener stetiger Bewegungsgeschwindigkeit die zurückgelegte Strecke in einem gegebenen Zeitpunkt zu finden. (Newton 1670/71, 70-71)

Die Probleme der Auffindung von Tangenten, Extremalstellen und Krümmungen hängen mit ersterem zusammen, die Probleme der Auffindung von Flächen und Bogenlängen mit letzterem.

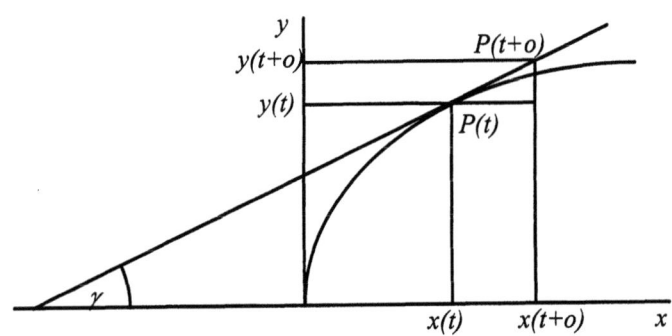

Abbildung 3.3

Man stelle sich eine ebene Kurve $f(x,y) = 0$ durch kontinuierliches Fließen eines Punktes $P(t)$ erzeugt vor. Wenn (x, y) die kartesischen Koordinaten der Kurve sind, ist $\dot{y}/\dot{x}$ gleich $\tan \gamma$, wobei γ der Winkel ist, der von der Tangente in $P(t)$ mit der x-Achse gebildet wird (vgl. Abb. 3.3). Nach Newtons Auffassung bewegt sich der Punkt während des „unendlich kleinen Zeitabschnitts" o mit gleichförmig geradliniger Bewegung von $P(t)$ nach $P(t + o)$. Das in Abb. 3.3 angedeutete unendlich kleine Rechteck hat Katheten gleich $\dot{y}o$ und $\dot{x}o$, daher ist $\tan \gamma = \dot{y}o/\dot{x}o = \dot{y}/\dot{x}$. An einer Extremalstelle wäre dann $\dot{y}/\dot{x} = \tan \gamma = 0$. Newton bewies, daß der Krümmungsradius durch

$$\rho = \left(1 + (\dot{y}/\dot{x})^2\right)^{3/2} / (\ddot{y}/\dot{x}^2)$$ gegeben ist.

Die Tatsache, daß das Auffinden von Flächen auf Problem 2 reduziert werden kann, wird durch den Hauptsatz ausgesagt. Sei zum Beispiel z die Fläche, die durch einen gleichförmigen, stetigen Fluß $(\dot{x} = 1)$ der Ordinate y erzeugt wird (vgl. Abb. 3.3). Die Bewegungsgeschwindigkeit, d. h. $\dot{z}$, wird als stetig und gegeben angenommen. Dann hat man wegen des Hauptsatzes $y = \dot{z}$. Um

3 Newtons *Methode* und Leibniz' *Kalkül*

die Fläche zu finden, ist eine Methode erforderlich, um z aus $y = \dot{z}$ zu erhalten, und dies ist Problem 2. Die Auffassung von Größen als durch stetigen Fluß erzeugt ermöglichte es Newton also, das Problem der Bestimmung der Fläche unter einer Kurve als Sonderfall von Problem 2 aufzufassen. Die Reduzierung der Bogenlängeprobleme auf Problem 2 hängt von der Anwendung des Satzes von Pythagoras auf das Moment der Bogenlänge s ab: $\dot{s}o = \sqrt{(\dot{x}o)^2 + (\dot{y}o)^2}$ (vgl. Abb. 3.3). Daher s=$\boxed{\sqrt{\dot{x}^2 + \dot{y}^2}}$.

Der grundlegende Algorithmus für Problem 1, den er als „direkten" bezeichnete, wurde von Newton mit Hilfe eines Beispiels gegeben (Newton 1670/1671, 78-81). Er betrachtete die Gleichung $x^3 - ax^2 + axy - y^3 = 0$. Dann setzte er $x + \dot{x}o$ anstelle von x und $y + \dot{y}o$ anstelle von y. $x^3 - ax^2 + axy - y^3$ ist gleich Null und kann gestrichen werden, und nach Division durch o erhielt er eine Gleichung, aus der er die Terme strich, die o als Faktor haben. Tatsächlich haben diese Terme die Eigenschaft, daß sie „im Hinblick auf die übrigen Größen nichts zählen", weil „o als unendlich klein unterstellt wird". Schließlich gelangte Newton zu:

$$3x\dot{x}^2 - 2a\dot{x}x + a\dot{x}xy + a\dot{y}x - 3\dot{y}y^2 = 0. \tag{3.7}$$

Das Ergebnis wird durch Verwendung einer Streichungsregel für Infinitesimale höherer Ordnung erreicht, äquivalent zu Leibniz' $x + dx = x$, nach der für den Fall, daß x endlich und o ein unendlich kleines Zeitintervall ist, gilt:

$$x + \dot{x}o = x. \tag{3.8}$$

Mit diesem Beispiel hatte Newton zugleich auch gleich die Regeln für die Ableitung eines Produkts xy und einer Potenz x^n als $x\dot{y} + y\dot{x}$ und $nx^{n-1}\dot{x}$ aufgestellt.

Newton konnte auch irrationale „Funktionen" behandeln. In der Gleichung $y^2 - a^2 - x\sqrt{a^2 - x^2} = 0$ setzte er $z = x\sqrt{a^2 - x^2}$ und erhielt: $y^2 - a^2 - z = 0$ und $a^2x^2 - x^4 - z^2 = 0$. Durch Anwendung des direkten Algorithmus gewann er $2\dot{y}y - \dot{z} = 0$ und $2a^2\dot{x}x - 4\dot{x}x^3 - 2\dot{z}z = 0$. Daraus eliminierte er $\dot{z}$, setzte $z = x\sqrt{a^2 - x^2}$ wieder ein und gelangte zu

$$2\dot{y}y + \left(-a^2\dot{x} + 2\dot{x}x^2\right)/\sqrt{a^2 - x^2} = 0$$

als der zwischen $\dot{y}$ und $\dot{x}$ gesuchten Relation.

Obwohl Newton seinen „direkten" Algorithmus anhand von Spezialfällen darstellte, läßt sich sein Verfahren verallgemeinern. Gegeben sei eine als Funktion in parametrischer Form ausgedrückte Kurve $f(x(t), y(t)) = 0$, dann erhält man die Relation zwischen den Fluxionen $\dot{x}$ und $\dot{y}$ durch Auswertung der Gleichung

$$f(x + \dot{x}o, y + \dot{y}o) = \frac{\partial f}{\partial x} \dot{x}o + \frac{\partial f}{\partial y} \dot{y}o + o^2(\cdots) = 0.$$

Nach Division durch o werden die verbleibenden Terme in o gestrichen. Solch eine moderne Rekonstruktion sagt sicher mehr aus, als Newton ausdrücken konnte, da ich die für Newton nicht verfügbaren Notationen für eine Funktion $f(x(t), y(t))$ und für partielle Ableitungen benutzt habe. Mit der nötigen Vorsicht ist dies jedoch nützlich, um die folgenden Punkte herauszustellen:

1) Newton nimmt an, daß die Bewegung während des unendlich kleinen Zeitintervalls o gleichmäßig ist, so daß y nach $y + \dot{y}o$ fließt, wenn x nach $x + \dot{x}o$ fließt. Daher ist $f(x, y) = f(x + \dot{x}o, y + \dot{y}o)$;

2) Newton verwendet das Streichungsprinzip für infinitesimale Größen, so daß im letzten Schritt die Terme in o wegfallen. Newtons Erklärung für sein Verfahren ist nicht viel strenger als in den Werken von Pierre Fermat oder Hudde. Wie wir im nächsten Unterabschnitt sehen werden, sollte er bald auf ernsthafte Begründungsprobleme stoßen.

Problem 2 ist natürlich viel schwieriger. Gegeben sei eine „Fluxionsgleichung" $f(x, y, \dot{x}, \dot{y}) = 0$. Newton sucht eine Relation $g(x, y, c) = 0$ (c konstant) von der Art, daß die Anwendung des direkten Algorithmus $f(x, y, \dot{x}, \dot{y}) = 0$ ergibt. Im Leibnizschen Sinne ist dies das Problem der Integration von Differentialgleichungen.

Newton hat zwei allgemeine Strategien, die ihm eine große Vielfalt solcher „Umkehrprobleme" zu lösen erlauben. Entweder brachte er durch eine Variablentransformation die Gleichung auf eine Form, die in einer Fluententabelle enthalten ist, oder er verwendete Reihenentwicklungen mit anschließender gliedweiser Integration. Seine Methode war ein großer Fortschritt gegenüber den geometrischen Quadraturen etwa Huygens, oder den direkten Summationen bei Wallis (vgl. Kap. 2).

Einen Eindruck von Newtons erster Strategie können wir anhand der Quadratur der Kissoide geben, die Huygens und Wallis in den 1650er Jahren be-

3 Newtons *Methode* und Leibniz' *Kalkül*

schäftigt hatte (vgl. Kap. 2 und van Maanen 1991). Als Gleichung für die Kissoide (vgl. Abb. 2.21) verwendete Newton die Relation $y = x^2/\sqrt{x-x^2}$. Problem 2 wird durch Bestimmung eines z gelöst, so daß $\dot{z}/\dot{x} = x^2/\sqrt{x-x^2}$. Dann erhält man für $k = x^{3/2}\sqrt{1-x}$:

$$\frac{\dot{k}}{\dot{x}} = \frac{3}{2}\sqrt{x-x^2} - \frac{1}{2}\frac{x^2}{\sqrt{x-x^2}}. \tag{3.9}$$

Umstellen ergibt die Beziehung:

$$\frac{\dot{z}}{\dot{x}} = 3\sqrt{x-x^2} - \frac{2\dot{k}}{\dot{x}}. \tag{3.10}$$

In Leibnizscher Schreibweise ist das: $z = \int_0^1 3\sqrt{x-x^2}\,dx - 2[k(x)]_0^1$. Die Fläche unter der Kissoide im Intervall [0,1] ist daher dreimal die Fläche unter dem Halbkreis der Gleichung $y = \sqrt{x-x^2}$. Der zweite Term auf der rechten Seite von (3.10) verschwindet bei der Integration über [0,1].

Wenn die erste Strategie versagte, versuchte Newton die zweite. Im allgemeinen reduzierte er dann eine Quadratur auf die einer Kreis- oder Hyperbelfunktion wie $(a^2-x^2)^{\pm 1/2}$ oder $a/(b+cx)$. Diese konnte er durch binomische Entwicklung und gliedweise „Integration" berechnen. Dazu das folgende Beispiel.

Man betrachte einen Kreis mit dem Radius der Länge 1 (vgl. Abb. 3.4): Das Moment des Bogens $\dot{\theta}o$ verhält sich zum Moment der Abzisse $\dot{x}o$ wie 1 zu $\sqrt{1-x^2}$. Indem er den binomischen Lehrsatz auf $(1-x^2)^{-1/2}$ anwandte und termweise „integrierte", erhielt Newton die arcsin-Reihe:

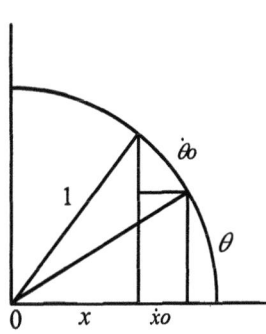

Abbildung 3.4

$$\theta = x + \frac{x^3}{6} + \frac{3x^5}{40} + \dots \tag{3.11}$$

Durch Reihenumkehr erhielt er daraus die Potenzreihe für den *sin*.
Newton konnte das Umkehrproblem für eine große Klasse von Fluxionsgleichungen lösen. Hätte er diese Abhandlungen 1671 veröffentlicht, hätte er damit ganz Europa in Erstaunen versetzt.

3.2.5 Die Geometrie der ersten und letzten Verhältnisse (1671 bis 1704)

Wie wir gesehen haben, verwendete Newton in seinen Frühschriften Methoden, die typisch für die „neue Analysis" des 17. Jahrhunderts waren. Er benutzte Reihen und infinitesimale Größen, wobei die Infinitesimalen hauptsächlich als Momente, momentane Zuwächse einer „fließenden" variablen Größe auftraten. Die kinematische Auffassung des Kalküls herrschte daher in Newtons Werk von Anfang an vor. Für ihn stellte der Bezug auf unsere Anschauung eines stetigen „Fließens" ein Mittel dar, die Bezugsobjekte des Kalküls, Fluenten, Fluxionen und Momente, zu „definieren" (vgl. Kap. 3.5.2).

Bis zur Abfassung von *De methodis* beschrieb Newton sich selbst stolz als Begründer der „neuen Analysis" des 17. Jahrhunderts. In den 70er Jahren gab er jedoch den Kalkül der Fluxionen zugunsten einer Geometrie der Fluxionen auf, bei der unendlich kleine Größen nicht verwendet wurden. Diese neue Methode bezeichnete er als „synthetische Fluxionsmethode" im Unterschied zu seiner früheren „analytischen Fluxionsmethode" (Newton 1967-1981, 8, 454-455). Einige Ergebnisse der synthetischen Methode faßte er in Abschnitt 1, Buch 1 der *Principia Mathematica* unter dem Titel „Die Methode der ersten und letzten Verhältnisse" zusammen. Er schrieb:

> Wenn ich ferner in der Folge Grössen als aus kleinen Theilen bestehend betrachten, oder statt [gekrümmter] unendlich kleine [gerade] Linien annehmen sollte; so wünsche ich, dass man darunter nicht untheilbare, sondern verschwindend kleine theilbare, nicht Summen und Verhältnisse bestimmter Theile, sondern die Grenzen der Summen und Verhältnisse verstehen, und daß man den Kern solcher Beweise immer auf die Methode der vorangehenden Lehnsätze zurückführen möge. (Newton1687/1963, 53-54; [...] zeigen die Korrektur einer sinnentstellenden Verwechslung bei Wolfers an)

Die Methode der ersten und letzten Verhältnisse beruhe auf dem folgenden Lemma 1:

3 Newtons *Methode* und Leibniz' *Kalkül*

Grössen, wie auch Verhältnisse von Grössen, welche in einer gegebenen Zeit sich
beständig der Gleichheit nähern und einander vor dem Ende jener Zeit weiter nähern kommen können, als jede gegebene Grösse, werden endlich einander gleich.
(Newton 1687/1963, 46)

Newton beweist dies durch ein Widerspruchs-Argument:

Wollte man dies bestreiten, so sei ihr letzter Unterschied = D. Sie könnten sich daher der Gleichheit nicht weiter nähern, als bis auf den gegebenen Unterschied, was
gegen die Voraussetzung ist. (a.a.O.)

Dieses Prinzip könnte als Vorwegnahme von Cauchys Grenzwerttheorie betrachtet werden (vgl. Kap. 6), doch das wäre sicher falsch, da sich Newtons
Grenzwerttheorie eher auf ein geometrisches als ein numerisches Modell bezieht.

Die Objekte, auf die Newton seine „synthetische Fluxionsmethode" oder
„Methode der ersten und letzten Verhältnisse" anwendet, sind durch stetiges
Fließen erzeugte geometrische Größen, d. h. „Fluenten". Während er in seinen
früheren Schriften die Fluenten mit algebraischen Symbolen dargestellt hatte,
bezog er sich in seinem neuen Ansatz direkt auf geometrische Figuren. Diese
Figuren sind allerdings nicht wie in der klassischen Geometrie unveränderlich.
Man muß sie sich „in Bewegung" vorstellen.

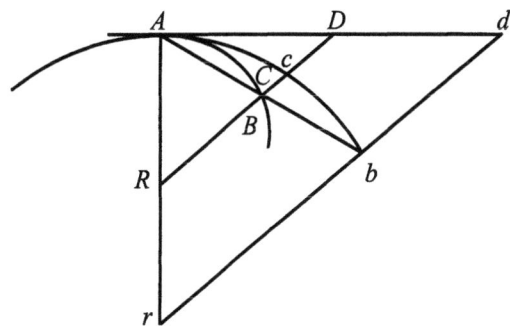

Abbildung 3.5

Ein typisches Problem ist die Untersuchung des Grenzwerts, auf den sich das
Verhältnis zweier geometrischer Fluenten zubewegt, wenn sie gleichzeitig verschwinden. Newton verwandte den Ausdruck „die Grenze des Verhältnisses
zweier verschwindender Größen". So zeigt er zum Beispiel in Lemma 7, daß
zu einer gegebene Kurve *ACB* (vgl. Abb. 3.5)

das letzte Verhältnis des Bogens, der Sehne und der Tangente zu einander das der Gleichheit [ist]. (Newton 1687/1963, 48)

Der auf Lemma 1 fußende Beweis beruht darauf, daß das Verhältnis zwischen dem Bogen *ACB* und der Tangente *AD*, oder zwischen dem Bogen und der Sehne *AB* sich dem Wert 1 nähert, wenn B gegen A' geht.

In Lemma 2 zeigt Newton, daß eine krummlinig begrenzte Fläche *AabcdE* (vgl. Abb. 3.6) als Grenze der einbeschriebenen rechteckigen Flächen *AKbLcMdD* oder umbeschriebenen *AalbmcndoE* angenähert werden kann. Der Beweis ist meisterhaft in seiner Einfachheit. Seine Struktur ist noch heute in Lehrbüchern in der Definition des bestimmten Integrals enthalten. Er besteht in dem Nachweis, daß die Differenz zwischen den Flächen der umschriebenen und der einbeschriebenen Figuren gegen Null geht, wenn die Zahl der Parallelogramme gegen unendlich strebt. Tatsächlich ist diese Differenz gleich der Fläche des Parallelogramms *ABla*: „dieses Rechteck aber wird dadurch, daß man seine Breite *AB* ins Unendliche vermindert, kleiner als jedes beliebige angebbare Rechteck." (Newton 1687/1963, 46-47).

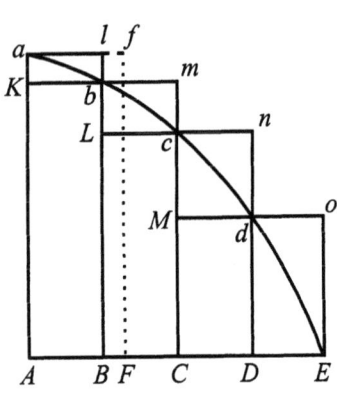

Abbildung 3.6

Man beachte, daß Newton in Lemma 2 und Lemma 7 einen *Beweis* zweier Annahmen liefert, die in der „neuen Analysis" des 17. Jahrhunderts gemacht wurden. Die „neuen Analytiker" (Newton selbst in seinen frühen Schriften!) hatten angenommen, daß eine Kurve als Vieleck von unendlich vielen, unendlich kleinen Seiten angenommen werden kann, und daß eine Kurvenfläche als unendliche Summierung unendlich schmaler Streifen aufgefaßt werden kann (vgl. Kap. 2). In der *Geometria curvilinea* und in den *Principia* sind die Kurven glatt und werden Kurvenflächen nicht in infinitesimale Bestandteile zerlegt. In der synthetischen Methode der Fluxionen wird immer mit endlichen Größen und Grenzwerten von Verhältnissen und Summen endlicher Größen gearbeitet.

In *De quadratura curvarum* präsentierte Newton eine analytische Version der Methode der ersten und letzten Verhältnisse (vgl. Newton 1691-92 und 1704). Er stellte jedoch klar, daß solche symbolischen Beweise in der Geometrie sicher verankert sind (vgl. Kap. 3.5.4). An dieser Abhandlung zur „Integration" begann Newton Anfang der 90er Jahre zu arbeiten. Sie wird mit der Erklärung eröffnet, daß der Kalkül sich nur auf endliche fließende Größen

3 Newtons *Methode* und Leibniz' *Kalkül*

bezieht: „Ich betrachte hier die mathematischen Größen nicht als aus äußerst kleinen Teilen bestehend, sondern als durch stetige Bewegung beschrieben. [...] Diese Erzeugungen finden in der Natur tatsächlich statt, und man kann sie täglich bei der Bewegung der Körper beobachten." (Newton 1704/1908,)

Um zum Beispiel die Fluxion von $y = x^n$ nach der Methode der ersten und letzten Verhältnisse zu finden, ging Newton wie folgt vor:

Die Größe x möge gleichförmig fließen, und es sei die Fluxion der Größe x^n zu finden. In der Zeit, in der x beim Fließen zu $x + o$ wird, wird x^n zu $(x+o)^n$, d. h. nach der Methode der unendlichen Reihen zu

$$x^n + nox^{n-1} + \frac{1}{2}(n^2 - n)o^2 x^{n-2} + \&c. \qquad (3.12)$$

Die Zunahmen o und $nox^{n-1} + \frac{1}{2}(n^2 - n)o^2 x^{n-2} + \&c.$ verhalten sich zueinander wie 1 zu $nx^{n-1} + \frac{1}{2}(n^2 - n)ox^{n-2} + \&c.$ Nun mögen jene Zunahmen verschwinden. Dann wird ihr letztes Verhältnis 1 zu nx^{n-1} sein. Es verhält sich daher die Fluxion der Größe x zu der Fluxion der Größe x^n wie 1 zu nx^{n-1}. (Newton 1704/1908, 6-7)

Man beachte, daß der Zuwachs o endlich ist und die Berechnung darauf abzielt, den Grenzwert des Verhältnisses $[(x-o)^n - x^n]/o$ zu ermitteln, während o gegen Null geht.

3.2.6 Fluxionen höherer Ordnung und die Taylor-Reihe (1687 bis 1692)

In den 90er Jahren führte Newton eine Schreibweise für Fluxionen ein. Er schrieb $\dot{x}, \ddot{x}, \dddot{x}$ usw. für die erste, zweite, dritte, usw. Fluxion. Auch verfügte er über die Schreibweise $\overset{\prime}{x}$ für die Fluente von x. Es konnten Punkte und Akzente hinzugenommen werden, um Fluxionen und Fluenten höherer Ordnung zu erzeugen. Newton verwendete auch Überindizes, um eine Vielzahl von Punkten und Akzenten zu vermeiden: So schrieb er $\overset{n}{y}$ für die n-te Fluxion von y (Newton 1967-1981, 7, 17-18 und 162).

Bei der Untersuchung von Fluxionen höherer Ordnung stellte Newton fest, daß jede Ordinate y einer Kurve in der x-y-Ebene unter der Annahme $\dot{x} = 1$ als

Potenzreihe ausgedrückt werden kann, deren n-ter Term gleich der n-ten Fluxion von y ist, d. h. $\overset{n}{y}$ dividiert durch n! (vgl. Newton 1691-1692, 7, 96-98). Zu dieser Aussage gelangte er vermutlich durch Verallgemeinerung seiner Erfahrung mit Potenzreihen. Wenn wir annehmen, daß y als Potenzreihe $y = a + bx + cx^2 + dx^3 + ex^4 + ...$ darstellbar ist, erhält man unmittelbar, daß $y(0) = a$, $\dot{y}(0) = b$, $\ddot{y}(0) = 2c$, usw.

Newton formulierte daraufhin einen Lehrsatz, der heute als Taylorsche Formel bezeichnet wird und der in der Weiterentwicklung des Kalküls im 18. Jahrhundert eine bedeutende Rolle spielen sollte (vgl. Kap. 4).

Bemerkenswert ist, daß Newton bereits in den *Principia* (z. B. Scholium zu Proposition 93, Buch 1, Proposition 10, Buch 2) nahe an die Aussage gekommen war, daß der n-te Term einer Potenzreihenentwicklung proportional zur n-ten Fluxion ist. Er hatte sogar schon formuliert, daß der erste Ausdruck die Ordinate, der zweite die Tangente oder Geschwindigkeit, der dritte die Krümmung oder Beschleunigung usw. repräsentiert. In Buch 3 hat er auch das Problem der Bestimmung der „parabolischen Linie" gelöst, die „durch eine beliebige Anzahl gegebener Punkte geht", und zwar mittels eines Verfahrens, das der sogenannten Gregory - Newton - Interpolationsformel gleichwertig ist (von der er etwa 1676 eine Version entdeckte). Es ist in der Tat bemerkenswert zu sehen, wie wichtig Potenzreihen in Newtons Werk waren. Von seinen frühen Forschungen über Tangenten und Quadraturen bis zu seiner reifen Theorie der Fluxionen höherer Ordnung griff er immer wieder auf Potenzreihen als ein wichtiges analytisches Werkzeug zurück.

3.3 Leibniz' Differential- und Integralrechnung

3.3.1 Ein Mathematiker und Diplomat

Gottfried Wilhelm Leibniz wurde 1646 in Leipzig in eine aus dem fernen Slawonien stammende protestantische Familie hinein geboren. Sein Vater war Professor an der Universität von Leipzig und hinterließ bei seinem Tod 1652 eine reichhaltige Bibliothek, in der der junge Gottfried sein Gelehrtenleben begann. Er studierte Philosophie und Recht an den Universitäten Leipzig, Jena und Altdorf. Er bekam auch eine Grundausbildung in Arithmetik und Algebra. Sehr bald formulierte er ein Projekt zum Aufbau einer mathematischen Sprache, mit der deduktives Schlußfolgern durchzuführen sein sollte. Seine Manuskripte über symbolisches Schließen enthalten eine Antizipation der algebraischen Logik des 19. Jahrhunderts. Leibniz gab nie das Projekt auf, eine

3 Newtons *Methode* und Leibniz' *Kalkül*   107

„charakteristica universalis" zu entwickeln. Wie wir noch sehen werden, betrieb er seine mathematische Forschung als Teil dieses ehrgeizigen Projekts. Insbesondere spielte sein Interesse an Zahlenfolgen eine relevante Rolle in der Geschichte der Differential- und Integralrechnung. Nach seiner Promotion 1666 an der Universität Altdorf trat er in die Dienste des Kurfürsten von Mainz. Von 1672 bis 1676 war er in diplomatischer Mission in Paris. Dort begegnete er mehreren hervorragenden Gelehrten, insbesondere Christiaan Huygens, der der neu gegründeten *Académie Royale des Sciences* angehörte. Erst in Paris lernte Leibniz auf Huygens Rat hin Mathematik. In wenigen Monaten hatte er sich die wichtige zeitgenössische Literatur erarbeitet und war in der Lage, eigene Forschungsbeiträge zu leisten. Die Entdeckung des Kalküls wird auf die Jahre 1675 bis 1677 datiert. Die Regeln des Differentialkalküls veröffentlichte er 1684 in den *Acta eruditorum*, einer wissenschaftlichen Zeitschrift, die er 1682 mitbegründet hatte. 1676 fand seine bahnbrechende Studienzeit in Paris ein Ende. Nach 1676 arbeitete Leibniz im Dienst des Hannoveraner Hofes. Er beschäftigte sich mit politischen Projekten. Das ehrgeizigste davon war die Wiedervereinigung der christlichen Kirchen. Leibniz war sehr geschickt darin, seine mathematischen Entdeckungen über wissenschaftliche Zeitschriften und gelehrte Korrespondenzen zu verbreiten. Während Newton seine Methoden geheim hielt, machte Leibniz große Anstrengungen, die Verwendung des Kalküls zu fördern. In Basel, Paris und Italien begannen mehrere Mathematiker wie die Brüder Bernoulli, L'Hospital, Varignon, Manfredi und Riccati den neuen Kalkül der Summen und Differenzen zu benutzen und gegen Kritiker zu verteidigen. Besonders um die Jahrhundertwende trugen Johann und Jakob Bernoulli dazu bei, die Integralrechnung zu erweitern und sie auf die Dynamik anzuwenden.

Leibniz starb 1716. Nur seine Verwandten und sein Sekretär wohnten der Beerdigung bei. Leibniz' geistige Interessen erstreckten sich von der Technik bis zur Mathematik, von der Physik bis zur Logik, von der Politik bis zur Religion. Er gilt als einer der größten Philosophen und einer der schöpferischsten Mathematiker aller Zeiten.

3.3.2 Unendliche Reihen (1672 bis 1673)

Leibniz' Interesse an der Kombinatorik veranlaßte ihn, endliche Zahlenfolgen von Differenzen zu betrachten wie

$$b_1 = a_1 - a_2, \quad b_2 = a_2 - a_3, \quad b_3 = a_3 - a_4, \quad \ldots \tag{3.13}$$

Er bemerkte, daß es möglich ist, die Summe $b_1 + b_2 + \ldots + b_n$ als Differenz $a_1 - a_{n+1}$ zu erhalten. Dieses einfache Gesetz führte beim Übergang zum Unendlichen zu interessanten Ergebnissen. Um zum Beispiel die Summe der Reihe der reziproken Dreieckszahlen

$$\sum_{n=1}^{\infty} \frac{2}{n(n+1)} = \sum_{n=1}^{\infty} b_n, \qquad (3.14)$$

zu finden, stellte Leibniz fest, daß die Glieder dieser Reihe als Folge von Differenzen ausgedrückt werden können:

$$b_n = \frac{2}{n} - \frac{2}{n+1} = a_n - a_{n+1}. \qquad (3.15)$$

Folglich gilt

$$\sum_{n=1}^{s} b_n = a_1 - a_{s+1} = 2 - \frac{2}{s+1}. \qquad (3.16)$$

Und wir erhalten 2, wenn wir alle Glieder addieren.

Leibniz wandte dieses erfolgreiche Verfahren auf mehrere andere Beispiele an. So etwa betrachtete er das „harmonische Dreieck" (s. Abb. 3.7). Im harmonischen Dreieck ist die n-te schräge Reihe die Differenzenfolge der $(n+1)$-ten schrägen Reihe. Hieraus ergibt sich zum Beispiel, daß:

$$\frac{1}{4} + \frac{1}{20} + \frac{1}{60} + \frac{1}{140} + \ldots = \frac{1}{3}. \qquad (3.17)$$

Diese Untersuchungen über unendliche Reihen implizieren einen Gedanken, der in Leibniz' Kalkül eine zentrale Rolle spielte (vgl. Bos 1980, 61). Die Summe einer unendlichen Anzahl von Termen b_n läßt sich mit Hilfe der primitiven Folge a_n berechnen, deren Differenzenfolge die b_n bilden.

3 Newtons *Methode* und Leibniz' *Kalkül* 109

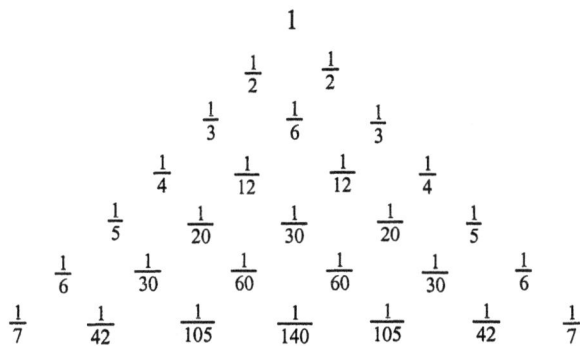

Abbildung 3.7

3.3.3 Die Geometrie der unendlich kleinen Größen (1673 bis 1674)

1673 stieß Leibniz beim Lesen von Pascals *Lettres de A. Dettonville* (1659) auf den Gedanken des sogenannten „charakteristischen Dreiecks". Pascal hatte sich mit Problemen der Quadratur beschäftigt und einem Punkt auf einem Kreisumfang ein Dreieck mit unendlich kleinen Seiten zugeordnet. Leibniz verallgemeinerte diesen Gedanken. Zu einem beliebigen Punkt P auf einer beliebigen gegebenen Kurve (vgl. Abb. 3.8) assoziierte er ein unendlich kleines Dreieck. Man kann sich die Kurve als Vieleck aus unendlich vielen unendlich kleinen Seiten vorstellen. Die Verlängerung einer der Seiten liefert die Tangente an die Kurve in dem Punkt. Eine Linie im rechten Winkel zu einer der Seiten ist die Normale. t und n seien jeweils die Längen der Tangente und der Normalen zwischen P und der x-Achse. Aus der Ähnlichkeit der drei Dreiecke in Abb. 3.8 erhielt Leibniz mehrere geometrische Transformationen, die es ihm gestatteten, ein Quadraturproblem in ein anderes zu verwandeln. In einer Notation, die Leibniz noch nicht eingeführt hatte, drückte er in verbaler Form Äquivalenzen aus wie: $\int k dx = \int y dy$, $\int y dx = \int \sigma dy$, $\int y ds = \int t dy$,

$\int y ds = \int n dx$, wobei n die Normale, t die Tangente, k die Subnormale und σ die Subtangente ist. Die nützlichste Transformation, die Leibniz 1673 bis 1674 entdeckte, d. h. in den Jahren unmittelbar vor seiner Erfindung des Kalküls, ist die „Transmutationsregel" (Hofmann 1949, 32-35; Bos 1980, 62-64).

Leibniz betrachtete eine glatte konvexe Kurve *OAB* (vgl. Abb. 3.9). Aufgabe ist, die Fläche *OABG* zu bestimmen. *PQN* sei das charakteristische zum Punkt *P* assoziierte Dreieck. Die Fläche *OABG* kann entweder als Summe unendlich vieler Streifen *RPQS* oder als die Summe des Dreiecks *OBG* plus der Summe unendlich vieler Dreiecke *OPQ* gesehen werden. Wir können also schreiben:

$$OABG = \sum RPQS = \frac{1}{2} OG \cdot GB + \sum OPQ . \qquad (3.18)$$

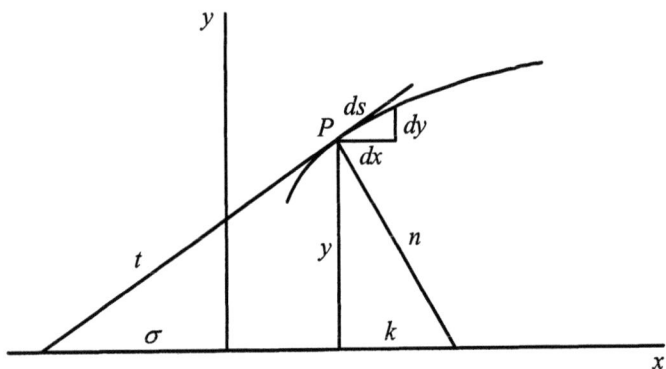

Abbildung 3.8

Die Verlängerung von *PQ* (d. h. die Tangente in *P*) soll die *y*-Achse in *T* schneiden und *OW* die Normale der Tangente sein. Das Dreieck *OTW* ist somit ähnlich dem charakteristischen Dreieck *PQN*, daher gilt:

$$\frac{PN}{OW} = \frac{PQ}{OT} . \qquad (3.19)$$

Die Fläche des unendlich kleinen Dreiecks *OPQ* ist also:

$$OPQ = \frac{1}{2} OW \cdot PQ = \frac{1}{2} OT \cdot PN . \qquad (3.20)$$

Leibniz definiert eine neue Kurve *OLM*, die durch den Prozeß des Tangentenanlegens mit der Kurve *OAB* zusammenhängt. Die neue Kurve hat in *R* eine Ordinate gleich *OT*. Geometrisch erhält man die Konstruktion, indem man die

3 Newtons *Methode* und Leibniz' *Kalkül* 111

Tangente in P anlegt und den Schnittpunkt T zwischen der Tangente und der y-Achse bestimmt. In für Leibniz noch nicht zugänglichen Symbolen ist die Ordinate z der neuen Kurve OLM: $z = y - x\,dy/dx$.

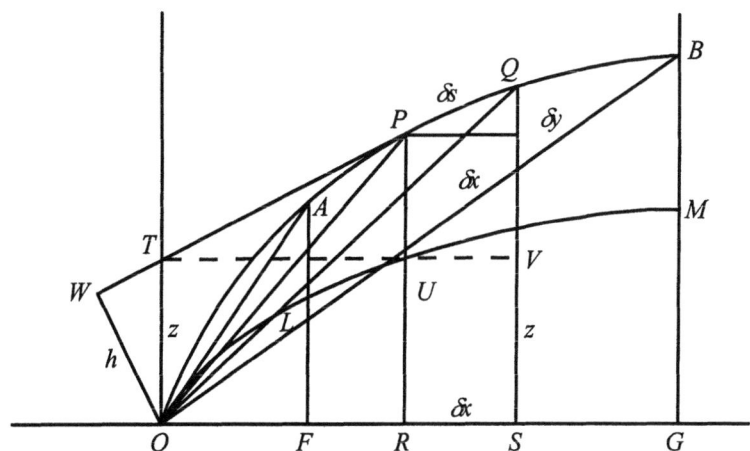

Abbildung 3.9

Leibniz schloß daraus:

$$\begin{aligned}
OABG &= \frac{1}{2}OB \cdot GB + \sum OPQ \\
&= \frac{1}{2}OG \cdot GB + \sum \frac{1}{2}OT \cdot PN \qquad (3.21)\\
&= \frac{1}{2}OG \cdot GB + \frac{1}{2}OLMG,
\end{aligned}$$

wobei $OLMG$ die Fläche unter der neuen Kurve ist. In modernen Symbolen und unter Einsetzung von y als der Ordinate der Kurve OAB ergibt sich (vgl. Bos 1980, 65):

$$\int_0^{x_o} y\,dx = \frac{1}{2}x_o y_o + \frac{1}{2}\int_0^{x_o} z\,dx = \frac{1}{2}x_o y_o + \frac{1}{2}\int_0^{x_o} y\,dx - \frac{1}{2}\int_0^{x_o} x\frac{dy}{dx}dx. \qquad (3.22)$$

Daher ist Leibniz' geometrische „Transmutation" äquivalent einer partiellen Integration. Später (vgl. Leibniz 1714, 408) sollte er es wie folgt ausdrücken:

$$\int y\,dx = xy - \int x\,dy. \tag{3.23}$$

Durch die Geometrie des infinitesimalen charakteristischen Dreiecks kam Leibniz also zu einer Reduktionsformel, die die Integration der Kurve *OAB* auf die Berechnung der Fläche unter einer Hilfskurve *OLM* zurückführte, welche mit *OAB* durch das Verfahren des Anlegens von Tangenten zusammenhängt. So begann in Leibniz' Geist die Relation zwischen Tangenten- und Quadraturproblem aufzutauchen. Die Arbeit mit dem charakteristischen Dreieck ließ ihn gewahr werden, wie fruchtbar der Umgang mit unendlich kleinen Größen ist.

3.3.4 Der Kalkül der Infinitesimalen (1675 bis 1686)

Im Laufe des Jahres 1675 tat Leibniz die entscheidenden Schritte, die ihn dazu führten, den Algorithmus zu entwickeln, der in revidierter Form und in einem anderen begrifflichen Kontext heute noch verwendet wird. Er begann damit, zwei geometrische Konstruktionen zu betrachten, die eine wichtige Rolle in der Infinitesimalrechnung des 17. Jahrhunderts gespielt hatten: nämlich das charakteristische Dreieck und die Fläche unter einer Kurve als Summe infinitesimaler Streifen.

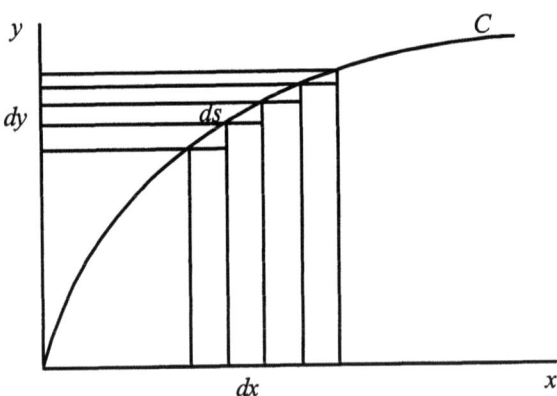

Abbildung 3.10

Betrachten wir eine Kurve *C* (vgl. Abb. 3.10) in einem kartesischen Koordinatensystem. Leibniz stellt sich vor, die *x*-Achse in unendliche viele infinite-

3 Newtons *Methode* und Leibniz' *Kalkül*

simale Intervalle mit den Endwerten x_1, x_2, x_3 usw. zu zerlegen. Außerdem definiert er das Differential $dx = x_{n+1} - x_n$. Auf der Kurve und auf der y-Achse entstehen die entsprechenden Folgen s_1, s_2, s_3 usw. und y_1, y_2, y_3 usw. Folglich gilt $ds = s_{n+1} - s_n$ und $dy = y_{n+1} - y_n$. Das charakteristische Dreieck hat die Seiten dx, ds, dy. Die Tangente an die Kurve C bildet einen Winkel γ mit der x-Achse, so daß $\tan \gamma = dy/dx$ ist. Die Fläche unter der Kurve ist gleich der Summe der unendlich vielen Streifen ydx. Leibniz verwandte ursprünglich Cavalieris Symbol „omn.", ersetzte diese Schreibweise aber bald durch das heute vertraute $\int ydx$, wobei $\int$ ein langes „S" für „Summe von" darstellt. Publiziert trat das Zeichen d bei Leibniz erstmalig 1684 auf und das erste Integral 1686. Drei Aspekte der Leibnizschen Darstellung der Kurve C in der Terminologie der Differentialrechnung sollten festgehalten werden.

1) Die auf eine endliche Größe x angewandten Symbole d und $\int$ erzeugen jeweils eine unendlich kleine und eine unendlich große Größe. Wenn also x ein endlicher Winkel oder eine endliche Strecke ist, sind dx und $\int x$ jeweils ein unendlich kleiner oder ein unendlich großer Winkel oder eine ebensolche Strecke. daher ändern die beiden Symbole d und $\int$ die Ordnung der Unendlichkeit, bewahren aber die geometrischen Dimensionen. Man beachte, daß Newtons Punktsymbol nicht dieselbe Wirkung hat. Wenn x eine endliche fließende Linie ist, ist $\dot{x}$ eine endliche Geschwindigkeit.

2) Da die geometrische Dimension erhalten bleibt, können die Symbole d und $\int$ wiederholt werden, so daß man unendlich kleine und unendliche große Größen höherer Ordnung erhält. Folglich ist ddx im Vergleich zu dx unendlich klein, und $\int\int x$ im Vergleich zu $\int x$ unendlich groß. So gelangt man zu einer Hierarchie von unendlich kleinen und unendlich großen Größen. Differentiale höherer Ordnung wurden durch Wiederholung des Symbols d bezeichnet. Ab der Mitte der 90er Jahre des 17. Jahrhunderts wurde es üblich, $dd \ldots d$ (n-mal) mit d^n abzukürzen, womit $d^n x$ das n-te Differential von x wird.

3) Die Darstellung der Kurve C in der Terminologie der Differentialrechnung kann auf sehr verschiedene Weise geschehen. Man kann die Progressionen von x_n, y_n und s_n so wählen, daß dx oder dy oder ds konstant ist, oder man kann die drei oben genannten Progressionen so wählen, daß dx, dy und ds alle variabel sind. Zum Beispiel erzeugt die Entscheidung für konstantes dx (das heißt, für äquidistante x_n) Folgen von y_n und s_n, in denen ds und dy (im allgemeinen) nicht konstant sind. Wie Bos 1974 nachgewiesen hat, ist die Entscheidung für konstantes dx äquivalent zur Auswahl von x als unabhängiger

Variabler und s und y als abhängiger Variabler. Das Newtonsche Äquivalent dazu besteht in der Wahl von $\dot{x}$ als konstant, das heißt, x fließt mit gleichförmiger Geschwindigkeit.

Bos hebt weiter hervor, daß der Leibnizsche Kalkül nichts mit „Funktionen" und „Ableitungen" zu tun hat, sondern mit Progressionen variabler Größen und ihren Differenzen. Daher sollten wir zum Beispiel nicht dy/dx als die Ableitung von $y(x)$ in Abhängigkeit von x lesen, sondern als Verhältnis zweier Differentiale dy und dx. Die Auffassung von dy/dx als Verhältnis macht die algebraische Behandlung der Differentiale natürlich. So zum Beispiel ist die Kettenregel nichts anderes als ein zusammengesetztes Verhältnis:

$$\frac{dy}{dx} = \frac{dy}{dw}\frac{dw}{dx}. \qquad (3.24)$$

Wählt man eine Variable x mit konstantem dx, so vereinfachen sich die Berechnungen, da $ddx = 0$ und die Differentiale höherer Ordnung von x wegfallen. Es gibt noch eine andere Möglichkeit zur Aufhebung von Differentialen höherer Ordnung. Hat man eine Summe $A + \alpha$ und ist α im Vergleich zu A unendlich klein, dann kann behauptet werden, daß $A + \alpha = A$ ist. Diese Kürzungsregel für unendlich kleine Größen höherer Ordnung läßt sich wie folgt ausdrücken:

$$d^n x + d^{n+1} x = d^n x. \qquad (3.25)$$

Leibniz berechnete das Differential von xy und x^n wie folgt:

$$d(xy) = (x+dx)(y+dy) - xy = xdy + ydx + dxdy = xdy + ydx,$$

während

$$dx^n = (x+dx)^n - x^n = nx^{n-1}dx + dx^2(\ldots) = nx^{n-1}dx.$$

Tatsächlich nahm er an, daß $dxdy$ sich gegenüber $xdy + ydx$ und dx^2 sich gegenüber dx aufhebt (vgl. Kap. 3.5.2 über Leibniz' Versuche zur Begründung dieses Verfahrens).

Differentiale von Wurzeln wie $y = \sqrt[b]{x^a}$ können gebildet werden, indem man sie in $y^b = x^a$ umformt, das Differential $by^{b-1}dy = ax^{a-1}dx$ berechnet und umordnet, so daß sich $d\sqrt[b]{x^a} = (a/b)dx\sqrt[b]{x^{a-b}}$ ergibt. Eine ähnliche Schlußweise führt zu $d(1/x^a) = -adx / x^{a+1}$.

3 Newtons *Methode* und Leibniz' *Kalkül*

Leibniz war verständlicherweise stolz auf diese Ausdehnung seines Kalküls. Vor der Differentialrechnung (vgl. Kap. 2.2) waren Wurzeln und Brüche schwer zu handhaben. Leibniz veröffentlichte die Regeln für den Differentialkalkül 1684 in einem kurzen und schwierigen Aufsatz, dessen Titel auf Deutsch *Neue Methode der Maxima und Minima, sowie der Tangenten, die sich weder an gebrochenen, noch an irrationalen Grössen stösst, und eine eigentümliche darauf bezügliche Rechnungsart* lautet.

Die Integration von $\int y dx$ führte Leibniz im allgemeinen durch Reduktion mittels Variablensubstitution oder partielle Integration aus. Diese Methoden konnten in einer rein analytischen Weise angewandt werden. Anstatt komplizierte geometrische Konstruktionen von Hilfskurven wie bei der Transmutationsregel zu erfordern, gestattete die neue Schreibweise rein algebraische Manipulationen.

Das mächtigste Mittel zur Durchführung von Integrationen ergab sich aus der Einsicht in den Hauptsatz der Differential- und Integralrechnung. Schon auf den ersten Blick suggeriert die Schreibweise d und $\int$ für Differenz und Summe ein Umkehrverhältnis zwischen Differentiation und Integration. Leibniz faßte $\int y dx$ als „Summe" einer unendlichen Reihe von Streifen $y dx$ auf. Aus seinen Forschungen über unendliche Reihen wußte er, daß die Summe einer unendlichen Reihe aus der primitiven Folge erhältlich ist (vgl. Kap. 3.3.2). Um $\int y dx$ auf eine Summe von Differenzen zu reduzieren, muß man ein z suchen, so daß $dz = y dx$ ist. Damit ergibt sich sofort:

$$\int y dx = \int dz = d \int z = z . \qquad (3.26)$$

Sobald die Umkehrbeziehung zwischen Differentiation und Integration verstanden ist, ergeben sich verschiedene Verfahren der Integration. So erhält man zum Beispiel die Regel der Transmutation (partielle Integration) durch Umkehrung von $d(xy)=xdy+ydx$, was $xy = \int d(xy) = \int x dx + \int y dx$ ergibt.

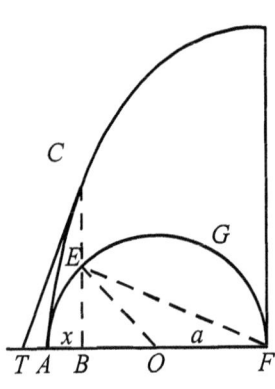

Abbildung 3.11

Als ein Beispiel für Leibniz' Umkehralgorithmus können wir die Anwendung der Transmutationsregel auf die Quadratur der Zykloide betrachten, die durch einen entlang der Senkrechten $x = 2a$ rollenden Kreis vom Radius a erzeugt wird (vgl. Abb. 3.11). Die Ordinate BC ist gleich $BE + EC = BE + AE$, wobei AE die Länge s des Kreisbogens ist.

Da $ds/a = dx/\sqrt{2ax - x^2}$ ist, folgt daraus, daß

$$s = \int_0^x a\,du / \sqrt{2au - u^2}\ .$$

(Heute haben wir Symbole für die elementaren transzendenten Funktionen und würden $s = a \cdot arccos\bigl((a-x)/a\bigr)$ schreiben.) Die Gleichung der Zykloide ist dann:

$$y = \sqrt{2ax - x^2} + \int_0^x a\,du / \sqrt{2au - u^2}\ . \tag{3.27}$$

Da $dy/dx = (2a - x)/\sqrt{2ax - x^2}$ ist, erhält man aus (3.22):

$$\int_0^{x_o} y\,dx = x_o y_o - \int_0^{x_o} \sqrt{2ax - x^2}\,dx\ . \tag{3.28}$$

Für $x_o = 2a$ und $y_o = \pi a$ ergibt (3.28) für die Fläche unter der halben Zykloide den Wert $3\pi a^2 /2$.

Leibniz interessierte sich sehr für die Anwendungen seines Kalküls auf Geometrie und Dynamik. In diesem Anwendungskontext stellte und löste er verschiedene Differentialgleichungen. Leibniz' Entwicklung von Integrationsverfahren etablierte dieses äußerst wichtige Gebiet in der Welt der kontinentalen Mathematik (vgl. Kap. 11.1.1).

3.4 Die Mathematisierung des Kraftbegriffs

Die Veröffentlichung von Newtons *Principia* 1687 läßt sich vielleicht als das bedeutendste Ereignis in der Naturphilosophie des 17. Jahrhunderts definieren. Leibniz' Reaktion auf die *Principia* ist ein zu komplexes Thema, als daß wir es hier angehen können. Es soll nur erwähnt werden, daß Leibniz Newtons Kosmologie der universellen Gravitation mit ihren Auffassungen von absoluter Zeit und absolutem Raum, ihren dynamischen Prinzipien und theologischen Ansichten widersprach (vgl. Bertoloni Meli 1993a). Für uns ist von Interesse, daß Leibniz und seine Schule einen kritischen Standpunkt gegenüber Newtons mathematischen Methoden in der Dynamik einnahmen.

Obwohl Newton einer der Entdecker des Kalküls war, machte er davon in den *Principia* nur in ein paar Einzelfällen Gebrauch. Statt dessen verwandte er die synthetische Fluxionsmethode, das heißt, die Methode der ersten und letzten Verhältnisse. Sehr oft kommen in dieser geometrischen Dynamik Grenzwerte von Verhältnissen und von Summen, sowie unendlich kleine Größen verschiedener Ordnung vor. Eine Übersetzung in die Sprache des Kalküls scheint daher trivial. Dennoch mußten die Mathematiker, die sich zu Beginn des 18. Jahrhunderts die Aufgabe stellten, den Kalkül auf Newtons Dynamik anzuwenden (insbesondere Pierre Varignon, Jakob Hermann und Johann Bernoulli) schwierige Probleme überwinden. In manchen Fällen gestatten die geometrischen Beweise der *Principia* eine fast unmittelbare Übersetzung in analytische Begriffe, in anderen Fällen ist diese Übersetzung kompliziert, unnatürlich oder sogar problematisch.

Heute halten wir es für selbstverständlich, daß die Differential- und Integralrechnung zur Behandlung der Dynamik ein besseres Werkzeug ist als die Geometrie. Doch zu Beginn des 18. Jahrhunderts war die Auswahl mathematischer Methoden zur Anwendung auf die Dynamik ein Problem. Newtons Mathematisierung der Dynamik war zwar nicht ausschließlich, aber hauptsächlich geometrisch und mehrere Anhänger der Newtonschen Schule bis zu Colin Maclaurin und Matthew Stewart um die Mitte des 18. Jahrhunderts folgten Newton in dieser Sichtweise (vgl. Guicciardini 1989).

In den mathematischen Schriften, die er unmittelbar vor den *Principia* verfaßte, hatte sich Newton geometrischen Methoden zugewandt. In den 70er Jahren sah er sich veranlaßt, sich von seinen frühen, stark analytischen Forschungen zu distanzieren. Newton begann moderne Mathematiker zu kritisieren. Er hob hervor, daß die modernen algebraischen Verfahren zu mechanisch seien und nur als heuristische Werkzeuge, aber nicht zum Beweis benutzt werden könnten, und daß die verwendeten Begriffen keine klare Bedeutung haben. Hingegen charakterisierte er die „Geometrie der Alten" als einfache, elegante, knappe und problemadäquate Methode, die stets im Sinne real vorhandener Objekte interpretierbar sei. Unnötig zu sagen, daß Newtons geometrische Dynamik, ungeachtet seiner rhetorischen Beteuerung der Kontinuität zwischen seinen Methoden und denen der „Alten", ganz und gar ein Kind des 17. Jahrhunderts war.

Die Gründe, die diesen Verfechter analytischer Verfahren, von Reihen, unendlich kleinen Größen und Algebra veranlaßten, seine analytischen Forschungen aufzugeben, sind komplexer Art. Sie haben mit begründungstechnischen Bedenken hinsichtlich der Natur unendlich kleiner Größen zu tun und mit seinem Bestreben, in der Geometrie ein einheitliches Prinzip für Techniken zu finden, die in seinen frühen Schriften ungezügelt wucherten. Auch hängen sie mit seiner Aversion gegen Descartes und alles Cartesische zusammen, und mit seiner Bewunderung für die geometrischen Methoden von Huygens (vgl. Westfall 1980, 377 - 381).

Auch andere Faktoren trugen dazu bei, den *Principia* die geometrische Gestalt zu geben, in der wir sie kennen. Die Auffassung der Naturphilosophie im 16. Jahrhundert, beispielhaft verwirklicht in den Werken von Johannes Kepler und Galileo Galilei, besagte, daß das *Buch der Natur* in Kreisen und Dreiecken, und nicht in Gleichungen geschrieben ist. Außerdem war die Gemeinschaft der Naturphilosophen, an die Newton seine *Principia* richtete, in der Geometrie geschult und gewiß nicht in der Differential- und Integralrechnung, die 1687 eine nahezu unveröffentlichte Entdeckung war. Es wäre hoffnungslos schwer für sie gewesen, eine vollständig neue Dynamik in einer vollständig neuen Sprache zu verstehen.

Ein anderer bedeutsamer Faktor, der Newton zur Verwendung der Geometrie in der Dynamik veranlaßte, hat mit der relativen Schwäche des Kalküls zu tun. Newton konnte den Kalkül zwar auf die einfachsten Probleme anwenden. Wir verfügen über Manuskripte, in denen er Fluxionsgleichungen (d. h. Differentialgleichungen) der Bewegung für das Ein-Körper-Problem aufstellt (Newton 1691-92, 122-129 und Guicciardini 1995). Die allgemeine Gravitation ist jedoch eine Annahme, die bei Planetenbahnen gestörte Bewegungen impliziert. Die Möglichkeit, die Feinheiten der Planetenbewegungen (wie die Präzession der Tag- und Nachtgleichen) oder der Planetengestalten und Gezeiten zu mathematisieren, war für Newton und seine Nachfolger wesentlich. Die Differential- und Integralrechnung war noch nicht mächtig genug für solche dynamischen Untersuchungen. Die Geometrie dagegen bot ein Mittel, diese Probleme zumindest qualitativ anzugehen (vgl. Greenberg 1995).

Die Verwendung der Geometrie der ersten und letzten Verhältnisse und die Ablehnung der neuen Analysis zugunsten der synthetischen Fluxionsmethode war daher keine defensive, rückwärtsgerichtete Bewegung, sondern wurde von Newton als vorwärtsgerichtet und als Entscheidung für eine machtvollere Methode gesehen. Eine Methode, die nicht nur vom Begründungsstandpunkt vorteilhafter war, sondern auch vom Beweisstandpunkt.

3 Newtons *Methode* und Leibniz' *Kalkül* 119

Betrachten wir als Beispiel für Newtons geometrische Verfahren in der Dynamik die Behandlung von Keplers Flächengesetz der Planetenbewegungen: d.h. Proposition 1 aus Buch 1 der *Principia*. Diese besagt, daß Keplers Flächengesetz für jede zentrale Kraft gilt. Newtons geometrischer Beweis beruht auf einem anschaulichen Grenzübergang. In den *Principia* lesen wir:

> Wenn Körper sich in Bahnen bewegen, deren Radien stets nach dem unbeweglichen Mittelpunkte der Kräfte gerichtet sind; so liegen die von ihnen beschriebenen Flächen in festen Ebenen und sind den Zeiten proportional. (Newton 1687/1963, 55)

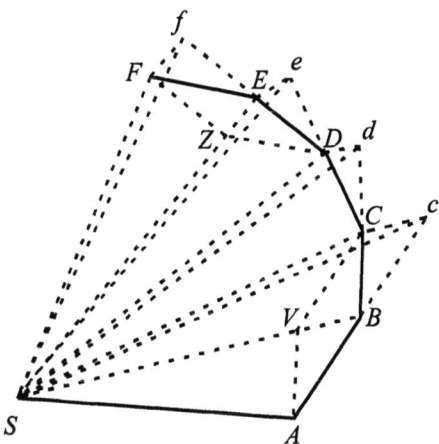

Abbildung 3.12

Newtons Beweis geht wie folgt: Man unterteile die Zeit in gleiche und endlich viele Intervalle Δt_1, Δt_2, Δt_3 usw. Am Ende jedes Intervalls wirkt die Kraft auf den Körper „mit einem einzigen, aber starken Impuls" ein (a.a.O.), und die Geschwindigkeit des Körpers ändert sich augenblicklich. Die resultierende Bahn (vgl. Abb. 3.12) ist ein Vieleck ABCDEF. Die Flächen SAB, SBC, SCD, usw. werden in gleichen Zeiten vom Radiusvektor überstrichen. Nach den ersten beiden Bewegungsgesetzen kann man zeigen, daß sie gleich sind. Würde nämlich die zentripetale Kraft am Ende von Δt_1, wenn der Körper sich in B befindet, nicht einwirken, so würde der Körper in einer geraden Linie mit gleichförmiger Geschwindigkeit weiterfliegen (wegen des ersten Bewegungsgesetzes). Dies bedeutet, daß der Körper am Ende von Δt_2 c erreichen würde, so daß AB = Bc. Die Dreiecke SAB und SBc sind flächengleich. Wir wissen aber, daß die zentripetale Kraft am Ende von Δt_1, einwirkt, wenn sich der Körper in B befindet. Wo befindet sich der Körper am Ende von Δt_2? Um diese Frage zu beantworten, muß man sehen, wie Newton in Corollar 1 die Aktionsweise zweier „gleichzeitig" wirkender Kräfte definiert: „Ein Körper beschreibt in derselben Zeit, durch Verbindung zweier Kräfte die Diagonale eines Parallelogrammes, in welcher er vermöge der einzelnen Kräfte die Seiten beschrieben haben würde." (a.a.O., 33). Unter Zitierung dieses Corollars folgt Newton, daß der Körper sich auf der Diagonale des Parallelogramms BcCV bewegt und C am Ende von Δt_2 erreicht. Cc ist parallel zu VB, daher sind die Dreiecke SBc und SBC flächengleich. Also sind die Dreiecke SAB und SBC flächengleich. Man kann diese Argumentation wiederholen und die Punkte C, D, E, F konstruieren. Sie liegen alle auf einer Ebene, denn die Kraft ist auf S gerichtet und die Flächen der Dreiecke SCD, SDE, SEF usw. sind gleich der Fläche des Dreiecks SAB. Der Körper beschreibt daher eine polygonale Bahnkurve, die in einer Ebene liegt, und der Radiusvektor SP überstreicht die Flächen SAB, SBC, SCD usw. in gleicher Zeit. Newton geht mit einem Grenzübergang, der auf der Methode der ersten und letzten Verhältnisse beruht, von der vieleckigen zur glatten Bahnkurve über. Er schreibt:

> Vermehrt man nun ins Unendliche die Zahl der Dreiecke und verkleinert man ihre Grundlinien, so wird [. . .] der Umfang *ADF* eine krumme Linie. Es wirkt daher die Centripetalkraft, durch welche der Körper beständig von der Tangente dieser Kurve abgezogen wird, unaufhörlich, und die den Zeiten der Beschreibung proportionalen Flächenräume SADS und SAFS werden auch in diesem Falle ihnen proportional bleiben. (a.a.O., 56)

Das heißt, weil Keplers Flächengesetz für jedes diskrete Modell (von Stoßkräften erzeugte vieleckige Bahnkurven) gilt und da das stetige Modell (die von einer stetigen Kraft erzeugte glatte Bahnkurve) die Grenze der diskreten Modelle für $\Delta t \to 0$ ist, gilt das Flächengesetz für das stetige Modell. Die von SP überstrichene Fläche ist proportional zur Zeit.

Die Anhänger von Leibniz gingen völlig anders vor. Sie nahmen Keplers Flächengesetz von einem analytischen Standpunkt aus in Angriff. Nach Teilergebnissen von Jakob Hermann 1716 (vgl. Guicciardini 1996) kamen sie zu der folgenden analytischen Darstellung für die zentripetale Kraft.

Unter der Annahme, daß die Bewegung eben ist, ist es natürlich Polarkoordinaten (r,θ) zu verwenden, so daß der Ursprung mit dem Zentrum der Kraft zusammenfällt. Die radiale und transversale Beschleunigung werden daher durch die folgenden beiden Formeln ausgedrückt:

3 Newtons *Methode* und Leibniz' *Kalkül*

$$a_r = \frac{d^2r}{dt^2} - r\left(\frac{d\theta}{dt}\right)^2, \qquad (3.29)$$

und

$$a_t = \frac{rd^2\theta}{dt^2} + 2\frac{dr}{dt}\cdot\frac{d\theta}{dt}. \qquad (3.30)$$

A sei die vom Radiusvektor überstrichene Fläche. Dann ist $2\frac{dA}{dt} = r^2\frac{d\theta}{dt}$ und $2\frac{d^2A}{dt^2} = r^2\frac{d^2\theta}{dt^2} + 2r\frac{dr}{dt}\cdot\frac{d\theta}{dt} = ra_t$. Für eine Zentralkraft ist a_t gleich Null. Hieraus ergibt sich durch Integration von (3.30) $dA/dt = k$, die Flächengeschwindigkeit ist also konstant. Umgekehrt folgt, wenn $dA/dt = k$ ist, durch Differentiation, daß a_t gleich Null, die Kraft also eine Zentralkraft ist. Proposition 1 und ihre Umkehrung sind daher in der analytischen Formulierung der transversalen und radialen Beschleunigung enthalten.

Der obige Beweis ist sehr direkt. Mathematisch gesprochen, erfordert er nur den elementaren Kalkül und die Verwendung von Polarkoordinaten. Doch wurde ein solcher Beweis erst in den 1740er Jahren in Arbeiten von Daniel Bernoulli, Leonhard Euler und Alexis Claude Clairaut über erzwungene Bewegungen und Planetenbewegungen gegeben (vgl. Bertoloni Meli 1993b).

Dieses Beispiel zeigt, wie gänzlich anders der Ansatz der Leibnizschen Schule bei der Mathematisierung der Dynamik war. Bei den Leibnizianern ist die Geometrie der unendlich kleinen Größen das Modell, von dem aus Differentialgleichungen aufgestellt werden können. Die Bahnkurve wird lokal durch Differentiale dargestellt. Die Untersuchung der geometrischen und dynamischen Verhältnisse von unendlich kleinen Größen führt zu Differentialgleichungen, die algebraisch umgeformt werden können, bis das gesuchte Ergebnis erreicht ist. Während der algebraischen Umformung interessiert die geometrische Interpretation der Symbole nicht. Newton dagegen hält sich an die Geometrie. Seine Symbole sind immer geometrisch interpretiert, sie sind sogar im geometrischen Modell dargestellt, dessen geometrische und dynamische Eigenschaften für den Beweis entscheidend sind.

3.5 Newton *versus* Leibniz

3.5.1 „Nicht äquivalent in der Praxis"

Einen Vergleich zwischen Leibniz' und Newtons Kalkülen zu ziehen, ist keine leichte Aufgabe. Der Grund dafür liegt darin, daß sowohl Newton als auch Leibniz verschiedene Versionen ihrer Kalküle präsentierten. Leibniz veröffentlichte nie eine systematische Abhandlung, sondern verbreitete die Differentialrechnung in einer Reihe von Aufsätzen und Briefen. In Begründungsfragen änderte er häufig seine Meinung. Newton gab seine frühere Version des Kalküls, die auf dem Begriff der infinitesimalen Momente basierte, auf und entschied sich für die Methode der ersten und letzten Verhältnisse.

Einige Versuche, Gegensätze in Leibniz' und Newtons Kalkül herauszustellen, zeichnen meiner Ansicht nach einen zu scharfen Kontrast. Zum Beispiel wurde behauptet, daß variable Größen bei Newton als stetig variierend in der Zeit gesehen werden, während der Leibnizsche Ansatz sie als eine Folge unendliche nahe beieinanderliegender Werte auffaßt. Auch ist gesagt worden, daß im Kalkül der Fluxionen „die Zeit" und kinematische Begriffe wie „Fluenten" und „Geschwindigkeiten" eine Rolle spielen, die ihnen im Differentialkalkül nicht zukommt. Häufig wird bemerkt, daß geometrische Größen von Leibniz und Newton verschieden gesehen werden. So wird zum Beispiel eine Kurve bei Leibniz als ein Polygon - mit einer unendlichen Anzahl unendlich kleiner Seiten - aufgefaßt, während Kurven für Newton glatt sind (Bertoloni Meli 1993a, 61-73).

Diese scharfen Unterscheidungen, die uns sicher einen Teil der Wahrheit erfassen helfen, sind nur durch Simplifizierung der beiden Kalküle möglich. In Wirklichkeit gelten sie mehr für einen Vergleich der vereinfachten Versionen des Leibnizschen und des Newtonschen Kalküls, wie sie in Lehrbüchern wie L'Hospitals *Analyse des infiniment petits* (1696) und Simpsons *The Doctrine and Application of Fluxions* (1750) kodifiziert sind, und nicht für Newton und Leibniz selbst. Mir scheint, daß wichtige Aspekte ihrer Mathematik in diesen historischen Interpretationen unter den Tisch fallen. So sollte man zum Beispiel Leibniz' sehr skeptische Einstellung gegenüber der Existenz von unendlich kleinen Größen nicht vernachlässigen, er wäre sich mit Newton darin einig gewesen, daß Variablen sich stetig verändern und Kurven glatt sind. Leibniz verwandte unendlich kleine Größen ausdrücklich als heuristisches Mittel. In sehr ähnlicher Weise faßte Newton „Momente" als nützliche Abkürzungen auf, die eliminiert werden können, wenn man infinitesimale Beweise in strenge grenzwertbasierte Beweise übersetzt. Außerdem ist Newtons Auffassung der „Zeit" im Fluxionskalkül hoch abstrakt. Sorgfältig vermied er jede Gleichsetzung der Zeit im Sinne der Fluxionsmethode mit der wirklichen Zeit. Die Zeit im Sinne der Fluxionsmethode ist lediglich eine variable Fluente mit kon-

3 Newtons *Methode* und Leibniz' *Kalkül*

stanter Fluxion. Also beruht der Fluxionskalkül nicht schlicht auf der Kinematik, sondern auf dem abstrakten Begriff der stetigen Veränderung.

Die Unterschiede zwischen dem Leibnizschen und dem Newtonschen Kalkül sollten nicht überbetont werden. Insbesondere möchte ich in diesem Abschnitt zu zeigen versuchen, daß sie *nicht auf der syntaktischen oder semantischen, sondern auf der pragmatischen Ebene zu suchen sind*. Schließlich hatten die beiden Kalküle sowohl auf der syntaktischen Ebene des Algorithmus, als auch auf der semantischen Ebene der Interpretation der Symbole und der Begründung ihrer Regeln sehr viel gemeinsam. In der Tat kann man den Fluxionskalkül und die Differentialrechnung mit Hilfe der Gleichung $\dot{x}o = dx$ ineinander übersetzen. Diese Übersetzungen wurden von den Leibnizianern und Newtonianern vorgenommen: Sie hatten bemerkt, daß es kein einziges Theorem gibt, das in einem der beiden Kalküle bewiesen werden kann, ohne ein Gegenstück im anderen zu haben. Genau diese „Äquivalenz" löste den Prioritätsstreit aus. In einer Erörterung der Frage der Äquivalenz schrieb A. R. Hall:

> Entdeckten Newton und Leibniz dasselbe? In einem direkten mathematischen Sinne war das der Fall: [Leibniz'] Kalkül und [Newtons] Fluxionen sind nicht identisch, aber sie entsprechen sich offensichtlich. [. . .] Doch man fragt sich, ob nicht ein subtileres Element übrigbleibt, das unter dem Begriff „entsprechen" verborgen sein könnte. Ich wage die Vermutung, daß bei zwei Aussagemengen, die sich logisch entsprechen, aber nicht identisch sind, irgendein Unterschied zwischen beiden von mehr als trivialem symbolischem Charakter vorhanden sein muß, wenn wir die Unterscheidung zwischen „identisch" und „äquivalent" nicht aufgeben wollen. (Hall 1980, 257-258)

Um diese feinere und verborgenere Ebene zu untersuchen, auf der ein Vergleich zwischen Newtons und Leibniz' Kalkül gezogen werden kann, schlägt S. Sigurdsson die Kategorie „nicht äquivalent in der Praxis" vor. Trotz der Äquivalenz der beiden Kalküle

> bricht die Entsprechung zusammen, sobald klar ist, daß konkurrierende Formalismen unterschiedliche Richtungen der Forschung nahelegen und daher verschiedene Wissensarten erzeugen. (Sigurdsson 1992, 110)

In ähnlicher Weise sind für I. Schneider „Ausgangspunkte, Schwerpunkte und Erwartungen der beiden Pioniere durchaus nicht gleich" (1988, 142), während D. Bertoloni Meli einen Vergleich zwischen einem Newtonschen und einem Leibnizschen Mathematiker und zwei Programmierern zieht, die verschiedene Computersprachen verwenden:

> Selbst wenn die beiden Programme so entworfen sind, daß sie dieselben Operationen durchführen, können die für ihre Handhabung erforderlichen Fertigkeiten sehr unterschiedlich sein. Daher können sich spätere Veränderungen und Weiterentwicklungen auf verschiedenen Bahnen bewegen. Und genau das passierte in Groß-

britannien und auf dem Kontinent im 18. Jahrhundert: trotz der ursprünglichen „Äquivalenz" von Fluxionen und Differentialen. (Bertoloni Meli 1993a, 202)

Ich stimme dem Ansatz dieser Autoren zu. Statt nach scharfen Unterschieden zwischen den beiden Kalkülen zu suchen, sollten wir nach subtileren und weniger offensichtlichen Aspekten Ausschau halten. Newton und Leibniz hatten zwei „mathematisch äquivalente" Symbolismen. Auf der syntaktischen Ebene konnten sie die Ergebnisse des jeweils anderen übersetzen, und auf der semantischen Ebene waren sie sich in den entscheidenden Begründungsfragen einig. Auf der pragmatischen Ebene allerdings orientierten sie ihre Forschungen in verschiedene Richtungen. Zur Newtonschen oder zur Leibnizschen Schule zu gehören, bedeutete verschiedene Fertigkeiten und verschiedene Erwartungen zu haben: Es lief darauf hinaus, den Schwerpunkt jeweils auf eine andere Forschungslinie und auf andere Werte zu legen. Schließlich kommt es in der Geschichte der Mathematik oft vor, daß der Unterschied zwischen zwei Schulen nicht in logischen oder begrifflichen Inkommensurabilitäten liegt, sondern in mehr pragmatischen Aspekten: den Lehrmethoden, der Ausbildung der Mathematiker, den Erwartungen für die künftige Forschung, den Wertsystemen, auf die sich die Ansicht stützt, daß eine Beweismethode besser als eine andere ist, usw.

In den folgenden drei Abschnitten werde ich mich um einen solchen Vergleich zwischen den beiden Schulen aufgrund dreier Aspekte bemühen: der begrifflichen Grundlagen, der Algorithmen und der Rolle der Geometrie.

3.5.2 Das Problem der Grundlagen

Dieses Problem stellte sich im 17. Jahrhundert anders als im frühen 19. (vgl. Kap. 6). Eine der wichtigsten Begründungsfragen, mit der sich die Mathematiker des 17. und 18. Jahrhunderts auseinandersetzten, betraf die referentielle Bedeutung der mathematischen Symbole, etwa die Frage, ob es Infinitesimale gibt. Diese ontologische Frage wurde durch die logische Frage nach der Legitimität der Beweisregeln der neuen Analysis ergänzt, z. B. ob die Regel $x + dx = x$ legitim ist. Beide Fragen wurden von Newton und Leibniz ähnlich beantwortet.

Sie sagten, daß: (a) *wirkliche Infinitesimale nicht existieren, sondern nützliche Fiktionen zur Verkürzung von Beweisen sind*, (b) *Infinitesimale vorwiegend als veränderliche Größen im Zustand der Annäherung an Null definiert werden sollten*, (c) *Infinitesimale vollkommen vermieden werden können zugunsten von Beweisen, die auf dem Begriff des Grenzwerts beruhen und die die strenge Formulierung des Kalküls darstellen*, (d) *Beweise, die auf dem Begriff des Grenzwerts beruhen, eine direkte und gleichwertige Version der indirekten Widerspruchsbeweise von Archimedes sind.*

3 Newtons *Methode* und Leibniz' *Kalkül*

Wenn der Kalkül erst einmal auf Grenzwert - Beweise reduziert war, entstand die Frage, ob Grenzwert - Beweise legitim sind. Um diese zu beantworten, benutzten sowohl Newton als auch Leibniz den Begriff der Kontinuität. Newton jedoch legitimierte Grenzübergänge durch unsere Anschauung des stetigen Fließens, während Leibniz sich auf ein philosophisches Kontinuitätsprinzip bezog.

Die Frage, ob es Differentiale gebe, wurde von vielen Leibniz - Schülern bejaht, von Leibniz selbst nicht. Aus seinen ganz frühen Manuskripten (vgl. Leibniz 1993) bis zu seinen reifen Werken läßt sich schließen, daß tatsächliche Differentiale für ihn „Fiktionen" waren, also Symbole ohne referentiellen Inhalt (vgl. Knobloch 1994).

Dennoch war die Benutzung dieser Symbole nach Leibniz berechtigt, da man aus dem Algorithmus der Differentiale richtige Ergebnisse ableiten konnte. Wie Leibniz sagte, sind Differentiale „Fiktionen", aber „wohlbegründete Fiktionen". Warum „wohlbegründet"? Leibniz scheint die folgende Auffassung gehabt zu haben: Er leugnet das aktual Unendliche und unendlich Kleine und faßt die Differentiale als „unvergleichbare Größen" auf, variable Größen, die gegen Null gehen. In seinen Schriften der 90er Jahre beschreibt Leibniz diese „unvergleichbaren Größen" als Größen in einem fließenden Zustand, der sich von Null unterscheidet, aber nicht endlich ist. Auf diese Weise kann man dy/dx Bedeutung als Verhältnis zwischen zwei Größen verleihen. Wenn nämlich dy und dx Null sind, steht man vor der Schwierigkeit, $0/0$ einen Wert zuzuschreiben, wenn sie aber endlich sind, können sie nicht vernachlässigt werden und dann wäre $x + dx = x$ ungültig.

In späteren Schriften jedoch sagte Leibniz, daß Differentiale wohlbegründet sind, weil sie symbolische Abkürzungen für Grenzverfahren seien. Die Differentialrechnung wäre dann eine Kurzfassung eines Kalküls endlicher Größen und Grenzwerte, gleichwertig dem archimedischen Exhaustionsverfahren. Er schrieb:

> Denn anstelle des Unendlichen oder des unendlich Kleinen nimmt man so große und so kleine Größen wie nötig ist, damit der Fehler geringer sei, als der gegebene Fehler, so daß man sich vom Stil des Archimedes nur in den Ausdrücken unterscheidet, die in unserer Methode direkter sind und der Kunst der Erfindung besser entsprechen. (Leibniz 1701, 350)

Newtons Ansatz gegenüber der Frage der Existenz von Infinitesimalen ist ähnlich. Auch für Newton sind Infinitesimale, „Momente" oder „unendliche kleine Größen", als Kurzform für längere und strengere Grenzwert - Beweise benutzbar. Auch er spricht von Infinitesimalen als „verschwindenden" Größen derart, daß sie als etwas definiert zu sein scheinen, das zwischen Null und dem Endlichen liegt, als verschwindende oder entstehende Größen in einem unscharfen Bereich zwischen Nichts und dem Endlichen. Er stellt öfter klar, daß Infinitesimale durch Grenzübergänge ersetzt werden können.

Wir finden daher keinen ausgeprägten begrifflichen Gegensatz zwischen Leibniz und Newton, sondern eher eine unterschiedliche Einstellung. Beide sind sich einig, daß die Grenzargumente eine strenge Begründung des Kalküls erlauben, doch war dies für Leibniz mehr ein rhetorischer Schachzug zur Verteidigung der Legitimität des Differentialalgorithmus, während es für Newton ein auszuführendes Programm war. Während Newton explizit eine Grenzwerttheorie entwickelte (vgl. Kap. 3.2.5), spielte Leibniz lediglich auf die Möglichkeit an, den Kalkül über einer solchen Theorie aufzubauen. Leibniz konnte mit den infinitesimalen Größen leben, Newton machte in den *Principia* und in *De quadratura* eine ernsthafte Anstrengung zu ihrer Eliminierung (vgl. Lai 1975, Kitcher 1973, Guicciardini 1993).

Außerdem bezieht sich Leibniz häufig auf den heuristischen Charakter des Kalküls, um die Verwendung von Differentialen zu rechtfertigen. Für ihn sollte die metaphysische Frage der Begründung nicht mit der Anerkennung des Kalküls vermischt werden. Nach Leibniz sollte der Kalkül auch als eine *ars inveniendi* gesehen werden, als solche sei er mehr wegen seiner Fruchtbarkeit als wegen seiner referentiellen Bedeutung zu schätzen. Wir können nach Leibniz mit Symbolen, wie zum Beispiel $\sqrt{-1}$, rechnen, denen es völlig an referentiellem Inhalt fehlt, sofern der Kalkül so aufgebaut ist, daß er zu richtigen Ergebnissen führt. Dem konnte Newton nicht zustimmen, für ihn war eine Mathematik ohne referentiellen Inhalt nicht akzeptabel.

Auch die Beziehung zur „Geometrie der Alten" spielte in Newtons und Leibniz' Auffassungen eine unterschiedliche Rolle. Für Newton war der Nachweis einer Kontinuität zwischen seinen Methoden und denen des Archimedes ein entscheidender Schritt, um die Annehmbarkeit der „neuen Analysis" zu sichern. Leibniz betonte diese Kontinuität nur in Nebenbemerkungen, mit denen Zweifel beschwichtigt oder Kritik zurückgewiesen werden sollte. Er betonte mehr die Neuheit und den revolutionären Charakter seines Kalküls.

Die nächste Begründungsfrage betrifft die Berechtigung von Beweisen, die auf Grenzargumenten beruhen. Newton erörtert in den *Principia* den Einwand, „daß es kein letztes Verhältnis verschwindender Größen gebe, indem dasselbe *vor* dem Verschwinden nicht das letzte sei, *nach* dem Verschwinden aber überhaupt kein Verhältnis mehr stattfinde." Dazu bemerkt er:

> Aus demselben Grunde könnte man aber auch behaupten, daß ein nach einem bestimmten Orte strebender Körper keine letzte Geschwindigkeit habe; diese sei, bevor er den bestimmten Ort erreicht habe, nicht die letzte, nachdem er ihn erreicht hat, existiere sie gar nicht mehr. (Newton 1687/1963, 54)

Daher bezog sich Newton auf die Anschauung der stetigen Bewegung, um das Vorhandensein von Grenzen nachzuweisen. Aus der Anschauung wissen wir, daß sich natürliche Systeme durch stetige Bewegung entwickeln und daß es in jedem Augenblick tatsächlich eine Geschwindigkeit des Fließens gibt.

Leibniz dagegen bezog sich zur Begründung der Grenzverfahren auf ein metaphysisches Prinzip der Kontinuität, das er in verschiedenen Formen und Kontexten ausdrückte (vgl. Breger 1990). Das „Gesetz der Kontinuität" ist in Leibniz' Denken überall präsent. Er verwendet es in der Kosmologie, in der Physik und in der Logik. So behauptet er unter Hinweis auf dieses Gesetz, daß Ruhe als unendlich kleine Geschwindigkeit aufgefaßt werden kann, oder Gleichheit als unendlich kleine Ungleichheit. 1687 formulierte er das Prinzip in seiner schwierigen philosophischen Prosa wie folgt:

> Wenn sich in der Reihe der gegebenen und vorausgesetzten Elemente der Unterschied zweier Fälle unbegrenzt vermindern läßt, so muß er notwendig auch in den gesuchten oder abhängigen Elementen, die sich aus der ersten Reihe ergeben, unter jede beliebig kleine Größe sinken. (Leibniz 1687, 84)

Um die Bedeutung dieses allgemeinen Prinzips zu erläutern, bezieht sich Leibniz auf die Geometrie der Kegelschnitte. Eine Ellipse, sagt er, könne sich einer Parabel so weit nähern, wie es beliebt, so daß der Unterschied zwischen der Ellipse und der Parabel (das, was „abhängig" ist) „unter jede beliebig kleine Größe sinkt," vorausgesetzt daß einer der Brennpunkte (das, was „gegeben" ist) weit genug vom anderen entfernt ist. Folglich lassen sich die für die Ellipse gültigen Theoreme auf die Parabel übertragen „sofern diese als eine Ellipse, deren einer Brennpunkt unendlich weit entfernt ist, angesehen wird, oder - wenn man den Ausdruck des Unendlichen vermeiden will - als eine Figur, deren Unterschied von der Ellipse unter jeden beliebig kleinen Wert vermindert werden kann." (Leibniz 1687, 86). Es ist die stetige Abhängigkeit zwischen dem „Gegebenen" und dem „Abhängigen", die ein Folgern auf der Basis von Grenzübergängen gestattet, indem man auf die Parabel überträgt, was für die Ellipse bewiesen ist: "Bei stetigen Größen kann ein ausgeschlossener Endpunkt wie ein eingeschlossener behandelt werden" (Leibniz 1713, 385).

3.5.3 Die zwei Algorithmen: Methode *versus* Kalkül

Leibniz' und Newtons Algorithmen hängen aufgrund der Entsprechung zwischen $\dot{x}o$ und dx zusammen. Die beiden Schulen konnten die Ergebnisse der jeweils anderen leicht übersetzen. Der Hauptvorteil von Leibniz' Algorithmus betrifft das Integralzeichen. Mit Leibniz' $\int y dx$ wird die Integrationsvariable x explizit angegeben. Newtons $\boxed{y}$, Qy und $\overset{\prime}{y}$ müssen verbal erklärt werden. Dies wirkt sich auf die Integrationsverfahren aus. Im Leibnizschen Kalkül können die Integration durch Substitution und die partielle Integration mechanisch ausgeführt werden. Dieser Vorteil wurde von den Anhängern Newtons erkannt, die häufig Hybridnotationen verwendeten. Zum Beispiel schrieb Maclaurin $F, y\dot{x}$ in (Maclaurin 1742, 665ff) für 'Fluente von y'.

Auch der Fundamentalsatz der Differential- und Integralrechnung ist bei Leibniz' Kalkül auf gewisse Weise in der Notation enthalten (Schneider 1988, 143). Leibniz' Symbole d und $\int$ suggerieren, daß Differenzieren und Integrieren Operationen sind, und zwar die eine invers zur anderen.

Außerdem betonte Newton, wie Scriba bemerkte (1963), die Verwendung unendlicher Reihen. Er entwickelte Fluenten in unendliche Reihen und „integrierte" dann gliedweise. Dieses Verfahren wurde auch von Leibniz angewandt. Leibniz zog allerdings die Integration in geschlossener Form vor. Er suchte nach Quadraturen, die nicht durch unendliche Reihen, sondern durch endliche Kombinationen von „Funktionen" ausgedrückt sind. Newton erhielt auch geschlossene Integrationen, doch ist es sicher richtig, daß für ihn unendliche Reihen eine wichtigere Rolle spielten als für Leibniz. Dieser „Gegensatz" ist also eine Sache der Akzentsetzung, ein Gegensatz, der sich auf Bewertungen bezieht, die die Forschung in verschiedene Richtung orientieren.

Leibniz und Newton hatten äquivalente Symbolsysteme, aber eine unterschiedliche Sicht der Bedeutung von Schreibweisen. Leibniz legte einen großen Wert auf die Konstruktion eines leistungsfähigen Algorithmus und wählte die Symbole sehr sorgfältig. Newton lag nicht viel an der Schreibweise. Leibniz hielt seinen Kalkül für einen Teil eines allgemeinen Programms, das zur Schaffung einer *mathesis universalis*, einer Sprache, führen sollte, in der alle Schlußweisen ausdrückbar waren. Er betonte oft die Vorteile symbolischen Schließens als einer Entdeckungsmethode. Nach seiner Meinung konnte niemand einer langen Argumentation folgen, ohne den Verstand von den „Mühen der Phantasie" zu befreien. Der Kalkül war dazu bestimmt, dieses „blinde Schlußfolgern" (*cogitatio caeca*) zu begünstigen (vgl. Pasini 1993, 205).

Newton dagegen legte keinen Wert auf mechanisches algorithmisches Folgern. Er lobte die geometrischen Beweise von Huygens stets in den höchsten Tönen und stellte die eleganten geometrischen Methoden der „Alten" den mechanischen algebraischen Methoden Descartes' gegenüber, die ihm „Übelkeit" verursachten (Newton 1967-1981, 4, 277). Er stellte klar, daß die Symbole der „analytischen Fluxionsmethode" in Begriffen der „synthetischen" Methode interpretiert werden müssen. Dieses Wechselspiel zwischen Algorithmus und Geometrie ist typisch für Newtons *Methode*.

Leibniz Beachtung des Symbolismus führt ihn dazu, eine Algebra der Differentiale zu entwickeln (vgl. Kap. 3.3.4). Sein Hauptziel war die Konstruktion von algorithmischen Regeln: eines *Kalküls*. Die Regeln sind Anweisungen, wie mit den ds und $\int s$ zu operieren ist, und sie gestatten algorithmische Verfahren, die soweit wie möglich unabhängig vom ursprünglichen geometrischen Kontext sind. Leibniz betrachtete sogar $d^{\alpha}x$ für gebrochenes α. Die Kettenregel nimmt bei Leibniz eine Form an (vgl. (3.24)), die von der Notation selbst nahegelegt wird. Alles läßt sich natürlich auch in Newtons Schreibweise ausführen. Newton gab allerdings lieber Beispiele an, um eine Regel aufzeigen, als die Regel selbst. Die Kettenregel würde er etwa als eine Reihe von Anweisungen zur Lösung eines bestimmten Problems einführen.

3.5.4 Die Rolle der Geometrie

Newton schätzte das geometrische Denken ganz besonders hoch. Wie wir in Kap. 3.2.5 gesehen haben, entwickelte er in den 70er Jahren eine geometrische Version der Fluxionsmethode. Er nannte sie die „synthetische Methode der Fluxionen" im Gegensatz zur „analytischen Methode". Newton verwendete die synthetische Methode besonders in der Dynamik (vgl. Kap. 3.4). Er behauptete oft, die synthetische Methode sei strenger, sie sei die eigentliche Begründung für die in der analytischen Methode verwendeten Verfahren. Diese Begründung hing von zwei Faktoren ab.

Zunächst bot die geometrische Fluxionsmethode ein Modell, mit der die analytische Methode interpretiert werden konnte. In der geometrischen Methode hatte man die Fluenten und Fluxionen vor Augen, ihre Existenz „*in rerum natura*" war anschaulich bewiesen. Zweitens faßte Newton seine geometrische Fluxionsmethode als Verallgemeinerung der Exhaustionsmethode der „alten Geometer" auf.

Die Rolle, die Newton der Geometrie beimaß, verleitete ihn zu einer Unterschätzung der Bedeutung von Notationen. Wenn ein Beweis dadurch legitimiert ist, daß jeder seiner Schritte geometrisch interpretierbar ist, gibt es keine Motivation, den Algorithmus unabhängig von der Geometrie zu entwickeln.

Die Beziehung zwischen Kalkül und Geometrie ist allerdings komplex. Newtons Methode betraf „Fluxionen *und* Reihen". Seine Behandlung der Reihenentwicklungen blieb ein ausgesprochen analytischer Aspekt in seinen Arbeiten zur Fluxionsrechnung, auch wenn die Auffassung der Potenzreihen als Taylorentwicklungen eine geometrische oder kinematische Interpretation der aufeinanderfolgenden Terme gestattete (z. B. Position, Geschwindigkeit, Beschleunigung, Veränderung der Beschleunigung usw.).

Leibniz dagegen bettete ungeachtet seiner Äußerungen zugunsten eines Kalküls als eines „blinden Folgerns" seine Rechnungen immer in eine geometrische Interpretation ein. Leibniz' Differentiale und Integrale bezogen sich genau wie Newtons Fluenten und Fluxionen auf geometrische Objekte. Es ist aufschlußreich, daß Leibniz immer die geometrischen Dimensionen der symbolischen Ausdrücke, die in einer Differentialgleichung vorkamen, aufmerksam im Auge behielt. Tatsächlich, nur durch das Studium der Geometrie der Differentiale, zum Beispiel des charakteristischen Dreiecks, konnten Leibniz und seine unmittelbaren Nachfolger Differentialgleichungen aufstellen. Sobald sie eine Differentialgleichung erhalten hatten, wurde sie jedoch soweit wie möglich als algebraisches Objekt behandelt. Von Zeit zu Zeit war jedoch ein Rückgriff auf die Geometrie und das untersuchte Modell notwendig (vgl. Kap. 4.2), weil Leibniz' Kalkül zu dieser Zeit häufig keine rein analytischen Lösungen der Probleme in Geometrie und Dynamik gestattete, vor allem wenn transzendente „Funktionen" vorkamen. Eine vollständige Algebraisierung des Kalküls erfolgte erst am Ende des 18. Jahrhunderts. Der Kalkül als „blindes Folgern" war daher mehr ein Ideal als eine Realität. Eine Reinterpretation des Symbolismus im geometrischen Modell war möglich und in vielen Fällen notwendig, aber im Gegensatz zu Newtons Ansatz wurde diese Reinterpretation nicht als Wert oder als empfohlene Strategie angesehen.

Die Einsicht, daß Fortschritt durch symbolische Manipulationen erzielbar war, hatte ungeheure Konsequenzen für die Leibnizsche Schule. Die Mathematiker auf dem Kontinent begriffen, daß durch die Differential- und Integralrechnung ein ganz neues Forschungsfeld eröffnet wurde. Ein Feld, wo viele neue Resultate leicht erzielbar waren, wenn man sich an die von der Schreibweise des Kalküls suggerierten Analogien hielt. Die Mechanisierung und Standardisierung der mathematischen Forschung, die durch Betonung des Algorithmus möglich wurde, machte die Leibniz-Schule viel aktiver und aufgeschlossener für Innovationen.

Leibniz und die Leibnizsche Schule der Mathematik betrachteten die geometrischen Beweise in Newtons *Principia* mit Mißtrauen. Eines ihrer Ziele war, diese Beweise in die Sprache der Differential- und Integralrechnung zu übersetzen. Tatsächlich erwies sich die Mechanik für die Leibnizianer als große Quelle der Inspiration. Bei dem Versuch, neue mathematische Werkzeuge für die Mechanik ausgedehnter (starrer, elastischer und flüssiger) Körper zu entwickeln, bereicherten Mathematiker wie Varignon, Johann und Daniel Bernoulli, Clairaut, Euler, d'Alembert, Lagrange den Kalkül durch Entwicklung neuer Begriffe und Verfahren (vgl. Truesdell 1968). Wichtige Ergebnisse der Infinitesimalrechnung des 18. Jahrhunderts im Bereich der trigonometrischen Reihen, partiellen Differentialgleichungen und der Variationsrechnung waren zum großen Teil durch den analytischen Zugang zur Dynamik motiviert, den Leibniz zu fördern gesucht hatte (vgl. Kap. 4, 11, 12). Das 18. Jahrhundert wurde so durch das von der Leibnizschen Schule vertretene analytische Programm dominiert, während die Rolle, die Newton und seine Gefolgsleute der Geometrie zuwiesen, allmählich schwand.

4 Die algebraische Analysis des 18. Jahrhunderts

Hans Niels Jahnke

4.1 Grundbegriffe, Probleme, Personen

Die Entwicklung der Infinitesimalrechnung im 18. Jahrhundert war wesentlich durch ihre Beziehungen zu Mechanik, Optik und Astronomie geprägt. Zunächst behandelten die Mathematiker konkrete Probleme, die häufig auf neue Kurven führten, wie *Kettenlinien* (vgl. 4.2), Querschnittskurven der vom Wind geblähten Segel (*Velaria*), die Gestalt elastischer Stäbe unter Druck, Brachystochronen, Kaustiken, gestörte Planetenbahnen.

In einem langwierigen Prozeß löste sich die *theoretische Mechanik* insgesamt von der geometrischen Sprache Newtons und wurde in der Sprache der Differentialgleichungen neu formuliert und weiterentwickelt (vgl. Kap. 3 und 5). Neue Teildisziplinen wie die Hydrodynamik und die Elastizitätstheorie entstanden, die weit über Newtons Ansätze hinausgingen. An dieser Arbeit waren die meisten bedeutenden Analytiker des 18. Jahrhunderts beteiligt. Die wichtigsten Werke, die zwischen 1735 und 1755 zur Herausbildung der theoretischen Mechanik als einer eigenständigen Disziplin beigetragen haben, waren Eulers *Mechanik* 1736, D. Bernoullis *Hydrodynamik* 1738, Clairauts *Théorie de la figure de la terre, tirée de prinipes de l'hydrostatique* 1743, d'Alemberts *Traité de dynamique* 1743, Johann Bernoullis *Hydraulik* 1742b, d'Alemberts „*Traité de l'équilibre et du mouvement des fluides"* 1744, Eulers *Scientia navalis seu tractatus de construendis ac dirigendis navibus* 1749b sowie d'Alemberts *Essai d'une nouvelle théorie de la résistance des fluides* 1752 (vgl. Bos 1977, 225).

Die Mathematiker, die im 18. Jahrhundert zum Fortschritt der Analysis beigetragen haben, bildeten insgesamt nur eine kleine Gruppe. Die wichtigsten unter ihnen waren Jakob und Johann Bernoulli, Brook Taylor, James Stirling, Leonhard Euler, Colin Maclaurin, Alexis Clairaut, Jean le Rond d'Alembert,

Johann Heinrich Lambert, Joseph-Louis Lagrange, Gaspar Monge, Pierre Simon Laplace und Adrien Marie Legendre. Im Werk aller dieser Mathematiker gab es einen engen Zusammenhang zwischen angewandten und rein mathematischen Problemen.

Die Brüder Jakob und Johann Bernoulli waren die führenden Repräsentanten der Leibnizschen Schule der Infinitesimalrechnung. Sie entstammten einer Basler Ratsfamilie. Jakob, geboren am 27. Dezember 1654, studierte zunächst Theologie, wandte sich dann nach längerem Auslandsaufenthalt jedoch der Mathematik, Physik und Astronomie zu. 1687 erhielt er die Basler Professur für Mathematik. Er arbeitete sich selbständig in den Leibnizschen Infinitesimalkalkül ein, und unterrichtete darin auch seinen jüngeren Bruder Johann, geboren am 27. Juli 1667. Dieser ging nach einem Medizinstudium nach Genf und Paris und führte dort 1690/91 den Marquis de l'Hospital in die neue Infinitesimalrechnung ein. Die beiden schlossen ein Abkommen, nach dem Bernoulli unter dem Siegel der Verschwiegenheit gegen ein beachtliches jährliches Gehalt seine mathematischen Ergebnisse an l'Hospital zu freier Verfügung weitergab. L'Hospital publizierte 1696 unter Benutzung von Aufzeichnungen Bernoullis das erste Lehrbuch der Differentialrechnung, die *Analyse des infiniment pétits* (1696). 1695 erhielt Johann eine Professur für Mathematik an der Universität Groningen. Nach anfänglicher Zusammenarbeit wurden Jakob und Johann zunehmend zu wissenschaftlichen und persönlichen Rivalen. Im Stil der Zeit stellten sie öffentlich mathematische Probleme und forderten sich gegenseitig heraus. Für die Ausgestaltung des Infinitesimalkalküls war diese Rivalität äußerst fruchtbar, weil sie eine Reihe bedeutender Entdeckungen verursachte. Am wichtigsten war das Brachystochronenproblem, das zur Entstehung der Variationsrechnung führte. Neben seinen Arbeiten zur Infinitesimalrechnung und Mechanik hat Jakob Bernoulli ein grundlegendes Buch zur Wahrscheinlichkeitsrechnung, die *Ars conjectandi*, verfaßt, das 1713 von seinem Neffen Niklaus I Bernoulli veröffentlicht wurde. Jakob starb am 16. August 1705. Nach seinem Tod übernahm Johann Bernoulli seinen Lehrstuhl in Basel und beschäftigte sich ab 1710 vorrangig mit Problemen der Mechanik. Nachdem Leibniz gestorben war und Newton sich aus der wissenschaftlichen Arbeit zurückgezogen hatte, galt er als der führende Mathematiker Europas. Er starb am 1. Januar 1748.

Johann Bernoullis wichtigster Schüler war Leonhard Euler (vgl. Thiele 1982). Er wurde am 15. April 1707 in Basel als Sohn eines Pfarrers geboren. Bereits als Knabe wurde er von Bernoulli in die höhere Mathematik eingeführt und ging als Zwanzigjähriger 1727 an die neu gegründete Petersburger Akademie der Wissenschaften, wo er 1730 eine Professur für Physik, dann 1733 für Mathematik bekam. 1741 folgte er einem Ruf an die Berliner Akademie, kehrte aber 1766 nach St. Petersburg zurück. Euler war der überragende Mathematiker und theoretische Physiker des 18. Jahrhunderts. Umfang, Spannweite und Tiefe seines Werkes sind ohne Beispiel. Er verfügte über ein phänomenales

4 Algebraische Analysis

Gedächtnis und war ein Meister des Kalküls. Selbst als er 1771 vollständig erblindete, tat dies seiner Produktivität keinen Abbruch. Er diktierte seine Abhandlungen Schülern in die Feder, und vermutlich hat er in der Zeit seiner Blindheit noch mehr produziert als zuvor. Sein gesamtes Werk wird in der noch nicht vollendeten Ausgabe mehr als 70 Bände umfassen. Er hat zu allen damals aktuellen Gebieten der Mathematik, Algebra, Analysis, Geometrie, Zahlentheorie und der Mechanik wesentliche Beiträge geleistet. Man schätzt, daß ein Drittel der Gesamtproduktion des 18. Jahrhunderts in diesen Gebieten aus seiner Feder stammt. Seine Lehrbücher haben einen enormen Einfluß gehabt. Er ist am 18. September 1783 in St. Petersburg gestorben.

Trotz ihrer engen Beziehungen zu den Anwendungen wurde die Infinitesimalrechnung im Laufe der Zeit zunehmend von den Anwendungen getrennt. Das wird deutlich, wenn man die Lehrbücher von Johann Bernoulli mit denen von Euler vergleicht. Während bei Bernoulli geometrische und mechanische Probleme im Vordergrund standen, war dies bei Euler völlig anders (Euler 1748/1885; Euler 1755/1790; Euler 1768 - 1770). Seine Lehrbücher enthielten nur wenige Anwendungen und folgten einer algebraischen Systematik. In der Einleitung zu seiner *Differentialrechnung* sagt Euler ausdrücklich, daß sich sein Werk „*innerhalb der Grenzen der reinen Analyse*" halte, und er von deren Nutzen für die Geometrie nicht spreche, „*so daß ich auch nicht einmal eine einzige Figur zur Erläuterung nöthig gehabt habe*". (Euler 1755/1790, 1. Teil, lxxv-lxxviii). Diese Abtrennung der Infinitesimalrechnung von ihren Anwendungen war eine Reaktion auf die gewachsene Komplexität der Probleme und wohl unvermeidlich. Daß aus dieser Entwicklung auch Spannungen zwischen den angewandten und den theoretisch arbeitenden Mathematikern resultierten, werden wir im Abschnitt 4.6 noch sehen.

Mit aller Vorsicht kann man eine *Periodisierung* der Infinitesimalrechnung im 18. Jahrhundert versuchen. Bis in die dreißiger Jahre wurde sie als Teil oder Methode der *Geometrie* gesehen. Das ist in den Lehrbüchern Johann Bernoullis der Fall. In einer zweiten Periode um die Mitte des Jahrhundert herrschte eine *implizit algebraische* Auffassung. In der Behandlung der Grundbegriffe nahm man noch auf die Geometrie Bezug. Aber am Anfang seiner *Introductio* sprach Euler nur noch von Zahl- und nicht von geometrischen Größen (Euler 1748/1885, 3). Die Struktur des Gebietes und die Auffassung ihrer Gegenstände war bei ihm rein algebraisch. Die *Funktion* wurde zum Grundbegriff, und Funktionen waren für Euler algebraische oder analytische Ausdrücke. Am Ende des Jahrhunderts trat dann mit den Lehrbüchern Lagranges (1797/1823; 1801) eine *explizit algebraische* Sichtweise in Erscheinung. Er eliminierte den Begriff des Differentials und des unendlich Kleinen und erklärte die Ableitung einer Funktion grenzwertfrei als den Koeffizienten von x in der als existent unterstellten Potenzreihenentwicklung der Funktion $f(x)$. Die in dieser Entwicklung zum Ausdruck kommende Algebraisierung der Infinitesimalrechnung und ihre schrittweise Loslösung von der Geometrie wurde aber nicht von allen

Mathematikern mitgetragen. In England begründete Maclaurin in der Tradition Newtons in seinem einflußreichen *Treatise of Fluxions* (1742) die Fluxionsrechnung auf der antiken Geometrie, und auch Gaspar Monge vertrat in der *Application de l'analyse à la géométrie* (1807) einen geometrisch-anschaulichen Stil.

Mit der zunehmenden Algebraisierung veränderte sich auch die ontologische Grundlage der Infinitesimalrechnung. „Die Mathematic überhaupt [ist] nichts anderes als eine Wißenschaft der Größen, [...] welche Mittel ausfündig macht, wie man dieselben ausmessen soll", schrieb Euler am Beginn seiner Vollständigen Anleitung zur Algebra (1771, 9). Dabei ist Größe alles, „welches einer Vermehrung oder Verminderung fähig ist" (a.a.O.). Beispiele sind Größen des Alltagslebens wie Geld, die geometrischen Größen Länge, Fläche, Volumen und mechanische Größen wie Zeit, Masse, Kraft, Geschwindigkeit. Jedoch wurde der Begriff schließlich zum Begriff der Größe schlechthin verallgemeinert („abstrakte Größen"; vgl. Panza (1995)). Diese wurden in der Rechnung durch Buchstaben repräsentiert. Eine solche abstrakte Größe ist einfach dadurch bestimmt, daß sie als Variable in einer Formel auftritt. Daher können unter den Begriff schließlich auch solche Objekte subsumiert werden, die man, wie die imaginäre $\sqrt{-1}$, nicht mehr anschaulich interpretieren konnte. Am Ende des Jahrhunderts kamen schließlich einige Autoren zu der Auffassung, daß die Formeln der Algebra und Analysis nicht Größen zum Gegenstand haben, sondern die Beziehungen zwischen den algebraischen und analytischen Operationen; die Buchstabenvariablen sind bei dieser Auffassung nur noch „Träger der Operationen".

Diese ganze Einstellung hatte zur Folge, daß man niemals scharf zwischen reellen und komplexen Variablen unterschied. Man dachte zweifellos zunächst immer an geometrische Größen, also reell. Wenn es die Formel aber nötig machte, interpretierte man sie eben komplex. Eine klare Unterscheidung zwischen reeller und komplexer Anaylsis, wie sie im 19. Jahrhundert entstand, war für Euler und Lagrange undenkbar.

Die allgemeine Auffassung der Infinitesimalrechnung war im 18. Jahrhundert mit den drei Grundbegriffen *Differential, Funktion* und *Potenzreihe* verknüpft. Als Grundlagenbegriff machte der des Differentials eine absteigende Karriere durch. Bei Leibniz und Johann Bernoulli waren die Differentiale noch aktual unendlich kleine Größen. Dies änderte sich mit Euler. Rechnerisch hielt er zwar an den Differentialen und dem Operieren mit dem unendlich Kleinen fest. Zu sehr war er von der Nützlichkeit dieses Begriff für die Anwendungen und der Eleganz der damit möglichen Rechnungen überzeugt. In der Erklärung dessen, *was* ein Differential ist, rückte er aber von Leibniz und Bernoulli ab. Er bestimmte sie als „verschwindende Inkremente" und im Resultat „wirkliche Nullen". Im Differentialkalkül gehe es nicht um die Differentiale selbst, sondern um deren Verhältnisse.

4 Algebraische Analysis

Daher sind bei Euler nicht die Differentiale der Gegenstand der Differentialrechnung, sondern ihre Quotienten, und das sind *Funktionen*. In der Konsequenz wurde der Funktionsbegriff bei Euler zum Grundbegriff. Dafür gab es noch andere Gründe. Die Rechnung mit Differentialen höherer Ordnung wurde enorm kompliziert, wenn man nicht eine Variable als unabhängig auszeichnete (vgl. Kap. 3 und Bos 1974, 66 ff). Daher war es vom rechnerischen Standpunkt aus günstiger, die Gleichberechtigung der Größen in einer Gleichung aufzugeben und einige als unabhängige, andere als abhängige Variable zu betrachten. Das war der Funktionsstandpunkt, und so setzte sich im 18. Jahrhundert langsam die Auffassung durch, nicht mehr mit variablen Größen und ihren Differentialen, sondern mit Funktionen und ihren „Ableitungen" zu rechnen. Dennoch ist es in vielen Anwendungen natürlicher, von variablen Größen und ihren Differentialen zu sprechen. Das ist die Sichtweise der Physiker und Techniker, wenn sie eine Differentialgleichung aufstellen. Auch bei der Lösung von Differentialgleichungen ist es häufig nützlich, wenn alle Variablen eine gleichberechtigte Rolle spielen. So blieb, durch den Druck der Anwendungen, der Begriff des Differentials erhalten, und man kann einen großen Teil der mathematischen Literatur noch des 19. Jahrhunderts besser verstehen, wenn man sich unter den Differentialen unendlich kleine Größen vorstellt. Beide Sichtweisen, Ableitungskalkül und Differentialkalkül, spielen auch heute noch unter veränderten Vorzeichen eine Rolle.

Das wichtigste Instrument zur Untersuchung von Funktionen waren *Potenzreihen*. Die Autoren des 18. Jahrhunderts betrachteten Potenzreihen als unendliche Polynome. Mit Polynomen und Potenzreihen kann weitgehend analog gerechnet werden. Es wäre als künstlich erschienen, sie als wesentlich verschiedene Objekte aufzufassen. Dementsprechend wurde in der Infinitesimalrechnung ganz natürlich die Sprache der gewöhnlichen Algebra gesprochen. Man redete z. B. von „unendlichen Gleichungen", wenn es um Potenzreihen ging. Primär war für die damaligen Mathematiker also der algebraische Aspekt und die Analogie von endlichen und unendlichen Ausdrücken. Daher war es nicht selbstverständlich, eine durch algebraische Operationen gewonnene Formel für sinnlos zu halten, wenn sie keine numerische Interpretation erlaubte, weil eine divergente Reihe im Spiel war. Vielmehr gingen die Analytiker davon aus, daß es möglich sein müßte, solchen Formeln auf andere Weise eine Bedeutung zuzuschreiben. Diese Einstellung zu divergenten Reihen war ein wichtiges Charakteristikum der Analysis des 18. Jahrhunderts, das uns noch näher beschäftigen wird.

4.2 Das Beispiel der Kettenlinie

In einem lehrbuchartigen Manuskript für den Marquis de l'Hospital fixierte Johann Bernoulli die begrifflichen Grundlagen der Differentialrechnung in drei Postulaten, die die Auffassung der Differentiale als aktual unendlich kleine Größen in der Leibnizschen Schule zeigen:

1. Eine Größe, die vermindert oder vermehrt wird um eine unendlich kleinere Größe, wird weder vermindert noch vermehrt.
2. Jede krumme Linie besteht aus unendlich vielen Geraden, die selbst unendlich klein sind.
3. Eine Figur, die zwischen zwei Ordinaten, der Differenz der Abszissen und dem unendlich kleinen Stück einer beliebigen Kurve enthalten ist, wird als Parallelogramm betrachtet (Bernoulli 1692/1924, 12).

Auf dieser Grundlage behandelte er dann Tangenten-, Extremwert- und Wendepunktaufgaben. Die anschließenden *Vorlesungen über die Methode der Integrale* stellen Methoden zur Verfügung, die Integrale der Differentiale, also „*diejenigen Größen, von denen die Differentiale herrühren*", zu finden (Bernoulli 1692/1914, 3). Diese Vorlesungen stellten daher das erste Lehrbuch der gewöhnlichen Differentialgleichungen dar. In den speziellen Fällen, in denen die Differentiale unendlich kleine Bestandteile von Flächen sind, bedeutet die Aufsuchung ihres Integrals die Quadratur einer Fläche, und Quadraturen sind die „*erste und hauptsächlichste*" Anwendung der Methode der Integrale (Bernoulli 1692/1914, 11). Er betrachtete also die Quadratur einer Fläche als einen Spezialfall der Aufsuchung einer 'Stammfunktion', und diese Betrachtungsweise blieb in der Analysis bis Cauchy beherrschend.

Partielle Differentiale kamen nicht, wie man erwarten würde, bei der Behandlung von Funktionen mehrerer Variablen auf, sondern bei der Betrachtung von Kurvenscharen, die von einem Parameter abhängen. So löste Leibniz 1692 das Problem, die Enveloppe zu einer Kurvenschar $V(x,y,a) = 0$ zu berechnen, indem er zeigte, daß sie sich durch Elimination von a aus der Schargleichung und (modern geschrieben) $\frac{\partial}{\partial a}V(x,y,a) = 0$ ergibt (Leibniz 1692, Engelsman 1984, Kap. 2). Die Behauptung, daß die gemischten Differentiale 2. Ordnung gleich sind, wurde erstmals 1719 von Niklaus I Bernoulli ausgesprochen. In derselben Arbeit findet sich auch der Begriff des vollständigen Differentials $dy = pdx + qda$ (Bernoulli, N. 1719, Engelsman 1984, Kap. 4)

Als ein exemplarisches Problem der Infinitesimalrechnung um 1700 diskutieren wir Johann Bernoullis Behandlung der Kettenlinie (Bernoulli 1692/1914, 50, 54, 152 - 155). 1690 hatte sein Bruder Jakob die Aufgabe gestellt, die Gestalt einer dünnen, frei hängenden, nicht-ausdehnbaren Kette unter dem Einfluß der Schwerkraft zu bestimmen. Galilei hatte 1638 in seinen *Discorsi* vorgeschlagen, frei hängende Ketten als Schablonen für die Zeichnung von Parabeln zu benutzen, es aber letztlich offengelassen, ob sie wirklich Parabeln darstellen. 1669 hatte Joachim Jungius gezeigt, daß es sich nicht um Parabeln handelt. Lösungen des Problems wurden von Huygens, Leibniz und Johann Bernoulli in den Acta eruditorum von 1691 publiziert. An Bernoullis Lösung lassen sich exemplarisch die Grundzüge der Infinitesimalrechnung um 1700 verdeutlichen.

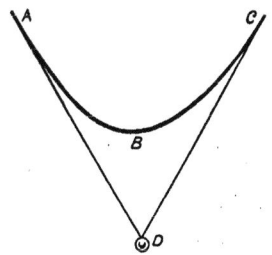
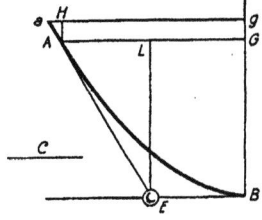

Abbildung 4.1   Abbildung 4.2

Bernoulli setzt voraus, daß an zwei beliebigen Punkten A und C der Kette Kräfte angreifen, die gleich den Kräften sind, die ein masseloser Faden, an dem das Gewicht D der Kette aufgehängt ist, in A und C tangential ausüben würde (Abb. 4.1). Insbesondere ergibt sich daraus die Konstellation der Abbildung 4.2, wenn B der Tiefpunkt der Kette ist. Die in einem Punkt angreifenden Kräfte und die Gestalt der Kette ändern sich nicht, wenn man ein Stück der Kette wegnimmt. Zudem gilt für Kräfte die Parallelogrammregel, d. h. $b:a = \sin\alpha : \sin\beta$ sowie $b:c = \sin\alpha : \sin(\alpha+\beta)$ (Abb. 4.3)

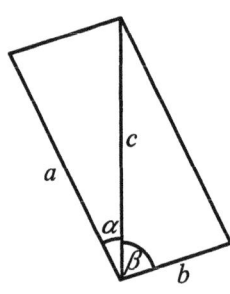

Abbildung 4.3

Es sei nun (Abb. 4.2) *BAa* die gesuchte Kurve, *B* ihr tiefster Punkt, *BG*, die durch *B* hindurchgehende Vertikale, die *x*-Achse, *BE* die horizontale Tangente an die Kurve, und *AE* die Tangente in dem beliebigen Punkt *A*. Man ziehe die Ordinate *GA* (= *y*) und die Parallele *EL* zur Achse (= *x*).

Dann ist *Gg* = *dx* und *Ha* = *dy*. Weil die Kette homogen vorausgesetzt wird, ist ihr Gewicht gleich der Länge der Kurve *BA* = s. Da nun in *B* immer die gleiche Kraft angreift, auch wenn die Kette verlängert oder verkürzt wird, kann diese Kraft durch die feste Strecke *C* = *a* dargestellt werden. Man denke sich jetzt das Gewicht der Kette *AB* im Schnittpunkt *E* der berührenden Fäden *AE* und *BE* konzentriert.

Dann wird die Kette *AB* auf *B* dieselbe Kraft ausüben wie der berührende Faden *BE*. Daraus folgt:

(Gewicht in *E*) : (Kraft in *B*) = sin (∠ *AEB*) : sin (∠ *AEL*)
  = sin (∠ *EAL*) : sin (∠ *AEL*)
  = *EL* : *AL* = *AH* : *Ha* = *dx* : *dy*.

Da die in *B* angreifende Kraft immer dieselbe bleibt, welchen Punkt *A* man auch wählt, gilt für die gesuchte Kurve die Differentialgleichung:

$$s : a = dx : dy. \tag{4.1}$$

Hieraus kann man mit Hilfe von $ds^2 = dx^2 + dy^2$ die Größe *s* eliminieren und erhält als Differentialgleichung

$$dy = \frac{a\,dx}{\sqrt{x^2 - a^2}}. \tag{4.2}$$

Ihre Lösung ist

$$y = a \cdot \log\left(x + \sqrt{x^2 - a^2}\right) + C \tag{4.3}$$

bzw. mit $C = a \cdot \log a$

$$x = \frac{a}{2}\left(e^{\frac{y}{a}} + e^{-\frac{y}{a}}\right). \tag{4.4}$$

4 Algebraische Analysis

Als Bernoulli dies 1692 schrieb, konnte er diese Integration allerdings nicht ausführen. Ihm war noch nicht klar, daß das Integral von $1/x$ der Logarithmus ist. Und hier kam die Geometrie erneut ins Spiel. Die Differentialgleichung (4.2) wurde geeignet interpretiert und ihre Lösung auf eine (in diesem Fall hypothetische) geometrische Konstruktion zurückgeführt. Bernoulli transformierte (4.2) in eine Differentialgleichung, bei der im Nenner der rechten Seite die Gleichung einer gleichseitigen Hyperbel mit dem Parameter a steht. Er unterstellte dann, daß eine geometrische Konstruktion existiert, die die Fläche unter der Hyperbel für jedes Argument in ein Rechteck verwandelt, und damit war für ihn die Konstruktion der Kettenlinie auf die Quadratur der Hyperbel zurückgeführt.

Dieses Beispiel zeigt die Rolle der Geometrie in der Infinitesimalrechnung am Anfang des 18. Jahrhunderts. Die betrachteten Größen waren geometrisch, und ein Problem war erst gelöst, wenn eine geometrische Konstruktion der gesuchten Größe gefunden war. Hatte man z. B. $\int \frac{adz}{b^2 + z^2}$ (also $\arctan z$) auszuwerten, dann sagte man, daß das Integral von der Quadratur des Kreises abhängt. Der Rückgriff auf geometrische Konstruktionen wurde in dem Maße überflüssig, in dem neue Funktionen analytisch definiert wurden, mit deren Hilfe die Lösung ausgedrückt werden konnte. Nachdem die Theorie des Logarithmus und seiner Umkehrfunktion durch Euler aufgestellt war, konnte man die Kettenlinie in der Form (4.4) schreiben. Daher war die Definition neuer Funktionen ein wichtiges Arbeitsfeld und eine Voraussetzung für die zunehmende Ablösung der Analysis von der Geometrie.

4.3 Taylors Satz

Brook Taylor war der erste, der den heute nach ihm benannten Satz publiziert hat, aber er hat ihn nicht als erster entdeckt (vgl. Feigenbaum 1985). Mindestens fünf Mathematikern vor ihm waren die Formel oder ein Äquivalent bekannt: J. Gregory (1671), I. Newton (1691), G. W. Leibniz (um 1670), Johann Bernoulli (1694) und A. de Moivre (1708).

Eine interessante Vorform zu Taylors Satz wurde 1694 von Johann Bernoulli in den *Acta eruditorum* publiziert. Der Satz beinhaltet eine „sehr allgemeine Reihe", die „alle Quadraturen, Rektifikationen und Integrale anderer Differentiale allgemein ausdrückt" (Bernoulli 1694, 125). Es handelte sich hierbei um die Formel

$$\text{int. } n\, dz = nz - \frac{1}{2}zz\frac{dn}{dz} + \frac{1}{1\cdot 2\cdot 3}\frac{z^3 ddn}{dz^2} - \frac{1}{1\cdot 2\cdot 3\cdot 4}\frac{z^4 dddn}{dz^3} + \&c. \qquad (4.5)$$

Hier bedeutet n eine Größe die „in irgend einer Weise aus Unbestimmten und Konstanten" gebildet ist, also eine Funktion, während dz als konstant (d.h. z als unabhängige Variable) zu betrachten ist. „*int.*" ist dabei Bernoullis Symbol für das Integral. Bernoullis Beweis läuft auf eine unendlich oft wiederholte partielle Integration hinaus. Die Formel ist äquivalent zu Taylors Satz, aber als Taylor sein Ergebnis publizierte, hat Bernoulli dies vermutlich zunächst nicht bemerkt. Er gab eine Reihe von Anwendungen zu (4.5), jedoch war die Formel nicht so nützlich ist, wie es zunächst schien, weil sie im allgemeinen keine Potenzreihe liefert und auf unhandliche Ausdrücke führt.

Brook Taylor hat den nach ihm benannten Satz 1712 gefunden und 1715 in einem kleinen Buch mit dem Titel *Methodus incrementorum directa et inversa* publiziert. Die „Methode der Inkremente" ist nichts anderes als die später so genannte Differenzenrechnung, und Taylor faßte die Fluxionsrechnung Newtons als Spezialfall seiner „Methode der Inkremente" auf. Wenn man Leibniz' Differentiale als spezielle (unendlich kleine) Differenzen sieht, dann ist durch Taylors Ansatz eine Brücke zwischen den Sichtweisen von Newton und Leibniz geschlagen. Beide sind durch die Gleichung $dx = \dot{x}\cdot o$ miteinander verknüpft, wobei dx eine unendlich kleine Differenz und o ein unendlich kleiner (Zeit-) Moment ist. Jede Gleichung zwischen unendlich kleinen Differentialen kann mittels mittels dieser Beziehung in eine zwischen endlichen Fluxionen verwandelt werden.

Taylors Reihe erscheint als Korollar 2 zu Proposition 7. Letztere ist ein Satz über Differenzen und lautet in leicht modernisierter Schreibweise (Taylor 1715, 21):

Seien z und x zwei variable Größen, von denen z gleichförmig um die gegebenen Inkremente Δz wächst, und sei $n\cdot \Delta z = v$, $v - \Delta z = v'$, $v' - \Delta z = v''$ usw. Dann sage ich, daß in der Zeit, in der z auf $z+v$ wächst, auch x wachsen wird auf

$$z + \Delta x\frac{v}{1\cdot \Delta z} + \Delta^2 x\frac{vv'}{1\cdot 2(\Delta z)^2} + \Delta^3 x\frac{vv'v'''}{1\cdot 2(\Delta z)^3} + \&c. \qquad (4.6)$$

Zum Beweis dieses Theorems stellte Taylor eine Tabelle für die Inkremente Δx auf, die den Werten z, $z+\Delta z$, $z+2\Delta z$, ..., $z+n\Delta z$ entsprechen.

$x(z)$	x	Δx	$\Delta^2 x$
$x(z+\Delta z)$	$x + \Delta x$	$\Delta x + \Delta^2 x$	$\Delta^2 x + \Delta^3 x$
$x(z+2\Delta z)$	$x + 2\Delta x + \Delta^2 x$	$\Delta x + 2\Delta^2 x + \Delta^3 x$	etc.

4 Algebraische Analysis   141

$x(z+3\Delta z)$ $x+3\Delta x+3\Delta^2 x+\Delta^3 x$ $\Delta x+3\Delta^2 x+3\Delta^3 x+\Delta^4 x$ etc
$x(z+4\Delta z)$ $x+4\Delta x+6\Delta^2 x+4\Delta^3 x+\Delta^4 x$ etc.

Hieraus erkennt man, daß die Koeffizienten „in derselben Weise gebildet werden wie die der entsprechenden Terme in der binomischen Entwicklung" und daß deshalb der Wert von x, der der Stelle $z+n\Delta z$ entspricht, gleich

$$x+\frac{n}{1}\Delta x+\frac{n}{1}\frac{n-1}{2}\Delta^2 x+\frac{n}{1}\frac{n-1}{2}\frac{n-2}{3}\Delta^3 x+\cdots \qquad (4.7)$$

ist. Substituiert man hier $\frac{n}{1}=\frac{v}{\Delta z}$, $\frac{n-1}{2}\left[=\frac{v-\Delta z}{2\Delta z}\right]=\frac{v'}{2\Delta z}$, etc., so erhält man Formel (4.6).

Taylor betrachtete (4.6) als eine unendliche Reihe (vgl. Feigenbaum 1985, 42/3), und dann müssen zwischen z und $z+v$ unendlich viele Punkte von gleichem Abstand liegen. Entsprechend werden die Inkremente Δz als unendlich klein gedacht, so daß die endlichen Größen v aus unendlich vielen unendlich kleinen Einheiten bestehen. Jeder Summand von (4.6) ist eine endliche Größe, da jeweils unendlich kleine Größen n-ter Ordnung im Zähler und im Nenner stehen, deren Quotient endlich sein muß. Solche 'Dimensionsüberlegungen' sind in der Frühphase des Infinitesimalkalküls für das Verständnis von Formeln konstitutiv.

Korollar 2 beinhaltet schließlich Taylors berühmte Formel (Taylor 1715, 23). Die Proportionalität $\Delta z=\dot{z}(t)\cdot o$ mit unendlich kleinem o erlaubt den Übergang zu einer Potenzreihe, die nur noch Fluxionen und keine unendlich kleinen Differenzen enthält, und es ergibt sich für den Zuwachs

$$x+\dot{x}\frac{v}{1\dot{z}}+\ddot{x}\frac{v^2}{1\cdot 2\ddot{z}}+\dddot{x}\frac{v^3}{1\cdot 2\cdot 3\dddot{z}}+\&c., \qquad (4.8)$$

wobei die $v',v'',\cdots,v^{(n)}=v$ gesetzt sind. Taylor schließt, daß in jedem Summanden Δz unendlich klein, n aber eine endliche Zahl ist; woraus $v-n\cdot\Delta z=v$ folgt.

Weder diskutiert Taylor die Konvergenz von (4.6) oder (4.8), noch gibt er eine Rechtfertigung für die Rechnungen mit den verschwindenden Inkrementen. Daß diese von den Mathematikern des 18. Jahrhunderts als ganz legitim aufgefaßt wurden, zeigt ein nahezu identischer Beweis Eulers (1736/1741a).

Taylor machte von (4.8) vielfältige Anwendungen auf die Lösung von Gleichungen. Die heutige Standardanwendung, eine bekannte Funktion in eine Potenzreihe zu entwickeln, kam erstmalig 1717 bei J. Stirling vor.

In Maclaurins *Treatise of Fluxions* (1742) wurde die Reihe (4.8) im zweiten Buch für den Fall $z = 0$ und in der Weise angewandt, wie es in heutigen Lehrbüchern üblich ist. Maclaurin entwickelte mit ihrer Hilfe die elementaren transzendenten Funktionen in Reihen, und er benutzte die Formel, um das Verhalten von Funktionen an den Extremalstellen und Wendepunkten zu untersuchen. Wenn $E, \dot{E}, \ddot{E}, \dddot{E}, \cdots$ die Werte der gegebenen Funktion und ihrer Fluxionen an der Stelle $x = 0$ bezeichnen, dann sind die Ordinaten an den Stellen x und $-x$ gleich

$$E \pm \dot{E}x + \frac{\ddot{E}x^2}{2} \pm \frac{\dddot{E}x^3}{6} + \cdots. \tag{4.9}$$

Ist $\dot{E} = 0$ und $\ddot{E} \neq 0$, dann liegt bei $x = 0$ ein Extremum, und zwar ein Maximum, wenn $\ddot{E}$ negativ und ein Minimum, wenn es positiv ist. Da $E + \dot{E}x$ die Gleichung der Tangente an die Kurve an der Stelle $x = 0$ ist, sieht man auch, daß ein Wendepunkt vorliegt, wenn $\ddot{E} = 0$ und $\dddot{E} \neq 0$ ist. Für positives $\dddot{E}$ verläuft die Kurve links von $x = 0$ unterhalb und rechts oberhalb der Tangente (Maclaurin 1742, Buch 2, § 858 und 866). Maclaurin hebt speziell hervor, daß mit Hilfe der Taylor-Reihe auch die Fälle behandelt werden können, in denen mehrere der ersten Fluxionen verschwinden.

4.4 Der analytische Funktionsbegriff

4.4.1 Eulers *Introductio* (1748)

Für die Geschichte der Analysis stellte die *Introductio in analysin infinitorum* (Euler 1748/1885) einen wichtigen Einschnitt dar. Sie bewirkte und symbolisierte am augenfälligsten die grundsätzliche Wendung zur Algebra. Die *Introductio* enthält im ersten Band eine algebraisch-rechnerische Lehre von den Funktionen, und im zweiten die erste umfassende Darstellung der damaligen analytischen Geometrie. Beide Lehrbücher sollten die Methoden und Techniken bereitstellen, die man in der Infinitesimalrechnung benötigt. Für Euler und seine Zeitgenossen begann die höhere Analysis erst da, wo der Begriff des Differentials ins Spiel kommt. Daher war die *Introductio* kein eigentliches Lehrbuch der Infinitesimalrechnung, obwohl sie das Rechnen mit unendlichen

4 Algebraische Analysis

Reihen, Produkten und Kettenbrüchen beinhaltete, also nach heutigem Verständnis die vorbereitenden Teile der höheren Analysis.
Am Ende des Jahrhunderts kam dann die Unterscheidung von *niederer* und *höherer Analysis* in Gebrauch. Erstere umfaßte den Stoff der *Introductio* unter Einschluß der unendlichen Reihen, letztere die eigentliche Infinitesimalrechnung, basierend auf dem Begriff des Differentials (Klügel 1803-8).
Eulers Idee, den Begriff der Funktion in den Mittelpunkt der *Introductio* zu stellen, war ein bedeutsamer Fortschritt. Nachdem Leibniz das Wort 'Funktion' in einigen Schriften noch im umgangsprachlichen Sinne gebraucht hatte, sprach Johann Bernoulli erstmals in einer Arbeit zum isoperimetrischen Problem von 1698 von „*Funktionen von Ordinaten*". (Juschkewitsch 1976/77, 57 ff.) Hiermit waren beliebige Ausdrücke gemeint, die die Ordinaten als Variablen enthielten. Man kann es kaum als Zufall betrachten, daß diese Gebrauchsweise des Wortes Funktion in einer Arbeit auftrat, die ein Problem der Variationsrechnung zum Gegenstand hatte, in der also nach einer Funktion als Lösung gesucht wurde. Leibniz reagierte positiv auf diese Verwendungsweise des Begriffs, und beide erörterten brieflich, wie man 'Funktionen' symbolisch bezeichnen könnte. 1718 definierte Bernoulli den Begriff dann erstmals in aller Form (1718, 241).
Diese Definition wurde von Euler übernommen. Nach Einführung der Begriffe 'constante Zahlgröße' und 'veränderliche Zahlgröße' heißt es:

> Eine *Function* einer veränderlichen Zahlgrösse ist ein *analytischer Ausdruck*, der auf irgend eine Weise aus der veränderlichen Zahlgrösse und aus eigentlichen Zahlen oder aus constanten Zahlgrössen zusammengesetzt ist. (Euler 1748/1885, 4).

Was unter 'analytischem Ausdruck' zu verstehen ist, wird als klar unterstellt. Es sind alle Ausdrücke, die durch endlich- oder unendlich-fache Anwendung der algebraischen Operationen Addition, Subtraktion, Multiplikation, Division, Potenzieren, Wurzelziehen und der mit ihrer Hilfe definierten Operationen höherer Stufe gebildet werden können. Der Begriff war für Euler offen, insofern auch neu definierte Operationen auftreten konnten.
Euler gab eine Klassifikation der Funktionen nach dem Typus des analytischen Ausdrucks, die wir auch heute noch benutzen und die z. T. auf Leibniz zurückgeht. Er unterschied zwischen *algebraischen* und *transzendenten* Funktionen. Transzendent sind solche Funktionen, die nicht algebraisch sind, die also von „Exponential- und logarithmischen Größen" und von „unzählig vielen" anderen, „auf welche die Integralrechnung führt", abhängen (a.a.O., 5).
Die algebraischen Funktionen wiederum zerfallen in *rationale* und *irrationale*, in *entwickelte* (explizite) und *unentwickelte* (implizite), die rationalen in *ganze* und *gebrochene*. Bedeutsam ist auch seine Unterscheidung von *eindeutigen* und *mehrdeutigen* Funktionen. Zwar war die Mehrdeutigkeit von Wurzelaus-

drücken lange bekannt, doch wurde es erst zu dieser Zeit deutlich, daß das Studium dieses Phänomens eine Aufgabe von prinzipieller Bedeutung ist.

Am Beginn des 4. Kapitels erklärte Euler dann, daß mit Hilfe der Entwicklung von Funktionen in Potenzreihen „die Natur transzendenter Functionen besser zu erkennen sein" werde. „Wenn jedoch einer Zweifel hegen sollte, ob eine solche Function durch eine unendliche Reihe von derartigen Gliedern darstellbar sei, so wird dieser Zweifel durch die wirkliche Entwickelung einer jeden Funktion beseitigt werden." (Euler 1748/1885, 49).

Euler war sich also bewußt, daß er die Möglichkeit einer solchen Entwicklung nicht allgemein beweisen konnte, sondern diese in jedem Einzelfall einer Funktion zeigen mußte. Zusätzlich verwies er auf die Möglichkeit von Potenzreihen mit rationalen Exponenten.

In der *Introductio* wird die Fruchtbarkeit der Reihenmethoden umfassend vorgeführt. Dennoch war die Entwicklung einer Funktion in eine Reihe für Euler ein *Instrument* der Untersuchung und nicht die Sache selbst. Ihm war bewußt, daß es häufig nicht sehr informativ ist, als Lösung eines Problems eine Potenzreihe zu erhalten. Insofern folgte er der Präferenz der Leibnizschen Schule für Lösungen in endlichen Ausdrücken (vgl. Kap. 3). Dazu ist es erforderlich, einen Grundbestand an Funktionen aufzustellen, auf die sich die Probleme zurückführen lassen. Die *Definition neuer Funktionen* und das Studium ihrer Eigenschaften wurde mit Euler ein eigenständiges Arbeitsgebiet der Analysis. Später hat man dieses Gebiet mit dem Namen 'Spezielle Funktionen' belegt. Hierbei spielten die Entwicklungen in Potenzreihen, unendliche Produkte oder Kettenbrüche eine bedeutende Rolle. Wie Euler das machte, soll am Beispiel der Exponentialfunktion näher dargestellt werden. Dabei wird auch deutlich, wie Euler mit unendlich kleinen und unendlich großen Zahlen rechnete. Seine Rechnungen können nicht alle durch Schlußweisen der heutigen Standard-Analysis gerechtfertigt werden. Wir werden dies nicht im einzelnen thematisieren, sondern verweisen auf (4.7)

4.4.2 Die elementaren transzendenten Funktionen

Wegen ihrer großen Bedeutung für numerische Rechnungen spielten die Logarithmen in der Mathematik des 16. und 17. Jahrhunderts eine große Rolle, die noch bedeutender wurde, als man entdeckte, daß auch die Integration von Hyperbeln auf Logarithmen führt. Euler war dann der erste, der $\log_a x$ mit Hilfe der Potenzfunktion $x = a^y$ definierte.

Um die Reihenentwicklung für die Exponentialfunktion abzuleiten (vgl. Euler 1748/1885, 86 ff.), beginnt er mit der Feststellung, daß $a^0 = 1$ und wegen des monotonen Wachstums der Exponentialfunktion folglich auch $a^\omega = 1 + \psi$

4 Algebraische Analysis 145

für eine 'unendlich kleine Zahl' ω und eine davon abhängige 'unendlich kleine Zahl' ψ ist. Daher kann er $\psi = k\omega$ setzen, und es ist $a^\omega = 1 + k\omega$ und

$$a^{i\omega} = (1 + k\omega)^i \tag{4.10}$$

für eine beliebige Zahl i. Binomische Entwicklung ergibt:

$$a^{i\omega} = 1 + \frac{i}{1}k\omega + \frac{i(i-1)}{1\cdot 2}k^2\omega^2 + \frac{i(i-1)(i-2)}{1\cdot 2\cdot 3}k^3\omega^3 + \cdots. \tag{4.11}$$

Nun setzt er $i = \frac{z}{\omega}$ bzw. $\omega = \frac{z}{i}$ mit endlichem z. Weil ω unendlich klein ist, muß dann i unendlich groß sein. Mit z/i für ω folgt

$$a^z = 1 + \frac{1}{1}kz + \frac{1(i-1)}{1\cdot 2i}k^2z^2 + \frac{1(i-1)(i-2)}{1\cdot 2i\cdot 3i}k^3z^3 + \cdots. \tag{4.12}$$

Euler sagt, daß diese Gleichung richtig sei, sobald für i ein unendlich großer Wert gesetzt werde. k ist eine von a abhängige Zahl. Weil i unendlich groß ist, ist $\frac{i-n}{i} = 1$ für alle natürlichen Zahlen n. Also ergibt sich:

$$a^z = 1 + \frac{kz}{1} + \frac{k^2z^2}{1\cdot 2} + \frac{k^3z^3}{1\cdot 2\cdot 3} + \cdots. \tag{4.13}$$

Zugleich liefert diese Formel die Beziehung zwischen a und k:

$$a = 1 + \frac{k}{1} + \frac{k^2}{1\cdot 2} + \frac{k^3}{1\cdot 2\cdot 3} + \cdots. \tag{4.14}$$

Für $k = 1$ erhält man die *Eulersche Zahl e,* und die zugehörige Exponentialreihe ist

$$e^z = 1 + \frac{z}{1} + \frac{z^2}{1\cdot 2} + \frac{z^3}{1\cdot 2\cdot 3} + \cdots. \tag{4.15}$$

Euler disklutiert dann den Logarithmus und erörtert den Zusammenhang der verschiedenen Logarithmensysteme. Dabei zeigt er ein starkes Interesse an tatsächlichen numerischen Rechnungen. Die ausgiebige Erörterung von Zahlenbeispielen ist ein hervorstechendes Merkmal der *Introductio*.

Die trigonometrischen Größen Sinus, Cosinus, Tangens etc. wurden bis zu Euler nicht als Funktionen betrachtet, sondern als Linien am Kreis. So war der Sinus des Winkels α die halbe Sehne des von dem Winkel 2α aufgespannten Bogens, und der Cosinus war das Lot vom Mittelpunkt des Kreises auf die Sehne. Auch die Herleitung von Reihenentwicklungen für den Sinus in Abhängigkeit vom Bogen durch Newton und Leibniz (Kap. 3) hatte an dieser Sichtweise nichts geändert. Erst Euler realisierte die funktionale Auffassung (vgl. Katz 1987). 1739 publizierte er eine Arbeit über harmonische Oszillatoren, in der die Sinusfunktion als Lösung der zugrunde liegenden Differentialgleichung auftrat (Euler 1739). Im selben Jahr fand er die allgemeine Methode zur Lösung linearer Differentialgleichungen, in der Sinus und Cosinus eine gleichberechtigte Rolle mit der Exponentialfunktion spielen (Euler 1743). Daher war es wohlbegründet, die trigonometrischen Größen als eine weitere Gattung transzendenter Funktionen aufzustellen und zu standardisieren. Dies tat Euler im Kap. 8 seiner *Introductio*, wo erstmals der feste Bezugskreis vom Radius 1 eingeführt und die trigonometrischen Größen konsequent als Funktionen der zugehörigen Kreisbögen betrachtet werden.

Analog zur Exponentialfunktion leitete er unter Anwendung unendlicher Größen die Reihenentwicklungen

$$\cos v = 1 - \frac{v^2}{1 \cdot 2} + \frac{v^4}{1 \cdot 2 \cdot 3 \cdot 4} - \frac{v^6}{1 \cdot 2 \cdot 3 \cdot 4 \cdot 5 \cdot 6} + \cdots$$
$$\sin v = v - \frac{v^3}{1 \cdot 2 \cdot 3} + \frac{v^5}{1 \cdot 2 \cdot 3 \cdot 4 \cdot 5} - \frac{v^7}{1 \cdot 2 \cdot 3 \cdot 4 \cdot 5 \cdot 6 \cdot 7} + \cdots$$

(4.16)

ab und gelangte schließlich zum Zusammenhang von Sinus und Cosinus mit der Exponentialfunktion.

$$e^{\pm v\sqrt{-1}} = \cos v \pm \sqrt{-1} \sin v.$$

(4.17)

Diese Gleichungen wurden in der *Introductio* zum ersten Mal explizit hergeleitet und bei verschiedenen Beweisen benutzt. Sie waren aber schon vorher bekannt. Bereits 1702 hatte Johann Bernoulli eine Formel gefunden, die, geeignet interpretiert, auf einen Zusammenhang zwischen den trigonometrischen Funktionen und dem Logarithmus hinwies (Bernoulli 1702). 1714 publizierte dann Roger Cotes einen Satz über komplexe Zahlen, der in moderner Schreibweise sagt (Cotes 1714):

$$\sqrt{-1}\varphi = \log_e \left(\cos \varphi + \sqrt{-1} \sin \varphi \right).$$

(4.18)

4 Algebraische Analysis 147

Euler selbst hatte in einem Brief an Johann Bernoulli vom 18. Oktober 1740 festgestellt, daß $y = 2\cos x$ und $y = e^{\sqrt{-1}x} + e^{-\sqrt{-1}x}$ Lösungen derselben Differentialgleichung sind, und dieses Ergebnis 1743 publiziert (Euler 1743).
  Eine der wichtigsten speziellen Funktionen mit vielen innermathematischen und physikalischen Anwendungen ist die *Gamma-Funktion*. Sie ging aus der Fragestellung hervor, für die Folge der natürlichen Zahlen 1, 2, 6, 24, 120 , ... , $n!$, ... , d. h. die Fakultäten, einen analytischen Ausdruck zu finden, der sich auch für gebrochene und negative n interpretieren läßt, so daß etwa auch $\left(\frac{1}{2}\right)!$ eine Bedeutung gewinnt. Versuche, die Fakultäten zu verallgemeinern, waren von James Stirling, Daniel Bernoulli und Christian Goldbach gemacht worden, bevor Euler von letzterem auf das Problem hingewiesen wurde. In Briefen an Goldbach aus dem Jahre 1729 kündigte er dann eine Lösung an, die 1738 erschien (Euler 1730/1738).
  Diese Arbeit beschreibt eindrucksvoll den Weg, auf dem er die folgende Darstellung von $n!$ durch ein uneigentliches Integral gefunden hat (vgl. Davis 1959):

$$n! = \int_0^1 (-\log x)^n dx . \qquad (4.19)$$

Das Integral hat für alle $n > 0$ (n eine beliebige Zahl) eine Bedeutung. Durch die Transformation $t = -\log x$ kann es in die heute übliche Form

$$\Gamma(x+1) = \int_0^\infty x^n e^{-x} dx \qquad (4.20)$$

überführt werden. Das Integral (4.20) wird heute nach einem Vorschlag von Legendre *Eulersches Integral 2. Art* genannt.

4.4.3 Die Kontroverse um die Logarithmen negativer Zahlen

In den Jahren 1712/13 diskutierten Leibniz und Johann Bernoulli brieflich über die Logarithmen negativer Zahlen. Bernoulli vertrat die Auffassung, daß $\log a = \log - a$ sei, während Leibniz der Meinung war, daß $\log - a$ imaginär sein müsse. Diese Frage wurde zwischen 1727 und 1731 erneut zwischen Bernoulli und Euler erörtert. Eine Klärung konnten sie allerdings nicht erreichen. Erst in den vierziger Jahren entwickelte sich Eulers Konzeption der Logarithmus-Funktion so weit, daß er dieses Problem befriedigend auflösen konnte (Euler 1749/1751, dt. Übersetzung Euler 1983, 54 - 100). In der *Introductio* hatte Euler nur die Logarithmen positiver Zahlen betrachtet, nun behandelte er den Logarithmus allgemein für komplexe Zahlen. Dies war die historisch erste Arbeit, in der systematisch die Mehrdeutigkeit einer transzendenten Funktion untersucht wurde.

Die Schrift Euler 1749/1751 ist ein historischer Glücksfall für denjenigen, der sich für die konkrete Genese mathematischer Ideen interessiert. Euler diskutiert dort systematisch und mit einem Sinn für Dramaturgie die zahlreichen Gründe und Gegengründe Bernoullis und Leibniz' für ihre jeweilige Position. Ein Argument Bernoullis war, daß

$$\frac{d(-x)}{-x} = \frac{dx}{x} \qquad (4.21)$$

und folglich auch $\log x = \log -x$ sein müsse. Dem hatte Leibniz entgegengehalten, daß nur für positive x die Gleichung $d(\log x) = dx/x$ gültig sei. Dies kritisierte Euler mit der Bemerkung, die Gleichung beziehe sich auf „allgemein betrachtete Größen" und müsse daher „allgemein wahr" sein (Euler 1983, 58/9). Gegen Bernoulli bemerkt er, es könne aus der Differentialgleichung nur geschlossen werden, daß sich $\log x$ und $\log -x$ um eine Konstante unterscheiden, die gleich $\log -1$ sei.

Euler löste die Schwierigkeiten, indem er zeigte, daß der Logarithmus jeder Zahl x eine unendliche Anzahl verschiedener Werte einschließt. Um diese konkret zu berechnen, benutzte er die Gleichung

$$x = e^y = \left(1 + \frac{y}{i}\right)^i, \qquad (4.22)$$

in der i eine unendlich große natürliche Zahl ist. Daraus folgt

$$\log x = i x^{\frac{1}{i}} - i. \qquad (4.23)$$

Nun wandte er ein zweifaches Grenz- oder Stetigkeitsargument an, das geometrisch plausibel ist, wenn man (4.23) in der komplexen Zahlenebene darstellt: 1. Mit wachsendem i werde sich der Wert von $ix^{1/i} - i$ immer mehr dem Wert von $\log x$ annähern und ihm für unendliches i gleich werden. 2. Für jedes endliche i hat $ix^{1/i} - i$ genau i verschiedene Werte, daher hat es für unendliches i unendlich viele verschiedene Werte, also hat $\log x$ unendlich viele verschiedene Werte.

Um nun $y = \log 1$ zu bestimmen, setzte er in (4.22) $x = 1$ und erhielt

$$\left(1 + \frac{y}{i}\right)^i = 1, \tag{4.24}$$

bzw.

$$1 + \frac{y}{i} = \cos\frac{2\lambda\pi}{i} \pm \sqrt{-1} \cdot \sin\frac{2\lambda\pi}{i}, \tag{4.25}$$

wobei λ alle ganzen Zahlen durchläuft.
Erneut schließt Euler infinitesimal. Da i unendlich groß ist, ist der Bogen $\frac{2\lambda\pi}{i}$ unendlich klein, daher wird der Cosinus dieses Bogens = 1 und der Sinus des Bogens gleich dem Bogen. Folglich:

$$y = \log 1 = \pm 2\lambda\pi\sqrt{-1}. \tag{4.26}$$

Wenn A der reelle Logarithmus der positiven Zahl a ist, dann beinhaltet die Gesamtheit der Logarithmen von a die Werte

$$A, A \pm 2\pi\sqrt{-1}, A \pm 4\pi\sqrt{-1}, A \pm 6\pi\sqrt{-1}, \cdots. \tag{4.27}$$

4.5 Das Rechnen mit Reihen

Für die Darstellung der gebrochen-rationalen, algebraischen und transzendenten Funktionen, für die Lösung von Differentialgleichungen und die Bestimmung von numerischen Näherungswerten haben unendliche Reihen im 18. Jahrhundert eine große Bedeutung gehabt. Dabei wurden vielfältige und interessante Techniken angewandt. Wir wollen uns in diesem Abschnitt auf zwei Beispiele und die Erörterung einiger Grundlagenfragen beschränken.

4.5.1 Die Reihe der reziproken Quadratzahlen

Daß die harmonische Reihe

$$1+\frac{1}{2}+\frac{1}{3}+\frac{1}{4}+\cdots \qquad (4.28)$$

nicht konvergiert, hatten Jakob und Johann Bernoulli 1689 bewiesen (Bernoulli 1689/1909) Das Ergebnis war bereits N. Oresme im 14. Jahrhundert bekannt. Darüber hinaus hatten die Bernoullis die Konvergenz anderer verwandter Reihen gezeigt, so die der reziproken Dreieckszahlen $2/n(n+1)$. Nur die Reihe der reziproken Quadratzahlen

$$1+\frac{1}{4}+\frac{1}{9}+\frac{1}{16}+\cdots+\frac{1}{k^2}+\cdots \qquad (4.29)$$

widerstand ihren Bemühungen, und sie kamen zu der Überzeugung, daß „die Erforschung ihrer Summe schwieriger [sei] als man erwarten sollte" (Stäckel 1907/8, 160). J. Stirling und C. Goldbach berechneten Näherungswerte, die den ungefähren Wert 1,6449 lieferten. Erst Euler fand die überraschende Lösung durch ein äußerst elegantes Argument (Euler 1734/1740).

Er ging von der Funktion

$$f(x)=\frac{\sin x}{x}=1-\frac{x^2}{3!}+\frac{x^4}{5!}-\frac{x^6}{7!}+\frac{x^8}{9!}-+\cdots \qquad (4.30)$$

aus, die genau dieselben Nullstellen wie die Sinusfunktion hat, mit Ausnahme der Stelle $x=0$, weil

$$\lim_{x \to 0} \frac{\sin x}{x}=1 \qquad (4.31)$$

ist. Nun betrachtete er die Potenzreihe für $f(x)$ als ein unendliches Polynom, das 'folglich' in ein unendliches Produkt zerlegt werden kann, dessen Faktoren gerade die Linearfaktoren mit den Nullstellen sind:

$$\begin{aligned} f(x) &= \left(1-\frac{x}{\pi}\right)\left(1-\frac{x}{-\pi}\right)\left(1-\frac{x}{2\pi}\right)\left(1-\frac{x}{-2\pi}\right)\cdots \\ &= \left(1-\frac{x}{\pi}\right)\left(1+\frac{x}{\pi}\right)\left(1-\frac{x}{2\pi}\right)\left(1+\frac{x}{2\pi}\right)\cdots \end{aligned} \qquad (4.32)$$

4 Algebraische Analysis

Also ergibt sich

$$1 - \frac{x^2}{3!} + \frac{x^4}{5!} - \frac{x^6}{7!} + \frac{x^8}{9!} - \cdots = \left(1 - \frac{x^2}{\pi^2}\right)\left(1 - \frac{x^2}{4\pi^2}\right)\left(1 - \frac{x^2}{9\pi^2}\right)\cdots. \quad (4.33)$$

Multipliziert man das Produkt auf der rechten Seite aus, so erhält man als Koeffizienten von x^2 die Summe aller Terme $\frac{1}{k^2\pi^2}$, die dem Koeffizienten von x^2 auf der linken Seite gleich sein muß; folglich

$$-\frac{1}{3!} = -\left(\frac{1}{\pi^2} + \frac{1}{4\pi^2} + \frac{1}{9\pi^2} + \frac{1}{16\pi^2} + \cdots\right) \quad (4.34)$$

bzw.:

$$1 + \frac{1}{4} + \frac{1}{9} + \frac{1}{16} + \cdots + \frac{1}{k^2} + \cdots = \frac{\pi^2}{6}. \quad (4.35)$$

Dieses merkwürdige Ergebnis und den zu ihm führenden Ansatz hat Euler in vielfältiger Weise verallgemeinert. Schließlich gelangte er (Euler 1740/1750, vgl. auch Euler 1755/1790, Teil II, Kap. 5, § 124 ff.) zu einer allgemeinen Formel, die in moderner Schreibweise lautet:

$$\sum_{\nu=1}^{\infty} \frac{1}{\nu^{2n}} = \frac{(2\pi)^{2n}}{2(2n)!} B_{2n}, \quad (4.36)$$

wobei B_{2n} die sogenannten Bernoulli-Zahlen sind. Bis heute ist die Bestimmung der entsprechenden Summen mit ungeraden Exponenten ein offenes Problem.

Eulers fruchtbare Idee, die für endliche Polynome gültige Zerlegung in ein Produkt von Linearfaktoren auf unendliche Potenzreihen zu übertragen, war für die Denkweise der Analytiker des 18. Jahrhunderts sehr charakteristisch. Man kann dahinter so etwas wie ein *Kontinuitätsprinzip* für symbolische Ausdrücke sehen. Allerdings war ihnen durchaus bewußt, daß sie hier einen Schritt taten, dessen Berechtigung sie letztlich nicht beweisen konnten. So kritisierte Daniel Bernoulli in einem Brief an Euler vom 20. September 1741, daß „eine aequatio per series nicht die proprietates habe als die aequationes algebraicae" (zitiert nach Stäckel 1907/8, 168). Eine Antwort Eulers ist nicht erhalten, jedoch zeigt sein Bemühen, Herleitungen zu finden, die auf anderen Grundlagen beruhen, daß er diese Kritik ernst genommen hat. Ein anderer Einwand stammte von seinem Lehrer Johann Bernoulli. Dieser fragte (Brief vom 2. April 1737), ob man sicher sein könne, daß der Sinus nur die Nullstellen $k\pi$ ($k \in \mathbb{Z}$) hat. Es könnten ja auch komplexe Nullstellen vorhanden sein. Euler antwortete darauf am 27. August 1737, daß man dies in der Tat nur schwer beweisen könne. Als Bestätigung seiner Methode berief er sich auf die Übereinstimmung seiner Ergebnisse mit den numerischen Rechnungen und kündigte einen von der Produktentwicklung des Sinus unabhängigen Beweis an.

4.5.2 Das Problem der Reihenumkehr

In seiner einfachsten Form fordert das Problem der Reihenumkehr, bei gegebener Potenzreihe

$$y = a_1 x + a_2 x^2 + a_3 x^3 + \cdots =: P(x) \tag{4.37}$$

die Umkehrreihe

$$x = b_1 y + b_2 y^2 + b_3 y^3 + \cdots =: Q(y) \tag{4.38}$$

zu bestimmen, so daß $P(Q(y)) = y$.

Ein rekursives Verfahren der Reihenumkehr war von Newton entdeckt worden und spielte bei ihm eine große Rolle. Eine explizite *rekursive* Formel wurde von A. de Moivre (1698) gefunden.

1758 gab J. H. Lambert eine Methode an, binomische Gleichungen des Typs $ax^\kappa + bx^\lambda = d$ mit Hilfe unendlicher Reihen zu lösen (Lambert 1758). Diese Arbeit war der Ausgangspunkt für umfangreiche Untersuchungen von J. L. Lagrange, der seine Ergebnisse in der fundamentalen Abhandlung (1768/1770) niederlegte. Sein Ergebnis lautete folgendermaßen: Es sei die Gleichung

$$\alpha - x + \varphi(x) = 0 \tag{4.39}$$

gegeben, wobei $\varphi(x)$ eine beliebige Funktion von x ist. p sei eine der Wurzeln dieser Gleichung, d.h. einer der Werte von x, die sie erfüllen, und man sucht den Wert $\psi(p)$ einer beliebigen Funktion ψ von p. Wenn man zur größeren Einfachheit die Größe $\dfrac{d\psi(x)}{dx}$ durch $\psi'(x)$ bezeichnet, dann gilt:

4 Algebraische Analysis

$$\psi(p) = \psi(x) + \varphi(x)\psi'(x) + \frac{1}{2}\frac{d[\varphi(x)]^2 \psi'(x)}{dx}$$
$$+ \frac{1}{2 \cdot 3}\frac{d^2[\varphi(x)]^3 \psi'(x)}{dx^2} + \frac{1}{2 \cdot 3 \cdot 4}\frac{d^3[\varphi(x)]^4 \psi'(x)}{dx^3} + \cdots,$$
(4.40)

wobei man nach den Differentiationen α für x einsetzen muß. Diese elegante Formel löst insbesondere auch das Problem der Reihenumkehr durch einen *independenten Ausdruck*, der eine unmittelbare Berechnung jedes beliebigen Koeffizienten der gesuchten Reihe gestattet.

Anwendungen seines Verfahrens auf die Lösung verschiedener in der *Astronomie* vorkommender transzendenter Gleichungen gab Lagrange in einer Nachfolgearbeit (1770/1771, vgl. Bottazzini 1989). Insbesondere handelte es sich dabei um die Lösung der sogenannten *Keplerschen Gleichung*

$$t = x + n \cdot \sin x .$$
(4.41)

Hier bezeichnet x die exzentrische Anomalie einer Planetenbahn, n ihre Exzentrizität und t ihre mittlere Anomalie. t und n sind beobachtbar, und die Aufgabe ist, aus diesen Größen den Winkel x, der die Stellung des Planeten angibt, zu berechnen.

Lagranges Reihe ist auch von P. S. Laplace intensiv untersucht worden. Dieser leitete sie aus einer Differentialgleichung her, ein Ansatz, der eine Verallgemeinerung auf mehrere Variablen erlaubte (Laplace 1777/1780; Laplace 1784). Auch im *Traité de Mécanique Céleste* (Laplace 1799) wird das Ergebnis in einem eigenen Abschnitt über die Entwicklung von Funktionen in Reihen hergeleitet und dann zur Berechnung von Planetenbahnen benutzt. In der ersten Hälfte des 19. Jahrhundert haben sich viele Analytiker mit dieser Reihe befaßt. Insbesondere war sie der Ausgangspunkt für Cauchys epochale Studien über die Entwicklung komplexer Funktionen in Reihen (vgl. Brill & Noether 1892/93 sowie Kap. 8).

4.5.3 Konvergenz und Divergenz

In der Analysis des 18. Jahrhunderts spielten Konvergenzbetrachtungen *keine systematische Rolle*. Allerdings waren sich die damaligen Mathematiker in den meisten Fällen wohl bewußt, wo und wie schnell die von ihnen betrachteten Reihen konvergierten oder divergierten. Viel stärker als heute wurden in den Originalpublikationen die analytischen Rechnungen von numerischen Testrechnungen und Beispielen begleitet. Wenn die Konvergenz einer numerischen Reihe fraglich war, dann verglich man sie mit einer anderen, meist der geometrischen, von der bekannt war, daß sie konvergiert und gegen welchen Grenzwert. Insofern machten die damaligen Mathematiker von den elementaren Konvergenzkriterien, wie sie heute in Anfängerveranstaltungen gelehrt werden, *implizit* Gebrauch.

Häufig wurden numerische Gleichungen, die späteren Mathematikern absurd vorkamen, wie z. B.

$$-1 = 1 + 2 + 4 + 8 + \cdots, \qquad (4.42)$$

die aus der geometrischen Reihe für $x = 2$ resultiert, ausdrücklich notiert. Euler machte auf solche Beziehungen häufig auch dann aufmerksam, wenn es von der Sache her gar nicht notwendig erschien, und man hat den Eindruck, als ob er sich solche Gleichungen für spätere Überlegungen vorbehielt.

Kognitiv dominierte die Algebra das Denken der damaligen Analytiker. Sie dachten in Formeln und Variablen. Deshalb standen Potenzreihen für sie im Vordergrund, und numerische Reihen traten im Normalfall nur dann auf, wenn sie sich durch Einsetzen eines Zahlenwertes in eine analytische Formel ergaben. Konvergenzbetrachtungen gehörten per se gar nicht zu einer Potenzreihe, sondern sie wurden erst erforderlich, wenn ein Zahlenwert in eine analytische Formel eingesetzt wurde. Bei der Einsetzung von Zahlenwerten konnten neben der Divergenz einer numerischen Reihe aber noch andere Probleme auftreten, z. B. konnte ein Ausdruck imaginär oder mehrdeutig werden. Daher ging es in den Augen der damaligen Mathematiker nicht um die isolierte Frage der Konvergenz oder Divergenz, sondern *generell um die Interpretation analytischer Ausdrücke.*

Kein Mathematiker des 18. Jahrhunderts hat zu diesen Fragen eine völlig geschlossene Konzeption gehabt. Man hat die begrifflichen Grundlagen des Rechnens mit Reihen als ein offenes, aber im Prinzip lösbares Problem gesehen und je nach Temperament von einer solchen Lösung verschiedene Vorstellungen gehabt. In diesem Abschnitt sollen einige der damaligen Positionen und Probleme beschrieben werden (vgl. dazu Reiff 1889).

Ein wegen seiner Einfachheit exemplarischer Fall war die alternierende Reihe

$$1 - 1 + 1 - 1 + 1 - + \cdots, \qquad (4.43)$$

die sich aus der geometrischen Reihe

$$\frac{1}{1-x} = 1 + x + x^2 + x^3 + \cdots \qquad (4.44)$$

4 Algebraische Analysis

durch Einsetzen von $x = -1$ ergibt. Das liefert auf der linken Seite den Wert $\frac{1}{2}$, und der Italiener Guido Grandi schlug vor, dies als den Wert der Reihe zu betrachten (Grandi 1710). In einem Brief an Christian Wolff stimmte Leibniz dieser Überlegung zu (Leibniz 1713). Er ergänzte sie durch das Argument, daß die Reihe den Wert 0 hat, wenn man über eine gerade Zahl von Termen summiert, und den Wert 1 bei einer ungeraden Zahl. Da man dem Unendlichen weder den Charakter einer geraden noch einer ungeraden Zahl zusprechen könne, seien beide Werte gleich wahrscheinlich, folglich müsse man der Reihe nach der Wahrscheinlichkeitstheorie das arithmetische Mittel von 0 und 1, also $\frac{1}{2}$ als Wert zuweisen. Dagegen bemerkte Varignon in einem Brief an Leibniz (Varignon 1712), daß die Division $\frac{1}{1-1}$ zu überhaupt keinem Ergebnis führe, da man nach einer geraden Zahl von Schritten 0 und nach einer ungeraden 1 erhalte (vgl. auch Varignon 1715/1718). Die Mehrheit der Mathematiker neigte in dieser Frage der Position zu, die fragliche numerische Reihe als Spezialfall des analytischen Ausdrucks für die geometrische Reihe zu betrachten.

Eine interessante Frage wurde von Niklaus I Bernoulli in Briefen an Leibniz aufgeworfen (Bernoulli, N. 1712). Er betrachtet die binomische Entwicklung

$$(1+x)^n = 1 + nx + \frac{n(n-1)}{2}x^2 + \cdots \qquad (4.45)$$

für den Fall, daß x negativ und im Betrag >1 und n eine rationale Zahl mit geradzahligem Nenner ist. Dann ist der links stehende Ausdruck mehrdeutig, und alle seine Werte sind imaginär. Die rechts stehende Reihe ist divergent, aber alle Werte, die sie annimmt, wenn man nach endlich vielen Gliedern aufhört, sind eindeutig und reell. Hier findet also eine eigenartige Verschränkung der Probleme statt. Die Reihe ist divergent, und zugleich scheint im Unendlichen ein Übergang ins Komplexe stattzufinden.

Der am weitesten gehende Versuch, dem Rechnen mit divergenten Reihen eine begriffliche Grundlage zu geben, stammte von Euler. 1743 hatte er mit Niklaus I Bernoulli, der Zweifel an der Zulässigkeit der Benutzung divergenter Reihen äußerte, einen brieflichen Austausch über diese Frage (Reiff 1889, 121 ff.). In einem Brief an Christian Goldbach, in dem er über diesen Disput berichtete, bemerkte Euler dann, man solle zwischen den Begriffen 'Summe' und 'Wert' einer Reihe unterscheiden. Von einer Summe könne man sprechen, wenn die Glieder einer numerischen Reihe sukzessive addiert würden. Der Begriff sei also nur bei konvergenten Reihen sinnvoll. Bei divergenten Reihen könne der Wert hingegen dadurch bestimmt werden, daß man einen endlichen analytischen Ausdruck sucht, aus dem sich die Reihe entwickeln lasse. Dieser Ausdruck liefere dann ihren Wert (Fuss 1843, Bd. 1, 323).

Diese Unterscheidung führte er in seiner Arbeit (1754(5)/1760) genauer aus (vgl. Barbeau & Leah 1976). Unendliche Reihen entstünden in der Analysis durch die Entwicklung endlicher geschlossener Ausdrücke, und in einer Rechnung sei es zulässig, jederzeit die Reihe wieder durch den geschlossenen Ausdruck zu ersetzen, aus dem sie zuvor gewonnen worden sei. Daher müßten beide denselben Wert haben. Man könne die Streitigkeiten also auflösen, wenn man den herkömmlichen Begriff einer Summe verändere und sage, „daß die Summe einer Reihe der geschlossene Ausdruck ist, durch dessen Entwicklung die Reihe gebildet worden ist" (Euler 1754(5)/1760, 593). Diese Definition ist eine Verallgemeinerung des gebräuchlichen Begriffs einer Summe, da er für konvergente Reihen mit diesem übereinstimmt. Dieselbe Definition wiederholte Euler in verschiedenen Arbeiten, insbesondere ist sie auch in seiner *Einführung in die Differentialrechnung* enthalten (Euler 1755/1790, § 111).

Die Stärke seiner Konzeption zeigte Euler an einem besonders schwierigen Beispiel. Es betrifft die Reihe

$$1-1+2-6+24-120+\cdots, \qquad (4.46)$$

die sich aus

$$y = x - (1!)x^2 + (2!)x^3 - (3!)x^4 + (4!)x^5 - + \cdots \qquad (4.47)$$

für $x = 1$ ergibt. Diese Reihe ist für alle $x \neq 0$ divergent. Euler bewies, daß sie formal eine gewisse Differentialgleichung erfüllt, deren Lösung allgemein durch das Integral

$$y = e^{1/x} \int_0^x \frac{e^{-1/t}}{t} dt \qquad (4.48)$$

gegeben ist. Deshalb betrachtete er (4.47) als die Reihenentwicklung von (4.48) und fand damit für (4.46) den Wert 0,596347362123. Tatsächlich liefert (4.47), obwohl divergent, sehr gute Näherungswerte für das Integral (4.48) (vgl. Hardy 1949, 26 - 29)

Euler muß sich bewußt gewesen sein, daß seine Erklärung des Wertes einer allgemeinen Reihe keine mathematisch ausgeführte Konzeption ist. Bestenfalls könnte man von einer Vision reden, die sich vielleicht weiter entwickeln läßt. In diesem Sinne hat Andreas Speiser Eulers Position interpretiert (Speiser 1945). In Eulers Auffassung sei implizit eine Unterscheidung von algebraischer und numerischer Gleichheit enthalten, und es sei ihm bei seinen Überlegungen zu den divergenten Reihen darum gegangen zu erklären, was es bedeuten könnte, daß zwei Ausdrücke im algebraischen Sinne gleich sind, ohne daß numerische Gleichheit vorliegen muß. Allerdings müßte eine mathematisch strenge Durchführung dann sagen, wie sich algebraische und numerische Gleichheit zueinander verhalten, und welche Operationen, durch die endliche Ausdrücke in unendliche Reihen entwickelt werden, im Rahmen einer solchen Theorie zulässig wären. All dies ist im 18. Jahrhundert nicht geschehen. Dennoch ist Speisers Interpretation historisch angemessen. Am Ende des 18. und zu Beginn des 19. Jahrhunderts findet man eine Reihe von Mathematikern, die versucht haben, zwischen formaler und numerischer Gleichheit zu unterscheiden, um die Praxis des Rechnens mit divergenten Reihen zu rechtfertigen (vgl. Jahnke 1987; Jahnke 1993).

4.6 Die Grenzen des analytischen Funktionsbegriffs

Der algebraisch-analytische Funktionsbegriff, der Eulers *Introductio* zugrunde lag, beherrschte die Analysis im 18. Jahrhundert, bis sich mit Cauchy eine neue Sichtweise durchzusetzen begann (Kap. 5). Dennoch wurden die Grenzen dieses Begriffs bereits damals deutlich.

Dies geschah in einer der berühmtesten Kontroversen der Mathematikgeschichte, die die Lösungen der partiellen Differentialgleichung

$$\frac{\partial^2 y}{\partial x^2} = \frac{1}{c^2}\frac{\partial^2 y}{\partial t^2}, \tag{4.49}$$

betraf (vgl. hierzu Riemann 1854b, 259 - 264; Truesdell 1960; Grattan-Guinness 1970b, Kap. 1). (4.49) beschreibt das Verhalten einer schwingenden Saite, die zwischen zwei Punkten A und B im Abstand l eingespannt ist. $y(x,t)$ bezeichnet die Auslenkung der Saite an der Stelle x zum Zeitpunkt t. Nach Vorarbeiten von Brook Taylor 1713 war diese Gleichung erstmals von d'Alembert 1747 allgemein hergeleitet und gelöst worden. Ihre Lösung ist

$$y = \Psi(ct+x) + \Gamma(ct-x) \tag{4.50}$$

mit 'beliebigen' Funktionen Ψ und Γ. Berücksichtigt man die Randbedingung $y(0,t) = y(l,t) = 0$, dann reduziert sich (4.50) auf

$$y = \Psi(ct+x) - \Psi(ct-x), \tag{4.51}$$

wobei $\varPsi$ beliebig ist, aber die Periode $2l$ haben muß. Nimmt man überdies an, daß die Schwingung aus der Ruhelage heraus beginnt, also $y(x,0) = 0$, dann muß die Funktion $\varPsi(x)$ gerade sein. D'Alembert forderte daher, daß die Funktion $\varPsi$, die die anfängliche Auslenkung der Saite zum Zeitpunkt $t = 0$ beschreibt, analytisch, periodisch und gerade sein, also die Form

$$a_0 + a_2 x^2 + a_4 x^4 + a_6 x^6 + \cdots \tag{4.52}$$

haben muß. Als Beispiel wählte er für $\varPsi$ die Zykloide, woraus sich $y(t,x)$ durch eine geometrische Konstruktion nach Formel (4.51) ergibt (d'Alembert 1747/1749, 218).

An diesem Punkt begann eine Kontroverse mit Euler, die über mehrere Jahrzehnte dauern sollte. In einer Arbeit, die Euler zugleich französisch und lateinisch publizierte (1748/1750, 1749a) kam er zu derselben Differentialgleichung wie d'Alembert. Er betrachtete allerdings die Forderung, nur in Potenzreihen entwickelbare Funktionen als Lösung zu akzeptieren, aus physikalischen Gründen als zu restriktiv. Vielmehr müsse für $\varPsi$ jede beliebige physikalisch realisierbare Kurve zugelassen werden, ob sie nun *stetig* oder *unstetig* sei.

Im Unterschied zum heutigen Verständnis bezeichnete Euler solche Funktionen als *stetig*, die durch einen einzigen analytischen Ausdruck beschrieben werden können, und *unstetig* alle anderen. So sind $y = ax^3 + bx^2 + cx + d$ und $y = \sin x$ in Eulers Sinn stetige Funktionen, während

$$y = \begin{cases} x & \text{für } x \geq 0 \\ -x & \text{für } x < 0 \end{cases} \tag{4.53}$$

durch zwei analytische Ausdrücke dargestellt wird und folglich unstetig ist. Offenbar reflektiert dieser Begriff von Stetigkeit einen ganzheitlichen Zusammenhang, aber nicht die geometrische Eigenschaft des 'zusammenhängend Seins', da der Graph von $1/x$ unzusammenhängend, die Funktion aber stetig ist. Eulers stetige Funktionen sind genau diejenigen, die im 1. Band seiner *Introductio* behandelt werden und die wir oben analytisch genannt haben.

Die Unterscheidung von stetigen und unstetigen Funktionen war ein durch geometrische und physikalische Fragestellungen motivierter Versuch, diesen analytischen Funktionsbegriff zu verallgemeinern. Bereits im 2. Band der *Introductio*, Artikel 9 bezeichnete Euler die 'gemischten Kurven', deren Graph wie in (4.53) abschnittsweise durch verschiedene analytische Ausdrücke dargestellt wird, als 'unstetig'. Welche Funktionen er zu den unstetigen Funktionen rechnete, hat er nirgendwo genau spezifiziert (Lützen 1983, 301). Neben den gemischten gehörten dazu, motiviert durch die physikalische Situation der schwingenden Saite, auch alle Funktionen, die 'mit freier Hand' gezeichnet werden können und sozusagen in jedem Punkt durch einen anderen analytischen Ausdruck dargestellt werden (Lützen 1983, 301).

Die Vorgabe einer mit freier Hand gezeichneten Kurve als Anfangszustand der Saite bedeutet, daß die Lösung der Differentialgleichung nicht mehr analytisch bestimmt werden kann. Euler interpretierte daher (4.51) als Vorschrift, mit deren Hilfe man aus dem Anfangszustand alle anderen Zustände zu jedem beliebigen Zeitpunkt t punktweise geometrisch konstruieren kann.

Als Spezialfall der allgemeinen Lösung betrachtete Euler die zur analytischen Funktion

$$\Psi(x) = \alpha \sin \pi \frac{x}{l} + \beta \sin 2\pi \frac{x}{l} + \gamma \sin 3\pi \frac{x}{l} + \cdots \qquad (4.54)$$

gehörige Lösung

$$y(x,t) = \alpha \sin \pi \frac{x}{l} \cdot \cos \pi \frac{ct}{l} + \beta \sin 2\pi \frac{x}{l} \cdot \cos 2\pi \frac{ct}{l} + \cdots, \qquad (4.55)$$

wobei auf der rechten Seite eine unendliche Reihe steht.

Die Ausdehnung der möglichen Lösungen auf die unstetigen Funktionen wurde von d'Alembert nachdrücklich zurückgewiesen. Er insistierte auf dem engeren analytischen Funktionsbegriff und wiederholte, daß die den Anfangszustand repräsentierende Kurve eine analytische Funktion sein müsse, „in jedem anderen Fall wird sich das Problem nicht lösen lassen, wenigstens nicht nach meiner Methode, und ich weiß nicht, ob es nicht überhaupt die Kräfte der bisher bekannten Analysis übersteigt." (d'Alembert 1750 /1752, 358, Übersetzung aus: Szabó 1977, 339)

Diese Kontroverse wurde von beiden Mathematikern in verschiedenen Publikationen fortgesetzt und konnte nie beigelegt werden. D'Alemberts Argument war im Prinzip berechtigt. An den Stellen, wo zwei analytische Ausdrücke aneinanderstoßen, können sich die ersten Ableitungen um einen endlichen Wert unterscheiden und die Differentialgleichung ist dann nicht erfüllt (Abb. 4.4). Dagegen argumentierte Euler, daß man den Knick in der Ableitung Ψ' beseitigen könne, indem man Ψ an der fraglichen Stelle durch eine unendlich kleine Variation in eine glatte Funktion $\hat{\Psi}$ verändere, die dann der partiellen Differentialgleichung genügt. Vom physikalischen Standpunkt war Eulers Argument nicht ganz unberechtigt, denn bereits bei der Aufstellung der partiellen Differentialgleichung werden Vereinfachungen vorgenommen, die weit stärker ins Gewicht fallen. Mathematisch gesehen, lag hier allerdings eine beträchtliche Schwierigkeit.

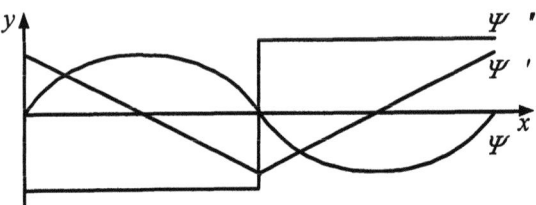

Abbildung 4.4

In diese Kontroverse wurde durch Daniel Bernoulli, einen Sohn von Johann Bernoulli, ein ganz neuer Gesichtspunkt hineingetragen. In einer 1753 erschienen Arbeit nahm er sich vor, das bisher mathematisch behandelte Problem nunmehr *physikalisch* zu lösen. Er behandelte eine Reihe von Experimenten, aus denen er schloß, daß alle schwingenden Körper eine Vielzahl von Tönen von sich geben. „Diese Vielfalt der Schwingungen einer Saite verschweigen die Herren d'Alembert und Euler" (D. Bernoulli 1753 (1755), 181). Physikalisch sei klar, daß die einfachen Schwingungen (Grundton, Oktave, Duodezime, etc.) in der Form $y_n = A_n \sin n\pi \frac{x}{l}$ oder $y_n = A_n \cos n\pi \frac{ct}{l}$ enthalten seien. Dann zeigte er, daß man diese Schwingungen superponieren kann (vgl. Abb. 4.5) und rechtfertigte durch physikalische Überlegungen Eulers trigonometrische Reihe (4.55). Für Bernoulli war dies die physikalisch allgemeinste Lösung, während Euler sie nur als eine spezielle Lösung betrachtet hatte. Daher stellte Bernoulli die Frage: wenn es noch andere Lösungen geben sollte, wie Euler behaupte, dann wisse er nicht, in welchem Sinne man sie zulassen könne (a.a.O., 157).

4 Algebraische Analysis 161

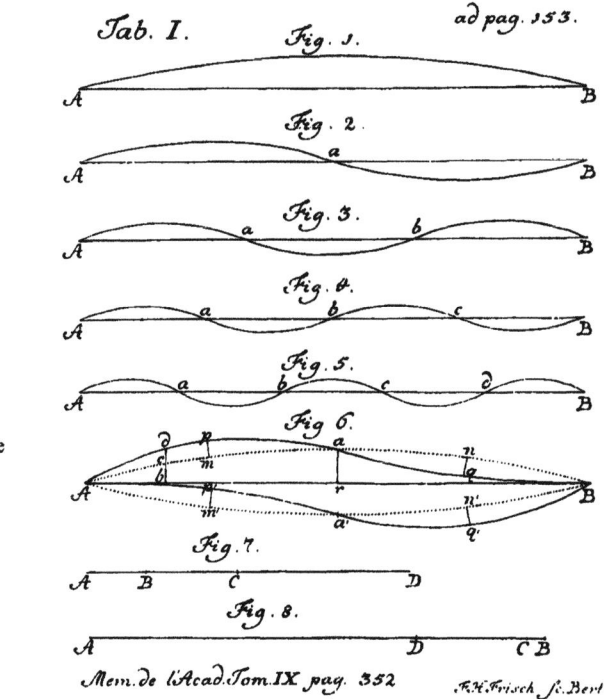

Abbildung 4.5: Superposition der Saitenschwingungen nach Daniel Bernoulli

In seiner Antwort (Euler 1753/55) gestand Euler zu, daß Bernoulli der erste sei, der die Saitenschwingungen physikalisch befriedigend erklärt habe. Einwände machte er allerdings gegen die Annahme unendlich vieler Superpositionen. Dann ging er auf die entscheidende Frage ein, ob (4.55) tatsächlich die allgemeinste Lösung sei. Zwar könne man argumentieren, daß wegen der unendlichen Anzahl der Koeffizienten die Gleichung (4.55) alle möglichen Kurven enthalte, dennoch sei er der Meinung, daß die trigonometrischen Funktionen gewisse Eigenschaften wie die Periodizität haben, die sie von allen anderen Funktionen unterschieden, und daß diese Eigenschaften auch beim Übergang zur Grenze erhalten bleiben. Folglich könne (4.55) nicht die allgemeinste Lösung darstellen.

Diese unterschiedlichen Positionen in der Kontroverse zur schwingenden Saite wurden während des 18. Jahrhunderts nicht mehr wesentlich weiterentwickelt. 1759 griff Lagrange in die Auseinandersetzung ein und behandelte die schwingende Saite als Grenzfall eines endlichen Systems von n schwingenden Körpern (Lagrange 1759). Seine Resultate stimmten im wesentlichen mit denen Eulers überein, die aufgeworfenen Fragen wurden dadurch nicht geklärt. 1787 stellte die Petersburger Akademie eine Preisaufgabe, in der gefragt wurde, ob die beliebigen Funktionen, die bei der Integration partieller Differentialgleichungen auftreten, auch die durch eine willkürliche Bewegung der Hand gezeichneten Kurven oder Flächen einschließen, oder nur solche Funktionen, die durch eine algebraische oder transzendente Gleichung definiert sind. Den Preis gewann der französische Mathematiker Louis Arbogast (Arbogast 1791), der Eulers Position unterstützte und zusätzlich den Begriff einer *fonction discontigue* einführte, womit er eine Funktion bezeichnete, deren Graph an einer isolierten Stelle nicht zusammenhängend ist.

Erst 1807 versuchte J. Fourier zu beweisen, daß „jede beliebige" Funktion in eine Reihe der Form (4.55) entwickelt werden kann, und eröffnete damit einen völlig neuen Abschnitt in der Geschichte der Analysis (Kap. 5 und 7).

In den *Institutiones calculi differentialis* von 1755 gab Euler eine Beschreibung dessen, was eine Funktion ist, die man als Reaktion auf das Problem der schwingenden Saite gedeutet hat. Es heißt dort in der Einleitung.

> Sind nun Größen auf die Art von einander abhängig, daß keine davon eine Veränderung erfahren kann, ohne zugleich eine Veränderung in der andern zu bewirken; so nennt man diejenige, deren Veränderung man als die Wirkung von der Veränderung der andern betrachtet, eine Funktion von dieser; eine Benennung, die sich so weit erstreckt, daß sie alle Arten, wie eine Größe durch andere bestimmt werden kann, unter sich begreift. (Euler 1755/1790, Bd. 1, XLIX)

Man hat dies als Vorwegnahme des Begriffs einer willkürlichen Funktion betrachtet, den Dirichlet am Anfang des 19. Jahrhunderts gegeben hat. Dagegen spricht allerdings die Tatsache, daß Euler an keiner Stelle seiner *Institutiones* eine Funktion betrachtet, die nicht seiner ursprünglichen Definition aus der *Introductio* genügt hätte. Auch in seinen anderen Arbeiten operierte er durchgängig mit Funktionen, die wir als analytisch bezeichnen. Daher muß man annehmen, daß Euler die Allgemeinheit der obigen Formulierung nicht bemerkt und nicht intendiert hat und daß sie nicht als neue konkurrierende Definition des Funktionsbegriffs gemeint war. Allerdings kann man davon ausgehen, daß diese Formulierung spätere Verallgemeinerungen des Funktionsbegriffs beeinflußt hat (Lützen 1983, Juschkewitsch 1976/77).

In der Theorie der partiellen Differentialgleichungen hat Euler allerdings klar gesehen, daß die in die Lösungen eingehenden beliebigen Funktionen für die Analysis seiner Zeit ein ganz neuartiges Problem stellten. So betrachtete er z. B. in den *Institutiones calculi integralis* die partielle Differentialgleichung (Euler 1768 - 1770, Band 2, Sect. 1, § 33)

4 Algebraische Analysis

$$\frac{\partial u(x,y)}{\partial x} = 0.$$ (4.56)

Bezogen auf die Variable x ist ihre Lösung eine beliebige Konstante, aber diese Konstante kann variieren als eine Funktion $f(y)$. Dabei spielt es keine Rolle, ob diese Konstanten durch einen analytischen Ausdruck verknüpft sind oder nicht. Für f müssen daher im Eulerschen Sinne unstetige Funktionen zugelassen werden. Diese Funktionen werden also nicht nur durch die physikalischen Anwendungen nahegelegt, sondern ergeben sich auch aus rein innermathematischen Überlegungen. Euler hat diesem Problem später eine eigene Arbeit gewidmet (Euler 1763/68).

4.7 Lagranges algebraische Begründung der Analysis

Trotz der großen Fortschritte der Analysis im 18. Jahrhundert blieben die Grundlagenfragen ungelöst. Die Mathematiker, die sich dazu äußerten, gaben mehr oder weniger pragmatische Erklärungen, die von den Zeitgenossen nicht als befriedigend und logisch konsistent empfunden wurden. Der Appell an die Überzeugungskraft von Beispielen und der Hinweis auf den Erfolg der Infinitesimalrechnung blieben ein wichtiger Bestandteil solcher Begründungen.

Die wirksamste Kritik an der neuen Analysis wurde 1734 durch den berühmten englischen Philosophen Bischof George Berkeley vorgetragen. Der Untertitel seiner Schrift *The Analyst* bringt die Absicht seiner Kritik zum Ausdruck: *Der Analytiker, oder Eine an einen ungläubigen Mathematiker gerichtete Abhandlung, in der geprüft wird, ob der Gegenstand, die Prinzipien und die Folgerungen der modernen Analysis deutlicher erfaßt und klarer hergeleitet sind als religiöse Geheimnisse und Glaubenssätze* (Berkeley 1734/1969, 81). Berkeleys Kritik war kenntnisreich und wirksam. In der Tradition des englischen Sensualismus stehend, zeigte er, daß die Begründungen der Infinitesimalrechnung paradox sind und nicht durch die Anschauung gerechtfertigt werden können. Den Erfolg des neuen Kalküls und die Richtigkeit seiner Ergebnisse erklärte er damit, daß die mehrfache Vernachlässigung unendlich kleiner Größen zu einer gegenseitigen Kompensation der Fehler führt, so daß am Ende der Rechnung ein exaktes Ergebnis stehenbleibt.

Die in England einflußreichste Antwort auf Berkeley war Maclaurins *Treatise of Fluxions* (1742) (vgl. Sageng 1989, Guicciardini 1989, 47-51). Dieses umfangreiche Lehrbuch verfolgte ausdrücklich das Ziel, Newtons

Fluxionsrechnung in strenger Weise aus unbezweifelbaren Prinzipien herzuleiten. Zu diesem Zweck ging Maclaurin auf die antike Exhaustionsmethode und das Verfahren der doppelten Reductio ad absurdum zurück. Infinitesimale Größen und Momente wurden aufgegeben, und Maclaurin interpretierte Newtons Fluxionsrechnung als eine Verallgemeinerung der 'Geometrie der Alten'. Der Treatise ist in zwei Bücher unterteilt. Der erste Teil ist im synthetischen Stil geschrieben und begründet eine Geometrie der Fluxionen, die nach der antiken Exhaustionsmethode verfährt. Raum, Bewegung, Geschwindigkeit sind die anschaulich gegebenen, nicht weiter hinterfragten Grundbegriffe, für die eine Reihe von Axiomen formuliert werden. Der Fluxionsrechnung wird damit ein kinematisches Modell unterlegt. Der zweite Teil verfährt analytisch. Hier wird unterstellt, daß die dem Kalkül zugrunde liegenden Schlußweisen im ersten Teil streng bewiesen worden sind.

Andere Überlegungen stammten von d'Alembert. Er versuchte, die Differentialrechnung auf dem Begriff der Grenze zu begründen. „Von einer Größe sagt man, daß sie die Grenze einer anderen Größe ist, wenn sich die zweite der ersten innerhalb jeder beliebigen gegebenen, noch so kleinen Größe nähert, obwohl die erste Größe diejenige Größe, der sie sich nähert, niemals übertrifft." (d'Alembert 1765, 542) dy/dx ist dann nicht mehr ein Quotient zweier Differentiale oder zweier Nullen wie bei Euler, sondern die Grenze des Quotienten zweier endlicher Inkremente, wenn diese sich der Null nähern. Diese modern klingenden Aussagen wurden aber von d'Alembert nicht weiter ausgearbeitet und in seinen wissenschaftlichen Publikationen rechnete er mit Differentialen genau so wie die anderen kontinentalen Mathematiker.

Der für die weitere Entwicklung der Analysis folgenreichste Ansatz zur Grundlegung wurde am Ende des Jahrhunderts von J. L. Lagrange gemacht. Nach einer ersten Andeutung 1772 legte er 1797 eine Ausarbeitung dieser Ideen vor (1797 sowie 1801). Lagranges Vorschlag war den zuvor gemachten überlegen, weil er dem Trend der Entwicklung entsprach und die Analysis auf der Algebra begründete. Im Gegensatz zu Maclaurin nahm er keine Zuflucht zur antiken geometrischen Methode.

Im Untertitel des Buches heißt es: *Theorie der analytischen Funktionen, enthaltend die Hauptsätze der Differential-Rechnung, ohne die Vorstellung vom Unendlich-Kleinen, von verschwindenden Größen, von Grenzen und Fluxionen, ganz nach Art der algebraischen Analysis endlicher Größen vorgetragen* (Lagrange 1797/1823). Grundbegriff des Aufbaus ist der der Funktion, und ganz im Sinne von Eulers algebraischer Sicht ist eine Funktion ein analytischer Ausdruck (vgl. zum folgenden Fraser 1987). Lagrange stellte heraus, daß die Bildung des Differentialquotienten einfach der Übergang von einer Funktion zu einer anderen ist. Daher führte er die Begriffe 'Ableitung', 'abgeleitete Funktion' und 'primitive Funktion' ein. Zentrales Problem ist es dann, diesen Übergang und seine Umkehrung zu definieren.

4 Algebraische Analysis

Lagranges Idee bestand darin, zu einer beliebigen Funktion $f(x)$ ihre Potenzreihenentwicklung

$$f(x+i) = f(x) + pi + qi^2 + ri^3 + si^4 + \cdots \qquad (4.57)$$

zu betrachten. Die 'abgeleitete Funktion' $f'(x)$ ist dann definiert als der Koeffizient $p = p(x)$ des linearen Gliedes in dieser Entwicklung.

Die Definition setzt voraus, daß eine entsprechende Potenzreihenentwicklung von f existiert. Lagrange sagte dazu, daß sich diese Voraussetzung durch die Entwicklung der bekannten Funktionen rechtfertigt (1797/1823, 15). Das entspricht der Position, die auch Euler eingenommen hatte (4.4.1). Dennoch versuchte er, den Sachverhalt auch *a priori* zu erweisen. Er war sich bewußt, daß eine solche Entwicklung für isolierte Stellen des Arguments x aufhören kann zu existieren. Möglicherweise hatte er auch im Auge, daß gewisse Funktionen überhaupt keine derartige Entwicklung haben. Trotzdem hielt er es für möglich, die Gültigkeit der Entwicklung (4.57) „im allgemeinen" zu zeigen, und zwar dadurch, daß er mit Variablen oder Unbestimmten rechnete.

Im ersten Schritt versuchte Lagrange zu beweisen, daß in der Entwicklung (4.57) 'im allgemeinen' keine gebrochenen oder negativen Potenzen von i auftreten können (Lagrange 1797/1823, 15/16; Fraser 1987, 42). Um das dahinter stehende Problem zu verstehen, betrachte man die Entwicklungen

$$\begin{aligned}
\sqrt{x+i} &= \sqrt{x} + \frac{i}{2\sqrt{x}} - \frac{i^2}{8x\sqrt{x}} + \frac{i^3}{16x^2\sqrt{x}} - \cdots & x \neq 0 \\
\sqrt{x+i} &= i^{1/2} & x = 0 \\
\frac{1}{x+i} &= \frac{1}{x} - \frac{i}{x^2} + \frac{i^2}{x^3} - \frac{i^3}{x^4} + \frac{i^4}{x^5} - \cdots & x \neq 0 \\
\frac{1}{x+i} &= i^{-1} & x = 0.
\end{aligned} \qquad (4.58)$$

Man sieht, daß diese 'im allgemeinen' als Exponenten von i nur natürliche Zahlen enthalten, daß sie aber für spezielle Werte von x in solche mit gebrochenen und negativen Exponenten degenerieren können. Lagranges Argument, daß gebrochene Exponenten 'im allgemeinen' nicht auftreten können, sei am Beispiel der Wurzelfunktion erläutert. Wenn nämlich eine Entwicklung der Form

$$\sqrt{x+i} = \sqrt{x} + pi + qi^2 + \cdots + ti^{m/n} + \cdots \qquad (4.59)$$

bestünde, dann würde damit eine Gleichung zwischen einer 2-wertigen Größe auf der linken Seite und einer $2n$-wertigen Größe auf der rechten Seite bestehen. Dies hält er für absurd. Dagegen ist allerdings einzuwenden, daß derartige Gleichungen mit unterschiedlichen Vielfachheiten auf beiden Seiten in ganz natürlicher Weise auftreten, und einige spätere Autoren haben solche Gleichungen *unvollkommene Gleichungen* genannt (vgl. Jahnke 1993, 275/6). In ähnlicher Weise argumentierte Lagrange, daß 'im allgemeinen' keine negativen Potenzen in der Entwicklung einer Funktion vorkommen können. Enthielte etwa die Entwicklung von $\frac{1}{x+i}$ eine negative Potenz von i, dann würde aus $i = 0$ folgen, daß $1/x$ für alle x unendlich wäre.

Nachdem auf diese Weise dargetan war, daß in der Reihenentwicklung einer Funktion im allgemeinen nur natürliche Zahlen als Exponenten auftreten, leitete Lagrange die Entwicklung der Funktionen in die Reihe (4.57) aus einem Sachverhalt ab, den er als evident unterstellte und den man als 'Faktorlemma' bezeichnen kann (Fraser 1987, 42). Danach läßt sich eine Funktion $g(x,i)$, die für $i = 0$ selbst Null wird, als ein Produkt $g(x,i) = i^\alpha h(x,i)$ darstellen, wobei α positiv ist und $h(x,i)$ endlich bleibt für $i = 0$. Offenbar wird hier *per analogiam* von Polynomen auf beliebige Funktionen geschlossen. Man erhält mit $f(x+i) - f(x) = g(x,i)$:

$$f(x+i) = f(x) + i^\alpha p(x,i) \qquad (4.60)$$

mit positivem α und endlichem $p(x,i)$ für $i = 0$. Durch Anwendung eines analogen Argumentes auf p gewinnt man q und so schrittweise die Entwicklung (4.57).

Abschließend zeigte Lagrange, daß die Koeffizienten $p, q, r, s, \ldots$ selbst wieder durch den Prozeß der Bildung der Ableitungen miteinander verbunden sind, d. h. es ist:

$$q = \frac{1}{2} p', \quad r = \frac{1}{3} q', \quad s = \frac{1}{4} r', \quad \cdots, \qquad (4.61)$$

und folglich ist die Entwicklung (4.57) nichts anderes als die Taylor-Reihe

$$f(x+i) = f(x) + i f'(x) + \frac{i^2}{2} f''(x) + \frac{i^3}{2\cdot 3} f'''(x) + \frac{i^4}{2\cdot 3\cdot 4} f^{\text{iv}}(x) + \cdots . \quad (4.62)$$

4 Algebraische Analysis

Auf dieser Grundlage entwickelte Lagrange die Analysis als geschlossene Theorie. Seine *Théorie des fonctions analytiques* umfaßt drei Teile. Der erste beinhaltet eine *Übersicht der Theorie mit ihren vorzüglichsten Anwendungen auf die Analysis*, der zweite die *Anwendung der Theorie der Funktionen auf die Geometrie* und der dritte die *Anwendung der Theorie der Funktionen auf die Mechanik*. Dabei enthält der erste Teil neben der geschilderten Grundlegung die Herleitung der Reihenentwicklungen der elementaren transzendenten Funktionen, die Reihenentwicklung von Funktionen an singulären Stellen, die Abschätzung des Restes, wenn man in einer Reihenentwicklung nur endlich viele Glieder berücksichtigt ('Lagrangesches Restglied' im 6. Abschnitt), eine elementare Theorie der gewöhnlichen Differentialgleichungen inklusive ihrer singulären Lösungen, die Theorie der Funktionen mehrerer Veränderlicher, vollständige Differentiale partieller Differentialgleichungen und das Lagrangesche Verfahren der Reihenumkehr (vgl. 4.5.2).

Man hat Lagranges Grundlegung später den Vorwurf der Zirkelhaftigkeit gemacht, mit besonderer Schärfe Hankel (1871). Lagrange habe die Analysis rein algebraisch, unter Vermeidung des Unendlichen, begründen wollen und nicht bemerkt, daß die Potenzreihenentwicklung (4.57) das Unendliche wieder ins Spiel bringe und den Grenzwertbegriff voraussetze. Dies ist in der Sache richtig, geht aber an den Intentionen Lagranges vorbei. Wie Euler sah auch Lagrange einen fundamentalen Unterschied zwischen den unendlichen Prozessen bei der Bildung von Reihen, Produkten und Kettenbrüchen und der Annahme unendlich kleiner Größen wie den Leibniz-Bernoullischen Differentialen. Zudem übersieht Hankel die Überzeugung der Mathematiker des 18. Jahrhunderts, daß es einen allgemeinen algebraischen Kalkül gibt, in dem die Frage nach Konvergenz oder Divergenz einer Reihe erst sinnvoll wird, wenn in die algebraischen Formeln konkrete Größen oder Zahlenwerte eingesetzt werden. Dieses Problem hatte Lagrange aber sehr wohl im Auge, wie das von ihm entdeckte Restglied der Taylor-Reihe lehrt.

Für einen Zeitraum von zwei Jahrzehnten war Lagranges Ansatz zur Begründung der Analysis einflußreich und repräsentierte die Sichtweise einer Mehrheit der Mathematiker. Daneben gab es andere Projekte der Algebraisierung der Analysis. Auch diese beruhten auf der Annahme, daß die betrachteten Funktionen in Potenzreihen entwickelt werden können und konzentrierten sich darauf, einen einheitlichen, formal eleganten Kalkül aufzustellen. Einer dieser Vorschläge stammte von Louis Arbogast (1800). Er entwickelte einen allgemeinen Kalkül, von dem die gewöhnliche Differentialrechnung nur ein Spezialfall sein sollte. Im wesentlichen besteht er aus einer Methode, den Koeffizienten von x^n in der Entwicklung von $\varphi(a + bx + cx^2 + \cdots)$ für eine beliebige Funktion *j* zu berechnen (Friedelmeyer 1994).

Ein zweiter derartiger Ansatz wurde von der deutschen Kombinatorischen Schule unter C. F. Hindenburg versucht. Ihre Idee bestand darin, Relationen zwischen Potenzreihen durch ein System kombinatorischer Operationen zu beschreiben. In gewisser Weise ist dies die Umkehrung der von Euler und Laplace entwickelten Methode der erzeugenden Funktionen, bei der Relationen zwischen Potenzreihen benutzt werden, um kombinatorische Identitäten zu gewinnen. Aufgrund seiner hohen Allgemeinheit und weiten Anwendbarkeit im Rahmen dieses Programms betrachteten die Kombinatoriker den polynomischen Satz (für beliebige Exponenten) als den wichtigsten Satz der Analysis (Hindenburg 1796, Jahnke 1990, Kap. 3). Obwohl diese Ansätze langfristig nicht erfolgreich waren, stellten sie eine Vorstufe in der Herausbildung eines allgemeinen Operatorkalküls dar, mit dem sich verschiedene Mathematiker während des 19. Jahrhunderts immer wieder beschäftigt haben (Koppelmann 1971/72, Lützen 1979).

Man würde fehlgehen in der Annahme, daß Lagranges Ansatz, weil er von vielen als Versuch der Begründung akzeptiert wurde, auch die wirkliche Praxis und das Denken der Analytiker am Ende des 18. Jahrhunderts widergespiegelt hätte. Dies trifft weder für die Lehrbuchliteratur zu, noch für die Anwendungen. Die erfolgreichen Lehrbücher (z. B. Lacroix 1797-1800) waren eklektisch und behandelten die Analysis in unterschiedlichen Versionen. Das war durch die Anwendungen erzwungen, in denen auf die Begriffe des Differentials und des Grenzwerts nicht verzichtet werden konnte. Die theoretischen Physiker (insbesondere Laplace) gewannen ihre Differentialgleichungen, indem sie sich vorstellten, daß Flüssigkeiten aus infinitesimalen Partikeln, Stäbe aus infinitesimalen Schichten bestehen. Ebenso trieb Gaspard Monge Differentialgeometrie, indem er Flächen in infinitesimale Rechtecke und Streifen zerlegte oder 'benachbarte' Flächennormalen zum Schnitt brachte. Die Praxis der Analysis und ihrer Anwendungen ließ sich nicht in das Prokrustesbett einer einheitlichen theoretischen Begründung zwingen.

4.8 Die Allgemeinheit der Algebra

Die Analytiker des 18. Jahrhunderts hatten gewisse Überzeugungen gemeinsam, die den theoretischen Aufbau der Analysis und das, was ein Beweis ist, betrafen. In dieser Hinsicht sprach Cauchy später treffend von der *Allgemeinheit der Algebra*. Wie die Algebra hat es die Analysis mit Formeln zu tun. Ihre Gültigkeit wird durch Rechnungen mit Unbestimmten bewiesen. Wenn ein solcher Beweis vorliegt, dann ist die betreffende Formel allgemeingültig. Das hindert aber nicht, daß sich für spezielle Werte der Variablen aus der Formel eine nicht interpretierbare oder sogar falsche numerische Beziehung ergeben kann. Im Regelfall, wenn etwa durch Einsetzen eine Division durch

4 Algebraische Analysis

Null resultiert, ist dies leicht ersichtlich. In anderen Fällen, wenn z.B. eine numerische Reihe divergiert, mag die Ungültigkeit für spezielle Werte nicht so offensichtlich sein.

Offenbar hat diese Unterscheidung zwischen der allgemeinen Gültigkeit einer Formel und ihrem möglichen Versagen für spezielle Werte der Variablen eine *pragmatische Basis* im natürlichen algebraischen Rechnen. Erst am Ende einer Rechnung macht man sich Gedanken über die Interpretation des Ergebnisses und mögliche Beschränkungen seiner Gültigkeit. Es wäre den Analytikern des 18. Jahrhunderts als ein Gipfel von Formalismus erschienen, bei jeder Formel etwa die Einschränkung hinzuzufügen, daß die Division durch Null ausgeschlossen ist.

Hinzu kommt, daß nicht immer offensichtlich war, ob ein Ergebnis sinnlos ist oder nicht. So ergaben sich einige der paradox erscheinenden numerischen Reihen (vgl. 4.5.3) aus ganz verschiedenen Potenzreihen, und es erschien plausibel, daß in solchen Beziehungen eine Information steckt, die man nicht leichtfertig aufgeben sollte. Jedenfalls konnte der *common sense* hier kein Richter sein, andernfalls hätte man auch die Benutzung der komplexen oder negativen Zahlen verbieten müssen.

Diese Auffassungen waren begleitet von der generellen Einstellung, daß die wichtigste Strategie zum Verständnis eines Sachverhalts die *Verallgemeinerung* ist. So sagte d'Alembert im Hinblick auf die mathematischen Wissenschaften:

„Je umfassender der von ihnen behandelte Gegenstand ist, und in je allgemeinerer und abstrakterer Weise derselbe betrachtet wird, um so mehr sind ihre Principien frei von Dunkelheiten und um so leichter sind sie zu erfassen." (d'Alembert 1743/1899, 5).

Verallgemeinerung wurde darüber hinaus auch als wichtige *Problemlösestrategie* betrachtet. Aus Anlaß einer trigonometrischen Reihe, die für gewisse Zahlenwerte unrichtige Ergebnisse lieferte, versuchte Euler, die fragliche Formel durch Einführung eines weiteren Terms zu *verallgemeinern* und zu vervollständigen (1791/1795). Das kommentierte Lagrange in den *Leçons sur le calcul des fonctions* mit der Bemerkung:

"Ich habe geglaubt, auf dieses Detail zur Belehrung unserer jungen Analytiker eingehen zu müssen, vor allem, um zu zeigen, daß es, wenn die Analysis einmal zu irren scheint, immer daran liegt, daß das fragliche Problem nicht umfassend genug betrachtet und nicht mit der Allgemeinheit behandelt wird, deren es fähig ist." (Lagrange 1801, 128)

Die Bindung des Funktionsbegriffs an die Idee der Formel unterschied die Analysis des 18. Jahrhunderts nachhaltig von der des 19. (Fraser 1989). Die Betrachtung von Funktionen war global, und es fehlte die Untersuchung des lokalen Verhaltens. Ebenso wenig machte es für die Analytiker des 18. Jahrhunderts Sinn, abstrakt die Existenz eines Objektes zu beweisen, da es immer schon als Formel gegeben war.

Aus dem Blickwinkel des heutigen Betrachters erscheint die Analysis des 18. Jahrhunderts als ein einheitliches Gebilde. Die Mathematiker, die diese Analysis betrieben, wurden trotz aller Kontroversen durch gemeinsame Überzeugungen und Anschauungen geleitet. Ihnen war bewußt, daß die Analysis in ihrem damaligen Zustand keine geschlossene Theorie war. Sie glaubten allerdings, daß es diese Theorie gebe und daß sie wesentliche Teile dieser Theorie bereits entdeckt hatten.

5 Die Entstehung der analytischen Mechanik im 18. Jahrhundert

Marco Panza

Bis in die 40er Jahre des 18. Jahrhunderts wurden Bewegungs- und Gleichgewichtsprobleme materieller Systeme im allgemeinen mit Hilfe von Newtons Methoden der Analyse von Kräftekonstellationen behandelt.[1] Obwohl diese Methoden schon zu Beginn des Jahrhunderts durch Varignon (Blay 1992), Johann Bernoulli, Hermann und Euler analytische Gestalt angenommen hatten und umfassend verbessert und vereinfacht worden waren, behielten sie ein wesentliches Merkmal bei: Sie beruhten auf der Betrachtung eines geometrischen Diagramms und waren daher nur auf (einfache) spezielle und explizit definierte Systeme anwendbar. Erst als „nicht-newtonsche" Sätze wie die Prinzipien der kleinsten Wirkung und der virtuellen Geschwindigkeiten, die aus der Variationsrechnung erwuchsen, entwickelt und angewendet wurden, ergab sich die Möglichkeit, die Bedingungen für Gleichgewicht und Bewegung eines Systems von Körpern allgemein auszudrücken. Mit der Einführung dieser Prinzipien wurden die mechanischen Probleme in der zweiten Hälfte des 18. Jahrhunderts hauptsächlich durch Lagrange auf zwei allgemeine Gleichungen zurückgeführt, die sich ohne Bezug auf irgendein spezielles System aufstellen und lösen lassen. Die Gegebenheiten des jeweiligen besonderen Systems gehen durch Spezialisierung in die Gleichungen ein. Im vorliegenden Kapitel wird die Geschichte dieser Entwicklung skizziert, die als Entstehung der „analytischen Mechanik" betrachtet werden kann.

---

[1] Zu diesem Kapitel vgl. Panza (1995 und 1991, § 1.1), Grigorian (1965), Szabó (1987, Kap. II, 45 - 139), Pulte (1989), Barroso-Filho (1994, 17 - 135) und Galletto (1990, 86 - 137).

5.1 Das Prinzip der kleinsten Wirkung: Maupertuis, Euler und Lagrange (1740 - 1761)

Am Beginn seiner Denkschrift *La loi du repos des corps* (1740), stellt Maupertuis ausdrücklich den Newtonschen Prinzipien der Mechanik andere gegenüber, die seiner Meinung nach „die Gesetze [ausdrücken], denen die Natur unter gewissen Kombinationen von Umständen folgt" (a. a. O., 170). Als zwei Beispiele für diese Prinzipien erwähnt er das Prinzip des schnellsten Abstiegs des Schwerpunkts und das Prinzip der Erhaltung der lebendigen Kraft (*vis viva*). Außerdem schlägt er ein neues Prinzip der gleichen Art vor, das die Bedingung des Gleichgewichts für ein System von Körpern ausdrückt, auf die eine beliebig Anzahl von Zentralkräften einwirkt[2], wenn diese Kräfte direkt proportional zu irgendeiner ganzzahligen Potenz des Abstands m von ihrem jeweiligen Mittelpunkt sind; er nennt dies das „Gesetz der Ruhe".

Wenn wir ein System von n Körpern betrachten und mit M_i $(i=1, 2, ..., n)$ die Massen dieser Körper und mit $p_i, q_i, ..., w_i$ die jeweilige Entfernung des Körpers der Masse M_i von den Zentren der auf ihn wirkenden Kräfte $P_i, Q_i, ..., W_i$ bezeichnen, erhalten wir die Identitäten:

$$P_i = \mathcal{P}_i p_i^m, \quad Q_i = \mathcal{Q}_i q_i^m, \quad ..., \quad W_i = \mathcal{W}_i w_i^m,$$

wobei $\mathcal{P}_i, \mathcal{Q}_i, \mathcal{W}_i$ passende Proportionalitätskonstanten sind, die von der Natur der Kräfte abhängen und von Maupertuis als ihre „Intensitäten" bezeichnet werden. Maupertuis' Ruhegesetz behauptet dann, daß das System sich im Gleichgewicht befindet, wenn die Summe

$$\sum_{i=1}^{n} M_i \left[\mathcal{P}_i p_i^{m+1} + \mathcal{Q}_i q_i^{m+1} + ... + \mathcal{W}_i w_i^{m+1} \right]$$

ein *Maximum* oder ein *Minimum* ist.

---

[2] In seinen *Principia* unterschied Newton zwischen Beschleunigungs- und Bewegungskräften. Rein formal entsprechen erstere dem heutigen Begriff „Beschleunigung", letztere dem Begriff „Kraft". In Übereinstimmung mit der Terminologie des 18. Jahrhunderts beziehe ich mich mit dem Ausdruck „Kraft" ohne nähere Spezifizierung auf Beschleunigungskräfte.

5 Analysis und Mechanik 173

Maupertuis leitet dies aus der Bedingung

$$\sum_{i=1}^{n} M_i \left[P_i dp_i + Q_i dq_i + \ldots + W_i dw_i \right] = 0 \qquad (5.1)$$

ab. Streng genommen ist dies nicht korrekt, da $dZ = 0$ eine notwendige, nicht aber eine hinreichende Bedingung für Z = Max./Min. ist. Jedenfalls wird daraus deutlich, daß das Gesetz von Maupertuis sich auf die Forderung

$$\sum_{i=1}^{n} \left(\int M_i P_i dp_i + \int M_i Q_i dq_i + \cdots + \int M_i W_i dw_i \right) = \text{Min./Max.}$$

reduziert.

Obwohl Maupertuis dies nicht ausdrücklich feststellt, drückt Gleichung (5.1) ein Prinzip aus, das bereits 1711 von Johann Bernoulli in einem Brief an Varignon formuliert worden ist, nämlich das Prinzip der virtuellen (Varignon 1725, Bd. II, 174 - 176). Die Differentiale $dp_i, \ldots, dw_i$ drücken aus, was Bernoulli die „virtuellen Geschwindigkeiten" der Kräfte $P_i, \ldots, W_i$ nennt, während die Produkte $P_i dp_i, \ldots W_i dw_i$ im 18. Jahrhundert generell als „Momente" der Kräfte $P_i, \ldots W_i$ bezeichnet wurden. Physikalisch sollten damit die elementaren (d. h. infinitesimalen) Komponenten der Kraft in der jeweiligen Richtung repräsentiert werden. Wenn man von beschleunigenden zu bewegenden Kräften übergeht, indem man die Masse des Körpers, auf den die Kraft wirkt, als Faktor einführt und die Produkte $M_i P_i dp_i, \ldots, M_i W_i dw_i$ betrachtet, dann erhält man nach heutiger Terminologie die „virtuelle Arbeit", die von den bewegenden Kräften $M_i P_i, \ldots, M_i W_i$ verrichtet wird. Daher entspricht Gleichung (5.1) dem modernen Prinzip der „virtuellen Arbeit", und die Integrale $(m+1) \int M_i P_i dp_i = M_i \mathcal{P}_i p_i^{m+1}, \ldots, (m+1) \int M_i W_i dw_i = M_i \mathcal{W}_i w_i^{m+1}$, die in Maupertuis' Prinzipien auftreten, sind gerade proportional zu den „Arbeiten", die die (bewegenden) Kräfte $M_i P_i, \ldots, M_i W_i$ an den Körpern der Masse M_i verrichten.

Da Bernoullis Prinzip nicht unterstellt, daß die Kräfte einer ganzzahligen Potenz der Entfernung zu ihren Zentren proportional sind, ist das neue Prinzip von Maupertuis offensichtlich nicht nur daraus abgeleitet, sondern auch weniger allgemein. Dennoch enthält das Prinzip von Maupertuis etwas Neues und Wichtiges, nämlich den Gedanken, Gleichgewicht durch eine *Maximum*- oder *Minimum*-Bedingung auszudrücken.

Obwohl sich diese Idee mathematisch als sehr fruchtbar erweisen sollte, war Mauptertuis hauptsächlich daran interessiert, die Gleichgewichtsbedingungen aus einem Sparsamkeitsprinzip (also einer teleologischen Ursache) zu gewinnen, die die Erscheinungen der Natur beherrscht. Dies stellte er in einer späteren Denkschrift (1744) klar. Obwohl sich diese Schrift mit der Lichtbrechung befaßt, wird die Naturwissenschaft insgesamt betrachtet, weil es um den Nachweis geht, daß das Brechungsgesetz vollkommen mit „einem anderen Gesetz übereinstimmt, dem die Natur noch unbedingter folgen muß" (a. a. O., 418), und demzufolge „die Natur bei der Hervorbringung ihrer Wirkungen immer durch die einfachsten Mittel handelt" (a. a. O., 421). Fermat hatte bereits das Brechungsgesetz aus der Annahme abgeleitet, daß der Weg des Licht die Ausbreitungszeit minimiert. Nach Maupertuis' neuer Auffassung ist die Bahn des gebrochenen Lichts „jene, durch die die Aktionsgröße die kleinste ist", und diese Größe ist „proportional der Summe der Räume, jeweils multipliziert mit der Geschwindigkeit des sie durchlaufenden Körpers" (a. a. O., 423). Wenn s_1 und s_2 jeweils die Entfernungen sind, die die Lichtstrahlen in zwei aneinanderstoßenden Medien durchlaufen, und v_1 und v_2 die jeweiligen Geschwindigkeiten, impliziert dies, daß die Summe $s_1 v_1 + s_2 v_2$ ein *Minimum* ist, woraus folgt, daß ihr Differential gleich Null sein muß. Es ist leicht zu überprüfen, daß das Brechungsgesetz sich aus dieser Hypothese herleiten läßt. Aufgrund dieses recht bescheidenen Erfolges war Maupertuis überzeugt, daß er ein sehr allgemeines Naturgesetz gefunden hatte, nämlich eine finale Ursache natürlicher Phänomene.

Maupertuis' metaphysische Begeisterung machte ihn allerdings blind für ein wichtiges Problem. Auch wenn wir vielleicht glauben mögen, daß das Beispiel der Lichtbrechung - genau wie das Ruhegesetz - die Behauptung, daß die Natur immer im Einklang mit einem Ziel der Minimierung (oder Maximierung) handelt, plausibel macht, bleibt es doch eine Schwierigkeit, diese Aussage in Form einer allgemeinen Gleichung auszudrücken. Obwohl Maupertuis sich ausdrücklich auf beliebige Naturerscheinungen bezog, lieferte er weder 1740 noch 1744 eine allgemeine Methode zur Behandlung von Gleichgewicht und Bewegung eines beliebigen Systems.

Das gegenteilige Urteil gilt für die zwei Anhänge zu Eulers *Methodus inveniendi* (1744), wo er die Möglichkeit der Lösung einiger mechanischer Probleme unter Bezugnahme auf ein allgemeines Prinzip erörtert, welches behauptet, daß „überhaupt nichts in der Welt geschieht, bei dem nicht irgend ein Verhältnis des Größten oder Kleinsten in Erscheinung tritt" (Euler 1744, 245; vgl. Truesdell 1960, 199-225 und Fraser 1983, 199). Ich werde hier den zweiten dieser Anhänge betrachten, der der Bewegung eines Körpers unter dem Einfluß von Zentralkräften gewidmet ist. Natürlich interessierte sich Euler nicht dafür, das Gesetz dieser Bewegung zu finden, das damals bereits wohlbekannt war. Vielmehr ging es ihm darum, die Newtonsche Ableitung dieses Gesetzes mit einer anderen Herleitung zu vergleichen, die auf einer *Maximum*- oder *Minimumbedingung* beruhte. Sein Ziel bestand darin, ein Integral $\mathcal{I}$ so zu bestimmen, daß die Bedingung $\mathcal{F}$ = Max./Min. dieses Gesetz zur Folge hat. Der metaphysische Begriff der Sparsamkeit der Natur wird damit formal ausgedrückt (Galletto 1990, 91): modern formuliert, stellt Euler die Lagrange-Funktion für die Bewegung eines Körpers auf, der konservativen Zentralkräften unterworfen ist, und versucht sie zu berechnen. Nachdem er seine Hypothese mittels reichlich schwacher metaphysischer Argumente gerechtfertigt hat, erörtert Euler einige Beispiele. Betrachten wir eines von diesen: die Bewegung eines im leeren Raum geworfenen und von einer veränderlichen Zentralkraft angezogenen Körpers.

Bei der Untersuchung dieser Bewegung geht Euler von der Hypothese aus, daß die Bahn des Körpers so beschaffen ist, daß sie das Integral $\int ds\sqrt{h} = \int h\,dt$ minimiert, wobei $h = 2gx/M$ proportional zur Höhe x ist, aus der ein Körper der Masse M fallen muß, um die Geschwindigkeit v zu erreichen, so daß $\sqrt{h} = v$ (Euler 1736, I, 80). Wegen dieser Gleichung ist Eulers Hypothese äquivalent zu den Bedingungen

$$\int v\,ds = \int v^2\,dt = \text{Min. bzw.} \int Mv\,ds = \text{Min. oder} \int \tfrac{1}{2}Mv^2\,dt = \text{Min.}$$

Das Produkt Mv ist Descartes' „Größe der Bewegung". Wenn man dies mit dem Wegelement ds multipliziert, erhält man „die Gesamtbewegung des Körpers längs dem Wegelement ds" (Euler 1744, 311-312). Die Hypothese besagt also, daß die Bahn des Körpers das Aggregat aller auf diese Weise genommenen Bewegungen minimieren muß. Da $\tfrac{1}{2}Mv^2$ nichts anderes als die kinetische Energie oder die „vis viva" ist, wie man im 17. und 18. Jahrhundert zu sagen pflegte, bedeutet die Hypothese, daß die kinetische Energie erhalten bleibt.

Wenn die Kraft in zwei orthogonale Bestandteile $X = X(x)$ und $Y = Y(x)$ zerlegt wird, dann erhält man nach einem Satz, den Euler in seiner *Mechanik* bewiesen hatte (1736, II, 92-93), die Beziehung $dh = -X\,dx - Y\,dy$ und daher $h = K - \int X\,dx - \int Y\,dy$, wobei K eine Integrationskonstante ist. Dies in Eulers Hypothese $\int ds\sqrt{h} = \text{Min.}$ eingesetzt, ergibt:

$$\int ds\sqrt{K - \int X\,dx - \int Y\,dy} = $$
$$= \int dx \sqrt{\left[1+\left(\frac{dy}{dx}\right)^2\right]\left[K - \int X\,dx - \int Y\,dy\right]} = \text{Max./Min.} \quad (5.2)$$

Durch Anwendung der im Hauptteil seiner Abhandlung dargestellten Variationsmethoden leitet Euler daraus die Bahngleichung ab, die bei konstantem X und Y eine Parabel und bei $X = 2x$ und $Y = 2y$ eine Ellipse ist, wie man durch Anwendung Newtonscher Methoden leicht überprüfen kann. Dies beweist, daß wir nach beiden Methoden zum selben Ergebnis kommen. Der gesuchte Integrand in der Integralbedingung $\mathcal{I}$ = Max./Min. ist in diesem einfachen Fall $ds\sqrt{h}$, und das ist in heutiger Sicht gerade die Lagrangesche Funktion dieses Falles.

Eulers Ableitung ist nicht unabhängig von Newtons Methoden. Diese werden jedoch nur dazu benutzt, Eulers Hypothese $\int ds\sqrt{h}$ = Min. in die Bedingung (5.2) umzuformen. Wenn diese Bedingung als Spezialfall des allgemeinen Prinzips anerkannt wird, daß die Bewegungsbahn eines freien Körpers aus der Bedingung $\int ds\sqrt{h} = \int h dt$ = Min. gewonnen werden kann, dann reduziert sich diese Ableitung auf eine Anwendung von Eulers neuen Methoden zur Bestimmung von *Maxima* und *Minima*. Jedoch ist dies weder ein Beweis des physikalischen Prinzips, noch eine Rechtfertigung für seine Verallgemeinerung auf die Bewegung eines beliebigen Systems. Im letzten Teil des Anhangs leitet Euler das Prinzip unter Verwendung einer Newtonschen Kräfteanalyse für den Fall der Bewegung eines einzelnen Körpers ab, dessen Geschwindigkeit nur von seiner Position abhängig ist, und behauptet, daß es auch dann noch gilt, wenn es sich um mehrere Körper handelt. Er läßt diese Behauptung ohne jede reale Begründung, indem er sich auf einen Appell an die Metaphysik beschränkt, und er erklärt nicht, welche Form das Prinzip in diesem Fall annehmen wird.

Allerdings können wir feststellen, daß die Verallgemeinerung seines Prinzips auf den Fall von n Körpern auf eine Bedingung führt, die formal dem Ruhegesetz von Maupertuis ähnelt. Wenn nämlich Ψ_ν die auf den ν-ten Körper einwirkende Gesamtkraft und ψ_ν seine Entfernung vom Kraftzentrum ist, dann besagt das Gesetz von Maupertuis, daß das Gleichgewicht des Systems unter geeigneten Voraussetzungen gegeben ist durch die Bedingung $\sum_{\nu=1}^{n} M_\nu \int \Psi_\nu d\psi_\nu$ = Max./Min., während Eulers Prinzip auf die Bedingung $\sum_{\nu=1}^{n} M_\nu \int v_\nu ds_\nu$ = Max./Min. hinausläuft.

Euler wies auf diese Analogie in einem Brief an Maupertuis vom 10. Dezember 1745 hin (Brunet 1938, 61/62 und Euler Werke, IV-A$_6$, 56 - 58). Doch wo Euler eine mathematische Analogie sah, sah Maupertuis die Neigung der Natur bestätigt, die Wirkung zu minimieren. In einer späteren Denkschrift (1746) behauptete Maupertuis, daß der zweite Anhang von Eulers *Methodus*

5 Analysis und Mechanik

inveniendi eigentlich eine Anwendung des allgemeineren Prinzips gewesen sei, das er 1744 aufgestellt haben wollte und jetzt zum ersten Mal als „Prinzip der kleinsten Wirkung" bezeichnete. Nach diesem Prinzip, schrieb Maupertuis, „ist bei irgendeiner Änderung in der Natur die für diese Änderung notwendige Wirkungsgröße die kleinstmögliche", da die Wirkungsgröße „das Produkt der Masse der Körper mit ihrer Geschwindigkeit und dem von ihnen durchlaufenen Raum ist" (a. a. O., 290). Natürlich gab Maupertuis keine Begründung für dieses Prinzip und beschränkte sich statt dessen auf einen Hinweis auf die göttliche Weisheit und auf die Betrachtung dreier einfacher Beispiele: den Stoß harter und elastischer Körper und das Gleichgewicht eines Hebels. Das ist besonders unbefriedigend, da diese Beispiele sehr einfach sind und keine geeignete Grundlage für die Ermittlung einer Formel bieten, mit der die Wirkungsgröße allgemein ausgedrückt werden kann.

Auf diese Schwierigkeit verwies Euler in einem Brief an Maupertuis vom 24. Mai 1746 (Brunet 1938, 62 - 65, und Euler Werke, IV-A$_6$, 63 - 65 und 69 - 71, besonders 63 - 64), in dem er bekennt, nicht zu verstehen, „wie die Betrachtung des in einer bestimmten Zeit durchlaufenen Raums in die Bestimmung der Wirkungsgröße eingehen kann". In Maupertuis' Beispielen werde dieser Raum immer durch die Geschwindigkeiten ausgedrückt, während keine Begründung dafür gegeben werde, warum dies allgemein wahr sein soll[3]. Eulers Bemerkung war ein Vorgriff auf ein Forschungsprogramm, das ihn zwischen 1748 und 1751 beschäftigen sollte und in dem er die folgende Frage zu beantworten suchte: Ist die Bedingung $\int v ds$ = Max./Min. für die Bewegung eines von Zentralkräften beeinflußten Körpers ein Sonderfall einer allgemeineren Bedingung und damit die Lösung einer größeren Klasse mechanischer Probleme?

Euler beginnt mit einer Verallgemeinerung des klassischen Problems der Kettenlinie (1748a): gesucht ist die Gestalt, die ein vollkommen biegsamer Faden unter dem Einfluß einer beliebigen Anzahl von Zentralkräften annimmt. Euler übernimmt zwar den Ausdruck „Wirkung" von Maupertuis, sagt aber ausdrücklich, daß damit keine bestimmte natürliche Größe bezeichnet wird, sondern eine allgemein unbestimmte mathematische Größe, die „stets durch eine gewisse algebraische Formel dargestellt werden kann" (a. a. O., 150). Um diese Formel zu bestimmen, stellt Euler eine Differentialgleichung auf, die das

---

[3] Eulers Bemerkung klärt die mathematischen Gründe für den bekannten Streit um Maupertuis' Priorität bei der Formulierung des Prinzips der kleinsten Wirkung, in den sich nach 1749 viele Mathematiker und Philosophen einschalteten. Zu diesem Streit vgl. Montucla (1799 - 1802, III, 648 - 654), Brunet (1929, 128 - 158 und 1938, 8 - 26), Gueroult (1934, 215 - 235), Dugas (1950, 256 - 262), und Fleckenstein (1957, XXV - XLVL).

obige Problems löst, und sucht dann eine dazu äquivalente Identität der Form $\int \mathcal{A} = \text{Min./Max.}$ $\int \mathcal{A}$ drückt dann seiner Meinung nach die Wirkung aus.

Zur Herleitung der Differentialgleichung betrachtet er den Faden als aus infinitesimalen Elementen bestehend, auf die infinitesimale Kräfte wirken. Diese Kräfte zerlegt er jeweils in zwei orthogonale Komponenten in Richtung der Koordinatenachsen. Untersucht man nun ein generisches Element des Fadens als fest, dann wirken die Kräfte auf irgend ein vorheriges Element in der Weise, daß sie es zu drehen trachten. Indem man ein zur Erhaltung des Drehimpulses analoges Prinzip anwendet („da der Faden vollkommen biegsam ist, müssen, damit er im Gleichgewicht bleibt, alle Kraftmomente, die auf das vorherige Element einwirken, sich gegenseitig aufheben") und dann über alle Elemente des Fadens integriert, gelangt man zu der Gleichung $dy \int X ds - dx \int Y ds = 0$, wo $X dx$ und $Y dy$ die infinitesimalen Kraftkomponenten sind, die auf die Partikel mit den Koordinaten x und y einwirken. Euler möchte diese Gleichung dann aus einer Extremalbedingung ableiten. Dazu ist es nötig, die spezielle Natur der Funktionen X und Y zu kennen.

Betrachten wir den Fall, wo der Faden durch eine beliebige Zahl äußerer zentraler Kräfte bewegt wird, die durch eine beliebige Funktion der Entfernung von ihrem Zentrum ausgedrückt sind, so daß die rechtwinkligen Komponenten der Gesamtkräfte, die auf ein bestimmtes Element des Fadens wirken,

$$X = \sum_{j=1}^{\mu} \frac{\Lambda_j x_j}{\lambda_j} \text{ und } Y = \sum_{j=1}^{\mu} \frac{\Lambda_j y_j}{\lambda_j} \text{ sind, wobei } \Lambda_j, \lambda_j, x_j \text{ und } y_j \, (j=1,\ldots,\mu)$$

die auf diese Elemente einwirkenden (Beschleunigungs-) Kräfte, die Entfernungen von den Kraftzentren und die rechtwinkligen Koordinaten dieser Zentren sind. Indem er diese Ausdrücke in die vorige Identität einsetzt, erhält Euler die Gleichung:

$$\frac{\frac{d^2 y}{dx^2}}{1+\left(\frac{dy}{dx}\right)^2} \left[\sum_{j=1}^{\mu} \int \Lambda_j d\lambda_j \right] = \sum_{j=1}^{\mu} \frac{\Lambda_j \left(y_j - \frac{dy}{dx} x_j \right)}{\lambda_j}. \qquad (5.3)$$

(5.3) kann aus der Bedingung

$$\int ds \sum_{j=1}^{\mu} \int \Lambda_j d\lambda_j = \text{Max./Min.} \qquad (5.4)$$

5 Analysis und Mechanik 179

abgeleitet werden. Folglich wird die Wirkungsgröße in diesem Fall durch die Integralform $\int ds \sum_{j=1}^{\mu} \int \Lambda_j d\lambda_j$ ausgedrückt.

Die Analogie zu Maupertuis' Ruhegesetz ist offensichtlich: Wenn wir mit $\Theta_\nu = d\Omega_\nu$ die Summe $P_\nu dp_\nu + \ldots + W_\nu dw_\nu = d\left[\int P_\nu dp_\nu + \ldots + \int W_\nu dw_\nu\right]$ der Kräftemomente zum ν-ten Körper von Maupertuis' System bezeichnen, mit M_ν die Masse dieses Körpers und mit Ω die Summe $\sum_{j=1}^{\mu} \int \Lambda_j d\lambda_j$ der Kräftemomente, die auf den biegsamen Faden einwirken, erhalten wir jeweils die Bedingungen $\int ds\Omega = $ Max./Min. und $\sum_{i=1}^{n} M_i \int \Theta_i = \sum_{i=1}^{n} M_i \Omega_i = $ Max./Min. für das Gleichgewicht des vollkommen biegsamen Fadens und für ein System von Körpern nach Maupertuis.

Der Klärung dieser Analogie widmete Euler eine neue Denkschrift (1748b), in der das Ruhegesetz von Maupertuis für den Fall des Gleichgewichts einer Flüssigkeit untersucht wird, also eines stetigen Systems von Partikeln, die durch Zentralkräfte angezogen werden, welche der Entfernung von ihren Zentren proportional sind. Nach demselben Vorgehen wie in seiner vorigen Denkschrift löst Euler dieses Problem zunächst durch eine Newtonsche Kräfteanalyse, indem er annimmt, daß die Flüssigkeit im Gleichgewicht ist, wenn die auf jede Partikel einwirkende Gesamtkraft senkrecht zur Oberfläche der Flüssigkeit steht. Da dies die Bedingung $\sum_{j=1}^{\mu} \int \Lambda_j d\lambda_j = K$, und folglich $d\left(\sum_{j=1}^{\mu} \int \Lambda_j d\lambda_j\right) = 0$ ergibt, wobei K eine Konstante und Λ_j und λ_j für $j = 1, \cdots, \mu$ wiederum die auf eine Partikel der Flüssigkeit einwirkenden Kräfte sowie die Entfernungen dieser Partikel von den Kraftzentren sind, folgert er, daß die Wirkungsgröße hier durch $\Omega = \sum_{j=1}^{\mu} \int \Lambda_j d\lambda_j$ ausgedrückt wird.

Auf diese Weise hatte Euler nachgewiesen, daß unter den angegebenen Voraussetzungen derselbe Ausdruck Ω in der Bedingung für das Gleichgewicht eines Maupertuisschen Systems von Körpern, einer Flüssigkeit und eines vollkommen biegsamen Fadens auftritt. Darüber hinaus wies er nach, daß derselbe Ausdruck in der Bewegungsgleichung eines von Zentralkräften angezogenen freien Körpers auftritt, da die 1744 formulierte Gleichung $\int vds = $ Max./Min.

der Bedingung $\int dt \Omega$ = Max./Min. äquivalent ist. Wenn nämlich Λ_j und λ_j $(j=1,...,\mu)$ wie oben die auf den Körper einwirkenden Kräfte und seine Entfernungen von den Kraftzentren sind, dann ist in der Konsequenz

$$\sum_{j=1}^{\mu} \Lambda_j d\lambda_j = -Fds = -\frac{dv}{dt}ds = -dv\frac{ds}{dt} = -vdv, \text{ so daß } \Omega = K - \tfrac{1}{2}v^2 \text{ und}$$

$$\int dt\Omega = \int \frac{dt}{2}(2K - v^2) = Kt - \frac{1}{2}\int vds.$$

Die Ergebnisse der beiden Denkschriften von 1748 werden von Euler in zwei anderen Denkschriften zusammengefaßt (1751a und 1751b; vgl. Fraser 1983, 200 - 203). In der ersten versucht er die „Harmonie" zwischen Maupertuis' Ruhegesetz - das er nun für jedes beliebige von Zentralkräften angezogene System von Körpern formuliert - und einer Verallgemeinerung seines Prinzips von 1744 auf jedes beliebige System von Körpern nachzuweisen, d. h. einer Version von Maupertuis' Prinzip der kleinsten Wirkung. Wir haben bereits gesehen, daß das Ruhegesetz durch die Bedingung $\sum_{i=1}^{n} M_i\Omega_i$ = Max./Min. ausgedrückt werden kann, die als solche von der Natur der Kräfte unabhängig ist. Euler betrachtet nun eine verallgemeinerte Version dieses Gesetzes, in der Ω_i die Summe $\sum_{j=1}^{\mu} \int \Lambda_{j,i} d\lambda_{j,i}$ ausdrückt, wobei $\Lambda_{j,i}$ die $j$te Kraft ist, die auf den $i$ten Körper einwirkt, und $\lambda_{j,i}$ die Entfernung eines solchen Körpers vom Kraftzentrum. Außerdem haben wir gesehen, daß die Bedingung $M\int vds$ = Max./Min. für die Bewegung des freien Körpers der Masse M der Bedingung $\int dt M\Omega$ = Max./Min. gleichwertig ist, weil das Produkt $M\Omega$, in Eulers Terminologie die „Anstrengung" des Körpers mit der Masse M, gleich $MK - M\tfrac{1}{2}v^2$ ist, d. h. eine Konstante minus der *vis viva* desselben Körpers, oder moderner ausgedrückt, minus seiner kinetischen Energie. Dies ist das Gesetz der Erhaltung der *vis viva:* Um also den Nachweis zu führen, daß die „Harmonie" zwischen den beiden Bedingungen $\sum_{i=1}^{n} M_i\Omega_i$ = Max./Min. und $\int dt M\Omega$ = Max./Min. sich auf eine analoge „Harmonie" zwischen dem verallgemeinerten Ruhegesetz und dem Prinzip der kleinsten Wirkung erstreckt, muß nur nachgewiesen werden, daß dieses Erhaltungsgesetz gilt, wenn die „Anstrengung" und die *vis viva* sich auf ein beliebiges System von durch Zentralkräfte angezogenen beweglichen Körpern beziehen. Tatsächlich beweist

5 Analysis und Mechanik

Euler nur, daß dies für ein durch zwei mit einer Stange verbundene Körper gebildetes und von einem gemeinsamen Zentrum angezogenes System gilt, behauptet aber, „daß derselbe Beweis sich auf beliebig viele verbundene Körper und auf beliebig viele Kraftzentren erstreckt" (1748a, 179).

Die so nachgewiesene „Harmonie" impliziert nicht, daß sich das Prinzip der kleinsten Wirkung aus dem Ruhegesetz von Maupertuis ableiten läßt. Dennoch scheint Euler zu dem Schluß gekommen zu sein, daß es zur Begründung der Mechanik auf einem einzigen Prinzip von *Maxima* oder *Minima* lediglich nötig ist, einen Beweis des verallgemeinerten Ruhegesetzes zu finden. Die zweite Denkschrift von 1751 soll einen solchen Beweis liefern. Eulers Ableitung ist jedoch nichts als eine metaphysische Argumentation, die auf der Darstellung einer Zentralkraft durch eine Rudermaschine und auf der Annahme beruht, daß „jede Kraft soviel wirkt, wie sie kann" (1751b, 248).

Obwohl es Euler also nicht gelungen ist, die Mechanik auf einem einzigen Prinzip zu begründen, hat er doch ein wichtiges Ergebnis erzielt. Er hat gezeigt, daß das Integral $\Omega = \sum_{j=1}^{\mu} \int \Lambda_j d\lambda_j$ eine wesentliche Rolle spielt, wenn man die Bewegung oder das Gleichgewicht unterschiedlicher Arten mechanischer Systeme ausdrücken will. Von Eulers Standpunkt ist dies lediglich ein formaler Ausdruck, eine analytische Invariante. Heute sehen wir hinter diesem formalen Ausdruck den Begriff der potentiellen Energie. Historisch trat also der mathematische Ausdruck der potentiellen Energie früher in Erscheinung als der entsprechende physikalische Begriff.

Vor diesem Hintergrund begann sich der junge Lagrange für das Prinzip der kleinsten Wirkung und die Begründung der Mechanik zu interessieren. Am 25. Januar 1736 in Turin geboren, war er zu diesem Zeitpunkt 18 Jahre alt, doch so selbstsicher, daß er Euler am 28. Juni 1754 schrieb, um ihm einige Ergebnisse zur Differentiation mitzuteilen und anzukündigen, daß er das Problem der *Maxima* und *Minima* und seine Anwendung auf die Mechanik studieren wolle (Lagrange *Oeuvres* XIV, 135 - 138). Dank dieser Studien wurde Lagrange 1755 Professor an der Artillerieschule in Turin, wo er bis 1766 lehrte. 1757 half er die *Privata Società Scientifica* begründen, die 1783 zur Turiner Akademie der Wissenschaften wurde. 1766 ging er von Turin nach Berlin, wo Friedrich der Große ihn auf Vorschlag von d'Alembert zum Nachfolger von Euler als Direktor der mathematischen Klasse an der Adademie der Wissenschaften berufen hatte. In Berlin blieb er bis 1787, als er nach dem Tode Friedrichs beschloß, nach Paris zu ziehen und in die Französische Akademie der Wissenschaften einzutreten. Hier starb er am 10. April 1813 (Burzio 1942; Sarton 1944).

Die Ergebnisse seiner Studien zum Problem der *Maxima* und *Minima* und dessen Anwendung auf die Mechanik legte Lagrange in zwei Denkschriften von 1761 (1761a und 1761b) vor. In der ersten dieser beiden Denkschriften lieferte Lagrange eine neue Formulierung von Eulers Methode der *Maxima und Minima* im Sinne seines neuen δ-Formalismus, d. h. die erste Version der modernen Variationsrechnung (vgl. Kap. 12 dieses Buches).

In seiner zweiten Denkschrift[4] sagt Lagrange, daß die Lösung „aller Fragen der Dynamik" durch eine geeignete Anwendung dieses Verfahrens erreicht werden kann (1761b, 196). Möglich wird sie seiner Meinung nach durch die Annahme, daß Eulers Prinzip von 1744 für die Bewegung eines beliebigen Systems von n Körpern gelten soll, auf die innere oder äußere Kräfte wirken, welche durch eine beliebige Funktion der Entfernung zwischen den Körpern und ihren Kraftzentren ausgedrückt werden. Nach diesem Prinzip ist die Bewegung eines Systems der Bedingung $\sum_{i=0}^{n} M_i \int v_i ds_i = $ Max./Min. unterworfen.

Für Lagrange bedeutet dies, daß sie die Variationsgleichung

$$\delta\left(\sum_{i=0}^{n} M_i \int v_i ds_i\right) = \delta \int\left(\sum_{i=0}^{n} M_i v_i ds_i\right) = \int \delta\left(\sum_{i=0}^{n} M_i v_i ds_i\right)$$

$$= \int\left[\sum_{i=0}^{n}\left(M_i v_i \delta ds_i\right) + \sum_{i=0}^{n}\left(M_i v_i \delta v_i\right)dt\right] = 0 \tag{5.5}$$

erfüllt.

Wegen der mechanischen Natur des Problems ist es jedoch nicht möglich, die Variationen δds_i und δv_i als voneinander unabhängig zu betrachten. Um seine Methode anwenden zu können, mußte Lagrange daher die vorstehende Gleichung in eine andere umwandeln, in der nur Ortskoordinaten vorkommen. Hierzu nimmt er die Bedingung der Erhaltung der *vis viva* zu Hilfe. Bei Verwendung dieser Bedingung und einiger einfacher analytischer Manipulationen wird (5.5) zu:

$$\int \left\{ \begin{array}{l} \sum_{i=0}^{n} M_i \left[d\left(v_i \frac{dx_i}{ds_i}\right)\delta x_i + d\left(v_i \frac{dy_i}{ds_i}\right)\delta y_i + d\left(v_i \frac{dz_i}{ds_i}\right)\delta z_i \right] \\ + \sum_{i=1}^{m}\left[M_i\left(P_i \delta p_i + Q_i \delta q_i + \ldots + W_i \delta w_i\right) + \delta \Gamma \right] dt \end{array} \right\} = 0, \tag{5.6}$$

---

[4] Zur Begründung der Mechanik durch Lagrange in der zweiten Denkschrift von 1761 vgl. zusätzlich zu den in Fußnote 1 erwähnten Werken auch Fraser (1983), Barroso Filho und Comte (1988), Dahan-Dalmedico (1990) und Galletto (1990, 112-121).

5 Analysis und Mechanik 183

worin x_i, y_i und z_i die kartesischen rechtwinkligen Koordinaten des i-ten Körpers, $P_i, Q_i, ..., W_i$ die auf ihn wirkenden äußeren (Beschleunigungs-) Kräfte, $p_i, q_i, ..., w_i$ die Entfernungen des Körpers von den Zentren dieser Kräfte bedeuten, und Γ die Summe aller Ausdrücke wie $M_i M_j \int P_{i,j} dp_{i,j}$ ist, die sich aus den inneren Kräften ergeben. Indem er sowohl die Entfernungen $p_i, q_i, ..., w_i$ und die Entfernungen zwischen zwei in Γ auftretenden verschiedenen Körpern durch die Variablen x_i, y_i und z_i ausdrückt und in (5.6) einsetzt, erhält Lagrange folglich eine Gleichung von der Form $\sum_{i=0}^{n} X_i \delta x_i + Y_i \delta y_i + Z_i \delta z_i = 0$. Die Methode der unbestimmten Koeffizienten kann auf eine solche Gleichung nur dann angewandt werden, wenn es möglich ist, alle Variablen x_i, y_i und z_i als voneinander unabhängig zu betrachten, d. h., wenn in dem System keine inneren Zwangskräfte auftreten. Wenn dies nicht der Fall ist, wird eine neue Reduktion nötig, die darin besteht, die abhängigen Variablen durch ihre von den Bedingungsgleichungen gegebenen Werte zu ersetzen. Sowohl im ersten wie im zweiten Falle ist die Anwendung der Methode der unbestimmten Koeffizienten der letzte Schritt in Lagranges Methode, da sie eine genügende Zahl von Gleichungen liefert, um die Bewegungen aller Körper des Systems auszudrücken.

Für einen modernen Leser enthält diese Abhandlung die erste klare Formulierung des Prinzips der kleinsten Wirkung und stellt eine mathematische Methode zu seiner Behandlung zur Verfügung. Aber dies scheint nicht mit Lagranges eigener Bewertung übereinzustimmen. In seiner Sicht bestand der entscheidende Erfolg in der Reduktion des Bewegungsproblems für ein beliebiges System von Körpern auf die einfache Anwendung des algebraischen Prinzips der unbestimmten Koeffizienten. Lagranges weitere Forschungen in diesem Gebiet zielten darauf ab, diese Reduktion auf einfachere Weise zu begründen.

5.2 Lagranges *Mécanique analytique*

5.2.1 Das Prinzip der virtuellen Geschwindigkeiten[5]

Gemäß einem Brief Lagranges an Euler vom 28. Oktober 1762 (*Oeuvres* XIV, 198 - 199), waren seine beiden Denkschriften von 1761 nur eine kürzere Zu-

---
[5] Vgl. zu diesem Abschnitt Panza 1991, 1995, § 3; Galletto 1990, 149 - 179, Barroso-Filho 1994, 137 - 303.

sammenfassung einer größeren Abhandlung, die der junge Lagrange geschrieben hatte oder hatte schreiben wollen (Galletto 1990, 112 - 113). Möglicherweise hatte Lagrange sich auf eine so kurze Zusammenfassung beschränkt, weil er auf eine neue analytische Begründung der Mechanik gekommen war (a. a. O., 139 - 149). Diese legte er in einer Denkschrift dar (1764), die als Antwort auf eine Frage der Akademie von Paris von 1762 bezüglich der Libration des Mondes verfaßt worden war. Eine ausgearbeitete und allgemeinere Version desselben Programms wurde von Lagrange mehr als fünfzehn Jahre später skizziert (1780). Abschließend realisierte er dieses Programm in der *Mécanique analytique* (1788).

Lagranges Gedanke entspringt offensichtlich zwei Quellen. Die erste ist das Bernoullische Prinzip der virtuellen Geschwindigkeiten (siehe oben) für das Gleichgewicht eines beliebigen Systems von durch Zentralkräfte angezogenen Körpern. Stellen wir uns vor, daß das System einer kleinen geradlinigen Bewegung ausgesetzt ist, und zerlegen wir für eine beliebige auf einen beliebigen Körper wirkende Kraft die Bewegung dieses Körpers in zwei rechtwinklige Bewegungen, von denen eine die Richtung dieser Kraft hat. Johann Bernoulli drückt die letztere Bewegung durch eine Geschwindigkeit aus, die er als die „virtuelle Geschwindigkeit der Kraft" bezeichnet. Bernoullis Prinzip besagt dann, daß das System im Gleichgewicht ist, wenn die Gesamtsumme der Produkte der Bewegungskräfte mit ihren virtuellen Geschwindigkeiten gleich Null ist. Die zweite Quelle ist das d'Alembertsche Prinzip. In seinem *Traité de Dynamique* (1743, vgl. Fraser 1985b und Truesdell 1960, 186 - 188), begründete d'Alembert die Statik auf einer speziellen Fassung des Bernoullischen Prinzips der virtuellen Geschwindigkeiten (1743, 37) und gab dann ein Verfahren an, mit dem sich jedes beliebige dynamische Problem auf ein Gleichgewichtsproblem reduzieren läßt. Dieses Verfahren besteht darin, die wirkliche Bewegung eines beliebigen Körpers im System in zwei virtuelle Bewegungen zu zerlegen: die von außen mitgeteilte Bewegung und eine weitere, die lediglich die Differenz zwischen dieser und der wirklichen Bewegung dieses Körpers ist. Die erste dieser Bewegungen wird dann aus der realen und einer virtuellen Bewegung zusammengesetzt, die durch die gegenseitigen Wirkungen der Körper und die Zwangskräfte des Systems annulliert wird. Daher gleicht eine solche virtuelle Bewegung diese Wirkungen und Zwangskräfte aus und kann durch Untersuchung der Gleichgewichtsbedingungen des Systems errechnet werden. Wenn wir also die Bewegung kennen, die von außen mitgeteilt wird, können wir die wirkliche Bewegung des Systems durch Untersuchung der Gleichgewichtsbedingungen bestimmen.

Lagranges Gedanke ist einfacher als der von d'Alembert: das Gleichgewicht eines Systems ergibt sich aus dem Gleichgewicht zweier entgegengesetzter Gesamtkräfte, der einwirkenden Kraft und der Trägheitskraft, die als zwei verschiedene mathematische Ausdrücke derselben Kraft betrachtet werden

5 Analysis und Mechanik   185

können. Wenn also ein System von n Körpern gegeben ist, wobei $P_i, Q_i, \ldots, W_i$ die auf den i-ten Körper wirkenden Zentralkräfte sind, dann betrachten wir das virtuelle System, in dem diese Kräfte und die $3n$ rechtwinkligen Trägheitskräfte X_i, Y_i und Z_i zusammenwirken. Durch Heranziehung einer geeigneten Version des Prinzips der virtuellen Geschwindigkeiten leitet man dann eine Gleichgewichtsbedingung für ein solches virtuelles System ab und erhält die allgemeine Bewegungsgleichung für das gegebene System. Lagrange drückt die virtuellen Geschwindigkeiten der Kräfte - oder in Lagranges Terminologie die virtuellen Geschwindigkeiten „ausgewertet in Richtung der Kräfte" - durch die Entfernungsänderungen zwischen den von diesen Kräften bewegten Körpern und ihren Zentren aus. Die allgemeine Bewegungsgleichung eines Systems von n Körpern ist dann:

$$\sum_{i=1}^{n} M_i \left(\frac{d^2 x}{dt^2} \delta x_i + \frac{d^2 y}{dt^2} \delta y_i + \frac{d^2 z}{dt^2} \delta z_i + P_i \delta p_i + Q_i \delta q_i + \ldots + W_i \delta w_i \right) = 0, \quad (5.7)$$

eine grundlegende Relation, die heute als d'Alembertsches Prinzip bekannt ist.

Nach Lagrange sind zwei Verfahren möglich, um die Bewegungsgleichungen des Systems aus dieser Beziehung abzuleiten. Wir können einfach die Variablen $p_i, q_i, \ldots, w_i$ mittels der Variablen x_i, y_i und z_i ausdrücken, dann die Variablen, die auf Grund der inneren Zwangskräfte des Systems von anderen Variablen abhängen, eliminieren und schließlich die Methode der unbestimmten Koeffizienten anwenden. Wir können aber auch die in (5.7) vorkommenden Variablen mit einer geeigneten Zahl ν von Variablen φ_i ausdrücken, den verallgemeinerten Koordinaten, wie wir sie heute nennen. Lagrange zeigt (1780, 218 - 220 und 1788, 216 - 227), daß (5.7) bei konservativen Kräften zu der Gleichung

$$\sum_{i=1}^{\nu} \left[d \frac{\delta T}{\delta d \varphi_i} - \frac{\delta T}{\delta \varphi_i} + \frac{\delta U}{\delta \varphi_i} \right] \delta \varphi_i = 0 \quad (5.8)$$

führt, worin T und U jeweils in heutiger Formulierung die kinetische und die potentielle Energie des Systems darstellen. Das ist die Originalversion der sogenannten Lagrangeschen Bewegungsgleichung. Ihre Ableitung aus (5.7) hängt von der Wahl der Variablen φ_i ab. Wir müssen sicherstellen, daß die Variationen dieser Variablen voneinander unabhängig sind. Daher müssen wir diese Variablen nach den Bedingungsgleichungen des Systems geeignet auswählen. Da dies schwierig sein könnte, legt Lagrange in der *Mécanique analytique* eine Methode vor, um diese Elimination zu erleichtern. Diese ist heute als die Methode der Lagrangeschen Multiplikatoren bekannt (1788, 44 - 58 und

227 - 232), deren Grundgedanke es ist, die inneren Zwänge des Systems dadurch auszudrücken, daß dem ersten Glied der Gleichung (5.8) für jede Bedingungsgleichung $\Psi = 0$ ein Ausdruck wie $k\delta\Psi$ hinzugefügt wird, wobei k ein noch zu bestimmender Multiplikator ist.

Die Lagrangesche Bewegungsgleichung und die Methode der Lagrangeschen Multiplikatoren sind bedeutende Beiträge zur theoretischen Mechanik. Doch tauchen sie sowohl in der Denkschrift von 1780 über die Libration des Mondes als auch in der *Mécanique analytique* als Werkzeuge auf, um die Anwendung der *quasi*-algebraischen Methode der unbestimmten Koeffizienten auf die Gleichung, die das Prinzip der virtuellen Geschwindigkeiten ausdrückt, zu ermöglichen, um dann daraus die Bewegungsgleichungen für jedes beliebige System von Körpern abzuleiten. Tatsächlich ist dies das Entscheidende an Lagranges Programm in der Begründung der Dynamik nach 1764: das als Variationsprinzip betrachtete Prinzip der virtuellen Geschwindigkeiten wird dazu verwendet, um die Dynamik auf eine formale Ableitung der Differentialgleichungen der Bewegung mit Hilfe der Methode der unbestimmten Koeffizienten zu reduzieren.

Natürlich läßt sich dasselbe Programm, ausgehend von einer geeigneten Version des Prinzips der virtuellen Geschwindigkeiten, auch auf die Statik anwenden. Dies ist Gegenstand des ersten Teils der *Mécanique analytique*, deren zweiter der Dynamik gewidmet ist.

5.2.2 Die Mechanik in Lagranges *Théorie des fonctions analytiques*

In seinen Denkschriften von 1761 und seinen Arbeiten über die Mechanik definiert Lagrange Variationen als unendlich kleine Differenzen oder Zuwächse. Außerdem benutzt er diese Definition zur Rechtfertigung seiner Schlußfolgerungen und zur Entwicklung seiner Beweise. Diese Tatsache hat Historiker veranlaßt, diese Arbeiten in ihrem mathematischen und wissenschaftstheoretischen Ansatz als einen Gegensatz zur *Théorie des fonctions analytiques* von 1797 zu betrachten, wo Lagrange einen neuen nicht-infinitesimalen Zugang zur Differential- und Integralrechnung vorschlägt (vgl. Kap. 4).

Der letzte Teil der *Théorie des fonctions analytiques* enthält eine Anwendung auf die Grundlegung der Mechanik (1797, 223 - 277; 2. Aufl. 311 - 381, *Oeuvres* IX, 337 - 411), und mir scheint, daß Lagranges Verwendung der Infinitesimalrechnung in der Mechanik vor 1797 weitgehend mit der nicht-infinitesimalen Begründung der Mechanik in seiner *Théorie* konsistent ist. Wesentlich ist nämlich in Lagranges Verwendung von Variationen in den Denkschriften von 1761, 1764 und 1780 und in der *Mécanique analytique* nicht ihr infinitesimaler Charakter, sondern ihre gegenseitige Unabhängigkeit. So muß

5 Analysis und Mechanik

Lagrange in seiner *Théorie* nur die voneinander unabhängigen Variationen durch geeignete voneinander unabhängige Funktionen ersetzen, die endliche virtuelle Geschwindigkeiten ausdrücken. Neu ist in dieser letzteren Abhandlung das Ziel, die Mechanik auf rein analytischen Prinzipien zu begründen. Um dieses Ziel zu verwirklichen, muß Lagrange entweder jeden Bezug auf ein nicht-analytisches Prinzip, wie das der virtuellen Geschwindigkeiten, ausschalten, oder sein Prinzip durch analytische Mittel beweisen.

Tatsächlich leitet Lagrange die Bewegungsgleichungen ohne explizite Bezugnahme auf das Prinzip der virtuellen Geschwindigkeiten ab. Sein Beweis der grundlegenden Relation (5.7) ergibt sich daraus wie selbstverständlich. Außerdem beweist er in der zweiten Auflage seines Buches (1797, 352 - 357, *Oeuvres* IX, 377 - 385) die statische Version dieses Prinzips ebenfalls analytisch. Dennoch ist in beiden Fällen offensichtlich, daß das analytisch Bewiesene einfach eine formal dem Prinzip äquivalente Identität ist, da keine rein analytische Betrachtung ausreichen würde, um zu zeigen, daß eine solche Identität das reale Verhalten eines Systems von Körpern ausdrückt.

Lagrange nimmt an, daß die Bewegung mathematisch durch eine *funktionale* Beziehung zwischen Raum und Zeit ausgedrückt wird, d. h., durch eine beliebige Funktion $s = f(t)$. Er möchte nun im Rahmen seiner Begrifflichkeit zeigen, daß f' und f'' als Geschwindigkeit und Beschleunigung dieser Bewegung interpretiert werden können. Unter Berufung auf seine allgemeinen Ergebnisse über die Entwicklung von Funktionen in Potenzreihen (vgl. Kap. 4) beweist er (1797, 226 - 227, *Oeuvres* IX, 340 - 342), daß wir für jede beliebige Funktion $G(t,\theta)$ der Form $g_1(t)\theta + g_2(t)\theta^2$, die für eine gleichförmig beschleunigte Bewegung mit der Beschleunigung $2g_2(t)$ und der Anfangsgeschwindigkeit $g_1(t)$ den in der Zeit θ zurückgelegten Weg ausgedrückt, und für jedes beliebige t die Zeit θ so klein nehmen können, daß die Funktion $F(t,\theta) = f'(t)\theta + \frac{1}{2}f''(t)\theta^2$ die gegebene Funktion $s = f(t)$ besser approximiert als $G(t,\theta)$. Aus diesem Ergebnis folgert er, daß die ersten beiden Ableitungen $f'(t)$ bzw. $f''(t)$ ein Maß für die Momentangeschwindigkeit bzw. die Momentanbeschleunigung der Bewegung $s = f(t)$ darstellen.

Nun sei τ eine Variable, welche die Zeit ausdrückt, t ein Wert von τ. Jede durch die Funktion $s=s(\tau)$ ausgedrückte krummlinige Bewegung $\mathcal{M}$ kann aus drei geradlinigen Bewegungen $x = x(\tau)$, $y = y(\tau)$ und $z = z(\tau)$ in Richtung der orthogonalen Achsen zusammengesetzt werden. Daher sind die momentane Geschwindigkeit $v(t)$ und die momentane Beschleunigung $\gamma(t)$ der Bewegung $\mathcal{M}$ zur Zeit t durch die momentanen Geschwindigkeiten und Beschleunigungen der geradlinigen Bewegungen gegeben, aus denen sie sich zusammensetzen, und wir erhalten

$$v(t) = \sqrt{[x'(t)]^2 + [y'(t)]^2 + [z'(t)]^2}$$
$$\gamma(t) = \sqrt{[x''(t)]^2 + [y''(t)]^2 + [z''(t)]^2}.$$
(5.9)

Da jede Bewegung aus einer beliebigen Zahl anderer Bewegungen zusammengesetzt werden kann, können wir folglich auch $\mathcal{M}$ aus μ krummlinigen Bewegungen $\mathcal{M}_1,...,\mathcal{M}_\mu$ kombinieren, die durch μ Funktionen $s_1 = s_1(\tau)$, ... , $s_\mu = s_\mu(\tau)$ mit den entsprechenden Geschwindigkeiten und Beschleunigungen ausgedrückt werden. Da außerdem jede dieser Bewegungen in 3 geradlinige Komponenten zerlegt werden kann, kann $\mathcal{M}$ aus 3μ geradlinigen Bewegungen zusammengesetzt werden, die durch die Funktionen $x_j = x_j(\tau)$, $y_j = y_j(\tau)$ und $z_j = z_j(\tau)$ ausgedrückt werden, und ihre Beschleunigungen (oder beschleunigenden Kräfte) lassen sich durch die mittleren Beschleunigungen

$$X_j = \frac{1}{2}[x_j''(t)]\tau^2, \quad Y_j = \frac{1}{2}[y_j''(t)]\tau^2 \text{ und } Z_j = \frac{1}{2}[z_j''(t)]\tau^2 \quad (j=1,\ldots,\mu)$$

darstellen.

Indem wir τ aus den Gleichungen $X = [x'(t)]\tau$, $Y = [y'(t)]\tau$ und $Z = [z'(t)]\tau$ eliminieren, erhalten wir zwei Gleichungen, die eine Gerade r ausdrücken. Ebenso erhalten wir durch Elimination von τ aus den Gleichungen $X_j = \frac{1}{2}[x_j''(t)]\tau^2$, $Y_j = \frac{1}{2}[y_j''(t)]\tau^2$ und $Z_j = \frac{1}{2}[z_j''(t)]\tau^2$ zwei Gleichungen, die eine Gerade r_j darstellen. Wenn also φ, ψ, χ und φ_j, ψ_j, χ_j $(j=1,\cdots,\mu)$ jeweils die Winkel sind, die die Geraden r und r_j mit den Achsen x, y und z bilden, erhalten wir durch einfache geometrische Betrachtungen:

$$x'(t) = v(t)\cos\varphi, \quad x''(t) = \sum_{j=1}^{\mu} x_j''(t) = \sum_{j=1}^{\mu} \gamma_j(t)\cos\varphi_j, \quad (5.10\text{a})$$

$$y'(t) = v(t)\cos\psi, \quad y''(t) = \sum_{j=1}^{\mu} y_j''(t) = \sum_{j=1}^{\mu} \gamma_j(t)\cos\psi_j, \quad (5.10\text{b})$$

5 Analysis und Mechanik 189

$$z'(t) = v(t)\cos\chi, \quad z''(t) = \sum_{j=1}^{\mu} z_j''(t) = \sum_{j=1}^{\mu} \gamma_j(t)\cos\chi_j \qquad (5.10c)$$

und

$$\cos\Delta_j = \cos x \, \cos\varphi_j + \cos y \, \cos\psi_j + \cos z \, \cos\chi_j, \qquad (5.11)$$

wobei Δ_j der Winkel ist, der durch die Richtung der Geschwindigkeit $v(t)$ und der Beschleunigung $\gamma_j(t)$ gebildet wird. Durch Kombination von (5.10) und (5.11) ergibt sich

$$x''(t)\cos\varphi + y''(t)\cos\psi + z''(t)\cos\chi = \sum_{j=1}^{\mu} \gamma_j(t)\cos\Delta_j, \qquad (5.12)$$

d. h.,

$$x''(t)x'(t) + y''(t)y'(t) + z''(t)z'(t) - \sum_{j=1}^{\mu} v(t)\gamma_j(t)\cos\Delta_j = 0, \qquad (5.13)$$

welches die Gleichung für die Bewegung eines beliebigen freien Körpers von Einheitsmasse ist, auf den die beschleunigenden Kräfte $\gamma_j(t)$ $(j=1,...,\mu)$ einwirken.
Durch Anwendung der Methode der Lagrangeschen Multiplikatoren können wir die inneren Zwangskräfte eines Systems von Körpern durch unbestimmte Kräfte ausdrücken. (5.13) läßt sich dann durch ein geeignetes analytisches Verfahren (Lagrange 1797, 251 - 256; 2. Auflage 350 - 357, *Oeuvres* IX, 377 - 385) so umformen, daß sich daraus die Bewegungsgleichung für jeden Körper in einem beliebigen System ergibt. Formal sind diese Gleichungen ohne ausdrückliche[6] Bezugnahme auf das Prinzip der virtuellen Geschwindigkeiten abgeleitet. Außerdem läßt sich aus Gleichung (5.13) eine Beziehung herleiten, die der Gleichungen (5.7), die dieses Prinzip in der *Mécanique analytique* ausdrückt, formal gleichwertig ist. Dies geschieht, indem man die Massen einführt, also zu den bewegenden Kräften übergeht, und die erhaltenen Ausdrücke linear kombiniert:

---

[6] Wie in der ersten Auflage der Théorie dargestellt, erfordert dieses Verfahren einen impliziten Rückgriff auf die statische Version eines solchen Prinzips. Deshalb gibt Lagrange in der zweiten Auflage dafür einen „analytischen Beweis".

$$\sum_{i=1}^{n} M_i \left[\begin{array}{c} x_i{}''(t)x_i{}'(t) + y_i{}''(t)y_i{}'(t) + z_i{}''(t)z_i{}'(t) \\ + \sum_{j=1}^{\mu} \gamma_{i,j}(t)\bigl(-v_i(t)\cos\Delta_{i,j}\bigr) \end{array} \right] = 0, \qquad (5.14)$$

wobei sich der Index i auf die verschiedenen Körper des Systems und der Index j auf die verschiedenen auf diese Körper einwirkenden Kräfte bezieht.

Obwohl Lagranges Glaube, er habe das Prinzip der virtuellen Geschwindigkeiten eliminiert oder analytisch bewiesen, gewiß eine Illusion ist, läßt die in der *Théorie des fonctions analytiques* skizzierte Begründung der Mechanik auf seine Bemühungen schließen, das Gebiet als ein quasi- algebraisches deduktives System auf Newtonschen Grundlagen aufzufassen. Während die analytische Mechanik des 18. Jahrhunderts mit der Einführung nicht-Newtonscher Prinzipien für die Behandlung beliebiger Systeme von Körpern eröffnet wurde, schloß sie mit dem Versuch, diese Prinzipien zu eliminieren und von einem neuen analytischen Standpunkt aus auf Newtons Ansatz zurückzukommen.

Dies ist ein Indiz für den Unterschied zwischen Lagranges eigener Interpretation seiner Ergebnisse und ihrer modernen Beurteilung. Wo ein moderner Leser, der die weitere Entwicklung der klassischen Mechanik und vor allem Hamiltons Errungenschaften kennt, einen wertvollen Vorrat an Variationsprinzipien, Methoden und Formeln sieht, dort suchte Lagrange nach einer Möglichkeit, auf einer neuen analytischen Grundlage zu Newtons Auffassungen zurückzukehren. In gewissem Sinne war also am Ende des 18. Jahrhunderts nicht klar, worin der weiterführende Beitrag zur Mechanik bestand. Man könnte dies vielleicht in der Formulierung zusammenfassen, daß für Lagrange im Begriff „analytische Mechanik" das Eigenschaftswort „analytisch" wichtiger war als das Substantiv „Mechanik".

6 Grundlagen der Analysis im 19. Jahrhundert

Jesper Lützen

6.1 Einleitung

Das 19. Jahrhundert ist oft das Zeitalter der Strenge genannt worden. Dies trifft insofern zu, als die Analysis damals eine auch heute noch befriedigende Begründung erhielt. Es ging dabei nicht nur um die Klärung einiger Grundbegriffe und die Präzisierung einiger Beweise, sondern die neue Begründung erstreckte sich auf fast jeden Teil der Analysis und verwandelte sie in die Disziplin, die wir heute an den Gymnasien und Universitäten lernen. Die Bewegung der Strenge kann sogar als schöpferischer Prozeß angesehen werden. Sie schuf in der Tat neue Gebiete der Mathematik, vor allem die mengentheoretische Topologie, in der die neuen Begriffe wie punktweise und gleichmäßige Stetigkeit, Konvergenz, Kompaktheit, Vollständigkeit usw. zueinander in Beziehung gesetzt wurden.

Jedoch ist die Annahme falsch, daß das Problem der Strenge im 19. Jahrhundert als die dringendste Frage der Analysis betrachtet wurde. Die große Mehrheit der Mathematiker und auch die, auf die wir in diesem Kapitel treffen werden, arbeiteten hauptsächlich an der Ausweitung und Anwendung der analytischen Theorien, die sie von ihren Vorläufern ererbt hatten. Tatsächlich ergab sich aus der Entwicklung neuer Sätze in der Analysis ein wichtiger Anstoß für das wachsende Interesse an ihren Grundlagen. Die Fourier-Reihen waren in dieser Hinsicht besonders bedeutsam, da sie die alten Ideen hinsichtlich der Begriffe Funktion, Integral, Konvergenz und Stetigkeit in Frage stellten. Auch die Differentialgleichungen, die Potentialtheorie, elliptische Funktionen und andere Gebiete führten zu einem wachsenden Bedürfnis nach Strenge.

Neben den technischen Entwicklungen der Analysis war die Lehre das Hauptmotiv für die Bemühungen um eine strengere Begründung. Etliche Mathematiker fühlten sich unwohl, wenn sie die Einführungsvorlesung halten sollten, und begannen daher, den Aufbau der Analysis zu überdenken. Das war der direkte Hintergrund für die Reformen von Cauchy und Weierstraß und für Dedekinds und Mérays Konstruktion der reellen Zahlen. Der Prozeß der Emanzipation der Mathematik von den Naturwissenschaften verstärkte das Gefühl, daß die Grundlagen revidiert werden müßten. Im 18. und noch zu Beginn des 19. Jahrhunderts war die Analysis, vor allem in Frankreich, eng mit der theoretischen Physik verbunden. Im allgemeinen ließ sich die Richtigkeit der Regeln an ihrem Erfolg bei den Anwendungen bestätigen; insbesondere wurde zum Beispiel die Existenz von Lösungen für Differentialgleichungen oder von Summen für Reihen aus der Physik abgeleitet. In der ersten Hälfte des 19. Jahrhunderts wurden jedoch, besonders in Deutschland, die Gymnasien und Universitäten, und nicht die technischen Hochschulen die eigentlichen Zentren mathematischer Ausbildung und Forschung. In Verbindung mit der neuhumanistischen Bewegung führte dies zur Etablierung der reinen Mathematik als einem selbständigem Gebiet (vgl. Jahnke 1990). Daher wurde es wichtig, der Mathematik einschließlich der Analysis eine eigenständige Grundlage unabhängig von ihren Anwendungen zu geben.

Zugleich trennte sich die Analysis von der Geometrie. Die Geometrie war seit der Zeit Euklids als der am besten begründete Teil der Mathematik angesehen worden, und obwohl der Zahlbegriff auf irrationale und transzendente Zahlen erweitert worden war, suchten die meisten Mathematiker die Rechtfertigung des erweiterten Zahlbegriffs in Euklids Theorie der Größen. Dies änderte sich im Laufe des 19. Jahrhunderts. In Euklids Beweisen wurden viele Lücken entdeckt, man konstruierte alternative Geometrien und Euklids Autorität wurde in Frage gestellt. Grundlegende Sätze, die bisher aus der geometrischen Anschauung begründet worden waren, benötigten nun eine andere Basis. Insbesondere versuchten mehrere Mathematiker, den Zwischenwertsatz zu beweisen, der besagt, daß eine stetige Funktion, die auf einem Intervall sowohl positive als auch negative Werte hat, dort irgendwo auch den Wert Null annimmt.

In Kapitel 4 haben wir gesehen, daß im 18. Jahrhundert mehrere Mathematiker versuchten, die Analysis auf der Algebra statt auf der Geometrie zu begründen. Dieser Ansatz wurde im 19. Jahrhundert weitgehend verworfen. Statt dessen betrachtete man nun die natürlichen Zahlen und die Arithmetik als Grundlage, und um 1870 wurde „Arithmetisierung" zum Schlagwort. Die reellen (und komplexen) Zahlen wurden aus den rationalen und diese wiederum aus den natürlichen Zahlen konstruiert (vgl. Kap. 10), und die Analysis wurde so unter völliger Umgehung der Geometrie neu begründet. Ungefähr zur gleichen Zeit erhielt die Geometrie in den Händen von Pasch, Peano, Pieri und Hilbert eine feste axiomatische Basis, erlangte jedoch nie ihre Rolle als

6 Grundlagen der Analysis im 19. Jahrhundert

Grundlage der Analysis zurück. Im Gegenteil: Hilbert bewies, daß die Geometrie widerspruchsfrei ist, wenn dies für die Arithmetik zutrifft.

Die Neubegründung der Analysis läßt sich in zwei Epochen unterteilen: eine von Cauchy dominierte französische und eine von Weierstraß beherrschte deutsche. Dies spiegelt die allgemein anerkannte Auffassung wider, nach der Frankreich bis um die Mitte des Jahrhunderts die dominierende mathematische Nation war, während danach Deutschland die führende Rolle übernahm.

6.2 Der Funktionsbegriff

Seit Euler war die Differential- und Integralrechnung eine Theorie der Funktionen. Aber was ist eine Funktion? Die Bedeutung dieses Begriffs wandelte sich im Laufe der Zeit. Wie in Kapitel 4 bereits erwähnt, legte Euler zwei Definitionen vor: in der *Introductio* wurde eine Funktion als analytischer Ausdruck, bestehend aus Konstanten und Variablen, definiert, in den *Institutiones Calculi Differentialis* jedoch als Variable, die von einer anderen Variablen abhängt. Dieselbe Doppeldeutigkeit finden wir auch bei Lagrange.

In Cauchys Lehrbuch *Cours d'Analyse* hingegen, das die Ära der Strenge einleitete, wurden Funktionen ausschließlich als Variablen definiert, die von anderen Variablen abhängen:

> Wenn veränderliche Zahlgrößen in solcher Weise untereinander zusammenhängen, daß man aus dem gegebenen Wert von einer Veränderlichen die Werte aller übrigen herleiten kann, so denkt man sich gewöhnlich diese verschiedenen Zahlgrößen vermittelst jener einen ausgedrückt. Jene eine nimmt dann den Namen: unabhängige Veränderliche an, während die übrigen, die mittelst der unabhängigen Veränderlichen ausgedrückten Zahlgrößen, sogenannte Funktionen jener einen Veränderlichen sind. (Cauchy 1821/1885, 13)

Ein Jahr später distanzierte sich Fourier sogar noch expliziter von den analytischen Ausdrücken. In seinem Hauptwerk *Théorie analytique de la chaleur* schrieb er:

> Allgemein repräsentiert die Funktion $f(x)$ eine Folge von Werten oder Ordinaten, von denen jeder beliebig ist. Da die Abzisse x eine unendliche Zahl von Werten annehmen kann, gibt es eine entsprechende Zahl von Ordinaten $f(x)$. Alle haben bestimmte Zahlenwerte, die positiv, negativ, oder Null sind. Es wird mitnichten angenommen, daß diese Ordinaten einem gemeinsamen Gesetz unterworfen seien; sie folgen einander auf beliebige Weise und jede von ihnen ist wie eine einzige Größe gegeben. (Fourier 1822, 500)

Dirichlet übernahm diese Definition in einem Aufsatz über Fourier-Reihen und definierte eine stetige Funktion wie folgt:

> Man denke sich unter a und b zwei feste Werthe und unter x eine veränderliche Größe, welche nach und nach alle zwischen a und b liegenden Werthe annehmen soll. Entspricht nun jedem x ein einziges, endliches y, und zwar so, daß, während x das Intervall von a bis b stetig durchläuft, $y = f(x)$ sich ebenfalls allmählich verändert, so heißt y eine stetige oder continuirliche Funktion von x für dieses Intervall. (Dirichlet 1837, 135)

Diese Definition, die die Eindeutigkeit von $f(x)$ unterstreicht, wurde fast wörtlich von Riemann (1851) übernommen. Wenn wir nur die Definitionen ansehen, scheint es daher, als gehe der Funktionsbegriff im Sinne einer allgemeinen Abhängigkeit zwischen Variablen auf Euler zurück und sei nach 1820 ziemlich systematisch verwendet worden. Aus diesem Grund nannte Juschkevitsch (1976) diesen Begriff den Eulerschen Funktionsbegriff.

In der Mathematik- und Wissenschaftsgeschichte ist es aber häufig nicht ausreichend, zu fragen, wie Begriffe definiert werden, man muß auch fragen, wie sie angewandt werden, denn dann ergibt sich häufig ein etwas anderes Bild.

Unmittelbar nach seiner Definition der Funktion unterteilte Cauchy im *Cours d'Analyse* die Funktionen in verschiedene Klassen, beginnend mit den expliziten Funktionen, für die er $\log(x)$, $\sin(x)$, $x + y$, x^y, xyz u.s.w. als Beispiele angab.

> Sind aber nur Beziehungen zwischen den Funktionen und der Veränderlichen gegeben, d.h., die Gleichungen, denen diese Zahlgrößen genügen sollen, so daß also diese Gleichungen noch nicht algebraisch aufgelöst sind, so nennt man solche, nicht unmittelbar durch die Veränderlichen ausgedrückten Funktionen implicite (nicht entwickelte) Funktionen. (Cauchy 1821/1885, 14)

Cauchy gab damit deutlich zu verstehen, daß Funktionen entweder explizit oder implizit sind, d. h., daß sie immer durch eine Gleichung oder einen Ausdruck gegeben sind. Seine Unterscheidung in einfache und zusammengesetzte Funktionen hinterläßt denselben Eindruck. Außerdem bemerkte Cauchy in Kapitel 8 beim Übergang von den reellen zu den komplexen Funktionen noch:

> Wenn man die in einer gegebenen Funktion auftretenden Constanten oder Veränderlichen, nachdem man sie zuerst als reell angesehen hat, als imaginär auffaßt, so läßt sich die Bezeichnung, mit deren Hülfe man die Funktion ausdrückt, in der Rechnung nur dann aufrecht erhalten, wenn man neue Annahmen macht, welche bezwecken, die Bedeutung dieser Bezeichnung unter jener Voraussetzung festzustellen. (Cauchy 1821/1885, 163)

6 Grundlagen der Analysis im 19. Jahrhundert

Auf dieses Zitat komme ich später noch zurück. Hier soll die Bemerkung genügen, daß Cauchy, um von den „Konstanten" und „Variablen" in einer (beliebigen) Funktion sprechen zu können, offensichtlich analytische Ausdrücke im Sinn gehabt haben muß. Dennoch stützen sich Cauchys Beweise und andere Begriffe (besonders der der Stetigkeit) im Gegensatz zu Euler und Lagrange nicht auf den Begriff eines analytischen Ausdrucks.

Fourier dagegen vermied es bewußt davon zu sprechen, daß Funktionen analytische Ausdrücke seien. Dennoch benutzte er in seinem „Beweis" der Konvergenz der Fourier-Reihe einer „beliebigen" Funktion f ausdrücklich die Tatsache, daß „der Wert von $f\alpha$ mit fx übereinstimmt, wenn α unendlich wenig von x abweicht" (Fourier 1822, § 423), das heißt, er nahm an, daß jede Funktion im modernen Sinne stetig ist. Cauchy und Fourier waren keine Ausnahmen. Bei den Mathematikern des frühen 19. Jahrhundert war es durchaus üblich, Funktionen allgemein zu definieren und ihnen dann im Laufe der Argumentation implizit oder explizit verschiedene zusätzliche Eigenschaften zuzuschreiben. Erst langsam entwickelte sich ein Bewußtsein, daß man nur Eigenschaften der Funktion verwenden kann, die explizit angegeben sind.

Als erster erfüllte Dirichlet dieses Ideal, der in seinen Aufsätzen über Fourier-Reihen sein Konvergenzergebnis für die stückweise stetigen bzw. stückweise monotonen Funktionen formulierte und im Beweis nur diese Annahmen verwendete. Aus diesem Grund wird der moderne Funktionsbegriff in Anlehnung an Hankel (1870) häufig nach Dirichlet benannt.

Dirichlets Funktionsbegriff verdrängte nur allmählich Eulers analytische Ausdrücke aus den Lehrbüchern. Noch 1870 bemerkte Hankel

> Das eine definirt die Funktionen wesentlich im Euler'schen Sinne, das zweite verlangt y solle sich „gesetzmäßig" mit x ändern, ohne daß eine Erklärung dieses dunklen Begriffes gegeben ist, das dritte definirt sie in der Weise Dirichlets, das vierte gar nicht; alle aber leiten aus ihrem Begriffe Folgerungen ab, die nicht in ihm enthalten sind. (Hankel 1870, 49)

Cauchys Definitionen der Grundbegriffe der Analysis

Variable und Konstante

Man nennt eine Zahlgröße, von der man voraussetzt, daß ihr nacheinander mehrere von einander verschiedene Werte beigelegt werden dürfen, eine veränderliche Zahlgröße ...
Im Gegensatz hierzu versteht man unter einer constanten Zahlgröße ... jede Zahlgröße, welcher nur ein gegebener bestimmter Wert beigelegt wird. (Cauchy 1821/1885, 2 - 3)

Grenzwert

Wenn die einer Veränderlichen nach und nach beigelegten Werte sich einem gegebenen Werte immer mehr und mehr nähern, so daß in jener Reihe schließlich Werte existiren, die von jenem gegebenen Werte so wenig, wie man will, verschieden sind, so nennt man den gegebenen Wert die Grenze jener übrigen Werte ... (Cauchy 1821/1885, 3)

Unendlich kleine Größe

Wenn die ein und derselben Veränderlichen nach und nach beigelegten numerischen Werte beliebig so abnehmen, daß sie kleiner als jede gegebene Zahl werden, so sagt man, diese Veränderliche wird unendlich klein oder: sie wird eine unendlich kleine Zahlgröße. Eine derartige Veränderliche hat die Grenze Null. (Cauchy 1821/1885, 3)

Stetigkeit

Wir wollen voraussetzen, daß $f(x)$ eine Funktion einer Veränderlichen x sei, und daß jedem zwischen zwei gegebenen Grenzen eingeschlossenen Wert der Veränderlichen x stets ein einziger endlicher Wert der Funktion entspricht. Wenn wir, von einem zwischen diesen Grenzen liegenden Wert der Veränderlichen ausgehend, die Veränderliche x um eine unendlich kleine Zahlgröße α vermehren, so wird die Funktion selbst einen Zuwachs erhalten, nämlich die Differenz

$$f(x + \alpha) - f(x), \qquad (6.1)$$

welche Differenz sowohl von der neuen Veränderlichen α, als von dem Werte von x abhängig ist. Unter dieser Voraussetzung ist die Funktion $f(x)$ zwischen den festgesetzten beiden Grenzen der Veränderlichen x eine stetige Funktion dieser Veränderlichen, wenn für jeden zwischen diesen Grenzen gelegenen Wert von x der numerische Wert der Differenz

$$f(x + \alpha) - f(x) \qquad (6.2)$$

mit α zugleich so abnimmt, daß er kleiner wird als jede endliche Zahl. Mit anderen Worten:
Die Funktion $f(x)$ wird zwischen den gegebenen Grenzen stetig in Beziehung auf x sein, wenn zwischen diesen Grenzen ein unendlich kleiner Zuwachs der Veränderlichen stets einen unendlich kleinen Zuwachs der Funktion bewirkt.
Man sagt auch noch: Die Funktion ist in der Umgebung eines besonderen, der Veränderlichen x beigelegten Wertes eine stetige Funktion dieser Veränderlichen, wenn sie zwischen zwei noch so nahe bei einander liegenden, den in Rede stehenden Wert in sich begreifenden Grenzen von x stetig ist. (Cauchy 1821/1885, 23)

Konvergenz

Man nennt „Reihe" eine unbegrenzte Folge von Zahlgrößen

$$u_0, u_1, u_2, u_3 \text{ usw.} \qquad (6.3)$$

6 Grundlagen der Analysis im 19. Jahrhundert

welche nach einem bestimmten Gesetze aus einander entstehen. Diese Zahlgrößen an und für sich bilden die verschiedenen Glieder der betrachteten Reihe. Es sei nun

$$s_n = u_0 + u_1 + u_2 + \ldots + u_{n-1} \qquad (6.4)$$

die aus den n ersten Gliedern gebildete Summe, wobei n eine beliebige ganze Zahl bezeichnen möge. Wenn alsdann für stets zunehmende Werte von n die Summe s_n sich einer gewissen Grenze s beliebig nähert, so werden wir die Reihe convergent nennen, und die in Rede stehende Grenze heißt die Summe der Reihe. Nähert sich dagegen, wenn n ohne Ende zunimmt, die Summe s_n keiner gegebenen Grenze, so wird die Reihe divergent genannt, und sie wird nicht mehr eine Summe haben. (Cauchy 1821/1885, 85)

Ableitung

Wenn die Function $f(x)$ zwischen zwei gegebenen Grenzen der Veränderlichen x continuierlich bleibt, und wenn man der Veränderlichen einen zwischen diesen Grenzen liegenden Werth beilegt, so wird ein der Veränderlichen ertheiltes unendlich kleines Increment auch eine unendlich kleine Veränderung der Function zur Folge haben. Also werden, wenn man $\Delta x = i$ setzt, die beiden Glieder des Differenzenverhältnisses:

$$\frac{\Delta y}{\Delta x} = \frac{f(x+i) - f(x)}{i} \qquad (6.5)$$

unendlich kleine Größen sein. Aber während sich diese beiden Glieder unbestimmt und gleichzeitig der Grenze Null nähern, wird ihr Verhältnis selbst gegen eine andere Grenze, sie sei positiv oder negativ, convergiren können, welche das letzte Verhältnis der unendlich kleinen Differenzen Δy, Δx sein wird. Diese Grenze, oder dieses letzte Verhältnis, hat, wenn es existirt, für jeden particulären Werth von x einen bestimmten Werth; aber es variirt mit x ... ; nur wird die Form der neuen Function, welche die Grenze des Verhältnisses $\dfrac{f(x+i) - f(x)}{i}$ ist, von der Form der gegebenen $y = f(x)$ abhängig sein. Um diese Abhängigkeit auszudrücken, gibt man der neuen Function den Namen *abgeleitete (derivirte) Function*, und bezeichnet sie vermittelst eines Accentes durch: y' oder $f'(x)$. (Cauchy 1823, 22, Übersetzung nach Cauchy 1829/1836, 16-18.)

Integral

Nehmen wir an, daß die Funktion $y = f(x)$ im Verhältnis zur Variablen x zwischen den beiden endlichen Grenzen $x = x_0$, $x = X$ stetig ist, und bezeichnen wir mit $x_1, x_2, \ldots, x_{n-1}$ neue Werte von x, die zwischen diesen Grenzen liegen und von der ersten Grenze bis zur zweiten jeweils immer zunehmen oder abnehmen. Man kann sich dieser Werte bedienen, um die Differenz $X - x_0$ in Elemente

$$x_1 - x_0, x_2 - x_1, x_3 - x_2, \ldots X - x_{n-1} \qquad (6.6)$$

zu unterteilen, die alle dasselbe Vorzeichen haben. Dies vorausgesetzt, stellen wir uns vor, daß man jedes Element mit dem Wert von $f(x)$ multipliziert, der dem Ursprung desselben Elementes entspricht, nämlich das Element $x_1 - x_0$ mit $f(x_0)$, das Element $x_2 - x_1$ mit $f(x_1)$, &c..., und schließlich das Element $X - x_{n-1}$ mit $f(x_{n-1})$, und

$$S = (x_1 - x_0)f(x_0) + (x_2 - x_1)f(x_1) + ... + (X - x_{n-1})f(x_{n-1}) \qquad (6.7)$$

sei die Summe der so erhaltenen Produkte. Die Größe S hängt offensichtlich 1. von der Zahl n der Elemente ab, in die die Differenz $X - x_0$ unterteilt wurde, und 2. von den Werten dieser Elemente und infolgedessen von dem angewandten Teilungsverfahren. Es ist wichtig zu bemerken, daß dieses Teilungsverfahren nur noch unmerklichen Einfluß auf den Wert von S hat, wenn diese Elemente sehr klein und die Zahl n sehr groß wird. Dies kann man effektiv beweisen ...
Wenn also die Elemente der Differenz $X - x_0$ unendlich klein werden, hat das Teilungsverfahren auf den Wert von S nur noch einen unmerklichen Einfluß; und, wenn man die Zahlenwerte dieser Elemente unbeschränkt klein macht, indem man deren Anzahl erhöht, wird der Wert von S schließlich merklich konstant, oder, in anderen Worten, gleich einem gewissen Grenzwert, der allein von der Form der Funktion $f(x)$ und von den der Variablen x zugeschriebenen Endwerten x_0 und X abhängt. Diese Grenze ist das, was man als *bestimmtes Integral* bezeichnet. (Cauchy 1823, 122 - 124)

6.3 Cauchy und der *Cours d'Analyse*

Augustin-Louis Cauchy wurde als Ingenieur an der École Polytechnique und an der École des Ponts et Chaussées in Paris ausgebildet, arbeitete aber nur wenige Jahre in diesem Beruf. Nach der Restauration der Monarchie 1815 begann er an der École Polytechnique Analysis zu lehren und wurde im Jahr darauf Mitglied der Akademie der Wissenschaften. Er war ein überzeugter Anhänger der Bourbonen und ein konservativer Katholik und ging daher nach der Revolution von 1830 freiwillig nach Turin und Prag ins Exil, wo er den Sohn des abgesetzten Karl X. in Mathematik unterrichtete. 1838 kehrte er nach Paris zurück, mußte aber erst die nächste Revolution (1848) abwarten, bevor er einen neuen Lehrstuhl bekam, diesmal an der Faculté des Sciences. Cauchy schrieb 5 Lehrbücher und mehr als 800 Aufsätze und ist daher nach Euler der produktivste Mathematiker, der je gelebt hat. Er erbrachte wichtige Beiträge zu so verschiedenen Gebieten wie der komplexen Funktionentheorie, der Algebra (Permutationen), der Fehlertheorie, der Himmelsmechanik und mathematischen Physik, insbesondere der Elastizitätstheorie und Optik. (Belhoste 1991)

6 Grundlagen der Analysis im 19. Jahrhundert

Seine Beiträge zu den Grundlagen der Analysis standen im Zusammenhang mit seiner 15jährigen Lehrtätigkeit an der École Polytechnique. Zu Beginn dieser Zeit verlangte der Lehrplan, daß der Lehrende vor der Differential- und Integralrechnung die sogenannte „algebraische Analysis" vortrug, die mehr oder weniger dem 1. Band von Eulers *Introductio* entsprach. Cauchy veröffentlichte seine Version dieser Vorlesung 1821. Sie trug den Titel *Cours d'Analyse de l'École Royale Polytechnique. Première partie. Analyse algébrique.* Im Folgejahr wurde der Lehrplan stark verändert, und dieser Teil des *Cours d'Analyse* wurde kräftig beschnitten und schließlich ganz gestrichen. Daher schrieb Cauchy statt einem 2. Band seines *Cours d'Analyse* ein *Résumé des leçons données a l'Ecole Royale Polytechnique sur le calcul infinitésimal, tome premier* (1823), und schließlich 1829 *Leçons sur le calcul différentiel* (Cauchy 1829/1836; Gilain 1989).

Als Lehrer war Cauchy nur ein begrenzter Erfolg. Die meisten seiner Studenten schätzten seinen theoretischen Stil nicht und sogar seine Kollegen und Vorgesetzten kritisierten häufig, daß er zu lange grundlegende Details der einführenden Teile des Kurses behandele auf Kosten der angewandten Teile. Durch seine Lehrbücher allerdings machte genau dieses Beharren auf den Grundlagen Cauchy als Initiator der Bewegung zur Strenge berühmt.

Für einen modernen Leser, der Cauchys Definitionen studiert (vgl. „Cauchys Definitionen..."), mag dies seltsam erscheinen. Ihm mögen diese Definitionen weitschweifig, unbestimmt und nicht besonders streng erscheinen. Wir vermissen unsere Quantoren, unsere ε' s, δ' s, N' s und in den meisten Fällen die Ungleichungen. Wie jedoch insbesondere von Grabiner (1981) gezeigt wurde, sind alle diese Bestandteile eindeutig vorhanden, wenn Cauchy seine Begriffe in Beweisen verwendet. Besonders die komplizierten Beweise sind im Erscheinungsbild verblüffend modern. So kommt man zu einem besseren Verständnis, wenn man studiert, wie die Grundbegriffe bei Cauchy verwendet wurden. In der Tat unterscheidet sich Cauchys Analysis, wie Grabiner (1981), Dhombres (1992), Bottazzini (1990) und andere aufgezeigt haben, mehr in ihrem gesamten Aufbau als in den Einzelelementen von ihren Vorläufern. So hatte zum Beispiel Euler stetige Funktionen als durch einen analytischen Ausdruck gegeben definiert und angedeutet, daß der Kalkül auf solche Funktionen anwendbar sei, aber vielleicht nicht so eindeutig auf unstetige Funktionen. Es fällt jedoch schwer, eine spezifische Stelle in Eulers Lehrbüchern zu finden, wo genau dieser Unterschied im Beweis entscheidend ist. Cauchy hingegen definierte einen neuen Begriff der Stetigkeit, der insofern höchst einsatzfähig war, als er präzise bei mehreren Beweisen benutzt wurde, zum Beispiel bei der Existenz des Integrals und der Lösung von Funktionalgleichungen.

Doch selbst, wenn man im Zusammenhang liest, ist Cauchy schwer in Gänze zu retten. Es bleibt eine gewisse Unbestimmtheit in mehreren seiner Definitionen und gewisse Probleme in einigen seiner zentralen Beweise, die erst durch die spätere Entwicklung seiner Ideen gelöst werden konnten. Wir werden jetzt Cauchys zentrale Begriffe nacheinander erörtern. Dabei wollen wir feststellen, wie neu sie waren, wo ihr Ursprung war, und wie sie in die Gesamtstruktur seiner Analysis passen, wobei wir sie mit modernen Begriffen vergleichen und bestimmte unklare Punkte und problematische Beweisführungen herausarbeiten. Zur Herkunft wendet Grattan-Guinness (1970a) ein, daß Cauchy einige Ideen aus einem Aufsatz von Bolzano (1817/1905) „gestohlen" habe (vgl. unten). Diese Behauptung wurde von mehreren Historikern zurückgewiesen (siehe z. B. Freudenthal 1971), und wie wir noch sehen werden, gibt es wirklich keinen Grund für die Annahme, Cauchy schulde Bolzano etwas. Es gibt genug Ähnlichkeiten zwischen den Arbeiten von Euler, Lagrange, Lacroix, Poisson und dem jungen Cauchy, um natürliche Wurzeln von Cauchys Begriffen, Theoremen und Beweisen anzunehmen (vgl. insbesondere Grabiner 1981 und Bottazini 1986).

Bevor wir mit der detaillierten Analyse beginnen, muß darauf hingewiesen werden, daß der Titel *Analyse Algébrique* von Cauchys erstem Buch einen falschen Eindruck von seinem Ansatz vermitteln könnte. In der Einleitung charakterisierte Cauchy selbst seine neuen Methoden, indem er sich von der algebraischen Metaphysik, die Eulers und Lagranges Einführung in den Kalkül zugrundelag, distanzierte:

> Was die Methoden anbetrifft, so bin ich bemüht gewesen, dieselben mit derjenigen Strenge zu geben, welche man in der Geometrie fordert, wo man keineswegs alle aus der algebraischen Allgemeingültigkeit entspringenden Beziehungen beachtet. Obwohl Beziehungen dieser Art sehr häufig angenommen werden, so vor allem bei dem Übergange von den convergenten zu den divergenten Reihen, bei dem von den reellen Zahlgrößen zu den imaginären Ausdrücken, so scheint es mir, daß derartige Induktionen, wenn man auch durch dieselben häufig zu richtigen Resultaten geführt wird, dennoch wenig verträglich mit der so arg gerühmten Strenge der mathematischen Wissenschaften sind. Man dürfte wohl gewahr werden, daß sie dazu führen, den algebraischen Formeln eine beliebige Ausdehnung zu geben, während in Wirklichkeit die meisten Formeln nur unter gewissen Bedingungen und nur für gewisse Werte der in ihnen enthaltenen Zahlgrößen Gültigkeit behalten. (Cauchy 1821/1885, V - VI)

Euler scheint der Meinung gewesen zu sein, daß jeder algebraische Ausdruck eine natürliche Bedeutung für alle komplexen Werte der Variablen hat; Aufgabe des Mathematikers ist es, diese Werte zu finden, auch wenn das in Fällen wie $(-2)^z$ für ein irrationales z unmöglich ist. Cauchy dagegen beharrte darauf, daß analytische Ausdrücke nur dort Werte haben, wo wir sie definiert haben. Wenn wir analytische Ausdrücke über die Grenzen hinaus erweitern wollen, mit denen sie ursprünglich definiert wurden, ist eine neue *Definition* erforderlich. Wie wir im vorigen Abschnitt gesehen haben, betonte Cauchy dies besonders für den Fall, daß wir eine reelle Funktion in den komplexen Bereich erweitern wollen. In der Einleitung zum *Cours d'Analyse* erwähnte er dies als eine der Behauptungen, die seine Leser vielleicht nur schwer akzeptieren würden. Wir sehen also, daß Cauchy zwar den Funktionsbegriff bis zu einem gewissen Grad mit dem Begriff eines analytischen Ausdrucks verwechselte, aber die Allgemeinheit dieser Ausdrücke nicht akzeptierte, die für Eulers und Lagranges Metaphysik der Analysis von zentraler Bedeutung war.

6.3.1 Variablen und Grenzwerte

Cauchy distanzierte sich von Euler bereits in seiner Definition einer variablen Größe (vgl. „Cauchys Definitionen..."). Euler definierte sie als „eine unbestimmte oder eine allgemeine Zahlgröße, welche alle bestimmten Werte ohne Ausnahme in sich begreift" (Euler 1748, 1. Kap., § 2). Cauchys Variablen nehmen verschiedene Werte an, aber nicht unbedingt alle, d. h. sie können auf ein bestimmtes Intervall begrenzt werden. Ein weiterer Unterschied liegt darin, daß Cauchys Begriff dynamisch ist, während der von Euler dem modernen Begriff eines beliebigen oder generischen Elements einer Menge nahekommt. Insbesondere können Cauchys Variablen Grenzen haben. Dies mutet den heutigen Leser seltsam an, der gewohnt ist, der zusammengesetzten Aussage

$$f(x) \to a \text{ für } x \to b \tag{6.8}$$

eine Bedeutung zu geben, aber nicht den Aussagen $f(x) \to a$ oder $x \to b$ getrennt. Doch verschwindet der Unterschied zwischen Cauchy und der heutigen Auffassung fast ganz, wenn wir betrachten, wie Cauchy den Grenzbegriff benutzte. Wenn er auf die Folgen s_n angewandt wird, wird immer angenommen, daß n gegen unendlich geht, und auch in anderen Fällen (vgl. z. B. die Definition der Stetigkeit) sind tatsächlich immer zwei Variablen im Spiel, von denen eine eine Funktion der anderen ist, so daß (6.8) beschreibt, was Cauchy im Sinn hatte. Man betrachte zum Beispiel den folgenden Satz:

2. Satz: Wenn das Verhältnis

$$\frac{f(x+1)}{f(x)}$$

sich der Grenze k nähert, während x beliebig zunimmt, und $f(x)$ für sehr große Werte von x positiv ist, so wird der Ausdruck

$$[f(x)]^{\frac{1}{x}}$$

sich gleichzeitig derselben Grenze nähern. (Cauchy 1821/1885, 37)

Es gibt keinen Zweifel an der Bedeutung der Terminologie, besonders nicht, wenn man den Beweis liest, der wie folgt anfängt:

Beweis: Machen wir zunächst die Voraussetzung, daß die notwendig positive Zahlgröße k einen endlichen Wert habe, und bezeichnen wir mit ε eine beliebig kleine Zahl. Da nun für wachsende Werte von x sich das Verhältnis

$$\frac{f(x+1)}{f(x)}$$

der Grenze k nähert, so kann man immer der Zahl h einen so großen Wert beilegen, daß, wenn x gleich oder größer als h ist, das Verhältnis, um welches es sich hier handelt, beständig zwischen den Grenzen

$$k - \varepsilon, k + \varepsilon$$

liegt. (Cauchy 1821/1885, 37)

Wie von Grabiner (1981) hervorgehoben, hat Cauchy hier mit allen Quantoren, ε's, N's und Ungleichungen zum Ausdruck gebracht, was seine Definition bedeuten sollte, und wir erkennen, daß sie zumindest hier genau unserem heutigen Begriff des Grenzwerts entspricht. Schon d'Alembert (und sogar Newton) hatten die Differentialrechnung auf einem Begriff des Grenzwertes von (geometrischen) Größen oder Variablen aufgebaut, doch Cauchy präzisierte die früheren Ideen und veränderte sie. Zum Beispiel war es üblich zu betonen, daß eine Variable ihren Grenzwert nicht übertreffen oder mit ihm gleich werden könne. Cauchy beseitigte solche unnötigen Einschränkungen.

Zumindest in einer Hinsicht unterscheidet sich Cauchys Begriff des Grenzwertes von unserem heutigen: Cauchy gestattete bisweilen einer Variablen (oder Folge) mehr als einen Grenzwert zu haben. So formulierte er zum Beispiel das Wurzelkriterium für eine Reihe mit positiven Ausdrücken wie folgt (in der Schreibweise von (6.3) und (6.4)):

6 Grundlagen der Analysis im 19. Jahrhundert

1. Satz: Man suche die Grenze oder die Grenzen, denen sich der Ausdruck

$$(u_n)^{1/n}$$

nähert, wenn n beliebig wächst und bezeichne mit k die größte dieser Grenzen, oder mit anderen Worten die Grenze der größten Werte des Ausdruckes, von dem hier die Rede ist. Dann wird die Reihe (1) (6.3) convergent sein, wenn $k < 1$, und divergent, wenn $k > 1$. (Cauchy 1821/1885, 91)

Im Verlauf des Beweises wird klar, daß erstens für jedes $U > k$ ein n_o existiert, so daß $(u_n)^{1/n}$ für $n \geq n_0$ kleiner als U wird, und zweitens, daß für jedes $U < k$ beliebig große Zahlen n existieren, so daß $(u_n)^{1/n} > U$ wird. Daher bedeutet „Grenzwert" in diesem Fall nichts anderes als „Häufungspunkt", und der größte Grenzwert k ist genau das, was wir lim sup nennen. In den meisten anderen Fällen, zum Beispiel in Cauchys Definition der Summe einer Reihe, wird davon ausgegangen, daß es nur einen Grenzwert geben kann.

6.3.2 Unendlich kleine Zahlgrößen

Cauchy schreibt, daß eine Variable mit 0 als Grenzwert unendlich klein *wird*. Dies läßt natürlich die Frage offen, was eine unendlich kleine Zahlgröße *ist*. Im folgenden nimmt Cauchy jedoch einfach an, daß eine gegen 0 gehende Variable eine unendlich kleine Größe sei; zum Beispiel:

Angenommen, es sei α eine unendlich kleine Zahlgröße, d.h. eine Veränderliche, deren numerischer Wert beliebig abnimmt. (Cauchy 1821/1885, 19)

Infinitesimale Größen wurden von Cauchy an mehreren Stellen seines Buches *Cours d'Analyse* und anderer Lehrbücher benutzt (z. B. bei der Definition der Stetigkeit) und ebenso in seinen Aufsätzen. Ihre Rolle in Cauchys strengem Kalkül ist vor kurzem erörtert worden. Die auch von Grabiner übernommene Standardinterpretation lautet, daß der Grenzwertbegriff der zentrale ist, während unendlich kleine Größen nur als nützliche Abkürzungen von Variablen mit dem Grenzwert 0 auftreten. Belhoste (1991, 65, 70) hat vorgebracht, Cauchy habe die Infinitesimalen in seiner Vorlesung einführen müssen, weil der Lehrplan der Schulen und einige andere Lehrkräfte verlangten, daß er diesen Zugang zum Kalkül verwenden sollte, anstatt Grenzwerte zu benutzen (vgl. auch Gilain 1989).

Laugwitz (1989) bezeichnet diese Interpretation als „lächerlich". Er verweist darauf, daß Cauchy sonst dem Druck seiner Kollegen nicht nachgab und hebt hervor, daß Cauchy in seinem *Avertissement* von (1823) die Verwendung von Infinitesimalen als Hauptziel formuliert:

Mein Hauptziel war, die Strenge, die ich mir in meinem *Cours d'Analyse* zum Gesetz gemacht hatte, durch die Einfachheit, die sich aus der direkten Betrachtung der unendlich kleinen Zahlgrößen ergibt, auszugleichen. (Cauchy 1823, Vorwort)

Gegenüber der üblichen Standardlesart von Cauchy bieten Laugwitz wie Robinson (1967) und in gewissem Umfang Lakatos (1978) eine Non-Standard-Lesart. Non-Standard-Analysis ist eine neuere Theorie der Infinitesimalen, die von Robinson und in anderer Form von Laugwitz und Schmieden (1958) begründet wurde. In dieser Lesart sind unendlich kleine Größen (und nicht Grenzwerte) die grundlegenden Begriffe. Insbesondere behaupten Laugwitz und Robinson, daß Cauchys Variablen nicht nur alle Werte durchlaufen, die unseren modernen reellen Zahlen entsprechen, sondern auch unendlich kleine Zahlen, ebenso wie Summen reeller Zahlen und Infinitesimale. Auf diese Weise kann man viele von Cauchys problematischen Sätzen und Beweisen retten. Ich finde eine solche Neubewertung Cauchys interessant, weil sie verdeutlicht, wie Mathematikhistoriker früher unbewußt die modernen Ideen nach Weierstraß in Cauchys Arbeit hineingelesen haben. Allerdings bin ich nicht überzeugt, daß es besser ist, Ideen der Non-Standard-Analysis in Cauchy hineinzulesen. Als Cauchy nämlich variable Größen als solche bestimmte, die über mehrere „Werte" laufen, hatte er die Infinitesimalen noch nicht definiert, sondern nur Zahlen, die „Größen" messen und „Zahlgrößen", das sind Zahlen, denen lediglich ein plus- oder minus-Zeichen vorangestellt ist. Wenn daher die Non-Standard-Lesart von Cauchy richtig sein sollte, dann sollten „Größen" nicht-archimedisch angeordnet sein, und das steht zur Euklidischen Theorie im Widerspruch. Außerdem ist schwer zu erklären, warum Infinitesimale *hinterher* als gegen Null gehende Größen definiert werden.

Cauchys Akzeptanz der Infinitesimalen war für einen Vertreter der Strenge nicht naheliegend. Tatsächlich waren diese Größen von 1780 an allgemein als nicht streng verworfen worden. So hatte Lacroix zum Beispiel in seinem *Traité élementaire* (1820) Grenzwerte, aber keine Infinitesimalen benutzt. Cauchy erkannte die Einfachheit der Infinitesemalen an, definierte sie aber neu. Eulers und Leibniz' Infinitesimale sind eher konstant, während Cauchy sich dafür entschied, sie als Variablen einer besonderen Art zu definieren. Die Anregung zu diesem Schritt könnte er von Carnot (1797) erhalten haben (vgl. Laugwitz 1989, 205). Außerdem spielte Cauchy den Begriff der Infinitesimalen in einer grundlegende Hinsicht herunter, nämlich in seiner Definition der Differentiale. Diese waren von Leibniz und Euler als unendlich kleine Größen angesehen worden, deren Verhältnis dem entsprach, was Lagrange die abgeleitete Funktion nannte. Cauchy dagegen beharrte darauf, daß Differentiale endliche Größen seien (vgl. Cauchy 1831, zitiert in Laugwitz 1989, 205). Wir werden unten noch auf seine Definition zurückkommen.

6.3.3 Stetigkeit

Der neuartigste und vielleicht wichtigste Begriff in Cauchys *Cours d'Analyse* ist der Begriff der Stetigkeit (vgl. „Cauchys Definitionen..."), der sich verblüffend von dem weithin anerkannten Eulerschen Begriff unterschied. Eulers Begriff war seiner Natur nach algebraisch und global, Cauchys Begriff dagegen war, was wir anachronistisch als topologisch und lokal bezeichnen könnten. Dieser Schritt vom Globalen zum Lokalen stand durchaus im Einklang damit, daß Cauchy die „Allgemeinheit der Algebra" verwarf. Eulers Begriff mußte für jeden verdächtig aussehen, der Fouriers Ideen übernommen hatte (vgl. Abschnitt 7.1.2). Tatsächlich würde die Fourier-Reihe einer Eulerschen unstetigen Funktion wie $|x|$ (außerhalb $[-\pi,\pi]$ passend fortgesetzt) einen analytischen Ausdruck ergeben (in Eulers Terminologie), nämlich einen Ausdruck der Form:

$$f(x) \approx \frac{1}{2\pi} \int_{-\pi}^{\pi} f(\alpha)\,d\alpha + $$
$$+ \frac{1}{\pi} \sum_{n=1}^{\infty} \left(\cos nx \int_{-\pi}^{\pi} f(\alpha) \cos n\alpha\,d\alpha + \sin nx \int_{-\pi}^{\pi} f(\alpha) \sin n\alpha\,d\alpha \right), \quad (6.9)$$

und $|x|$ wäre damit in Eulers Sinne stetig. Später zeigte Cauchy mit anderen Beispielen wie

$$f(x) = \begin{cases} x & \text{for } x \geq 0 \\ -x & \text{for } x \leq 0 \end{cases} = \sqrt{x^2} = \frac{2}{\pi} \int_0^\infty \frac{x^2 dt}{t^2 + x^2} \quad (6.10)$$

daß „eine einfache Veränderung der Notation ausreicht, um eine stetige Funktion in eine unstetige Funktion zu verwandeln, und umgekehrt" (Cauchy 1844, 145). Wenn man also nicht akzeptieren will, daß die Stetigkeit einer Funktion davon abhängt, wie diese niedergeschrieben wird, muß man Eulers Begriff als mehrdeutig verwerfen. Fourier ging nicht ganz so weit, wohl aber Cauchy. Woher bekam Cauchy seine alternative Definition? Funktionen mit Sprüngen waren von Arbogast in seiner eher geometrischen Untersuchung der Natur der Lösungen partieller Differentialgleichungen (1791) studiert und als *discontigue* (vgl. Kapitel 4) bezeichnet worden. Außerdem wurde Eulers Definition der Stetigkeit, obwohl weit verbreitet, nicht konsequent angewandt. Zum Beispiel schrieb Lagrange den stetigen Funktionen eine Eigenschaft zu, die der späteren Definition Cauchys nicht ganz unähnlich war. In (1797, § 14) versuchte er zu beweisen, daß man h in der Potenzreihe für $f(x + h)$-$f(x)$ einen so kleinen Wert zuweisen kann, daß jedes Glied der Reihe größer als die Summe der verbleibenden Glieder ist. Hierzu bemerkte er, daß eine gewisse Funktion $h \cdot P$, die für $h = 0$ Null ist, von diesem Punkt an „stetig" ist:

> ... Sie wird sich also der Axe, ehe sie sie schneidet, immer mehr nähern und ihr folglich bis auf eine Entfernung nahe kommen, die kleiner ist, als jede gegebene Grösse, so dass sich immer eine Abscisse angeben lässt, deren Ordinate kleiner ist, als jede gegebene Grösse. Alle noch kleinere k entsprechen also Ordinaten, die noch kleiner sind als die gegebene Grösse. (Lagrange 1797/1823, 27)

Lagrange beginnt hier mit einer Zunahme der abhängigen Variablen und fordert, daß dieser eine Zunahme der unabhängigen Variablen entspricht (Bottazzini 1990, XXIV - XXV). Er kommt daher unserer heutigen Formulierung noch näher als Cauchy. Wie wir in Abschnitt 6.2 gesehen haben, verwendete auch Fourier eine ähnliche Eigenschaft.

In seinen frühen Untersuchungen über bestimmte Integrale (vgl. Kapitel 8) entdeckte Cauchy die Bedeutung der von ihm später so genannten Stetigkeit für die Gültigkeit des Hauptsatzes der Differential- und Integralrechnung:

$$\int_{b'}^{b''} \varphi'(z)dz = \varphi(b'') - \varphi(b'). \tag{6.11}$$

Nach der Formulierung dieser Gleichheit bemerkte er:

> Dieses Theorem gilt nur für den Fall, wo die gefundene Funktion [φ] kontinuierlich zwischen den zwei angegebenen Grenzen zunimmt oder abnimmt. Doch wenn die gefundene Funktion plötzlich von einem Wert zu einem anderen springt, während man die Variable *unmerklich* zwischen den Grenzen der Integration wachsen läßt, dann muß die Differenz zwischen diesen beiden Werten von dem bestimmten Integral, wie es gewöhnlich genommen wird, abgezogen werden, und jeder dieser plötzlichen Sprünge, den die gefundene Funktion machen kann, erfordert eine Korrektur derselben Art. (Cauchy 1814, Einleitung)

Später in seinem Aufsatz formalisierte er das: Wenn Z ein Punkt ist, an dem φ springt, dann

> ... erhält man, indem man mit ζ eine sehr kleine Größe bezeichnet,

$$\varphi(Z+\zeta) - \varphi(Z-\zeta) = \Delta, \tag{6.12}$$

> und der gewöhnliche Wert des bestimmten Integrals, nämlich
>
> $\varphi(b'') - \varphi(b')$,
>
> muß um die Größe Δ ... verringert werden (Cauchy 1814, 2. Teil, § 3).

So erkannte Cauchy schon früh, daß im Gegensatz zu Eulers Begriff der Stetigkeit die Eigenschaft, ob Sprünge vorhanden sind oder nicht, von unmittelbarer Bedeutung war, um Sätze über Funktionen zu beweisen, und er formulierte einen Ausdruck für den Sprung, der seine spätere Definition der Stetigkeit vorwegnahm. Während jedoch die von Lagrange beschriebene Eigenschaft der punktweisen Stetigkeit entspricht, definierte Cauchy einen solchen Begriff in seinem *Cours d'Analyse* nicht. Zwar definierte er Unstetigkeit punktweise; Stetigkeit aber in einem Intervall, möglicherweise in der Umgebung eines Punktes. Auf diese Art behielt Cauchy etwas von der anschaulichen und philosophischen Idee der Stetigkeit bei. Tatsächlich ist es unklar, welche Eigenschaft durch eine Funktion fortgesetzt werden soll (*continué*), die nur in einem Punkt stetig ist (*continue*). Zugleich gab er eine Charakterisierung der Stetigkeit, die für mehrere seiner späteren Beweise wesentlich war.

In den letzten Jahren wurde erörtert, was Cauchy genau mit Stetigkeit gemeint habe: Meinte er punktweise oder gleichmäßige Stetigkeit, oder etwas anderes? Cauchy gibt sogar zwei Definitionen, zuerst eine ohne und dann eine mit Infinitesimalen (vgl. „Cauchys Definitionen..."). Die erste Definition nimmt sehr klar auf den Wert der Variablen x Bezug und besagt, daß $f(x+\alpha)-f(x)$ mit α gegen Null geht. Dies klingt verdächtig nach punktweiser Stetigkeit. In der zweiten Formulierung ist nicht von einem spezifischen Wert von x, sondern von der Zunahme der „Funktion" die Rede. Dies läßt sich als gleichmäßige Stetigkeit interpretieren. Die Definition scheint zwiespältig. Wenn wir dasselbe Verfahren wie bei unserer Analyse von Cauchys Begriff des Grenzwerts anwenden und betrachten, wie er den Stetigkeitsbegriff verwendete, scheint Gleichmäßigkeit selbstverständlich zu sein. So zum Beispiel schrieb Cauchy nicht, daß eine Funktion wie $\frac{a}{x}$ im Intervall $(0, \infty)$ stetig ist (was falsch wäre, wenn Stetigkeit gleichmäßige Stetigkeit bedeuten würde). Statt dessen schrieb er, sie sei stetig in einer Umgebung jedes Punktes in diesem Intervall, was richtig ist, wenn wir an gleichmäßige Stetigkeit denken. Außerdem und viel zwingender verwandte er die gleichmäßige Stetigkeit in zweien seiner Beweise, 1) dem Beweis der Existenz des Integrals einer stetigen Funktion (vgl. unten), und 2) in starker Form beim Beweis des folgenden Satzes:

1. Satz: Wenn die Veränderlichen x, y, z ... die gegebenen und bestimmten Zahlgrößen X, Y, Z ... zu ihren respectiven Grenzen haben, und wenn die Funktion $f(x, y, z ...)$ in Beziehung auf jede der Veränderlichen x, y, z ... in der Umgebung des besonderen Wert-Systems

$x = X, y = Y, z = Z ...$

eine stetige Funktion ist, so hat $f(x, y\ z\ ...)$ die Grenze $f(X, Y, Z ...)$. (Cauchy 1821/1885, 26-27)

Für Cauchy ist der Beweis einfach. Er bemerkt, daß der numerische Wert von

$$f(X+\alpha,Y,Z,...) - f(X,Y,Z,...)$$
und $f(X+\alpha,Y+\beta,Z,...) - f(X+\alpha,Y,Z,...)$
und $f(X+\alpha,Y+\beta,Z+\gamma,...) - f(X+\alpha,Y+\beta,Z,...)$ etc.

„mit den veränderlichen Zahlgrößen α, β, γ, ... zugleich beliebig abnehmen werden" und damit auch der Zahlenwert von

$$f(X+\alpha,Y+\beta,Z+\gamma,...) - f(X,Y,Z,...).$$

Damit dieser Beweis funktioniert, scheint man eine gewisse Gleichmäßigkeit in der Kleinheit von zum Beispiel

$$f(X,Y,Z+\gamma,...) - f(X,Y,Z,...)$$

im Hinblick auf die Variablen X, Y... annehmen zu müssen. Aus diesen Gründen behauptet Giusti (1984), Cauchy habe die gleichmäßige Stetigkeit definiert. Die infinitesimale Lesart Cauchys kann zum gleichen Resultat führen. Außerdem ist es interessant festzustellen, daß Ampère, der viele von Cauchys Begriffen und Methoden für seine Lehrtätigkeit an der École Polytechnique übernahm, Cauchys Definition so formulierte, daß sie unfraglich der gleichmäßigen Stetigkeit entsprach (Ampère 1824, 11 - 12).

6.3.4 Summe einer Reihe

Im 17. Jahrhundert war der Begriff der „Konvergenz" von Reihen in mehreren Bedeutungen gebraucht worden, darunter einer, bei der die Glieder der Reihe gegen Null gehen, einer anderen, bei der die Teilsummen s_n (6.4) einem bestimmten Grenzwert zustreben. Letztere Definition wurde bisweilen von Euler in seinen *Institutiones Calculi Differentialis* (1755, § 110) gebraucht. Cauchy war daher nicht besonders revolutionär, wenn er die letztere Defintion in seinem *Cours d'Analyse* aufgriff. Neu war seine ziemlich strenge Anwendung der ε - N - Charakterisierung der Konvergenz in mehreren seiner Beweise und besonders seine Behauptung, daß divergente Reihen keine Summen haben. Tatsächlich hatten im vorangegangenen Jahrhundert die Mathematiker mit divergenten Reihen frei operiert, und Euler hatte sogar versucht, eine Definition ihrer Summen zu formalisieren (vgl. Kapitel 4). Aus diesem Grund war sich Cauchy darüber klar, daß es die mathematische Gemeinschaft schockieren würde, wenn er behauptete, daß divergente Reihen keine Summen hätten (vgl. Einleitung in den *Cours d'Analyse*, Cauchy 1821/1885, iv).

6 Grundlagen der Analysis im 19. Jahrhundert

Auf diesem Hintergrund wurde es erforderlich, die Konvergenz von Reihen untersuchen zu können, ohne unbedingt ihre Summen zu kennen. Zu diesem Zweck bewies Cauchy mehrere Konvergenztests. Der erste und grundlegende ist das berühmte Cauchysche Kriterium. Er machte zuerst klar, daß das n-te Glied einer konvergenten Reihe gegen Null gehen muß,

... aber diese Bedingung genügt nicht, es ist außerdem noch erforderlich, daß bei zunehmenden Werten von n die verschiedenen Summen

$u_n + u_{n+1}$,

$u_n + u_{n+1} + u_{n+2}$,

usw. ...

das heißt die aus den Zahlgrößen

u_n, u_{n+1}, u_{n+2}, usw. ...

gebildeten Summen - wobei man mit der ersten beginnt und diese in beliebiger Anzahl nimmt - selbst numerische Werte liefern, welche kleiner als jede angebbare Grenze sind. Umgekehrt wird man, wenn diese verschiedenen Bedingungen erfüllt sind, sicher sein, daß die Reihe konvergiert. (Cauchy 1821/1885, 86 - 87)

Cauchy bewies also, daß eine konvergente Reihe eine Cauchy-Reihe ist (ihre Teilsummen s_n bilden eine Cauchy- oder Fundamental-Folge). Als er aber zur Umkehraussage kam, die in der modernen Theorie die tiefere ist, winkte er lediglich ab. In der modernen Behandlung wird sie aus der Vollständigkeit der reellen Zahlen abgeleitet (und kann sogar als Definition der Vollständigkeit aufgefaßt werden), die entweder als Axiom postuliert werden muß oder sich aus einer Konstruktion der reellen Zahlen ergibt. In Cauchys Arbeit findet sich weder der eine noch der andere Ausweg, und es hilft auch nicht, sich auf den zugrunde liegenden Begriff der Größen zu berufen, weil Euklid keine Axiome kennt, die die Vollständigkeit seines Größensystems gewährleisten.

Die fehlende Behandlung der Vollständigkeit ist eine Lücke, die in Cauchys Analysis an mehreren anderen Stellen auftritt, besonders bei seinem Beweis des Zwischenwertsatzes und dem Existenzbeweis des Integrals einer stetigen Funktion.

Wenn wir dieses Problem vernachlässigen, ist Cauchys Behandlung der Konvergenz beispielhaft. Er formulierte das Majorantenkriterium nicht explizit, sondern verwandte es für eine bestimmte Reihe und bewies es in diesem Fall durch Berufung auf das Cauchy-Kriterium. Durch Vergleich mit einer geometrischen Reihe leitete er daraus das Wurzelkriterium ab (den Anfang dieses Beweises habe ich oben zitiert), und benutzte schließlich den in Abschnitt 6.3.1 zitierten Satz, um das Quotientenkriterium aus dem Wurzelkriterium zu gewinnen. Er stellte noch weitere Kriterien auf.

Diese Konvergenztests waren durchaus nicht neu. So wird zum Beispiel d'Alembert häufig wegen seiner Verwendung des Quotientenkriteriums zitiert, und das Majorantenkriterium ist als offensichtlich betrachtet worden. Neu sind die strengen Beweise dieser Tests und die ihnen beigemessene grundlegende Bedeutung.

Das berühmteste Problem in Cauchys Aufbau der Analysis ist das folgende, in dem seine beiden Begriffe Konvergenz und Stetigkeit verknüpft werden:

1. Satz: Wenn die einzelnen Glieder der Reihe (1) (6.3) Funktionen derselben Veränderlichen x sind, und zwar stetig in Beziehung auf diese Veränderliche in der Umgebung eines besonderen Wertes, für welchen die Reihe convergent ist, so ist auch in der Umgebung dieses besonderen Wertes die Summe s der Reihe eine stetige Funktion von x. (Cauchy 1821/1885, 90)

Cauchys Beweis geht wie folgt: Man stelle die Summe der Reihe s als die Summe

$$s = s_n + r_n \qquad (6.13)$$

dar, wobei s_n die n-te Teilsumme ist.

Unter dieser Voraussetzung wollen wir untersuchen, welche Zunahmen diese drei Funktionen erfahren, wenn man x um eine unendlich kleine Zahlgröße α wachsen läßt. Die Zunahme von s_n ist für alle möglichen Werte von n eine unendlich kleine Zahlgröße, und die von r_n wird kaum wahrnehmbar sein, wenn man dem n in r_n sehr große Werte beilegt. Die Zunahme der Funktion s wird demnach nur eine unendlich kleine Zahlgröße sein können. (Cauchy 1821/1885, 90)

Traditionelle Mathematikhistoriker charakterisieren dieses Theorem und seinen Beweis als falsch, weil er in der modernen Bedeutung seiner Ausdrücke falsch ist. Andererseits ist durchaus bekannt, daß Cauchys Schlußfolgerung zutrifft, wenn wir annehmen, daß die Reihe in der Umgebung von x gleichmäßig konvergiert. Daher haben neuerdings mehrere Historiker Cauchy verteidigt, indem sie behaupteten, dieser habe gleichmäßige Konvergenz gemeint (zum Beispiel Giusti (1984); die Non-Standard-Lesart Cauchys führt zu einem ähnlichen Schluß), oder vielleicht etwas anderes (vgl. die neue Lesart Cauchys in Spalt (1992)). In diesem Zusammenhang ist es unmöglich, sich auf eine Definition Cauchys zu beziehen, da er die Summe einer Reihe von Funktionen nicht getrennt definiert. Allerdings ist es schwer, Cauchy völlig zu retten, weil er später selbst anerkannte, daß sein Theorem „nicht ohne Einschränkung zugelassen werden kann" (Cauchy 1853). Man kann sich daher kaum der Schlußfolgerung entziehen, daß Cauchys Begriffe an dieser Stelle etwas unbestimmt waren. Bald nach seiner Veröffentlichung fand das problematische Theorem die Aufmerksamkeit mehrerer Mathematiker, und die daraus folgenden Analysen präzisierten den Gedanken der Gleichmäßigkeit. Auf diese Entwicklung werde ich unten noch zurückkommen.

6.3.5 Ableitung

Cauchy entschied sich für Lagranges Begriff der „Ableitung" und seine Schreibweise f', verwarf aber Lagranges auf Potenzreihen beruhende Definition dieser Funktion. In seiner Argumentation gegen Lagranges Definition verwies er zuerst darauf, daß die Taylor-Reihe einer Funktion nicht zu konvergieren brauche, und daß sie zweitens selbst dann, wenn sie konvergiere, nicht notwendig die entwickelte Funktion darstellen müsse. Als Beispiel nannte er die Funktion

$$e^{-\frac{1}{x^2}},$$

der er in $x = 0$ den Wert 0 zuweist. Alle ihre Ableitungen in $x = 0$ sind Null, so daß ihre Taylor-Reihe an dieser Stelle ebenfalls Null ist. Sie ist daher überall konvergent, aber nur in $x = 0$ gleich der Funktion (Cauchy 1823, 229 - 230). Aus diesem Grund verschob Cauchy die Erörterung von Taylor-Reihen, bis er einen Ausdruck für den Rest angeben konnte, d. h. bis nach der Einführung des Integrals.

Statt dessen hielt sich Cauchy an Lacroix (1820) und definierte die Ableitung als den Grenzwert des Differenzenquotienten. Die Umformulierung im Sinne von Infinitesimalen stammt von ihm. Auch die Bedeutung des Differentials $df(x)$ entlehnte er mit einer leichten Abweichung Lacroix:

$$\lim_{\alpha \to 0} \frac{f(x + \alpha h) - f(x)}{\alpha} = df(x). \tag{6.14}$$

Er bewies dann, daß

$$df(x) = h \cdot f'(x). \tag{6.15}$$

Dabei betrachtete er h als endliche Konstante. (In der modernen Theorie denken wir uns h als Variable, so daß $df(x)$ eine lineare Funktion von h ist.) Da dx per Definitionem gleich $x' \cdot h = h$ ist, konnte Cauchy schreiben

$$df(x) = f'(x) \cdot dx \tag{6.16}$$

oder $f' = \dfrac{df(x)}{dx}$. (6.17)

So konnte Cauchy die Leibnizsche Terminologie verwenden, aber dennoch annehmen, daß die Differentiale endliche Größen und keine Infiinitesimalen sind.

Bei der Definition der Ableitung begann Cauchy mit der Annahme, daß f stetig ist: Nachdem er aber den Differenzenquotienten und seinen Grenzwert gebildet hatte, setzte er vorsichtig hinzu: „wenn es ihn gibt". Dies scheint die Bühne für die Einführung des Begriffs der Differenzierbarkeit vorzubereiten. Cauchy führte diesen Begriff aber nicht ein und nahm in den Folgekapiteln seines Buches einfach an, daß f stetig ist (oder er nahm überhaupt nichts an), auch wenn er es beliebig oft differenzierte. Es scheint, als sei Cauchy immer noch, wie die Mathematiker des 18. Jahrhunderts, in der Idee eines „sicheren Gebietes" befangen gewesen, in dem die Analysis mehr oder weniger allgemeine Geltung habe. Bei Euler und d'Alembert bestand dieses Gebiet aus allen Funktionen, bei Cauchy aus den stetigen. Eine ähnliche Verwirrung kennzeichnet Cauchys frühe Arbeiten über komplexe Funktionen. Erst um 1850 formulierte er einen Begriff der komplexen Differenzierbarkeit (vgl. Kap. 8).

6.3.6 Integral

Mit seiner Definition des Integrals (vgl. „Cauchys Definitionen...") brach Cauchy völlig mit seinen Vorläufern. Leibniz hatte Integrale als Summen von Infinitesimalen betrachtet, aber seit den Bernoullis war es üblich gewesen, die Integration als Umkehrung des Differenzierens zu definieren. So war das unbestimmte Integral zum Grundbegriff und die Integralrechnung zum Anhängsel der Differentialrechnung geworden. Fourier war der erste, der diese Auffassung änderte. Ihm wurde klar, daß er sich bei der Berechnung der Fourier-Koeffizienten für beliebige Funktionen f nicht mehr auf die Differentialrechnung verlassen konnte, da das Differenzieren von Funktionen, die nicht analytisch gegeben sind, unter Umständen keinen Sinn ergibt. Daher konzentrierte er sich auf das bestimmte Integral $\int_a^b f(x)dx$ (die Notation der Integrationsgrenzen oben und unten am Integralzeichen war tatsächlich Fouriers Einfall) und hob hervor, daß es die Fläche zwischen der Kurve und der Achse bedeute (Fourier 1822, § 229).

Cauchy („Cauchys Definitionen...") hielt sich an Fourier, als er sich auf das bestimmte Integral konzentrierte. Anstatt sich aber auf den vagen Begriff der Fläche zu beziehen, definierte Cauchy das bestimmte Integral als den Grenzwert einer „Links-Summe". Dies war viel präziser und gestattete ihm zu beweisen, daß das Integral für jede stetige Funktion existiert.

6 Grundlagen der Analysis im 19. Jahrhundert

Dieser Beweis ist eines der Meisterstücke von Cauchys Analysis. In bezug auf eine Partition

$$a < x_1 < x_2 < \cdots < x_{n-1} < b$$

des Intervalls [a, b] bildete Cauchy die „Links-Summe"

$$S_1 = (x_1 - a)f(a) + (x_2 - x_1)f(x_1) + \ldots + (b - x_{n-1})f(x_{n-1}). \tag{6.18}$$

Nach einem Theorem im *Cours d'Analyse* (Corollar zum Theorem 3 in den *Préliminaires*) ist diese Summe gleich $(b-a) \cdot M$, wobei M ein „Mittel" zwischen den Werten $f(a), f(x_1), \ldots, f(x_{n-1})$ ist. Da f stetig ist, muß M nach dem Zwischenwertsatz (vgl. Kapitel 6.4.2) von der Form

$$M = f\bigl(a + \theta(b - a)\bigr) \tag{6.19}$$

sein, wobei $0 \leq \theta \leq 1$. Daher ist

$$S_1 = (b - a)f\bigl(a + \theta(b - a)\bigr). \tag{6.20}$$

Cauchy unterteilte nun das Intervall [a, b] erneut und verglich den daraus resultierenden neuen Wert S_2 der Links-Summe mit dem alten S_1. Nach der obigen Argumentation läßt sich der Beitrag zu S_2 aus Intervallen innerhalb von $[a, x_1]$ wie folgt schreiben:

$$(x_1 - a)f\bigl(a + \theta_0(x_1 - a)\bigr), \tag{6.21}$$

wobei $0 \leq \theta_0 \leq 1$. Ähnlich mit den Beiträgen aus den Teilintervallen innerhalb der anderen Intervalle der ersten Teilung. Daher ist

$$\begin{aligned}S_2 =\ &(x_1 - a)f(a + \theta_0(x_1 - a)) + (x_2 - x_1)f(x_1 + \theta_1(x_2 - x_1)) + \ldots \\ &+ (b - x_{n-1})f(x_{n-1} + \theta_{n-1}(b - x_{n-1})).\end{aligned} \tag{6.22}$$

Indem er

$$f(a+\theta_o(x_1-a)) = f(a) \pm \varepsilon_o,$$
$$f(x_1+\theta_1(x_2-x_1)) = f(x_1) \pm \varepsilon_1, \quad (6.23)$$
$$\ldots$$
$$f(x_{n-1}+\theta_{n-1}(b-x_{n-1})) = f(x_{n-1}) \pm \varepsilon_{n-1},$$

setzte, erhielt Cauchy S_2 in der Form:

$$\begin{aligned}S_2 &= (x_1-a)f(a)+(x_2-x_1)f(x_1)+\ldots(b-x_{n-1})f(x_{n-1}) \\ &\quad \pm \varepsilon_0(x_1-a) \pm \varepsilon_1(x_2-x_1) \pm \ldots \pm \varepsilon_{n-1}(b-x_{n-1}) \\ &= S_1 + (b-a)M(\pm\varepsilon_0,\pm\varepsilon_1,\ldots,\pm\varepsilon_{n-1}),\end{aligned} \quad (6.24)$$

wobei $M(\pm\varepsilon_0,\pm\varepsilon_1,\ldots,\pm\varepsilon_{n-1})$ ein „Mittel" zwischen den $\pm\varepsilon$'s ist. Cauchy schreibt weiter:

„Fügen wir hinzu, daß wenn die Elemente $x_1-a, x_2-x_1, \ldots, b-x_{n-1}$ (d. h. die Länge der Intervalle der ursprünglichen Teilung) sehr kleine Werte haben, sich jede der Größen $\pm\varepsilon_0, \pm\varepsilon_1, \ldots, \pm\varepsilon_{n-1}$ sehr wenig von Null unterscheidet, und daß daher dasselbe für $[(b-a) M(\pm\varepsilon_0,\pm\varepsilon_1,\ldots,\pm\varepsilon_{n-1})]$ gilt... Danach ergibt sich, daß man den Wert von S, der für einen Teilungsmodus berechnet ist, in dem die Elemente der Differenz [b-a] sehr kleine Zahlenwerte haben, nicht merklich verändert, wenn man zu dem zweiten Modus übergeht, in dem jedes dieser Elemente sich in mehrere andere unterteilt findet." (Cauchy 1823, 124 - 125)

Cauchy verglich dann im folgenden die Links-Summen, die zwei beliebigen Partitionen von $[a,b]$ entsprechen, indem er eine gemeinsame Unterteilung konstruierte, die aus allen Punkten in jeder der beiden ursprünglichen Partitionen bestand. Hieraus schloß er, wie in „Cauchys Definitionen..." zitiert, daß bei immer feinerer Teilung die entsprechenden Links-Summen sich einander nähern und daher einen bestimmten Grenzwert erreichen, der als Integral bezeichnet wird. Der letzte Schritt erfordert offensichtlich eine Vollständigkeitseigenschaft. Außerdem sollten wir festhalten, daß Cauchy bei seinem Schluß, daß $M(\pm\varepsilon_0,\pm\varepsilon_1,\ldots,\pm\varepsilon_{n-1})$ für eine feine Unterteilung klein ist, sich auf die Definition der als gleichmäßig interpretierten Stetigkeit bezog.

Cauchy bewies auch den Hauptsatz der Differential- und Integralrechnung und verband dadurch seinen neuen Begriff des Integrals mit dem alten.

Warum veränderte Cauchy die Definition des Integrals, und woher könnte er die Idee dafür gewonnen haben? Wie wir in Abschnitt 6.3.3 gesehen haben, hatte Cauchy schon früh nachgewiesen, daß der Wert des bestimmten Integrals sich von der Differenz zwischen den Werten der Stammfunktion in den

6 Grundlagen der Analysis im 19. Jahrhundert

Endpunkten unterscheiden kann. Außerdem zeigten Arbeiten von ihm und Poisson, daß auch komplexe Integrale vom „Integrationsweg" abhängen können (vgl. Kap. 8). Dies könnte Cauchy auf die Idee gebracht haben, daß die Umkehrung der Ableitung keine tragfähige Grundlage für die Definition des Integrals ist. Bereits Euler und seine Zeitgenossen hatten Links-Summen zur näherungsweisen Bestimmung von Integralen benutzt, und Lacroix und Poisson hatten zu beweisen versucht, daß sie in einem geeigneten Sinne gegen das Integral konvergieren. Man kann viele Elemente von Cauchys Beweis in diesen Arbeiten finden, genau wie in Lagranges Beweis des Hauptsatzes der Analysis (vgl. Grabiner 1981, Kap. 6), und es ist sehr gut möglich, daß Cauchy aus diesen Quellen schöpfte. Indessen war seine Behandlung viel klarer und setzte nur den explizit formulierten Begriff der Stetigkeit voraus, während die älteren Argumentationen sich auf eine nicht ausdrücklich formulierte Existenz von f' und f'' und auf die Monotonie der Funktion gestützt hatten. Vor allem aber betrachtete Cauchy die Abschätzungen nicht mehr als ein numerisches Näherungsverfahren, sondern als eine Definition.

Dies verdeutlicht Grabiners Aussage, daß man die Ursprünge von Cauchys strengem Kalkül nicht in der formalen algebraischen Metaphysik des 18. Jahrhunderts suchen muß, sondern in den numerischen Verfahren dieser Epoche, aus denen eine „Algebra der Ungleichungen" hervorging.

Beim Integral führten die älteren Approximationsverfahren Cauchy auf eine Definition, die es ihm gestattete, die Existenz des Integrals für einen bestimmten Funktionstyp nachzuweisen. Niemand schien zuvor diese Frage nach der Existenz gestellt zu haben, und sie konnte mit der früheren Definition auch nicht beantwortet werden. Auch in der Theorie der Differentialgleichungen bewies Cauchy allgemeine Existenztheoreme. Dies kann als Beginn einer neuen qualitativen Orientierung in der Analysis gesehen werden. Anstatt zu fragen, wie man eine bestimmte Funktion oder Differentialgleichung integrieren kann (also einen analytischen Ausdruck für die Lösung findet), begann Cauchy damit, die Existenz des Integrals für eine weite Klasse von Funktionen (oder Differentialgleichungen) nachzuweisen. Damit setzte ein bedeutsamer Prozeß hin zu einer „qualitativen" Mathematik ein, der in der Sturm-Liouvilleschen Theorie und von Poincaré weitergetrieben wurde (vgl. Kap. 11).

Cauchy (1823, 140 - 144) definierte das Integral einer Funktion f, die in $x_1, x_2, \ldots, x_m$ unstetig ist, aber innerhalb der Intervalle (x_0, x_1), $(x_1, x_2), \ldots, (x_m, x)$ stetig ist, als

$$\int_{x_0}^{x} f(x)dx = \lim_{\varepsilon \to 0}\left(\int_{x_0}^{x_1-\varepsilon\mu_1} f(x)dx + \int_{x_1+\varepsilon v_1}^{x_2-\varepsilon\mu_2} f(x)dx + \ldots + \int_{x_m-\varepsilon v_m}^{x} f(x)dx \right), \quad (6.25)$$

wenn dieser Grenzwert existiert und unabhängig von den positiven Größen μ_i, ν_i ist. Wenn der Grenzwert von der Wahl von μ_i, ν_i abhängt, definierte er den „Hauptwert" als den Grenzwert (6.25), falls $\mu_i = \nu_i = 1$ für alle i. Integrale über unbegrenzte Intervalle behandelte er ähnlich, indem er die oberen und (oder) unteren Grenzen nach $+\infty$ und (oder) $-\infty$ gehen ließ. Man vergleiche diesen Umgang mit stückweise stetigen Funktionen mit der späteren eleganteren und stärkeren Methode Riemanns, der Cauchys Definition auf alle Funktionen ausgedehnte, für die der Prozeß konvergiert, anstatt sie wie Cauchy auf stetige Funktionen zu begrenzen (vgl. Kap. 9).

6.3.7 Funktionalgleichungen und der binomische Lehrsatz

Um einen Eindruck von dem komplexen Beziehungsnetz in Cauchys *Cours d'Analyse* zu gewinnen, betrachten wir seinen Beweis des binomischen Lehrsatzes (vgl. auch Dhombres 1992 und Bottazzini 1990, LXXIV)

$$(1+x)^\mu = 1 + \frac{\mu}{1!}x + \frac{\mu(\mu-1)}{2!}x^2 + \dots, \qquad (6.26)$$

der neben dem Hauptsatz der Algebra einer der Ecksteine der „*Analyse algébrique*" war. Zunächst ergibt sich aus dem Quotientenkriterium, daß die Reihe im Intervall (-1, 1) konvergiert (Cauchy 1821/1885, 105). Für ein festes x bezeichnet Cauchy die Summe dieser Reihen mit $\varphi(\mu)$. Das Problem besteht darin, nachzuweisen, daß $\varphi(\mu) = (1+x)^\mu$. Hierzu nutzte Cauchy seine Untersuchung einfacher Funktionalgleichungen wie

$$\psi(\mu) \cdot \psi(\mu') = \psi(\mu + \mu'). \qquad (6.27)$$

In Kapitel V seines *Cours d'Analyse* hatte er nachgewiesen, daß $\psi(\mu) = A^\mu$ (A konstant) die einzige *stetige* Lösung dieser Gleichung ist. Sein entsprechender Beweis ist auch heute vorbildlich. Aus (6.27) folgt unmittelbar, daß

$$\psi(m) = \psi(1)^m, \qquad (6.28)$$

für $m \in \mathbb{N}$ und dann auch für $m \in \mathbb{Q}_+$. Da jede reelle Zahl ein Grenzwert rationaler Zahlen ist und da $\psi(1)^\mu$ als Funktion von μ stetig ist, ergibt sich, daß die Gleichung

6 Grundlagen der Analysis im 19. Jahrhundert

$$\psi(\mu) = \psi(1)^\mu \tag{6.29}$$

auch für $\mu \in \mathbb{R}^+$ gilt, und dann auch für $\mu \in \mathbb{R}$. Entscheidend ist der Schritt von $\mathbb{Q}$ nach $\mathbb{R}$. Hier kommt Cauchys Definition der Stetigkeit als entscheidender Begriff ins Spiel. Obwohl Funktionalgleichungen der obigen Art seit Eulers Zeiten von vielen Mathematikern untersucht worden waren, war Cauchy der erste, der den Übergang von $\mathbb{Q}$ nach $\mathbb{R}$ befriedigend ausführte.

Dann wies Cauchy nach, daß $\varphi(\mu)$, also die rechte Seite von (6.26), der Gleichung (6.27) genügt (1821/1885, 108 - 109). Dies ist eine einfache Konsequenz seines berühmten Satzes über das Cauchy-Produkt von Reihen

6. Satz: Wenn unter denselben Voraussetzungen, die wir beim vorigen Satze gemacht haben, [das ist: Es seien

$$\begin{cases} u_0, u_1, u_2, \ldots u_n, & \& c \ldots, \\ v_0, v_1, v_2, \ldots v_n, & \& c \ldots, \end{cases} \tag{6.30}$$

zwei convergente Reihen welche die respectiven Summen s und s' haben.]
... jede der Reihen [6.29] stets convergent bleibt, wenn man ihre einzelnen Glieder auf den numerischen Wert reducirt, so wird

$$\begin{cases} u_0 v_0, \ u_0 v_1 + u_1 v_0, \ u_0 v_2 + u_1 v_1 + u_2 v_0, \ldots \\ \ldots, u_0 v_n + u_1 v_{n-1} + \ldots + u_{n-1} v_1 + u_n v_0, & \& c \ldots, \end{cases} \tag{6.31}$$

gleichfalls eine convergente Reihe sein, deren Summe ss' ist. (Cauchy 1821/1885, 101)

Da $\varphi(\mu)$ die Summe einer konvergenten Reihe stetiger Funktionen (von μ) ist, sagt Cauchys Satz über die Summe einer Reihe stetiger Funktionen, daß sie stetig ist. Neben der Anwendung auf Potenzreihen war dies die einzige Stelle, wo Cauchy diesen problematischen Satz benutzte. Daher muß nach dem oben erwähnten Eindeutigkeitstheorem $\varphi(\mu)$ gleich $\varphi(1)^\mu$ oder $(1+x)^\mu$ sein. Damit ist Cauchys höchst origineller Beweis des binomischen Lehrsatzes vollständig.

6.4 Gauß, Bolzano und Abel

6.4.1 Gauß

Unabhängig und früher als Cauchy waren zwei andere Mathematiker, Gauß und Bolzano, auf ähnliche Ideen zur Begründung der Analysis gekommen. 1850 schrieb Gauß an Schumacher:

> Es ist der Charakter der Mathematik der neueren Zeit (im Gegensatz gegen das Alterthum), daß durch unsere Zeichensprache und Namengebungen wir einen Hebel besitzen, wodurch die verwickeltsten Argumentationen auf einen gewissen Mechanismus reducirt werden. An Reichthum hat dadurch die Wissenschaft unendlich gewonnen, an Schönheit und Solidität aber, wie das Geschäft gewöhnlich betrieben wird, eben so sehr verloren. Wie oft wird jener Hebel eben nur mechanisch angewandt, obgleich die Befugniß dazu in den meisten Fällen gewisse stillschweigende Voraussetzungen implicirt. Ich fordere, man soll bei allem Gebrauch des Calculs, bei allen Begriffsverwendungen sich immer der ursprünglichen Bedingungen bewußt bleiben, und alle Producte des Mechanismus niemals über die klare Befugnis hinaus als Eigenthum betrachten. Der gewöhnliche Gang ist aber der, daß man für die Analysis einen Character der Allgemeinheit in Anspruch nimmt, und dem Andern, der so herausgebrachte Resultat noch nicht für bewiesen anerkennt, zumuthet, er solle das Gegentheil nachweisen. Diese Zumuthung darf man aber nur an den stellen, der seinerseits behauptet, ein Resultat sei falsch, nicht aber dem, der ein Resultat nicht für bewiesen anerkennt, welches auf einem Mechanismus beruht, dessen ursprüngliche, wesentliche Bedingungen in dem vorliegenden Fall gar nicht zutreffen. So ist es sehr oft mit divergirenden Reihen. Reihen haben eine klare Bedeutung, wenn sie convergiren; diese Klarheit der Bedeutung fällt weg mit dieser Bedingung, und es ändert im Wesentlichen Nichts, ob man sich des Wortes Summe oder Werth bedient. Der Raum eines Briefes ist aber viel zu klein, um alles weiter auszuführen. - Nehmen Sie meinetwegen statt obigen Gleichnisses einer Maschine das von Papiergeld. Es kann dies zu großen Arbeiten vorteilhaftest benutzt werden, aber solide ist der Gebrauch nur, wenn ich gewiss bin, es jeden Augenblick in klingende Münze umsetzen zu können. (Gauß 1850, 434 - 35)

Die Ähnlichkeit zu Cauchys Einführung in den *Cours d'Analyse* ist verblüffend. Da ist ein Angriff auf den Glauben an die Allgemeingültigkeit des Mechanismus der Analysis und eine spezielle Ablehnung divergenter Reihen. In anderen Briefen und Manuskripten erörterte Gauß auch das Problem der Erweiterung von Funktionen über den Bereich hinaus, auf den sie ursprünglich definiert sind, besonders von $\mathbb{N}$ zu $\mathbb{R}$ (im Fall der Γ - Funktion) und von $\mathbb{R}$ zu $\mathbb{C}$. Obwohl die obigen Briefe von 1850 sind, gehen die darin geäußerten Gedanken auf Gauß' Jugend zurück, das heißt, auf eine Zeit lange vor der Veröffentlichung von Cauchys Lehrbüchern. In einer Reihe von Manuskripten begann Gauß um 1800 die „Grundbegriffe der Lehre von den Reihen" im Zu-

6 Grundlagen der Analysis im 19. Jahrhundert

sammenhang mit einer Erörterung trigonometrischer Reihen zu analysieren. In einer dieser Notizen (*Werke* X^1, 390 - 394) definierte Gauß sehr genau den lim sup und lim inf einer Reihe. Diese Begriffsdiskussion war viel strenger als die, die man später bei Cauchy findet, wo, wie wir oben gesehen haben, der „größte Grenzwert" plötzlich im Wurzelkriterium erschien, aber erst der folgende Beweis seine Bedeutung klärte. Gauß hat keine systematische Schrift zur Begründung der Analysis publiziert. Nur in seiner Dissertation über den Hauptsatz der Algebra (Gauß 1799) sprach er das Problem der Behandlung unendlicher Reihen an, und in seinem Aufsatz über die hypergeometrische Reihe (Gauß 1813)

$$F(\alpha,\beta,\gamma,x) = 1 + \frac{\alpha\beta}{1\cdot\gamma}x + \frac{\alpha(\alpha+1)\beta(\beta+1)}{2!\gamma(\gamma+1)}x^2 + ..., \quad (6.32)$$

benutzte er das Quotientenkriterium zur Erörterung der Konvergenz dieser Reihe und wies darauf hin, daß es sinnlos ist, nach einem Wert der Reihe zu fragen, wenn sie nicht konvergiert. Doch die wenigen veröffentlichten Bemerkungen hatten geringe Auswirkungen auf seine Zeitgenossen. So hatte Gauß wegen seiner Abneigung dagegen, etwas anderes als reife Früchte zu veröffentlichen, wenig Einfluß auf die Entwicklung der Grundlagen der Analysis.

6.4.2 Bolzano

Auch Bolzanos Einfluß auf die Entwicklung der Analysis war nur begrenzt, jedoch aus anderen Gründen. Er war ein Philosoph und Theologe, lebte außerhalb der mathematischen Zentren in Prag und veröffentlichte in der Mathematik keine neuen technischen Ergebnisse. Daher blieben seine Werke und sogar sein Name etwa ein halbes Jahrhundert lang faktisch unbekannt, obwohl er tiefer über die Grundlagen der Analysis nachgedacht hatte als jeder andere seiner Zeitgenossen. Sein wichtigster Aufsatz *Rein analytischer Beweis des Lehrsatzes, daß zwischen je zwei Werthen, die ein entgegengesetztes Resultat gewähren, wenigsten eine reelle Wurzel der Gleichung liege* (Bolzano 1817/1905) behandelt den Zwischenwertsatz.

Daß eine Funktion „inner- oder außerhalb gewisser Grenzen ... nach dem Gesetze der Stetigkeit sich ändere", bedeutet nach Bolzano, daß „wenn x irgend ein solcher Werth ist, der Unterschied $f(x+\omega)-f(x)$ kleiner als jede gegebene Größe gemacht werden könne, wenn man ω so klein, als man nur immer will, annehmen kann" (Bolzano 1817/1905, 8). In der Anwendung des Begriffs und in der präziseren Definition in Bolzanos posthum veröffentlichter *Funktionenlehre* (1930) wird klar, daß $f(x+\omega)-f(x)$ kleiner bleiben muß, als die gegebene „Größe", wenn ω numerisch kleiner als ein ω_o ist. Dies scheint unsere Definition der punktweisen Stetigkeit zu sein.

Dann führte Bolzano Fundamental- (oder Cauchy-) Folgen ein und „bewies", daß sie gegen eine „beständige Größe" konvergieren. Dieser Beweis befriedigt nicht. Er versuchte erstens zu zeigen, daß es nicht unmöglich ist, anzunehmen, daß der Grenzwert „beständig" (d. h. konstant) ist, und zweitens, daß dieser Grenzwert eindeutig ist und so genau wie gewünscht bestimmt werden kann. Aus diesem Satz leitet er dann folgenden *Lehrsatz* ab, der „von der größten Wichtigkeit" ist.

Lehrsatz. Wenn eine Eigenschaft M nicht allen Werthen einer veränderlichen Größe x, wohl aber allen, die kleiner sind, als ein gewisser u, zukömmt: so gibt es allemahl eine Größe U, welche die größte derjenigen ist, von denen behauptet werden kann, daß alle kleineren x die Eigenschaft M besitzen. (Bolzano 1817/1905, 25)

In heutiger Sprache formuliert dies die Existenz des Supremums einer von oben begrenzten nicht leeren Menge, nämlich der Menge von Werten mit der „Eigenschaft M" (oder vielmehr das Infinum der Menge von Werten, die die „Eigenschaft M" nicht haben). Der Beweis ist völlig richtig; Bolzano konstruierte eine Zahlenfolge a_i, für die die Eigenschaft M gilt, aber so, daß sie nicht für $a_i + \frac{D}{2^k}$ gilt, wo $k(i) \to \infty$ für $i \to \infty$. Dann bemerkte er, daß diese Folge eine Cauchy-Folge ist und daher nach dem vorstehenden Satz einen Grenzwert U hat. Dies ist das gewünschte „Supremum". Er wies darauf hin, daß U nicht die Eigenschaft M zu haben brauche und machte damit den Unterschied zwischen sup und max deutlich.

Schließlich konnte Bolzano beweisen, daß es es einen Wert $x \in (\alpha, \beta)$ gibt, für den $f(x) = \varphi(x)$, wenn f und φ auf $[\alpha, \beta]$ stetig sind und $f(\alpha) < \varphi(\alpha)$, aber $f(\beta) > \varphi(\beta)$. Zu diesem Zweck betrachtete er die Eigenschaft $M: f(x') < \varphi(x')$. Diese ist von der im vorigen Satz beschriebenen Art, so daß man ein Supremum x der Menge aller x' mit dieser Eigenschaft erhält. Aus der Definition der Stetigkeit leitete Bolzano sodann in allen Einzelheiten ab, daß $f(x) = \varphi(x)$. Dann wandte er den Satz auf ein Polynom an, dessen Stetigkeit er bewies.

Auch Cauchy hatte in seinem *Cours d'Analyse* den Zwischenwertsatz erörtert. Im Hauptteil des Textes berief er sich bloß auf die geometrische Anschauung, aber in einem Anhang *Sur la resolution numérique des Équations* benutzte er ein numerisches Verfahren von Lagrange, um einen „Beweis" beizubringen (vgl. Grabiner 1981):

6 Grundlagen der Analysis im 19. Jahrhundert

f(x) sei eine stetige Funktion auf $[x_0, X]$, für die $f(x_0) < 0 < f(X)$ ist, und *m* sei eine gegebene natürliche Zahl größer als eins. Man betrachte die Folge

$$f(x_0), f\left(x_0 + \frac{h}{m}\right), \ldots, f\left(X - \frac{h}{m}\right), f(X), \qquad (6.33)$$

wobei $h = X - x_0$. Es gibt dann notwendig zwei aufeinanderfolgende Werte, etwa $f(x_1), f(X')$ von der Art, daß $f(x_1) < 0 < f(X')$. Cauchy vernachlässigte im Gegensatz zu Bolzano den trivialen Fall, wo einer der Ausdrücke Null ist. Man teile das Intervall $[x_1, X']$ auf dieselbe Weise in *m* Teilintervalle und wähle in dieser Folge zwei aufeinander folgende Werte, so daß $f(x_2) < 0 < f(X'')$ usw. In der Fortsetzung führt das Verfahren zu einer wachsenden Folge $x_0 < x_1 < x_2 < \ldots$ und einer fallenden Folge $X > X' > X'' > \ldots$, so daß jede Größe der ersten Reihe kleiner ist als jede beliebige Größe der zweiten und die Differenz $(X^{(n)} - x_n)$ am Ende so gering ist, „als man will". Cauchy schließt dann durch impliziten Gebrauch der Vollständigkeitseigenschaft:

> Daraus darf man folgern, daß die allgemeinen Glieder der Reihen $[x_0, x_1, \ldots]$ und $[X, X', X'', \ldots]$ gegen eine gemeinschaftliche Grenze convergiren. (Cauchy 1821/1885, 322)

Cauchy bewies dann (sehr viel weniger detailliert als Bolzano), daß *f(x)* = *0*, wenn man den gemeinsamen Grenzwert mit *x* bezeichnet.

Ein Vergleich zwischen den Methoden von Cauchy und Bolzano ist aufschlußreich.

1) Bolzano verwendet im Gegensatz zu Cauchy keine Infinitesimalen in seinen Definitionen oder Beweisen.
2) Bolzanos Definition der Stetigkeit ist klarer als die von Cauchy und scheint punktweise Stetigkeit zu meinen. In seiner *Funktionenlehre* bemerkt er sogar, daß dies keine gleichmäßige Stetigkeit impliziere, erkannte aber die Bedeutung der Gleichmäßigkeit nie in ihrem vollen Umfang.
3) Sowohl Cauchy wie Bolzano stützten sich auf die Vollständigkeit der reellen Zahlen. Bolzanos Verständnis des Begriffes scheint jedoch tiefer gewesen zu sein als das von Cauchy. Cauchy verließ sich nämlich auch in der Formulierung des Cauchy-Kriteriums und in der Definition des Integrals auf die Vollständigkeit, stellte aber keine Verbindung zwischen diesen beiden Fällen her. Bolzano dagegen verwendete das „Cauchy-Kriterium" zur Ableitung der Supremumseigenschaft und des Zwischenwertsatzes. Wo Cauchys Welt der Größen sich aus dem Messen ergab, versuchte Bolzano in seinem später „Theorie der reellen Zahlen" (Rychlik 1962) genannten

Manuskript (nach modernen Maßstäben erfolglos), die reellen Zahlen allein auf den Begriff der rationalen (oder natürlichen) Zahlen zu stützen.

4) Wo sowohl Lagrange als auch Ampère zu beweisen versucht hatten, daß alle Funktionen (bei Ampère mit einer gewissen Stetigkeitseigenschaft) bis auf isolierte Werte Ableitungen haben, konstruierte Bolzano in seiner *Funktionenlehre* (Bolzano 1930) eine stetige Funktion, von der er nachweisen konnte, daß sie in einer dichten Menge nicht differenzierbar ist (tatsächlich ist sie nirgends differenzierbar). Obwohl Cauchy nicht den irrigen Satz zu beweisen suchte, daß jede stetige Funktion differenzierbar ist, hatte er seinen Lesern den Eindruck vermittelt, daß dies richtig sei.

Obwohl Bolzano seine Zeitgenossen zumindest in der Strenge der Analysis übertraf, zog auch er voreilig irrige Schlüsse. Zum Beispiel versuchte er, einen falschen Satz über das gliedweise Differenzieren von Reihen zu beweisen und argumentierte außerdem (genau wie Cauchy), daß seine nicht-differenzierbare Funktion stetig sei, weil sie die Summe einer Reihe stetiger Funktionen ist (Jarnik 1981, 55). Dennoch wären Bolzanos Werke eindeutig von großem Einfluß auf die Entwicklung der Grundlagen der Analysis gewesen, wenn sie zum Zeitpunkt ihrer Niederschrift bekannt geworden wären. So wurden sie erst von H. Hankel und H. A. Schwarz um 1870 zu einem Zeitpunkt wieder entdeckt, wo sie nur noch von historischem Interesse waren.

6.4.3 Abel

Ein dritter Mathematiker, der zu einer Reform der Grundlagen der Mathematik ansetzte, war Abel. 1826 schrieb er seinem Professor Hansteen:

> Alle meine Kräfte möchte ich darauf verwenden, etwas mehr Licht in das ungeheure Dunkel zu bringen, das sich unbezweifelbar jetzt in der Analysis findet. Es fehlt so völlig jeder Plan und jedes System, daß es wirklich höchst verwunderlich ist, daß sie von so vielen studiert werden kann, und - das ist das Schlimmste - daß sie nirgends streng behandelt wird. Es gibt äußerst wenige Sätze in der höheren Analysis, die mit überzeugender Strenge bewiesen sind. Überall findet man die unglückliche Weise, vom Speziellen aufs Allgemeine zu schließen, und es ist äußerst merkwürdig, daß nach einer solchen Vorgehensweise doch nur wenige der sogenannten Paradoxe gefunden werden. (Abel 1902, 22)

Früher im selben Jahr war er in einem Brief an seinen Freund Holmboe deutlicher geworden:

> Divergente Reihen sind im ganzen Teufelszeug, und es ist eine Schande, daß man wagt, darauf einen Beweis zu gründen. Man kann herauskriegen, was man will, wenn man sie benutzt, und sie sind es, die soviel Ungeschick und so viele Para-

6 Grundlagen der Analysis im 19. Jahrhundert

doxe hervorgebracht haben. Kann man sich etwas Schrecklicheres denken als zu sagen, daß

$$0 = 1 - 2^n + 3^n - 4^n + \text{etc.},$$

wo n eine ganze positive Zahl ist. Risum teneatis amici. Mir sind auf eine sehr überraschende Manier die Augen geöffnet worden; denn wenn man die allereinfachsten Fälle [ausnimmt], z.B., die geometrische Reihe, so wird in der ganzen Mathematik kaum eine einzige unendliche Reihe angegeben, deren Summe auf eine strenge Weise bestimmt wird, mit anderen Worten, das Wichtigste in der Mathematik steht ohne Begründung da. Das meiste ist richtig; das ist wahr, und das ist außerordentlich verwunderlich. Ich strebe danach, den Grund dafür zu suchen. Eine über die Maßen interessante Aufgabe. - Ich glaube nicht, daß Du mir viele Sätze vorsetzen könntest, in denen unendliche Reihen vorkommen, gegen deren Beweis ich nicht begründete Einwände würde machen können. Mach es, und ich werde Dir antworten. - Selbst die binomische Formel ist noch nicht streng bewiesen ... Die Taylorsche Formel, Grundlage für die gesamte höhere Mathematik, ist ebenso schlecht begründet. Nur einen einzigen strengen Beweis habe ich gefunden, der ist von Cauchy in seinem *Resumé des leçons sur le calcul infinitésimal*. Er zeigt dort, daß gilt: ...

$$\varphi(x + \alpha) = \varphi x + \alpha \varphi' x + \frac{\alpha^2}{2} \varphi'' x + ...,$$

so lange die Reihe konvergent ist (aber man benutzt sie leichtfertig in allen Fällen). [Abel hatte das *Resumé* offensichtlich nicht sehr sorgfältig gelesen. Es ist unklar, ob er Cauchys Beweis des binomischen Lehrsatzes aus dem *Cours d'Analyse* kannte.] ... Im Ganzen ist die Theorie der unendlichen Reihen bislang sehr schlecht begründet. - Man wendet alle Operationen auf unendliche Reihen an, als ob sie endlich wären, aber ist das zulässig? Wohl kaum. - Wo steht bewiesen, daß man die Ableitung einer unendlichen Reihe bekommt, indem man jedes Glied differenziert? Dasselbe gilt für die Multiplikation, Division usw. von unendlichen Reihen ... (Abel 1902, 16 - 18)

Hier entdeckte Abel viele der Schwächen in den Argumenten seiner Zeitgenossen, sogar manche (wie die gliedweise Differentiation), die von Gauß und Cauchy übersehen worden waren. In seinem Brief an Hansteen kündigte er an, daß er mehrere kleine Aufsätze zu diesen Fragen in Crelles Journal veröffentlichen würde, doch kam vermutlich wegen seines frühen Todes nur ein solcher Aufsatz über den binomischen Lehrsatz (1826) heraus. Der interessanteste Teil dieser Arbeit ist die Einleitung, in der er mehrere der kritischen Bemerkungen der zitierten Briefe wiederholt, und die sich daran anschließenden allgemeinen Sätze über Reihen. Zu den letzteren Sätzen bemerkte Abel:

> Die vortreffliche Schrift von Cauchy *Cours d'Analyse de l'école polytechnique*, welche von jedem Analysten gelesen werden sollte, der die Strenge bei mathematischen Untersuchungen liebt, wird uns dabei zum Leitfaden dienen. (Abel 1826, 313)

Nebenbei bemerkt, zeichnete Abel in einem Brief an Holmboe nach seiner Ankunft in Paris später im Jahr 1826 ein kritischeres Bild von Cauchys Persönlichkeit und Stil:

> Cauchy ist fou, und es ist kein Auskommen mit ihm, mag er auch der Mathematiker sein, der zur Zeit weiß, wie die Mathematik behandelt werden muß. Seine Sachen sind vortrefflich, aber er schreibt sehr undeutlich. Am Anfang verstand ich fast nicht ein Wort seiner Arbeiten, jetzt geht es besser. Er läßt nun eine Reihe von Abhandlungen unter dem Titel *Exercises des Mathématiques* drucken. Ich kaufe und lese sie fleißig ... Cauchy ist unmäßig katholisch und bigott. Eine sehr verwunderliche Sache für einen Mathematiker. Ansonsten ist er der einzige, der jetzt in der reinen Mathematik arbeitet. Poisson, Fourier, Ampère etc. etc. beschäftigen sich ausschließlich mit Magnetismus und anderen physikalischen Dingen. (Abel 1902, 43)

Abel übernahm sämtliche Definitionen Cauchys, einschließlich seines Begriffs eines Infinitesimals, ohne sich veranlaßt zu fühlen, sie zu präzisieren. Er las Cauchys Definition der Konvergenz im Fall einer Reihe von Funktionen so, daß sie punktweise Konvergenz bedeutete, und befand Cauchys Theorem über die Stetigkeit der Summe einer konvergenten Reihe stetiger Funktionen als falsch oder, wie er formulierte:

> Es scheint mir aber, daß dieser Lehrsatz Ausnahmen leidet. So ist z. B. die Reihe
> $$\sin\varphi - \frac{1}{2}\sin 2\varphi + \frac{1}{3}\sin 3\varphi - \cdots \text{ u.s.w.} \quad (6.34)$$
> unstetig für jeden Wert $(2m+1)\pi$ von [φ], wo m eine ganze Zahl ist. Bekanntlich giebt es eine Menge von Reihen mit ähnlichen Eigenschaften. (Abel 1826, 316)

Die fragliche Reihe ist die Fourier-Reihe von $\frac{1}{2}x$, die tatsächlich in den Punkten $2(m+1)\pi$, $m \in \mathbb{Z}$ nicht stetig ist.

An Stelle dieses fehlerhaften Satzes formulierte Abel den inzwischen als Abelschen Grenzwertsatz bezeichneten:

Lehrsatz IV. Wenn die Reihe

$$f(\alpha) = \upsilon_0 + \upsilon_1\alpha + \upsilon_2\alpha^2 + \ldots + \upsilon_m\alpha^m + \ldots \quad (6.35)$$

für einen gewissen Werth δ von α convergirt, so wird sie auch für jeden kleineren Werth von α convergiren, und von der Art seyn, daß $f(\alpha-\beta)$, für stets abnehmende

6 Grundlagen der Analysis im 19. Jahrhundert

Werthe von β, sich der Grenze $f(\alpha)$ nähert, vorausgesetzt, daß α gleich oder kleiner ist als δ. (Abel 1826, 314)

Dem folgt der entscheidende

Lehrsatz V. Es sei

$$\upsilon_0 + \upsilon_1\delta + \upsilon_2\delta^2 + \ldots \text{ u.s.w.} \tag{6.36}$$

eine [convergente] Reihe, in welcher $\upsilon_0, \upsilon_1, \upsilon_2, \ldots$ continuirliche Functionen einer und derselben veränderlichen Größe x sind, zwischen den Grenzen $x = a$ und $x = b$, so ist die Reihe

$$f(x) = \upsilon_0 + \upsilon_1\alpha + \upsilon_2\alpha^2 + \ldots, \tag{6.37}$$

wo $\alpha <$ [δ], convergent und eine stetige Function von x, zwischen denselben Grenzen. (Abel 1826, 315)

Abels Beweis des Lehrsatzes IV ist im Prinzip richtig, aber nicht besonders klar formuliert. Zum Beispiel wird nicht deutlich, wie die entscheidende Gleichmäßigkeitseigenschaft ins Bild gelangt. Es ist tatsächlich höchst fraglich, ob Abel dieses Problem überhaupt sah, denn im Beweis des Lehrsatzes V ignorierte er dieses Problem. Wie Kronecker später bemerkte, ist Abels Beweis in diesem Punkt grundsätzlich fehlerhaft.

Es ist klar, daß der Lehrsatz V den problematischen Satz in Cauchys Beweis des binomischen Lehrsatzes ersetzen kann. Und in der Tat ging Abel ähnlich vor, doch da er sich für komplexe Werte von x interessierte, wurden sein Beweis und seine Konvergenzüberlegungen komplizierter.

Wir wenden uns nun zwei besonderen Problemen zu, die die Mathematiker zwangen, den Gedanken der Strenge in der Analysis zu präzisieren, nämlich 1) das Problem der Konvergenz von Fourier-Reihen und 2) die Analyse von Cauchys Satz über die Stetigkeit der Summe einer konvergenten Reihe stetiger Funktionen.

6.5 Konvergenz von Fourier-Reihen

Abel konnte 1826 die trigonometrische Reihe

$$\sin\varphi - \frac{1}{2}\sin 2\varphi + \frac{1}{3}\sin 3\varphi - \ldots \tag{6.38}$$

mit Recht als Gegenbeispiel für Cauchys Satz anführen, da er im selben Aufsatz ihre Konvergenz bewiesen und ihre Summe durch Spezialisierung des binomischen Lehrsatzes für komplexe Exponenten bestimmt hatte. Auf einen allgemeinen Beweis der Konvergenz von Fourier-Reihen konnte er nicht zurückgreifen, weil ein solcher strenger Beweis damals noch nicht existierte.

Natürlich hatte es zuvor Argumente für die Konvergenz solcher Reihen gegeben. Fourier selbst schloß in seiner *Théorie analytique de la chaleur* (1822, §423) wie folgt: Er vertauschte Integration und Summation in (6.9) und verwandelte es in

$$\frac{1}{2\pi}\int_{-\pi}^{\pi} f(\alpha) \lim_{j\to\infty} K_j(\alpha - x), \qquad (6.39)$$

wobei der Kern K_j durch

$$K_j(r) = \cos jr + \sin jr \frac{\sin r}{1 - \cos r} \qquad (6.40)$$

definiert ist. Dann argumentierte er, daß für $j = \infty$ die unendlich schnellen Oszillationen von $\cos jr$ den Teil $\cos jr$ des Integrals Null werden lassen. Dasselbe gilt für den Ausdruck $\sin jr \frac{\sin r}{1 - \cos r}$, außer in einer unendlich kleinen Umgebung von $r = 0$ (oder $\alpha = x$), wo $\frac{1}{1 - \cos r}$ unendlich ist. In dieser Umgebung kann $f(\alpha)$ durch $f(x)$ ersetzt werden (wobei Fourier, wie oben erwähnt, die Cauchy-Stetigkeit anwandte, ohne dies zu sagen), so daß (6.39) zu

$$\frac{1}{2\pi} f(x) \int_{-\pi}^{\pi} \sin jr \frac{r}{\frac{1}{2}r^2} \qquad (6.41)$$

wird. Fourier konnte zeigen, daß dies gleich $f(x)$ ist. Moderner ausgedrückt beruht Fouriers Beweis auf der Beobachtung, daß $\lim_{j\to\infty} K_j(r)$ nahe Null eine δ-Distribution ist.

Als Fourier seine Überlegungen veröffentlichte, war ihm sein Rivale Poisson bereits mit einem Beweis zuvorgekommen (1820b). Er hatte den Gedanken, daß die Fourier-Reihen $\sum a_n \cos nx$ (wobei die a_n durch die Fourier-Integrale gegeben sind) zwar schwer zu handhaben sind, aber leicht zu sehen ist, was

6 Grundlagen der Analysis im 19. Jahrhundert

passiert, wenn diese Reihe gliedweise mit der geometrischen Reihe $\sum p^n$ für $p \in (0,1)$ multipliziert wird. (Poisson erörterte hier nur die Cosinusreihe). Die resultierende Reihe

$$\sum_{n=1}^{\infty} p^n a_n \cos nx \qquad (6.42)$$

ist konvergent, und Poisson konnte ihre Summe durch das sogenannte Poisson-Integral ausdrücken. Dann setzte er $p = 1$ und befand (mit einer fragwürdigen Schlußweise), daß das Ergebnis $f(x)$ sei. Das Problem ist hierbei natürlich, daß so nicht die Konvergenz der ursprünglichen Reihe gezeigt worden ist.

Für Cauchy war dies die Hauptfrage, denn wenn die Reihe nicht konvergent ist, hatte sie seiner Meinung nach keine Summe. In einem Aufsatz (Cauchy 1827) argumentierte er zuerst ähnlich wie Poisson, um zu beweisen, daß die Summe „äquivalent" zu $f(x)$ ist (was immer er damit gemeint haben mag). „Aber" fuhr er fort, „es ist wichtig, die Konvergenz zu beweisen". Im weiteren wandte er dann seinen eben entdeckten Residuensatz an, um die Fourier-Reihe in eine Reihe $\sum_{n=1}^{\infty} v_n$ zu transformieren, wobei

$$v_n = \frac{1}{2n\pi\sqrt{-1}} e^{-\frac{2n\pi}{a}x\sqrt{-1}} \int_0^{\infty} e^{-z} \left[f\left(a + \frac{az}{2n\pi}\sqrt{-1}\right) - f\left(\frac{az}{2n\pi}\sqrt{-1}\right) \right] dz$$

$$- \frac{1}{2n\pi\sqrt{-1}} e^{\frac{2n\pi}{a}x\sqrt{-1}} \int_0^{\infty} e^{-z} \left[f\left(a - \frac{az}{2n\pi}\sqrt{-1}\right) - f\left(-\frac{az}{2n\pi}\sqrt{-1}\right) \right] dz. \qquad (6.43)$$

Für sehr große Werte von n reduziert sich jedes der Integrale in Formel (6.44) merklich auf

$$[\beta_n =] -\frac{1}{2n\pi} [f(a) - f(0)] \frac{\sin 2n\pi}{a}. \qquad (6.44)$$

Nun ist klar, daß die Reihe, die als allgemeines Glied [(6.44)] hat, eine konvergente Reihe ist. (Cauchy 1827, 16)

Mit dieser Bemerkung beendete Cauchy seinen Beweis, indem er stillschweigend unterstellte, daß $\sum v_n$ konvergent sein muß, wenn $\sum \beta_n$ konvergent ist. Dirichlet stellte (1829) fest, daß dieser Schluß nicht zulässig ist, wie man aus dem Beispiel

$$\sum_{n=1}^{\infty} \beta_n = \sum_{n=1}^{\infty} \frac{(-1)^n}{\sqrt{n}} \quad \text{und} \quad \sum_{n=1}^{\infty} v_n = \sum \frac{(-1)^n}{\sqrt{n}} \left(1 + \frac{(-1)^n}{\sqrt{n}}\right) \tag{6.45}$$

ersieht. Die erste Reihe ist konvergent, die zweite ist divergent, doch das Verhältnis zwischen den n-ten Gliedern der beiden Reihen strebt gegen 1 für n gegen unendlich. Aus diesem Grund verwarf Dirichlet Cauchys Beweis. Außerdem wandte er ein, daß die Theorie komplexer Funktionen nicht angewendet werden könne, wenn die Funktion f nicht als analytischer Ausdruck gegeben sei, weil unklar sei, welche Werte man ihr außerhalb von R zuschreiben solle, wo sie ursprünglich definiert ist.

Dirichlet veröffentlichte seine Kritik in dem Aufsatz *Sur la convergence des séries trigonométriques qui servent a représenter une fonction arbitraire entre des limites données* (Dirichlet 1829, eine überarbeitete deutschsprachige Fassung wurde 1837 veröffentlicht) und gab einen eigenen Konvergenzbeweis: Er betrachtete das $(n+1)$-te Glied der Fourier-Reihe (6.9) und formte es, anders als Fourier, in:

$$\frac{1}{\pi} \int_{-\pi}^{\pi} f(\alpha) \frac{\sin(n+\frac{1}{2})(\alpha-x)}{2\sin\frac{1}{2}(\alpha-x)} d\alpha \tag{6.46}$$

um. Der erhaltene Kern wird heute als Dirichlet-Kern bezeichnet. Dann bewies er den Hauptsatz:

Wenn der Buchstabe h eine positive Größe bezeichnet, die höchstens gleich $\frac{\pi}{2}$ ist, und g eine gleichermaßen positive Größe, die zudem kleiner ist als h, dann konvergiert das Integral

$$\int_g^h f(\beta) \frac{\sin i\beta}{\sin \beta} d\beta, \tag{6.47}$$

in dem die Funktion $f(\beta)$ zwischen den Integrationsgrenzen stetig ist und von $\beta = g$ bis $\beta = h$ stets zunimmt oder abnimmt, gegen einen bestimmten Grenzwert, wenn die Zahl i immer größer wird. Dieser Grenzwert ist gleich Null, ausgenommen den Fall, wo g den Wert Null annimmt, in diesem Fall hat er den Wert $\frac{\pi}{2} f(0)$. (Dirichlet 1829, 128)

Damit konnte er beweisen, daß (6.46) gegen $f(x)$ konvergiert, wenn f stetig und monoton ist, und dieses Ergebnis verallgemeinerte er auf stückweise stetige

6 Grundlagen der Analysis im 19. Jahrhundert

und stückweise monotone Funktionen, mit der Verfeinerung, daß die Fourier-Reihe an den Unstetigkeitsstellen gegen

$$\lim_{\varepsilon \to 0} \frac{1}{2}\left(f(x+\varepsilon) + f(x-\varepsilon)\right)$$

konvergiert.
Dirichlet bezeichnete seinen Beweis als streng, und bis auf ein Detail können wir ihm sogar heute noch zustimmen. Am Ende seines Aufsatzes wies er darauf hin, daß er das Ergebnis sogar auf Funktionen f verallgemeinern könne, die nicht die obigen Voraussetzungen erfüllen, solange jedes Intervall $[a, b] \subseteq$ $[-\pi, \pi]$ ein Teilintervall $[d, s]$ enthält, auf dem f stetig ist (modern ausgedrückt: die Unstetigkeitspunkte von f sind nirgends dicht). Falls f diese Anforderung nicht erfüllt, war Dirichlet in der Tat der Meinung, daß das Cauchy-Integral von $f(x)$ cos mx und $f(x)$ sin mx seine Bedeutung verliere. Als Beispiel erwähnte er

$$f(x) = \begin{cases} c & \text{für } x \in \mathbb{Q} \\ d & \text{für } x \in \mathbb{R} - \mathbb{Q} \end{cases}, \quad (6.48)$$

mit $c \neq d$ (die erste echte nicht analytisch gegebene Funktion). Doch räumte er ein, daß

... die Sache (Die Verallgemeinerung des Ergebnisses), wenn sie mit der erwünschten Klarheit bewerkstelligt werden soll, einige mit den Grundprinzipien der Infinitesimalanalysis verknüpfte Details erfordert, die in einer anderen Notiz dargestellt werden sollen. (Dirichlet 1829, 132)

Einen solchen Aufsatz hat Dirichlet nie verfaßt, doch nach einem Brief an Gauß von 1853 hat es den Anschein, als sei er (wie Gauß) hinsichtlich dieses Vorhabens optimistisch gewesen. Die Hoffnung auf eine derart umfassende Verallgemeinerung zerschlug sich erst 1873/76, als Du Bois-Reymond ein Beispiel einer stetigen Funktion lieferte, deren Fourier-Reihe in einem Punkt (oder sogar einer dichten Punktmenge) divergiert.

6.6 Cauchys Theorem und die gleichmäßige Konvergenz

Es gibt verschiedene Interpretationen von Cauchys Satz über die Summe einer Reihe stetiger Funktionen. Die klassische Interpretation lautet, daß Cauchy einen subtilen Fehler machte (oder sich nicht klar genug ausdrückte) und das Problem mit den Fourier-Reihen übersah. Grattan-Guinness (1970a, 1970b) interpretiert dagegen Cauchys Theorem als Frontalangriff auf Fourier und seine Reihen. Diese Interpretation ist reichlich seltsam, da Cauchy selbst 1827 einen Konvergenzbeweis für Fourier-Reihen veröffentlichte. Der Versuch, eine Theorie zu diskreditieren, indem man ein Theorem widerlegt, von dem man selbst überzeugt ist, wäre ein merkwürdiges Vorgehen. Wie wir oben gesehen haben, interpretieren andere Autoren Cauchys Grundbegriffe so, daß der Satz richtig wird. Dies widerspricht jedoch Cauchys eigener Aussage von 1853, daß Fourier-Reihen (besonders eine Reihe ähnlich zu der von Abel erwähnten) „für reelle Werte von x immer konvergent sind" und echte Gegenbeispiele zu seinem Theorem darstellen.

Wie wir oben gesehen haben, verwendete Abel die von Lakatos (1976) so bezeichnete Methode des Ausschließens von Ausnahmen, indem er einen sicheren (oder von ihm selbst für sicher gehaltenen) Bereich absonderte, in dem ein Spezialfall des Theorems gilt. Eine gründlichere Analyse der Situation wurde 20 Jahre später von Seidel (1847) und Stokes (1849) durchgeführt. Nach Lakatos hat Seidel in diesem Zusammenhang die Methode der Beweise und Widerlegungen entdeckt. Der zentrale Gedanke dieser Methode lautet, daß man nach Auftreten eines Gegenbeispiels zu einem Satz den Beweis des Satzes untersuchen sollte, um ein verborgenes Lemma aufzudecken, das man unbewußt verwendet hat und für das das Gegenbeispiel nicht gilt. Auf diese Weise kann man eine neue Version des Theorems formulieren, und die Mathematik schreitet voran. Seidel beschreibt diese Methode zutreffend in der Einleitung zu seinem Aufsatz:

> Wenn man ausgehend von der so erlangten Gewissheit, daß der Satz nicht allgemein gelten kann, also seinem Beweise noch irgend eine versteckte Voraussetzung zu Grunde liegen muß, denselben einer genaueren Analyse unterwirft, so ist es auch nicht schwer, die verborgene Hypothese zu entdecken; man kann dann rückwärts schließen, daß diese bei Reihen, welche discontinuirliche Functionen darstellen, nicht erfüllt sein darf. (Seidel 1847, 36 - 37)

Statt jedoch einen alternativen Satz aufzustellen, beschränkte er sich auf eine genaue Beschreibung des Ausnahmefalls:

6 Grundlagen der Analysis im 19. Jahrhundert

Theorem:
Hat man eine convergirende Reihe, welche eine discontinuirliche Function einer Größe x darstellt, von der ihre einzelnen Glieder continuirliche Functionen sind, so muß man in der unmittelbaren Umgebung der Stelle, wo die Function springt, Werthe von x angeben können, für welche die Reihe *beliebig langsam* convergirt. (Seidel 1847, 37)

Seidel gab keine explizite Definition der „beliebig langsamen Konvergenz", aber sein Beweis zeigt, daß dies eine Möglichkeit ist, die Nicht-Gleichmäßigkeit der Konvergenz in der Nähe der Unstetigkeitsstelle zu beschreiben. Wenn wir nämlich Cauchys Schreibweise folgen und

$$s(x) = \sum_{i=1}^{\infty} f_i(x), \quad s_n(x) = \sum_{i=1}^{n} f_i(x) \tag{6.49}$$

sowie

$$r_n(x) = \sum_{i=n+1}^{\infty} f_i(x) \tag{6.50}$$

setzen, dann müssen wir zum Nachweis der Stetigkeit von $s(x)$ die Größe

$$|s(x+h) - s(x)| = |s_n(x+h) - s_n(x) + r_n(x+h) - r_n(x)|$$
$$\leq |s_n(x+h) - s_n(x)| + |r_n(x+h)| + |r_n(x)| \tag{6.51}$$

betrachten. Nach Seidel besteht das Hauptproblem in der Frage, ob wir für jedes $p > 0$ ein $n_0 \in \mathbb{N}$ finden können, so daß

$$r_{n_0}(x+h) < p$$
$$r_{n_0+1}(x+h) < p \tag{6.52}$$
$$r_{n_0+2}(x+h) < p$$

für alle h in einer festen Umgebung von x ist. Wenn dies der Fall ist, gilt Cauchys Theorem, weil wir dann n zunächst so groß wählen können, daß (6.52) erfüllt ist und damit die beiden letzten Terme von (6.51) kleiner als p werden. Danach kann man dann die Stetigkeit von s_{n_0} verwenden, um den ersten Ausdruck kleiner als p für hinreichend kleines h zu machen. Wenn die obige Bedingung nicht gilt, dann, meint Seidel, muß die Konvergenz in x beliebig langsam sein. Wenn man also seinen Beweis betrachtet, scheint seine „beliebig langsame Konvergenz" die Verneinung dessen zu sein, was häufig in einer Umgebung von x als gleichmäßige Konvergenz bezeichnet wird:

$$\exists \delta > 0 \forall \varepsilon > 0 \exists n_0 \in \mathbb{N} \forall n \in \mathbb{N} \forall y \in [x-\delta, x+\delta] : n > n_0 \Rightarrow |r_n(y)| < \varepsilon. \quad (6.53)$$

Auf jeden Fall ist n_0 so gewählt, daß es unabhängig von y ist. Weniger offensichtlich ist, daß die Länge δ der Umgebung nicht von ε abhängt. Wenn sie davon abhängt, d. h., wenn wir die ersten beiden Quantoren in (6.53) vertauschen, erhalten wir einen Begriff, der der gleichmäßigen Konvergenz im Punkt x entspricht.

Stokes (1849) definierte auch die unendlich langsame Konvergenz, doch seine Behandlung des Problems ist kein Angriff auf Cauchy, den er überhaupt nicht erwähnt, und das Problem nimmt eine ganz andere Wendung. Er betrachtete eine Folge von Funktionen v_n, die in einem Intervall $[0, a]$ stillschweigend als stetig angenommen werden, und er bezeichnet $v_n(0)$ mit u_n.

Außerdem nahm er an, daß $\sum_{n=1}^{\infty} v_n(h)$ für alle $h \in [0, a]$ konvergiert, und setzte

$$V(h) = \sum_{n=1}^{\infty} v_n(h) \text{ für } h \neq 0 \text{ und } U = \sum_{n=1}^{\infty} u_n = \sum_{n=1}^{\infty} v_n(0). \quad (6.54)$$

Der Limes von V [d.h. $\lim_{h \to 0} V(h)$] kann sich nur dann von U unterscheiden, wenn die Konvergenz der Reihe (6.54) $\left[\sum_{n=1}^{\infty} v_n(h)\right]$ für verschwindendes h unendlich langsam wird.

Die Konvergenz der Reihe wird hier als unendlich langsam bezeichnet, wenn, falls n die Anzahl der Glieder ist, die man betrachten muß, damit die Summe der vernachlässigten Glieder kleiner als eine gegebene Größe e wird, die so klein sein kann, wie uns beliebt, dieses n für unbeschränkt abnehmendes h über alle Grenzen wächst. (Stokes 1849, 281)

Hier wird ausdrücklich nach der Vertauschbarkeit zweier Grenzübergänge gefragt, und das Problem besteht darin, ob die beiden Größen

$$\lim_{h \to 0} \sum_{n=1}^{\infty} v_n(h) \text{ und } \sum_{n=1}^{\infty} \lim_{h \to 0} v_n(h) \quad (6.55)$$

gleich sind. Stokes Aussagen sind schwer zu formalisieren, da die Reihenfolge der Quantoren nicht immer klar ist. Wörtlich genommen, scheint Stokes'

6 Grundlagen der Analysis im 19. Jahrhundert 233

Beschreibung der unendlich langsamen Konvergenz die Verneinung der folgenden Aussage zu sein:

$$\exists \delta > 0 \; \forall \varepsilon > 0 \; \exists n_0 \in \mathbb{N} \; \forall y \in [x, x + \delta] : |r_{n_0}(y)| < \varepsilon. \qquad (6.56)$$

Wenn $r_n(y)$ nicht für jedes beliebige n in jeder beliebigen Umgebung von x identisch gleich Null wird, ist dies faktisch äquivalent zu der Anforderung, daß man n größer als ein gegebenes $n_0 \in \mathbb{N}$ annehmen kann. Folglich verwendete Stokes unter dieser Annahme in Wirklichkeit die sogenannte quasi-gleichmäßige Konvergenz in der Umgebung von x (= 0), die sich in heutigen Ausdrücken wie folgt beschreiben läßt:

$$\exists \delta > 0 \; \forall \varepsilon > 0 \; \forall n_0 \in \mathbb{N} \; \exists n > n_0 \; \forall y \in [x - \delta, x + \delta] : |r_n(y)| < \varepsilon \qquad (6.57)$$

wobei Stokes nur eine rechtsseitige Umgebung von $x = 0$ zu betrachten scheint.

Stokes (1849, 282) bewies sogar den Umkehrsatz, daß $V = U_0$, wenn die Konvergenz nahe x (=0) nicht unendlich langsam wird, und in der Schlußbemerkung dieses Beweises schrieb er einen Satz in Worten, die wir wie folgt übersetzen könnten: Die Negation der unendlich langsamen Konvergenz wird charakterisiert durch:

$$\forall \varepsilon > 0 \; \forall N \in \mathbb{N} \; \exists \delta > 0 \; \exists n > N \; \forall y \in [x - \delta, x + \delta] : |r_n(y)| < \varepsilon. \qquad (6.58)$$

Dies wird heute quasi-gleichmäßige Konvergenz im Punkt x genannt.

Grattan-Guinness (1970b, 117) übersetzt Stokes Begriff durch (6.56), Hardy (1918) interpretiert ihn als (6.57), und folglich erklären beide Autoren den Umkehrsatz für falsch. Wenn wir jedoch annehmen, daß (6.58) das ist, was Stokes im Sinn hatte, hat er als erster das richtige Theorem gefunden, das besagt, daß die Summe in x stetig ist, genau dann, wenn die Reihe quasi-gleichmäßig im Punkt x konvergiert. (Dini 1878, §95, 43 - 44)

Meiner Ansicht nach ergibt es keinen Sinn, einen der obigen Begriffe (6.56) bis (6.58) für Stokes' Begriff der gleichmäßigen Konvergenz zu erklären. In Wahrheit hat er keine völlig präzise Vorstellung über die Bedeutung einer unendlich langsamen Konvergenz. Seidels Begriff ist präziser, bemerkenswert jedoch ist, daß keiner der beiden sein neues Verständnis auf andere problematische Sätze übertragen konnte. So verwendete Stokes in seiner Arbeit Cauchys Theorem über die gliedweise Integration einer unendlichen Reihe, ohne zu bemerken, daß die Argumentation einen Mangel hat, der sich unter Verwendung der Gleichmäßigkeit beheben läßt. Diese Anwendung des Begriffs war natürlich für Stokes (oder Seidel) nicht so offensichtlich, wenn wir bedenken, daß beide nicht die gleichmäßige Konvergenz in einem Intervall beschrieben, sondern sich darauf konzentrierten, was in einem Punkt oder nahe einem Punkt vorgeht.

Als Cauchy nach mehrjährigem Schweigen (aufgrund einer Bemerkung in einem Aufsatz seiner Schüler Briot und Bouquet) das problematische Theorem wieder aufgriff, kam er dem Begriff einer gleichmäßigen Konvergenz in einem Intervall nahe. Dies jedoch ist aus seiner neuen Formulierung des Theorems nicht sofort ersichtlich:

> Theorem I. - Wenn die verschiedenen Ausdrücke der Reihe
>
> $$u_0, u_1, u_2, \ldots, u_n, u_{n+1}, \ldots \qquad (6.59)$$
>
> Funktionen der reellen Variablen x und im Verhältnis zu dieser Variablen zwischen gegebenen Grenzen stetig sind; und außerdem die Summe
>
> $$u_n + u_{n+1} + \ldots + u_{n'-1} \qquad (6.60)$$
>
> für unendlich große Werte der ganzen Zahlen n und $n' > n$ immer unendlich klein wird, ist die Reihe (6.59) konvergent, und die Summe s der Reihe (6.59) zwischen den gegebenen Grenzen eine stetige Funktion der Variablen x. (Cauchy 1853, 33)

Das Schlüsselwort, in dem sich diese Aussage von seinen früheren unterscheidet, ist „immer", doch erst im Beweis wird klar, was dies abdeckt:

> Wir stellen uns nun vor, daß man, wenn man n einen genügend großen Wert zuschreibt, für alle Werte von x innerhalb gegebener Grenzen den Modul des Ausdrucks (6.60) (bei beliebigem n') und folglich den Modul von r_n kleiner als eine beliebig kleine Zahl ε machen kann. (Cauchy 1853, 32)

Folglich deckt „immer" den Begriff „gleichmäßige Cauchy-Folge in einem Intervall" ab, aus dem Cauchy sofort auf die „gleichmäßige Konvergenz in einem Intervall" schloß. Cauchy wies sorgfältig nach, daß eine Fourier-Reihe ähnlich zu der von Abel (Cauchy erwähnte Abel nicht) nicht „immer" in diesem Sinn konvergiert, was erklärt, daß ihre Summe nicht stetig ist.

6.7 Weierstraß

Bevor Seidel, Stokes und Cauchy die Frage der gleichmäßigen Konvergenz analysiert hatten, war die Eigenschaft schon ausgiebig vom jungen Weierstraß verwendet worden. Weierstraß' Lehrer Gudermann hatte 1838 in einem Aufsatz über elliptische Funktionen die Formulierung „Konvergenz im gleichen

6 Grundlagen der Analysis im 19. Jahrhundert

Grad" benutzt, wenn der „Konvergenzmodus" der Reihen $\sum_{n=1}^{\infty} f_n(x,\varphi,\psi)$ unabhängig von den Variablen φ und ψ ist. Er hielt es für einen „bemerkenswerten Umstand", wenn eine unendliche Reihe (oder ein solches Produkt) im „gleichen Grad" konvergiert, gab aber keine exakte Definition und verwendete die Eigenschaft auch nicht in Beweisen irgendwelcher Sätze. Weierstraß, der vermutlich in Gudermanns Vorlesung über elliptische Funktionen 1839 - 40 von dem Begriff erfuhr, verwendete ihn kritisch in einem Aufsatz von 1841, in dem er nachwies, daß die Summe einer Reihe analytischer Funktionen analytisch ist daß und man sie gliedweise differenzieren kann, wenn sie in einem zusammenhängenden Bereich gleichmäßig konvergiert. Weil dieser Aufsatz jedoch bis zur Veröffentlichung von Weierstraß' Werken 1894 unveröffentlicht blieb, erfuhr man von seiner entscheidenden Anwendung der gleichmäßigen Konvergenz erst, als er 1856 an der Berliner Universität mit seinen Vorlesungen begann, nachdem er bis dahin Gymnasiallehrer gewesen war. In diesen Vorlesungen war der Begriff der gleichmäßigen Konvergenz nur ein kleiner Aspekt einer vollständig neuen Begründung der Analysis. Seine Vorlesungen waren als viersemestriger Zyklus aufgebaut und bestanden aus den folgenden Kursen:

Theorie analytischer Funktionen
Theorie elliptischer Funktionen
Anwendung elliptischer Funktionen auf Geometrie und Mechanik
Theorie Abelscher Funktionen

Mit Abwandlungen hielt er diesen Zyklus von 1857 bis 1887 sechzehn mal (Dugac 1973, 62). Am Anfang des ersten Kurses erläuterte Weierstraß seinen Ansatz zur Begründung der Analysis. Im Gegensatz zu den drei anderen Kursen wurde der Inhalt des ersten allerdings zu seinen Lebzeiten nicht veröffentlicht. Die Hauptgedanken wurden jedoch bald durch Aussagen, Vorlesungsnotizen und Arbeiten der vielen deutschen und ausländischen Studenten bekannt, die sich in Berlin versammelten, nicht zuletzt um Weierstraß' Vorlesungen zu hören. Manche dieser Notizen sind in jüngerer Zeit vollständig oder in Teilen veröffentlicht worden (Dugac 1973; Weierstraß 1988a, 1988b).

Als Weierstraß nach Berlin kam, wurde er auch zum Mitglied der Akademie gewählt und hielt zu dieser Gelegenheit eine Rede (abgedruckt in Weierstraß 1988a, b), in der er die Arbeiten darstellte, die er noch als Gymnasiallehrer geschrieben hatte. Sie handelten von elliptischen und Abelschen Funktionen, Themen, die den Kern seines Vorlesungszyklus darstellten. Bemerkenswerterweise hob er in diesen Vorlesungen Anwendungen auf die Physik als wichtig hervor, während er die Begründung der Analysis nicht einmal als lohnendes Forschungsgebiet erwähnte. Sein Interesse auf diesem Gebiet scheint durch seine Lehrtätigkeit und durch Diskussionen mit Kronecker geweckt worden zu sein, wie sich aus Notizen von Casorati ergibt. Später kam es zu großen Meinungsverschiedenheiten zwischen Weierstraß und Kronecker über die richtigen Grundlagen der Mathematik, den Status der reellen Zahlen und allgemeiner, über die aktual unendlichen Mengen, doch waren sie beide (wie von Bottazzini 1986, 260 - 264 aufgezeigt) anfangs von der Unzulänglichkeit vieler entscheidender Ideen und Beweise der Analysis überzeugt. Auch waren sie sich darin einig, daß die wirkliche Grundlage in der Arithmetik der natürlichen Zahlen zu finden sei.

Diese Tendenz trat in Weierstraß' Vorlesungen spätestens 1864 zutage. Von dieser Zeit an begann er seine Vorlesungen über die Theorie der analytischen Funktionen mit einer Konstruktion der reellen Zahlen (vgl. Kap. 10). Er setzte sie mit einer allgemeinen Untersuchung der Funktionen und Reihen fort und wandte die Ergebnisse bei der Diskussion von Potenzreihen an, die dann zur Grundlage der Theorie der analytischen Funktionen gemacht wurden.

Weierstraß' Ansatz zur Begründung der Analysis, wie er in seiner Behandlung von Funktionen und Reihen zu Tage tritt, ist dem modernen sehr ähnlich. Ich möchte nur ein paar Punkte hervorheben. Durch seine Konstruktion der reellen Zahlen löste Weierstraß die Frage der Vollständigkeit, der sich Cauchy und Bolzano entzogen hatten. Außerdem wurde er wegen seines epsilontischen Stils berühmt. Cauchy hatte Quantoren, ε's, δ's, n_0's, Ungleichungen u.s.w. in seinen komplizierteren Beweisen benutzt, doch Weierstraß wandte diese Technik in allen Beweisen und Definitionen an. So definierte er zum Beispiel 1861 eine stetige Funktion wie folgt:

Ist $f(x)$ eine Funktion von x und x ein bestimmter Wert, so wird sich die Funktion, wenn x in $x+h$ übergeht, in $f(x+h)$ ändern; die Differenz $f(x+h)-f(x)$ nennt man die Veränderung, welche die Funktion dadurch erfährt, daß das Argument von x in $x+h$ übergeht. Ist es nun möglich, für h eine Grenze δ zu bestimmen, so daß für *alle* Werte von h, welche ihrem absoluten Betrage nach kleiner als δ sind, $f(x+h)-f(x)$ kleiner werde als irgendeine noch so kleine Größe ε, so sagt man, es entsprechen unendlich kleine Änderungen des Arguments unendlich kleinen Änderungen der Funktion. Denn man sagt, wenn der absolute Betrag einer Größe kleiner werden kann als irgendeine beliebig angenommene noch so kleine Größe, sie kann unendlich klein werden. Wenn nun eine Funktion so beschaffen ist, daß unendlich kleinen Änderungen des Arguments unendlich kleine Änderungen der Funktion entsprechen, so sagt man, daß dieselbe eine *continuierliche Funktion* sei vom Argument, oder daß sie sich stetig mit diesem Argument ändere. (Dugac 1973, 119 - 120)

Wir sehen, daß Weierstraß zumindest in seinen frühen Vorlesungen immer noch den Begriff einer unendlich kleinen Größe verwandte. Jedoch war er nur noch eine praktische Abkürzung, die von seinen Nachfolgern meist weggelassen wurde. Außerdem sehen wir, daß seine Definition völlig eindeutig der punktweisen Stetigkeit entspricht. Ähnlich definierte er den Grenzwert einer

6 Grundlagen der Analysis im 19. Jahrhundert   237

Funktion und einer Reihe, wobei er klar zwischen punktweiser und gleichmäßiger Konvergenz in einem Intervall unterschied. Er verwandte die letztere Eigenschaft, um Cauchys Theorem zu retten und wies auch nach, daß sie Abels Frage zur gliedweisen Differentiation von Reihen beantwortete. Außerdem stellte er fest, daß die gliedweise Integration von Reihen nicht, wie früher angenommen, in jedem Fall gültig ist, sondern nur bei einer gleichmäßig konvergenten Reihe. Aus einer ad-hoc-Idee hatte sich die gleichmäßige Konvergenz jetzt in eine zentrale Eigenschaft verwandelt.

Während die Unterscheidung zwischen punktweiser und gleichmäßiger Konvergenz im Zusammenhang mit der Untersuchung trigonometrischer Reihen aufgetreten war, gaben zu dieser Zeit keine konkreten Probleme Anlaß zu der Unterscheidung zwischen punktweiser und gleichmäßiger Stetigkeit. Nun aber, als Weierstraß' ε-δ-Formalismus verfügbar war, wurde die Unterscheidung selbstverständlich. 1872 unterschied Heine die beiden Begriffe und bewies, daß eine stetige Funktion auf einem geschlossenen beschränkten Intervall gleichmäßig stetig ist. Dirichlet hatte diesen Satz bereits 1854 in seinen Vorlesungen über die Integralrechnung formuliert (Dugac 1989, 91). Gegen Ende des Jahrhunderts isolierte Borel die Eigenschaft der „Kompaktheit" und verwandte eine ähnliche Methode wie Heine, um zu beweisen, daß ein abgeschlossenes beschränktes Intervall kompakt ist (der sogenannte Satz von Heine-Borel) (vgl. Dugac 1989).

Heines Definition erschien in seiner *Funktionenlehre* von 1872. Obwohl er kein Schüler von Weierstraß war, kannte er dessen Auffassungen zur Analysis durch dessen Schüler G. Cantor und H. A. Schwarz und folgte ihnen. Zusammen mit zwei Reden von Weierstraß von 1870 und 1872 war dies der erste Einblick, den die Öffentlichkeit in Weierstraß' Methoden gewann.

In seinen Reden wandte sich Weierstraß gegen zwei weit verbreitete Überzeugungen. Die erste (Weierstraß 1870) betraf die Unterscheidung zwischen einem Maximum und einem Supremum (oder Minimum und Infimum). Obwohl Bolzano auf den wesentlichen Unterschied hingewiesen hatte, waren mehrere Existenzbeweise auf einer Verwechslung dieser beiden Begriffe aufgebaut worden, worunter der berühmteste das sogenannte Dirichletsche Prinzip betraf (vgl. Kap. 12.13)

Weierstraß' zweiter Aufsatz (1872), den er der Berliner Akademie 1872 vorlegte, enthielt die Funktion

$$f(x) = \sum_{n=1}^{\infty} b^n \cos(a^n x \pi) \qquad (6.61)$$

mit a ungerade, $b \in [0, 1)$ und $ab > 1 + 3\pi/2$ als Beispiel einer stetigen Funktion, die nirgendwo differenzierbar ist. Wir haben gesehen, daß Bolzano bereits eine ähnliche Funktion gefunden, aber nicht veröffentlicht hatte, und Weierstraß berichtete, Riemann habe in seinen Vorlesungen ein weiteres Beispiel gegeben, nämlich:

$$f_1(x) = \sum_{n=1}^{\infty} \frac{\sin(n^2 x)}{n^2}. \quad (6.62)$$

Doch war (und ist es immer noch) unklar, ob Riemann behauptet hatte, daß f_1 überall oder nur in einer dichten Menge nicht differenzierbar ist. Weierstraß konnte nicht beweisen, daß f_1 nirgendwo differenzierbar ist und konstruierte daher ein eigenes Beispiel. Tatsächlich hat Gerver 1970 nachgewiesen, daß f_1 in den Werten $a\pi$ differenzierbar ist, wobei a von der Form $\frac{2m+1}{2k+1}$ ist (Neuenschwander 1978a). Weierstraß' Funktion widersprach einem intuitiven Empfinden der meisten seiner Zeitgenossen, daß stetige Funktionen außer in „singulären Punkten" differenzierbar sind. Als sie 1875 von Du Bois-Reymond veröffentlicht wurde, erregte sie daher großes Aufsehen und nach Angaben Hankels auch ungläubiges Staunen.

6.8 Pathologische Funktionen und der neue Stil in der Analysis

Weierstraß' stetige, nirgends differenzierbare Funktion wurde zur bekanntesten einer großen Zahl pathologischer Funktionen, die um 1870 konstruiert wurden. Cauchys Beispiel (Abschnitt 6.3.5) einer nicht durch ihre konvergente Taylor-Reihe dargestellten C^∞-Funktion und Dirichlets nicht integrierbare Funktion (Abschnitt 6.5) können als frühe Beispiele pathologischer Funktionen gesehen werden. Riemann (1854b) gab im Zusammenhang mit seiner Untersuchung trigonometrischer Reihen und Integrale eine Reihe weiterer Beispiele an (vgl. Kapitel 9). Insgesamt gaben sowohl trigonometrische Reihen als auch die Integrationstheorie Anlaß zu vielen bizarren Funktionen (Kapitel 9), von denen ich Du Bois-Reymonds stetige Funktion erwähnt habe, die nicht in eine Fourier-Reihe entwickelt werden kann. Außerdem konstruierten Hankel (1870) und Darboux (1875) einige pathologische Funktionen, und ersterer erfand sogar eine Methode, mit der er bei Vorliegen einer Funktion mit einer einzelnen Singularität in einem Punkt häufig eine neue Funktion konstruieren konnte, die diese Eigenschaft in einer dichten Punktmenge besaß. Er nannte diese Methode „Kondensation von Singularitäten".

6 Grundlagen der Analysis im 19. Jahrhundert

Die pathologischen Funktionen waren Vorläufer eines neuen Trends in der mathematischen Analysis. Wo früher neue Typen von Funktionen durch Anwendungen nahegelegt wurden, suchten die Mathematiker jetzt aktiv nach unangenehmen Funktionen im Rahmen der reinen Mathematik, um die Grenzen von Begriffen wie Funktion, Stetigkeit, Differenzierbarkeit, Integrierbarkeit usw. zu untersuchen.

Mehrere Mathematiker standen diesem neuen Trend sehr kritisch gegenüber. Poincaré etwa äußerte seine Skepsis so

> Jetzt erleben wir, wie eine ganze Masse grotesker Funktionen auftaucht, die sich alle Mühe zu geben scheinen, den anständigen Funktionen, die zu etwas nütze sind, so wenig wie möglich zu ähneln ... Wenn früher eine neue Funktion erfunden wurde, geschah dies im Hinblick auf einen praktischen Zweck; heute erfindet man sie absichtlich nur dazu, die Argumentation unserer Väter zu widerlegen, und zu etwas anderem werden sie nie taugen. (Poincaré 1899, 130 - 131)

Ob man aber nun die pathologischen Funktionen mochte oder nicht, sie zeigten jedenfalls, daß Dirichlets Funktionsbegriff zu allgemein war, um unmittelbar eine Grundlage für die Analysis abzugeben. Nach Hurwitz ging sogar Weierstraß so weit, die allgemeine Dirichletschen Funktionsdefinition als „überhaupt vollkommen unhaltbar und unfruchtbar" zu erklären. „Es ist nämlich unmöglich, aus ihr irgendwelche allgemeinen Eigenschaften der Funktionen abzuleiten" (Dugac 1973, 116). In gewissem Sinne kann man Weierstraß' Arbeiten zu den Grundlagen der Analysis als Suche nach dem sinnvollsten Funktionsbegriff betrachten (vgl. Dugac 1973, 71). Laugwitz (1992) betont, für Weierstraß gelte, daß „das letzte Ziel immer die Darstellung einer Funktion" ist. Mit „Darstellung" meinte Weierstraß eine analytische oder arithmetische „Darstellung". In diesem Sinne war seine Sicht des Funktionsbegriffs eine Weiterführung von Eulers und Lagranges algebraischer Auffassung und stand in schroffem Gegensatz zu dem mehr begrifflichen Standpunkt der Göttinger Mathematiker, besonders dem von Riemann. Die meisten von Weierstraß' Zeitgenossen und Schülern schienen den Gedanken aufgegeben zu haben, analytische Ausdrücke als eine Klasse besonders wohlanständiger Funktionen zu betrachten. Schließlich bewiesen Weierstraß' Approxomationssatz und die Fourier-Reihen, daß diese Klasse sehr umfangreich war (in späteren Arbeiten von Baire und Lebesgue (Lebesgue 1905) wurde dies noch viel deutlicher herausgearbeitet), und Hankel zeigte, daß man analytische Ausdrücke mit all den verschiedenen Singularitäten konstruieren kann, die er in seinem Aufsatz von 1870 erörtert hatte. Da außerdem die Integrationstheorie zeigte, daß man wichtige Sätze sogar über ziemlich singuläre Funktionen herleiten konnte, blieb man bei dem allgemeinen Dirichletschen Funktionsbegriff. Natürlich mußte man die Hoffnung aufgeben, daß die Analysis in einem speziellen Gebiet umfassende Geltung haben könnte, statt dessen erforderte jeder Satz seine ausdrücklich formulierten Voraussetzungen. Ein Theorem wie der Zwischen-

Wertsatz, der früher lediglich in Gestalt einer Gleichung (Gl.) geschrieben worden war, lautete jetzt:

A sei eine ... Untermenge von $\mathbb{R}$, die ... (geschlossen, offen ... überall dicht, meßbar einfach zusammenhängend u.s.w.) ist, und f sei eine auf A (oder $\overline{A}$ oder ...) definierte Funktion, die C^n oder in A ... und ... auf $\overline{A}$ ist, und x_0 sei ein Punkt von A mit der Eigenschaft ..., dann ...(Gl.)

Auf diese Weise erhielt die Analysis nach der Methode der Beweise und Widerlegungen Strenge und Allgemeinheit, büßte aber in einem gewissen Sinne an Eleganz und Einfachheit ein und wurde der Anschauung und den physikalischen Anwendungen entfremdet. Viele Mathematiker bedauerten diese Tendenz, doch konnte man sich ihr kaum entziehen, nachdem die pathologischen Funktionen Eingang in den Garten Eden der „naiven" Analysis gefunden hatten.

Das Ergebnis dieser Entwicklung war viel mehr als eine Umformulierung alter Sätze und die Entwicklung strenger Beweise. Sie bedeutete die Erschaffung einer vollständig neuen topologischen und maßtheoretischen Grundlage der Analysis mit ihren eigenen neuen Begriffen und Resultaten. Diese Grundlage wurde schließlich von ihren Ursprüngen getrennt, und Sätze wie der von Heine-Borel, Bolzano-Weierstraß u.s.w. wurden zum Selbstzweck. Auf diese Weise wurde das Beharren auf Strenge, das (mit Berkeley) als destruktive Bewegung begonnen hatte, schließlich zu einer starken schöpferischen Kraft.

6.9 Verbreitung und Akzeptanz der Strenge in der Analysis

In diesem Kapitel haben wir uns mit einigen Mathematikern befaßt, die die Strenge in der Analysis aktiv gefördert haben, und diejenigen ihrer Werke betrachtet, die diese Grundlagenfragen zum Gegenstand hatten. Jedoch setzten sich ihre Ideen nicht sofort durch, weder in der Lehre noch in der Forschung.

Als Cauchy seinen neuen Standard der Strenge an der École Polytechnique einführte, wurde er von seinen Kollegen und Vorgesetzten kritisiert, weil er die Grundlagen zu sehr auf Kosten der Anwendung betone (Belhoste 1991, 61 - 86; Gilain 1989). Sein erster Kollege in diesem Kurs, Ampère, hielt sich zum Teil an Cauchy, aber Navier, der den Kurs 1819 zu lehren begann, betonte die Anwendungen und folgte Cauchys Standards nicht. In den 1840er Jahren wurden Cauchys Methoden wieder an der École Polytechnique gelehrt, jedoch waren die Professoren Sturm und Liouville nicht an der Weiterentwicklung der

6 Grundlagen der Analysis im 19. Jahrhundert

Strenge interessiert (Lützen 1990, 72 - 76). Dennoch war Sturm indirekt für die Verbreitung von Cauchys Ideen verantwortlich, weil seine 1857 bis 1859 posthum veröffentlichten Vorlesungsnotizen weithin gelesen wurden (noch 1909 erlebten sie eine 14te Auflage).

In anderen Hochschulen und außerhalb Frankreichs dauerte es viel länger, bevor Cauchys Auffassungen den alten Stil verdrängten. Besonders in England, wo nach 1810, durch die Agitation einer Mathematikergruppe, die sich Analytical Society nannte, Newtons Fluxionsrechnung durch den Ansatz von Lagrange ersetzt worden war, hielt sich der formale algebraische Stil bis weit in die zweite Häfte des neunzehnten Jahrhunderts.

Eine zweite Etappe in der Verbreitung strenger Methoden setzte 1893 bis 1896 an der École Polytechnique ein, als Jordan in der zweiten Auflage seines *Cours d'Analyse* die ε-δ-Methoden von Weierstraß einführte. Dieses Lehrbuch wurde viel gelesen und hatte einen großen Anteil an der Verbreitung der Methoden von Weierstraß. Doch wurde an vielen Universitäten noch bis weit ins zwanzigste Jahrhundert die Analysis im Stile Cauchys gelehrt. In Kopenhagen z. B. verwendete man Sturms Buch bis 1915. So benötigten die Reformen von Cauchy und von Weierstraß jeweils ungefähr 40 Jahre, bevor sie die Vorlesungssäle erreichten.

In der Forschung beobachtet man eine ähnliche Verzögerung. Cauchy selbst verstieß in der Forschung mehrfach gegen seine strengen Standards (zum Beispiel wandte er divergente Reihen an), und andere Mathematiker taten desgleichen. In der angewandten Mathematik kann dies nicht weiter überraschen: dieser Zweig wurde oft mit einer gewissen Unbekümmertheit gegenüber mathematischer Strenge entwickelt. Aber auch in der reinen Mathematik finden wir bei Cauchy und seinen Nachfolgern eine große Freizügigkeit in Bezug auf die Methoden. Ein besonders hervorstechendes Beispiel sind die nur unzulänglich begründeten Verfahren, mit denen Cauchy und vor allem britische Mathematiker Differentialoperatoren behandelten. Ein spezieller Zweig dieses Gebiets sind die Operatoren gebrochener Ordnung $\left(\dfrac{d}{dx}\right)^{\mu}$, $\mu \in \mathbb{C}$, die von Liouville und Riemann (1830 und 1847) betrachtet wurden. Gispert (1983) hat aufgezeigt, wie das Eintreten von Darboux zugunsten der Weierstraßschen Strenge von seinen französischen Kollegen allgemein abgelehnt wurde.

Man darf nicht unterschätzen, wie schwer es sogar Mathematikern, die für die neuen Trends aufgeschlossenen waren, fiel, die neuen Standards der Strenge zu verstehen. So gestand zum Beispiel Liouville seinem Freund Dirichlet, daß er es „ziemlich schwer fand, Abels Beweis seines wichtigen Satzes zu erklären (oder sogar zu verstehen)" (Dirichlet 1862). Wie wir gesehen haben, war Dirichlet ein Meister in der neuen Analysis und daher imstande, die Frage „nebenbei und unmittelbar vor seinen (Liouvilles) Augen zu klären". Doch bei der Formulierung seines Prinzips in der Potentialtheorie (vgl. Kap. 12.13) verstieß Dirichlet selbst gegen die Ideale der Strenge. Dies überrascht um so mehr, weil er Steiner einen ähnlichen Fehler in einem Beweis der isoperimetrischen Eigenschaft des Kreises vorwarf. Auch Du Bois-Reymond, der Weierstraß' Beispiel einer stetigen und nirgends differenzierbaren Funktion veröffentlichte, erklärte:

> Noch manches Räthsel scheint mir die Metaphysik der *Weierstraßschen* Funktionen zu bergen, und ich kann mich des Gedankens nicht erwehren, daß hier tieferes Eindringen schließlich vor eine Grenze unseres Intellects führen wird. (Du Bois-Reymond 1875, 29)

Außerdem beging Hankel, als er die pathologischen Funktionen zu klassifizieren versuchte, die er nach ihren Singularitäten konstruiert hatte, die verblüffendsten Fehler, indem er topologisch kleine Mengen, die z. B. nirgends dicht sind, mit maßtheoretisch kleinen Mengen, die das Maß Null haben, identifizierte. Diese Probleme wurden um 1880 von Smith, Du Bois-Reymond, Volterra und Harnack geklärt (vgl. Kap. 9).

6.10 Die Befreiung von den Fesseln der Strenge

Gegen Ende des 19. Jahrhunderts beherrschten die neuen Standards allmählich die mathematische Forschung, doch gab es immer noch gewisse Widerstände. Ein Teil der Opposition war auf blanken Konservatismus zurückzuführen, doch bis zu einem gewissen Grad gab es gute Gründe für eine Auflehnung gegen die Fesseln der Strenge, die der Analysis angelegt worden waren. Für Mathematiker wie Poincaré und Riemann, die eine tiefe mathematische Anschauung hatten, war es lähmend, jedes einzelne ε in einem Beweis klären zu müssen. Poincarés einfallsreiche Arbeiten hielten sich in vielen Fällen nicht an die strengen Ideale, doch wenn er am offensichtlichsten dagegen verstieß (z. B. bei der Verwendung des Dirichletschen Prinzips), räumte er ein, daß die Argumentation nur heuristisch sei (vgl. Poincaré 1896, 118 - 119).

Außerdem fühlte man, daß die Anwälte der Strenge zu radikal gewesen waren. So hatten sie mit ihrem Bann gegen divergente Reihen viele erfolgreiche Argumentationen in der Physik und Astronomie verdammt. Heaviside, selbst ein Meister ausgefallener Schlußweisen mit divergenten Reihen in der Theorie des Elektromagnetismus, drückte es in seiner bilderreichen Sprache aus:

> Ich muß ein paar Worte über das Thema der verallgemeinerten Differentiation und der divergenten Reihen verlieren ... Es ist nicht leicht, die Begeisterung dafür wieder anzufachen, nachdem sie mit den nassen Decken der Anwälte der Strenge künstlich abgekühlt worden ist. Dennoch wurde mir zugetragen, daß ich der Anlaß

6 Grundlagen der Analysis im 19. Jahrhundert

war, mancher Orts einiges Interesse für dieses Thema anzuregen. Vielleicht nicht in England, aber gewiß in Paris ... Es wird eine Theorie divergenter Reihen oder, sagen wir mal, eine umfassendere Funktionentheorie als die gegenwärtige geben müssen, die konvergente und divergente Reihen in einem harmonischen Ganzen zusammenfaßt. (Heaviside 1899, § 425 und 432)

In Paris war es Poincaré (und unabhängig davon Stieltjes) (1886) gelungen, eine Theorie für die sogenannten asymptotischen Reihen zu entwickeln, mit der viele der früheren Schlußweisen, die auf divergenten Reihen beruhten, gerechtfertigt werden konnten. Ein anderer Ansatz wurde von Cesàro (1890), im Anschluß an Methoden von Frobenius (1880) und Hölder (1882), entwickelt, in dem für einer große Klasse divergenter Reihen eine Summe definiert wurde. Obwohl die Reihen sich ihrem Limes nicht nähern, wenn die Zahl der Glieder wächst, erwies es sich, daß die so definierten Summen sowohl bei den Anwendungen als auch in der theoretischen Arbeit Sinn machen. Zum Beispiel wies Fejér (1904) nach, daß eine beschränkte Riemann-integrierbare Funktion eine Fourier-Reihe hat, die mit der „richtigen" Summe summierbar ist. (Vgl. Kline 1972, 1096 - 1121)

Ein weiteres Gebiet, auf dem die Anwälte der Strenge des 19. Jahrhunderts zu weit gegangen waren, war ihr Beharren, daß nur differenzierbare Funktionen differenziert werden dürfen. Heaviside bezog sich im obigen Zitat auch auf dieses Problem. Euler hatte argumentiert (vgl. Kap. 4), daß als Lösung $y(x,t) = \varphi(x - t)$ für die Wellengleichung $\frac{\partial^2 y}{\partial x^2} = \frac{\partial^2 y}{\partial t^2}$ beliebige Funktionen φ zugelassen werden müßten, doch wurden solche Gedanken im neunzehnten Jahrhundert beiseite gewischt. In Laurent Schwartz' Distributionentheorie hingegen (Schwartz 1950/51) ist Eulers Auffassung völlig berechtigt: Die Ableitungen der beliebigen Funktionen sind dann nicht unbedingt Funktionen im gewöhnlichen Sinne, sondern verallgemeinerte Funktionen. Schwartz (und vor ihm Sobolew) machten ferner sinnvollen Gebrauch von der „δ-Funktion", die von Mathematikern des neunzehnten Jahrhunderts, wie Fourier, Kirchhoff und Heaviside benutzt, aber durch die Bewegung der Strenge verworfen worden war (vgl. Lützen 1982). Auch im Hinblick auf die Infinitesimalen, die um 1870 die Szene verlassen hatten, wurde nachgewiesen, daß sie vollkommen vernünftige Objekte sind. 1960/71 konstruierte Robinson eine nicht-archimedische Körpererweiterung von R, die Infinitesimale enthält. Damit konnte die sogenannte Non-Standard-Analysis viele Argumente von Leibniz, Euler und Cauchy auf eine gesicherte Grundlage stellen (vgl. Laugwitz und Schmieden 1958; Robinson 1966).

Die Entdeckung der Non-Standard-Analysis hat die Geschichtsschreibung über die Grundlagen der Differential- und Integralrechnung beeinflußt. Solange es nur eine akzeptierte Auffassung der Analysis, nämlich die von Weierstraß, gab, war die Entwicklung häufig als ein natürliches Streben zu diesem natürlichen Ziel betrachtet worden. Die Non-Standard-Analysis machte klar, daß es nicht nur ein Ziel gibt. Anstatt also die historische Entwicklung als nahezu unvermeidlich anzusehen, müssen wir sie jetzt als eines von mehreren möglichen Szenarien betrachten, die in ihrem Kontext erklärt werden muß.

Die heutigen Theorien über divergente Reihen, verallgemeinerte Differentiation, verallgemeinerte Funktionen und Infinitesimale, mögen dazu verleiten, die Strenge des neunzehnten Jahrhunderts als ein unnötig einengendes oder sogar entartetes Stadium zu betrachten, das wir jetzt überwunden haben. Hierauf muß jedoch entgegnet werden, daß die allgemeineren Ideen des zwanzigsten Jahrhunderts alle auf der strengen Grundlage beruhen, die im neunzehnten Jahrhundert entwickelt wurde. So sind zum Beispiel Schwartz' verallgemeinerte Funktionen (Distributionen) als Funktionale auf einem Raum von unendlich oft differenzierbaren Funktionen mit kompaktem Träger, versehen mit einer geeigneten Topologie, definiert. Daher war die Entwicklung der Grundlagen Analysis des neunzehnten Jahrhunderts zwar nicht notwendig oder gar selbstverständlich. Unsere moderne Analysis aber ist fest darin verwurzelt.

7 Randwertprobleme der mathematischen Physik

Thomas Archibald

7.1 Analysis und Physik um 1800

Die Rolle der Analysis bei der Untersuchung und Modellierung physikalischer Phänomene änderte sich im Laufe des 19. Jahrhunderts fundamental. Am Ende des 18. Jahrhunderts beispielsweise lieferten die Mechanik von Lagrange und die Himmelsmechanik von Laplace Methoden für die mathematische Astronomie, doch außerhalb dieses Gebiets waren die Anwendungen mathematischer Methoden auf physikalische Fragen ziemlich beschränkt. Gegen Ende des 19. Jahrhunderts waren alle physikalischen Theorien mathematisiert, die geometrischen Aspekte der Mechanik waren durch die Differentialgeometrie in die Analysis integriert, und solche physikalisch-mathematischen Hybrid-Begriffe wie Energie und Entropie stellten fundamentale Werkzeuge der Forschung dar. Die neuen Begriffe, die in der Physik geschaffen wurden, warfen mathematische Fragen auf, die zunehmend von reinen Mathematikern behandelt wurden, da sich die fachliche Spezialisierung das ganze Jahrhundert hindurch immer weiter vertiefte.

In diesem Kapitel sollen einige Aspekte dieser Entwicklung untersucht werden. Wir werden uns auf Randwertprobleme und damit zusammenhängende mathematische Fragen konzentrieren. Das geschieht teils aus Platzgründen, teils aufgrund der zahlreichen damit verbundenen Entwicklungen in der reinen Mathematik.

7.1.1 Fernwirkungskräfte und Potentiale

Zu Beginn des 19. Jahrhunderts fallen zwei grundlegende mathematische Herangehensweisen an physikalische Probleme ins Auge. Die eine und sicherlich verbreitetste verwendet ein Modell für die zugrundeliegende physikalische Realität und beschreibt dieses Modell mathematisch. Die andere ist phänomenologisch; sie ignoriert die zugrundeliegenden Prozesse und versucht statt dessen, das Verhalten der beobachtbaren Variablen direkt zu beschreiben. In beiden Ansätzen griff man auf die theoretische Mechanik und die Differential- und Integralrechnung zur Lösung von Problemen zurück.

Um 1800 setzte das überwiegend angewandte Modell voraus, daß physikalische Prozesse von momentanen Fernwirkungskräften beherrscht werden. Die Potentialtheorie, die auf die Untersuchung des Verhaltens von Körpern zurückgeht, die durch Fernwirkungskräfte in Wechselwirkung stehen, ist in diesem Fall die zentrale Theorie. Sie betraf in erster Linie Probleme der Anziehung durch Gravitation, der Elektrostatik (bis zu einem gewissen Grad auch des Elektromagnetismus) und der stationären Wärmeleitung, das heißt jene Prozesse, die durch die Gleichungen von Laplace und Poisson beschrieben werden. In den ersten Jahren standen bei der Suche nach Lösungen für spezielle physikalische Probleme die grundlegenden Resultate der (modern gesprochen) Vektoranalysis, d. h. die Sätze von Gauß, Green und Stokes und ihre Anwendung auf Randwertprobleme unter Anwendung der Greenschen Funktion, im Mittelpunkt. Aspekte der reinen Mathematik, beispielsweise Existenzsätze für bestimmte Randwertprobleme, traten als wesentliche Untersuchungsbereiche erst später auf, in Verbindung mit der Weierstraßschen Kritik der Grundlagen der Analysis. Viele Bemühungen, die Anwendbarkeit partieller Differentialgleichungen auf physikalische Probleme auszudehnen, bestanden darin, Methoden der Potentialtheorie nachzuahmen und auf Situationen auszudehnen, bei denen andere Gleichungstypen gelten.

Unter einer Potentialfunktion für eine gegebene Kraft verstehen wir eine Funktion, deren partielle Ableitungen gleich den Kraftkomponenten in den Richtungen der Koordinatenachsen sind. Wie wir noch erörtern werden, haben solche Funktionen mannigfaltige Interpretationen und können verschiedene Rollen spielen; sie stehen in engem Zusammenhang mit den Begriffen Arbeit und potentielle Energie. In dieser Interpretation haben die Potentialfunktionen einen etwas nebulösen Ursprung. Das Wort „potentia" wurde schon 1726 von Daniel Bernoulli zur Bezeichnung einer Vektorkraft (im Gegensatz zu *vis*, der Größe einer Kraft) gebraucht und nicht im heutigen Sinne eines Potentials. Auch in Eulers Werk sehen wir, daß das Potential als Term in der Gleichung erscheint, die das *vis viva*-Prinzip ausdrückt. Die Erkenntnis jedoch, daß es eine Funktion gibt, deren Ableitungen die Komponenten der Newtonschen Gravitationskraft sind, tauchte zuerst in Lagranges Abhandlung von 1773/74 *Sur l'équation séculaire de la lune* auf, worin sie als eine bequeme Methode

7 Randwertprobleme der mathematischen Physik

zur Berechnung der Kraftkomponenten in verschiedenen Koordinatensystemen dient. 1777 widmete Lagrange eine kurze Abhandlung der Untersuchung einiger Eigenschaften der Potentialfunktionen einschließlich einer Anwendung auf das Problem, ein System von Körpern durch den Massenmittelpunkt des Systems zur Berechnung ihrer Bewegungen zu ersetzen.

Erst Laplace machte in der *Mécanique Céleste* bei der Untersuchung der Anziehung von Sphäroiden ausgedehnten Gebrauch von der Potentialfunktion. Vor allem durch sein Werk verbreitete sich die Methode, Potentialfunktionen zur Lösung partieller Differentialgleichungen zu nutzen. In der Arbeit *Théorie des attractions des spéroides et de la figure des planètes* von 1785 führte Laplace den Begriff der Potentialfunktion ein, ohne Lagrange auch nur im mindesten zu erwähnen, und zeigte, daß sie die Gleichung erfüllt, die wir heute Laplace-Gleichung in Kugelkoordinaten nennen (Laplace 1782/1785, 351 - 353, 361 - 363). In einer späteren Abhandlung über die Saturnringe führte er die entsprechende Gleichung für rechtwinklige Koordinaten ein (Laplace 1789, 277 - 78):

V ist die Summe der Moleküle des Sphäroids, geteilt durch ihre jeweiligen Entfernungen zum Punkt *m,* auf den sie wirken. Um die Anziehungskraft des Sphäroids auf diesen Punkt parallel zu einer beliebigen Geraden zu erhalten, muß man also *V* als eine Funktion dreier rechtwinkliger Koordinaten betrachten, deren eine parallel zu dieser Geraden ist, und diese Funktion nach letzterer Koordinate differenzieren: der Koeffizient des Differentials dieser Koordinaten, mit einem entgegengesetzten Vorzeichen versehen, ergibt dann den Wert der Anziehungskraft des Sphäroids, parallel zur gegebenen Geraden zerlegt und zum Ursprung der zu ihr parallelen Koordinaten gerichtet.

Wenn man mit β die Funktion

$$\frac{1}{\sqrt{(x-x')^2 + (y-y')^2 + (z-z')^2}} \tag{7.1}$$

bezeichnet, erhält man

$$V = \int \beta \rho \, dx' dy' dz' \tag{7.2}$$

[ρ ist die Dichte] ... Doch kann man sich durch Differentiation unschwer vergewissern, daß

$$0 = \frac{\partial^2 \beta}{\partial x^2} + \frac{\partial^2 \beta}{\partial y^2} + \frac{\partial^2 \beta}{\partial z^2} \tag{7.3}$$

gilt. In ähnlicher Weise erhält man

$$0 = \frac{\partial^2 V}{\partial x^2} + \frac{\partial^2 V}{\partial y^2} + \frac{\partial^2 V}{\partial z^2}. \qquad (7.4)$$

(Laplace 1789, 277-278)

Um diese Potentialfunktionen V auf Attraktionsprobleme anzuwenden, betrachtete Laplace ihre Reihenentwicklungen in der Form $V = U_1/r + U_2/r^2 + \ldots$, wobei jedes U_i harmonisch ist, das heißt der Laplaceschen Gleichung genügt. Die Koeffizientenfunktionen U_i nennt man heute Kugelfunktionen.

Diese Entwicklung ergibt das Potential natürlich nur in Punkten außerhalb der anziehenden Masse. In vielen Fällen ist es jedoch auch wichtig, das Potential in Punkten innerhalb der Masse zu betrachten; das trifft insbesondere bei Fragen der Elektrizität und des Magnetismus zu. In diesem Fall hat die Potentialfunktion $V=1/r$ eine Singularität im Koordinatenursprung, die man speziell behandeln muß; eine Methode dafür, die auf Poisson zurückgeht, wird unten diskutiert.

7.1.2 Fourier: Wärmeleitung und Trennung der Variablen

Bei der Behandlung der Wärmeleitung wählte Joseph Fourier einen anderen Weg als die Laplacesche Schule und kümmerte sich wenig um die zugrunde liegenden physikalischen Prozesse. In einer 1807 verfaßten, aber erst in den 20er Jahren des 19. Jahrhunderts veröffentlichten Arbeit leitete Fourier Differentialgleichungen für den Fluß der Wärme ab. Unter der Voraussetzung, daß Wärme auf ein „Molekül" einer Substanz durch einen positiven oder negativen Fluß von seinem unmittelbaren Nachbarn übertragen wird, und durch geeignete Annahmen über den Fluß längs des Randes der erhitzten Substanz leitete Fourier eine partielle Differentialgleichung für den Wärmefluß ab. Um sein Modell zu verstehen, untersuchen wir seine Ableitung der Wärmebewegung in einem Würfel (Fourier 1822, Kapitel 2, Absatz 1 und 5).

Wir betrachten ein kleines Stück des Körpers, einen infinitesimalen Würfel mit entgegengesetzten Ecken (x, y, z) und $(x + dx, y + dy, z + dz)$. Fourier nahm an, daß die Wärmeübertragung ein kontinuierlicher Transferprozeß zwischen benachbarten Teilen des Körpers und nach außen ist. Daher ist die Menge der übertragenen Wärme in einem Zeitmoment dt bestimmt durch die Differenz zwischen der Wärmemenge, die in den infinitesimalen Würfel hineinfließt, und der Menge, die austritt. Es sei $v(x, y, z, t)$ die Temperatur in den Punkten des Körpers zur Zeit t, die anfänglich für den ganzen Würfel als positive Konstante betrachtet wird. Wir nehmen an, der Würfel befindet sich in einem gleichbleibenden Luftstrom, der bei 0 Grad gehalten wird, so daß die Temperatur in der Randfläche konstant ist. Wenn K eine Konstante des Körpers ist,

7 Randwertprobleme der mathematischen Physik   249

die seine Leitfähigkeit bestimmt, dann ist die Wärmemenge, die in der Zeit dt durch das Rechteck $dydz$ (senkrecht zu dx) fließt,

$$-Kdydz\frac{dv}{dx}dt. \qquad (7.5)$$

Das negative Vorzeichen folgt aus der Tatsache, daß dv/dx negativ ist, wenn v links vom Volumenelement größer ist als rechts, während die Temperatur in dem Element ansteigt. Die Wärmemenge, die durch die gegenüberliegende Fläche ausströmt, fand Fourier dadurch, daß er in dem vorherigen Ausdruck x in $x + dx$ umwandelte, oder diesem Ausdruck sein Differential nach x hinzufügte (Fourier 1822, § 104). Folgt man Fouriers Infinitesimaltechnik, ergibt

das $-Kdydz\dfrac{dv}{dx}dt + \left(-Kdydzd\left(\dfrac{dv}{dx}\right)dt\right)$, oder

$$-Kdydz\frac{dv}{dx}dt + \left(-Kdxdydz\left(\frac{d^2v}{dx^2}\right)dt\right), \qquad (7.6)$$

wobei das Differential ein partielles Differential nach x ist. Man bemerke, daß in Fouriers Herleitung das Differential von dv/dx gleich d^2v/dx ist, so daß er Zähler und Nenner mit dx multiplizieren muß, um die gewünschte 2. Ableitung zu erhalten. Solche Rechnungen sind ziemlich typisch für diese Periode. Nimmt man die Differenz zwischen (7.5) und (7.6), so erhält man die Veränderung der Wärmemenge in der x-Richtung. Ähnliche Ausdrücke ergeben sich in bezug auf y und z, und durch Summation erhält man die totale in das Element fließende Wärmemenge

$$Kdxdydz\left\{\frac{\partial^2v}{\partial x^2} + \frac{\partial^2v}{\partial y^2} + \frac{\partial^2v}{\partial z^2}\right\}dt. \qquad (7.7)$$

Um die Änderungsrate der Temperatur pro Zeiteinheit zu erhalten, muß man diese Größe nur durch die Wärmemenge dividieren, die notwendig ist, um die Temperatur um ein Grad zu erhöhen. Fourier bezeichnete diese Größe mit $CDdxdydz$, wobei C die spezifische Wärme und D die Dichte ist. Das ergibt sich aus seinen Vorstellungen darüber, was Wärme ist. Demnach erhielt Fourier die Wärmeleitungsgleichung

$$\frac{dv}{dt} = \frac{K}{CD}\left\{\frac{\partial^2 v}{\partial x^2} + \frac{\partial^2 v}{\partial y^2} + \frac{\partial^2 v}{\partial z^2}\right\}. \tag{7.8}$$

(Fourier benutzte nicht die Symbolik der partiellen Ableitungen.)
   Zur Veranschaulichung der Mathematik, die man braucht, um dieses Problem zu lösen, und folglich der Bedeutung, die der physikalische Hintergrund für die Mathematik besitzt, betrachten wir den etwas einfacheren 2-dimensionalen Fall einer halb-unendlichen rechteckigen Platte. Die folgende Diskussion von Fouriers Lösung des stationären Falls, bei dem es keine Temperaturänderung gibt, basiert auf Lützen (1987), der auch den Hintergrund der Methoden gut diskutiert.
   Wir nehmen an, daß die Platte π Einheiten breit ist, und wählen ein Koordinatensystem (x,y) mit $x \in [0,\infty]$ und $y \in [-\delta/2, \delta/2]$. Wir nehmen ferner an, daß das Plattenende $x = 0$ auf einer konstanten Temperatur $u_0(y)$ gehalten wird. Der stationäre Fall wird durch die Laplacesche Gleichung in zwei Variablen: $\frac{\partial^2 v}{\partial x^2} + \frac{\partial^2 v}{\partial y^2} = 0$ beschrieben. Fourier war der erste, der eine partielle Differentialgleichung durch Trennung der Variablen löste, indem er annahm, daß v als ein Produkt $v = A(x)B(y)$ geschrieben werden kann. So erhält man die Gleichung:

$$\frac{A''(x)}{A(x)} = -\frac{B''(y)}{B(y)}. \tag{7.9}$$

Da das eine identische Gleichung ist, argumentierte Fourier, müssen beide Seiten gleich derselben Konstanten sein, so daß wir zwei gewöhnliche lineare Differentialgleichungen zweiter Ordnung bekommen

$$A''(x) = m^2 A(x), \quad B''(y) = -m^2 B(y). \tag{7.10}$$

Die Randbedingungen implizieren, daß m eine ganze Zahl ist. Durch Anwendung allgemein bekannter Methoden auf jede dieser Gleichungen fand Fourier als Lösung der Laplaceschen Gleichung die Linearkombination

$$v(x,y) = \sum_1^\infty C_m \exp(-mx)\sin(my). \tag{7.11}$$

7 Randwertprobleme der mathematischen Physik

Aus der Annahme einer konstanten Temperatur $u_0(y)$ am Plattenende $x = 0$ lassen sich die Koeffizienten C_m bestimmen. Indem er in (7.11) $x = 0$ setzte und beide Seiten mit sin (ny) multiplizierte, erhielt er:

$$\int_0^\pi u_0(y)\sin(ny)dy = \int_0^\pi \sum C_m \sin(my)\sin(ny)dy \,. \qquad (7.12a)$$

Durch Vertauschung von Integration und Summation (eine Operation, die Fourier nicht problematisch zu finden schien) und Ausnutzung der Orthogonalität der Sinusfunktionen auf der rechten Seite gewann er in diesem Fall die Formel für die Fourier-Koeffizienten.

Ganz allgemein zeigte Fourier auf diese Weise, daß die Koeffizienten der Entwicklung einer Funktion f, die in der Form

$$f(x) = \frac{1}{2}a_0 + \sum_{n=1}^\infty a_n \cos nx + b_n \sin nx, \quad x \in (-\pi, \pi) \qquad (7.12b)$$

geschrieben werden kann, durch die Beziehungen

$$a_n = \frac{1}{\pi}\int_{-\pi}^\pi f(x)\cos nx \, dx \quad \text{und} \quad b_n = \frac{1}{\pi}\int_{-\pi}^\pi f(x)\sin nx \, dx \qquad (7.12c)$$

$n = 0, 1, 2, \ldots$ gegeben sind.

7.1.3 Von Laplace und Fourier beeinflußt: Poisson und Ohm

Seit Coulombs Nachweis, daß die elektrostatische Kraft einem Newtonschen reziproken Quadratgesetz gehorcht, war die Laplacesche Gleichung von zentraler Bedeutung für die Elektrostatik. In vielen Fällen ist es jedoch wichtig, auch die Wirkungen innerhalb der kraftausübenden Masse zu studieren, wo die Gleichung von Laplace nicht gilt. 1813 zeigte Poisson, daß die Potentialfunktion auch dann noch definiert ist, falls die Änderung der Dichte ρ im Innern der Masse V glatt ist. In diesem Fall genügt sie jedoch einer Gleichung, die wir heute Poissonsche Gleichung nennen, die eine Verallgemeinerung der Laplaceschen ist: $\nabla^2 \Omega = -4\pi\rho$, wobei ρ die Dichte ist (Poisson 1813, 388 - 392). Historiker schreiben heute im allgemeinen diese Entdeckung Laplace zu, der sie jedoch seinem Protegé Poisson „geschenkt" habe.

Poissons Beweis beruht darauf, daß der fragliche Körper in eine kleine Kugel V_1, die den Punkt enthält, in dem die Wirkung berechnet werden soll, und den Rest V_2 zerlegt wird. Da der Punkt außerhalb von V_2 liegt, erfüllt die Funktion Ω dort die Laplacesche Gleichung, und wenn der Radius von V_1 gegen Null geht, dann nähert sich unter bestimmten Voraussetzungen der Wert des Potentials für V_1 der Größe $-4\pi\rho$. Nach heutigen Begriffen war Poissons Beweis nicht streng. Dennoch wurde seine Vervollkommnung des Laplaceschen Resultats zu einem wichtigen Instrument in der Elektrostatik und analogen Bereichen; und seine Argumentation mit einer „kleinen Kugel" wurde in späteren Untersuchungen Newtonscher Kräfte innerhalb kraftausübender Massen häufig verwendet.

Dies ist ein Beispiel für den frühen Einfluß der Laplaceschen Methoden. Ein interessantes Beispiel für den Einfluß Fouriers ist Georg Simon Ohms Ableitung des nach ihm benannten Gesetzes von 1826. Vielleicht war es kein Zufall, daß Ohm Dirichlets Lehrer war und Dirichlet später bei Fourier studierte. Ohms Ergebnisse basierten auf der einfachen Einsicht, daß der Fluß von Elektrizität durch einen Leiter sich nicht zu sehr von der Wärmeleitung durch einen Stab unterscheiden sollte, und daß es deshalb möglich sein müßte, in der Art von Fourier eine Differentialgleichung für die elektrische Leitung aufzuschreiben. Ohm behandelte das als ein eindimensionales Problem und erhielt die Lösung, die wir heute als Ohmsches Gesetz kennen. Aus mathematischer Sicht war Ohms Resultat verglichen mit dem, was Fourier getan hatte, ziemlich simpel. Sein Scharfsinn bestand darin, die physikalischen Variablen des elektrischen Problems auf eine Weise zu betrachten, die eine Anwendung der Fourierschen Argumentation ermöglichte.

7.2 Green, Gauß und Dirichlet: Fortschritte bei den Randwertproblemen

Ergebnisse wie die von Laplace und Poisson machten die Lösung bestimmter Randwertprobleme in der Theorie der Anziehungskräfte sehr einfach, insbesondere im Fall von Ellipsoiden, die sich von Kugeln nicht allzusehr unterscheiden. In diesem Fall ergeben die ersten Kugelfunktionen U_1 gute Näherungslösungen. Die Anwendbarkeit dieser Methoden war jedoch aus geometrischen Gründen sehr begrenzt. In vielen Fällen ist die direkte Integration der Laplace- oder Poisson-Gleichung unmöglich. Die Integralsätze von Green und Gauß und die Methode der Greenschen Funktionen erweiterten den Anwendungsbereich der Verfahren von Laplace und Poisson nicht nur auf eine ausge-

7 Randwertprobleme der mathematischen Physik 253

dehntere Klasse geometrischer Konfigurationen, sondern sie lieferten auch eine Methode für Existenzbeweise.

Im Laufe der Betrachtung dieser Ereignisse werden wir auf die wichtigsten Sätze der Vektoranalysis stoßen, die Sätze von Green, Gauß und Stokes. Sie alle wurden zuerst unabhängig von Vektor- oder Quaternionenmethoden formuliert, so daß wir im folgenden immer rechtwinklige Koordinaten im Raum unterstellen.

7.2.1 Greens Abhandlung

7.2.1.1 Biographische Notiz: George Green

George Green (1793 - 1841) war der Sohn eines wohlhabenden Müllers in Nottingham, England, der zunächst den Beruf des Vaters ergriff und 27 Jahre lang als Bäcker und Müller arbeitete. Offenbar von früheren Lehrern angeregt, studierte er privat und interessierte sich in den 1820er Jahren insbesondere für die französische Mathematik, vor allem für Laplaces „Himmelsmechanik". Angeregt durch die Lektüre von Berichten über die Arbeiten von Cavendish zur Elektrizität, versuchte er die mathematischen Methoden von Laplace auf Fragen der Elektrizität und des Magnetismus anzuwenden. Das Ergebnis war sein „Essay" von 1828, ein tiefschürfendes Werk von großer Originalität und anhaltender Bedeutung, das er in Isolation schuf und privat veröffentlichte. Greens Vater starb im folgenden Jahr und hinterließ ihm gesicherte finanzielle Verhältnisse. Von seinen früheren Förderern ermutigt, setzte er seine wissenschaftliche Arbeit fort, und 1833, kurz nach seinem 40. Geburtstag, begann er in Cambridge zu studieren. Er erwarb sein Cambridger Examen 1837 als Fourth Wrangler (das heißt, als Vierter der Tripos-Prüfungen), ein gutes Resultat, obwohl schlechter, als seine Zeitgenossen erwartet hatten. In den folgenden zwei Jahren publizierte Green sechs Arbeiten zu verschiedenen Problemen der mathematischen Physik in den „Transactions" der Cambridge Philosophical Society, am bemerkenswertesten einige Arbeiten, in denen mechanische Theorien verschiedener optischer Phänomene entwickelt wurden. Diese Arbeiten übten einigen Einfluß aus und führten schließlich William Thomson dazu, sich für die Abhandlung von 1828 zu interessieren. Green wurde 1839 Fellow des Caius College in Cambridge, blieb jedoch nur für zwei Quartale und kehrte 1840 nach Nottingham zurück, wo er im folgenden Jahr starb. Sein Tod wurde abwechselnd einer Grippe, einer Lungenkrankheit oder dem Alkoholismus zugeschrieben.

7.2.1.2 Die Entdeckung der Greenschen Funktionen

Aus der Vorrede zu Greens Abhandlung von 1828 geht hervor, daß er die Grundtatsachen über die Potentialfunktion aus der *Mécanique Céleste* von Laplace gelernt hatte und daß er auch Poissons Gebrauch potentialtheoretischer Methoden in dessen Abhandlungen über Elektrizität und Magnetismus kannte. Green nannte „der Kürze wegen", wie er sagte, die Laplacesche Funktion V „Potentialfunktion". Merkwürdigerweise hat Gauß elf Jahre später denselben Namen gewählt, was man kaum als Zufall ansehen kann, obwohl es klar zu sein scheint, daß Gauß keine Kenntnis von Greens Arbeit hatte.

Green stellte sein eigenes Vorgehen dem bis dahin angewandten gegenüber. Im Hinblick auf die bisherige Methode heißt es:

Gesetzt, es solle das Gesetz der Vertheilung der Elektricität auf einer geschlossenen Fläche A ohne Dicke, die unter dem Einfluß irgend welcher elektrischer Kräfte [mit den rechtwinkligen Koordinaten X, Y, Z] stehe, bestimmt werden ... Ferner stelle ρ die Dichtigkeit der Elektricität auf einem Oberflächenelemente $d\sigma$ vor, und r sei die Entfernung zwischen $d\sigma$ und p, einem anderen Punkte der Oberfläche, alsdann wird die Gleichung zur Bestimmung von ρ... bekanntlich folgende sein:

$$const = a = \int \frac{\rho d\sigma}{r} - \int (Xdx + Ydy + Zdz), \qquad (7.13)$$

wo das erste Integral in Bezug auf $d\sigma$ sich über die ganze Oberfläche A erstreckt, und wo das zweite die Funktion darstellt, deren vollständiges Differential gleich $Xdx + Ydy + Zdz$ ist ... (Green 1828/1895, 11)

Wenn solch eine Gleichung nach ρ aufgelöst werden kann, so geschieht das „wegen besonderer Eigenheiten, die die Lösung besonders einfach gestalten". Im Gegensatz dazu skizzierte er seine neue Methode:

Es sei $B = \int (Xdz + Ydy + Zdz)$ ... [und] $V = \int \frac{\rho d\sigma}{r}$, wenn p irgendwo innerhalb der Fläche A, und $V' = \int \frac{\rho d\sigma}{r}$, wenn p außerhalb derselben liegt: [V und V'] ... haben bekanntlich die Eigenschaft, [der Laplaceschen Gleichung zu genügen]... Wenn wir nun von diesen Gleichungen aus [den Laplaceschen Gleichungen für V und V'] die Werthe von V und V' erhalten, so können wir auch sofort durch Differentiation den gesuchten Werth von ρ finden, wie nachstehend gezeigt wird. (Green 1828/1895, 12)

Green bemerkte, daß wir bei der Integration einer Gleichung zweiter Ordnung zwei willkürliche Funktionen erhalten würden und deshalb zu ihrer Bestimmung zwei Bedingungen erforderlich wären. Die erste ist gegeben durch die

7 Randwertprobleme der mathematischen Physik

Randbedingung (7.13), das heißt, durch das Verhalten auf der Oberfläche. Die zweite ist die Tatsache, daß die partiellen Ableitungen von V in Punkten innerhalb des Körpers endlich bleiben. Wenn diese Bedingungen erfüllt sind, so Green, dann ist

$$V(p) = - \int (\rho) d\sigma \overline{V} \qquad (7.14)$$

wobei „(ρ)" eine Größe ist, die von den gegenseitigen Lagen von p und $d\sigma$ abhängt" (Green 1828/1895, 12 - 13) und $\overline{V}$ der Wert von V auf der Oberfläche. Das heißt, wir suchen Funktionen V und V', die die Laplace-Gleichung erfüllen und auf der Oberfläche vorgegebene Werte annehmen.

Die Methode, die von Green mit so dunklen Worten eingeführt wurde, die Methode der Greenschen Funktionen, war für die nachfolgende reine und angewandte Forschung außerordentlich wichtig. In der Tat wendet Green sie zusammen mit einer Reihe von Identitäten in bezug auf Mehrfachintegrale an, um Resultate in der Elektrostatik herzuleiten. Der Schlüssel zu der Methode liegt darin, die oben mit (ρ) bezeichnete Funktion ausfindig zu machen, die es erlaubt, das Potential innerhalb des Bereichs durch Untersuchung des Randverhaltens zu bestimmen, - das ist die Greensche Funktion.

Die Bestimmung dieser Funktion und die Herleitung der Gleichung hängen eng mit den Integralformeln zusammen, die Green in dem „Allgemeine Theorie" genannten Teil seiner Abhandlung aufstellte. Green wandte die partielle Integration und eine Projektionsmethode an, um iterierte Integrale in (sagen wir) $dxdydz$ in Oberflächenintegrale zu transformieren. So zeigte er: wenn U und V keine Singularitäten innerhalb des von der Oberfläche umrandeten Bereichs haben, dann ist

$$\int U \nabla^2 V dxdydz + \int U \frac{\partial V}{\partial n} d\sigma = \int V \nabla^2 U dxdydz + \int V \frac{\partial U}{\partial n} d\sigma \qquad (7.15)$$

(wo n eine nach innen gerichtete Normale der Oberfläche ist).

Falls eine der Funktionen eine Singularität innerhalb des Bereichs besitzt, wird diese Relation - bekannt als die zweite Greensche Formel - in einer nützlichen Weise modifiziert. Man nehme an, daß U eine Singularität im Punkt P innerhalb des Bereiches hat und daß nahe bei P die Funktion U „nahezu gleich $\frac{1}{r}$ (ist); wo r die Distanz zwischen dem Punkt und dem Element $dxdydz$", wo diese Integrale berechnet werden, bedeutet (Green 1828/1895, 27). Unter diesen Umständen zeigt ein Argument mit einer „kleinen Kugel", ähnlich dem von Poisson, daß

$$4\pi V(P) = \int V\nabla^2 U dx dy dz + \int V \frac{\partial U}{\partial n} d\sigma - \int U \nabla^2 V dx dy dz - \int U \frac{\partial V}{\partial n} d\sigma. \qquad (7.16)$$

Dies gilt, weil die Singularität einen Term der Form $\int V \frac{\partial U}{\partial n} d\sigma$ in (7.15) notwendig macht, wobei über eine Kugel um den singulären Punkt P integriert wird. Da der Radius r senkrecht auf der Oberfläche steht und U gegen $1/r$ strebt, wenn r gegen 0 geht, erhält man den Term $4\pi V(P)$.

Unter Anwendung dieser Identität und der Methode der Greenschen Funktionen löste Green einen Spezialfall des „Dirichletschen" Randwertproblems, also eine partielle Differentialgleichung in einem Bereich, für den die Funktionswerte auf dem Rand vorgeschrieben sind. Im folgenden ist V die gesuchte Funktion und U die Greensche Funktion.

... wenn der Werth von $\overline{V}$ auf einer geschlossenen Fläche gegeben ist, [gibt] es nur eine Function ..., die der Gleichung [$\nabla^2 V = 0$] und der Bedingung, dass V innerhalb dieser Fläche keine singulären Werthe habe, genügen kann. Denn ... wenn man [$\nabla^2 U = 0$ in (7.16)] setzt, [erhält man]

$$\int \overline{U} \frac{\partial V}{\partial n} d\sigma = \int \overline{V} \frac{\partial U}{\partial n} d\sigma - 4\pi V'. \qquad (7.17)$$

In dieser Gleichung ist vorausgesetzt, dass U nur einen singulären Werth innerhalb der Fläche habe; nämlich im Punkte P; unendlich nahe von demselben ist sie sehr nahe gleich $1/r$ ... Haben wir nun einen Werth von U, der ausserdem, dass er obigen Bedingungen genügt, auf der Oberfläche selbst gleich Null wird, so würden wir $\overline{U} = 0$ haben, und vorstehende Gleichung geht über in:

$$0 = \int \overline{V} \frac{\partial U}{\partial n} d\sigma - 4\pi V'. \qquad (7.18)$$

woraus folgt, dass ... der Werth von [V im Punkt P] gegeben ist, wenn $\overline{V}$, der Werth an der Oberfläche, bekannt ist (Green 1828/1895, 32).

Folglich existiert eine Lösung des Randwertproblems, wenn solch ein U existiert. Greens Begründung ist physikalisch und für glatte Randflächen überzeugend:

7 Randwertprobleme der mathematischen Physik

Um uns davon zu überzeugen, daß es solch eine Function U, wie wir es vorausgesetzt haben, giebt, nehmen wir als Oberfläche einen mit der Erde verbundenen vollkommen leitenden Conductor; es befinde sich in P die Einheit positiver Elektricität concentrirt; alsdann ist die von P und von der von P auf der Oberfläche inducirten Elektricität herrührende Potentialfunction der geforderte Werth von U. (Green 1828/1895, 32)

Wegen der Erdung des Leiters verschwindet U auf der Oberfläche.

Es soll nicht unerwähnt bleiben, daß Greens Existenzargument, das aus der Sicht der Mathematik unserer Tage unbefriedigend ist, zu seiner Zeit plausibel war. Denn zu Greens Zeiten und noch viele Jahre danach gab es nichts, was einem Konsens hinsichtlich der Basis mathematischer Beweisführungen, insbesondere in der Analysis, nahekam. Der Sachverhalt, daß die Forschungen in der Mathematik und in der theoretischen Physik weder in philosophischem Sinn noch institutionell klar voneinander unterschieden wurden, bedeutete, daß physikalische Argumente wie die von Green natürlicher Bestandteil jeder anwendungsorientierten Arbeit waren. In der Tat betrachtete Green die in der *Allgemeinen Theorie* gewonnenen Theoreme als „die allgemeinsten Grundlehren der Theorie der Elektricität". Was konnte in solch einem Zusammenhang natürlicher sein als ein Argument, das auf einem physikalischen Phänomen basierte? Das bedeutet allerdings nicht, daß alle Zeitgenossen Greens solche Schlußweisen mathematisch befriedigend gefunden hätten, Gauß etwa war in dieser Hinsicht kritisch.

Greens Gleichungen und sein Intrumentarium zur Lösung von Randwertproblemen, das er in der Abhandlung von 1828 anwandte, wurden schließlich zum zentralen Bestandteil der Theorie der Randwertprobleme, obwohl die Unbekanntheit ihrer Veröffentlichung dazu führte, daß sie erst Ende der 1840er Jahre wirksam wurden. Der *Essay* wurde privat publiziert und sein Vorhandensein war, von einigen Subskribenten abgesehen, ein Geheimnis. Ein paar Kopien gelangten jedoch in die Hände des Cambridger Mathematiklehrers William Hopkins, der seinerseits im Jahre 1845 Kopien an William Thomson, den späteren Lord Kelvin, weitergab. Thomson erkannte den Wert der Ergebnisse. Durch seine Vermittlung wurden sie nach Paris gesandt, wo Liouville und andere sie kennenlernten, und nach Berlin, wo sie zwischen 1850 und 1854 in Crelles Journal veröffentlicht wurden. Inzwischen waren mehrere der Ergebnisse Greens wiederentdeckt worden, jedoch nicht die für Riemann wichtige Methode der Greenschen Funktionen.

7.2.2 Die *Allgemeinen Lehrsätze* von Gauß und der Divergenzsatz

7.2.2.1 Biographische Notiz: Carl Friedrich Gauß

Carl Friedrich Gauß (1777 - 1855) ist zweifellos einer der bedeutendsten Mathematiker aller Zeiten. Seine Kreativität zeigte sich bereits während seiner Schulzeit am Braunschweiger Collegium Carolinum. In seinen Heften finden sich Untersuchungen zur Primzahlverteilung und zur Methode der kleinsten Quadrate. Gauß genoß die Protektion des Herzogs von Braunschweig, der später auch seine Studien in Göttingen unterstützte. Er kam 1795 als Stipendiat an die Göttinger Universität und im nächsten Jahr, mit 18 Jahren, entdeckte er die Konstruktion des regulären 17-Ecks mit Zirkel und Lineal. In seiner 1799 an der Universität Helmstedt in absentia vorgelegten Dissertation lieferte Gauß den ersten Beweis des Fundamentalsatzes der Algebra, gegen den keine Einwände wie bei früheren Beweisen erhoben werden konnten. Sein grundlegendes Werk über die Zahlentheorie, die *Disquisitiones arithmeticae*, erschien 1801 und etablierte ihn als einen der führenden Mathematiker der Welt. In demselben Jahr ersann er eine neue Methode zur Berechnung der Planetenbahnen, gestützt auf die Methode der kleinsten Quadrate, die es ihm ermöglichte, die Bahn des Planetoiden Ceres zu berechnen und so seine Wiederentdeckung zu ermöglichen. Das hatte schließlich seine Berufung als Professor der Astronomie und Direktor des Observatoriums an die Universität Göttingen zur Folge (1807), wo er bis an sein Lebensende bleiben sollte.

Gauß' Arbeit an der mathematischen Physik und sein Scharfsinn bei der Verknüpfung physikalischer und mathematischer Fragestellungen sind ein wesentlicher Bestandteil seiner Tätigkeit. Insbesondere sind verschiedene Entwicklungen in seinem Werk mit den hier diskutierten Problemen verknüpft. Seine astronomische Tätigkeit veranlaßte ihn, in einer Abhandlung über die Anziehung homogener Ellipsoide (1813) potentialtheoretische Methoden zu untersuchen. Diese Arbeit stand in Verbindung mit seinen geodätischen Forschungen, die durch die Vermessung des Staates Hannover motiviert waren. Daraus resultierten verschiedene mathematische Untersuchungen, darunter das Studium konformer Abbildungen mit Hilfe der Funktionen einer komplexen Variablen und die Differentialgeometrie von Flächen. Unmittelbarer Hintergrund der hier diskutierten Arbeit sind die in Zusammenarbeit mit Wilhelm Weber durchgeführten Gaußschen Messungen von Elektrizität und Magnetismus, und seine damit zusammenhängenden Bemühungen um eine Theorie des Erdmagnetismus, die wiederum auch mit geodätischen Problemen zusammenhingen. Diese Arbeit fand 1838 mit dem Erscheinen seiner *Allgemeinen Theorie des Erdmagnetismus* ihren Abschluß.

7 Randwertprobleme der mathematischen Physik

7.2.2.2 Die *Allgemeinen Lehrsätze*

In einer Abhandlung von 1813 über die Anziehung von Ellipsoiden hatte Gauß Spezialfälle der Integralsätze untersucht, die später von Green behandelt wurden. Jedoch erst 1839 schrieb er die lange Abhandlung über die im verkehrten Verhältnis des Quadrats der Entfernung wirkenden Kräfte, die zusammen mit der Greenschen Arbeit bis in die 60er Jahre des 19. Jahrhunderts die weitere Entwicklung des Gebietes bestimmte.

In seiner *Allgemeinen Theorie des Erdmagnetismus* (1838) hatte er bereits ein wichtiges Problem dieser Theorie behandelt, die Frage nämlich, wie wir (nach Poisson und anderen) eine Theorie begründen oder neu formulieren können, die magnetische Kräfte als das Ergebnis einer entweder permanenten oder induzierten Trennung der „magnetischen Flüssigkeiten" innerhalb des Körpers betrachtet: Dies Problem stellte sich, als evident wurde, daß magnetische Monopole unbeobachtbar sind. In der Abhandlung von 1838 hatte Gauß das Problem gelöst, indem er eine ideale Oberflächenschicht verwendete, die Wirkungen hervorrufen würde, die jeder beliebig angenommenen Verteilung im Innern des Magneten äquivalent sind. Green hatte dasselbe getan und dabei äquivalente Oberflächenladungsdichten gebraucht, und die Fragen, die sich dann hinsichtlich des Verhältnisses zwischen dem Oberflächen- und dem Volumenintegral stellen, sind ganz natürlich. Im Fall des Erdmagnetismus kommt der äquivalenten Oberflächenverteilung zentrale Bedeutung für die Theorie zu, denn die Oberfläche der Erde ist dem magnetischen Experiment zugänglich.

Dieses Theorem bezüglich der Existenz einer äquivalenten Oberflächenverteilung betrachtete Gauß als zentralen Satz in der Kette der *Allgemeinen Lehrsätze*.

Was nun die Begründung des in Rede stehenden Theorems betrifft, so erfordert dieselbe eine ziemlich zusammengesetzte mathematische Zurüstung; das Theorem selbst erscheint als ein specieller Fall eines allgemeinern, welches seiner Seits das letzte Glied einer Kette genau zusammenhängender allgemeiner Lehrsätze bildet. Die vollständige Entwicklung dieser Untersuchungen ist der Gegenstand der vorliegenden Abhandlung (Gauß 1840a, 306).

Diese Kette von Theoremen sollte nicht nur unter dem Gesichtspunkt gesehen werden, daß sie zu dem gewünschten Satz führt, wie Gauß sagt, vielmehr sind sie für sich von Interesse bei der Untersuchung der „im verkehrten Verhältnisse des Quadrats der Entfernung wirkenden Kräfte." Unter den Ergebnissen, die er ausdrücklich erwähnt, sind die folgenden:

1. Wenn eine geschlossene Fläche eine Äquipotentialfläche im Hinblick auf ein im äußeren Raume befindliches System von Massen ist, dann ist die Resultante der Kräfte sowohl in jedem Punkte jener Fläche, als auch in jedem Punkte des ganzen innern Raumes notwendig = 0.

2. Eine gegebene Masse kann auf einer gegebenen geschlossenen Fläche so verteilt werden, daß die resultierenden Kräfte in Punkten des Innern Null sind, und dies kann nur auf eine einzige Weise bewirkt werden.

Ein weiterer Schlüsselbeitrag der Arbeit war die Lösung des sogenannten Gaußschen Problems. Gegeben sei eine Funktion auf einer Oberfläche S; dann soll eine stetige Ladungsverteilung auf S bestimmt werden, deren Potentialfunktion auf S gleich der gegebenen Funktion ist. Der von Gauß zur Lösung verwendete Beweis war ziemlich lang und und im Kern nicht streng. Angenommen, S ist der Rand des Gebiets, für das das Gaußsche Problem gelöst werden soll. Die gegebene Dichteverteilung σ und die konstante Gesamtmasse M auf S seien derart, daß die Gesamtmasse auf jedem Teil von S positiv ist. Hier werden negative Massen, analog den negativen Ladungen, zugelassen, und man kann ein analoges Argument für den Fall gleichmäßiger negativer Massen entwickeln. U bezeichne die Potentialfunktion dieser Verteilung, und f sei eine stetige Funktion auf S. Gauß zeigte dann, daß es eine den gegebenen Bedingungen genügende Verteilung geben muß, für die das Oberflächenintegral

$$\int_S (U - 2f) \sigma dS$$

ein Minimum ist. Die Details dieses Beweises können hier nicht dargestellt werden. Für diese minimierende Verteilung muß $U - f$ auf S konstant sein. Wenn $f = 0$ ist, wird U selbst auf S konstant sein, und dann kann man für jedes gegebene f ein geeignetes Vielfaches des Potentials für $f = 0$ zu U addieren, und zwar so, daß die Randbedingung erfüllt ist. Die Eindeutigkeit folgt auf direktem Wege.

Die Schwierigkeit bei diesem Beweis wie bei vielen anderen Existenzbeweisen zur Lösung von Randwertproblemen in den nachfolgenden Jahrzehnten bestand in dem fehlenden Beweis, daß das fragliche Minimum tatsächlich angenommen wird.

Wie Gauß feststellte, nahmen die in dem Beweis verwendeten Sätze ebenfalls ein beachtliches „selbständiges Interesse in Anspruch". Unter diesen Theoremen erwähnen wir das folgende:

7 Randwertprobleme der mathematischen Physik 261

„Bedeutet V das Potential einer wie immer vertheilten Masse in dem Elemente einer mit dem Halbmesser R beschriebenen Kugelfläche ds, so wird, durch die ganze Kugelfläche integriert,

$$\int V ds = 4\pi \left(RM^0 + RRV^0 \right) \qquad (7.19)$$

wenn man mit M^0 die ganze im Innern der Kugel befindliche Masse und mit V^0 das Potential der außerhalb befindlichen Masse im Mittelpunkt der Kugel bezeichnet ..." (Gauß 1840b, 222)

Der Beweis dieses „Satzes von Gauß", steht im 24. Artikel derselben Arbeit. Er ist dem modernen Lehrbuchbeweis sehr ähnlich, der Grad der Strenge ist in der Tat verblüffend. Die Greenschen Formeln können mit derselben Methode hergeleitet werden, und so begann man derartige Formeln anzuwenden, nachdem die Gaußschen Ergebnisse und Methoden allgemein bekannt geworden waren. Seine Abhandlung wurde bald ins Englische und Französische übersetzt.

In Spezialfällen hatten die Sätze von Green und Gauß viele Vorläufer. Insbesondere hatte bereits 1760 Lagrange ein Dreifachintegral auf ein Doppelintegral zurückgeführt, und solche Beweise tauchten von Zeit zu Zeit auch anderswo auf, so etwa bei Poisson. Darüber hinaus hatte Michail Ostrogradski das Theorem bereits 1826 bewiesen, sogar in größerer Allgemeinheit, und das Ergebnis der Pariser Akademie vorgelegt. Es wurde 1831 in St. Petersburg veröffentlicht, aber anscheinend blieb es unbeachtet (möglicherweise mit Ausnahme der früheren französischen Version, die in einer Arbeit von 1828 durch Poisson, der einer der Gutachter der Arbeit Ostrogradskis für die Akademie gewesen war, ohne Zuschreibung benutzt wurde (Katz 1979, 146 - 149)).

7.2.3 Der Satz von Stokes

Wie die Integralsätze von Gauß und Green verknüpft der Satz von Stokes ein Integral einer gegebenen Funktion mit dem Integral einer davon abhängigen Funktion auf einer Menge niedrigerer Dimension. Er kann so als eine Verallgemeinerung des Hauptsatzes der Differential- und Integralrechnung auf höhere Dimensionen angesehen werden und wird heute gewöhnlich in der Sprache der Differentialformen auf eine Weise formuliert, die alle anderen Ergebnisse als Spezialfälle einschließt. In seiner klassischen Form behauptet das Theorem: Wenn S eine geschlossene, stückweise glatte Oberfläche ist, die von einer einfachen geschlossenen Raumkurve C begrenzt wird, die ebenfalls stückweise glatt ist, und wenn **F** ein Vektorfeld mit stetigen partiellen Ableitungen auf einem S enthaltenden Gebiet ist, dann gilt

$$\int_C \mathbf{F} \cdot dr = \iint_S \operatorname{rot} \mathbf{F} \cdot dS \qquad (7.20)$$

Ebenso wie die anderen Integralsätze hatte auch dieser Vorläufer, darunter einen Spezialfall, der auf Ampère (1826) zurückging. In seiner Standardversion scheint er von William Thomson zu stammen, der ihn 1850 oder früher entdeckte und G. G. Stokes mitteilte (Stokes 1966, V, 320 - 321; Smith & Wise 1989, 281). Stokes veröffentlichte ihn 1854 als Prüfungsaufgabe für den Smith-Preis, einem Wettbewerb, der alljährlich in Cambridge nach dem Tripos durchgeführt wurde. Es ist unklar, ob das Problem von einem der Kandidaten gelöst worden ist, aber J. C. Maxwell befand sich unter diesen, und er war es, der die Information erhielt, daß Stokes den Satz von Thomson hatte. Maxwell mag der erste gewesen sein, der einen Beweis des Satzes auf Englisch publizierte. Der erste veröffentlichte Beweis stammte von Hermann Hankel und fand sich 1861 in einer Abhandlung über die Bewegung von Flüssigkeiten. Deutsche Autoren der 70er Jahre des vorigen Jahrhunderts (wie beispielsweise Carl Neumann) nannten den Satz gewöhnlich nach Hankel, französische Autoren pflegen, Duhem folgend, den Satz als Ampères Satz zu bezeichnen.

Diese Sätze konnten auf natürliche Weise in der Sprache der Quaternionen William Rowan Hamiltons ausgedrückt werden, die von ihm in den 40er Jahren des 19. Jahrhunderts entwickelt und von verschiedenen Anhängern, ganz besonders von P. G. Tait, aufgegriffen wurden. Tait war es, der die Integralsätze mit Hilfe der Quaternionen ausdrückte, und schließlich wurden sie im ausgehenden 19. Jahrhundert von J. W. Gibbs und O. Heaviside als Aussagen über Vektorfelder formuliert. Diesen Zugang mit Hilfe der „Vektor-Analysis" haben sich Ingenieure und Physiker, insbesondere in der englischsprachigen Welt, weitgehend zu eigen gemacht. Einzelheiten dieser Entwicklung werden in (Crowe 1985) diskutiert.

7.2.4 Dirichlets Vorlesungen: Existenztheorie und die Klassifikation der Probleme

Die Arbeit von Gauß illustrierte die exemplarische Bedeutung, die der Potentialtheorie sowohl im Hinblick auf rein mathematische Fragen, wie die nach der Existenz von Lösungen für Randwertprobleme, als auch im Hinblick auf die Anwendungen zukam. Greens Abhandlung wurde ins Deutsche übersetzt, ihr entscheidender erster Teil erschien 1850 in Crelles Journal. Es überrascht daher nicht, daß seit den 40er Jahren des 19. Jahrhunderts eine starke Zunahme von Untersuchungen zu verzeichnen ist, die potentialtheoretische Methoden benutzen. Gleichzeitig wurden, insbesondere in Deutschland, der Potentialtheorie erste Vorlesungen gewidmet. Zu erwähnen sind hier J. Liouville am Collège de France (1838 - 1840); Franz Neumann in Königsberg seit 1838; P.

7 Randwertprobleme der mathematischen Physik

G. Lejeune Dirichlet in Berlin und Göttingen mindestens seit Mitte der 40er Jahre; und Rudolf Clausius (1822 - 1888) in Zürich und Bonn seit den 50er Jahren des vorigen Jahrhunderts. Mitschriften der drei letztgenannten Vorlesungen wurden nach und nach veröffentlicht, angefangen mit dem Handbuch von Clausius (erste Auflage 1859). Dirichlets Vorlesungen von 1856/57 erschienen erst 1876 im Druck, während F. Neumanns Vorlesungen von 1852/53 1887 von seinem Sohn veröffentlicht wurden.

Der in diesen Vorlesungen enthaltene Stoff war natürlich unterschiedlich. An dieser Stelle wollen wir Dirichlets Vorlesungen betrachten, zum Teil aufgrund seines Einflusses und des Einflusses seiner Studenten, zu denen G. R. Kirchhoff und B. Riemann zählten. Dirichlet betrachtete den Begriff des Potentials im Raum, die Existenz und Stetigkeit seiner Ableitungen sowie die Tatsache, daß es die Laplace-Poissonsche Gleichung befriedigte. Er führte Oberflächenpotentiale ein und die Unstetigkeit der Normalableitung beim Durchgang durch die Oberfläche. Die Greenschen Formeln und die Methode der Greenschen Funktionen werden diskutiert, ebenso ihre Anwendung auf Existenzprobleme in der Form des Dirichletschen Prinzips. Diese Diskussionen haben wahrscheinlich den Begriff „Dirichletsches Problem" in Umlauf gebracht, der sich auf ein Randwertproblem bezieht, das aus einer partiellen Differentialgleichung und Bedingungen über das Verhalten der Lösungen auf der Randfläche (oder -kurve) besteht.

Mit dem Begriff „Dirichletsches Prinzip", das in Wirklichkeit schon früher von Green und William Thomson angewandt wurde, bezeichnet man eine von Dirichlet vielfach angewandte Schlußweise. Dirichlet versuchte, die Existenz von Lösungen gewisser Randwertprobleme zu beweisen, indem er ein Variationsargument benutzte, das dem von Gauß nicht unähnlich war. Er zeigte, daß die Existenz einer Lösung des fraglichen Problems äquivalent ist zur Existenz einer Funktion, die ein bestimmtes Integral minimiert. Deren Existenz wiederum folgte für Dirichlet daraus, daß das Integral nach unten beschränkt ist. Dieser heute offensichtliche Fehler war damals sehr tiefliegend. Der Beweis wurde vielfach benutzt, vor allem von Riemann, und wurde dann in den 60er Jahren von Weierstraß und seinen Schülern scharf kritisiert.

Dirichlets Vorlesungen enthielten eine ganze Anzahl nicht trivialer Anwendungen, die die Stärke der von ihm entwickelten Methoden demonstrierten. Tatsächlich ist fast die Hälfte des Werkes diesen Fragen gewidmet, und es ist ein direkter Vorläufer der heute bekannten Handbücher der angewandten Mathematik. Zu den von ihm diskutierten Problemen gehören: die Anziehung von Ellipsoiden, die Ladungsdichte, die auf einer kugelförmigen Schale durch eine äußere oder innere Ladung induziert wird, und der Erdmagnetismus. Diese Anwendungen wurde von anderen Autoren ergänzt. Franz Neumann beispielsweise diskutierte den stationären Wärmestrom. Die von Dirichlet dargelegten Methoden, ergänzt durch andere Standardwerke über den Gegenstand, bildeten die Grundlage der Forschung solcher Autoren wie Kirchhoff (beispielsweise in seinen Abhandlungen von 1857 über die Bewegungsgleichungen der Elektrizität in ausgedehnten Leitern), Riemann (in seiner Diskussion der Nobilischen Farbenringe (1855) und in seiner komplexen Funktionentheorie, in der die Greenschen Funktionen ein wichtiges Werkzeug sind) und Clausius (in verschiedenen Abhandlungen über Kondensatoren Anfang der 50er Jahre des 19. Jahrhunderts). Diese regten ihrerseits weitere Untersuchungen an.

7.3 Einige spätere Entwicklungen

Gauß hatte mit seiner gründlichen Analyse der der Potentialtheorie zugrundeliegenden Hypothesen den Weg gewiesen, wie man Randwertprobleme allgemein behandeln kann. Im Fall der Potentialtheorie gibt es zwei Haupttypen von Hypothesen: solche über die Dichte, die mit Stetigkeit, Differenzierbarkeit und anderen analytischen Eigenschaften zu tun haben, und Hypothesen im Hinblick auf die Ränder der Bereiche, die häufig analytisch beschreibbar sind, aber im Kern einen geometrischen Charakter haben. Spätere Arbeiten zu Randwertproblemen führten diese Untersuchungen fort. In der Zwischenzeit gab es jedoch einige größere Entwicklungen, die für den weiteren Fortschritt auf diesem Gebiet grundsätzliche Bedeutung besaßen.

7.3.1 Riemann und die Methode der Greenschen Funktionen

Eine Reihe von zentralen Neuerungen stammte von Riemann. Durch Dirichlet in die Methode der Greenschen Funktionen eingeführt und in Cauchys komplexer Analysis bewandert, wandte Riemann diese Methoden an, um ein von Gauß gestelltes Problem zu lösen, nämlich zu zeigen, daß jedes einfach zusammenhängende Gebiet konform auf den Einheitskreis abgebildet werden kann. Riemann führte das Problem im wesentlichen auf die Existenz einer Greenschen Funktion für das fragliche Gebiet zurück, wobei er aus dem Dirichletschen Prinzip schloß, daß eine solche Funktion existieren muß. In der Tat verdankt die ganze Idee, Funktionen auf der Grundlage der Kenntnis ihrer Singularitäten zu definieren, - ein fundamentales Prinzip in Riemanns späterem Schaffen - einen Teil ihrer Entwicklung, wenn nicht ihren Ursprung, dem Begriff der Greenschen Funktion. Die wesentliche Idee scheint mir hier eine physikalische zu sein: Ebenso wie Punktmassen Singularitäten ihrer Potentiale sind und Ereignisse im Raum um sie herum durch die Fernwirkungskräfte, die sie ausüben, bestimmen, so kann man sich im großen und ganzen die Wirkung einer Funktion als aus ihren Singularitäten resultierend vorstellen. Das technische Problem besteht darin, daß nicht alle Funktionen so gut behandelbare Beziehungen zu ihren Singularitäten haben wie die Potentialfunktionen. Die Verbindung dieser Denkrichtung zu anderen Untersuchungen Riemanns ist kürzlich von Tazzioli und Bottazini (1995) untersucht worden.

7.3.2 O. Hölder, C. Neumann und H. A. Schwarz

Mitte der 70er Jahre des 19. Jahrhunderts vollzog sich zwischen den mathematischen Untersuchungen derjenigen, die an physikalischen Fragen interessiert waren, und der Forschung in der reinen Mathematik eine spürbare Trennung. Die angewandten Mathematiker fuhren fort, Methoden zur Formulierung und Lösung spezieller Differentialgleichung zu entwickeln, und die speziellen Funktionen zu untersuchen, durch die sie gelöst werden. Andererseits wurde die Literatur über Randwertprobleme mehr und mehr durch rein mathematische Fragen beherrscht. Wir können hier drei Beispiele anführen: das Werk von Carl Neumann, zusammengefaßt in seiner Abhandlung von 1877 über logarithmische und Newtonsche Potentiale, das von Hermann Amandus Schwarz, insbesondere zum Dirichletschen Problem, sowie die Dissertation (1882) von Otto Hölder (1859 - 1937). Hölder, der bei Weierstraß studierte, suchte die Potentialtheorie auf eine feste Grundlage zu stellen, indem er die Theorie auf strengere Weise entwickelte. Er benutzte die topologischen Grundbegriffe 'offene' und 'abgeschlossene Mengen' und die strengen Definitionen der Stetigkeit und Differenzierbarkeit, um das Verhalten der Potentialfunktion zu beschreiben, in seinem Aufbau folgte er aber dem älteren Vorgehen von Dirichlet. Seine Darstellung machte vor dem klassischen Thema der Existenz von Lösungen des Dirichletschen Problems halt, da er immer noch dem Hindernis gegenüberstand, das durch die grundlegenden Einwände gegen das Dirichletsche Prinzip errichtet worden war.

Ein erster Fortschritt wurde hier von C. Neumann erzielt, der zeigte, daß unter der Voraussetzung der Konvexität des fraglichen Gebiets das Dirichletsche Problem wirklich eine Lösung besitzt. Tatsächlich widmete sich Neumanns Monographie ausführlich der Analyse der Bedingungen, die von einem sogenannten allgemeinen Gebiet im Raum und in der Ebene erfüllt werden müssen, damit die Fundamentalsätze der Potentialtheorie gelten. Diese Regularitätsbedingungen für die Randflächen, die berandeten Gebiete und die Funktionen sind ziemlich kompliziert, und es würde zu weit führen, sie ausführlich zu diskutieren.

H. A. Schwarz, ein Schüler von Weierstraß, zeigte seit seiner Studienzeit Interesse an Problemen der konformen Abbildung. Ungefähr zur gleichen Zeit wie Neumann formulierte er eine Methode zum Beweis der Möglichkeit von Lösungen des Dirichletschen Problems für Gebiete mit Randkurven, die durch analytische Funktionen gegeben sind. Insbesondere zeigte er, daß man bei

Anwendung eines „alternierenden Verfahrens" Lösungen von Gebieten, für die eine Lösung bekannt war, z. B. der Kreisscheibe, auf solche Gebiete ausdehnen kann, die mit ihrer Hilfe überdeckt werden können. Diese Arbeit, zusammen mit der von Neumann, erweiterte die Klasse der Gebiete, für die Lösungen des Dirichletschen Problems konstruiert werden können. Außerdem entwickelte man neue Lösungsmethoden für Randwertprobleme mit Hilfe der sogenannten Schwarz-Christoffelschen Transformationen zur Abbildung der oberen Halbebene auf Polygone, die Ende der 60er Jahre des 19. Jahrhunderts von E. B. Christoffel und H. A. Schwarz entdeckt wurden.

7.4 Schlußbemerkung

In dieser kurzen Erörterung haben wir einige Entwicklungen dargestellt, bei denen physikalische und analytische Untersuchungen eng verknüpft waren. Obwohl wir uns auf Beispiele aus dem 19. Jahrhundert beschränkt haben, könnten wir zahlreichere frühere und spätere Entwicklungen dieser Art anführen. Spätestens um 1900 jedoch hatte sich eine disziplinäre Spaltung zwischen der Mathematik und der Physik vollzogen, wenn nicht sogar ihre totale Trennung. Die physikalischen Probleme, die zu der Schöpfung einiger der wichtigsten mathematischen Gegenstände geführt haben, sind den heutigen Spezialisten in der Mathematik häufig unbekannt, und bisweilen erinnert uns nur noch das Vokabular an den ursprünglichen Kontext. Obwohl es stimmt, daß die Ursprünge der Probleme uns möglicherweise nicht darüber aufklären können, wie sie zu lösen sind, ist das Verstehen dieser Ursprünge ausschlaggebend für unsere Geschmacksbildung, für die Einordnung der Mathematik in unsere Erfahrung und für unsere Bewertung der mathematischen Arbeit.

8 Theorie der komplexen Funktionen, 1780 - 1900

Umberto Bottazzini

8.1 Einführung

Zum ersten Mal traten komplexe Zahlen in der Renaissance in Bombellis Arbeiten über die Lösung algebraischer Gleichungen dritten Grades auf. In seiner *Algebra* (1572/1966) wagte es Bombelli nicht, die Natur dieser Zahlen zu erörtern, sondern beschränkte sich auf die Feststellung, daß „bei dem Algorithmus einer solchen Wurzel [negativer Zahlen] eine Operation auftritt, die von den anderen verschieden ist und auch einen anderen Namen hat" (Bombelli 1572, 133). Nachdem er das, was wir heute als $+i$ und $-i$ schreiben würden, als „più di meno" und „meno di meno" bezeichnet hatte, führte er die Regeln für das Rechnen mit solchen 'Zahlen' ein. Obwohl der ontologische Status der von Descartes im Unterschied zu den 'reellen' 'imaginär' genannten Größen bis in die ersten Jahrzehnte des 19. Jahrhunderts ungeklärt blieb, wurden sie von den Mathematikern des 18. Jahrhunderts, vor allem von Euler und d'Alembert, mit Erfolg angewandt. Insbesondere ging es bei dem langen Streit über die Logarithmen negativer Zahlen (vgl. Kap. 4.4.4) und dem Beweis des Fundamentalsatzes der Algebra um komplexe Zahlen.

In Zusammenhang mit Problemen der Hydrodynamik stellte d'Alembert 1752 als erster das heute nach Cauchy und Riemann benannte System von Differentialgleichungen

$$\frac{\partial u}{\partial x}=\frac{\partial v}{\partial y}; \quad \frac{\partial v}{\partial x}=-\frac{\partial u}{\partial y} \tag{8.1}$$

auf und fand, daß die Lösungsfunktionen als Real- und Imaginärteile einer Funktion $f(x+iy)=u+iv$ der komplexen Variablen $z=x+iy$ geschrieben werden können. 1761 wies d'Alembert außerdem nach, daß u und v den Gleichungen

$$\Delta u = \frac{\partial^2 u}{\partial x^2} + \frac{\partial^2 u}{\partial y^2} = 0; \quad \Delta v = \frac{\partial^2 v}{\partial x^2} + \frac{\partial^2 v}{\partial y^2} = 0 \qquad (8.2)$$

genügen, die heute nach Laplace benannt sind, weil sie in seinen Arbeiten über die Anziehung von Rotationskörpern aus den 1770er Jahren zu finden sind. Auf dieselben Gleichungen war Euler bereits 1752 beim Studium der Bewegung von Flüssigkeiten gestoßen.

In der *Introductio in analysin infinitorum* (1748) verwendete Euler in großem Umfang komplexe Zahlen und Variablen, obwohl er es vermied, sie explizit zu definieren. In der *Vollständigen Einleitung zur Algebra* (1771) schrieb er später:

Weil nun alle mögliche Zahlen, die man sich nur immer vorstellen mag, entweder größer oder kleiner sind als 0, oder etwa 0 selbst; so ist klar, daß die Quadrat-Wurzeln von Negativ-Zahlen nicht einmahl unter die möglichen Zahlen können gerechnet werden: folglich müssen wir sagen, daß dieselben ohnmögliche Zahlen sind. Und dieser Umstand leitet uns auf den Begriff von solchen Zahlen, welche ihrer Natur nach ohnmöglich sind, und gemeiniglich *Imaginäre Zahlen*, oder *eingebildete Zahlen* genannt werden, weil sie blos allein in der Einbildung statt finden. (Euler 1771, § 143)

Euler entwickelte viele Techniken, die auf dem Gebrauch komplexer Funktionen beruhen, einerseits in der Geometrie bei der Theorie der Trajektorien und der Abbildung einer Kugelfläche in die Ebene, und andererseits in der Integrationstheorie (vgl. Euler 1983). In Aufsätzen, die er 1777 und 1781 bei der Akademie in St. Petersburg einreichte, untersuchte Euler das Integral $\int Z dz$, wo $z = x + y\sqrt{-1}$ und $Z = M + N\sqrt{-1}$. Er stellte fest, daß das Integral die Form $P + Q\sqrt{-1}$ hat, wo $P = \int M dx - N dy$ und $Q = \int N dy + M dx$. „Es ist klar," fuhr Euler fort, „daß aufgrund eines bekannten Integrabilitätskriteriums sowohl $\frac{\partial M}{\partial y} = -\frac{\partial N}{\partial x}$ als auch $\frac{\partial N}{\partial y} = \frac{\partial M}{\partial x}$ ist" (Euler 1983, 165). Modern gesprochen, bemerkte Euler, wie vor ihm d'Alembert, daß M und N ebenso wie P und Q konjugierte, harmonische Funktionen sind. Insbesondere verwendete er die obigen Gleichungen bei der Auswertung einiger reeller, uneigentlicher Integrale.

Wenn auch d'Alemberts und Eulers Ergebnisse (einschließlich Eulers wunderschöner Formel $e^{i\pi} + 1 = 0$) bedeutend gewesen waren, so entwickelte sich die komplexe Analysis als eigenes Gebiet der modernen Mathematik doch erst

8 Theorie der komplexen Funktionen, 1780 - 1900

im 19. Jahrhundert, vor allem durch die Arbeiten von Augustin Louis Cauchy, Bernhard Riemann und Karl Weierstraß. Es entstanden drei verschiedene Traditionslinien, die erst in den ersten Jahrzehnten des 20. Jahrhunderts in einer einheitlichen Sichtweise zusammenflossen, die der modernen Theorie komplexer Funktionen einer Variablen zugrunde liegt.

8.2 „Der Übergang vom Reellen zum Imaginären"

Cauchys frühe Arbeiten auf dem Gebiet der komplexen Analysis gehen in das Jahr 1814 zurück, als er dem Institut Français eine Abhandlung vorlegte, in der es um die Auswertung uneigentlicher reeller Integrale ging. In der Einleitung zu diesem Aufsatz erwähnte Cauchy nicht nur Euler, sondern auch neuere Arbeiten von Laplace und Poisson sowie Legendres *Exercises de calcul intégral* (1811-1817) und bemerkte, daß mehrere der Integrale, die sie berechnet hatten, „durch eine Art Induktion" erhalten worden seien, die „auf dem Übergang vom Rellen zum Imaginären" beruhe (Cauchy 1814/1827, 329). Dagegen suchte Cauchy eine „direkte und strenge Methode", um diesen „Übergang" zu begründen.

Im ersten Teil seines *Mémoire* begann Cauchy mit einer Betrachtung der Gleichung

$$\frac{\partial\left[f(y)\frac{\partial y}{\partial x}\right]}{\partial z} = \frac{\partial\left[f(y)\frac{\partial y}{\partial z}\right]}{\partial x}, \tag{8.3}$$

worin $y = y(x, z)$ ist. Cauchy zufolge läßt sich diese Gleichung „direkt nur durch Differentiation" verifizieren und gilt auch dann, wenn y „zum Teil reell und zum Teil imaginär" ist. Es sei dann $y = M(x,z) + \sqrt{-1} \cdot N(x,z)$ und $f(y) = P' + \sqrt{-1} \cdot P''$. Indem er diese Werte von y und $f(y)$ in (8.3) einsetzte, gelangte er zu den Gleichungen

$$\frac{\partial S}{\partial z} = \frac{\partial U}{\partial x}; \quad \frac{\partial T}{\partial z} = \frac{\partial V}{\partial x}. \tag{8.4}$$

worin *S, T, U, V* Ausdrücke sind, in denen P', P'' und die partiellen Ableitungen von *M* und *N* auftreten. „Diese Gleichungen enthalten", wie er unter Bezug auf (8.4) feststellte, „die gesamte Theorie des Übergangs vom Reellen zum Imaginären" (Cauchy 1814/1827, 338).

Der erste Teil von Cauchys Aufsatz ist den Anwendungen der Gleichungen gewidmet, die durch Integration von (8.4) über ein Rechteck erhalten werden, in dem alle Funktionen *S, T, U, V* regulär sind. Er erörterte zunächst die Substitution $M(x, z) = x$ und $N(x, z) = z$, und durch geeignete Auswahl der Funktion *f(y)* war er imstande, spezielle Integrale wie

$$\int_0^\infty e^{-x^2}\cos 2xz\, dx \quad \text{oder} \quad \int_0^\infty e^{-x^2}\sin 2xz\, dx \qquad (8.5)$$

zu bestimmen (Cauchy 1814/1827, 339 - 349). Da es ihm vorrangig um die Auswertung uneigentlicher Integrale ging, fiel es ihm nicht auf, daß in diesem Fall aus (8.3) die (Cauchy-Riemannschen) Gleichungen

$$\frac{\partial P'}{\partial x} = \frac{\partial P''}{\partial z}; \qquad \frac{\partial P'}{\partial z} = -\frac{\partial P''}{\partial x}. \qquad (8.6)$$

folgen.

Es ist jedoch bemerkenswert, daß es nach dem Vorbild von Euler und d'Alembert für Cauchy und seine Zeitgenossen eine Routinesache war, diese Gleichungen zu jeder „imaginären" Funktion $P' + \sqrt{-1}P''$ in Beziehung zu setzen. Im Gegensatz zu Cauchys Behauptung stellten Legendre und Poisson in ihrem Bericht an das Institut fest, daß sämtliche Beispiele Cauchys wohlbekannt seien, und seine Verwendung der imaginären Zahlen sich „völlig an die üblichen Regeln der Analysis hält" (vgl. Cauchy 1814/1827, 321). Den Punkt, der ihnen entgangen war, erläuterte Cauchy in einer Reihe von Fußnoten zu seinem *Mémoire* von 1825, das schließlich 1827 gedruckt wurde. Zu dieser Zeit entwickelte Cauchy gerade seine Theorie der komplexen Integration, und in den Fußnoten zeigte er, wie sich seine Rechnungen mit Doppelintegralen mit Hilfe von Integralen $\int f(z)dz$, genommen längs den Kanten eines ebenen Rechtecks, interpretieren ließen (vgl. Kap. 8.2).

Im zweiten Teil seines *Mémoire* erörterte Cauchy die Möglichkeit, die Reihenfolge der Integrationen eines Doppelintegrals umzukehren. Seine entscheidende Entdeckung war, daß man bei der Auswertung des Doppelintegrals einer Funktion, die für gewisse Werte der Variablen im Integrationsbereich unendlich oder unbestimmt wird, je nach der Reihenfolge der Integration zwei unterschiedliche und wohlbestimmte Werte erhält. So kam Cauchy dazu, „eine

8 Theorie der komplexen Funktionen, 1780 - 1900 271

besondere Art bestimmter Integrale" zu untersuchen, die er als „singuläre Integrale" bezeichnete und für die „die Grenzwerte in bezug auf jede Variable unendlich nahe beieinander liegen, ohne daß das Integral Null wird". Zunächst nahm er an, daß die singulären Werte des Integranden in einer Ecke liegen, dann auf einer Seite des Integrationsrechtecks und schließlich innerhalb desselben. Daher ergibt die Auswertung des Integrals

$$\int_{a'}^{a''b''}\int_{b'}^{}\frac{\partial K}{\partial z}dxdz \tag{8.7}$$

worin $K = \varphi(x,z)$ für $x = a'$, $z = b'$ unbestimmt wird,

$$\int_{a'}^{a''b''}\int_{b'}^{}\frac{\partial K}{\partial z}dxdz = \int_{a'}^{a''b''}\int_{b'}^{}\frac{\partial K}{\partial z}dzdx + A \tag{8.8}$$

wobei A das „singuläre" Integral

$$A = -\int_0^\varepsilon \varphi(a' + \xi, b' + \zeta)d\xi \tag{8.9}$$

ist, worin ε eine „sehr kleine" Größe und ζ nach der Integration gleich Null ist.

Unabhängig von Cauchy machte Gauß im wesentlichen die gleiche Entdeckung und verwendete sie in seinem dritten Beweis des Fundamentalsatzes der Algebra (1816b). Im Laufe seines Lebens lieferte Gauß vier verschiedene Beweise dieses Satzes. In dem ersten (1799) erklärte er ausdrücklich, daß er „jede Hilfe imaginärer Größen" vermeide. Der zweite (1816a) war rein algebraisch und von dem von Euler vorgelegten und von Lagrange wieder aufgegriffenen inspiriert. Unmittelbar darauf erhielt Gauß einen neuen Beweis (1816b) durch *reductio ad absurdum*. Der Kern seiner Überlegungen bestand darin, daß der Wert des Doppelintegrals $\int\int y dr d\varphi$ eines rationalen Ausdrucks $y(r,\varphi)$ von der Reihenfolge der Integration abhängt. In den Schlußbemerkungen seines Aufsatzes erörterte Gauß das Problem der Integration von Funktionen, die innerhalb des Integrationsintervals unendlich werden. Wenn „wir es nach den gewöhnlichen Regeln entwickeln, und dabei der Kontinuität uneingedenk sind, so können wir uns sehr oft in Widersprüche verstricken" bemerkte Gauß (1816b, 66). Er versprach, „bei einer anderen Gelegenheit" zu zeigen, wie solche „analytische Paradoxe" behandelt werden müssen, kam aber nie auf diese Frage zurück.

Genau wie Gauß bemerkte auch Poisson (1820a), daß die allgemeine Formel $\int_a^b f'(x)dx = f(b) - f(a)$ zu Fehlern führen kann, wenn $f'(x)$ innerhalb des Integrationsintervalls unendlich wird. Man könne die Formel dennoch verwenden, fügte Poisson hinzu, wenn man annähme, daß „die Variable x durch eine Reihe imaginärer Werte vom Grenzwert a zum Grenzwert b übergeht", und so die kritischen Punkte meide. Obwohl für Gauß die Sache seit 1811 recht klar und „Poisson auf dem rechten Wege" war, wie Markuschewitsch (1996, 126) bemerkte, wurde die Theorie der Integration in einem komplexen Gebiet von Cauchy erst um die Mitte der 1820er Jahre systematisch ausgearbeitet (vgl. Kap. 8.2).

Cauchys *Mémoire* von 1814 war ein Beitrag zur Forschung und enthielt keine strenge Theorie der imaginären Größen. Er sagte auch nichts über die geometrische Interpretation komplexer Zahlen und Variablen. Doch nach einer schriftlichen Äußerung dreißig Jahre später (Cauchy 1847b, 175) hatte er schon bei seinem Aufenthalt in Cherbourg, wo er von Anfang 1810 bis Herbst 1812 als Aspirant-Ingénieur des Ponts et Chaussées gearbeitet hatte, gehört, daß ein gewisser Henri-Dominique Truel bereits 1786 eine Möglichkeit gefunden hatte, komplexe Zahlen in einer Ebene darzustellen.

Eine geometrische Interpretation war auch 1797 von Caspar Wessel in einem von der Königlichen Dänischen Akademie veröffentlichten Aufsatz vorgeschlagen worden, der völlig unbemerkt blieb. Derselbe Gedanke war in der anonymen Abhandlung *Essai sur une manière de répresenter les quantités imaginaires dans les constructions géométriques* (1806) enthalten, deren Verfasser der Schweizer Mathematiker Robert Argand war, der damals in Paris lebte. Argand konnte erst 1813 Aufmerksamkeit für seine Ideen gewinnen, als er in eine lebhafte Diskussion über die geometrische Darstellung der komplexen Zahlen verwickelt war, die in Gergonnes *Annales* stattfand. Mehrere Mathematiker hatten sich daran beteiligt, bevor Argand 1816 einen Aufsatz veröffentlichte, in dem er seine Ideen im Einzelnen erläuterte und als Beispiel ihrer Nützlichkeit einen neuen Beweis des Fundamentalsatzes der Algebra lieferte.

Es dürfte ziemlich unwahrscheinlich sein, daß Cauchy von dieser Affäre überhaupt nichts wußte. Doch als er denselben Satz bewies (Cauchy 1817a, b) erwähnte er Gauß, Lagrange und Laplace, nicht aber Argand. Auch als er in seinem *Cours d'Analyse* (1821a/1885) die Theorie der imaginären Größen von einem völlig anderen Ansatz her begründete, erwähnte er sie nicht. Auf Argands geometrische Interpretation und seinen Beweis des Fundamentalsatzes der Algebra wies Cauchy zum ersten Mal 1849 hin (vgl. Kap. 8.4).

Cauchys *Cours* zerfällt in zwei Teile. Betrachtet man die Struktur des Buches, so wird unmittelbar klar, daß der binomische Satz und die zugehörigen Reihenentwicklungen das Kernstück des der reellen Analysis gewidmeten ersten Teils sind. Stetigkeit spielte eine wichtige Rolle in Cauchys Theorie der

8 Theorie der komplexen Funktionen, 1780 - 1900

Funktionen. Zunächst definierte Cauchy die Stetigkeit einer eindeutigen reellen Funktion $f(x)$ einer reellen Variablen (vgl. Kap. 6.3.3). Die Bedingung der Eindeutigkeit ist dabei unerläßlich. Wie Cauchy in seinem *Resumé* feststellte, werden Funktionen wie $\sqrt{x}$ „beim Übergang vom Reellen zum Imaginären unstetig, wenn die Variable x abnimmt und durch Null geht" (1823a, 39). Die Bedeutung dieser Aussage wird klar, wenn man bedenkt, daß $\sqrt{x}$ im Punkt x = 0 einen heute so genannten Verzweigungspunkt aufweist. In einem Brief an Coriolis von 1837 wies Cauchy darauf hin, daß „eine Funktion, die nicht unendlich wird, im Allgemeinen nur dann aufhört, stetig zu sein, wenn sie mehrdeutig wird" (Cauchy 1837, 39).

Im zweiten Teil seines *Cours* entwickelte Cauchy „eine neue Theorie der imaginären Größen", die im Beweis des Fundamentalsatzes der Algebra gipfelte. Dabei verwies er auf Legendre (1808) als Quelle seines Beweises. Wenn man das Betragsquadrat des Polynoms $f(x) = \varphi(u,v) + \chi(u,v)\sqrt{-1}$ mit $F(u, v)$ bezeichnet wird, dann ist $F(u, v)$ eine stetige Funktion von u und v. Da $F(u,v) \geq 0$ ist, erreicht sie nach Cauchy „ein - oder mehrmals ihren unteren Grenzwert, den sie nie unterschreitet" (1821a/1885, 334 - 335). Cauchys Verwechslung von Minimum und unterer Grenze war für die damalige Zeit recht typisch, eine Ausnahme war nur Bolzano. Dann schloß er durch *reductio ad absurdum*, daß dieser untere Limes eindeutig bestimmt ist und Null sein muß. Aus dem Fundamentalsatz folgerte er, daß ein Polynom n-ten Grades über $\mathbb{C}$ in ein Produkt von n Linearfaktoren aufgespalten werden kann, und verwendete dieses Ergebnis für die Zerlegung der rationalen Funktionen in Partialbrüche. Diese Zerlegung benötigt man zur Auswertung der Integrale rationaler Funktionen, und bereits d'Alembert war dadurch 1747 motiviert worden, sich mit dem Beweis des Fundamentalsatzes der Algebra zu beschäftigen (vgl. Gilain 1991).

Cauchy nahm die ontologische Frage nach der Natur der imaginären Zahlen ernster als jeder seiner Vorgänger. Im *Cours d'Analyse* führte er sie rein formal als „symbolische Ausdrücke" ein, die durch „eine beliebige Kombination algebraischer Zeichen gegeben sind, die an sich nichts bedeuten, oder denen ein anderer Wert zugeschrieben wird, als der, den sie natürlicherweise haben" (Cauchy 1821a/1885, 153). „Symbolische Gleichungen", die solche Ausdrücke enthalten, sind „buchstäblich verstanden und nach den allgemein anerkannten Regeln interpretiert, nicht exakt oder haben keine Bedeutung". Bei geeigneter Abänderung der „Konventionen" können sie jedoch zu exakten Ergebnissen führen. Cauchy benötigte nicht weniger als 55 Seiten, den Hauptinhalt des VII. Kapitels, um die algebraischen Operationen mit „Ausdrücken" wie $\alpha + \beta\sqrt{-1}$, wobei α und β reelle Größen sind, streng zu definieren und ihre Eigenschaften festzustellen. Da das heute eine Routinesache für Anfangssemester ist, könnte Cauchys Bemühung bei oberflächlicher Lektüre unterschätzt werden.

Tatsächlich aber ist das Kapitel VII seines *Cours* eine der Stellen, wo Cauchy seinen Begriff von Strenge am besten zur Geltung bringt. Ein Hauptinteresse galt der Diskussion der Mehrdeutigkeit, die bei rationalen Potenzen imaginärer Zahlen auftritt. Cauchys Behandlung dieses Problems hatte in der mathematischen Literatur seiner Zeit nicht ihresgleichen. So erforderte allein seine Erörterung der Einheitswurzeln 20 Seiten!

Die Mehrdeutigkeit war Thema einer langen Diskussion gewesen, die Poisson im Zusammenhang mit der Reihenentwicklung

$$(2\cos x)^m = \sum_{k=0}^{\infty} \frac{m!}{(m-k)!k!} \cos(m-2k)x \qquad (8.10)$$

in Gang gesetzt hatte, wobei m eine negative oder rationale Zahl ist. Diese trigonometrische Reihe war schon von Euler in verschiedenen Aufsätzen und von Lagrange in seinen *Leçons sur le calcul de fonctions* (1801, 118 - 119) erörtert worden. Mit einem Gegenbeispiel wies Poisson nach, daß für rationales m die Reihe (8.10) nicht die allgemeine Entwicklung von $(2\cos x)^m$ darstellt, wie Lagrange gemeint hatte, sondern nur deren Realteil (vgl. Jahnke 1987).

In seinem *Cours* befaßte sich Cauchy nur mit der Entwicklung von $2^{m-1}\cos^m x$ für natürliches m (Cauchy 1821a/1885, 236 - 239). Es gibt keinen Anhaltspunkt dafür, daß er in seinen Vorlesungen tatsächlich das Problem für rationales m behandelte. Indessen könnten die Schwierigkeiten, die bei solchen mehrdeutigen Funktionen aufgetreten waren, eine Rolle dabei gespielt haben, Cauchy von der Notwendigkeit einer strengen Formulierung des Begriffs einer eindeutigen Funktion zu überzeugen.

In Kapitel VIII seines *Cours* führte Cauchy imaginäre Variable und imaginäre Funktionen ein. Nachdem er die Begriffe der imaginären Variablen und des Limes definiert hatte, betonte Cauchy die Notwendigkeit, die Bedeutung von $f(x)$ festzulegen, wenn x imaginär wird. Dies ist ein sehr entscheidender Punkt. Nach den bis dahin eingeführten Konventionen konnte er leicht rationale Funktionen einer imaginären Variablen und die Potenz x^a definieren, wenn a eine rationale Zahl ist. Diese Konventionen, schrieb Cauchy, „reichen nicht aus, um die Bedeutung der Notationen

$$A^x, \log x, \sin x, \arcsin x, \arccos x \qquad (8.11)$$

für den Fall präzise festzulegen, wenn x imaginär wird" (1821a/1885, 240).

Nach Cauchy lieferten imaginäre Reihen die „leichtere" Möglichkeit, die Aufgabe zu lösen, und daher müsse die Einführung solcher transzendenten

8 Theorie der komplexen Funktionen, 1780 - 1900   275

Funktionen auf die in Kapitel IX entwickelte Theorie der Reihen mit imaginären Gliedern verschoben werden. Mit diesen Einschränkungen führte er den Begriff einer *imaginären Funktion* einer oder mehrerer *reeller* Variabler ein. In heutigen Worten betrachtete er Funktionen $f:\mathbb{R} \to \mathbb{C}$. *Nur für diese Funktionen* definierte er die Stetigkeit in Analogie zu den reellen Funktionen reeller Veränderlicher. Ebenso skizzierte er die Übertragung der Definitionen und Ergebnisse aus Kapitel III bis V seines *Cours* auf imaginäre Funktionen und die Lösung von Funktionalgleichungen wie $\varpi(x+y) = \varpi(x) + \varpi(y)$ oder $\varpi(x+y) = \varpi(x)\varpi(y)$. Die von ihm gesuchten Lösungen waren *imaginäre* Funktionen $\varpi(x)$ einer *reellen* Variablen x.

Wie Kapitel VI im ersten Teil des *Cours*, wo Cauchy sich mit unendlichen Reihen befaßt und den Binomialsatz bewiesen hatte, spielte auch Kapitel IX eine Schlüsselrolle im zweiten Teil des *Cours*. Dort führte Cauchy den Begriff der imaginären Reihe ein und erweiterte den Konvergenzbegriff entsprechend. Durch Betrachtung des reellen Reihenpaares $\sum z^n \cos n\theta$, $\sum z^n \sin n\theta$ bewies er, daß die geometrische Reihe mit imaginären Gliedern

$$\sum z^n \left(\cos n\theta + \sqrt{-1} \sin n\theta \right) \qquad (8.12)$$

konvergent ist für $|z| < 1$, und durch Anwendung seines Satzes über Reihen stetiger Funktionen (vgl. Kapitel 6.6) stellte er abschließend fest, daß ihre Summe im gegebenen Intervall eine stetige Funktion von z ist.

Die Konvergenztests und die Sätze über Potenzreihen einschließlich des Cauchy-(Hadamard-) Satzes, die er im ersten Teil des *Cours* bewiesen hatte, ließen sich leicht auf imaginäre Reihen durch den Nachweis erweitern, daß die Reihe $\sum a_n z^n \left(\cos n\theta + \sqrt{-1} \sin n\theta \right)$ konvergent ist, wenn $z < |1/A|$, bzw. divergent, wenn $z > |1/A|$, wobei A der $\limsup a_n^{1/n}$ für wachsendes n ist. Damit konnte er seinen Beweis des Binomialsatzes auf imaginäre Variablen und *reelle* Exponenten erweitern. Dabei mußte Cauchy die Mehrdeutigkeit der rationalen oder irrationalen Potenzen imaginärer Ausdrücke berücksichtigen.

Diese Frage hatte er bereits in Kapitel VII gründlich erörtert, wo er nach Definition der Bedeutung von $\left(\alpha + \beta\sqrt{-1} \right)^a$ für rationale Zahlen a, diese „durch Analogie" auf irrationale Werte (unter der Hypothese $\alpha > 0$) erweiterte. Unter der Bedingung $|z| < 1$ konnte er die Bedeutung des im Beweis enthaltenen Ausdrucks $\left(1 + z \left(\cos \theta + \sqrt{-1} \sin \theta \right) \right)^\mu$ streng definieren. Die Exponential- und logarithmischen Reihen behandelte er analog.

An diesem Punkt konnte Cauchy die immer noch offene Frage beantworten, welche Bedeutung den Symbolen A^x, $\sin x$, $\cos x$ für imaginäre Werte von x zuzuweisen ist. Dies ergab sich aus ihrer Entwicklung in konvergente Reihen. Die Definition der entsprechenden Umkehrfunktionen $\log x$, $\arcsin x$, $\arccos x$ wurde im Schlußteil des Kapitels erörtert.

Man könnte vermuten, dieses Verfahren lasse sich „durch Analogie" auf jede beliebige reelle Funktion $f(x)$ erweitern, die durch eine konvergente Potenzreihe $\sum a_n x^n$ dargestellt ist, indem man die imaginäre Funktion $f(x + y\sqrt{-1})$ als Summe der entsprechenden imaginären Reihe $\sum a_n(x + y\sqrt{-1})^n$ definiert, vorausgesetzt, daß diese konvergent ist. Cauchy kam erst in einem späteren Aufsatz hierauf zurück (1846b, 75). Im *Cours* jedoch schwieg er sowohl zu diesem Punkt als auch zu der Möglichkeit, eine allgemeine Definition einer imaginären Funktion einer imaginären Variablen zu geben. Dies blieb ungefähr zwanzig Jahre lang eine unbeantwortete Frage im Hintergrund seiner mathematischen Forschung.

8.3 Komplexe Funktionen und Integralsatz

Das Problem, die Definition einer reellen Funktion $f: \mathbb{R} \to \mathbb{R}$ auf eine komplexe $f: \mathbb{C} \to \mathbb{C}$ zu erweitern, betrachtete Cauchy erstmals 1821 im Zusammenhang mit einem „Rechentrick", den er bei unbestimmten Formen mehrfacher Integrale anwandte. Ausgehend von der Laplaceschen Gleichung $\Delta f = 0$ unter gegebenen Anfangsbedingungen und unter der Verwendung von Fouriertransformationen erhielt Cauchy „durch Analogie" zum reellen Fall eine Integralformel, die seinen Angaben zufolge zur Definition der Funktion $f(x + t\sqrt{-1})$ verwendet werden könnte, „sobald die Funktion $f(x)$ bekannt ist" (Cauchy 1821b, 275). Zwei Jahre später gestand er jedoch ein, daß in dieser Herleitung ein logischer Fehler ist. Der Weg, auf dem die entsprechende Formel erlangt worden war, könne nämlich „erst dann als allgemein betrachtet wer-den", wenn dem imaginären Ausdruck $f(x + t\sqrt{-1})$ eine Definition gegeben worden sei, „die unabhängig von der Form der als reell angenommenen Funktion $f(x)$ ist" (Cauchy 1823b, 330).

Auch Poissons Verfahren (1822, 137 - 138) führe zu denselben Schwierigkeiten „und dasselbe ließe sich für alle Formeln mit imaginären Ausdrücken in beliebigen Funktionen" sagen (Cauchy 1823b, 333). Auch wenn Cauchy dies

8 Theorie der komplexen Funktionen, 1780 - 1900

nicht erwähnte, läßt sich dieselbe Kritik auch an Formeln üben, die Fourier in im letzten Kapitel seiner *Théorie analytique de la chaleur* angegeben hatte (1822/1884, 505). Trotz dieses Fehlschlags war die Analogie mit dem reellen Fall für Cauchy offenbar lange Zeit eine Leitidee bei seiner Forschung im Bereich der imaginären Größen. Wenn man dies berücksichtigt, versteht man seinen Zugang zur komplexen Integration und zum Residuenkalkül aus der Mitte der 20er Jahre besser.

1825 veröffentlichte Cauchy einen Aufsatz über Integrale in einem komplexen Gebiet, der als sein Meisterwerk betrachtet werden darf. Diesem berühmten Aufsatz (Cauchy 1825), der als separate Publikation erschien, wurde fälschlicherweise nachgesagt, er habe nur eine sehr geringe Verbreitung gefunden. Kline (1972, 636 - 637) behauptete sogar irrtümlicherweise, er sei „erst 1874 gedruckt worden." In Wirklichkeit aber ließ Cauchy ihn im Abstand von nur wenigen Monaten *zweimal* drucken. Die zweite Auflage erschien im August 1825 und wurde 1874/75 neu aufgelegt, bevor sie in seine Werkausgabe aufgenommen wurde.

Cauchy bezog sich zunächst auf sein eigenes (immer noch unveröffentlichtes) *Mémoire* von 1814 und auf sein *Resumé* (1823a), wo er „die Bedeutung der Schreibweise

$$\int_{x_0}^{X} f(x)dx \qquad (8.13)$$

allgemein" festgelegt habe, wobei x_o und X reelle Grenzen und $f(x)$ „eine beliebige reelle oder imaginäre Funktion der Variablen x" sei (vgl. Kap. 6.3.6). Dann führte er ohne Erläuterung der Bedeutung, die dem Symbol $f(z)$ mit der „imaginären" Variablen z zu geben sei, das Symbol

$$\int_{x_0+y_0\sqrt{-1}}^{X+Y\sqrt{-1}} f(z)dz \qquad (8.14)$$

zur Bezeichnung „des Limes oder eines der Limites" ein, gegen den die Summe

$$\sum_{i=1}^{n}\left[(x_i - x_{i-1}) + (y_i - y_{i-1})\sqrt{-1}\right] f\left(x_{i-1} + y_{i-1}\sqrt{-1}\right) \qquad (8.15)$$

bei wachsendem n konvergiert. Die Werte $\{x_i\}$ und $\{y_i\}$ erhält man mit Hilfe zweier monoton zunehmender (oder abnehmender), im Intervall $[t_0, T]$ stetiger

reeller Funktionen $x = \varphi(t)$, $y = \chi(t)$, indem man für $t_0 < t_1 < ... < t_{n-1} < T$
$x_i = \varphi(t_i)$, $y_i = \chi(t_i)$ setzt, so daß

$$\varphi(t_0) = x_0, \quad \varphi(T) = X,$$
$$\chi(t_0) = y_0, \quad \chi(T) = Y.$$ (8.16)

Durch Substitution erhält man

$$A + B\sqrt{-1} = \int_{t_0}^{T} \left[\varphi'(\tau) + \sqrt{-1}\chi'(t)\right] f\left[\varphi(t) + \sqrt{-1}\chi(t)\right] dt .$$ (8.17)

Unter der Hypothese, daß $f(x + y\sqrt{-1})$ zwischen den Integrationsgrenzen „endlich und stetig" ist, wies Cauchy mittels Variationsrechnung nach, daß der Wert $A + B\sqrt{-1}$ des Integrals „*von der Natur der Funktionen $\varphi(t)$ und $\chi(t)$ unabhängig ist*" (Cauchy 1825, 5). Im Beweis betrachtete Cauchy die infinitesimalen Variationen εu und εv der Funktionen $\varphi(t)$ und $\chi(t)$, wobei ε unendlich klein und $u(t) = v(t) = 0$ für $t = t_0$, $t = T$. Dann entwickelte er die entsprechende Variation des Integrals (8.17) in eine Potenzreihe nach ε und bewies durch partielle Integration, daß der durch

$$\int_{t_0}^{T} \left[(u + v\sqrt{-1})(x' + y'\sqrt{-1}) f'(x + y\sqrt{-1}) + (u' + v'\sqrt{-1}) f(x + y\sqrt{-1})\right] dt$$ (8.18)

gegebene Koeffizient von ε gleich Null ist. Dies besagt, daß die Variation des Integrals (8.17) „ein Infinitesimal zweiter oder höherer Ordnung" ist. Dasselbe Ergebnis lasse sich erzielen, fügte Cauchy hinzu, indem man beachte, daß der Koeffizient von ε „einfach die totale Variation des Integrals" (8.17) ist. Diese Variation ist Null, weil der Integrand ein exaktes Differential ist.

Auf diese Weise formulierte Cauchy den *Integralsatz*, der heute nach ihm benannt ist. Bemerkenswert ist, daß er sich in der Formulierung des Satzes auf stetige Funktionen einer *imaginären* Variablen bezog, also einen Begriff, der in keiner seiner früheren Schriften explizit vorzufinden ist. Offenbar meinte er damit, daß die Funktion eindeutig ist und keine Pole hat. Man könnte vermuten, daß er implizit die Definition der Stetigkeit, die er in seinem *Cours d'Analyse* für Funktionen zweier (reeller) Variabler gegeben hatte, auf Funk-

8 Theorie der komplexen Funktionen, 1780 - 1900 279

tionen $f(a+b\sqrt{-1})$ erweiterte, indem er sie als imaginäre Funktionen von a und b betrachtete, wie er es in (1823b, 330) angedeutet hatte. Zusätzlich unterstellte Cauchy in diesem Beweis stillschweigend Existenz und Stetigkeit von $f'(a+b\sqrt{-1})$ und nahm es als gegeben, daß eine stetige Funktion einer *imaginären* Variablen „allgemein" den (Cauchy-Riemannschen) Gleichungen genügt.

Cauchy konnte nicht ahnen, daß sein Integralsatz (ebenso wie die geometrische Interpretation der komplexen Zahlen) Gauß seit Jahren bekannt war. In einem Brief an seinen Freund Bessel schrieb Gauß:

so wie man sich das ganze Reich aller reellen Größen durch eine unendliche gerade Linie denken kann, so kann man das ganze Reich aller reellen und imaginären Größen sich durch eine unendliche Ebene sinnlich machen, worin jeder Punkt, durch Abscisse = a, Ordinate = b bestimmt, die Größe $a + bi$ gleichsam repräsentiert. Der stetige Übergang von einem Werthe von x zu einem andern $a + bi$ geschieht demnach durch eine Linie und ist mithin auf unendlich viele Arten möglich. Ich behaupte nun, daß das Integral $\int \varphi(x)dx$ nach zweien verschiednen Übergängen immer einerlei Werth erhalte, wenn innerhalb des zwischen beiden die Übergänge repräsentirenden Linien eingeschlossenen Flächenraumes nirgends $\varphi(x) = \infty$ wird. Dies ist ein sehr schöner Lehrsatz, dessen eben nicht schweren Beweis ich bei einer schicklichen Gelegenheit geben werde. (Gauß 1811, 90 - 91)

Doch zu dieser „Gelegenheit" kam es nie, da Gauß seine Arbeiten nach dem Motto „pauca sed matura" (weniges, aber ausgereiftes) veröffentlichte.

Heute wird Cauchys Integralsatz in verschiedenen Formen ausgesprochen, die alle auf seinen *geometrischen* Inhalt Bezug nehmen. So zum Beispiel besagt er als Homologieaussage, daß für jede holomorphe Funktion f in Ω $\int_\gamma fdz$ gilt, wenn Ω eine in $\mathbb{C}$ zusammenhängende offene Menge und γ eine in Ω zu 0 homologe geschlossene Kurve ist.

Mit den Festlegungen (8.16) können die Gleichungen $x = \varphi(t)$, $y = \chi(t)$ auch als Parameterdarstellung einer Kurve in der (x, y) - Ebene durch die Punkte (x_0, y_0) und (X, Y) aufgefaßt werden, und daher hängt jeder Wert des Integrals (8.15) von einer Kurve ab. Wenn bei zwei verschiedenen gegebenen Kurven innerhalb des Rechtecks $(x_0, y_0), (X, Y)$ die Funktion $f(x+y\sqrt{-1})$ in dem von den Kurven umschlossenen Gebiet regulär ist, dann sind die entsprechenden Werte des Integrals (8.15) gleich, und das Integral ist folglich unabhängig vom Integrationsweg.

Man könnte versucht sein anzunehmen, Cauchy habe implizit die *komplexe* Zahl $x_0 + y_0\sqrt{-1}$ durch den Punkt (x_0, y_0) in der *reellen* Ebene und analog einen Weg der *komplexen* Ebene durch eine Kurve in der reellen Ebene dargestellt. So behauptet zum Beispiel Kline (1972, 637), daß „hier (das heißt bei Cauchy 1825) $x + iy$ eindeutig ein Punkt der komplexen Ebene ist und daß das Integrals längs einem komplexen Weg genommen wird". Dies ist ein entscheidender Punkt für das Verständnis des Integralsatzes in seiner Formulierung durch Cauchy. Tatsächlich bezog sich Cauchy (1825) aber auf *reelle* Funktionen $\varphi(t), \psi(t)$ und vermied jeden geometrischen Bezug. Cauchy hatte noch einen weiten Weg vor sich, bevor er den geometrischen Rahmen seines Satzes befriedigend klären konnte (vgl. Kap. 8.4).

Unter der Hypothese, daß die Funktion $f(x+y\sqrt{-1})$ für einen $t = \tau$ entsprechenden Wert $x = a$, $y = b$ unendlich wird, betrachtete Cauchy den Limes $f = \lim_{x=a, y=b}(x - a + (y-b)\sqrt{-1})f(x+y\sqrt{-1})$ oder „ohne merklichen Fehler"

$$f = \varepsilon f(x+y\sqrt{-1}), \qquad (8.19)$$

wobei ε eine unendlich kleine Zahl ist.

Dann bewies er unter Rückgriff auf die in seinem *Resumé* entwickelte Theorie der Hauptwerte eines Integrals, daß der Hauptwert des Integrals (8.14) sich auf $2\pi f\sqrt{-1}$ reduziert. (Tatsächlich schrieb Cauchy $\pm 2\pi f\sqrt{-1}$. Da er den Gedanken eines Weges im komplexen Bereich und den damit verwandten Begriff der Richtung nicht eingeführt hatte, mußte er genau erklären, wie das Zeichen aufzufassen sei.) Bereits in Lektion 34 seines *Resumé* hatte Cauchy nach einer kurzen Zusammenfassung der Hauptergebnisse zum Doppelintegral in seinem *Mémoire* von 1814 das Integral einer imaginären Funktion $f(x+y\sqrt{-1})$ für den Fall eines Unendlichkeitspunkts innerhalb des Integrationsrechtecks erörtert und den Ausdruck (8.19) sowie den Wert $\pm 2\pi f\sqrt{-1}$ für das Integral erhalten.

Für Cauchy war es eine einfache Rechnung, dieses Ergebnis auf den Fall einer endlichen Anzahl einfacher Unendlichkeitsstellen und den Fall vielfacher Unendlichkeitsstellen (oder, in heutiger Formulierung, auf einen Pol der Ordnung m) zu erweitern.

Offenbar interessierte sich Cauchy in seinem Aufsatz von 1825 mehr für Anwendungen als für Begründungen, und der Hauptteil der Arbeit war der Auswertung reeller Integrale wie

$$\int_0^{2\pi} R(\cos q, \sin q)dq, \quad \int_{-\infty}^{+\infty} R(x)dx, \quad \int_{-\infty}^{+\infty} R(x)e^{ix}dx \qquad (8.20)$$

8 Theorie der komplexen Funktionen, 1780 - 1900   281

gewidmet, wobei R eine rationale Funktion ist (Cauchy 1825, 26 - 68). In heutiger Formulierung bestand Cauchys Methode darin, das Integrationsintervall zu einem geschlossenen Weg in $\mathbb{C}$ zu erweitern, wo der Integrand bis auf einzelne Punkte holomorph ist, und dann das Integral mittels der Residuentheorie auszuwerten.

Weniger als ein Jahr später veröffentlichte Cauchy die erste Ausgabe der *Exercises de mathématiques,* eine Art Zeitschrift im Selbstverlag, deren Ausgaben bis zum Juli 1830 erschienen, als er Paris in einem selbstgewählten Exil verließ (vgl. Kap. 6.3). Von der ersten Ausgabe der *Exercises* an entwickelte er systematisch den Kalkül, den er 1825 eingeführt hatte. Er bezeichnete ihn als „calcul des residues" (Residuenkalkül) und führte ein besonderes Symbol zur Bezeichnung „des Ausziehens der Residuen" einer Funktion ein. Nach Cauchy war die Residuenrechnung eine „neue Art des Kalküls analog der Infinitesimalrechnung". Von 1826 bis zum Ende seines Lebens widmete er eine Anzahl Aufsätze seiner Anwendung auf viele Fragen, darunter die Zerlegung rationaler Funktionen, die Integration linearer Differentialgleichungen, Auswertung von Integralen, unendlichen Reihen u.s.w. Außerdem veröffentlichte er einige Verfeinerungen der Residuentheorie, insbesondere die Ausdehnung auf den Fall eines kreis- oder ringförmigen Bereichs.

Andererseits unterschätzte Cauchy lange Zeit die Bedeutung seines Integralsatzes, der heute zu den grundlegenden Sätzen der Theorie komplexer Funktionen gehört. So seltsam dies auch für einen Mann wie Cauchy anmuten mag, der keine Gelegenheit ausließ, seine eigenen Aufsätze immer wieder zu zitieren und gegenüber seinen Kollegen Prioritätsansprüche zu erheben, nutzte oder zitierte er den Aufsatz von 1825 und seinen Integralsatz jahrzehntelang nicht. Zu diesem „äußerst seltsamen und schwer erklärbaren Umstand" stellte Freudenthal die Frage:

> Hatte Cauchy kein Vertrauen zur Variationsmethode des Beweises? Störte ihn die (unnötige) Bedingung, die er den Wegen auferlegt hatte, daß sie innerhalb eines Rechtecks bleiben mußten? Merkte er nicht, daß sich die Aussage in diejenige über geschlossene Wege umwandeln ließ, die er am nötigsten brauchte? Oder hatte er dieses *mémoire détaché* schlicht vergessen? Jedenfalls beschränkte er sich mehr als 25 Jahre lang auf rechteckige oder kreis- bzw. ringförmige Wege, die er durch eine Abbildung aus den rechteckigen ableitete, und stützte sich so auf das veraltete *Mémoire* von 1814 statt auf das von 1825. (Freudenthal 1971a, 139)

Er versäumte es auch, seinen Aufsatz von 1825 in einer Note zu erwähnen, die er der Akademie am 3. August 1846 vorlegte und die nach dem Urteil der Mathematikhistoriker die erste allgemeine Formulierung des Integralsatzes enthielt. Dies läßt sich jedoch nur dann behaupten, wenn man die Geschichte durch die heutige Brille betrachtet. Tatsächlich betrachtete Cauchy (1846a, 72) „ein Flächenstück *S,* das auf einer gegebenen Ebene oder einer gegebenen Fläche abgemessen wird (*se mesure*), welches eine eindeutige, geschlossene (*fermée de toutes parts*) Kurve (*s*) zur Grenze hat". Indem er sodann mit *K* eine Funktion bezeichnete, die von den (reellen) Variablen *x, y, z,...* und deren Ableitungen nach *s* abhängt und die einen Punkt von *S* bestimmt, betrachtete er das Integral

$$\int_{\partial S} K ds \qquad (8.21)$$

und bewies, daß der Wert dieses Integrals, wenn $K = Pdx + Qdy + Zdz$ ein exaktes Differential ist, unabhängig von der Form der Kurve *s* ist. Wenn *K* außer in den Punkten *P, P', P'',...* stetig und endlich ist, dann ist das Integral gleich der Summe der singulären Integrale, erstreckt über „sehr kleine Elemente der Fläche *S*, deren jedes einen dieser Punkte enthält". Wenn *K* dagegen auf *S* „endlich bleibt", ist der Wert von (8.21) Null. Im Sonderfall einer Ebene, wenn *P* und *Q* stetige Funktionen von *x* und *y* sind (Cauchy verzichtete auf jede weitere Bedingung zur Existenz und Stetigkeit ihrer partiellen Ableitungen in Bezug auf *x* und *y*), reduziert sich das Integral

$$\int_{\partial S} Pdx + Qdy \qquad (8.22)$$

auf das Doppelintegral

$$\int\int_S \left(\frac{\partial Q}{\partial x} - \frac{\partial P}{\partial y} \right) dxdy. \qquad (8.23)$$

Außerdem ist dieses Integral gleich Null, wenn $Pdx + Qdy$ ein exaktes Differential ist.

Im Gegensatz zu dem, was sehr häufig behauptet wird, *enthält Cauchys Aufsatz keinerlei Bezug auf komplexe Funktionen oder Integrale*. Nicht sein eigener Integralsatz, sondern Greens Arbeit zur Potentialtheorie dürfte Cauchy zu seinem Aufsatz bewogen haben, wie Freudenthal (1971a, 140) und Kline (1972, 640) vermuten. Remmert (1984, 141) bemerkt zu Recht, daß man den Integralsatz unmittelbar von Cauchys Ergebnissen ableiten kann, wenn *P* und *Q* jeweils als die Real- und Imaginärteile einer Funktion *f(z)* betrachtet werden, deren Ableitung existiert und stetig ist. Vom historischen Standpunkt aber ist entscheidend, daß Cauchy nichts dergleichen sagte und sich auf reelle Variablen und Funktionen beschränkte.

Nach Freudenthal (1971a, 140), „ist von alledem natürlich am enttäuschendsten, daß er die grundlegende Bedeutung seines *Mémoire* von 1825 immer noch nicht begriff. Er beschränkte sich auf rechteckige und kreisförmige Integrationswege und auf einen Sonderfall seiner Integralformel". Tatsächlich hängt diese „enttäuschendste" Tatsache damit zusammen, daß Cauchy noch 1846 seiner formalen Auffassung der komplexen Funktionen von 1821 als „symbolische Ausdrücke" folgte. In diesem Zusammenhang ist die Feststellung interessant, daß Cauchy eine Woche nach Vorlage seines Aufsatzes (1846a) der Akademie eine Note einreichte, in der er Wort für Wort wiederholte, was er in seinem *Cours d'Analyse* über die Konventionen gesagt hatte, die zur strengen Begründung des Übergangs vom Reellen zum Imaginären notwendig seien (Cauchy 1846b, 75). Dann nahm er den Ansatz wieder auf, den er damals zur Definition der elementaren komplexen Funktionen einer komplexen Variablen verfolgt hatte.

Kline (1972, 638) schreibt zu Recht, daß „Cauchy lange und intensiv nachgedacht haben muß, um zu merken, daß manche Relationen zwischen Paaren reeller Funktionen ihre einfachste Form dann erlangen, wenn komplexe Größen eingeführt werden". Im Laufe mehrerer Monate legte Cauchy der Akademie fast wöchentlich eine Anzahl Aufsätze vor, die alle irgendeine Verbindung zu seiner Note (1846a) aufwiesen. In einem im September 1846 vorgelegten *Mémoire* bezog sich Cauchy auf seine früheren Aufsätze (1846a, b) mit der Feststellung, daß die Variablen in der Funktion $K = Pdx + Qdy + Zdz + ...$ reell oder imaginär sein können. Er fügte hinzu: „Im folgenden betrachten wir den Sonderfall, in welchem angenommen wird, daß die imaginäre Variable z mittels der Formel $z = x + y\sqrt{-1}$ in Beziehung zu x, y steht, und daß die Funktion K mittels der Formel $K = f(z)\dfrac{\partial z}{\partial s}$ in Beziehung zur Variablen z steht, wobei x und y zwei reelle Variablen sind, die die rechtwinkligen Koordinaten des beweglichen Punkts P darstellen" (Cauchy 1846c, 136). Dann erweiterte er seinen Residuensatz auf einen durch eine geschlossene Kurve s umschriebenen Bereich S.

Eine Woche später kehrte Cauchy in einem Aufsatz über die imaginären Integrale von Differentialgleichungen auf diesen Punkt zurück, um den geometrischen Rahmen seiner analytischen Ergebnisse klarer zu machen. Dies erlaubte es ihm, die Idee eines Integrals längs einer gekrümmten Linie OP einzuführen, und er bemerkte dazu: „Wenn man am Punkt P anlangt, wird der Wert dieses Integrals im allgemeinen unabhängig von der durchlaufenen Geraden oder Kurve bleiben" (1846d, 146 - 147).

Cauchy erkannte rasch, daß er in all diesen Aufsätzen stillschweigend angenommen hatte, daß „die Funktion unter dem Zeichen $\int$ genau denselben Wert annimmt, wenn man nach Durchlaufen der gesamten Kurve an den Anfangspunkt zurückkehrt". Er fügte jedoch hinzu: „Nichts spricht aber gegen die Aussage, daß bei einem solchen Integral die Funktion unter dem Zeichen $\int$, wenn sie mit x einer unmerklichen Veränderung unterworfen wird, jedesmal verschiedene Werte annimmt, wenn der Wert von x wieder der gleiche wird"

(1846e, 154). Dies sei zum Beispiel der Fall, wenn man es mit dem Integral einer Funktion zu tun habe, die „Wurzeln von algebraischen oder transzendenten Gleichungen enthält". In diesem Zusammenhang tauchen die Periodizitätsmoduln (*indices de periodicité*) auf, die „im allgemeinen nicht durch Residuen dargestellt werden" (1846e, 165). Insbesondere geschieht dies bei den elliptischen Funktionen und den Abelschen Integralen, worauf er in der Schlußbemerkung seines Aufsatzes hinwies. Unter Bezugnahme darauf hat Freudenthal (1971a, 141) bemerkt, daß „der Fortschritt in Cauchys Notizen von 1846 ungeheuer war. Die Periodizität elliptischer und hyperelliptischer Funktionen war zuvor als algebraisches Wunder und nicht topologisch begriffen worden. Cauchys grober Ansatz war gerade fein genug für elliptische und hyperelliptische Integrale, und seine Notizen werfen einen hellen Lichtstrahl des Verständnisses auf diese Funktionen."

Das Problem der Untersuchung algebraischer Funktionen und ihrer Integrale wurde ein paar Jahre später von Puiseux angegangen (vgl. Kap. 8.4) und zwar mit den in Cauchys Arbeiten entwickelten Werkzeugen, insbesondere seinem Integralsatz. Offenbar wurde sich Cauchy über die wahre Bedeutung seines Satzes erst klar, nachdem er seine Nützlichkeit in Puiseuxs Forschungen erkannt hatte. Und erst in seinem Gutachten zu Puiseuxs Aufsatz für die Akademie bezog sich Cauchy (1851c, 328) zum ersten Mal auf seinen alten Aufsatz (1825) und brachte den Integralsatz in Beziehung zu seinen *Mémoires* von 1846.

Cauchy wandte Puiseuxs Arbeit auch auf Verzweigungen an, um seine eigenen Ergebnisse von 1846 über mehrdeutige Funktionen zu präzisieren.

8.4 Integralformel und *calcul des limites*

Etwa zwanzig Jahre lang beschäftigte sich Cauchy mit der korrekten Formulierung des Satzes, der in moderner Formulierung besagt, daß $f(z)$ in eine konvergente Taylorreihe entwickelt werden kann, wenn $f(z)$ holomorph in einer offenen Kreisscheibe $|z| < \rho$ ist. In der ersten Version, die er in seinem Turiner *Mémoire* (1831) vorlegte, forderte Cauchy, daß „die Funktion $f(x)$ endlich und stetig bleibt für den Modul X oder für einen kleineren Modul der reellen oder imaginären Variablen x". Unter diesen Bedingungen erhielt er die Formel

$$f(x) = \frac{1}{2\pi} \int_{-\pi}^{\pi} \frac{\overline{x} f(\overline{x})}{\overline{x} - x} dp, \qquad (8.24)$$

8 Theorie der komplexen Funktionen, 1780 - 1900

worin $\bar{x} = Xe^{p\sqrt{-1}}$ und $-\pi < p < \pi$ ist.
Auf diese Weise führte Cauchy die heute nach ihm benannte Integralformel ein. Tatsächlich erhält man aus (8.24) mit Leichtigkeit

$$f(z) = \frac{1}{2\pi i} \int_C \frac{f(\zeta)}{\zeta - z} d\zeta, \qquad (8.25)$$

worin $\zeta = re^{i\varphi}$ die Peripherie des Konvergenzkreises, dessen Mittelpunkt im Ursprung liegt, beschreibt. Dann entwickelte er den 'Cauchy - Kern' $\frac{\bar{x}}{\bar{x}-x}$ in eine geometrische Reihe, die er nach Einsetzung in (8.24) gliedweise integrierte. Der generische Term dieser Entwicklung ist durch

$$\frac{1}{2\pi} \int_{-\pi}^{\pi} \frac{x^n}{\bar{x}^n} f(\bar{x}) dp = \frac{x^n}{n!} f^{(n)}(0) \qquad (8.26)$$

gegeben, und mit Hilfe der oben erwähnten Substitution erhält man die vertrautere Formel

$$f^{(n)}(z) = \frac{n!}{2\pi i} \int_C \frac{f(\zeta)}{(\zeta - z)^{n+1}} d\zeta. \qquad (8.27)$$

Wenn $|x| = \zeta$ und $\Lambda f(\bar{x})$ den „größten Wert" von $|f(\bar{x})|$ für $-\pi < p < \pi$ bezeichnet, dann gilt $\left| \frac{1}{2\pi} \int_{-\pi}^{\pi} \frac{x^n}{\bar{x}^n} f(\bar{x}) dp \right| \leq \left(\frac{\xi}{X} \right)^n \Lambda f(\bar{x})$. In analoger Weise kann man den Rest der Reihe abschätzen. Auf diese Art könnte man „die Grenzen derjenigen Fehler bestimmen, die man durch Vernachlässigung des Restes der Reihe begeht", wie Cauchy zur Erläuterung der Bezeichnung 'calcul des limites' bemerkte, den er diesem Verfahren beilegte (das heute als 'Majorantenmethode' bezeichnet wird).

In seinem *Cours* hatte Cauchy dargelegt, wie man den Konvergenzradius einer gegebenen (reellen oder imaginären) Potenzreihe bestimmt. Sein Satz von 1831 beantwortete die umgekehrte Frage, in welcher Beziehung der Konvergenzradius einer Potenzreihe zu der durch die Reihe dargestellten Funktion steht. In Cauchys Formulierung des Satzes gab es jedoch eine Anzahl Schwächen (vgl. Pfeiffer 1978, 11 - 12). Insbesondere formulierte Cauchy keine Bedingung für die Funktion außer der, daß sie „endlich und stetig" sein müsse. In Anlehnung an die Definition in seinem *Cours* meinte Cauchy damit, daß die

Funktion weder Pole noch Verzweigungspunkte habe. Dies genügt jedoch nicht, weil keine Bedingung für die Ableitung gegeben wurde. Außerdem formulierte Cauchy in der für ihn zu dieser Zeit typischen Vagheit seinen Satz sowohl für Funktionen reeller als auch imaginärer Variabler, wohingegen sein Beweis sich nur auf imaginäre Variable bezog. Offenbar ging es ihm hauptsächlich darum, die Vorteile hervorzuheben, die er bei der Vereinfachung gewisser astronomischer Berechnungen brachte, einer praktischen Frage, die ihn zu seinem *Mémoire* bewogen hatte.

Dieser Satz trat genau so in der Arbeit (Cauchy 1835, 432) auf, die zunächst in Prag lithographiert wurde, bevor sie nach Cauchys Rückkehr in Paris veröffentlicht wurde. Zu diesem Zeitpunkt war ihm die Bedeutung seines Satzes und des *calcul des limites* nicht nur für astronomische Berechnungen, sondern auch allgemeiner für die Funktionentheorie völlig klar geworden. Tatsächlich wandte Cauchy den Satz und den *calcul des limites* auf die Integration von Differentialgleichungen an, indem er einen Existenzsatz für das 'Cauchysche Problem' bewies und die Lösung in eine konvergente Reihe entwickelte. Dieser Existenzsatz ergänzte das Theorem, das er bereits im zweiten Jahr seiner Vorlesungen an der École Polytechnique formuliert hatte (vgl. Kap. 6).

1839 änderte Cauchy seine Auffassungen über die für den Satz erforderlichen Voraussetzungen, als er der Pariser Akademie eine Abhandlung vorlegte, in der er forderte, daß die Funktion *und* ihre erste Ableitung endlich und stetig sind (Cauchy 1839, 486). Wie er in einer *Notiz* im Anhang erklärte, war die zusätzliche Bedingung der Existenz und Stetigkeit von $f'(x)$ erforderlich, um zu gewährleisten, daß das Ergebnis einer doppelten Integration, auf die er seinen Beweis stützte, sich nicht veränderte, wenn die Integrationsreihenfolge umgekehrt wurde. Funktionen wie $e^{1/z}$, e^{1/z^2}, $cos\frac{1}{z}$ und ihre Ableitungen erster Ordnung „werden für genau dieselben Werte des Moduls der unabhängigen Variablen unendlich und unstetig", bemerkte Cauchy. Aber es gebe keine Garantie, daß dies immer der Fall sei. Aus diesem Grund sei es seiner Meinung nach „strenger", die Bedingung über die Ableitung ausdrücklich zu erwähnen (Cauchy 1839, 490).

Eine im Grunde identische Version dieses Aufsatz wurde in den *Exercises d'analyse et de physique mathématique* (Cauchy 1840a) veröffentlicht. Dem folgte ein neuer Beweis des Satzes (Cauchy 1840b), in dem er den Rückgriff auf die Integration zu vermeiden suchte, indem er das arithmetische Mittel der von der Funktion $f\left(re^{p\sqrt{-1}}\right)$ angenommenen n Werte auf einem Kreisumfang mit dem Mittelpunkt O und dem Radius r verwendete.

Auf diesen neuen Beweis bezog er sich in einem Gutachten für die Akademie über einen Aufsatz von Laurent. Von Cauchys Arbeit über den „calcul des limites" inspiriert, hatte Pierre Alphonse Laurent einen Aufsatz über die Darstellbarkeit einer holomorphen Funktion $f(z)$ durch eine Potenzreihe innerhalb

8 Theorie der komplexen Funktionen, 1780 - 1900   287

eines Kreisrings vorgelegt. Darin bewies er in heutiger Formulierung, daß $f(z)$ eindeutig durch die Reihe

$$\sum_{-\infty}^{+\infty} a_k(z-c)^k \qquad (8.28)$$

darstellbar ist, wobei c der Mittelpunkt des Kreisrings und

$$a_k = \frac{1}{2\pi i} \int_\gamma (z-c)^{k-1} f(z) dz, \qquad (8.29)$$

wobei γ eine geschlossene Kurve um c innerhalb des Kreisrings ist.

Cauchy behauptete, Laurents Ergebnisse seien „als Spezialfall" in einer Formel enthalten, die er 1826 publiziert hatte, und fügte seinem Gutachten eine *Notiz* bei, in der er nachwies, wie sich die Laurentschen Reihen aus seinem Satz über den „Mittelwert" von $f(re^{p\sqrt{-1}})$ innerhalb eines Kreisrings ableiten ließen.

In beiden Versionen, der von 1831 und der von 1839, des Satzes über die Entwicklung von komplexen Funktionen in Potenzreihen wies Cauchy der Stetigkeit anstatt der komplexen Differenzierbarkeit der fraglichen Funktion eine entscheidende Rolle zu. Er hatte nicht einmal Hemmungen, zu behaupten, daß sein Satz „das Konvergenzgesetz [von Reihen] schlicht auf das der Stetigkeit reduziert" (1840b, 331). Die Voraussetzungen seines Satzes mußte er sich aus Anlaß einer „klugen Beobachtung" von Liouville erneut anders überlegen. Im Dezember 1844 legte Liouville der Akademie einen Aufsatz über doppelt - periodische Funktionen vor, wo er das folgende „allgemeine Prinzip" für eindeutige (monodrome) Funktionen darlegte: „Wenn eine solche Funktion doppelt - periodisch ist, und wenn man erkennt, daß sie nie unendlich wird, dann kann man allein hieraus schon folgern, daß sie sich auf eine Konstante reduziert." (Liouville 1844, 1262)

Cauchy erkannte rasch die Analogie zwischen Liouvilles „allgemeinem Prinzip" und seinen eigenen Ergebnissen und beeilte sich, schon auf der nächsten Akademiesitzung einen Aufsatz vorzulegen, in welchem er an einige seiner alten Sätze über Residuen erinnerte und versprach, in künftigen Aufsätzen zu beweisen, wie sie mit Liouvilles „Prinzip" verwandt seien, das er „offenbar allgemeiner" so formulierte: „Wenn eine Funktion $f(z)$ einer reellen oder imaginären Variablen z immer stetig und folglich immer endlich bleibt, dann reduziert sie sich einfach auf eine Konstante." In den Schlußbemerkungen erwähnte er sein altes *Mémoire* über bestimmte Integrale (Cauchy 1814/1827), um zu behaupten, „daß man in dem Satz über die Entwicklung von Funktionen in

Reihen in aller Strenge auf die Betrachtung der Ableitungen verzichten kann (*à la rigueur, se passer*)" (Cauchy 1844b, 368).

Überraschenderweise scheint dasselbe „Prinzip" Cauchy 1839 bei der Umkehrung der Integrationsreihenfolge in einem Doppelintegral bewogen zu haben, seinem Satz von 1831 eine zusätzliche Hypothese hinzuzufügen und diese dann 1844 wieder zurückzunehmen. Nach Liouvilles „kluger Beobachtung" bemerkte er jedoch: „Was die Entwicklung von Funktionen in Reihen angeht, scheint mir, daß die Betrachtung von Ableitungen nicht völlig aufgegeben werden sollte." (Cauchy 1844b, 368 - 369) Schließlich kehrte er 1851 zu dieser Frage zurück, als er die Theorie von Funktionen 'geometrischer Größen' entwickelte.

8.5 Die Entstehung der *Französischen Schule*

Im entscheidenden Jahr 1846 war Cauchy mit den grundlegenden Fakten bei komplexen Funktionen vertraut, darunter dem Integralsatz, dem Residuenbegriff und der Integralformel. Dennoch fehlte es ihm immer noch an einer übergreifenden Theorie. Außerdem gab es Fragen, die die Natur von Verzweigungspunkten und die Mehrdeutigkeit komplexer Funktionen und Integrale betrafen, die er nicht befriedigend beantworten konnte.

Diese Probleme hätten eigentlich aus Cauchys eigener Sicht die Auffassung komplexer Größen unzulänglich erscheinen lassen müssen, die er im *Cours* dargestellt und offenbar immer noch nicht aufgegeben hatte. Tatsächlich bezog er sich noch 1847 darauf, als er schrieb, seine Auffassung von imaginären Größen als „symbolischen Ausdrücken" hätte die „Notwendigkeit beseitigt, sich den Kopf darüber zu zerbrechen, was das Symbol $\sqrt{-1}$, für das die deutschen Mathematiker den Buchstaben i benutzen, bedeutet" (Cauchy 1847a, 313). In diesem Aufsatz schlug er eine Theorie von „algebraischen Äquivalenzen" vor, um durch die Verbannung von imaginären Größen und durch „Zurückführung des Buchstabens i auf nichts anderes als eine reelle Größe" Klarheit zu gewinnen. Angeregt von Gauß' und Kummers Arbeiten über Klassen quadratischer Formen bezeichnete Cauchy zwei reelle Polynome als äquivalent, wenn sie bei Division durch $i^2 +1$ denselben Rest ergeben. So ließen sich in heutiger Formulierung Rechnungen mit komplexen Zahlen auf Rechnungen $\mathrm{mod}(i^2 +1)$ im Ring R[i] reduzieren, wobei i eine „reelle, aber unbestimmte Größe" ist. In einer erweiterten Version dieses Aufsatzes, die in den *Excercises d'analyse et de physique mathématique* veröffentlicht wurde, dehnte Cauchy die Äquivalenztheorie auf Funktionen aus, die mittels konvergenter Reihen definiert sind.

Zwei Jahre später, „nach neuen und tiefen Reflexionen" (Cauchy 1849, 152) überlegte er es sich schließlich anders. Er gab den Begriff der imaginären Größen auf, für die er sich in seinem *Cours* „mit dem Nachweis begnügt hatte, wie sie streng gemacht werden können", und beschloß, die Theorie geometrischer Größen (*quantités géométriques*) zu übernehmen. Diese Theorie war nichts anderes als die geometrische Interpretation komplexer Zahlen in der komplexen Ebene. Bei dieser Gelegenheit erinnerte Cauchy an die Namen vieler, die zu dieser Theorie beigetragen hätten, darunter Buée (1806) und Argand, unterließ es aber, Hamilton (1837) und insbesondere Gauß (1831) zu erwähnen, deren Autorität dafür gesorgt hatte, daß die geometrische Theorie komplexer Zahlen von den Mathematikern voll akzeptiert wurde.

In einem Aufsatz über die Theorie biquadratischer Residuen hatte Gauß (1831) die Ideen veröffentlicht, die er bereits mehr als zwanzig Jahre zuvor entwickelt hatte. Er führte das Symbol i zur Bezeichnung der imaginären Einheit ein und wies nach, wie man komplexe Zahlen in der Ebene interpretieren könne. „Mehr bedarf es nicht, um diese Grösse in das Gebiet der Gegenstände der Arithmetik zuzulassen", folgerte Gauß. In den Schlußbemerkungen seines Aufsatzes versprach er zu beweisen, daß es, in heutiger Formulierung, keine von $\mathbb{C}$ verschiedene kommutative algebraische Erweiterung von $\mathbb{R}$ gibt. Aber genau wie beim Integralsatz hielt Gauß sein Versprechen nicht, und der Beweis dieses Satzes wurde schließlich von Weierstraß in seinen Vorlesungen von 1863 geliefert. Vier Jahre später veröffentlichte Hankel als erster einen unabhängigen Beweis desselben Satzes in einem Aufsatz, der mit der Aussage schloß, daß damit „die Frage beantwortet ist, deren Lösung Gauß 1831 versprochen, aber nicht gegeben hat" (Hankel 1867, 107).

Hamilton hatte dagegen in einem Versuch, die Algebra als „Wissenschaft der reinen Zeit" zu konstruieren, 1837 einen Aufsatz veröffentlicht, in dem er eine Theorie „konjugierter Funktionen oder algebraischer Paare" darlegte. Seiner Ansicht nach war die Auffassung der komplexen Zahlen als geordnete Paare reeller Zahlen ein Modell für die abstrakte Theorie „algebraischer Paare".

Nach seiner eigenen Darstellung war Cauchy 1845 unter dem Einfluß einer Notiz von A. Barré de Saint Venant über geometrische Summen in den *Comptes Rendus* der Akademie zu seiner „neuen" Auffassung gelangt. Cauchy begann nun, die Ergebnisse, die er seit den 1820er Jahren erzielt hatte, in diesen geometrischen Rahmen einzuordnen, und veröffentlichte dies in einer Anzahl Aufsätze in den *Exercises*.

1851 führte Cauchy den allgemeinen Begriff einer Funktion $Z(z) = X + iY$ einer geometrischen Größe $z = x + iy$ ein, den er 1821 für imaginäre Funktionen von imaginären Variablen nicht gegeben hatte (Cauchy 1821a/1885). Dies stellte er in in einer kurzen Notiz (Cauchy 1851a) in den *Comptes Rendus* der

Akademie dar, der er eine erweiterte Version in den *Exercises* folgen ließ (Cauchy 1847c). Im Widerspruch zum Datum auf der Titelseite wurden die letzten Ausgaben der *Exercises* erst in den frühen 1850er Jahren gedruckt. Die Definition der Funktionen imaginärer Variabler, schrieb Cauchy an dieser Stelle, „hat die Geometer häufig in Schwierigkeiten gestürzt, doch alle Schwierigkeiten verschwinden, wenn wir uns von der Analogie leiten lassen und die allgemein für die Funktionen algebraischer Größen anerkannten Definitionen auf Funktionen geometrischer Größen übertragen" (Cauchy 1847c, 359 - 360). Daher, fuhr er fort, könne eine geometrische Größe $w(z) = u + iv$ immer dann als Funktion einer veränderlichen geometrischen Größe $z = x + iy$ betrachtet werden, wenn der Wert von z den Wert von w bestimme, oder, geometrisch gesprochen, die Lage des Punktes z die Lage des Punktes w festlege. Zu diesem Zwecke genüge es, daß u und v bestimmte Funktionen von x und y seien.

In dem folgenden Aufsatz (Cauchy 1847d) dehnte er den Begriff der Stetigkeit auf diese Funktionen aus. Zuvor stellte er, um bei mehrdeutigen Funktionen Eindeutigkeit zu erhalten, klar, daß es „leichter sei", jeden Zweig (in Cauchys Terminologie *Typ*) der Funktion als getrennte, wohlbestimmte Funktion einer Variablen zu betrachten. Dann wiederholte er Wort für Wort die Definitionen aus dem *Cours*, indem er sie lediglich in geometrische Begriffe übersetzte (Cauchy 1847d, 376).

Nach Casorati (1868, 70) wurde Cauchys Definition einer komplexen Funktion nicht durch eine wirklich tiefe Analogie nahegelegt. Tatsächlich kann man „eine Größe, die man durch Operationen mit zwei Variablen x und y erhält, abgesehen von Spezialfällen, nicht durch eine Folge von Operationen gewinnen, die mit einer einzelnen zusammengesetzten Größe $x + iy$ vorgenommen werden". Wenn es so wäre, wäre die Theorie von Funktionen einer komplexen Variablen schlicht die Theorie der Funktionen zweier reeller Variabler. Cauchy selbst, fügte Casorati hinzu, habe es nötig gefunden, unter allen durch die gegebene Definition erfaßten Funktionen nur diejenigen hervorzuheben, die der Gleichung

$$i\frac{\partial w}{\partial x} = \frac{\partial w}{\partial y} \qquad (8.30)$$

genügen.

Cauchy nannte diese Funktionen *monogen*, während er eine in einem Bereich S definierte Funktion $f(z)$, die in einem Punkt P in S immer denselben Wert annimmt, gleich viel welchen Weg z nimmt, um zu P zu gelangen, als *monodrom* (ansonsten als *polydrom*) bezeichnete. Auch führte er den Begriff *synektisch* zur Benennung einer Funktion ein, die in einem gegebenen Bereich der komplexen Ebene endlich, stetig, monodrom und monogen ist. Die Bezeichnung *holomorph* statt synektisch wurde zuerst von Cauchys und Liou-

8 Theorie der komplexen Funktionen, 1780 - 1900

villes Studenten Briot und Bouquet in ihrer Abhandlung über elliptische Funktionen eingeführt (siehe unten).

Um 1850 wurde es Cauchy völlig klar, daß der entscheidende Begriff in seinen Sätzen über komplexe Funktionen nicht der der Stetigkeit, sondern der der Analytizität in Verbindung mit der Gleichung (8.30) war. Mit der expliziten Definition der monogenen und monodromen Funktion konnte Cauchy seine Unsicherheit im Hinblick auf die richtige Formulierung seines Satzes über die Entwicklung von Funktionen in Reihen völlig beheben und in der Schlußbemerkung seiner Arbeit (1851a) mit Genugtuung feststellen, daß „die eben dargelegten Grundsätze [d. h. Gleichung (8.30)] bestätigen, was ich an anderer Stelle über die Notwendigkeit ausgesagt habe, die Ableitung einer Funktion von z zu spezifizieren" (Cauchy 1851a, 304).

Hier näherte er sich der richtigen Voraussetzung, d. h. der *Existenz* einer vom Weg unabhängigen eindeutigen Ableitung $f'(z)$. In der Tat reicht es nach Goursats Bemerkung „bei Cauchys Aufbau der Theorie analytischer Funtionen aus, die *Stetigkeit* von $f(z)$ und die *Existenz* der Ableitung vorauszusetzen" (Goursat 1900, 16). Unter dieser Hypothese bewies er Cauchys Integralsatz. G. Morera hatte 1886 die Umkehrung gezeigt: wenn $f(z)$ in einem gegebenen Bereich S stetig und das längs eines völlig in S gelegenen beliebigen einfach geschlossenen Weges genommene Integral von $f(z)$ gleich Null ist, dann ist $f(z)$ in S holomorph.

An seine früheren Arbeiten von 1846 anschließend ging Cauchy (1851b) das Problem der Mehrdeutigkeit algebraischer Funktionen an. Er erörterte eine durch eine algebraische Gleichung $U(u,z) = 0$ definierte Funktion u, die verschiedene Werte $u_1, u_2, u_3, \ldots$ für einen gegebenen Wert von z annimmt. Dann betrachtete er die Punkte $c_1, c_2, c_3, \ldots$ der Ebene, in der eine Funktion u_g einen Pol oder einen Verzweigungspunkt hat (in Cauchys Worten: wo sie „unendlich oder gleich einem anderen Wert u_h der Folge $u_1, u_2, u_3, \ldots$ wird"). Wenn z eine geschlossene Kurve beschreibt, die keinen der Punkte $c_1, c_2, c_3, \ldots$ einschließt, bleiben die Zweige $u_1, u_2, u_3, \ldots$ stetige und monodrome Funktionen von z. Dies ist dann nicht mehr der Fall, wenn ein beliebiger der Punkte $c_1, c_2, c_3, \ldots$ innerhalb des von z durchlaufenen Weges liegt. In diesem Fall verband er die Punkte $c_1, c_2, c_3, \ldots$ durch Geraden (*lignes d'arrêt*) mit einem festen Punkt O, die „man mit Hindernissen vergleichen kann, an denen der bewegliche Punkt anhält, ohne sie je zu überschreiten" (1851b, 294). Cauchy unterteilte also die komplexe Ebene in Bereiche, wo die $u_1, u_2, u_3, \ldots$ stetige Funktionen sind, und wertete das Integral $\int_\gamma u_\kappa dz$ je nachdem aus, ob die Kurve γ auf eine *ligne d'arrêt* trifft oder nicht. Einige Zeit später teilte Cauchy der Akademie mit, er habe erfolgreich die Perioden (*indices de periodicité*) des Integrals einer algebraischen Funktion „im allgemeinsten Fall" bestimmt.

Cauchys Forschungen waren ein Nachklang des großartigen *Mémoire* über algebraische Funktionen, das Victor Puiseux 1850 in Liouvilles *Journal* veröffentlich hatte. In diesem Aufsatz bewies Puiseux, wie fruchtbar Cauchys zahlreiche Ergebnisse für die Untersuchung algebraischer Funktionen von komplexen Variablen und ihrer Integrale sind. Puiseux betrachtete eine algebraische Funktion $u(z)$, definiert durch eine irreduzible algebraische Gleichung der Form $f(u, z) = 0$, worin f ein Polynom in u und z ist, das im Punkt c den Wert b annimmt. Auf der Grundlage von Cauchys Untersuchungen über die Stetigkeit der Lösungen algebraischer Gleichungen, behandelte Puiseux im ersten Teil des Aufsatzes das Problem der Fortsetzung von u als eine eindeutige stetige Funktion von z längs eines Weges, der den Punkt $z = c$ mit einem beliebigen Punkt $z = k$ verbindet. Er stellte fest, daß dies möglich ist, wenn der Weg 'Prinzipalpunkte' meidet, das heißt, Pole oder solche Punkte, wo $\frac{\partial f}{\partial z} = 0$ ist (Verzweigungspunkte). Dann bewies er, daß u_1 denselben Wert b_1 annimmt, wenn z nach Durchlaufen eines Weges γ, der keine Pole oder Verzweigungspunkte einschließt, nach c zurückkehrt, wobei u_1 eine Lösung von $f(u, z) = 0$ und b_1 der $z = c$ entsprechende Wert von u_1 ist. In Cauchys Terminologie bewies er, daß u_1 längs eines solchen geschlossenen Weges monodrom und $\int_\gamma u_1 dz = 0$ ist. Für die algebraische Funktion u_1 erhielt Puiseux sodann Cauchys Integralformel und ihre Entwicklung in eine Potenzreihe nach $(z - c)$ in einer Kreisscheibe mit dem Mittelpunkt c und einem Radius gleich der Entfernung von c zur nächsten Singularität.

Im zweiten Teil seines Aufsatzes untersuchte Puiseux detailliert das Verhalten einer algebraischen Funktion in der Nachbarschaft eines Verzweigungspunktes. Es sei $z = a$ ein Verzweigungspunkt der Ordnung p und man betrachte einen geschlossenen Weg um a, der keinen anderen kritischen Punkt einschließt. Puiseux bewies, daß sich die p Funktionen $u_1,...,u_p$ in „zyklische Systeme" unterteilen lassen, die in heutiger Formulierung Orbits der Untergruppe der Galoisgruppe der Gleichung $f(u,z) = 0$ sind, deren Ordnung er berechnete. Wenn u_1 einem zyklischen System der Ordnung q angehört, läßt es sich in der Nachbarschaft von a in der heute nach Puiseux benannten Reihe

$$\sum_{n=m} a_n (z-a)^{n/q} , \quad m \in \mathbb{Z}, \tag{8.31}$$

entwickeln. Bereits Newton hatte für die Zweige einer reellen algebraischen Kurve eine derartige Entwicklung gefunden, wobei er die Exponenten n/q mit einem graphischen Verfahren (Newton - Polygon) bestimmte.

8 Theorie der komplexen Funktionen, 1780 - 1900   293

Puiseuxs Satz läßt sich als grundlegender Schritt in Richtung auf den Begriff einer vielblättrigen Fläche über der komplexen Ebene deuten, den Riemann in seiner Dissertation von 1851 (vgl. Kap 8.5) einführte. Markuschewitsch (1996, 195) bemerkt dazu: „Puiseux hatte bereits die Struktur der durch eine algebraische Gleichung $f(u,z) = 0$ bestimmten m-blättrigen Riemannschen Fläche vollständig geklärt. Er hatte die Lage aller ihrer Verzweigungspunkte gefunden und die Art des Übergangs von einem Blatt zum anderen in ihrer Nachbarschaft bestimmt." Insbesondere läßt sich Puiseuxs Satz als erstes bedeutendes Ergebnis der Uniformisierungstheorie betrachten. Bis auf eine linearen Koordinatentransformation läßt sich u nämlich lokal als holomorphe Funktion des lokalen uniformisierenden Parameters $t = (z-a)^{1/q}$ schreiben (Kap. 8.5).

Der Schlußteil des Aufsatzes war dem Problem gewidmet, die Perioden des Integrals $\int u_i dz$ auf einem beliebigen Weg von einem Punkt $z = c$ zu einem beliebigen Punkt $z = k$ zu bestimmen. Puiseux behandelte das Problem jedoch nur für Spezialfälle wie die hyperelliptischen Integrale. Im Folgejahr veröffentlichte er einen kurzen Aufsatz, in dem er nachwies, daß eine eindeutige algebraische Funktion immer rational ist, und einige Sätze formulierte, die zu den impliziten Annahmen gehörten, die er für seine früheren Ergebnisse über die Perioden der Integrale benötigt hatte.

Anfang der 1850er Jahre reformulierte Cauchy im Rahmen seiner neuen geometrischen Funktionentheorie seine frühere Residuentheorie, die auch das Thema seines letzten Aufsatzes war, den er der Akademie 1857, wenige Monate vor seinem Tod, vorlegte. Darin bewies er, daß das über den Rand einer beliebigen Fläche S erstreckte Integral $\int_{\partial S} Z(z)dz$ Null ist, wenn $Z(z)$ innerhalb von S überall monogen und monodrom ist, während $\int_{\partial S} Z(z)dz = 2\pi i \operatorname{Res}(Z,z_k)$ gilt, wenn $Z(z)$ innerhalb S isolierte Singularitäten z_k hat.
Cauchy bemerkte:

> Wir erkennen hier, wie nützlich es ist, die Funktionen geometrischer Größen klar zu definieren, oder, in anderen Worten, die Funktionen imaginärer Variablen, indem man nicht nur zwischen monodromen und nicht - monodromen Funktionen unterscheidet, sondern auch zwischen monogenen und nicht - monogenen.
> (Cauchy 1857, 437)

In diesem Zusammenhang hatte er 1855 den Begriff des „logarithmischen Indikators" (*compteur logaritmique*) durch Betrachtung des Integrals

$$\frac{1}{2\pi i}\int_{\partial S}\frac{f'(z)}{f(z)}dz \qquad (8.32)$$

eingeführt, worin $f(z)$ außer in isolierten Punkten eine monogene und monodrome Funktion in einem Gebiet S ist. Ein Spezialfall davon ist der Index oder die Windungszahl einer Kurve relativ zu einem Punkt, der die Anzahl der Umläufe eines Weges um eine Singularität angibt. Hier bewies Cauchy auch die Formel

$$\frac{1}{2\pi i}\int_{\partial S}\frac{f'(z)}{f(z)}dz = N - P, \qquad (8.33)$$

in der N die Zahl der Nullstellen und P die Anzahl der Pole von $f(z)$ in S ist, und verwendete sie für Beweise des Fundamentalsatzes der Algebra und des Satzes, daß die Anzahl der Nullstellen einer doppelt periodischen Funktion innerhalb des Periodenparallelogramms gleich der Anzahl ihrer Pole ist.

Dieser gemeinhin nach Liouville benannte Satz war bereits seinem Schüler Charles Hermite bekannt, der ihn durch Anwendung von Cauchys Residuentheorie erhalten hatte. 1849 legte Hermite ihn in einer Note über elliptische Funktionen dar, die er der Pariser Akademie einreichte (vgl. Belhoste 1996). Für doppelt periodische Funktionen führte er die Idee eines Periodenparallelogramms in der komplexen Ebene ein und betrachtete das Integral einer solchen Funktion längs der Kanten dieses Parallelogramms. So wies er nach, daß die Summe der Residuen für alle Pole Null ist und daß es folglich keine doppelt periodische Funktion mit nur einem einzigen einfachen Pol geben kann. Außerdem läßt sich jede beliebige solche Funktion rational mittels elliptischer Funktionen ausdrücken.

1851 reagierte Liouville anläßlich von Cauchys verspätetem, aber sehr positivem Gutachten über Hermites Note, indem er sowohl an seinen Aufsatz von 1844 (einschließlich seines 'Prinzips') und an die Vorlesungen über doppelt periodische Funktionen erinnerte, die er 1847 den deutschen Mathematikern Borchardt und Joachimsthal gehalten hatte. Er übergab der Akademie Borchardts Mitschriften seiner Vorlesung (vgl. Borchardt 1880), die sowohl Hermites Ergebnisse als auch den Beweis enthielten, daß die Anzahl der Nullstellen einer doppelt periodischen Funktion gleich der Anzahl der „Unendlichkeitsstellen" der Funktion ist. Demgegenüber reklamierte Cauchy Priorität für seinen eigenen Residuenkalkül und „für das von Liouville zitierte Fundamentalprinzip der doppelt periodischen Funktionen" sowie für die Schlußfolgerungen, die er aus diesem 'Prinzip' gezogen habe. Liouville seinerseits beschloß, seinen Kurs am Collège de France der Theorie der doppelt periodischen Funktionen zu widmen.

Albert Briot und Jean-Claude Bouquet besuchten Liouvilles Vorlesung. 1856 veröffentlichten sie im Journal der École Polytechnique einen umfangreichen Aufsatz (*Études des fonctions d'une variable imaginaire*), der die erste systematische Darlegung der Theorie der Funktionen einer komplexen Variablen lieferte, wie sie von Cauchy jahrzehntelang verlangt worden war. Dieser Aufsatz stellte den ersten Teil eines Bandes über doppelt periodische Funktionen dar, der 1859 von Briot und Bouquet veröffentlicht wurde und auch Liouvilles „schöne Theorie" umfaßte, die durch die „wunderbaren Arbeiten von Monsieur Hermite zum selben Thema" bereichert wurden. Das Buch von Briot und Bouquet (1859), 1862 ins Deutsche übersetzt, wurde zum Standardwerk für die Entwicklung der komplexen Analysis nach Cauchys Methoden. Eine zweite erweiterte Auflage erschien 1875. Bis dahin hatten jedoch in Deutschland Riemann und Weierstraß die Theorie der komplexen Funktionen auf eine Art entwickelt, die weit über das hinaus ging, was die französische Schule geleistet hatte.

8.6 Riemanns Theorie der komplexen Funktionen

Obwohl er nur wenig mehr als 10 Jahre mathematisch tätig war, hatte Riemann enormen Einfluß auf die moderne Mathematik. Er leistete umfangreiche Beiträge zur reellen und komplexen Analysis, Zahlentheorie, Differentialgeometrie und Topologie, um nur seine bedeutenderen Werke zu erwähnen.

Einer seiner bahnbrechenden Aufsätze ist die *Inauguraldissertation* über die Grundlagen einer allgemeinen Theorie komplexer Funktionen, mit der er 1851 an der Universität Göttingen promovierte. Nach Ahlfors (1953, 3) „haben nur sehr wenige mathematische Aufsätze einen solchen Einfluß auf die spätere Entwicklung der Mathematik genommen, der dem Impuls durch Riemanns Dissertation vergleichbar wäre. Sie enthält den Keim zu einem größeren Teil der modernen Theorie analytischer Funktionen, sie veranlaßte das systematische Studium der Topologie, sie revolutionierte die algebraische Geometrie, und sie brach für Riemanns Zugang zur Differentialgeometrie Bahn."

Bernhard Riemann wurde am 17. September 1826 in Breselenz bei Dannenberg (Hannover) als Sohn eines Pfarrers geboren und besuchte in Hannover (1840 - 1842) und Lüneburg (1842 - 1846) das Gymnasium, bevor er sich an der Universität Göttingen immatrikulierte (vgl. Laugwitz 1996). Sein Vater hoffte, Riemann werde sich ebenfalls dem Studium der Theologie widmen, doch wandte er sich bald der Mathematik zu. Zu dieser Zeit war Gauß der hervorragendste Mathematiker in Göttingen, der aber bekanntermaßen nicht viel von Vorlesungen hielt. Riemann hörte nur eine Vorlesung über die Methode der kleinsten Quadrate bei ihm. 1847 ging Riemann von Göttingen nach Berlin, wo er zwei Jahre lang bei Dirichlet Potentialtheorie, partielle Differentialgleichungen, Zahlentheorie und Integrationstheorie studierte. Er hörte auch Jacobis Vorlesungen über analytische Mechanik und höhere Algebra sowie Eisensteins Vorlesungen über elliptische Funktionen.

In Berlin trat Riemann „in einen näheren Verkehr" mit Eisenstein. Wie Dedekind (1876, 576) schreibt, hat „Riemann später erzählt, daß sie auch über die Einführung der complexen Grössen in der Theorie der Functionen mit einander verhandelt haben." Ausgangspunkt ihrer Überlegungen dürfte Cauchys Ansatz gewesen sein, mit dem beide vertraut waren. Über die Grundlagen der Theorie wichen ihre Ansichten jedoch beträchtlich voneinander ab. Riemann glaubte, „Eisenstein sei bei der formellen Rechnung stehen geblieben", während er selbst „in der partiellen Differentialgleichung [8.30] die wesentliche Definition einer Function von einer complexen Veränderlichen" erkannte.

In diesem Zusammenhang ist es auch lesenswert, was Riemanns Schüler Prym am 6. Februar 1882 in einem Brief an Felix Klein schrieb, der in Kleins *Nachlaß* in Göttingen verwahrt wird (Code Ms Klein 11, Nr. 382-384, Neuenschwander 1981, 228):

> Nach einer Mittheilung, die mir Riemann im Frühjahre 1865 während meines Pisaner Aufenthalts machte, ist derselbe zu einer Theorie der Functionen einer veränderlichen complexen Größe durch die Beobachtung gekommen, daß Beziehungen zwischen Functionen, die durch Entwicklung der betreffenden Functionen in Reihen erhalten werden, bestehen blieben, auch wenn man über die Convergenzgebiete der darstellenden Reihen hinausging, und dass man in vielen Fällen richtige Resultate erhält, wenn man, wie Euler z. B. es wiederholt getan, mit divergenten Reihen operiert. Er frug sich dann, was denn eigentlich die Function aus dem einen Gebiete in das andere fortsetzt und gelangte zu der Einsicht, daß dies die partielle Differentialgleichung [8.30] thue. Dirichlet, mit dem er den Gegenstand besprach, stimmte dieser Ansicht vollständig bei; es fällt also diese Idee wohl noch in die Studienjahre Riemanns, vor die Abfassung seiner Inauguraldissertation.

1849 kehrte Riemann nach Göttingen zurück, wo er Wilhelm Webers Vorlesungen über mathematische Physik folgte und sich physikalischen und naturphilosophischen Studien widmete. Dies scheint für Riemann in seinen prägenden Jahren ein Forschungsthema gewesen zu sein, das auch die Art seines Umgangs mit komplexen Funktionen beeinflußte.

Prym schrieb in dem oben zitierten Brief an Klein: „Insofern ist es richtig, wenn man sagt, daß Riemann durch die mathematische Physik hindurch zu seinen Untersuchungen gekommen sei. Die Inauguraldissertation ist ja in manchen Parthien nichts anderes, als die auf zwei Dimensionen reduzierte Gauß-Dirichletsche Potentialtheorie." Nach Ahlfors Worten (1953, 4) setzte Riemann „praktisch Gleichheitszeichen zwischen die zweidimensionale Potentialtheorie

8 Theorie der komplexen Funktionen, 1780 - 1900

und die Theorie komplexer Funktionen". Im Gegensatz zu der Auffassung, eine Funktion sei durch einen analytischen Ausdruck gegeben, führt dieser Ansatz dazu, daß eine Funktion nach ihren Singularitäten bestimmt wird, wie Riemann wiederholt formulierte, und auf Existenz- und Eindeutigkeitssätzen beruht, die er vermittels eines Variationsprinzips (Dirichlets Prinzip) bewies, das bereits bekannt und von Gauß und Dirichlet in ihren Arbeiten über Potentialtheorie benutzt worden war.

Riemanns Dissertation beginnt mit Dirichlets Definition einer Funktion einer reellen Variablen (vgl. Kap. 6.2). Bei Riemann (1851, 35) heißt es dazu: „Diese Definition setzt offenbar zwischen den einzelnen Werthen der Function durchaus kein Gesetz fest, indem, wenn über diese Function für ein bestimmtes Intervall verfügt ist, die Art ihrer Fortsetzung ausserhalb desselben ganz der Willkür überlassen bleibt."

Die Lage verändert sich beträchtlich, wenn die Variable komplexe Werte annimmt. In diesem Fall wird bei beliebiger Abhängigkeit der Größe $w = u + iv$ von $z = x + iy$ das Verhältnis dw/dz im Allgemeinen wie dz schwanken. Und er fährt fort: „Auf welche Art aber auch w als Funktion von z durch Verbindung der einfachen Größenoperationen bestimmt werden möge, immer wird der Werth des Differentialquotienten dw/dz von dem besonderen Werthe des Differentials dz unabhängig sein." Diese Eigenschaft, der genügt wird, wenn Gleichung (8.30) gilt, nahm Riemann als Ausgangspunkt für die Definition einer Funktion einer komplexen Veränderlichen. Nachdem er bewiesen hatte, daß man sich eine Funktion w als die konforme Abbildung der z-Ebene A auf die w-Ebene B vorstellen kann, führte Riemann einen völlig neuen geometrischen Begriff als den für die Entwicklung der Theorie der komplexen Funktionen am besten geeigneten Bereich ein.

Riemann schreibt:

> Für die folgenden Betrachtungen beschränken wir die Veränderlichkeit der Größen x, y auf ein endliches Gebiet, indem wir als Ort des Punktes O nicht mehr die Ebene A selbst, sondern eine über dieselbe ausgebreitete Fläche T betrachten. Wir wählen diese Einkleidung, bei der es unanstössig sein wird, von auf einander liegenden Flächen zu reden, um die Möglichkeit offen zu lassen, daß der Ort des Punktes O über denselben Theil der Ebene sich mehrfach erstrecke, setzen jedoch für einen solchen Fall voraus, daß die auf einander liegenden Flächentheile nicht längs einer Linie zusammenhängen, so daß eine Umfaltung der Fläche, oder eine Spaltung in auf einander liegende Theile nicht vorkommt. (Riemann 1851, 39)

Riemann führte Überlagerungsflächen zur Behandlung mehrdeutiger Funktionen wie der algebraischen Funktionen und ihrer Integrale ein. Tatsächlich stellt für solche Funktionen $w(z)$ jeder Punkt der Fläche genau einen z entsprechenden Wert von w dar. In Riemanns Darstellung jedoch widersprach der Gedanke mehrfach überlagerter Flächen der geometrischen Anschauung und war schwer verständlich, wie er später selbst erkannte, als er im Juni 1863 an

Enrico Betti schrieb, daß sein Gedanke selbst bei deutschen Lesern auf Schwierigkeiten stoße (vgl. unten). Ganz zu schweigen von den französischen, könnte man hinzufügen. Man erinnere sich nur, daß Briot und Bouquet noch 1875 Riemanns Ideen Cauchys Verfahren gegenüberstellten und dazu erklärten: „Der Begriff einer Fläche mit mehrfachen Blättern weist gewisse Schwierigkeiten auf; trotz der schönen Ergebnisse, die Riemann mit dieser Methode erzielte, scheint sie uns für den angestrebten Gegenstand keine Vorteile zu bieten. Cauchys Idee liefert einen sehr guten Ansatz für den Umgang mit mehrdeutigen Funktionen." (Briot und Bouquet 1875, 4)

Die von Riemann eingeführte Idee einer „Fläche" erwies sich jedoch als eine der tiefsten Errungenschaften seiner Dissertation. Nach Ansicht von Ahlfors „ist es eine geschickte Verschmelzung zweier unterschiedlicher und gleich wichtiger Gedanken: 1) einer rein topologischen Vorstellung einer Überlagerungsfläche, die man zur Klärung des Begriffs der Abbildung im Sinne einer mehrfachen Entsprechung benötigt; 2) eine abstrakte Auffassung des Raums der Variablen mit einer durch einen uniformisierenden Parameter definierten lokalen Struktur. Der letztere Aspekt tritt bei der Behandlung von Verzweigungspunkten in den Vordergrund." (Ahlfors 1953, 4)

Für mehrblättrige Flächen definierte Riemann Verzweigungspunkte der Ordnung $m - 1$ als solche Punkte, wo die m Blätter einer Fläche so miteinander verbunden sind, daß man zum Ausgangspunkt zurückkehrt, wenn die Variable m Umläufe vollzogen hat, wobei sie in der Nachbarschaft des Verzweigungspunktes stetig von einem Blatt zum nächsten übergeht. Dann führte er den Begriff des Zusammenhangs eines Flächenteils ein und definierte die Querschnitte eines solchen Flächenteils als „Linien, welche von einem Begrenzungspunkte das Innere einfach - keinen Punkt mehrfach - bis zu einem Begrenzungspunkte durchschneiden" (Riemann 1851, 41). Damit konnte er einfach und mehrfach zusammenhängende Flächen definieren. Wird eine Fläche durch n Querschnitte in m einfach zusammenhängende Flächenstücke zerlegt, wird die Zahl $n - m$, welche unabhängig von der Art der Zerlegung ist, von Riemann „Ordnung des Zusammenhangs" genannt. In seinem Aufsatz von 1857 über Abelsche Funktionen gab Riemann dann eine zweite Definition mit Hilfe von geschlossenen Kurven auf der Fläche.

Wie Riemann selbst einmal Betti mitteilte, kam ihm die Idee der Querschnitte einer Fläche nach einer langen Diskussion, die er mit Gauß über ein physikalisch - mathematisches Problem geführt hatte. Nach Brill und Noether (1892/93, 259) wurden die Begriffe der mehrblättrigen Fläche und des Querschnitts zuerst 'in nuce' in einer (unveröffentlichten) Notiz über ein Problem des elektrostatischen oder thermischen Gleichgewichts auf der Oberfläche eines Zylinders mit Querschnitten eingeführt. „Wir sind geneigt, diese Note als eine der frühesten Arbeiten Riemanns, oder doch ihren Gedankengang als den Ausgangspunkt für Riemanns Arbeiten über Functionentheorie zu bezeichnen."

8 Theorie der komplexen Funktionen, 1780 - 1900

Für eine Fläche T stellte Riemann die Green-Gaußsche Formel

$$\int\left(\frac{\partial X}{\partial x}+\frac{\partial Y}{\partial y}\right)dT = -\int(X\cos\xi + Y\cos\eta)ds \qquad (8.34)$$

auf, worin ξ und η die Winkel zwischen der inneren Normalen des Randes p und den Achsen x, y sind, und unter der Annahme, daß $\frac{\partial X}{\partial x}+\frac{\partial Y}{\partial y}=0$ ist auf T außer in isolierten Punkten oder Geraden, studierte er die Konsequenzen dieser Formel einschließlich derer, daß ein Linienintegral über T unabhängig vom Weg ist. Auf diese Art konstruierte er unabhängig von Cauchys Satz eine Grundlage für die komplexe Integration über eine Fläche. Unter der Annahme, daß die Fläche einblättrig sei, ermittelte Riemann dann die Eigenschaften einer harmonischen Funktion u, wobei er insbesondere einen Satz über die 'Beseitigung' möglicher Singularitäten einer harmonischen Funktion und das folgende 'Riemannsche Maximumprinzip' bewies:
1) u kann in einem Punkt von T weder ein Maximum noch ein Minimum haben,
2) u kann nicht konstant sein in nur einem Teil der Fläche.
An diesem Punkt griff Riemann die Erörterung einer Funktion $w = u + iv$, die bis auf isolierte Linien und Punkte stetig ist und der Gleichung (8.30) auf einer einfach zusammenhängenden einblättrigen Fläche T genügt, wieder auf. Zunächst formulierte und bewies er den folgenden Satz über die 'Beseitigung' von Singularitäten einer analytischen Funktion: „Wenn eine Function w von z eine Unterbrechung der Stetigkeit jedenfalls nicht längs einer Linie erleidet und ferner für jeden beliebigen Punkt O' der Fläche, wo $z = z'$ sei, $w(z-z')$ mit unendlicher Annäherung des Punktes O unendlich klein wird, so ist sie notwendig nebst allen ihren Differentialquotienten in allen Punkten im Innern der Fläche endlich und stetig." (Riemann 1851, 55)

Dann erörterte er den Fall, wenn $w(z-z')^n$ zusammen mit $z - z'$ für einen bestimmten Punkt O' im Innern der Fläche und irgendeine natürliche Zahl n unendlich klein wird. Durch Anwendung des vorstehenden Satzes auf $w(z-z')^{n-1}$ erhält man die Aussage, daß letztere Funktion in O' endlich und stetig ist. Sei a_{n-1} sein Wert in O', dann ist $w(z-z')^{n-1} - a_{n-1}$ in O' unendlich klein und durch Anwendung desselben Satzes erhält man, daß auch $w(z-z')^{n-2} - a_{n-1}/z - z'$ in O' endlich und stetig ist. Durch Wiederholung dieses Verfahrens erhielt Riemann den rationalen Ausdruck

$$\frac{a_1}{z-z'}+\frac{a_2}{(z-z')^2}+\ldots+\frac{a_{n-1}}{(z-z')^{n-1}}, \qquad (8.35)$$

der von w subtrahiert eine endliche und stetige Funktion in O' erzeugt. Andererseits kann man in obigem Ausdruck mit Leichtigkeit den Hauptteil der Laurentschen Erweiterung von w in der Nachbarschaft des Pols O' erkennen. Da die Bedingung, daß T einblättrig sei, unwesentlich ist, läßt sich das vorstehende Ergebnis auf die Punkte jeder beliebigen mehrblättrigen Fläche mit den erforderlichen Eigenschaften erweitern, außer für den Fall, daß O' ein Verzweigungspunkt der Ordnung $n-1$ ist. Für diesen Fall formulierte Riemann geometrisch Puiseuxs Uniformisierungssatz (ohne ihn zu nennen), indem er den Uniformisierungsparameter $\zeta = (z-z')^{1/n}$ einführte, der eine Nachbarschaft des Punktes O' auf einen zusammenhängenden Bereich um einen Punkt der Hilfsebene ζ abbildet. Durch Ersetzung von $z-z'$ durch $(z-z')^{1/n}$ erhielt er den Ausdruck

$$\frac{a_1}{(z-z')^{1/n}} + \frac{a_2}{(z-z')^{2/n}} + \ldots + \frac{a_m}{(z-z')^{m/n}}. \tag{8.36}$$

Nach Markuschewitsch (1996, 204) konnte Riemann „Puiseuxs Aufsatz nicht übersehen haben", obwohl er in der Dissertation nicht erwähnt wurde. Diese Ansicht wird von Neuenschwander (1980, 9) geteilt, der Anhaltspunkte dafür beibrachte, daß Riemann sich „in einem nicht publizierten Entwurf zur Verteidigung seiner Doktordissertation vom 16. Dezember 1851" auf Cauchys Gutachten über Puiseuxs Aufsatz (1850) bezog, der soeben in den *Comptes rendus* der Pariser Akademie erschienen war. In Anbetracht dessen, daß Riemann seinen Ansatz gegenüber der Theorie komplexer Funktionen in seinen Studienjahren in Berlin und Göttingen entwickelt hat, ist es dennoch zweifelhaft, wie weit er von Puiseuxs Aufsatz beeinflußt wurde, während er an seiner Dissertation arbeitete (ab Oktober 1850). Nach Markuschewitschs Meinung „kann der aufmerksame Leser von [Riemanns] Aufsatz" im Begriff einer mehrblättrigen Fläche „einen hervorragenden geometrischen Kommentar und zugleich eine offenbar tiefschürfende Zusammenfassung von Puiseuxs Arbeit sehen". Die Idee der Riemannschen Fläche ist jedoch mehr als das. Die Riemannsche Fläche ist nicht lediglich ein „Bild" für die Darstellung der Mehrdeutigkeit von Funktionen. Nach den aufschlußreichen Worten von H. Weyl (1913, v - vi) ist sie „das Fundament" der Theorie, „sie muß durchaus als das prius betrachtet werden, als der Mutterboden, auf dem die Funktionen zuallererst wachsen und gedeihen können". Anderseits bestand Riemanns Hauptziel nicht darin, das Verhalten algebraischer Funktionen zu untersuchen, wie bei Puiseux. Stattdessen strebte er nach einer allgemeinen Methode zur Erfassung und Behandlung großer Klassen von Funktionen auf einheitliche Art und Weise, und genau diese Suche führte ihn zu seinem Ansatz.

8 Theorie der komplexen Funktionen, 1780 - 1900

In der Tat wandte sich Riemann nach seiner Analyse des Verhaltens einer Funktion w an Polen und Verzweigungspunkten der Frage der Existenz einer komplexen Funktion unter gegebenen Bedingungen zu. Um einen Existenzsatz zu formulieren, bezog er sich auf ein von Dirichlet in seinen Vorlesungen verwendetes Prinzip zur Bestimmung einer harmonischen Funktion, die auf dem Rand eines Gebietes vorgegebene Werte annimmt (vgl. Dirichlet 1876, 127 - 128).

Sind α und β zwei beliebige Functionen von x, y, für welche das Integral

$$\int\left[\left(\frac{\partial\alpha}{\partial x}-\frac{\partial\beta}{\partial y}\right)^2+\left(\frac{\partial\alpha}{\partial y}+\frac{\partial\beta}{\partial x}\right)^2\right]dT \qquad (8.37)$$

durch alle Theile der beliebig über A ausgebreiteten Fläche T ausgedehnt einen endlichen Werth hat, so erhält das Integral bei Aenderung von α um stetige oder doch nur in einzelnen Punkten unstetige Functionen, die am Rande = 0 sind, immer für eine dieser Functionen einen Minimumwerth und, wenn man durch Abänderung in einzelnen Punkten hebbare Unstetigkeiten ausschließt, nur für Eine. (Riemann 1851, 62)

Da das Integral (8.37) ≥ 0 ist, folgerte Riemann nach einer bereits von Gauß und Dirichlet benutzten Schlußweise, daß es ein Minimum geben müsse, und bewies dann, daß es eindeutig ist. Als Folgerung formulierte Riemann den Fundamentalsatz:

Ist in einer zusammenhängenden, durch Querschnitte in eine einfach zusammenhängende Fläche T^* zerlegten Fläche T eine complexe Function $\alpha + \beta i$ von x, y gegeben, für welche (8.37) durch die ganze Fläche ausgedehnt einen endlichen Werth hat, so kann sie immer und nur auf Eine Art in eine Function von z verwandelt werden durch Hinzufügung einer Function $\mu + \nu i$ von x, y, welche folgenden Bedingungen genügt:
1) μ ist am Rande = 0, oder doch nur in einzelnen Punkten davon verschieden, ν in einem Punkte beliebig gegeben,
2) die Änderungen von μ sind in T, von ν in T^* nur in einzelnen Punkten und nur so unstetig, daß

$$\int\left[\left(\frac{\partial\mu}{\partial x}\right)^2+\left(\frac{\partial\mu}{\partial y}\right)^2\right]dt \text{ und } \int\left[\left(\frac{\partial\nu}{\partial x}\right)^2+\left(\frac{\partial\nu}{\partial y}\right)^2\right]dT \qquad (8.38)$$

durch die ganze Fläche erstreckt endlich bleiben, und letztere längs der Querschnitte beiderseits gleich. (Riemann 1851, 67-68)

Die Prinzipien, auf denen dieser Satz beruht, eröffnen nach Aussage Riemanns „den Weg, bestimmte Functionen einer veränderlichen complexen Grösse (unabhängig von einem Ausdrucke derselben) zu untersuchen". Insbesondere bemerkte er, daß eine Funktion $w = u + iv$ auf einer einfach zusammenhängenden Fläche T vollständig durch die Bedingungen bestimmt wird, daß 1) u eine stetige Function auf dem Rande ist; 2) der Wert von v in irgend einem Punkt beliebig gegeben ist; 3) die Function „in allen Punkten endlich und stetig" sein muß.

Riemann hob die Neuheit und Allgemeinheit seines Zugangs zu den komplexen Funktionen wie folgt hervor:

> Die bisherigen Methoden, diese Functionen zu behandeln, legten stets als Definition einen Ausdruck der Function zu Grunde, wodurch ihr Werth für jeden Werth ihres Arguments gegeben wurde; durch unsere Untersuchung ist gezeigt, daß, in Folge des allgemeinen Charakters einer Function einer veränderlichen complexen Größe, in einer Definition dieser Art ein Theil der Bestimmungsstücke eine Folge der übrigen ist, und zwar ist der Umfang der Bestimmungsstücke auf die zur Bestimmung nothwendigen zurückgeführt worden. (Riemann 1851, 70)

Als Beispiel betrachtete er algebraische Funktionen. Wenn der Bereich der Variablen z die gesamte unendliche Ebene einfach oder mehrfach bedeckt, und die Funktion nur in einer endlichen Anzahl von isolierten Punkten (wo sie mit endlicher Ordnung unendlich wird, d. h. Pole hat) unstetig sein darf, dann ist die Funktion algebraisch, und umgekehrt erfüllt jede algebraische Funktion diese Bedingungen. Dabei nahm er stillschweigend an, daß die Funktion in allen übrigen Punkten eine Ableitung hat. Riemann fügte hinzu, daß eine allgemeine Theorie der „Abhängigkeitsgesetze" auf der Grundlage seiner eigenen Annahmen den Beweis erfordere, daß „der hier zu Grunde gelegte Begriff einer Function einer veränderlichen complexen Größe mit dem einer durch Größenoperationen ausdrückbaren Abhängigkeit völlig zusammenfällt". Spätere Forschungen durch Seidel (1871, 279) und Weierstraß (vgl. Kap. 8.9) zeigten jedoch, daß dies nicht der Fall ist.

Die Schlußabschnitte von Riemanns Dissertation sind dem Problem der konformen Abbildung zwischen zwei gegebenen Riemannschen Flächen gewidmet (vgl. Gray 1994 und Ullrich 1996). Riemann beschränkte sich auf einen Spezialfall und formulierte den Satz: „Zwei gegebene einfach zusammenhängende ebene Flächen können stets so aufeinander bezogen werden, daß jedem Punkte der einen Ein mit ihm stetig fortrückender Punkt der andern entspricht und ihre entsprechenden kleinsten Theile ähnlich sind; und zwar kann zu Einem innern Punkte und zu Einem Begrenzungspunkte der entsprechende beliebig gegeben werden; dadurch aber ist für alle Punkte die Beziehung bestimmt" (Riemann 1851, 72). Er bemerkte, daß, wenn zwei Flächen T und R konform auf eine dritte Fläche S abgebildet werden können, sich T und R auch konform aufeinander abbilden lassen. Zum Beweis dieses Satzes könne man daher ohne Verlust an Allgemeinheit annehmen, daß eine der Flächen eine Kreisscheibe mit Radius 1 und Mittelpunkt im Ursprung sei. Unter dieser Annahme bewies er den Abbildungssatz mittels des Dirichletschen Prinzips.

Nach Ahlfors (1953, 4) formulierte Riemann seinen Abbildungssatz in einer Form, die „jeden Beweisversuch zunichte machen würde, selbst mit heutigen Methoden". Andererseits wurde das Dirichletsche Prinzip, auf das Riemann seine Existenzsätze stützte, von Weierstraß kritisiert (vgl. Kap. 12.12). „Hiermit wird ein großer Teil der Riemannschen Entwicklungen hinfällig", kommentierte Klein (1894, 492). Klein meinte, „daß Riemann die Theoreme selbst ursprünglich aus der physikalischen Anschauung entnommen hat, die sich hier wieder einmal als als heuristisches Prinzip bewährte, und nur hinterher auf die genannte Schlußweise bezog, um einen in sich geschlossenen mathematischen Gedankengang zu haben." Und in einer Fußnote zu diesem Abschnitt fügte Klein hinzu: „Ich erinnere mich, daß Weierstraß mir bei Gelegenheit erzählte, Riemann habe auf die Gewinnung seiner Existenzsätze durch das 'Dirichletsche Prinzip' keinerlei entscheidenden Wert gelegt."

Weierstraß zufolge habe Riemann ihm gesagt, „er habe das Dirichletsche Prinzip nur als ein bequemes Hilfsmittel herangeholt, das gerade zur Hand war - seine Existenztheoreme seien trotzdem richtig" (Klein 1926, 1, 264). „Daher habe ihm auch seine [Weierstraß'] Kritik des 'Dirichletschen Prinzips' keinen besonderen Eindruck gemacht. Jedenfalls ergab sich die Aufgabe, die Existenzsätze auf andere Art zu beweisen" (Klein 1894, 492).

Diese Aufgabe wurde insbesondere von Hermann Amandus Schwarz angegangen, einem der glänzendsten Schüler von Weierstraß, der auf Anregung seines Lehrers einige Aufsätze über konforme Abbildungen und harmonische Funktionen im Zusammenhang mit dem Dirichletschen Problem verfaßte. Schwarz (1869a, b) behandelte die konforme Abbildung einer ebenen, einfach zusammenhängenden konvexen Figur, deren Rand aus Stücken analytischer Kurven besteht, insbesondere einer elliptischen ebenen Fläche, auf einen Kreis, ein Problem, das er lösen konnte, ohne auf das Dirichletsche Prinzip zurückzugreifen. Daraus entwickelte er dann das „alternierende Verfahren" (vgl. Schwarz 1870a und Tazzioli 1994). Es folgte ein langer Aufsatz über die Laplacesche Gleichung (Schwarz 1870b), den er Weierstraß zur Veröffentlichung in den Monatsheften der Berliner Akademie unterbreitete und der wahrscheinlich letzteren dazu bewog, ein Gegenbeispiel zum Dirichletschen Prinzip mitzuteilen. Die Laplacesche Gleichung war auch Thema einer weiteren Abhandlung (Schwarz 1872), in der er das Dirichletsche Problem durch Anwendung des Poissonschen Integrals löste.

8.7 Riemanns weitere Forschungen

Nach Vollendung seiner Dissertation gab Riemann selbst einen Hinweis auf seine weiteren Forschungsvorhaben, indem er in einer undatierten Notiz schrieb, es gehe ihm in erster Linie darum, „in ähnlicher Weise wie dies bereits bei den algebraischen Functionen, den Exponential- oder Kreisfunctionen, den elliptischen und Abelschen Functionen mit so grossem Erfolge geschehen ist, das Imaginäre in die Theorie anderer transzendenter Funktionen einzuführen; ich habe dazu in meiner Inauguraldissertation die nothwendigsten allgemeinen Vorarbeiten geliefert" (Riemann 1990, 507).

Seine „Hauptarbeit", fährt Riemann fort, betreffe jedoch „eine neue Auffassung der Naturgesetze", die er bruchstückhaft in Manuskripten zur *Naturphilosophie* darlegte, die nach seinem Tode unter seinen Papieren gefunden wurden. Diese Schriften können als Versuch betrachtet werden, eine einheitliche mathematische Erklärung physikalischer Erscheinungen wie Gravitation, Wärme, Elektrizität, Magnetismus und Licht zu finden (vgl. Bottazzini & Tazzioli 1995). Wie Riemann einmal sagte, suchte er „eine vollkommen in sich abgeschlossene mathematische Theorie" für diese Phänomene, „welche von den für die einzelnen Punkte geltenden Elementargesetzen bis zu den Vorgängen in dem uns wirklich gegebenen continuirlich erfüllten Raume fortschreitet" (in: Dedekind 1876, 577). Klein (1894, 484) behauptete ohne zu zögern, daß „die *Quelle von Riemanns rein mathematischen Entwicklungen*" in seinen naturwissenschaftlichen Forschungen liegt.

Der Übergang vom 'Lokalen' zum 'Globalen' stellte Riemanns Methode sowohl bei diesen Forschungen als auch in einigen seiner wichtigsten Arbeiten zur Geometrie, einschließlich seines *Habilitationsvortrags* von 1854, zur Analysis und mathematischen Physik dar. Analytisch gesehen entspricht dieser Übergang der Fortsetzung einer komplexen Funktion *w*. Riemann bezog sich in mehreren Aufsätzen darauf. Aus der Differentialgleichung (8.30) „folgt nach einem bekannten Satze", bemerkte er (1857b, 88), ohne Cauchy zu erwähnen, daß eine Funktion *w*, die in einer Kreisscheibe mit dem Mittelpunkt *a* und einem durch die Entfernung von *a* zu der nächsten Unstetigkeitsstelle gegebenen Radius stetig und einwertig ist, sich hier in eine Potenzreihe $\sum a_n(z-a)^n$ entwickeln läßt. Wenn die Funktion auf einer beliebig kleinen, von *a* ausgehenden Kurve gegeben ist, dann gestattet es die Methode der unbestimmten Koeffizienten, die Koeffizienten a_n vollständig zu berechnen. „Beide Überlegungen sollten genügen," fügte Riemann hinzu, „jedermann leicht davon zu überzeugen, daß eine Funktion von $x + iy$, die in einem Theile der (x-y)-Ebene gegeben ist, darüber hinaus nur auf Eine Weise stetig fortgesetzt werden kann" (Riemann 1857b, 121).

Dieser Aufsatz über Abelsche Funktionen (oder Integrale, wie wir heute sagen) entsprang der allerersten Vorlesung, die Riemann 1854/55 in Göttingen als Privatdozent gehalten hatte. In der Tat hatte er im Dezember 1853 seine Habilitationsschrift über die Darstellbarkeit einer Funktion durch trigonometrische Reihen vorgelegt (vgl. Kap. 9) und im Juni 1854 seine Habilitation mit dem Vortrag über die Grundlagen der Geometrie beschlossen.

8 Theorie der komplexen Funktionen, 1780 - 1900   305

In den Vorlesungen über Abelsche Funktionen begründete er die Behandlung dieser transzendenten Funktionen auf der „neuen Methode", die er in seiner Dissertation aufgestellt und in den einleitenden Abschnitten zusammengefaßt hatte. Der grundlegende Existenzsatz seiner Dissertation lasse sich anwenden, indem man sowohl das Verhalten einer Funktion an ihren Polen (oder logarithmischen Unstetigkeiten) und Verzweigungspunkten, als auch die Werte der Realteile der $2p$ Perioden als gegeben annehme, wobei $2p$ (im allgemeinen) die Anzahl der Querschnitte sei, die erforderlich seien, um die Überdeckungsfläche einfach zusammenhängend zu machen. In Anlehnung an Clebsch wird p als Geschlecht der Fläche bezeichnet.

Im ersten Teil der Schrift entwickelte Riemann „die Theorie eines Systems von gleichverzweigten algebraischen Funktionen und ihren Integralen, soweit für dieselbe nicht die Betrachtung von θ-Reihen massgebend ist" (Riemann 1857b, 100). Auf diese Weise war Riemann imstande, die Abelschen Funktionen nach ihren Singularitäten in drei Klassen einzuteilen und die meromorphen Funktionen auf einer Fläche zu bestimmen, womit er wieder den Abelschen Satz erhielt und neues Licht auf die geometrische Theorie birationaler Transformationen warf.

Im zweiten Teil der Schrift „werden für ein beliebiges System von immer endlichen Integralen gleichverzweigter, algebraischer, $(2p + 1)$fach zusammenhängender Functionen die Jacobischen Umkehrungsfunctionen von p veränderlichen Größen durch p-fach unendliche Reihen ausgedrückt" (Riemann 1857b, 133).

Wie Narasimhan (1990, 13) bemerkt, „ist dies die endgültige Lösung des sogenannten Jacobischen *Umkehrproblems*". Dieses Problem ergab sich 1828 aus Abels und Jacobis unabhängiger Entdeckung der doppelt periodischen (elliptischen) Funktionen als Umkehrungen des elliptischen Integrals erster Gattung. Wegen des Abelschen Satzes läßt sich dies nicht auf Integrale erster Gattung einer algebraischen Funktion vom Geschlecht $p > 1$ verallgemeinern. Ein solches Integral hat nämlich $2p$ Perioden und die Umkehrfunktion muß daher $2p$-fach periodisch sein. Wie Jacobi 1835 bewies, gibt es für $p > 1$ keine eindeutigen Funktionen mit dieser Eigenschaft. Daher sah sich Jacobi veranlaßt, nach der simultanen Umkehrung für das System von p Integralen zu suchen.

Mit dieser Schrift stand ein Ergebnis in Beziehung, das Riemann im Jahr 1859 Weierstraß in einem Brief mitteilte: eine eindeutige, im allgemeinen stetige Funktion von p komplexen Variablen kann nicht mehr als $2p$ unabhängige Perioden haben (vgl. Riemann 1990, 326 - 329 und 823 - 825). Aus Weierstraß' Sicht war Jacobis Umkehrproblem so wichtig, daß er sich nach seinen eigenen Äußerungen zu Beginn seiner mathematischen Laufbahn entschied, sein ganzes Leben seiner Lösung zu widmen. Im Gegensatz zu Riemann baute er jedoch zu diesem Zwecke die Theorie von Funktionen einer und mehrerer komplexer Variabler auf algebraischen Grundlagen auf (vgl. unten).

Weierstraß konnte das Problem etwa zur selben Zeit wie Riemann lösen, doch Riemanns Aufsatz von 1857b hielt ihn davon ab, seine eigene Lösung zu veröffentlichen.
Obwohl Riemanns Arbeit „auf ganz anderen Grundlagen als die meinige beruhte", erkannte Weierstraß später an (in *Werke* IV, 9 - 10), daß sie „ohne weiteres erkennen ließ, dass sie in ihren Resultaten mit der meinigen vollständig übereinstimme". Der Nachwies hierfür, den Weierstraß erst zehn Jahre später liefern konnte, erforderte einige Untersuchungen hauptsächlich algebraischer Natur. Erst gegen Ende des Jahres 1869 gelang es Weierstraß, dem allgemeinen Umkehrproblem diejenige Form zu geben, die er später in seinen Vorlesungen benutzte. Weierstraß' Aufsatz (1869) enthielt jedoch einige Ungenauigkeiten, die er 1879 in einem Brief an Borchardt einräumte (Weierstraß 1880a). Dort sagte Weierstraß nach Hervorhebung der Analogie (für $p = 1$) zwischen seiner eigenen und Liouvilles Theorie doppelt periodischer Funktionen (vgl. Kap. 8.4) (irrtümlicherweise), daß jedes Gebiet im $\mathbb{C}^n$ natürlicher Existenzbereich einer meromorphen Funktion ist. Auf diesen Fehler wiesen Hartogs und E. E. Levi im ersten Jahrzehnt des 20. Jahrhunderts hin.

Riemanns Schrift fand ihre Fortsetzung im Wintersemester 1861/62 in seinen „Vorlesungen über die allgemeine Theorie der Integrale algebraischer Differentialien" (Riemann 1990, 597 - 666) und in seinem letzten zu Lebzeiten veröffentlichten Aufsatz (Riemann 1865). Narasimhan (1990, 9 - 10) zufolge „stellen diese Arbeiten zusammengenommen einen der großen Schätze der Mathematik dar" und bilden die Grundlage wichtiger Gebiete der modernen Mathematik. Darunter führt Narasimhan die folgenden auf:

1. Struktur und Topologie kompakter Flächen.
2. Die Beziehung der Topologie einer kompakten Riemannschen Fläche (oder allgemein einer kompakten Mannigfaltigkeit) zu Analysis und Funktionentheorie auf der Fläche (Mannigfaltigkeit), insbesondere der Satz von Riemann-Roch.
3. Die Verwendung von Variationsprinzipien zur Untersuchung der Analysis auf einer kompakte Manigfaltigkeit.
4. Die enge Beziehung zwischen der Geometrie einer algebraischen Kurve und ihrer Jacobischen Varietät.
5. Die birationale Geometrie ebener Kurven. Dies führte zur Untersuchung der birationalen Geometrie von Varietäten im allgemeinen und gab der algebraischen Geometrie einen mächtigen Anstoß.
6. Die Untersuchung der Familie aller (Isomorphieklassen von) kompakten Riemannschen Flächen eines gegebenen Geschlechts. Dies führte unweigerlich zur Untersuchung von Familien höherdimensionaler Varietäten, also zur Verbiegungstheorie und zu Modulproblemen.

Im selben Jahr erklärte Riemann (1857a, 99), daß seine „neue Methode" zur Behandlung komplexer Funktionen „im Wesentlichen auf jede Function, die einer linearen Differentialgleichung mit algebraischen Coefficienten genügt"

8 Theorie der komplexen Funktionen, 1780 - 1900

angewandt werden könne. Der Aufsatz war der Theorie der transzendenten Funktionen gewidmet, die der hypergeometrischen Differentialgleichung

$$x(1-x)y'' + [c-(a+b+1)x]y' + aby = 0 \tag{8.40}$$

Genüge tun. Diese Gleichung und die damit zusammenhängende hypergeometrische Reihe

$$F(a,b,c,x) = 1 + \frac{a \cdot b}{1 \cdot c} x + \frac{a(a+1)b(b+1)}{1 \cdot 2 \cdot c(c+1)} x^2 + \ldots \tag{8.41}$$

(für reelle a, b, c und x) war zunächst von Euler in seinen *Institutiones calculi integralis* (1768-1770), dann von Gauß (1813) untersucht worden. Gauß bewies, daß die hypergeometrische Reihe für $|x| < 1$ konvergent ist, und er untersuchte dann die Eigenschaften der sechs „verwandten Reihen" $F(a+1,b,c,x)$, $F(a-1,b,c,x)$ ..., die sich durch Veränderung der Parameter a, b, c um je ± 1 aus $F(a, b, c, x)$ ergeben. Der dritte und wichtigste Teil von Gauß' Aufsatz war einer sorgfältigen Untersuchung von $F(a, b, c, x)$ für reelle Parameter und für $x = 1$ gewidmet, einschließlich ihrer Darstellung als Quotient von Γ-Funktionen. Der Fall von komplexen a, b, c und $|x| = 1$ wurde später von Weierstraß untersucht (1856a) (vgl. Kap. 8.8).

Dieser Aufsatz stellte den ersten Teil eines umfangreichen Forschungsprogramms dar, zu dem auch eine allgemeine Behandlung von Differentialgleichungen mit rationalen Funktionen als Koeffizienten und insbesondere die Untersuchung von elliptischen und Modulfunktionen gehörte. 1816 schrieb Gauß an seinen Freund Schumacher (vgl. *Werke* 10(1), 248), er plane, seine Ergebnisse zusammen mit Teilen seiner Forschungen über arithmetisch-geometrische Mittel zu veröffentlichen. Das tat er jedoch nicht, und seine Arbeit wurde erst posthum in seinen *Werken* publiziert.

Riemann hatte Gelegenheit zur Einsicht in Gauß' Papiere, als er an diesem Thema arbeitete und war in der „Selbstanzeige" seines (1857a) (1990, 84 - 85) erfreut über die Feststellung, daß mit Hilfe seiner „Methode" die Resultate, welche Gauß, Kummer und andere früher mühsam gefunden hatten, „fast ohne Rechnung" gewonnen werden können.

Sowohl Gauß als auch Kummer (1836) hatten die Gleichung (8.40) zur Grundlage ihrer Untersuchungen gemacht. Mit seiner Methode dagegen, schrieb Riemann (1857a, 99), „lassen sich die früher zum Theil durch ziemlich mühsame Rechnungen gefundenen Resultate fast unmittelbar aus der Definition ableiten." Wie Narasimhan (1990, 17) bemerkt, ignorierte Riemann in diesem Aufsatz „nicht nur jeden analytischen Ausdruck der Funktion, sondern sogar die Differentialgleichung, der sie genügt". In der Tat war Riemanns Ausgangspunkt die Betrachtung gewisser sogenannter P-Funktionen

$$P\begin{Bmatrix} a & b & c & \\ \alpha & \beta & \gamma & x \\ \alpha' & \beta' & \gamma' & \end{Bmatrix}, \tag{8.42}$$

die den folgenden Eigenschaften genügen:
1) jede P-Funktion hat a, b, c als Verzweigungspunkte, aber jeder Zweig von P ist in allen anderen Punkten endlich.
2) Zwischen beliebigen drei Zweigen von P besteht eine lineare, homogene Relation

$$c'P' + c''P'' + c'''P''' = 0 \quad (c', c'', c''' \text{ Konstanten}). \tag{8.43}$$

3) „Die Function läßt sich in die Formen

$$c_\alpha P^{(\alpha)} + c_{\alpha'} P^{(\alpha')}, c_\beta P^{(\beta)} + c_{\beta'} P^{(\beta')}, c_\gamma P^{(\gamma)} + c_{\gamma'} P^{(\gamma')} \tag{8.44}$$

mit constanten $c_\alpha, c_{\alpha'}, \ldots, c_{\gamma'}$ setzen, so dass

$$P^{(\alpha)}(x-a)^{-\alpha}, P^{(\alpha')}(x-a)^{-\alpha'} \tag{8.45}$$

für $x = a$ einändrig bleiben und weder Null noch unendlich werden". (Riemann 1857a, 101).

Ähnliche Bedingungen sind jeweils bei b und c für β, β' und γ, γ' erforderlich. Außerdem nahm Riemann an, daß die Differenzen $\alpha - \alpha'$, $\beta - \beta'$, $\gamma - \gamma'$ ganze Zahlen sind und $\alpha - \alpha' + \beta - \beta' + \gamma - \gamma' = 1$ ist.

Bedingung 1) und 3) beschreiben das Verhalten der Funktion P in den Verzweigungspunkten, Bedingung 2) „drückt die globale Beziehung zwischen den Blättern aus", wie Gray (1986, 34) es formulierte, und „besagt, daß es höchstens zwei linear unabhängige Bestimmungen der Funktion bei analytischer Fortsetzung der verschiedenen getrennten Zweige gibt".

Seien P' und P'' zwei derartige linear unabhängige Zweige. Bei analytischer Fortsetzung längs eine geschlossenen Kurve l um a werden sie in zwei andere Zweige transformiert, die Linearkombinationen von P' und P'' mit konstanten Koeffizienten sind. Diese hängen von l ab, aber sie bleiben ungeändert, wenn man zu Kurven übergeht, die homotop zu l sind. Wie schon Hermite 1851, bemerkte Riemann, daß dieses Verhalten an einem Verzweigungspunkt durch eine 2×2 Matrix A beschrieben werden kann. Analoge Matrizen B und C beschreiben, was um b und c bei analytischer Fortsetzung von P' und P'' geschieht: „So wird durch die Coefficienten der Systeme (A), (B), (C) die Periodicität der Function völlig bestimmt sein" (Riemann 1857a, 103). Riemann verfügte nicht über die heute übliche algebraische Sprache. Er beschränkte sich auf die Beschreibung, wie auf geeignete Weise ein Produkt von Schleifen eingeführt werden kann (und erhielt so die Gruppe der Homotopieklassen und die entsprechende von den Matrizen erzeugte Monodromiegruppe) und auf die Aussage, daß CBA gleich der Einheitsmatrix ist, da eine Schleife um a und b als Schleife um c in der entgegengesetzten Richtung betrachtet werden kann.

Da alle P-Funktionen mit denselben Exponenten $\alpha,\ \alpha',\ \ldots\ \gamma'$ ohne Beschränkung der Allgemeinheit auf die Form

$$P\left\{\begin{matrix} 0 & \infty & 1 & \\ \alpha & \beta & \gamma & x \\ \alpha' & \beta' & \gamma' & \end{matrix}\right\} \tag{8.46}$$

reduziert werden können, untersuchte Riemann das Verhalten von P auf geschlossenen Kurven um die Verzweigungspunkte $0, \infty, 1$, und wies nach, daß die Verzweigungsdaten von P ihre Monodromiebeziehungen bestimmen (der Begriff „Monodromiegruppe" wurde 1870 von Jordan eingeführt). Im Schlußabschnitt erzielte Riemann wieder Gauß' Ergebnisse zu den „verwandten Reihen" und erörterte die Beziehungen zwischen den P - Funktionen und ihren Darstellungen in hypergeometrischen Reihen.

Riemann war sich über die weit reichenden Implikationen des in seinem Aufsatz eingeführten Grundgedankens der Monodromie durchaus klar. Wie Narasimhan bemerkt, wird dies sowohl aus einem Fragment (Riemann 1990, 379 - 390) als auch aus einer seiner Vorlesungen im Wintersemester 1858/59 deutlich. Der in dem Fragment skizzierte Grundgedanke der Theorie algebraischer Differentialgleichungen wurde später und unabhängig von Fuchs entwickelt (vgl. Gray 1986). Die „Bestimmung der Form der Differentialgleichung" ging Riemann im zweiten Teil des Fragments und in seinen Vorlesungen vom Wintersemester 1858/59 an. Dies ist der Ursprung des „Riemannschen Problems" der Existenz linearer Differentialgleichungen mit vorgeschriebener Monodromiegruppe, das Hilbert im Jahr 1900 als einundzwanzigstes der dreiundzwanzig „mathematischen Probleme" aufführte, die er dem Pariser Kongreß vorlegte.

Im Wintersemester 1858/59 griff Riemann das Thema der hypergeometrischen Reihen und die Monodromie von einem anderen Standpunkt aus auf. Zunächst gab er eine Behandlung von P-Funktionen mit Hilfe der (Eulerschen) Integrale

$$\int s^a(1-s)^b(1-xs)^c ds \tag{8.47}$$

und betrachtete dann die Differentialgleichung zweiter Ordnung

$$a_0 y'' + a_1 y' + a_2 y = 0. \tag{8.48}$$

Wenn man das Verhältnis Y_1/Y_2 zweier unabhängiger Lösungen mit z bezeichnet, dann geht z bei analytischer Fortsetzung längs eines geschlossenen Weges („auf welchem a_0, a_1, a_2 wieder ihre ursprünglichen Werte annehmen") in

$$z' = \frac{\alpha z + \beta}{\gamma z + \delta} \tag{8.49}$$

über.
Die Umkehrfunktion $x = f(z)$, bemerkt Riemann, hat die Eigenschaft, daß

$$f(z) = f\left(\frac{\alpha z + \beta}{\gamma z + \delta}\right). \tag{8.50}$$

Riemann (1990, 674) fährt fort: „Nehmen wir nun an, wir hätten eine Funktion, welche die Eigenschaft hat, ungeändert zu bleiben bei gewissen Substitutionen dieser Art, und stellen wir uns die Aufgabe, die Differentialgleichung, mit welcher die Funktion zusammenhängt, daraus abzuleiten". Auf der Suche nach der Lösung dieser „Aufgabe" sah Riemann sich veranlaßt, ein konstantes Vielfaches der heute so bezeichneten Schwarzschen Ableitung zu betrachten. Dann wandte er dies auf die hypergeometrische Gleichung an, indem er $z = P^{(a)}/P^{(a')}$ und ihre Umkehrfunktion $x = f(z)$ betrachtete. Sodann stellte er die Frage: „In welchen Fällen findet" zwischen zwei solchen Umkehrfunktionen x und x_1 „eine algebraische Relation statt"? und setzte die Antwort in Beziehung zu dem Problem, Dreiecke auf der Kugel konform auf die obere Halbebene abzubilden.

Narasimhan (1990, 19) bemerkte: „Im Prinzip enthält dies viele Fragen, die von anderen viel später behandelt wurden, insbesondere die nach der Bestimmung derjenigen Fälle der hypergeometrischen Gleichung, für die die Menge der Monodromietransformationen endlich ist". Die Ideen aus diesen Vorlesungen wurden von Riemann auch bei seiner (unveröffentlichten) Arbeit über Minimalflächen angewandt und von Schwarz viele Jahre später wiederentdeckt und weiterentwickelt. Außerdem sollten sich diese Gedanken „in den Händen

8 Theorie der komplexen Funktionen, 1780 - 1900

von Klein und Poincaré zu dem eindrucksvollen Gebäude automorpher Funktionen und Uniformisierung" entwickeln (vgl. auch Gray 1986 und 1994).

Nach dem Tode Dirichlets, der 1855 zu Gauß' Nachfolger in Göttingen geworden war, wurde Riemann im Juli 1859 ordentlicher Professor. Einige Tage später wurde er zum korrespondierenden Mitglied der Berliner Akademie gewählt und besuchte im September zusammen mit seinem Freund Dedekind Berlin, wo sie mit Kummer, Kronecker und Weierstraß zusammentrafen. Eine Folge dieses Besuchs, erinnert sich Dedekind in Riemanns Lebenslauf, war die Abhandlung über die Häufigkeit der Primzahlen, die Riemann an Weierstraß zur Einreichung an die Akademie übersandte. Dieser Aufsatz, die einzige Abhandlung Riemanns über Zahlentheorie, ist vor allem durch ihre Vermutung über die Nullstellen der Zetafunktion berühmt.

Riemanns Ausgangspunkt war „die von Euler gemachte Bemerkung, daß das Produkt

$$\prod \frac{1}{1-\frac{1}{p^s}} = \sum \frac{1}{n^s} \qquad (8.51)$$

ist, wenn für p alle Primzahlen, für n alle ganzen Zahlen gesetzt werden" (Riemann 1859, 177). Diese „bewundernswerte" Gleichheit, wie sie Euler nannte, verbindet die Folge natürlicher Zahlen mit der Folge von Primzahlen, und solange beide Ausdrücke (8.51) konvergieren, definieren sie die Funktion $\zeta(s)$.

Riemanns entscheidender Schritt bestand darin, ζ als Funktion der komplexen Variablen s zu betrachten. Dies ist eine meromophe Funktion auf ganz $\mathbb{C}$ mit einem einfachen Pol in $s = 1$. Es würde über den Rahmen dieses Kapitels hinausgehen, eine detaillierte Darstellung von Riemanns Aufsatz (vgl. Laugwitz 1996, 164 - 181 und Edwards 1974) und seinen weiteren Forschungen auf dem Gebiet der Zahlentheorie zu geben, von dem Spuren in seinem *Nachlaß* gefunden worden sind (vgl. Siegels Aufsatz in Riemann 1990, 770 - 806). Bei seinem Studium der Verteilung von Primzahlen interessierte sich Riemann für die Singularitäten von $\log \zeta(s)$ und daher für die Nullstellen von $\zeta(s)$. Seine Vermutung („es ist sehr wahrscheinlich") ging dahin, daß alle Nullstellen von $\zeta(s)$ in dem 'kritischen Streifen' $0 \leq \operatorname{Re} s \leq 1$ auf der 'kritischen Linie' $\operatorname{Re} s =$ ½ liegen. Riemann (1859, 180) fügte hinzu: „Hiervon wäre allerdings ein strenger Beweis zu wünschen; ich habe indes die Aufsuchung desselben nach einigen flüchtigen vergeblichen Versuchen vorläufig bei Seite gelassen, da er für den nächsten Zweck meiner Untersuchung entbehrlich schien."

Offenbar nahm Riemann nach Veröffentlichung seines Aufsatzes von 1859 diese Forschung nicht wieder auf. Hierbei handelt es sich um die vielleicht bedeutendste Vermutung, die heute in der Mathematik noch offen ist und deren Beweis (sowie ihre Verallgemeinerung auf algebraische Zahlkörper) tiefliegende und weitreichende Folgen für die Zahlentheorie hätte.

8.8 Der Einfluß von Riemanns Ideen

Mit der Veröffentlichung dieser drei Aufsätze wurden Riemanns Methoden und Ergebnisse allmählich außerhalb Göttingens und Deutschlands bekannt. 1859 wurde von Betti, den Riemann während der Herbstferien 1858 kennengelernt hatte, als dieser mit Brioschi und Casorati in Göttingen und Berlin zu Besuch weilte, eine italienische Übersetzung seiner Inauguraldissertation veröffentlicht. Im Frühjahr 1860 machte Riemann eine Reise nach Paris, wo er unter anderem mit Hermite, Puiseux, Briot und Bouquet zusammentraf. Im selben Jahr vollendete er einen Aufsatz (Riemann 1861), den er für den von der Pariser Akademie ausgesetzten Preis über die Theorie der Wärmeleitung einreichte. Diese nicht preisgekrönte Abhandlung beruhte auf den Ideen, die er in seinem Habilitationsvortrag 1854 entwickelt hatte, und ist die Grundlage der modernen Tensoranalysis (vgl. Reich 1994).

Ab dem Wintersemester 1855/56 bis zum Wintersemester 1861/62 hielt Riemann verschiedene Vorlesungen über die Theorie komplexer Funktionen. In diesen Vorlesungen stellte er das Thema etwas eklektisch dar, indem er die in seiner Dissertation dargelegten Grundsätze mit Cauchys Methoden kombinierte. Insbesondere hielt er sich in seiner Vorlesung vom Sommersemester 1861 an Cauchys Standpunkt, wie er von Briot und Bouquet (1859) dargestellt worden war. Nachdem er die komplexen Zahlen und Funktionen wie in seiner Dissertation eingeführt hatte, wandte er sich Cauchys Theorie zu und bewies den Integralsatz, die Residuenformel und die Integralformel, womit er die Entwicklung einer Funktion in eine Taylorsche oder, für den Fall eines Pols, in eine Laurentsche Reihe erhielt. Dann bestimmte er den Konvergenzkreis oder -ring der Reihe und zeigte, wie die Funktion außerhalb dieses Konvergenzbereichs analytisch fortgesetzt werden kann. Riemannsche Flächen wurden erst bei der Untersuchung mehrwertiger Funktionen und ihrer Verzweigungen eingeführt. Die Theorie komplexer Funktionen wurde als Voraussetzung für die Theorie elliptischer und abelscher Funktionen dargestellt, die er im zweiten Teil der Vorlesung unter Verwendung der ihm eigentümlichen geometrischen Sprache darstellte.

Der Weg, an den sich Riemann in seiner Vorlesung hielt, wurde vielleicht durch didaktische Überlegungen bestimmt. Im Juni 1863 schrieb er an Betti: „meine Repräsentation der Verzweigungsart der Functionen durch Flächen hat in der Form, worin ich sie im Borchardt (Riemann 1857b) dargestellt, selbst

8 Theorie der komplexen Funktionen, 1780 - 1900   313

deutschen Lesern Schwierigkeit gemacht. [Allerdings] ist [es] mir in meinen Vorlesungen gelungen, durch einfache zweckmäßig gewählte Beispiele diese Vorstellungsart meinen Zuhörern deutlich und geläufig zu machen ..." (Bottazzini 1983, 255). Da er andererseits die Reihenentwicklung einer Funktion als Ausgangspunkt nahm, hatte Riemann keinen Bedarf mehr für seinen Existenzsatz und das Dirichletsche Prinzip, das in diesen Vorlesungen nicht einmal erwähnt wird.

Riemann las im Wintersemester 1861/62 noch einmal über die Theorie komplexer Funktionen. Nach Dedekinds Worten ging jedoch „das in den letzten Jahren ungetrübte, glückliche Leben, dessen Riemann sich erfreuen durfte", allmählich zu Ende. Schon im Juli 1862, erinnert sich Dedekind (1876, 587), „befiel ihn eine Brustfellentzündung, von welcher er scheinbar zwar sich rasch erholte, welche aber doch den Keim zu einer Lungenkrankheit zurückließ, die sein frühes Ende herbeiführen sollte". Wie damals üblich legten die Ärzte Riemann „einen längeren Aufenthalt im Süden zur Heilung" nahe. Im November 1862 fuhr er nach Sizilien, wo er den Winter verbrachte, und kehrte erst Mitte Juni 1863 nach Göttingen zurück.

Nach seiner Rückkehr war Riemanns Befinden jedoch „fortwährend so schlecht", daß er sich im August zur Rückkehr nach Italien entschloß, wo er zwei Jahre in Pisa „den angenehmen geselligen und wissenschaftlichen Verkehr mit den dortigen Gelehrten" genoß, unter anderem mit Betti und Beltrami. Im Oktober 1865 kehrte er wieder nach Göttingen zurück „und verlebte daselbst den Winter bei erträglich gutem Befinden", das ihm auch gewisse Arbeiten gestattete. In der Hoffnung auf Wiederherstellung seiner Gesundheit machte sich Riemann Mitte Juni 1866 wiederum nach Italien auf. Doch schon nach dem Grenzübertritt nahmen am Lago Maggiore „seine Kräfte rasch ab". Am 20. Juni starb er in Selasca, wo er auch begraben liegt.

Wie eindrucksvoll seine Ergebnisse auch waren, Riemanns Ideen und Methoden in der Theorie komplexer Funktionen wurden erst viel später allgemein anerkannt. Wie Betti in der Einführungsvorlesung zum akademischen Jahr 1860/61 sagte, sind sie „fast zur Gänze ein großartiges Werk des reinen Denkens. Aber die Gewalt des Verstandes, die Schärfe und Unverständlichkeit des Stils dieses großartigen Geometers sind so groß, daß es zur Zeit so ist, als sei sein Werk in der wissenschaftlichen Welt nicht vorhanden" (Bottazzini 1986, 280).

Zusammen mit Betti war Felice Casorati einer der überzeugtesten Anhänger der Riemannschen Methoden in Italien. Man würde meinen, daß er die Gelegenheit von Riemanns Aufenthalt in Pisa genutzt hätte, um ihn dort zu treffen. Interessanterweise reiste Casorati stattdessen im Herbst 1864 nach Berlin, um die neuesten Fortschritte in der Mathematik mit Kronecker, Weierstraß und deren Schülern zu erörtern.

Casoratis Notizen über die Gespräche vermitteln ein lebhaftes Bild des Zustands der Grundlagen der Analysis Anfang der 1860er Jahre (Bottazzini 1986,

261-264). Nach Kronecker war die Stetigkeit immer noch eine „wirre Idee" und bei der Verwendung des Funktionsbegriffs waren die Mathematiker ein wenig „hochmütig". Diese Kritik bezog sich auch auf Riemann, „der im Allgemeinen sehr präzise", aber „in dieser Hinsicht nicht über jeden Tadel erhaben" ist, wie seine Verwendung des Dirichletschen Prinzips beweise.

Riemanns Arbeit scheint Casoratis Diskussion mit Kronecker und Weierstraß beherrscht zu haben. Aus seinen Notizen erfahren wir, daß „Riemanns Sachen in Berlin Schwierigkeiten verursachen". Weierstraß erklärte, er „verstehe Riemann, weil er Ergebnisse seiner Forschung bereits selbst besitze". Sowohl Kronecker als auch Weierstraß betonten die grundlegende Bedeutung der Methode der Potenzreihen und der analytischen Fortsetzung. Obwohl Riemann sie verschiedentlich benutzt hatte, hatte er sie ihrer Ansicht nach nirgends mit der notwendigen Strenge behandelt.

Weierstraß erklärte, daß Riemann wie die Franzosen (Cauchy, Briot, Bouquet und andere) sogar die weit verbreitete Idee zu teilen schien, daß eine Funktion in der ganzen komplexen Ebene längs eines Weges, der die kritischen Punkte (Verzweigungspunkte und Pole) meidet, fortgesetzt werden könne. Er fügte hinzu, „aber das ist nicht möglich, und er (Weierstraß) habe auf der Suche nach der allgemeinen Möglichkeit der Fortsetzung bemerkt, daß sie allgemein unmöglich sei". Ein Beispiel ist der folgende Spezialfall der Jacobischen θ- Reihe

$$\theta(q) = 1 + 2 \sum_{n \geq 1} q^{n^2}, \qquad (8.52)$$

die in der Kreisscheibe $|q| < 1$ konvergent ist, aber nicht darüber hinaus analytisch fortgesetzt werden kann. Dies ist vielleicht das erste Beispiel einer Lückenreihe, die den Rand des Konvergenzkreises zu ihrer „natürlichen" Grenze hat. Diese Reihen sollten auch eine Rolle bei der Entdeckung von Weierstraß' Beispiel einer stetigen, nirgends differenzierbaren Funktion spielen (vgl. Kap. 8.9).

Auch in Frankreich wurden Riemanns geometrische Methoden und insbesondere seine Idee der Überdeckungsflächen von den im Cauchyschen Stil gebildeten Mathematikern gering geschätzt. Weierstraß schrieb darüber 1866 an Casorati: „Wie bezeichnend ist es doch, daß unser Riemann, dessen Verlust wir nicht genug beklagen können, außer Deutschland nur in Italien studiert und verehrt, in Frankreich wohl äußerlich anerkannt, aber wenig verstanden, in England fast unbekannt geblieben ist." (Neuenschwander 1978b, 72)

1868 veröffentlichte Casorati die *Teorica delle funzioni di variabili complesse*, nach Kleins (1926, I, 274) Meinung ein „sehr schönes Lehrbuch", das er „an erster Stelle" unter den „von Riemann induzierten Veröffentlichungen" aufführte. Insbesondere enthielt dieses Werk einen Satz über das Verhalten einer Funktion in der Nachbarschaft einer wesentlichen Singularität, der während Casoratis Zusammentreffen mit Weierstraß in Berlin etwas kryptisch erörtert worden war. Dieser Satz wurde unabhängig auch von Sochozki (1868) und später von Weierstraß (vgl. Kap. 8.9) veröffentlicht und trägt heute den Namen von allen dreien (vgl. Neuenschwander 1978c und Markuschewitsch 1996, 227 - 233). Casoratis *Teorica* war zweibändig angelegt. Kern des (nie erschienenen) zweiten Bandes sollte Riemanns Theorie der Abelschen Funktionen bilden, die die Anwendung des Dirichletschen Prinzips voraussetzte. Dies sei eine ziemlich zweifelhafte Argumentation, hatte Casorati von seinen deutschen Kollegen gehört, und er war nie imstande, sie durch eine strengere zu ersetzen.

1882 machte Klein Riemanns Theorie der algebraischen Funktionen und ihrer Integrale zum Gegenstand seiner Leipziger Vorlesungen. Um Riemanns Sichtweise zu verdeutlichen und das Dirichletsche Prinzip zu vermeiden, schlug Klein vor, die Theorie an einem physikalischen Modell zu interpretieren, das aus stationären Strömen auf geschlossenen leitenden Flächen bestand, die durch entsprechende Schnitte einfach zusammenhängend gemacht wurden. Obwohl dieses Modell einen gewissen heuristischen Wert hätte haben können, wurde Kleins wiederholte Behauptung, daß er darin den ursprünglichen Kern von Riemanns Ideen gefunden habe, im allgemeinen abgelehnt.

Riemanns globaler Standpunkt in der Theorie komplexer Funktionen sollte erst von Hermann Weyl mit der notwendigen Strenge ausgeführt werden, dessen Buch von 1913 die erste moderne Einführung in die Theorie der Riemannschen Flächen lieferte. Davon überzeugt, daß die von Riemann in seinem Habilitationsvortrag von 1854 eingeführten Gedanken in engem Zusammenhang mit seinen Forschungen über Funktionentheorie stehen, nahm Weyl die Idee der Mannigfaltigkeit als Grundlage für den Begriff der Riemannschen Fläche. Diese wurde von Weyl nicht mehr als vielblättrige Fläche aufgefaßt, die in einem dreidimensionalen euklidischen Raum eingebettet ist und die komplexe Ebene (oder Kugel) überlagert. Stattdessen wurde eine Riemannsche Fläche abstrakt als holomorphe Mannigfaltigkeit der komplexen Dimension 1 definiert. R. Nevanlinna (1966, 104) bemerkte dazu: „Seit dieser Zeit versteht man, unabhängig von irgendwelchen Überdeckungen, unter einer Riemannschen Fläche einfach eine zweidimensionale Mannigfaltigkeit ('Atlas'), deren 'Karten' *konform* zusammenhängen."

8.9 Weierstraß' frühe Aufsätze

In der Einleitung zu seinem Aufsatz (1857b) hatte Riemann anerkannt, daß das Jacobische Umkehrproblem für hyperelliptische Integrale bereits von Weierstraß (1854) gelöst worden war. In der Tat bedeutete dieser Aufsatz eines unbekannten, 40 Jahre alten Schullehrers, daß ein großer Mathematiker auf die Bühne trat, der die Szene etwa 40 Jahre lang beherrschen sollte. Karl Weierstraß wurde am 31. Oktober 1815 in Ostenfelde bei Münster geboren. Er besuchte zunächst die Schule in Münster und dann das katholische Gymnasium in Paderborn. Auf Wunsch seines Vaters schrieb sich der junge Weierstraß 1834 an der Bonner Universität für Kameralwissenschaften ein. Er brachte dort vier Jahre zu, ohne irgendeinen akademischen Grad zu erlangen oder sich einer Prüfung zu unterziehen. Nach Angaben Mittag-Lefflers (1923a, 14 - 15), der dies von Karls Bruder erfahren zu haben behauptete, verwickelte sich Weierstraß in Bonn in Jugendabteuer, trat dem Korps Saxonia bei und brachte mehr Zeit in Kommersgewölben und auf Paukböden zu als mit dem Studium.

Dieses romantische Bild steht in starkem Wiederspruch zum verbreiteten Image des Meisters der absoluten Strenge, der Weierstraß in seiner zweiten Lebenshälfte als Professor in Berlin werden sollte. Mittag-Lefflers Geschichte ist zwar anregend, scheint aber nur zum Teil mit der Wahrheit übereinzustimmen. Wenn man an die eindrucksvollen Leistungen in der Mathematik denkt, die Weierstraß in den frühen 1840ern erbringen konnte, dürfte es wahrscheinlich sein, daß er in Bonn mehr Zeit mit dem Studium der Mathematik verbrachte, als Mittag-Leffler zu glauben scheint. Nach seinen Angaben hörte Weierstraß nur ein Semester Vorlesungen bei Plücker und befaßte sich als Autodidakt mit dem Studium so schwieriger Werke wie Laplaces *Mécanique céleste*, Jacobis *Fundamenta Nova* und Gudermanns *Vorlesungen und Aufsätze über Modulfunktionen* (elliptische Funktionen in dessen eigener Sprache).

Wie dem auch sei, Weierstraß kehrte 1839 nach Münster zurück, um sich in der dortigen Akademie mit dem Ziel des Lehrerexamens einzuschreiben. Dort hörte er ein Semester lang Gudermanns Vorlesungen über die Theorie elliptischer Funktionen, die Gudermann nach der Abhandlung *Fundamenta Nova* seines Freundes Jacobi gestaltete. Nach Mittag-Lefflers Angaben saß schon nach Gudermanns allererster Vorlesung nur noch Weierstraß im Hörsaal. Wie Weierstraß selbst (1857, 224) über die Zeit sagt, wo er unter Gudermanns Leitung „die erste Bekanntschaft" mit der Theorie der elliptischen Funktionen machte, übte diese auf ihn „eine mächtige Anziehungskraft" aus, die „auf den ganzen Gang" seiner mathematischen „Ausbildung von bestimmenden Einflusse geblieben ist". Die Theorie der elliptischen Funktionen war auch Thema von Weierstraß' erstem Aufsatz, den er im Sommer 1840 verfaßte und im Herbst einer Prüfungs-Commission zur Erlangung der *venia docendi* vorlegte. Der ungekürzte Aufsatz erschien erst 54 Jahre später im Band I seiner *Werke* im Druck. Ein Auszug wurde allerdings in (Weierstraß 1856b) veröffentlicht.

Nach Ablegung des Examens verbrachte Weierstraß das folgende Jahr als Probekandidat am Gymnasium Paulinum in Münster. Unterdessen schrieb er seinen zweiten Aufsatz (Weierstraß 1841a), der ebenfalls erst viel später in

8 Theorie der komplexen Funktionen, 1780 - 1900 317

seinen *Werken* veröffentlicht wurde. In diesem Aufsatz findet sich, wie Mittag-Leffler (1923a, 27) bemerkt, „soweit bekannt, der erste ohne Anwendung von Doppelintegralen oder Integration über eine Fläche streng durchgeführte Beweis für den Cauchyschen Satz über die Integration zwischen zwei komplexen Grenzen; er ist so angelegt, daß man gleichzeitig den Laurentschen Satz erhält, der erst zwei Jahre später durch eine Note von Cauchy bekannt wurde" (vgl. Kap. 8.3). Dies ist um so merkwürdiger, weil Weierstraß nach Mittag-Leffler „erst 1842 mit den Arbeiten von Cauchy bekannt wurde".

In demselben Jahr schrieb Weierstraß einen zweiten Aufsatz, in dem er den schon von Cauchy (vgl. Kap. 8.3) gezeigten Satz bewies: „Es sei

$$F(x) = \sum_{\nu=-\infty}^{\nu=+\infty} A_\nu x^\nu \qquad (8.53)$$

eine Potenzreihe der complexen Veränderlichen x mit gegebenen Coefficienten" und „r irgend eine bestimmte, innerhalb des Convergenzbezirks der Reihe liegende positive Größe". Wenn g die obere Grenze von $|F(x)|$ für $|x| = r$ ist, dann „gilt der Satz

$$|A_\mu| \leq g r^{-\mu} \qquad (8.54)$$

für jeden ganzzahligen Wert von μ" (Weierstraß 1841b, 67).

Weierstraß benutzte in diesem Beweis ausdrücklich die gleichmäßige Konvergenz der Reihe, einen Begriff, den er bei Gudermann kennengelernt hatte (vgl. Kap. 6.6). Er verallgemeinerte diesen Satz auf Funktionen $F(x_1,...,x_p)$ mit mehreren komplexen Variablen und stellte dann seinen Doppelreihensatz auf. Er betrachtete eine unendliche Folge solcher Funktionen $F_\mu(x_1,...,x_p)$ und bewies unter der Annahme, daß jede von ihnen (und ihre Summe) in einer bestimmten Umgebung G des Ursprungs (0, 0, . . . 0) „unbedingt und gleichmäßig" konvergent ist, daß ihre Summe sich durch eine in G konvergente Potenzreihe in $x_1,...,x_p$ ausdrücken läßt, deren Koeffizienten die Summen der entsprechenden Koeffizienten der Potenzreihen sind, die die Funktionen F_μ ausdrücken.

Wie Remmert (1989, 251) bemerkt, „war der Doppelreihensatz für Weierstraß der Schlüssel zur Konvergenztheorie". Insbesondere erhielt Weierstraß daraus den Satz über die Differentiation kompakt konvergenter Reihen. Er entwickelte jedes F_μ in seine Taylorreihe um einen beliebigen Punkt $a_1,...,a_p$

von G und bemerkte dazu, daß sie für festes $a_1,...,a_p$ in einer gewissen Kreisscheibe mit Mittelpunkt $a_1,...,a_p$, die ganz in G liegt, konvergieren.

Die Arbeiten dieser Phase wurden mit einem Aufsatz vollendet, den Weierstraß im Frühjahr 1842 schrieb. Er begann mit dem Beweis, daß das System von n Differentialgleichungen

$$\frac{dx_i}{dt} - G_i(x_1,...,x_n) = 0 \quad (i = 1,...,n), \tag{8.55}$$

worin $G_i(x_1,...,x_n)$ gegebene ganze rationale Funktionen sind, sich lösen läßt, indem man n Potenzreihen

$$x_i = P_i(t) \quad (i=1,...,n) \tag{8.56}$$

bestimmt, die in einer Umgebung des Punktes $t = 0$ konvergent sind, wo sie willkürlich vorgeschriebene Werte $a_1,...,a_n$ annehmen. „Aus der Bestimmungsweise" der Reihen $P_i(t)$, bemerkt Weierstraß (1842, 80), geht dann hervor, „daß es nur ein System so beschaffener Potenzreihen gibt".

Wie Weierstraß später anerkannte (*Werke* I, 85), hatte er bei der Niederschrift dieses Aufsatzes „keine Kenntnis" davon, daß dieser Satz bereits von Cauchy (1842) im Rahmen seines *Calcul des limites* gefunden (und veröffentlicht) worden war. Sein eigener Aufsatz enthielt jedoch „wichtige, bei Cauchy nicht vorkommende Sätze". Tatsächlich zeigte er hier zunächst, daß die Reihen $x_i = P_i(t), (i=1,...,n)$ unbedingt und gleichmäßig konvergent sind, falls die Koeffizienten der Funktionen $G_i(x_1,...,x_n)$ und die $a_1,...,a_n$ einwertige analytische Funktionen beliebig vieler Variablen $u_1, u_2,...$ sind, die einem zusammenhängenden Gebiet angehören, wo sie „sämtlig unter einer endlichen Grenze liegen". Dann betrachtete er das System der Potenzreihen

$$x_i = P_i(t - t_0, a_1,...,a_n) \quad (i=1,...,n; \ t_0, a_1,...,a_n \text{ fest}) \tag{8.57}$$

die in einer Kreisscheibe mit dem Mittelpunkt t_0 konvergieren, und wies nach, wie man sie darüber hinaus durch „analytische Fortsetzung" ausdehnen könne. Die Grundlagen von Weierstraß' Theorie analytischer Funktionen waren also bereits in diesen drei Aufsätzen gelegt, die er nicht veröffentlichte und später für seine Vorlesungen in Berlin benutzte.

Im Herbst 1842 erhielt Weierstraß eine Stelle als Lehrer am Progymnasium zu Deutsch Krone in Westpreußen. Er sollte in den unteren Klassen unterrichten (darunter auch in Schönschreiben und Turnen). Dennoch konnte er seine mathematischen Forschungen fortsetzen und veröffentlichte in der wissenschaftlichen Beilage zum Jahresbericht des Progymnasiums für das Schuljahr 1842/43 einen Aufsatz „Bemerkungen über die analytischen Fakultäten". Diese Abhandlung bildet einen Auszug aus einer größeren Arbeit, die Weierstraß 1854 vollendete und die zwei Jahre später in Crelles Journal erschienen ist (Weierstraß 1856a). Zu diesem Zeitpunkt waren die sogenannten analytischen Fakultäten in Deutschland ein sehr beliebtes Thema. Damalige Mathematiker wie Crelle, Kramp und M. Ohm hatten vergeblich versucht, die Theorie dieser Funktionen widerspruchsfrei zu entwickeln.

Nach Mittag-Leffler (1923a, 45) war es „zunächst erforderlich, eine wirkliche Funktionentheorie von Grund aus aufzubauen, und es war auch nur dieser Weg, der Weierstraß zum Ziel führte".

Erst 1848 machte Weierstraß' Karriere einen großen Sprung, als er eine Stelle im Gymnasium in Braunsberg erhielt. Im Folgejahr ließ er im Programmheft des Gymnasiums den Entwurf einer Theorie der Abelschen Funktionen erscheinen. Die Ideen, die er hier skizzierte, führte er später in zwei Arbeiten weiter, die 1854 und 1856 in Crelles Journal erschienen. Die Bewunderung war allgemein. In Killings Worten rief Weierstraß' Aufsatz von 1854 „in der ganzen mathematischen Welt ein Erstaunen hervor, das in der Geschichte unserer Wissenschaft fast einzig dasteht".

Weierstraß erhielt den Doktorgrad *honoris causa* der Universität Königsberg und wurde 1856 zum Extraordinarius am Gewerbeinstitut und an der Universität Berlin ernannt. Bald darauf wurde er Mitglied der Berliner Akademie und erhielt im Juli 1864 schließlich ein Ordinariat der Universität Berlin.

8.10 Weierstraß' Funktionenlehre

Zu Beginn seiner Lehrkarriere in Berlin hatte Weierstraß, der künftige Meister der Strenge, an Strenge und Grundlagen fast kein Interesse. Seine allererste Vorlesung im Wintersemester 1856/57 war stattdessen ausgewählten Kapiteln der mathematischen Physik gewidmet. Ihr folgten im Sommersemester 1857 eine Vorlesung mit allgemeinen Sätzen über die Darstellung analytischer Funktionen in Reihen, wo er seine eigenen Ergebnisse vortrug, und seine erste Vorlesung über elliptische Funktionen. Die Anwendungen elliptischer Funktionen in Geometrie und Mechanik waren Thema seiner Vorlesungen im Wintersemester 1857/58.

Im Wintersemester 1859/60 las Weierstraß erstmals über die Grundlagen der Analysis und kündigte eine Vorlesung über die allgemeine Theorie der analytischen Funktionen an. Wegen einer schweren Erkrankung konnte er sie allerdings erst im Wintersemester 1863/64 halten. Offenbar empfand Weierstraß das Bedürfnis nach größerer Strenge in der Analysis, als er vor dem Problem stand, die Theorie der analytischen Funktionen in seinen Vorlesungen zu behandeln. Diese wurde als Grundlage des gesamten Gebäudes der elliptischen und Abelschen Funktionen betrachtet. Über 20 Jahre lang arbeitete er diese Theorie durch ständige Verfeinerungen und Verbesserungen aus, ohne sich für eine Veröffentlichung entscheiden zu können. Stattdessen stellte er seine Entdeckungen in seinen Vorlesungen dar oder teilte der Berliner Akademie gelegentlich einige seiner Ergebnisse über bestimmte Themen wie das Dirichletsche Prinzip oder das Beispiel einer stetigen und nirgends differenzierbaren Funktion mit.

Im Zusammenhang mit dieser Arbeit suchte Weierstraß nach einer algebraischen Begründung der Analysis. In einem Brief von 1875 schrieb er an Schwarz:

Je mehr ich über die Principien der Functionentheorie nachdenke - und ich thue dies unablässig -, um so fester wird meine Überzeugung, daß diese auf dem Fundamente algebraischer Wahrheiten aufgebaut werden muß, und daß es deshalb nicht der richtige Weg ist, wenn umgekehrt zur Begründung einfacher und fundamentaler algebraischer Sätze das 'Transcendente', um mich kurz auszudrücken, in Anspruch genommen wird - so bestechend auch auf den ersten Anblick z. B. die Betrachtungen sein mögen, durch welche Riemann so viele der wichtigsten Eigenschaften algebraischer Functionen entdeckt hat. (Daß dem Forscher, so lange er sucht, jeder Weg gestattet sein muß, versteht sich von selbst; es handelt sich nur um die systematische Begründung) (Weierstraß, *Werke* II, 235).

Erst 1876 veröffentlichte Weierstraß einen umfangreichen Aufsatz über seine „systematische Begründung" analytischer Funktionen. Diese einflußreiche Arbeit befaßte sich mit dem Problem der Darstellung von einwertigen komplexen Funktionen. Eine derartige Funktion ist regulär in der Umgebung einer Stelle a, wenn sie innerhalb eines gewissen Bezirks mit dem Mittelpunkt a beschränkt und stetig ist. Dort läßt sich die Funktion durch eine Potenzreihe darstellen. Die Menge der regulären Punkte wurde von Weierstraß als Stetigkeitsbereich der Funktion bezeichnet. Dann stellte er fest, daß „für jede Function $f(x)$ im Gebiete der Veränderlichen x notwendig singuläre Stellen, wie ich sie nennen will, existieren, welche Grenzstellen des Stetigkeitsbereichs der Function sind, ohne diesem selbst anzugehören" (Weierstraß 1876, 78). a ist eine außerwesentliche oder eine wesentlich singuläre Stelle einer Funktion, je nachdem, ob es eine ganze Zahl n von der Art gibt, daß $(x-a)^n f(x)$ in a regulär ist, oder nicht. Dann bewies er, daß sich die Klasse der rationalen (meromorphen) Funktionen als Menge der einwertigen Funktionen charakterisieren läßt, die nur außerwesentlich singuläre Stellen (d. h. Pole) haben.

Dies gab ihm einen „Fingerzeig" für die Klassifizierung auch der transzendenten einwertigen Funktionen. Dabei beschränkte sich Weierstraß auf Funk-

8 Theorie der komplexen Funktionen, 1780 - 1900   321

tionen mit einer endlichen Anzahl wesentlich singulärer Stellen. In Analogie zu den rationalen Funktionen stellte er die Frage, „ob es möglich sei, arithmetische, aus der Veränderlichen x und aus unbestimmten Constanten zusammengesetzte Ausdrücke zu bilden, welche sämtliche Funktionen einer bestimmten Klasse - und nur diese - darstellen" (Weierstraß 1876, 83). Der einfachste Weg zu einer Antwort liegt darin, zunächst Funktionen mit nur einer singulären Stelle zu betrachten. Wenn diese Stelle ∞ ist, dann ist die Funktion ganz und in einer Potenzreihe darstellbar, die für jeden endlichen Wert von x konvergent ist. Die Funktion selbst ist dann rational oder transzendent je nachdem, ob ∞ ein Pol oder eine wesentliche Singularität ist. Weierstraß suchte einen allgemeinen Ausdruck der Form

$$G(1/x-c),\qquad(8.58)$$

worin c ein Pol oder eine wesentliche Singularität ist, je nachdem, ob G ein Polynom oder eine ganze transzendente Funktion ist. Wenn $c = \infty$, dann muß $1/x-c$ durch x ersetzt werden. Dies läßt sich leicht auf Funktionen verallgemeinern, die n wesentliche oder außerwesentliche singuläre Stellen c_ν haben. Ihre „einfachste" Form ist durch Ausdrücke wie

$$\text{a)}\ \sum_{\nu=1}^{n}G_\nu(1/x-c_\nu)\ \text{oder}\ \text{b)}\ \prod_{\nu=1}^{n}G_\nu(1/x-c_\nu)R^*(x)\qquad(8.59)$$

gegeben, „wo $R^*(x)$ eine rationale Funktion bedeutet, welche nur an den wesentlichen singulären Stellen der darzustellenden Funktion Null oder unendlich gross wird" (Weierstraß 1876, 85). Schließlich, wenn die Funktion n wesentliche Singularitäten c_ν hat und dazu noch beliebig viele (sogar unendlich viele) Pole, läßt sie sich unter der Bedingung in der Form

$$\text{a)}\ \frac{\sum_{\nu=1}^{n}G_\nu(1/x-c_\nu)}{\sum_{\nu=1}^{n}G_{n+\nu}(1/x-c_\nu)}\ \text{oder}\ \text{b)}\ \frac{\prod_{\nu=1}^{n}G_\nu(1/x-c_\nu)}{\prod_{\nu=1}^{n}G_{n+\nu}(1/x-c_\nu)}R^*(x)\qquad(8.60)$$

ausdrücken, daß „Zähler und Nenner für keinen Werth von x beide verschwinden". Wenn umgekehrt die Funktionen $G_1,\ldots, G_{2n}$ beliebig gegeben sind, stellt jeder solche Ausdruck eine einwertige Funktion mit höchstens n wesentlich singulären Stellen und einer unbegrenzten Zahl von Polen dar. Der Beweis dieser Sätze macht den Hauptteil des Aufsatzes aus.

Weierstraß bemerkte, daß (8.58) bereits bekannt war und (8.59a) sich unschwer „aus bekannten Sätzen" ableiten lasse. Um die anderen Sätze „allgemein" zu beweisen, mußte er eine „Lücke" in der Theorie der ganzen transzendenten Funktionen füllen, was ihm „erst nach manchen vergeblichen Versuchen vor nicht langer Zeit in befriedigender Weise" gelang (Weierstraß 1876, 85).

Dabei ging es um die folgenden Fragen: 1) „In wie weit ist eine Funktion $G(x)$ durch die Folge ihrer Nullstellen bestimmt?" und 2) wenn eine unendliche Folge von Konstanten $\{a_n\}$ mit $\lim |a_n| = \infty$ gegeben ist, gibt es dann immer eine Funktion $G(x)$, deren Nullstellen genau die $\{a_n\}$ sind? Was 1) angeht, gibt es unendlich viele Funktionen $G(x)e^{\overline{G(x)}}$, wobei $\overline{G(x)}$ eine beliebige ganze Funktion ist, die dieselben Nullstellen wie $G(x)$ hat. Zur Antwort auf die zweite Frage wurde Weierstraß durch seine Untersuchung der Euler - Gaußschen Γ-Funktion geführt. Diese ist eine meromorphe Funktion, deren Reziproke eine ganze Funktion ist und die sich durch das „beständig convergierende unendliche Product"

$$\prod_{n=1}^{\infty}(1+x/n)\cdot(1+1/n)^{-x} \text{ oder } \prod_{n=1}^{\infty}(1+x/n)e^{-x\log(1+1/n)} \tag{8.61}$$

ausdrücken läßt.

„Von dieser Bemerkung ausgehend" definierte Weierstraß die „Primfunctionen"

$$E(x,0) = 1-x$$
$$E(x,p) = (1-x)\exp\left(\frac{x}{1}+\frac{x^2}{2}+\ldots+\frac{x^p}{p}\right) \tag{8.62}$$

und bewies seinen „Faktorisierungssatz": Gegeben sei die Folge $\{a_n\}$ und eine Folge positiver ganzer Zahlen μ_n, dann gibt es eine ganze Funktion $G(x)$, die für jedes n in $x = a_n$ eine Nullstelle der Vielfachheit μ_n und sonst keine weiteren Nullstellen hat. Wenn $a_n \neq 0$ für alle n ist, dann wird die Funktion durch das Produkt

$$G(x) = \prod_{\nu=1}^{\infty}\left(E(x/a_n, p_n)\right)^{-\mu_n} \tag{8.63}$$

8 Theorie der komplexen Funktionen, 1780 - 1900

dargestellt, vorausgesetzt, die ganzen Zahlen p_n sind so gewählt, daß das Produkt gleichmäßig konvergent ist.

Der allgemeinste Ausdruck einer ganzen Funktion mit Nullstellen der Vielfachheit μ_n in $x = a_n$ und der Vielfachheit λ in $x = 0$ ist $x^\lambda G(x) e^{\overline{G(x)}}$, worin $G(x)$ durch (8.63) gegeben und $\overline{G(x)}$ eine beliebige ganze Funktion ist. Man sollte bemerken, daß schon 1859 (nicht sehr präzise) Faktorisierungssätze für ganze Funktionen von Briot und Bouquet und später von Betti 1861 aufgestellt worden waren. Auf der Grundlage dieses Satzes erhielt Weierstraß die Ausdrücke (8.59b) und (8.60). Im Schlußabschnitt des Aufsatzes formulierte und bewies er dann den Casorati-Weierstraß-Sochozki-Satz, daß in einer unendlich kleinen Umgebung einer wesentlich singulären Stelle c eine einwertige Funktion „jedem willkürlich angenommenen Werthe beliebig nahe kommen kann, für $x = c$ also einen bestimmten Werth nicht besitzt" (Weierstraß 1876, 124).

Weierstraß' Darstellungssätze wurden von Gösta Mittag-Leffler erweitert, einem jungen schwedischen Mathematiker, der 1875 in seinen Vorlesungen gesessen hatte. Mittag-Leffler nahm Weierstraß' Beweis der Existenz einer Funktion mit vorgeschriebenen Nullstellen zum Ausgangspunkt und stellte die Frage, ob es möglich sei, die Existenz einer meromorphen Funktion mit willkürlich vorgeschriebenen Partialbrüchen

$$G_n(1/z - a_n) = \sum_{k=1}^{v(n)} C_{v(n)}^n / (z - a_n)^k \qquad (8.64)$$

an den willkürlich gegebenen Polen a_n zu beweisen.

Er konnte diese Vermutung bestätigen und veröffentlichte nach seiner Rückkehr nach Stockholm zunächst einen Beweis in Schwedisch und erweiterte den Satz dann auf den Fall, in dem die Folge $\{a_n\}$ eine endliche Anzahl von Häufungspunkten besitzt. 1884 faßte er seine Ergebnisse in einem umfangreichen Aufsatz zusammen und veröffentlichte ihn in seinem neu gegründeten Journal *Acta Mathematica*.

In der Sprache von Cantors Theorie der unendlichen Punktmengen formulierte und bewies Mittag-Leffler (1884, 8) den Satz: „Sei Q eine Menge von isolierten Punkten $a_1, a_2, ..., a_r, ...,$ in der erweiterten komplexen z-Ebene; sei ferner

$$G_1(1/z - a_1), \ G_2(1/z - a_2), \ ..., \ G_r(1/z - a_r), \ ... \qquad (8.65)$$

eine Folge analytischer Funktionen, wobei $G_r(1/z-a_r)$ eine ganze Funktion von $1/z-a_r$ bezeichnet, die verschwindet, wenn $1/z-a_r=0$. Dann kann man immer einen analytischen Ausdruck bilden, der überall regulär ist, außer in der Nachbarschaft der Punkte, die zu $Q+Q'$ gehören [wobei Q' die abgeleitete Menge von Q ist], und der für alle r in der Nachbarschaft von $z-a_r$ in die Form $G_r(1/z-a_r)+\mathcal{P}(z-a_r)$ gebracht werden kann [wobei $\mathcal{P}(z-a_r)$ eine konvergente Potenzreihe von $z-a_r$ ist]."

Weierstraß' Aufsatz von 1876 regte weitere Entwicklungen in der Theorie der ganzen Funktionen an. Seine Analyse des Verhaltens solcher Funktionen in der Nachbarschaft einer wesentlichen Singularität wurde von dem jungen Emile Picard 1879 verfeinert, nachdem die französische Übersetzung von Weierstraß' Aufsatz erschienen war. „Es kann sein", bemerkte Picard (1879a, 19), „daß eine ganze Funktion $G(z)$ keinen gegebenen endlichen Wert a für einen beliebigen Wert von z annehmen kann". So könne zum Beispiel $e^{f(z)}$ bei ganzem $f(z)$ nie gleich Null sein. In seinem Aufsatz bewies Picard, daß es keinen zweiten endlichen Wert $b \neq a$ geben könne, den die Funktion $G(z)$ nicht annehme, ohne konstant zu werden. Tatsächlich bewies er, daß „eine Funktion $G(z)$, die nie gleich a oder gleich b werden kann, notwendigerweise eine Konstante sein muß". Dieser Satz war ein „Spezialfall" der folgenden Aussage, die Picard (1879b, 23) ein paar Monate später bewies: „Es gibt höchstens einen endlichen Wert a, für den die Gleichung $G(z)=a$ nur eine endliche Anzahl Wurzeln hat, sofern $G(z)$ nicht ein Polynom ist".

Picard bewies seine Sätze unter Rückgriff auf die Theorie der elliptischen Modulfunktionen. Wie Hadamard bemerkte, „ist die Suche nach direkten Beweisen ein Problem, das tief in die Natur der ganzen und auch der analytischen Funktionen einzudringen scheint" (Picard Œuvres I, xxx). Wichtige Verschärfungen des Picardschen Satzes, insbesondere für ganze Funktionen endlicher Ordnung, wurden später von Borel und Hadamard aufgestellt. Die Ordnung λ einer ganzen Funktion $w(z)$ ist definiert als die obere Grenze

$$\lambda = \limsup_{r\to\infty} \frac{\log\log M(r)}{\log r}. \qquad (8.66)$$

worin $M(r)$ der Maximalbetrag $\max_{|z|=r}|w(z)|$ ist.

Zu dieser Fragestellung wurden die wichtigsten Ergebnisse allerdings erst im zweiten Jahrzehnt des zwanzigsten Jahrhunderts von Rolf Nevanlinna erzielt, der Picards Ideen erweiterte und nicht nur ganze, sondern auch meromorphe Funktionen behandelte.

1879 ließ Weierstraß für seine Zuhörer eine Abhandlung litographieren, welche „eine Reihe von Sätzen über die eindeutigen Funktionen mehrer Argumente" enthielt, die er in seinen Vorlesungen über die Abelschen Funktionen brauchte. Dieser bahnbrechende Aufsatz wurde erst ein paar Jahre später gedruckt (Weierstraß 1886). Der erste Satz war der berühmte „Vorbereitungssatz", den Weierstraß seit 1860 vorgetragen hatte. Im Falle einer Veränderlichen war der Satz jedoch Cauchy schon 1831 bekannt. Nach H. Cartan (1966, 155), läßt sich dieser Satz (in leichter Abwandlung von Weierstraß' ursprünglicher Fassung) wie folgt formulieren „ $F(x, x_1, \ldots, x_n)$ sei eine holomorphe Funktion in der Nachbarschaft des Ursprungs. Man nehme an, daß

$$F(0,0,\ldots,0) = 0, \quad F_0(x) = F(x,0,\ldots,0) \neq 0, \tag{8.67}$$

und es sei p eine ganze Zahl, so daß $F_0(x) = x^p G(x)$, $G(0) \neq 0$. Dann existieren ein 'ausgezeichnetes' Polynom $f(x, x_1, \ldots, x_n) = x^p + a_1 x^{p-1} + \ldots + a_p$, dessen Koeffizienten $a_j(x_1, \ldots, x_n)$ holomorphe Funktionen in der Nachbarschaft des Ursprungs und im Ursprung Null sind, und eine Funktion $g(x, x_1, \ldots, x_n)$, die holomorph und ungleich Null in der Nachbarschaft des Ursprungs ist, so daß in dieser Nachbarschaft $F = fg$ gilt."

In den folgenden Jahrzehnten erwies Weierstraß' „Vorbereitungssatz" seine grundlegende Bededutung für die Entwicklung der Ringtheorie ganzer, konvergenter Reihen und wurde nach H. Cartan „ein unverzichtbares Werkzeug in der zeitgenössischen Entwicklung der Mathematik, in der analytischen Geometrie und in der Differentialgeometrie".

1880 veröffentlichte Weierstraß einen Aufsatz, der 1886 wiederabgedruckt wurde, über die Eigenschaften unendlicher Reihen rationaler Funktionen. Im Gegensatz zu Riemanns Behauptung (1851, 71) begann Weierstraß mit der Aussage, daß „der Begriff einer monogenen Function einer complexen Veränderlichen mit dem Begriff einer durch (arithmetische) Größenoperationen ausdrückbaren Abhängigkeit sich nicht vollständig deckt" (Weierstraß 1880b, 210). Das war eine unmittelbare Folge des von Weierstraß in dem Aufsatz bewiesenen Hauptsatzes:

> Wenn der Convergenzbereich einer Reihe, deren Glieder rationale Functionen einer Veränderlichen x sind, in der Art in mehrere Stücke zerlegt werden kann, daß in der Nähe jeder im Innern eines solchen Stückes gelegenen Stelle die Reihe gleichmäßig convergirt; so stellt dieselbe in jedem einzelnen Stücke einen einwerthigen Zweig einer monogenen Function von x dar, in verschiedenen Stücken

aber nicht nothwendig Zweige einer und derselben Function. (Weierstraß 1880b, 221)

Vor dem Beweis dieses Satzes erörteterte Weierstraß ein Beispiel, das er „bereits vor Jahren" in seinen Vorlesungen vorgestellt hatte. Indem er die Theorie der linearen Transformationen elliptischer θ- Funktionen mit den Eigenschaften der Lückenreihe (8.52) verband, konnte Weierstraß (1880b, 211) beweisen, daß die Reihe

$$F(x) = \sum_{v=0}^{\infty}\left(\frac{1}{x^v + x^{-v}}\right), \qquad (8.68)$$

die für $|x| < 1$ und $|x| > 1$ konvergent ist, „in jedem der beiden Stücke ihres Convergenzbereichs eine Function darstellt, die über die Begrenzung des Stückes hinaus nicht fortgesetzt werden kann".

Weierstraß nutzte die Gelegenheit, einen wesentlichen Punkt der Funktionentheorie zu klären, indem er das Problem der analytischen Fortsetzung mit der Existenz stetiger, nirgends differenzierbarer Funktionen in Beziehung setzte (vgl. Kap. 6.7). Im Schlußabschnitt des Aufsatzes formulierte er (Weierstraß 1880b, 221), er habe in seinen „Vorlesungen über die Elemente der Functionenlehre von Anfang an zwei mit den gewöhnlichen Ansichten nicht übereinstimmende Sätze hervorgehoben", nämlich: 1) die Stetigkeit einer reellen Funktion bedeutet nicht deren Differenzierbarkeit; 2) eine in einem beschränkten Bereich definierte komplexe Funktion kann nicht immer darüber hinaus analytisch fortgesetzt werden. Zur Erklärung des Zusammenhangs von 1) und 2) betrachtete Weierstraß eine für $|x| \leq 1$ absolut und gleichmäßig konvergente Reihe und bewies unter wesentlicher Nutzung seines Beispiels einer stetigen, nirgends differenzierbaren Funktion, daß $|x| = 1$ die natürliche Konvergenzgrenze der Reihe ist.

Seit den 1870er Jahren verbreitete sich der Ruf der Weierstraßschen Vorlesungen über ganz Europa, und Berlin wurde zum Ziel einer wachsenden Zahl begabter junger Studenten, die aus Deutschland und dem Ausland kamen, um den Vorlesungen des „großen Gesetzgebers der Analysis" zu folgen, wie Hermite ihn einmal bezeichnete. Weierstraß las regelmäßig alle vier Semester eine Vorlesung zur Einführung in die analytische Funktionentheorie. Es folgten Vorlesungen über elliptische und Abelsche Funktionen und Variationsrechnung. Letztere war auch das Thema von Weierstraß' letzter Vorlesung im Wintersemester 1889/90. 1894 plante er, seine mathematischen Werke einschließlich seiner Vorlesungen zu veröffentlichen, doch bis zu seinem Tod 1897 erschienen nur die ersten zwei Bände. Seine Vorlesungen über elliptische und Abelsche Funktionen und Variationsrechnung wurden dann posthum in seinen *Werken* abgedruckt. Allerdings enthalten letztere keine seiner

8 Theorie der komplexen Funktionen, 1780 - 1900

Vorlesungen zur Einführung in die Theorie der analytischen Funktionen, die nur durch die von seinen Studenten erstellten und veröffentlichten Vorlesungsmitschriften bekannt geworden sind.

Eines der besten Beispiele für diese Vorlesungsmitschriften war der lange *Saggio* über die Theorie analytischer Funktionen nach Weierstraßschen Grundsätzen, der 1880 von Salvatore Pincherle veröffentlicht wurde. Nach seiner Promotion an der Scuola Normale Superiore in Pisa bei Betti, verbrachte Pincherle das akademische Jahr 1877/78 in Berlin und hörte dort Weierstraß' Vorlesungen über Abelsche Funktionen.

In Anlehnung an Weierstraß legte Pincherle im ersten Teil der Arbeit die Theorie der ganzen, rationalen, reellen und komplexen Zahlen dar. Der zweite Teile enthält „Sätze über Größen im Allgemeinen", wie den sogenannten Bolzano-Weierstraß-Satz. Der dritte Teil des *Saggio* ist den Begriffen Funktion, Stetigkeit und Ableitung gewidmet, während der letzte Teil Weierstraß' Zugang zur analytischen Funktionentheorie darstellt.

Weierstraß verwarf die Definition einer analytischen Funktion mit Hilfe der Cauchy-Riemann-Gleichung, weil sie nach Pincherles (1880, 318) Worten „auf einer Eigenschaft willkürlichen Charakters zu fußen scheint, deren Allgemeinheit nicht *a priori* bewiesen werden kann". Dann formulierte Weierstraß seine 'klassischen' Sätze über Potenzreihen, einschließlich der gleichmäßigen Konvergenz und der gliedweisen Differentiation, und führte schließlich die Methode der analytischen Fortsetzung ein, mittels derer man von einem Element einer analytischen Funktion (d. h. einer Potenzreihe) ausgehend die analytische Funktion insgesamt erhalten kann.

Gegen Ende des 19. Jahrhunderts wurde, parallel zu der wachsenden arithmetischen Strenge in der Analysis - der „Arithmetisierung der Mathematik", wie Klein (1895) sie bezeichnete - Weierstraß' arithmetischer Zugang zur Theorie der analytischen Funktionen dominant, und der deutsche Ausdruck Funktionentheorie fast synonym mit der Theorie analytischer Funktionen nach Weierstraßschen Grundsätzen.

Behnke (1966, 29) bemerkt dazu: „Der Gegensatz zwischen dem Riemannschen Aufbau der Funktionentheorie (beginnend mit der komplexen Differentiation) und dem Weierstraßschen Aufbau (beginnend mit den Potenzreihen) hat dann noch lange nachgewirkt... wir Heutigen verstehen ihn einfach nicht mehr, nachdem Goursat (1900) die vollständige Äquivalenz zwischen der Klasse der Funktionen, die nach Riemann, und der Klasse der Funktionen, die nach Weierstraß holomorph sind, nachgewiesen hat." Jedoch blieb dieser „Gegensatz" in den Lehrbüchern über komplexe Analysis bis in die ersten Jahrzehnte des zwanzigsten Jahrhunderts wirksam.

9 Maß- und Integrationstheorie von Riemann bis Lebesgue

Thomas Hochkirchen

Zu Beginn unseres Jahrhunderts legte Henri Lebesgue den Grundstein für die moderne Integrationstheorie.[1] Sein neues Integral, das von einer fruchtbaren Nutzung der Maßtheorie lebt, entstand, um die zuvor entdeckten Schwächen des Riemann-Integrals auszubügeln.

Der Hintergrund dazu ist die Neufassung des Funktionsbegriffes (vgl. Kap. 4/6.2): Integration bedeutete im 18. Jahrhundert zunächst, zu einer durch einen „analytischen Ausdruck" gegebenen Funktion eine Stammfunktion zu finden. Der Zusammenhang zwischen Integral und Fläche war zwar bekannt, wurde aber lediglich als Anwendung der Integrationstheorie aufgefaßt. Wir haben schon gesehen (vgl. Kap. 6), welche Neuerungen im 19. Jahrhundert auftraten: als Stichwort sei hier die durch Fourier und Lejeune Dirichlet untersuchte Entwicklung „willkürlicher" Funktionen in sogenannte „Fourier-Reihen" genannt (9.1). Diese Entwicklungen führten zu Riemanns Definition eines Integralbegriffes, der zunächst als denkbar allgemein aufgefaßt wurde (9.2).

Die Publikation des Riemannschen Integrals zog eine Flut von Auseinandersetzungen mit dem neuen Konzept nach sich (9.3). Erst in der Folge dieser Auseinandersetzungen zeigten sich dann die oben erwähnten Schwächen - die allerdings zunächst nicht als Kritik an Riemann aufgefaßt wurden.

Nachdem dann aber einerseits durch Arbeiten von Camille Jordan der Weg in eine maßtheoretische Integrationstheorie gewiesen wurde (9.4) und andererseits die von Jordan entwickelte Inhaltstheorie durch Émile Borel zu einer Maßtheorie erweitert worden war (9.5), war es Lebesgues Idee, diese beiden Stränge zusammenzuführen und damit zu einem Konzept von Integration zu gelangen, welches als *Lebesgue-Integral* in die Geschichte eingehen sollte (9.6).

---

[1] Als ergänzende Literatur zum Thema ist auf die Arbeiten von Dalen/Monna 1972, Knobloch 1983 und insbesondere Hawkins 1970 und 1980 zu verweisen. In Kap. 1 von Chae 1995 werden lehrbuchartig die Probleme von Riemanns Integral diskutiert.

9.1 Zur Vorgeschichte des Riemann-Integrals

Die Darstellung der Vorgeschichte des Riemann-Integrales beginnt in sinnvoller Weise mit einer Erinnerung an Jean Baptiste Fourier (vgl. Kap. 6, 7.1.2). Im Rahmen von Fouriers Untersuchung der Wärmeleitung in festen Körpern tauchten nämlich Fragen auf, die schon im Rahmen der Diskussionen um die schwingende Saite eine gewisse Rolle gespielt hatten: Wann läßt sich eine „willkürliche" Funktion f im Intervall [-π, +π] durch eine trigonometrische Reihe

$$f(x) = \frac{1}{2}a_0 + \sum_{n=1}^{\infty}(a_n \cos(nx) + b_n \sin(nx)), \quad x \in [-\pi, +\pi]$$
(9.1)

darstellen? Wie lassen sich die Koeffizienten a_n und b_n dieser Reihe bestimmen?

Diese zweite Frage ist in unserem Zusammenhang schon deshalb interessant, weil Fouriers Antworten, nämlich beispielsweise

$$a_0 = \frac{1}{\pi}\int_{-\pi}^{+\pi} f(x)dx \quad \text{und} \quad a_n = \frac{1}{\pi}\int_{-\pi}^{+\pi} f(x)\cos(nx)dx, \; n \in \mathbb{N},$$
(9.2)

direkt eine weitere Frage suggerieren: Was ist - für „willkürliche" Funktionen f - der Sinn dieser Integrale?

Eine Teilantwort auf diese Frage findet sich in den fast zeitgleich erschienenen Arbeiten von Augustin-Louis Cauchy, der in der Entwicklung der Analysis neue Maßstäbe setzte (vgl. Kap. 6.3).

In Cauchys *Cours d'Analyse de l'Ecole Polytechnique* (1821a/1885) wurde der Begriff der stetigen Funktionen zum Ausgangspunkt der Analysis gemacht, wobei Cauchys Definition dieses Begriffes von der konkreten Darstellung der Funktion (also einer die Funktion definierenden Gleichung) völlig unabhängig war - und somit kompatibel zu Fouriers Konzept „willkürlicher" Funktionen.

Cauchy definierte dann (1823, 122) die zu einer Partition $a = x_0 < x_1 < ... < x_n = b$ von [a, b] gehörende Summe

$$S = \sum_{i=1}^{n} f(x_{i-1})(x_i - x_{i-1}).$$
(9.3)

9 Maß- und Integrationstheorie von Riemann bis Lebesgue   331

Er konnte zeigen: Ist f stetig (zu Cauchys Stetigkeitsbegriff vgl. Kap. 6), so kann man die Differenz zweier zu zwei Partitionen P und P' gehörender Summen S und S' beliebig klein machen, indem man die Intervalle in den Partitionen entsprechend klein macht. Damit aber ist das Integral $\int_a^b f(x)dx$ als Grenzwert obiger „Cauchy-Summen" für stetige Funktionen wohldefiniert (zu Cauchys Integraldefinition vgl. 6.3.6).

Als Antwort auf die Frage, für welche „willkürlichen" Funktionen f man ein Integral $\int_a^b f(x)dx$ definieren kann, war mit den Arbeiten von Cauchy also klar: zumindest für stetige Funktionen (und zwar unabhängig von der Existenz einer definierenden Gleichung). Fouriers Ideen aber suggerieren eine allgemeinere Frage: Läßt sich $\int_a^b f(x)dx$ für *jede beliebige* Funktion definieren?

Eine weitere Teilantwort auf diese Fragestellung lieferte Johann Peter Gustav Lejeune Dirichlet. Dirichlet hatte 1822 ein Studium der Mathematik begonnen; da an den deutschen Universitäten zu dieser Zeit aber (außer Gauß) keine nennenswerten Mathematiker tätig waren, wählte er Paris als Studienort, „zu dieser Zeit noch das unbestrittene Weltzentrum der Mathematik" (Wußing/Arnold 1989, 378).

Hier ahnt man schon die Kontinuität unserer Geschichte: der junge Dirichlet studierte Fouriers Werk über die Wärmeleitung (das im Jahr seiner Ankunft in Paris erschien) ebenso wie Cauchys *Cours d'Analyse* und hatte persönlichen Kontakt zu Fourier.

Seine Fusion dieser Themen erschien im Jahre 1829 in *Crelles Journal* (Dirichlet 1829). In dieser Arbeit beschäftigte er sich - angeregt durch Fourier selbst - erneut mit dessen Frage nach der Darstellbarkeit von Funktionen durch trigonometrische Reihen, wobei er die Fragestellung mit Cauchys Strenge untersuchte. Er bewies, daß man in der Tat eine Funktion f im Intervall $(-\pi, +\pi)$ durch eine trigonometrische Reihe darstellen kann, wenn f eine stückweise stetige monotone Funktion ist, die an den Sprungstellen den Sprungmittelwert annimmt. Interessant ist in unserem Zusammenhang, daß die Stetigkeitsvoraussetzung im Beweis dieser Aussage eigentlich nicht benötigt wird; sie wurde nur gemacht, um den Integralen zur Bestimmung der Fourier-Koeffizienten a_n und b_n einen Sinn zu verleihen.

Auch in seinen späteren Publikationen beschränkte er sich wohlweislich auf stetige Funktionen (vgl. Dirichlet 1837), wissend, daß *nicht jede* Funktion integrierbar ist. Aus seiner Arbeit von 1829 stammt nämlich auch das „Dirichlet-Monster", eine nirgends stetige Funktion, die bis heute zu den Standardbeispielen in der Analysis gehört. Diese auf $\mathbb{R}$ definierte Funktion nimmt für irrationale Zahlen den Wert 1, ansonsten den Wert 0 an. Damit handelt es sich um eine „willkürliche" Funktion, bei der Cauchys Integral $\int_a^b f(x)dx$ sinnlos ist, da man einerseits immer eine (beliebig feine) Partition finden kann, deren Stützstellen rational sind (so daß die Cauchy-Summe Null ergibt), andererseits aber auch eine solche, deren Stützstellen irrational sind (so daß die Cauchy-Summe ($b - a$) ergibt).

Wie weit kann man die Stetigkeitsvoraussetzung abschwächen, ohne auf die Integrierbarkeit verzichten zu müssen? Wie viele Unstetigkeitsstellen kann eine Funktion verkraften, ohne die Eigenschaft zu verlieren, integrierbar zu sein? Sind auch unendlich viele solcher Stellen (gar in endlichen Intervallen) denkbar?

Mit seiner Rückkehr nach Deutschland im Jahre 1826 (zunächst nach Breslau) trug Lejeune Dirichlet diese Fragen zurück; 1831 wurde er dann an die Berliner Universität berufen, wo er bis 1855 lehren und unter anderem den jungen Bernhard Riemann unterrichten sollte ...

9.2 Riemanns Integral

Riemann, der von 1847 bis 1849 in Berlin auch bei Dirichlet studiert hatte (vgl. Kap. 8, sowie Laugwitz 1996[2]), begann nach seiner Dissertation (1851) mit den Arbeiten an einer Habilitationsschrift über die Theorie der trigonometrischen Reihen. Dabei scheint er stark durch Dirichlet unterstützt worden zu sein, der sich im Herbst 1852 in Göttingen aufhielt. Dedekind zitiert in seiner Biographie Riemanns einen Brief Riemanns an seinen Vater, in dem er Dirichlets Reaktion auf seine Frage nach Rat bezüglich der geplanten Arbeit beschreibt (Dedekind 1876, 578):

> Am anderen Morgen war Dirichlet etwa zwei Stunden bei mir; er gab mir die Notizen, die ich zu meiner Habilitationsschrift bedurfte, so vollständig, daß mir die Arbeit dadurch wesentlich erleichtert ist; ich hätte sonst auf der Bibliothek nach manchen Sachen lange suchen können.

Im Dezember 1853 konnte er dann seine Habilitationsschrift *Über die Darstellbarkeit einer Function durch eine trigonometrische Reihe* einreichen, in der er unter anderem seinen Begriff von Integrierbarkeit entwickelte. Die Arbeit wurde allerdings erst mit einer längeren Verzögerung bekannt: sie wurde nämlich erst im Jahre 1868 publiziert, zwei Jahre nach Riemanns frühem Tod.

---

[2] Da diese umfangreiche Monographie erst bei Fertigstellung des Manuskriptes erschien, konnte sie leider nicht mehr angemessen berücksichtigt werden.

9 Maß- und Integrationstheorie von Riemann bis Lebesgue   333

Riemanns Schrift enthält zwei Teile: sie beginnt mit einer „Geschichte der Untersuchungen und Ansichten über die willkürlichen (graphisch gegebenen) [sic!, T.H.] Functionen und ihre Darstellbarkeit durch trigonometrische Reihen" (Riemann 1854b, 259), an die sich „eine Untersuchung, welche auch die bis jetzt noch unerledigten Fälle umfasst" anschließt.

Der in unserem Zusammenhang wichtige Teil befindet sich zwischen diesen beiden Abschnitten: „Es war nöthig, ihr [obiger Untersuchung, T.H.] einen kurzen Aufsatz über den Begriff eines bestimmten Integrales und den Umfang seiner Gültigkeit voraufzuschicken" (ibid.). Gewissermaßen als „Abfallprodukt" findet sich in Riemanns Habilitationsschrift also das, was uns hier interessiert: etwa 5 bis 6 Seiten über den Integrationsbegriff, eingeteilt in drei Paragraphen über die Definition des Integrals, die Angabe eines Integrierbarkeitskriteriums und die Konstruktion eines Beispieles.

„Was hat man unter $\int_a^b f(x)dx$ zu verstehen?" (Riemann 1854b, 271)

Wie Cauchy betrachtet auch Riemann Partitionen $a = x_0 < x_1 < ... < x_n = b$ des Intervalles $[a, b]$. Er definiert aber dann mit $\delta_i = x_i - x_{i-1} (i = 1,...,n)$ und 'positiven echten Brüchen' ε_i [gemeint ist wohl $\varepsilon_i \in \mathbb{Q} \cap (0,1)$] verschiedene Summen

$$S = \sum_{i=1}^{n} \delta_i \cdot f(x_{i-1} + \delta_i \varepsilon_i), \qquad (9.4)$$

die von der „Wahl der Intervalle δ und der Größen ε abhängen" (Riemann 1854b, 271).

Damit ergibt sich Riemanns Definition des Integrals:

Definition 1
Haben obige Summen die Eigenschaft, „wie auch δ und ε gewählt werden mögen, sich einer festen Grenze A unendlich zu nähern sobald sämtliche δ unendlich klein werden, so heisst dieser Werth $\int_a^b f(x)dx$." (Riemann 1854b, 271)

Anders gesagt: Konvergieren mit zunehmender Verfeinerung der Partition die Riemann-Summen unabhängig von der Wahl der Zwischenstellen $x_{i-1} + \varepsilon_i \cdot (x_i - x_{i-1})$, $\varepsilon_i \in (0,1) \cap \mathbb{Q}$ gegen einen festen Wert $A \in \mathbb{R}$, so heißt f integrierbar auf $[a, b]$ und A wird als Integral definiert.

Hier geht Riemann also über Cauchy hinaus - der lediglich Integrale für stetige Funktionen definierte (vgl. Kap. 6.3.6) - indem er eine neue Klasse von Funktionen einführt: integrierbare Funktionen.

Konvergieren nun obige Summen nicht eindeutig, so hat der Ausdruck $\int_a^b f(x)dx$ zunächst keine Bedeutung. Riemann gibt allerdings eine mögliche Ausnahme an, bei der sich dieses Problem beheben läßt. Diese betrifft den Fall, daß „die Function $f(x)$ bei Annäherung des Arguments an einen einzelnen Werth c in dem Intervalle (a, b) unendlich gross wird" (Riemann 1854b, 271), daß also f nicht beschränkt ist (was er als notwendige Bedingung für die oben definierte Integrierbarkeit „im engern Sinne" (Riemann 1854b, 272) erkannte).

Weitere Festsetzungen „sind indess nicht allgemein eingeführt und dazu, schon wegen ihrer grossen Willkürlichkeit wohl kaum geeignet." (Riemann 1854b, 272)

Ein wichtiges Resultat ist nun die Antwort auf die Frage: „in welchen Fällen läßt eine Function eine Integration zu und in welchen nicht?" (Riemann 1854b, 272)

Wir wollen uns hier mit der Darstellung dieser Antwort für „den Integralbegriff im engern Sinne", für Funktionen also, für die obige Summe konvergiert (und die demnach notwendigerweise beschränkt sind), begnügen. Zur Vereinfachung der Schreibweise wollen wir dazu einige Bezeichnungen einführen, die in dieser Form bei Riemann nicht zu finden sind.

Es sei die geordnete Menge $P = \{a = x_o < x_1 < ... < x_n = b\}$ eine *Partition* des Intervalles $[a,b], \delta(P) := max\{(x_i - x_{i-1}) : 1 \leq i \leq n\}$ die *Norm* von P. Ferner sei $\mathcal{P}$ die Menge aller Partitionen von [a, b]; schließlich sei $\mathcal{P}_d := \{P \in \mathcal{P} : \delta(P) < d\}$ die Menge der Partitionen, deren Norm kleiner als d ($d > 0$) ist.

Mit diesen Begriffen läßt sich Riemanns Idee nun kurz formulieren: Riemann betrachtet zu einer Partition P die maximale Schwankung von f in den Intervallen $[x_{i-1}, x_i]$, „den Unterschied ihres grössten und kleinsten Werthes in diesem Intervalle" (Riemann 1854b, 272), die wir mit D_i bezeichnen (wohl bemerkend, daß Riemann keine sehr exakte Formulierung wählte - die Unterschiede von Supremum und Maximum bzw. Infimum und Minimum bleiben unberührt). Er geht dann von folgender Äquivalenz aus:

$$\int_a^b f(x)dx \text{ existiert} \Leftrightarrow \Omega(P) := \sum_{i=1}^n D_i(x_i - x_{i-1}) \xrightarrow[\delta(P) \to 0]{} 0 \qquad (9.5)$$

Dann konvergiert auch $\Delta(d) := \sup\{\Omega(P) : P \in \mathcal{P}_d\}$ mit $d \to 0$ gegen Null.

Sei nun $l(P, \sigma)$ für $\sigma > 0$ die Gesamtlänge derjenigen Intervalle aus $P \in \mathcal{P}_d$, deren Schwankung $D_i > \sigma$ ist. Dann gilt $\sigma l(P, \sigma) \leq \Omega(P) \leq \Delta(d)$, also insbe-

9 Maß- und Integrationstheorie von Riemann bis Lebesgue

sondere $l(P,\sigma) \le \dfrac{\Delta(d)}{\sigma}$. Zu gegebenem $\sigma > 0$ kann also durch geeignete Wahl von d - durch die Wahl einer geeignet feinen Unterteilung - die Größe $l(P, \sigma)$ beliebig klein gemacht werden. Damit ergibt sich der folgende

Satz 1
Ist eine Funktion f auf [a, b] beschränkt und integrierbar, so existiert für alle $\varepsilon > 0$ und für alle $\sigma > 0$ ein $d > 0$, so daß für jede Partition $P \in \mathcal{P}_d$ gilt: $l(P, \sigma) < \varepsilon$.

Die „Gesammtgröße der Intervalle, in welchen die Schwankungen $> \sigma$ sind [kann also, T.H.], was auch σ sei, durch geignete Wahl von d beliebig klein gemacht werden." (Riemann 1854b, 273)
Diese Aussage ist auch hinreichend. Riemann begründet auch dies (Dedekind als Herausgeber verweist in einer Anmerkung noch auf eine handschriftliche Notiz Riemanns, die den Beweis vervollständigt) und gibt ein Kriterium für den Fall der Existenz von Polstellen an.

Das von Riemann dann angeführte Beispiel - „zunächst für die Functionen, welche zwischen je zwei noch so engen Grenzen unendlich oft unstetig sind" (Riemann 1854b, 274) - ist aufgrund der hochgradigen Unstetigkeit der betrachteten Funktion völlig verblüffend: Bezeichnet man den Nachkommaanteil einer Zahl $x \in \mathbb{R}$ in ihrer Dezimaldarstellung mit (x), und definiert

$$\Phi(x) := \begin{cases} (x), & (x) < \dfrac{1}{2} \\ 0, & (x) = \dfrac{1}{2}, \ x \in \mathbb{R} \\ (x) - 1, & (x) > \dfrac{1}{2} \end{cases} \quad (9.6)$$

so ist die Funktion Φ in allen Punkten $x \in \left\{ \pm \dfrac{2k+1}{2} : k \in \mathbb{N}_o \right\}$ unstetig, ansonsten stetig. In den Unstetigkeitsstellen gilt $\Phi(x) = 0$, aber $\Phi(x \pm 0) = \mp \dfrac{1}{2}$.
Außerdem ist $\Phi(\mathbb{R}) = \left(-\dfrac{1}{2}, +\dfrac{1}{2} \right)$, Φ also immer endlich.

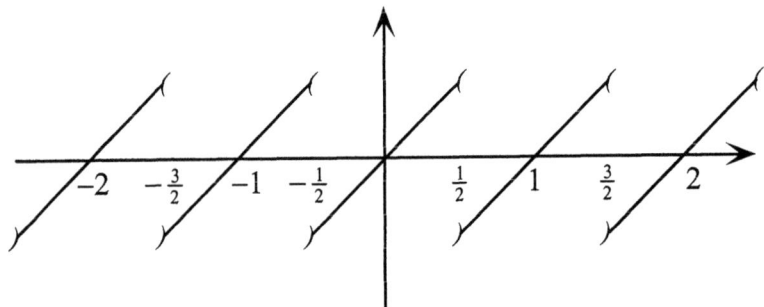

Abbildung 1: Der Graph von Φ

Ferner sei für alle $n \in \mathbb{N}$ $\Phi_n(x) := \Phi(nx)$; dann ist Φ_n genau dann unstetig in x, wenn $x \in \left\{ \pm \dfrac{2k+1}{2n} : k \in \mathbb{N}_0 \right\}$, denn $\Phi_n\left(\pm \dfrac{2k+1}{2n}\right) = \Phi\left(\pm \dfrac{2k+1}{2}\right)$.

Riemann definiert nun seine Beispielfunktion f als

$$f(x) := \sum_{n=1}^{\infty} \frac{\Phi_n(x)}{n^2}, \quad x \in \mathbb{R}. \tag{9.7}$$

Für diese Funktion gilt: f ist genau dann unstetig in x, wenn $x = \dfrac{p}{2q}$ (die ganzen Zahlen p und q teilerfremd und p - diese Bedingung wurde von Riemann nicht explizit angegeben - ungerade). In diesem Falle ist

$$f(x \pm 0) - f(x) = \mp \frac{1}{2q^2} \sum_{k=0}^{\infty} \frac{1}{(2k+1)^2} = \mp \frac{\pi^2}{16q^2}, \tag{9.8}$$

(ansonsten also $f(x \pm 0) - f(x) = 0$).

f hat also in jedem Intervall unendlich viele Unstetigkeitsstellen, deren Menge liegt (modern formuliert) dicht in $\mathbb{R}$.

Dennoch ist f integrierbar (auf jedem gegebenen Intervall $[a, b]$): da f endlich ist, läßt sich nämlich Riemanns Integrierbarkeitskriterium anwenden.

f hat nämlich nur Sprungstellen an Punkten der Art $x = \dfrac{p}{2q}$ (p und q wie oben), und die entsprechende Sprunghöhe errechnet sich als

$$f\left(\frac{p}{2q}-0\right)-f\left(\frac{p}{2q}+0\right)=\frac{\pi^2}{8q^2};\tag{9.9}$$

es kann also zu einem gegebenen $\sigma > 0$ in $[a, b]$ stets nur endlich viele Sprungstellen mit $\frac{\pi^2}{8q^2} > \sigma$ geben. Deshalb kann man aber die Partition so fein machen, daß diese (endlich vielen) Stellen in Intervallen beliebig kleiner Gesamtlänge liegen.
Es verwundert nicht allzusehr, daß Riemanns Definition des Integralbegriffes - wie bereits erwähnt erst 1868 publiziert - großen Eindruck hinterlassen hat: seine Definition - „welche man als die allgemeinste denkbare angesehen hat" (Weierstraß nach Mittag-Leffler 1923b, 196) - war so allgemein, daß selbst Funktionen mit einer dichten Menge von Unstetigkeitsstellen integrierbar sein können:

> Nachdem Dirichlet den Anfang ... unter Annahme stetiger Integranden gemacht, erweiterte Riemann den Spielraum integrirbarer Functionen bis an seine äußerste Grenze. (Du Bois-Reymond 1883, 274)

So ist es naheliegend, daß sich in der Folge eine ganze Reihe von Mathematikern mit Riemanns Theorie auseinandersetzten und versuchten, ergänzende Ergebnisse und Präzisierungen zu schaffen.

9.3 Auseinandersetzungen

9.3.1 Hermann Hankel und Gaston Darboux

> ... jene unmittelbare intuitive Gewissheit hat man selbst in durchaus geometrischen Gebieten als so trügerisch befunden, dass sie auf den Rang eines wissenschaftlichen Beweises nicht mehr Anspruch nehmen darf. (Hermann Hankel, 1870/1882)

Einer der ersten, der auf den neuen Funktionsbegriff und insbesondere auf Riemanns neuen Integralbegriff reagierte, war der Tübinger Mathematiker Hermann Hankel, der 1860 für einige Zeit bei Riemann in Göttingen studiert hatte und von diesem stark beeinflußt wurde (vgl. etwa Purkert 1981, 34-37 und Zahn 1874). Hankels *Untersuchungen über die unendlich oft oscillirenden und unstetigen Functionen*, 1870 in einem Gratulationsprogramm der Tübinger Universität erschienen, wurden schnell bedeutsam und aus diesem Grunde

1882 in den *Mathematischen Annalen* erneut abgedruckt, um sie dem „mathematischen Publicum" zugänglich zu machen.

Wir wollen in der Folge denjenigen Teil dieser Arbeit diskutieren, der für die Geschichte der Maß- und Integrationstheorie am bedeutsamsten ist; obwohl sich dort nämlich in einem gewissen Sinne schon eine Orientierung zur Mengenlehre abzeichnet, enthält sie einen historisch interessanten Irrweg, der zugleich ein gewisses Hindernis für die Entwicklung und die Aufnahme maßtheoretischer Ideen darstellt: maßtheoretisch kleine und topologisch kleine Mengen werden in unzulänglicher Weise gleichgesetzt.

Hankel analysiert in seiner Arbeit den abstrakten Dirichletschen Funktionsbegriff und vergleicht ihn in einer historischen Einleitung mit demjenigen Eulers. Er zeichnet die Verschiebung zu jenem Begriff nach, stellt aber fest, daß er für die Bedürfnisse der Analysis nicht ausreiche, da „Functionen dieser Art allgemeine Eigenschaften nicht besitzen, und damit alle Beziehungen von Functionswerten für verschiedene Werthe des Argumentes in Wegfall kommen"(Hankel 1870/1882, 67). So sei eine „empfindliche Lücke in den analytischen Fundamentalbegriffen entstanden" (ibid.), die es erzwang, über den Dirichletschen Funktionsbegriff erneut nachzudenken.

Auf der Basis des abstrakten Funktionsbegriffes definiert er den Begriff der Stetigkeit (wie heute üblich), um in der Folge verschiedene mögliche Störungen der Stetigkeit zu untersuchen. Schließlich gibt er ein Prinzip zur Erzeugung von Funktionen an, die in endlichen Intervallen unendlich viele Singularitäten aufweisen. Dazu verallgemeinert er - unter explizitem Verweis auf Riemann - dessen Beispiel: die Singularitäten einer passenden Funktion (bei Riemann: die Unstetigkeitsstellen von Φ) werden auf ein endliches Intervall zusammengezogen, kondensiert: „ich habe daher das Princip, von solchen Functionen φ zu den f überzugehen, als das der *Condensation der Singularitäten* bezeichnen zu können geglaubt." (Hankel 1870/1882, 81)

Nun kommt er zum für uns wichtigen Teil: zu „*linear unstetigen*" Funktionen; Funktionen, „welche in unendlich vielen Punkten einer endlichen Strecke unstetig sind" (1870/1882, 85). Unstetigkeit in einem Punkt $a \in \mathbb{R}$ als Negation von Stetigkeit bedeutet, daß „ε nicht so klein angenommen werden kann, dass $f(a + \delta) - f(a)$ für *alle* δ, die numerisch $< \varepsilon$ sind, numerisch unter jeder beliebig kleinen Größe σ liege" (Hankel 1870/1882, 71). Kurz notiert:

$$\exists \sigma > 0 \; \forall \varepsilon > 0 \; \exists \delta \in (-\varepsilon, +\varepsilon): |f(a+\delta) - f(a)| > \sigma \qquad (9.10)$$

Hankel bezeichnet diese Situation als „Sprung in a, der größer als σ ist", eine Bezeichnung, die wir in der Folge übernehmen und kurz mit $sp_f(a) > \sigma$ bezeichnen wollen (beachte: f ist stetig in $a \Leftrightarrow sp_f(a) = 0$). Er lenkt nun die Aufmerksamkeit auf die Betrachtung der Mengen der Sprungstellen

9 Maß- und Integrationstheorie von Riemann bis Lebesgue 339

(Unstetigkeitsstellen) einer Funktion, wobei er insbesondere Mengen betrachtet, die man modern als $S_\sigma(f) := \{x \in \mathbb{R} : sp_f(x) > \sigma\}$ bezeichnen kann.

Dabei wurde er offenbar von Riemann geleitet, der allerdings die Schwankung von f in Intervallen betrachtete; Hankel aber gibt (ohne darauf hinzuweisen, daß er beschränkte Funktionen im Sinn haben muß) einen Zusammenhang zwischen diesen und *Sprüngen* von f in einzelnen Punkten an. Diesen Zusammenhang wollen wir der Kürze halber in einer modernen Notation darstellen: Sei $\mathcal{I}$ die Menge der Intervalle (deren Art weder bei Riemann noch bei Hankel spezifiziert wurde), $\mathcal{I}_a := \{I \in \mathcal{I} : a \in I\}$, $a \in \mathbb{R}$, und $I \in \mathcal{I}$ ein Intervall. Dann heiße

$$\omega_f(I) := \sup\{f(x) : x \in I\} - \inf\{f(x) : x \in I\} \qquad (9.11)$$

die Schwankung von f im Intervall I. (Auch diese Darstellung ist historisch ungenau: bei Hankel wie bei Riemann wurde die Schwankung als Differenz des größten und des kleinsten Funktionswertes von f in I definiert; erst Darboux hat obige Bezeichnung eingeführt (s.u.).) In dieser Notation läßt sich Hankels Idee nun kurz notieren:

$$\begin{aligned} a \in S_\sigma(f) &\Rightarrow \forall I \in \mathcal{I}_a : \omega_f(I) > \sigma \\ a \notin S_\sigma(f) &\Rightarrow \exists I \in \mathcal{I}_a : \omega_f(I) < 2\sigma \end{aligned} \qquad (9.12)$$

Hier nun stoßen maßtheoretische und topologische Charakterisierungen der Menge der Unstetigkeitsstellen von f aufeinander: wir sehen auf der einen Seite die Menge $S_\sigma(f)$, die für Hankel (modern formuliert) entweder dicht oder aber nirgends dicht in einem Intervall liegen kann (topologischer Aspekt), auf der anderen Seite diejenigen Kollektionen von Intervallen, in denen die Funktion um mehr als σ schwankt (maßtheoretischer Aspekt).

Man erkennt (heute) unschwer, daß - wenn f integrierbar ist - die Mengen $S_\sigma(f)$ (für beliebiges $\sigma > 0$) durch Intervalle beliebig kleiner Gesamtlänge überdeckt werden können, daß also aus der Integrierbarkeit einer Funktion folgt, daß alle $S_\sigma(f)$ Nullmengen sind (wobei wir zurückblickend die damals nicht vorliegende Sprache der Maßtheorie benutzen). Da man aber die Menge $D(f)$ aller Unstetigkeitsstellen von f als $D(f) = \bigcup_{n \in \mathbb{N}} S_{\frac{1}{n}}(f)$ schreiben kann, sieht die Konsequenz - ist f integrierbar, so ist $D(f)$ eine Nullmenge - und die Frage nach einer möglichen Umkehrung dieser Aussage für uns heute naheliegend aus.

Dies war offenbar für Hankel nicht so. Er schlug diesen Weg nicht ein. Stattdessen definierte er:

- Eine „Schaar" von Punkten „erfüllt" eine Strecke [eine Menge von Punkten liegt dicht in einem Intervall], „wenn in der Strecke kein noch so kleines Intervall angegeben werden kann, in dem nicht wenigstens ein Punkt jener Schaar läge" (Hankel 1870/1882, 87).
- Eine Menge liegt „nicht erfüllt" sondern „zerstreut" auf der „Strecke" [nirgends dicht in diesem Intervall], „wenn zwischen je zwei beliebig nahen Punkten der Strecke immer ein Intervall angegeben werden kann, in dem kein Punkt jener Schaar liegt" (Hankel 1870/1882, 87).

Diese Charakterisierung von Mengen benutzt Hankel nun zur Beschreibung der Mengen $S_\sigma(f)$ für ein gegebenes $\sigma > 0$. Er „beweist" die folgenden Aussagen, die wir der Kürze halber leicht modernisieren:

1. Ist $S_\sigma(f)$ nirgends dicht in einem Intervall (a,b), so kann die Gesamtlänge der (Teil-)Intervalle I mit $\omega_f(I) > 2\sigma$ beliebig klein angenommen werden (vgl. Hankel 1870/1882, 87).
2. Kann umgekehrt die Gesamtlänge der Intervalle I mit $\omega_f(I) > \sigma$ beliebig klein angenommen werden, so ist $S_\sigma(f)$ nirgends dicht in (a,b) (vgl. Hankel 1870/1882, 88).

Entsprechend umgekehrte Aussagen finden sich für dichte Mengen $S_\sigma(f)$.

Die erste Aussage ist historisch besonders interessant: im Gegensatz zur zweiten ist sie nämlich *falsch*. Wäre die Aussage richtig gewesen, so wäre nach Riemanns Kriterium jede Funktion f integrierbar, bei der $S_\sigma(f)$ für alle $\sigma > 0$ nirgends dicht liegt. Man hätte mit Hankel feststellen können:

Die in Linien total unstetigen Functionen [„in denen Punkte mit Sprüngen, die eine gewisse endliche Grenze übertreffen, *ganze Intervalle* erfüllen" (Hankel 1870/1882, 91)] sind *niemals*, die punktiert unstetigen [bei denen $\forall \sigma > 0$ Punkte aus $S_\sigma(f)$ nirgends, also die Stetigkeitsstellen dicht liegen, T.H.] *immer* integrabel. (Hankel 1870/1882, 92).

Bereits 1875 aber entdeckte der englische Mathematiker H. J. S. Smith Funktionen f mit einer nirgends dichten Menge von Unstetigkeitsstellen (also insbesondere mit nirgends dichten Mengen $S_\sigma(f)$), die nicht integrierbar und somit Gegenbeispiele zu obiger Aussage sind (vgl. 9.5.2). Diese Beispiele zeigen (zumindest dem modernen Leser), daß nirgends dichte Mengen nicht unbedingt das Maß Null haben (was Hankel in seinem Beweis benutzt).

Beispiele dieser Art führten schließlich zur Erkenntnis, daß topologisch kleine (weil nirgends dichte) Mengen im maßtheoretischen Sinne (entsprechende Überdeckbarkeit) noch lange nicht klein sein müssen und motivierten so die Entwicklung einer eigenen Theorie von Inhalten bzw. Maßen von Mengen (vgl. 9.5). Wären Hankels Aussagen beide richtig gewesen, hätte es einer eigenen maßtheoretischen Sprache zumindest in der Integrationstheorie vorerst nicht bedurft.

Einen wesentlichen Fortschritt im Ausbau von Riemanns Theorie erzielte der französische Mathematiker Gaston Darboux. Darboux - der die Entwicklung der Mathematik in Frankreich wesentlich beeinflußt hat und eine beachtliche wissenschaftsorganisatorische Tätigkeit entfaltete - versuchte in einer Reihe von drei Arbeiten zwischen 1872 und 1879, die französische Mathematiker-Community auf strengere Arbeitsmethoden in der Analysis einzuschwören (vgl. Gispert 1983, Alexander 1995). In diesen Arbeiten zeigte Darboux, der bis 1872 im Schuldienst tätig war, bevor er an seine eigene Ausbildungsstätte, die *École Normale* in Paris zurückkehrte, durch eine Reihe von Gegenbeispielen die Gefahren, die bei Verlaß auf die Anschauung drohen. Er benutzte dabei wesentlich ein Konzept, auf das wir später zurückkommen - das der gleichmäßigen Konvergenz. Aufgrund der maßgeblichen Bedeutung dieses Konzeptes wollen wir ihm in der Folge ein eigenes Kapitel widmen und an dieser Stelle zunächst nur Darboux' Darstellung der Integrationstheorie (vgl. Darboux 1875) diskutieren - seinen wesentlichsten Beitrag zur Propagierung von Riemanns Ideen in Frankreich (neben seiner Übersetzung der Arbeit von Riemann und einer längeren positiven Besprechung von Hankels Arbeit).

Darboux betrachtet explizit nur *beschränkte* Funktionen f (solche mit $A \leq f(x) \leq B$, $A, B, x \in \mathbb{R}$). Für diese zeigt er zunächst einmal, daß für jedes Intervall $[x_0, x_1]$ drei Zahlen m, M und Δ in $\mathbb{R}$ existieren, so daß $m \in \mathbb{R}$ die größte untere bzw. $M \in \mathbb{R}$ die kleinste obere Schranke der Werte von f in $[x_0, x_1]$ ist; $\Delta := M - m$ wird als „*Oszillation*" von f im entsprechenden Intervall definiert (wir erkennen die bisher nicht präzisierte Schwankung von f im Intervall $[x_0, x_1]$). Er verweist deutlich darauf, daß diese Werte selbst von f nicht angenommen werden müssen, daß man also zwischen Minimum und Infimum bzw. Maximum und Supremum von Funktionen klar unterscheiden muß (Hier wie in der Folge sehen wir also Beispiele für Darboux' zusätzliche Strenge!).

Nun lassen sich für beliebige beschränkte Funktionen f, für beliebige Intervalle $[a,b] \subset \mathbb{R}$ und für beliebige Partitionen $a = x_0 < x_1 < ... < x_{n-1} < x_n = b$ dieser Intervalle die Ausdrücke

$$M(n) := M_1\delta_1 + \ldots + M_n\delta_n$$
$$m(n) := m_1\delta_1 + \ldots + m_n\delta_n \qquad (9.13)$$
$$\Delta(n) := \Delta_1\delta_1 + \ldots + \Delta_n\delta_n$$

betrachten, wobei $\delta_i := x_i - x_{i-1}$ $(1 \leq i \leq n)$ die Länge des i-ten Intervalles und m_i, M_i und Δ_i die entsprechenden Grenzen sind (es gilt dann immer, daß $\Delta(n) = M(n) - m(n)$ und $\Delta_i \leq B - A$ ist).

Darboux' großer Wurf: er zeigt die Konvergenz der Werte $M(n)$, $m(n)$ und $\Delta(n)$ (mit $n \to \infty$ und $\delta_i \to 0$) gegen eindeutige endliche Grenzwerte, die nur von a, b und f abhängen. Hier also finden sich erstmalig Ober- und Untersummen, die wir für die Folge, eine Notation Giuseppe Peanos aufgreifend (vgl. Hawkins 1970, 87ff.), kurz als

$$\underline{\int_a^b} f(x)dx = \lim_{n \to \infty} \sum_{i=1}^n m_i\delta_i \quad \text{und} \quad \overline{\int_a^b} f(x)dx = \lim_{n \to \infty} \sum_{i=1}^n M_i\delta_i \qquad (9.14)$$

bezeichnen. Damit aber ergibt sich für Darboux aus dieser Form der Darstellung von Riemanns Gedanken über die Oszillationen von f eine naheliegende Klassifikation beliebiger Abbildungen: eine Einteilung in solche, für die

$$\lim_{n \to \infty} \Delta(n) = \overline{\int_a^b} f(x)dx - \underline{\int_a^b} f(x)dx = 0, \text{ also } \underline{\int_a^b} f(x)dx = \overline{\int_a^b} f(x)dx \qquad (9.15)$$

gilt, und in alle anderen.

Mit diesen Vorarbeiten kommt Darboux nun zu einer Neubetrachtung des Riemann-Integrales: Zu einer Partition $a = x_0 < x_1 < \ldots < x_{n-1} < x_n = b$ mit Intervallen der Länge $\delta_i := x_i - x_{i-1}$ $(1 \leq i \leq n)$ und reellen Zahlen $\theta_i \in [0,1]$ betrachtet er die Darboux-Summen

$$S(n, \delta, \theta) = \sum_{i=1}^n \delta_i f(x_{i-1} + \theta_i\delta_i), \qquad (9.16)$$

die nur von $n, \delta = (\delta_1, \ldots, \delta_n)$ und $\theta = (\theta_1, \ldots, \theta_n)$ abhängen. Da immer

$$f(x_{i-1} + \theta_i\delta_i) \in [m_i, M_i] \qquad (9.17)$$

9 Maß- und Integrationstheorie von Riemann bis Lebesgue 343

gilt, folgt auch, daß $m(n) \leq S(n,\delta,\theta) \leq M(n)$ ist.
Mit anderen Worten:

Satz 2
Die Darboux-Summen konvergieren genau dann gegen einen eindeutigen (von δ und θ unabhängigen) Grenzwert, wenn $\Delta(n)$ gegen Null konvergiert, also wenn $\underline{\int}_a^b f(x)dx = \overline{\int}_a^b f(x)dx$ gilt. (Darboux, 1875)

Diesen Wert definiert Darboux folgerichtig als $\int_a^b f(x)dx$.
Verschiedene Folgerungen lassen sich dann sehr leicht ziehen, etwa

- Jede stetige Funktion ist Darboux-integrierbar (Darboux 1875, 73f.).
- Die Abbildung $x \mapsto \int_a^x f(y)dy$ ist stetig in x (Darboux 1875, 75).
- Sei $F(x) = \int_a^x f(y)dy$. Ist f stetig in x_0, so ist $F'(x_0) = f(x_0)$ (Darboux 1875, 76).

In diesem Zusammenhang ist natürlich noch ein Satz erwähnenswert, der sich im letzten Abschnitt von Darboux' Arbeit findet:

Satz 3
Hat eine Funktion F auf einem Intervall [a, b] eine beschränkte und integrierbare Ableitung $f = F'$, so ist $F(x) - F(a) = \int_a^x f(y)dy$ für alle $x \in (a,b)$.
(Darboux, 1875)

Damit war endlich derjenige Integralbegriff geschaffen, der heute in der Regel Riemann zugeschrieben wird.
Darboux' zuletzt zitierte Aussage muß zudem als zugkräftiges Argument für Riemanns Ansatz gewertet werden: seine schwache Integrierbarkeitsbedingung reicht aus, den Hauptsatz der Differential- und Integralrechnung zu beweisen - Cauchy hatte dazu noch die Stetigkeit der entsprechenden Ableitungen voraussetzen müssen.
Zugleich aber führt diese Aussage zu einem gewissen Problem. Ist nämlich f eine in einem Intervall (a, b) differenzierbare und dort nicht konstante Funktion mit beschränkter Ableitung f', deren Nullstellen dicht in (a, b) liegen, so kann diese Ableitung nicht Riemann-integrabel sein (sonst könnte man in den das Integral definierenden Riemann-Summen stets die Zwischenwerte so

wählen, daß Null der einzig mögliche *eindeutige* Grenzwert und somit
$f(x) - f(a) = \int_a^x f'(t)dt = 0$, also $f(x) = f(a)$ für alle $x \in [a,b]$ wäre).

Mit den Worten des italienischen Mathematikers Ulisse Dini, der diesen Zusammenhang offenbar als erster beobachtete:

Satz 4
Wenn eine endliche und stetige Function F(x), ohne zwischen α und β stets constant zu sein, Maxima und Minima oder Invariabilitätszüge in jedem beliebigen Theil des Intervalls (α, β) aufweist und zugleich ihre Derivirte F'(x) im gewöhnlichen Sinn . . . stets bestimmt und endlich ist, so sind diese Ableitungen in keinem zwischen α und β gelegenen Intervall, welches nicht ein Invariabilitätszug der Function ist (das Intervall (α, β) eingeschlossen), integrirbar.
(Dini 1878/1892, 383)

Kurz darauf - eine Folge der Auseinandersetzung mit den „pathologischen" Funktionen, Gegenbeispielen im Widerspruch zu allzu intuitiven Annahmen - fanden sich dann Beispiele von Abbildungen, die Dinis Gedanken einen konkreten Sinn verliehen: schon 1881 führte Vito Volterra das Beispiel einer nicht-konstanten Funktion f mit beschränkter Ableitung f' vor, die in einer dichten Menge den Wert Null annimmt (vgl. Hawkins 1980, 160). Ein ähnliches Beispiel publizierte 1896 der Schwede Torsten Brodén; dieses basierte auf dem durch Riemann eingeführten und von Hankel perfektionierten Prinzip der Kondensation der Singularitäten (vgl. Hawkins 1980, 161).

Es liegt vielleicht eine gewisse Ironie darin, daß Riemann dieses Prinzip nutzte, um die Allgemeinheit seiner Definition zu zeigen, während etwa Brodéns Anwendung uns (heute) zeigt, daß die Definition nicht allgemein genug war: *Der Prozeß des Ableitens von Funktionen f kann beschränkte Funktionen f' erzeugen, die nicht Riemann-integrierbar sind. Riemann-Integration und Differentation sind nicht vollständig reversibel.*

Hier haben wir einen ersten kritischen Punkt in Riemanns Theorie, der später Henri Lebesgue zu neuen Formulierungen führen sollte. Aus der Einleitung von Lebesgues Dissertation, in der er das „Lebesgue-Integral" entwickelte:

Man kennt die Existenz abgeleiteter Funktionen, die nicht integrierbar sind, wenn man ... die Riemannsche Integraldefinition akzeptiert; die Art der Integration, wie sie von Riemann definiert wurde, erlaubt nicht in jedem Fall, das fundamentale Problem der Integralrechnung zu lösen:

Finde eine Funktion mit bekannter Ableitung.

9 Maß- und Integrationstheorie von Riemann bis Lebesgue 345

Es mag deshalb natürlich erscheinen, eine Definition des Integrals zu suchen, die in einem möglichst großen Bereich die Integration zur inversen Operation zur Differentation macht. (Lebesgue 1902, 203)[3]

Man muß allerdings nochmals darauf verweisen, daß vor Lebesgue keiner der hier genannten obige Resultate zur Kritik an Riemann - dessen Integralbegriff noch immer favorisiert wurde - nutzen wollte. Dennoch kann man sie aber rückblickend als erste Entdeckung von Schwächen auffassen; weitere sollten folgen und schließlich die Entwicklung der Theorie vorantreiben.

9.3.2 Das Problem der gleichmäßigen Konvergenz

Ein weiteres Problem resultierte aus der schon von Fourier benutzten Annahme, daß man konvergente Reihen von Funktionen gliedweise integrieren kann: zu Funktionen $u_i:[a,b] \to \mathbb{R}$ $(i \in \mathbb{N})$ untersuchte man Folgen von Partialsummen $s_n(x) = u_1(x) + \ldots + u_n(x)$ $(n \in \mathbb{N})$, wobei man davon ausging, daß

$$\int_a^b \sum_{i=1}^\infty u_i(x)dx = \sum_{i=1}^\infty \int_a^b u_i(x)dx \qquad (9.18)$$

gilt, daß diese Summen also gliedweise integrierbar sind.
Die Annahme, daß

$$\int_a^b \lim_{n \to \infty} s_n(x)dx = \lim_{n \to \infty} \int_a^b s_n(x)dx \qquad (9.19)$$

ist, daß also Integrations- und Grenzprozeß vertauschbar sind, wurde von vielen Mathematikern bis in die zweite Hälfte des 19. Jahrhunderts hinein bedenkenlos benutzt. Noch 1870 stellt ein Freund von Karl Weierstraß, der Mathematiker Eduard Heine, in einem Aufsatz fest:

> Bis in die neueste Zeit glaubte man, es sei das Integral einer konvergenten Reihe, deren Glieder zwischen endlichen Integrationsgrenzen endlich bleiben, gleich der Summe aus den Integralen der einzelnen Glieder, und erst Herr *Weierstrass* hat bemerkt, der Beweis dieses Satzes erfordere, dass die Reihe in den Integrationsgrenzen nicht nur convergire, sondern dass sie auch in gleichem Grade convergire. (Heine 1870, 353)

---

[3] Wo nicht anders angegeben, stammen die Übersetzungen fremdsprachiger Zitate vom Verfasser.

In der Tat arbeitete Weierstraß in seinen Berliner Vorlesungen klare Bedingungen für die Gültigkeit der obigen Annahme heraus: er führte dort die Unterscheidung zwischen punktweiser und gleichmäßiger Konvergenz ein und formulierte die gleichmäßige Konvergenz als Bedingung für die Vertauschbarkeit von Integration und Grenzwertbildung. Dies blieb aber offenbar zunächst weitgehend unbekannt, bis eben Heine 1870 deutlich darauf hinwies (vgl. Kap. 6.7, Bottazini 1986, 202-208, Hawkins 1970, Kap. 2.1).

Unter anderem auf Heines Arbeit wiederum bezieht sich - und hier nehmen wir einen alten Faden wieder auf - Gaston Darboux, der (wie bereits erwähnt) in seinem schon diskutierten *Mémoire* von 1875 die gleichmäßige Konvergenz von Reihen ausgiebig diskutiert. Er beginnt diese Diskussion mit der bereits damals bekannten

Definition 2

Die Reihe $\sum_{k=1}^{\infty} u_k(x)$ konvergiert im Intervall [a, b] gleichmäßig

$$:\Leftrightarrow \forall \varepsilon > 0 \exists N \in \mathbb{N} : n \geq N \Rightarrow |R_n(x)| := \left| \sum_{k=n}^{\infty} u_k(x) \right| < \varepsilon \, \forall x \in [a,b], \quad (9.20)$$

die er verbal formulierte: die „Reste" sollen gleichmäßig klein werden.

Für gleichmäßig konvergente Reihen referiert er dann den Erhalt von Stetigkeit und Integrierbarkeit: *Sind alle u_n stetig (bzw. integrierbar) in einem Intervall und konvergiert die Reihe gleichmäßig gegen eine Funktion u, so ist u in diesem Intervall stetig (bzw. integrierbar).*

Der Wert von Darboux' Arbeit in diesem Zusammenhang liegt vielleicht in der Vielzahl erhellender Beispiele. So zeigt bereits Darboux' erstes Beispiel, daß die gleichmäßige Konvergenz für die Stetigkeitsaussage nicht notwendig ist:

$$f(x) := x^2 e^{-x^2} = \sum_{n=1}^{\infty} \left[n^2 x^2 e^{-n^2 x^2} - (n+1)^2 x^2 e^{-(n+1)^2 x^2} \right]. \quad (9.21)$$

Diese Reihe konvergiert im Intervall (0, 1) nicht gleichmäßig. Es ist nämlich $R_n(x) = n^2 x^2 e^{-n^2 x^2}$, also $R_n\left(\frac{1}{n}\right) = \frac{1}{e}$, die Reste werden also nicht gleichmäßig klein. Dennoch ist die Grenzfunktion stetig.

Ein weiteres Beispiel Darboux' ist in unserem Zusammenhang interessanter, zeigt es doch einen Fall, in dem Integration und Grenzwertbildung nicht vertauschbar sind:

9 Maß- und Integrationstheorie von Riemann bis Lebesgue 347

$$f(x) := -2xe^{-x^2} = \sum_{n=1}^{\infty}\left[-2n^2xe^{-n^2x^2} + 2(n+1)^2 xe^{-(n+1)^2 x^2}\right] \quad (9.22)$$

Integriert man die Grenzfunktion von 0 bis a, erhält man den Wert $e^{-a^2} - 1$, während die Summe der Einzelintegrale den Wert $\sum_{n=1}^{\infty}\left[e^{-n^2 a^2} - e^{-(n+1)^2 a^2}\right]$, also e^{-a^2} hat. Auch diese Reihe konvergiert nicht gleichmäßig.

Riemann-Integrale übertragen sich also in der Tat nicht automatisch bei Grenzprozessen!

Man muß an dieser Stelle noch kurz erzählen, wie dieses Problem weiter behandelt wurde: es lag zunächst in den Händen von Cesare Arzelà, einem Schüler Dinis, das obige Ergebnis zu verallgemeinern. Arzelà konnte zeigen: konvergiert eine Folge gleichmäßig beschränkter, Riemann-integrabler Funktionen gegen eine Riemann-integrable Grenzfunktion, so gilt die Vertauschbarkeit von Integral und Limesbildung (vgl. etwa Hawkins 1980, 163).

Besondere Erwähnung verdient an dieser Stelle auch der amerikanische Mathematiker William Fogg Osgood, der im August 1896 eine Arbeit präsentierte (Osgood 1897), in der er gewisse Resultate Lebesgues vorwegnahm. Er untersuchte Folgen von Funktionen $s_n : [a,b] \to \mathbb{R}$, die in [a, b] stetig sind (wie etwa die Summen $s_n(x) = u_1(x) + \ldots + u_n(x)$ in [a, b] stetiger Funktionen u_i) und dort punktweise gegen eine stetige Grenzfunktion konvergieren [diese Bedingungen nannte er „Conditions (A)"].

Als Beispiel für eine Folge von Funktionen, die zwar den „Conditions (A)" genügen, aber nicht gleichmäßig konvergieren, kann man Osgoods Beispiel

$$s_n(x) = \frac{n^2 x}{1 + n^3 x^2}, \quad f(x) = 0, \quad x \in [0,1] \quad (9.23)$$

nennen: mit wachsendem n zeigt der Funktionsgraph eine zunehmend höhere und schlankere Spitze in der Nähe der Null (vgl. Osgood 1897, 156). Osgood definiert: „$s_n(x)$ hat unendliche Spitzen in der Umgebung des Punktes $x = 0...$ Ein Punkt x_0, in dessen Umgebung $s_n(x)$ unendliche Spitzen hat,... heiße X-Punkt" (Osgood 1897, 157). Er kann zeigen:

Satz 5
Ist $s_n(x)$ eine Funktion von x, die den Conditions (A) genügt, (a, b) ein beliebiges Intervall ohne X-Punkte, und sind $x_0 < x_1$ zwei Punkte in diesem Inter-

vall, so gilt $\int_{x_0}^{x_1} lim_{n\to\infty} s_n(x)dx = lim_{n\to\infty} \int_{x_0}^{x_1} s_n(x)dx$. *Ist* $s_n(x)$ *in Form einer Reihe* $s_n(x) = u_1(x) + ... + u_n(x)$ *gegeben, sagt man, diese Reihe sei gliedweise integrierbar.* (Osgood 1897, 182)

Mit anderen Worten: ist eine Folge stetiger Funktionen mit einer stetigen Grenzfunktion gleichmäßig beschränkt, so folgt die Vertauschbarkeit von Integrations- und Grenzprozeß. In diesem Zusammenhang sei übrigens darauf hingewiesen, daß man ohne Forderungen an die Grenzfunktion nicht auskommt. So findet sich - in einem anderen Kontext und nicht als Kritik an Riemann gedacht - in einer Arbeit von René Baire aus dem Jahre 1899 das Beispiel einer gleichmäßig beschränkten Folge Riemann-integrabler Funktionen, deren Grenzfunktion nicht Riemann-integrabel ist (vgl. Hawkins 1980, 163). Bei Lebesgues Integral auf beschränkte Mengen dagegen - dieser Vorgriff sei erlaubt - reicht es aus, daß die Lebesgue-integrablen Funktionen f_n gleichmäßig beschränkt sind; die Lebesgue-Integrierbarkeit der Grenzfunktion und die Vertauschbarkeit von Integration und Grenzprozeß folgen dann schon. *Im Gegensatz zum Riemann-Integral überträgt sich also Lebesgues Integral (unter sehr allgemeinen Bedingungen) bei Grenzprozessen.*

Lebesgues Entdeckungen zeigen also, daß sogar der „allgemeinste" Riemannsche Integrationsbegriff noch zu verallgemeinern war - eine Einsicht, die vor der Neuformulierung der Integrationstheorie in der Sprache von Mengen und Maßen nicht denkbar war.

9.3.3 Mehrdimensionale Integration

Ein letztes, für die Entwicklung der Integrationstheorie wichtiges Problem resultierte aus der Frage, wie man Funktionen $f: \mathbb{R}^n \to \mathbb{R}$ mehrerer Veränderlicher behandeln sollte. Was etwa sollte

$$\int_A f(x,y)da, \, A \subseteq \mathbb{R}^2 \qquad (9.24)$$

($A \subseteq \mathbb{R}^2$ ein Gebiet der Ebene) sein?
 Es lag zunächst natürlich nahe, die eindimensionalen Partitionen von Intervallen in Teilintervalle durch Partitionen der Ebene in Rechtecke R_{ij} mit der Fläche $a(R_{ij}) = \Delta x_i \Delta y_j$ zu ersetzen und Cauchy-Riemann-Summen der Art

9 Maß- und Integrationstheorie von Riemann bis Lebesgue 349

$$\sum f(x_i, y_j) \, a(R_{ij}), \quad (x_i, y_j) \in R_{ij} \quad (9.25)$$

zu betrachten. Über welche Rechtecke aber sollte summiert werden? Über alle Rechtecke, die komplett in A enthalten sind? Oder über alle Rechtecke, die Punkte aus A enthalten?

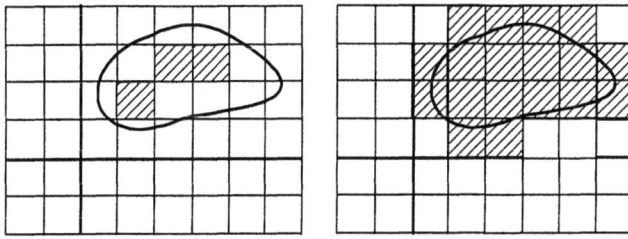

Abbildung 9.2: Mehrdimensionale Integration

Typischerweise ging man davon aus, daß die Gesamtfläche derjenigen Rechtecke, die die Grenzkurve berühren (derjenigen, über die bei der zweiten Methode zusätzlich summiert wird), mit wachsender Feinheit der Partition gegen Null konvergiert, weshalb letztlich beide Varianten zum gleichen Resultat führen sollten (vgl. Hawkins 1970, Kap. 4.1). Spätestens mit der Entdeckung einer stetigen, durch alle Punkte $(x, y) \in [0,1]^2$ laufenden Kurve durch Giuseppe Peano (1890) aber wurde diese Überlegung kritisch: die obige Hilfsannahme mußte genauer hinterfragt werden.

Welche Voraussetzungen muß man an das Gebiet A (bzw. seinen Rand) stellen, um eine eindeutige und befriedigende Definition des Integrals zu erhalten?

Wir werden im folgenden Abschnitt sehen, wie es dem französischen Mathematiker Camille Jordan zwei Jahre nach der Publikation von Peanos Kurve gelang, die Begriffe zu präzisieren und damit einen neuen Weg in die Integrationstheorie zu weisen. Obwohl Jordan, wie wir gleich sehen werden, der alten Darstellung der Integrationstheorie eng verhaftet blieb, zeigte er erstmals einen wichtigen Zusammenhang: den Zusammenhang zwischen Maß- und Integrationstheorie.

Doch zuvor sei ein kurzes Resümee der Auseinandersetzungen mit Riemanns Integral erlaubt. Diese Auseinandersetzungen trugen zunächst einmal deutlich zu seiner Präzisierung (insbesondere durch Darboux) bei. Gleichzeitig aber offenbarten sich - im Nachhinein und bei Kenntnis der Resultate Lebesgues - auch Schwächen des zunächst für denkbar allgemein gehaltenen Integrationsbegriffes:

1. Es gibt Funktionen, deren beschränkte Ableitung f' nicht Riemann-integrabel ist; Riemann-Integration und Differentation sind also nicht vollständig reversibel.
2. Riemann-Integrierbarkeit überträgt sich nicht automatisch bei Grenzprozessen: die Grenzfunktion f einer Folge Riemann-integrierbarer Funktionen f_n muß nicht Riemann-integrierbar sein. Selbst wenn sie dies ist: die Folge der Integrale $\int_a^b f_n(x)dx$ kann gegen einen von $\int_a^b f(x)dx$ verschiedenen Grenzwert konvergieren.
3. Für das Problem der mehrdimensionalen Integration gab es keine befriedigende Lösung.

9.4 Integration im Umbruch: C. Jordan

Während die Rolle, welche die Funktion f im bestimmten Integral spielt, durch die Arbeiten Riemanns und Darboux' vollständig geklärt wurde, sah es mit dem Integrationsgebiet also anders aus (vgl. 9.3). Mit den Worten Camille Jordans: „Der Einfluß der Art des Gebietes scheint nicht mit der gleichen Sorgfalt untersucht worden zu sein." (Jordan 1892, 427)

Hier ist sein Ansatzpunkt: in der mengentheoretischen Untersuchung des Integrationsgebietes. Aus diesem Grund entwickelt er zunächst eine Theorie der Inhalte von Teilmengen des $\mathbb{R}^n$.

Seine Ausführungen dazu betreffen den Fall $n = 2$, anschaulich gesprochen also Teilmengen der Ebene (obwohl sie allgemeingültig sind). Sei also $E \subset \mathbb{R}^2$ ein beschränktes Gebiet der Ebene. Diese sei in Quadrate der Kantenlänge r zerlegt, deren Kanten parallel zu den Koordinatenachsen verlaufen.

Jordans Vorgehen scheint nun deutlich motiviert durch das im letzten Abschnitt beschriebene Vorgehen bei der mehrdimensionalen Integration zu sein: er betrachtet zu einer Zerlegung Z mit Kantenlänge r einerseits die Vereinigung S derjenigen Quadrate, die komplett in E liegen (also keine Punkte aus dem Komplement E^c enthalten), andererseits die Vereinigung $S + S'$ aller Quadrate, die überhaupt Punkte aus E enthalten. Die Differenz S' dieser Mengen besteht gerade aus denjenigen Quadraten, die den Rand $\partial(E)$ von E überdecken (dieser ist als Menge der Punkte definiert, die in E oder E^c liegen und zugleich Häufungspunkt der jeweils anderen Menge sind. Randpunkte zeichnen sich also dadurch aus, daß in jedem beliebig kleinen Kreis darum herum Punkte aus E und aus E^c liegen).

9 Maß- und Integrationstheorie von Riemann bis Lebesgue 351

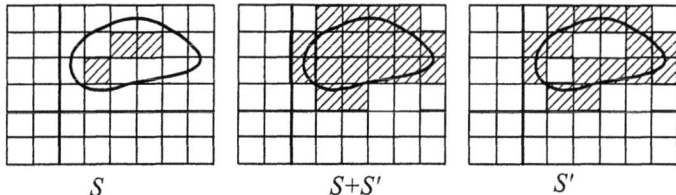

S $S+S'$ S'

Abbildung 9.3: Jordans Zerlegung

Alle diese Mengen haben wohldefinierte Flächeninhalte, welche sich aus dem Produkt der Anzahl der Quadrate und r^2 errechnen. Jordan zeigt:

Satz 6
Variiert man die Zerlegung der Ebene in der Art, daß r gegen Null konvergiert, so nähern sich die Flächeninhalte von S und S + S' festen Grenzwerten A und a. (Jordan, 1892)

Der Beweis ist nicht nur sehr anschaulich-geometrisch, sondern er erinnert auch deutlich an das altbekannte Vorgehen: man partitioniert das Integrationsgebiet und verfeinert diese Partitionen.

Stimmen nun die Größen A und a überein, so muß die Fläche der Menge S', die den Rand von E überdeckt, gegen Null konvergieren, was die folgende Definition motiviert:

Definition 3
Sei $E \subset \mathbb{R}^2$ eine beschränkte Menge. Dann heißt $A\left[=:\underline{\mathrm{I}}(E), \mathrm{T.H.}\right]$ innerer Inhalt von E, $a\left[=:\overline{\mathrm{I}}(E), \mathrm{T.H.}\right]$ äußerer Inhalt von E und E heißt meßbar, wenn $A = a$ ist. In diesem Fall definiert man $\mathrm{I}(E) := A = a$ als Inhalt von E. (Jordan, 1892)

Die Annahme aus dem letzten Abschnitt ist daher genau die Meßbarkeit von E. Damit ist ein Integral $\int_E f(x,y)\,de$ aus einer naheliegenden Verallgemeinerung der Cauchy-Riemann-Summen zu gewinnen, wenn nur E meßbar ist.

Sei nun $f:\mathbb{R}^2 \to \mathbb{R}$ eine auf dem Inneren einer meßbaren Menge $E \subset \mathbb{R}^2$ beschränkte Funktion. Was ist dann das Jordan-Integral von f über E, $\int_E f(x,y)\,de$?

Nun: Jordan zerlegt zunächst die Menge E in endlich viele meßbare disjunkte Mengen; $E = \sum_{k=1}^{m} E_k$ sei diese Partition P von E. Mit

$$M_k := \sup\{f(x) : x \in E_k\}, 1 \leq k \leq m \qquad (9.26)$$

und

$$m_k := \inf\{f(x) : x \in E_k\}, 1 \leq k \leq m \qquad (9.27)$$

definiert er dann direkte Verallgemeinerungen der Darbouxschen Unter- und Obersummen (vgl. Kap. 9.3.1):

$$s(P) := \sum_{k=1}^{m} m_k \mathrm{I}(E_k), \quad S(P) := \sum_{k=1}^{m} M_k \mathrm{I}(E_k). \qquad (9.28)$$

Die Analogie zu Darboux liegt auf der Hand: es werden lediglich aus Intervallen mit ihrer Länge meßbare Mengen mit ihrem Inhalt gemacht. Jordan bezieht sich auch explizit auf Darboux:

> Herr Darboux hat gezeigt: Variiert man die Zerlegung in der Art, daß die Durchmesser ihrer Elemente gegen Null konvergieren, so streben S [= $S(P)$, T.H.] und s [= $s(P)$, T.H.] gegen feste Grenzen, (Jordan 1892, 440)

eine Aussage, die er erneut (in der verallgemeinerten Terminologie) beweist, wobei er *lim S = T* und *lim s = t* setzt. Diese Grenzwerte definiert er dann als Ober- bzw. Unterintegral (die Übertragung auf den mehrdimensionalen Fall ist naheliegend):

Definition 4
t heißt Integral „par defaut" (Unterintegral), *T heißt Integral „par excès"* (Oberintegral). *f heißt integrierbar, wenn Unter- und Oberintegral übereinstimmen. Der Wert* $\int_E f(x,y) de := t = T$ *heißt dann Integral von f.* (Jordan, 1892)

Beschränken wir uns auf den Fall $n = 1$, so erkennen wir neben der eben herausgestellten Kontinuität - Jordans Integral steht völlig in der Darbouxschen Tradition - auch eine gewisse Verallgemeinerung: bei der Definition möglicher Partitionen. Während Darboux ein Intervall [*a, b*] in endlich viele Teilintervalle aufteilt, läßt Jordan beliebige meßbare Mengen (und damit insbesondere

Intervalle) zu. Damit kann man sich nun aber leicht überlegen, daß jede (Riemann-) Darboux-integrierbare Funktion auch Jordan-integrierbar ist.

Diese Überlegung suggeriert im übrigen eine naheliegende Frage: Kann man eine neue Verallgemeinerung des Integralbegriffes erhalten, wenn man die Menge möglicher Partitionen durch eine Erweiterung des Kreises meßbarer Mengen vergrößert?

Zur Beantwortung dieser Frage diskutieren wir im nächsten Kapitel die Entwicklung der Maßtheorie genauer. Wir werden dann sehen, wie die Kombination von Jordans Ideen mit Borels Ideen über meßbare Mengen in der Dissertation von Lebesgue eine fruchtbare Symbiose eingingen.

Jordan übernahm nämlich seine Resultate fast wörtlich in die zweite Auflage seines berühmten Lehrbuches *Cours d'Analyse de l'École Polytechnique* (Jordan 1893, 18-45), weshalb sie - insbesondere in Frankreich - sehr schnell bekannt wurden: der *Cours d'Analyse* war sehr weit verbreitet - und er wurde unter anderem von Emile Borel und Henri Lebesgue gelesen. In den Worten Lebesgues, der von 1894 bis 1897 an der École Normale studierte:

Dadurch, daß ... [Jordan, T.H.] bestimmte Teile der Theorie der Mengen in seinen *Cours* der *École Polytechnique* eingebaut hat, hat ... [er, T.H.] diese Theorie in einer gewissen Weise rehabilitiert; er hat bekräftigt, daß sie eine mathematische Teildisziplin ist. Er hat mehr getan, als dies zu bekräftigen, er hat es nachgewiesen durch seine Forschungen über das Maß von Flächen und Mengen, über die Integration, die wie ... [weitere seiner Studien, T.H.] bestimmte Arbeiten gut vorbereitet haben, speziell meine. (Lebesgue 1922, 102)

Jordan - einer der etablierten französichen Mathematiker um die Jahrhundertwende - hatte die mengentheoretische Annäherung an die Analysis geprüft und für gut befunden. Die Konsequenzen werden wir in den beiden nächsten Abschnitten sehen.

9.5 Die Entwicklung der Maßtheorie

9.5.1 Verwirrungen

Wir haben in 9.3.1 im Zusammenhang mit der Arbeit von Hermann Hankel bereits die Verwirrung gesehen, die über bestimmte Arten von Mengen herrschte. Hankel hatte versucht, die „Größe" von bestimmten Ausnahmemengen - Mengen der Unstetigkeitspunkte einer Funktion - zu beschreiben und war dabei unter anderem davon ausgegangen, daß nirgends dichte Mengen mit solchen übereinstimmen, die durch Intervalle beliebig kleiner Gesamtlänge überdeckt werden können.

Zur Vereinfachung unserer Darstellung definieren wir:

Definition 5: *Nullmenge*
Eine Menge $A \subset \mathbb{R}$ hat das Maß [den Inhalt] Null (oder: sie ist Nullmenge/hat keinen Inhalt), wenn sie durch abzählbar [endlich] viele Intervalle beliebig kleiner Gesamtlänge überdeckt werden kann, wenn also für alle $\varepsilon > 0$ eine Menge von Intervallen $\{I_m : m \in M\}$, $M \subseteq \mathbb{N}$ eine abzählbare [endliche] Indexmenge, existiert, so daß $A \subset \bigcup_{m \in M} I_m$ und $\sum_{m \in M} l(I_m) < \varepsilon$, wobei $l(I_m)$ die Länge des Intervalles I_m sei.

Hankels Irrtum: topologisch kleine (weil nirgends dichte) Mengen sind auch maßtheoretisch klein (weil vom Maße Null) und umgekehrt.[4]

Wäre allerdings der Begriff der Nullmenge äquivalent zu dem einer nirgends dichten Menge gewesen, hätte es einer eigenen Sprache bzw. auf dem Begriff der Nullmenge aufbauenden Theorie nicht bedurft. Die Notwendigkeit einer solchen Theorie aber wurde bald erkannt: mit der Entdeckung nirgends dichter Mengen, die keine Nullmengen sind.

9.5.2 Die Entdeckung nirgends dichter Mengen mit „Inhalt" und erste Ansätze zu einer Theorie der (äußeren) Maße

Schon im Jahre 1875 publizierte der englische Mathematiker Henry J. Stephen Smith, Professor in Oxford, ein entsprechendes Beispiel (Smith 1875) - das allerdings zunächst offenbar nicht als solches erkannt wurde.

Smith - der auf dem Kontinent studiert hatte und dank seiner Sprachkenntnisse in der Lage war, die neuesten Entwicklungen zu verfolgen - hatte sich hauptsächlich mit Fragen der Integrierbarkeit, insbesondere einer Präzisierung von Riemanns Kriterium beschäftigt. Die theoretische Relevanz seines in diesem Rahmen diskutierten Beispiels scheint seinen Lesern und vielleicht sogar ihm selbst deshalb zunächst entgangen zu sein.

Smith hatte sich - wohl angeregt von Hankel - mit Sprungstellen von Funktionen befaßt und erneut gefragt, was passiert, wenn für ein $\sigma > 0$ unendlich viele Stellen mit Sprüngen größer als σ in einem endlichen Intervall auftreten. Unter explizitem Verweis auf Hankel führte er zur Klassifikation der verschiedenen möglichen Situationen dessen Unterscheidung von dichten und nirgends

---

[4] Ähnliche Verwirrung hat es auch um einen Begriff Georg Cantors gegeben, dem der ''Menge von *n*-ter Art'' (vgl. Kap. 10): welche Beziehungen zwischen diesen Mengen, Nullmengen und nirgends dichten Mengen gelten, war offenbar zunächst unklar (vgl. Hawkins 1980, 168 und Knobloch 1983, 326).

9 Maß- und Integrationstheorie von Riemann bis Lebesgue 355

dichten Mengen ein, Mengen „in close order" und Mengen „in loose order". Im Gegensatz zu Hankel war ihm aber bewußt, welch komplizierte Gestalt nirgends dichte Mengen haben können. So ergibt eines seiner diesbezüglichen Beispiele eine Menge, die nicht mit Intervallen beliebig kleiner Gesamtlänge überdeckt werden kann. Da auch die später entdeckten Beispiele auf derselben Grundidee basieren, der Herausnahme von Intervallen mit einer Gesamtlänge kleiner als 1 aus dem Einheitsintervall, wollen wir es hier ausführlicher diskutieren.

Wir betrachten mit Smith zu einer natürlichen Zahl $m > 2$ das folgende Verfahren[5]:

- Teile im ersten Schritt das Intervall in m gleichgroße Teilintervalle. Das letzte dieser Intervalle, wir wollen es als I_1 bezeichnen (und, Smith ergänzend, als offen annehmen), werde in dem Sinne „ausgezeichnet", daß es aus dem weiteren Verfahren ausgeschlossen bleibe. Es hat die Länge $\frac{1}{m}$.

- Im zweiten Schritt teile man die verbleibenden $(m-1)$ Teile in m^2 Teilintervalle der Länge $\frac{1}{m}\frac{1}{m^2}$, von denen jeweils die letzten wieder „ausgeschlossen" werden; diese seien die offenen Intervalle $I_2, \ldots, I_m$.

- Die $(m-1)(m^2-1)$ verbleibenden Intervalle werden dann in m^3 Teile zerlegt, deren jeweils letzte erneut ausgewählt werden u.s.w.

Nach k Schritten haben wir somit

$$N(k) = 1 + (m-1) + (m-1)(m^2-1) + \ldots + (m-1)(m^2-1)\ldots(m^{k-1}-1) \qquad (9.29)$$

disjunkte Intervalle $I_1, \ldots, I_{n(k)}$ ausgeschlossen. Diese haben die Gesamtlänge

$$l\left(\sum_{n=1}^{N(k)} I_n\right) = 1 - \left(1 - \frac{1}{m}\right)\left(1 - \frac{1}{m^2}\right)\ldots\left(1 - \frac{1}{m^k}\right). \qquad (9.30)$$

Man sieht nun leicht, was bei unendlicher Fortsetzung des Verfahrens passiert: Egal, welches Teilintervall von [0, 1] wir wählen: es existiert immer ein Teil-

---

[5] Smith' Beispiel erinnert deutlich an die berühmte „Cantor-Menge", die von Cantor im Jahre 1883 in einer Anmerkung als Beispiel einer perfekten (in sich dichten und abgeschlossenen) Menge, die in keinem Intervall dicht liegt, publiziert wurde (Cantor 1883b). Ob Cantor Smith' Arbeit kannte, ist (mir) unklar.

Intervall I_n davon, welches mit obiger Konstruktion ausgeschlossen wurde. Mit anderen Worten: die Menge $X := [0,1] \setminus \sum_{n=1}^{\infty} I_n$ liegt nirgends dicht in [0, 1]. Da aber die Länge der ausgeschlossenen Intervalle gegen den Wert $1 - \prod_{k=1}^{\infty} \left(1 - \frac{1}{m^k}\right) < 1$ konvergiert, kann X nicht durch Intervalle beliebig kleiner Gesamtlänge überdeckt werden.

Smith selbst zieht allerdings einen etwas anderen Schluß: er betrachtet die Menge Q der Intervallendpunkte, eine Teilmenge der nirgends dichten Menge X (die ebenfalls nirgends dicht im Einheitsintervall liegt) und zeigt: eine Funktion f, die in Q endliche Sprünge macht, ist nicht integrierbar.

Dieses Beispiel verdient damit - so Smith - deshalb Beachtung, weil es Hankels Theorie unstetiger Funktionen widerspricht. Smith erwähnt Hankels auch von uns diskutierte Unterscheidung dichter und nirgends dichter Mengen, die er übernommen habe. Er diskutiert dann Hankels Beweis der Aussage, daß jede nirgends dichte Menge durch Intervalle beliebig kleiner Gesamtlänge überdeckt werden könne. Man müsse anerkennen, daß der Beweis für endliche Mengen gültig sei. Die angeführte Konstruktion höre aber im Falle unendlicher Mengen auf, dem Geist ein klares Bild zu vermitteln (wie Smith' eigenes Beispiel zeigt, ist sie falsch). Ob wir seiner Aussage aber glauben oder nicht: die Folgerung, daß jede Funktion mit einer nirgends dichten Menge von Unstetigkeitsstellen integrierbar sei, müsse - aufgrund des obigen Beispiels - auf jeden Fall verworfen werden.

Smith' vorsichtige Formulierung scheint mir ein klares Indiz dafür zu sein, daß er selber die Konsequenz aus seinem Beispiel nicht vollständig überblickt hat - ebensowenig wie zunächst seine Zeitgenossen.

Auch in Deutschland - wo die Arbeit von Smith offenbar ebenso wie eine Arbeit mit einem Beispiel von Vito Volterra (vgl. Knobloch 1983, 327-329) weitgehend unbekannt geblieben war - kristallisierten sich zu Beginn der achtziger Jahre neue Erkenntnisse.

Neben Paul Du Bois-Reymond, der bereits 1880 und erneut 1882 auf die Bedeutung nirgends dichter und dennoch nicht entsprechend überdeckbarer Mengen hinwies (vgl. Du Bois-Reymond 1882/1968, 188, wo eine zu Smith ähnliche Konstruktion referiert wird) war es auch Axel Harnack, der in diesem Zusammenhang zu nennen ist.

Harnack interessierte sich zunächst für das Problem der trigonometrischen Reihen und die Darstellbarkeit „willkürlicher" Funktionen. In einer Arbeit von 1880 nahm er sich dieses Problems an - motiviert durch den Hinweis Weierstraß', daß gleichmäßige Konvergenz eine wichtige Rolle in der bisherigen Theorie gespielt habe (vgl. 9.3.2). In dieser Arbeit spielen Mengen, deren Punkte man „in Intervalle von endlicher Länge einzuschließen [vermag, T.H.], deren Summe beliebig verkleinert werden kann" (Harnack 1880, 128), eine

9 Maß- und Integrationstheorie von Riemann bis Lebesgue 357

wichtige Rolle. Auch Harnack war allerdings zunächst einer Begriffsverwirrung erlegen.[6]

Diese Verwirrung scheint sich aber schnell gelegt zu haben: bereits 1881 publizierte Harnack ein Lehrbuch über *Die Elemente der Differential- und Integralrechnung* (Harnack 1881), in dessen Kapitel über „Allgemeine Sätze über das bestimmte Integral als Grenzwert einer Summe" sich eine äußerst klare Darstellung der Begriffe findet. Nach der Definition des Riemann-Integrales analysiert Harnack wie Hankel diejenigen Mengen, in deren Elementen f nicht stetig ist; für solche Mengen mit unendlich vielen Elementen führt er dann eine Klassifikation ein: in solche, deren Inhalt (offenbar dachte er implizit an endlich viele Intervalle) gleich Null ist (diese nennt er „discret") und in alle anderen (die er „linear" nennt).

In der Folge werden diese Begriffe dann auf die Integrationstheorie angewandt, wozu zunächst - da „discrete" Mengen auch nirgends dicht liegen, in enger Analogie zu den Begriffen Hankels - „*punktiert unstetige*" von „*linear unstetigen*" Funktionen unterschieden werden: f heißt punktiert unstetig, wenn für alle $\sigma > 0$ die Menge $S_\sigma(f)$ der Stellen, an denen Sprünge größer als σ vorkommen (vgl. 9.3.1) diskret ist, also keinen Inhalt hat, wenn diese Mengen „linear" sind, dagegen linear unstetig. Damit korrigiert Harnack nun Hankel, indem er Riemanns Satz über die Integrierbarkeit in einer neuen Sprache formuliert:

Satz 7
Die in einem Intervalle punktirt unstetigen Functionen sind integrirbar ... Die linear unstetigen Functionen sind nicht integrirbar. (Harnack 1881, 262)

Das Integral $\int_a^b f(x)dx$ existiert also genau dann, wenn der Inhalt aller Mengen $S_\sigma(f)$ Null ist.

Die Gedanken zur Inhaltstheorie wurden weitergeformt in den Händen von Georg Cantor, der im vierten Teil seiner Abhandlung *Über unendliche lineare Punktmannichfaltigkeiten* darauf eingeht:

> Bei Untersuchungen, welche die Herren Du Bois-Reymond und Harnack über gewisse Verallgemeinerungen von Sätzen der Integralrechnung angestellt haben, werden lineare Punktmengen gebraucht, welche die Beschaffenheit haben, daß sie sich in eine endliche Zahl von Intervallen einschließen lassen, *so daß die Summe aller Intervalle kleiner ist als eine beliebig vorgegebene Größe.* (Cantor 1883a, 160)

---

[6] Er identifizierte Mengen vom Inhalt bzw. Maß (diese Unterscheidung traf er nicht) Null mit Mengen von n-ter Art (wobei er sich offenbar mit Cantor im Einklang glaubte), um dann einen Satz Cantors anzuwenden, der diese Mengen betraf.

Als notwendige Bedingung für diese Eigenschaft (die Mengen haben keinen Inhalt) charakterisiert Cantor diejenige, daß die Menge „in keinem noch so kleinen Intervalle dicht sei" (ibid.), eine Bedingung, die er allerdings nicht für hinreichend hält (was, wie wir gesehen haben, stimmt).

Kurz darauf stellte sich Cantor dem Problem der Inhaltsbestimmung erneut. Im sechsten Teil der genannten Abhandlung (Cantor 1884) entwickelt er eine Inhaltstheorie, in der er Inhalte definiert, die man modern als äußere Inhalte bezeichnen kann.[7]

Axel Harnack verdient im übrigen am Ende dieses Überblicks noch eine weitere kurze Bemerkung. 1885 veröffentlichte er nämlich eine Untersuchung *Ueber den Inhalt von Punktmengen*, in der er (offenbar als erster) deutlich die Beschränkung auf *endlich* viele überdeckende Intervalle in der Definition „discreter" Mengen - Mengen „vom Inhalt Null" (Harnack 1885, 241) - betont. „Um Missverständnisse zu vermeiden" (Harnack 1885, 242), referiert er anschließend die Überlegung, daß „in gewissem Sinne jede 'abzählbare' Punktmenge die Eigenschaft hat, daß sich sämtliche Punkte in Intervalle einschliessen lassen, deren Summe beliebig klein ist" (Harnack 1885, 242). Am Beispiel aller rationalen Zahlen im Einheitsintervall (die dort dicht liegen) führt er aus, daß man alle Punkte $a_1, a_2, \ldots$ einer abzählbaren Punktmenge mit disjunkten Intervallen der Länge $\varepsilon_1, \varepsilon_2, \ldots$ überdecken und dabei die Intervallängen so wählen kann, daß $\sum_{i=1}^{\infty} \varepsilon_i = \delta$ ist, wobei man sich die Größe $\delta > 0$ beliebig vorgeben kann.

Damit aber entsteht - beschränkt man sich nicht auf endlich viele Intervalle - eine kuriose Situation: topologisch große (weil dicht liegende) Mengen sind maßtheoretisch klein (weil Nullmengen).

Wir werden in der Folge sehen, wie gerade diese Gedanken für die weitere Entwicklung entscheidend wurden: in den Gedanken von Emile Borel.

---

[7] Zeitgleich zu Cantor und unabhängig von diesem finden sich ähnliche Überlegungen bei dem österreichischen Mathematiker Otto Stolz. Stolz, der Harnacks Arbeiten für das *Jahrbuch über die Fortschritte der Mathematik* rezensiert hatte, veröffentlichte 1884 einen Aufsatz (Stolz 1884), in dem er ebenfalls - und augenscheinlich unabhängig von Cantor - eine Theorie der äußeren Maße entwickelte, wobei er Harnacks Ideen explizit aufgriff.

9.5.3 Borels Maße

Emile Borel, der am 07.01.1871 als Sohn eines Dorfpfarrers geboren wurde, trat 1889 in die *École Normale Supérieure* in Paris ein, absolvierte diese 1893 und wurde dort 1894 promoviert. Im Jahre 1909 wurde er Professor für Funktionentheorie (das Gebiet, über das er bereits promoviert hatte) an der *Sorbonne*, wo er 1920 den Lehrstuhl für Wahrscheinlichkeitsrechnung und mathematische Physik übernahm.

Neben seinem politischen Engagement (er war ab 1924 Mitglied der Abgeordnetenkammer und 1925 sogar Marineminister) entfaltete er eine beachtliche wissenschaftsorganisatorische Tätigkeit: so war er der Begründer einer Serie von einflußreichen Monographien über Funktionentheorie und ihre Anwendungen, später noch Initiator eines vielbändigen Werkes über Wahrscheinlichkeitsrechnung und ihre Anwendungen. Auf seine Initiative hin wurde 1928 das *Institut Henri Poincaré* in Paris begründet, dessen Leitung er selbst übernahm (vgl. Fréchet 1929).

Außer seinen Beiträgen zur Funktionentheorie und seinen (weiter unten diskutierten) Ideen zur Maßtheorie ist an dieser Stelle vielleicht noch hervorzuheben, daß Borel bereits 1905 auf die Anwendbarkeit der Maßtheorie auf die Wahrscheinlichkeitsrechnung hingewiesen hat - eine Idee, die sich später durch die Diskussionen um eine sinnvolle axiomatische Definition des Wahrscheinlichkeitsbegriffes ziehen sollte, bis sie sich 1933 mit einer Arbeit des russischen Mathematikers Andrej N. Kolmogorow endgültig durchsetzte (vgl. Plato 1994).

Borel starb am 03.02.1956 in Paris. Er war ohne Zweifel einer der einflußreichsten Mathematiker des frühen zwanzigsten Jahrhunderts.

In seiner Dissertation von 1894 entwickelte er einen fruchtbringenden Gedanken für die Theorie komplexer Funktionen: er konnte eine Idee Cantors nutzen (vgl. Hawkins 1970, 97-101), Ausdrücke der Form

$$f(z) = \sum_{n=1}^{\infty} \frac{A_n}{z - a_n}, \quad z, A_n, a_n \in \mathbb{C}, \quad \sum_{n=1}^{\infty} |A_n| < \infty \tag{9.31}$$

analytisch über eine gewisse Barriere dicht liegender Singularitäten hinaus fortzusetzen: Sei $\{a_n : n \in \mathbb{N}\}$ dicht in einer einfachen geschlossenen konvexen Kurve $C \subset \mathbb{C}$. Dann existieren überabzählbar viele Stellen auf *C*, an denen die Reihe konvergiert (weshalb sie über den Rand von *C* hinaus fortgesetzt werden kann).

So liegt die Frage nahe, wie die Menge der Konvergenzpunkte solcher Reihen aussieht. Diese Frage behandelte Borel im Rahmen einer Vorlesungsreihe, die er im akademischen Jahr 1896/1897 an seiner eigenen Ausbildungsstätte der *École Normale* halten durfte, sehr ausführlich. Die interessierte Aufnahme seiner Vorlesungen führte zu ihrer Publikation: im Jahre 1898 erschienen die *Leçons sur la théorie des fonctions*, in denen erstmals diejenigen Mengen auftauchen, die wir heute „Borel-Mengen" nennen. Im ersten Teil des Werkes entwickelt Borel nämlich die mengentheoretische Sprache, die er im zweiten Teil (unter anderem für die Behandlung seiner alten Fragestellung) benötigt.

Wir wollen hier anhand des einfachsten Spezialfalles, des reellwertigen Analogons zur gerade genannten Reihe $f(z)$, illustrieren, in welchem Zusammenhang meßbare Mengen und ihre Maße eine Rolle spielen (vgl. Borel 1898, 63-69): dazu beschränken wir uns auf das Einheitsintervall $[0,1] \subset \mathbb{R}$ und betrachten die Reihe

$$\sum_{n=1}^{\infty} \frac{A_n}{|x - a_n|}, \quad x, a_n \in (0,1), \quad A_n \in \mathbb{R}^+, \quad n \in \mathbb{N}, \quad A := \sum_{n=1}^{\infty} \sqrt{A_n} < \infty, \qquad (9.32)$$

wobei die Menge $\{a_n : n \in \mathbb{N}\}$ dicht im Einheitsintervall liege.

Mit Borel fragen wir uns nach den Konvergenzpunkten der Reihe und definieren für $k \in \mathbb{N}$ mit dem Ausdruck $v_n(k) := \frac{\sqrt{A_n}}{2k}$ $(n \in \mathbb{N})$ eine Folge von Intervallen $I_n(k) := (a_n - v_n(k), a_n + v_n(k)), \, n \in \mathbb{N}$. Ferner sei $B_k := \bigcup_{n=1}^{\infty} I_n(k)$. Dann gilt: Liegt ein $x \in [0,1]$ nicht in B_k, also in keinem der Intervalle $I_n(k)$, so ist

$$|x - a_n| \geq v_n(k) \Leftrightarrow \frac{A_n}{|x - a_n|} \leq \frac{A_n}{v_n(k)} = 2k\sqrt{A_n} \quad \forall n \in \mathbb{N}. \qquad (9.33)$$

Die Reihe $\sum_{n=1}^{\infty} \frac{A_n}{|x - a_n|}$ konvergiert auf $[0,1] \setminus B_k$ also gleichmäßig. Bezeichnet man nun die Menge der Punkte, an denen die Reihe *nicht* konvergiert, mit D, so ist $D \subset \bigcap_{k=1}^{\infty} B_k$, also $D \subset B_k$ für alle $k \in \mathbb{N}$. Da B_k aus Intervallen der maximalen Gesamtlänge $\sum_{n=1}^{\infty} 2v_n(k) = \sum_{n=1}^{\infty} \frac{\sqrt{A_n}}{k} = \frac{A}{k}$ besteht, kann D durch abzählbar viele Intervalle $I_n(k), \, n \in \mathbb{N}$, beliebig kleiner Gesamtlänge überdeckt werden.

D ist also, wählt man die zu Beginn eingeführte Terminologie, eine Nullmenge. Die Sprache der *Inhaltstheorie* dagegen hilft nicht: beschränkt man sich nämlich auf endlich viele Intervalle, so sind die Mengen der Nicht-Konvergenzpunkte D und der Konvergenzpunkte $([0,1] \setminus D)$ nicht zu unterscheiden, da beide nicht meßbar sind (da $\{a_n : n \in \mathbb{N}\} \subset D$, haben beide den inneren Inhalt 0 und den äußeren Inhalt 1).

Wohl verbunden mit Borels später explizit formulierten Philosophie der Mathematik (vgl. Plato 1994, Kap. 2.2) - nutze nur „konstruktive Definitionen" (solche, die mit einer maximal abzählbaren Menge von Operationen auskommen) - hat ihn dies zu folgender Definition geführt:

> Besteht eine Menge aus allen Punkten einer abzählbaren unendlichen Gesamtheit disjunkter Intervalle mit Gesamtlänge s, so sagen wir, diese Menge habe das Maß s. Haben zwei disjunkte Mengen die Maße s und s', so hat ihre Vereinigungsmenge das Maß $s + s'$...
>
> Allgemeiner gilt: hat man abzählbar unendlich viele paarweise disjunkte Mengen mit den Maßen $s_1, s_2, \ldots, s_n \ldots$, so hat ihre Vereinigung das Maß $s_1 + s_2 + \ldots + s_n + \ldots$
>
> All dies ist eine Folge der Definition des Maßes. Hier sind nun einige neue Definitionen: hat eine Menge E das Maß s und enthält sie alle Punkte einer Menge E' des Maßes s', so hat die Menge $E - E'$ das Maß $s - s'$... (Borel 1898, 47f.)

Schließlich heißt es:

> Diejenigen Mengen, denen mit Hilfe der vorstehenden Definitionen ein Maß zugewiesen werden kann, nennen wir meßbar ... (Borel 1898, 48)

Ohne genauere Erläuterung finden wir also bei Borel (der Teilmengen des Einheitsintervalles betrachtete) diejenigen Mengen, die durch abzählbar viele Vereinigungs- und Durchschnittsbildungen aus Intervallen oder bereits konstruierten Borel-Mengen gebildet werden können. Die Maße dieser Mengen bestimmen sich entsprechend aus den Intervallängen. Borel geht nicht auf den Umfang des Systems meßbarer Mengen ein (wir finden lediglich, daß perfekte beschränkte Mengen meßbar sind); stattdessen betont er die Bedeutung von vier wichtigen Eigenschaften, die aus obiger Definition folgten:

Das Maß der Summe abzählbar vieler [paarweise disjunkter, T.H.] Mengen entspricht der Summe ihrer Maße [modern formuliert: σ-Additivität, T.H.]; das Maß der Differenz zweier Mengen [vorausgesetzt, diese liegen ineinander, T.H.] entspricht der Differenz ihrer Maße; *das Maß ist niemals negativ; jede Menge, deren Maß größer als Null ist, ist überabzählbar.* (Borel 1898, 48)

Hier also finden wir die Wurzeln der Borel-Mengen und ihrer Maße, freilich in einer recht unklaren Form, die einem Leser mit Kenntnissen der modernen Analysis vielleicht verständlicher ist, als sie Borels Zeitgenossen sein konnte.

In der Tat stieß Borel zunächst auf ein gewisses Unverständnis. So hatte Arthur Schoenflies einen langen Bericht über *Die Entwicklung der Lehre von den Punktmannigfaltigkeiten* (Schoenflies 1900) angefertigt, der das Wissen der Jahrhundertwende zusammenfaßte, aber Borels Ideen nicht gerecht wurde (vgl. Hawkins 1970, 106-108).[8]

Immerhin gab es einen jungen Mathematiker, der zur Zeit von Borels Vorlesungen an der *École Normale* studierte, und der Borels Gedanken fruchtbringend fortsetzen konnte: Henri Lebesgue.

9.6 Quergedacht: Lebesgues Integral

Henri Lebesgue war nur vier Jahre jünger als Borel. Er wurde am 28.06.1875 als Sohn eines Druckereiarbeiters und einer Volksschullehrerin in Beauvais geboren, in einem Ort, dessen Stipendien ihm den Besuch höherer Schulen ermöglichte. Seine anschließende mathematische Ausbildung fiel in eine Zeit, die durch Jordans *Cours d'Analyse* und die Durchdringung der Analysis mit mengentheoretischen Methoden geprägt war. Von 1894 bis 1897 studierte er an der *École Normale* - es ist also gut möglich, daß er dort Borels Vorlesungen besuchte.

Danach arbeitete Lebesgue als Mathematiklehrer an einem Lyzeum in Nancy; gleichzeitig jedoch stellte er seine Dissertation *Intégrale, Longueur, Aire* fertig, die 1902 verteidigt und publiziert wurde. Ihren Ausgangspunkt haben wir bereits erwähnt (vgl. 9.3.1): die Unmöglichkeit, zu gewissen abgeleiteten Funktionen ihre Stammfunktion zu finden, wenn man von Riemanns Integralbegriff ausgeht.

---

[8] Hawkins spekuliert später über einen „generation gap" (Hawkins 1980, 179) unter den Mathematikern, als dessen Vertreter er Schoenflies sieht, der Borels Theorie nicht gemocht hätte. Bei Knobloch heißt es, daß Schoenflies „nicht mit Kritik an Borels Maßtheorie [sparte, T.H.]" (Knobloch 1983, 333), daß gewisse Aspekte von Borels Theorie „für Schoenflies ein Ärgernis" (ibid.) gewesen seien. Dies scheint mir übertrieben zu sein.

9 Maß- und Integrationstheorie von Riemann bis Lebesgue

Im Anschluß an seine Promotion ging Lebesgue in den Hochschuldienst. Nachdem er zunächst in Rennes und Poitiers tätig war, wurde er 1910 Lektor an der *Sorbonne*, wo er dann 1919 Professor wurde. Ab 1921 lehrte er am *Collège de France*, wo er bis zum Ende seines Lebens (er starb am 26.07.1941) blieb. In dieser Zeit begann er, sich hauptsächlich mit pädagogischen Fragen und der Geschichte der Mathematik auseinanderzusetzen.

Sein Integralbegriff - zunächst nur zögernd aufgenommen - setzte sich schließlich durch. Seine Bedeutung auch für Anwendungen, insbesondere für die Analyse unstetiger und statistischer Phänomene in der Natur, war bald nicht mehr zu übersehen und so wurde er unter anderem zu einem wichtigen Hilfsmittel in der modernen Wahrscheinlichkeitstheorie.

Was also hat es mit Lebesgues Integral auf sich?

Wie Jordan, dessen mengentheoretisches Konzept vom Integral ihn überzeugt hat, beginnt Lebesgue seine Ausführungen mit dem Problem der Meßbarkeit von Mengen, wobei er für das Maß m von vornherein verlangt, daß es σ-additiv sei: für ein System höchstens abzählbar vieler, paarweise disjunkter Mengen $E_i, i \in I$, gelte die Gleichung $m\left(\sum_{i \in I} E_i\right) = \sum_{i \in I} m(E_i)$.

Wir wollen nun Lebesgues Idee zur Definition eines Maßes für einen Spezialfall darstellen: Wie kann man Maße für Teilmengen des Einheitsintervalles [0, 1] definieren?

Wählt man dazu die Länge eines beliebigen Intervalls (etwa [0, 1]) als Einheit, so kann man jedem beliebigen weiteren Teilintervall I seine Länge $L(I)$ als Maß $m(I)$ zuordnen. Damit gilt für höchstens abzählbar viele paarweise disjunkte Intervalle $I_n (n \in \mathbb{N})$ die gewünschte σ-Additivität:

$$m\left(\sum_{n=1}^{\infty} I_n\right) = L\left(\sum_{n=1}^{\infty} I_n\right) = \sum_{n=1}^{\infty} L(I_n) = \sum_{n=1}^{\infty} m(I_n). \tag{9.34}$$

In diesen Überlegungen erkennt man unschwer den Einfluß Borels, auf den Lebesgue verweist, dessen Gedanken er aber ergänzt. Will man nämlich einer beliebigen Menge E ein Maß zuweisen, so muß für eine Menge $E \subset \cup_{n \in I} I_n$, ($I \subseteq \mathbb{N}$ eine höchstens abzählbare Indexmenge, die I_n Intervalle) gelten, daß

$$m(E) \leq m\left(\cup_{n \in I} I_n\right) \leq \sum_{n \in I} L(I_n) \tag{9.35}$$

ist. Das Infimum der Werte $\sum_{n \in I} L(I_n)$ für die Überdeckungen von E bildet also eine natürliche obere Grenze einer möglichen Maßzuweisung an E.

Definition 6
Für eine beschränkte Menge $E \subset \mathbb{R}$ sei

$$m_e(E) := \inf\left\{\sum_{n \in I} L(I_n) : I \subseteq \mathbb{N}, I_n \subset \mathbb{R} \text{ Intervall}, n \in I, E \subseteq \bigcup_{n \in I} I_n\right\} \quad (9.36)$$

das äußere Maß (mesure extérieure) von E. (Lebesgue, 1902)

Zu einer Menge $E \subset [0,1]$ definiert Lebesgue nun das Komplement $C(E) := [0,1] \setminus E$. Dann ist (falls definiert) $m(C(E)) \leq m_e(C(E))$. Lebesgue schließt, daß - falls $m(E)$ definierbar ist -

$$m(E) \geq m([0,1]) - m_e(C(E)). \quad (9.37)$$

Diese prinzipielle untere Schranke für $m(E)$ definiert er als inneres Maß von E.

Definition 7
Es ist für $E \subset [0,1]$ der Ausdruck

$$m_i(E) := m([0,1]) - m_e(C(E)) \quad (9.38)$$

das innere Maß (mesure intérieure) von E. (Lebesgue, 1902)

Man beachte, daß immer $m_e(E) + m_e(C(E)) \geq m([0,1])$, also

$$m_i(E) \leq m(E) \leq m_e(E) \quad (9.39)$$

gilt. Damit ist das Maßproblem in einer nun naheliegenden Weise lösbar.

Definition 8
Eine beschränkte Menge $E \subset \mathbb{R}$ heißt meßbar, wenn $m_i(E) = m_e(E)$ gilt. In diesem Fall definiert man $m(E) := m_i(E) = m_e(E)$ als Maß von E. (Lebesgue, 1902)

Für meßbare Mengen gilt: die Vereinigung abzählbar vieler meßbarer Mengen ist meßbar; sind diese paarweise disjunkt, ist das Maß σ-additiv.

9 Maß- und Integrationstheorie von Riemann bis Lebesgue 365

Welches Verhältnis haben Lebesgue-meßbare (L-meßbare), Borel-meßbare (B-meßbare) und Jordan-meßbare (J-meßbare) Mengen zueinander?
Nun: zunächst einmal sind die Beziehungen zwischen Jordans Inhalt und Lebesgues Maß sehr offensichtlich. Während Lebesgues äußeres Maß $m_e(E)$ mittels Überdeckungen von E aus maximal abzählbar vielen Intervallen definiert wird, beschränkt man sich zur Definition des äußeren Jordanschen Inhaltes $\bar{I}(E)$ auf endliche Überdeckungen. Daraus folgt automatisch die Beziehung $m_e(E) \leq \bar{I}(E)$. Weiterhin läßt sich eine Analogie bei der Definition des inneren Maßes $\underline{I}(E)$ beobachten (vgl. Hawkins 1980, 178): Es ist nämlich in der Tat $\underline{I}(E) = 1 - \bar{I}([0,1] \setminus E)$, eine Beziehung, in der man nicht nur mühelos Lebesgues Definition $m_i(E) = 1 - m_e([0,1] \setminus E)$ erkennt, sondern zugleich die Tatsache, daß $\underline{I}(E) \leq m_i(E)$.

Mit $\underline{I}(E) \leq m_i(E) \leq m_e(E) \leq \bar{I}(E)$ folgt also unmittelbar, daß jede J-meßbare Menge auch L-meßbar ist, wobei dann auch Inhalt und Maß übereinstimmen.

Ferner zeigt Lebesgues Konstruktion, daß auch die Borel-Mengen L-meßbar sind (wenn die Längeneinheit so gewählt wird, daß Intervallen [a, b] die Länge b - a zugewiesen wird). Lebesgues Begriff von Meßbarkeit geht aber über den Borelschen hinaus: Während bei Borels (konstruktiver) Definition meßbarer Mengen nicht garantiert ist, daß Teilmengen von Borelmengen des Maßes Null B-meßbar sind, folgt dies bei Lebesgue bereits aus der Definition.

Bisher haben wir eine fast natürlich anmutende Verallgemeinerung der Borelschen Ideen gesehen. Im Gegensatz zu Borel ging Lebesgue aber weiter: mit der Anwendung dieser Ideen auf die Integrationstheorie, die im zweiten Kapitel seiner Dissertation diskutiert wird.

Jahre später, im Mai 1926, sollte er auf einer Konferenz in Kopenhagen einen Vortrag über *Die Entwicklung des Integralbegriffes* (Lebesgue 1926) halten, in dem er die Herkunft seiner Gedanken dazu diskutierte.

Er führte dort aus, daß das übliche Vorgehen in der Integrationstheorie - die Gedanken Riemanns und Darboux' - vom logischen Standpunkt aus sehr natürlich erschienen: partitioniere man ein Intervall in immer kleiner werdende Subintervalle, so würden die Differenzen der Größen

$$\underline{f_i} := \inf\{f(x) : x \in (x_i, x_{i+1})\} \text{ und } \overline{f_i} := \sup\{f(x) : x \in (x_i, x_{i+1})\} \qquad (9.40)$$

bei *stetigem f* immer kleiner, weshalb die Schranken

$$\underline{S} := \sum \underline{f_i}(x_{i+1} - x_i) \text{ und } \bar{S} := \sum \overline{f_i}(x_{i+1} - x_i) \qquad (9.41)$$

des gesuchten Integrals sich einander zunehmend mehr annäherten und schließlich gegen dieses konvergierten.

Aber, so fuhr er seine eigene Idee erklärend fort: „es gibt keinen Grund, zu hoffen, daß dies bei überall unstetigen Funktionen ebenfalls der Fall sein wird" (Lebesgue 1926, 356). Die Wahl kleinerer Intervalle (x_i, x_{i+1}) garantiere in keiner Weise, daß die Differenz der entsprechenden Werte $\underline{f_i}$ und $\overline{f_i}$ schließlich klein würde.

Um dieses Ziel (Funktionswerte zu gruppieren) zu erreichen, müsse man anders vorgehen - und hier liegt Lebesgues großer Wurf:

> Es ist dann klar, daß wir nicht (a, b), sondern vielmehr das Intervall $(\underline{f}, \overline{f})$ - gegeben durch die unteren und oberen Schranken von f auf (a, b) - partitionieren müssen. (Lebesgue 1926, 357)

In diesem Sinne ist Lebesgues Integral in der Tat „quergedacht": er untersucht Partitionen des Bildbereiches beschränkter Funktionen und deren zugehörige Urbilder. Auf diese Weise wird der Definitionsbereich - bei sogenannten „meßbaren" Funktionen - auf eine Weise in meßbare Mengen zerlegt, die schließlich notwendigerweise zum Ziel führt.

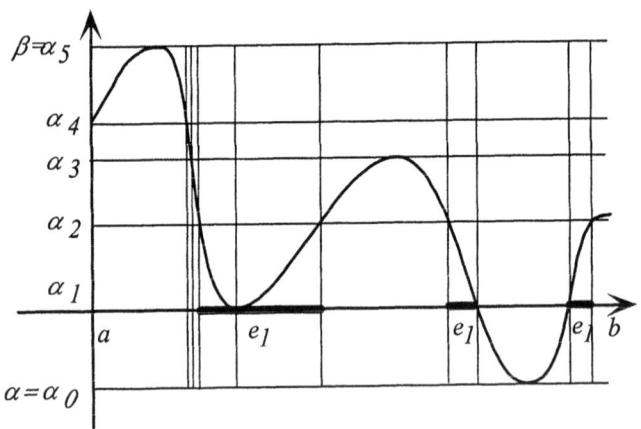

Abbildung 4: Zum Lebesgue-Integral

9 Maß- und Integrationstheorie von Riemann bis Lebesgue

Um die Dinge auf den Punkt zu bringen: zu Partitionen

$$\inf\{f(x): x \in [a,b]\} := \alpha_0 < \alpha_1 < ... < \alpha_n := \sup\{f(x): x \in [a,b]\} \quad (9.42)$$

des *Wertebereiches* einer *beschränkten* Funktion f^9 definiere man zugehörige Mengen

$$e_i := \{x \in [a,b]: \alpha_i \leq f(x) < \alpha_{i+1}\}, \; i = 0,...,n-1 \quad (9.43)$$

(diese Darstellung ist eine leichte Modifikation gegenüber Lebesgues Dissertation, der Urbilder offener Intervalle und die Urbilder der Punkte α_i betrachtete). Sind alle diese Mengen $e_0,...,e_{n-1}$ meßbar, so ist es naheliegend, wie gehabt die Werte

$$\sigma := \sum_{i=0}^{n-1} \alpha_i m(e_i) \text{ bzw. } \Sigma := \sum_{i=0}^{n-1} \alpha_{i+1} m(e_i) \quad (9.44)$$

als untere bzw. obere Schranken für das gesuchte Integral zu betrachten.

Bezeichnet nun $\|P\| := max\{\alpha_{i+1} - \alpha_i : i = 0,...,n-1\}$ die Feinheit der Partition P, so gilt für die Differenz $\Sigma - \sigma$ dieser Größen, daß

$$\Sigma - \sigma = \sum_{i=0}^{n-1}(\alpha_{i+1} - \alpha_i) m(e_i) \leq \|P\| \sum_{i=0}^{n-1} m(e_i) = \|P\|(\beta - \alpha) \quad (9.45)$$

ist; mit $\|P\| \to 0$ konvergieren also beide Größen gegen den gleichen Grenzwert, den man als Integral definieren kann:

Definition 9
Eine Funktion $f: \mathbb{R} \to \mathbb{R}$ heißt meßbar, wenn alle Mengen

$$\{x \in \mathbb{R}: c \leq f(x) < d\}, \; c,d \in \mathbb{R}, c < d \quad (9.46)$$

---

[9] Aus didaktischen Gründen folgen wir lediglich Lebesgues 'analytischer' Darstellung für beschränkte Funktionen; seine vorausgehenden Überlegungen zum Integral als Fläche lassen wir außer acht (vgl. etwa Hawkins 1970, 124ff.).

(Lebesgue)-meßbar sind. Ist f auf einem Intervall $[a,b] \subset \mathbb{R}$ beschränkt und meßbar, entspricht das (Lebesgue-)Integral $\int_a^b f(x)dx$ dem gemeinsamen Grenzwert der Größen σ und Σ. (Lebesgue -Integral)

Seine Definition, so Lebesgue in seiner Dissertation, sei vom Wunsch motiviert worden, eine Verallgemeinerung des Begriffes vom bestimmten Integral zu schaffen, die bestimmte Eigenschaften aufweisen solle (vgl. Lebesgue 1902, 253). Die neue Definition solle unter anderem

- die Riemannsche als Spezialfall enthalten
- den Fall einer Variablen und den Fall mehrerer Variablen nicht bemerkenswert unterscheiden
- erzwingen, daß das bestimmte Integral einer Ableitung - betrachtet als Funktion der oberen Grenze - eine Stammfunktion sei, damit das Fundamentalproblem der Integralrechnung lösbar sei.

In der Tat handelt es sich beim Lebesgue-Integral um eine Verallgemeinerung des Riemannschen: jede Riemann-integrierbare Funktion ist auch Lebesgue-integrierbar. Zugleich gibt es Lebesgue-integrable Funktionen, deren Riemann-Integral nicht existiert, etwa Dirichlets „Monster" (vgl. 9.1). Für $f(x) = 1_{\mathbb{R}\setminus\mathbb{Q}}(x)$ gilt, daß $\int_a^b 1_{\mathbb{R}\setminus\mathbb{Q}}(x)dx = b-a$, da $\mathbb{Q}$ eine Nullmenge ist.

Man sieht der Definition weiterhin an, daß sie problemlos auf den Fall mehrerer Veränderlicher zu verallgemeinern ist (ein Teil von Lebesgues Dissertation, den wir hier unterschlagen): man muß lediglich Maße im $\mathbb{R}^n$ betrachten.

Wäre dies allerdings alles gewesen, so wäre - etwa im Vergleich mit Jordans Integral - nicht allzuviel gewonnen gewesen. Aus diesem Grunde ist es besonders erwähnenswert, daß es verschiedene weitere Eigenschaften des Lebesgue-Integrales gibt, die einen echten Unterschied zu seinen Vorläufern markieren. Wir wollen hier nur zwei davon nennen:

Satz 8
Hat eine Funktion f auf $[a,b]$ eine beschränkte Ableitung f', so ist f' Lebesgue-integrabel und es ist $\int_a^b f'(x)dx = f(b) - f(a)$. (Lebesgue 1902, 235)

Eine der Schwächen des Riemann-Integrals, die für Lebesgue zum Ausgangspunkt seiner Untersuchung wurde (vgl. das Ende von 9.3.1) ist beim Lebesgue-Integral also behoben: Integration und Differentation sind reversibel, wenn nur die abgeleitete Funktion beschränkt ist.

9 Maß- und Integrationstheorie von Riemann bis Lebesgue

Die letzte der in 9.3 herausgearbeiteten Schwächen des Riemann-Integrales hing mit Grenzprozessen zusammen: Was gilt für $\lim_{n\to\infty} f_n$, wenn die Funktionen f_n Riemann-integrierbar sind?

In Riemanns Theorie konnten verschiedene „unschöne" Dinge passieren. In Lebesgues Theorie dagegen gilt für Mengen E mit $m(E) < \infty$, daß $\int_E \lim_{n\to\infty} f_n(x)dx$ existiert und der Größe $\lim_{n\to\infty} \int_E f_n(x)dx$ gleich ist, wenn nur die summierbaren Funktionen f_n gleichmäßig beschränkt sind:

Satz 9
Wenn eine Folge von summierbaren Funktionen, deren Absolutbetrag in ihrer Menge nach oben beschränkt ist, eine Grenze f hat, so ist das Integral von f die Grenze der Integrale der Funktionen f_n.[10] (Lebesgue 1902, 232)

Das Ergebnis Osgoods (vgl. 9.3.2) - auf das Lebesgue übrigens in einer Fußnote verweist - läßt sich damit also noch deutlich verallgemeinern.

Wir sehen: Lebesgues Integral war ein neuer Begriff, dessen Einführung keinesfalls „l'art pour l'art" war; ganz im Gegenteil wurden mit ihm wichtige Schwachstellen des Riemann-Integrales beseitigt. Dennoch dauerte es einige Zeit, bis Lebesgue sich durchsetzen konnte; insbesondere in Frankreich stieß er zunächst auf den Widerstand gerade der älteren Mathematiker (vgl. Hawkins 1970, 121f. und Knobloch 1983, 320), so daß es nicht verwundert, daß seine Dissertation zuerst in Italien gedruckt wurde und daß er erst 1919 eine (längst verdiente) Professur erhielt.

Trotzdem kann man (mit Hawkins 1980, 180) abschließend wohl feststellen, daß Henri Lebesgue mit seiner Arbeit den zunächst naiv wirkenden Glauben Fouriers bestätigt hat, daß „willkürliche" Funktionen durchaus mit den Methoden der mathematischen Analysis behandelt werden können - auch wenn diese Bestätigung rund achtzig Jahre auf sich warten ließ.

---

[10] Heute beweist man diesen Satz in der Regel unabhängig vom Integrationsgebiet für Funktionenfolgen, die durch eine Lebesgue-integrable Abbildung majorisiert werden.

10 Das Ende der Größenlehre: Grundlagen der Analysis 1860-1910

Moritz Epple

Im 18. und auch noch am Beginn des 19. Jahrhunderts bestand ein Konsens darüber, daß die Mathematik „Größenlehre" war, d.h. das geometrische und algebraische Studium von Anzahlen und stetigen Größen wie z.b. Längen oder Gewichten (vgl. Kap. 4). Im Laufe des 19. Jahrhunderts wandelte sich dieses Selbstverständnis, und es ist durchaus sinnvoll, von einem Ende des Paradigmas der Größenlehre zu sprechen. Viele parallele Entwicklungen leiteten den Abschied von der Größenlehre ein. In Großbritannien enwickelte sich eine Tradition symbolischer Algebra (Hauptvertreter waren George Peacock und Augustus de Morgan), in der die Symbole der Algebra nicht mehr unbedingt als Größen interpretiert wurden. Im Gefolge verschiedener Arbeiten (u.a. von Ernst Kummer, Hermann Graßmann und William Rowan Hamilton) kam es zu einer allmählichen, aber weitreichenden Erweiterung des Zahlbegriffs. Im Jahr 1854 gab Bernhard Riemann mit seinem Begriff der „mehrfach ausgedehnten Größe" den Anstoß für die Ausbildung des Mannigfaltigkeitsbegriff, der ebenfalls nicht mehr in den Rahmen der früheren Größenvorstellung paßte (Riemann 1854a).

Während diese Entwicklungen durch die Konstruktion neuer, nicht mehr der tradierten Größenvorstellung unterzuordnender mathematischer Gegenstände den *Umfang* des Größenbegriffs sprengten, führten Probleme in der Analysis selbst zu Schwierigkeiten mit dem *Inhalt* des Begriffs. Technische Probleme mit dem Beweis grundlegender Sätze über Grenzprozesse, insbesondere über die Konvergenz von Funktionenfolgen bzw. von durch Reihen dargestellten Funktionen (vgl. Kap. 6) führten immer wieder auf dieselbe Grundfrage: Wie sollte der *Argumentbereich* der studierten Funktionen, d.h. in letzter Instanz der Bereich der reellen Größen, technisch gefaßt werden? Insbesondere die traditionelle Beziehung zwischen den Größen der Analysis und anschaulichen Größen wie z.B. Strecken verlor mehr und mehr ihre Selbstverständlichkeit. Wie bereits in Kap. 6 erwähnt, entstand damit auch ein pädagogisches Problem. Konnte z.B. Euler in seinen Lehrbüchern den Größenbegriff noch als selbstverständlichen Ausgangspunkt einer Einführung in die höhere Analysis oder Algebra voraussetzen, stellte sich nun die Frage, was in den Anfängervorlesungen der Universitäten an seine Stelle treten sollte und konnte.

Heute wird die Analysis üblicherweise auf den axiomatisch definierten Begriff der reellen Zahl und die Mathematik im allgemeinen auf dem axiomatisch definierten Begriff der Menge aufgebaut. Diese beiden Begriffe ersetzen den Größenbegriff des 18. Jahrhunderts. Der historisch sehr komplexe Übergang vom traditionellen Größenbegriff zu der axiomatischen Definition der reellen Zahlen und des Mengenbegriffs wird in diesem Kapitel in groben Zügen nachgezeichnet. Nach einem Überblick über verschiedene Versuche, technisch solide Konstruktionen der reellen Zahlen zu entwickeln (10.1), gehen wir auf die Entstehung der Mengenlehre ein (10.2), um schließlich den axiomatischen Zugang zu den reellen Zahlen und zur Mengenlehre (10.3) historisch zu skizzieren. In dieser Entwicklung fand auch ein grundlegender Umbruch in den philosophischen Auffassungen von der Mathematik statt. War es für die Mathematik des 18. Jahrhunderts noch eine Selbstverständlichkeit, daß die Größen der Analysis in der natürlichen und gesellschaftlichen Wirklichkeit eine Bedeutung hatten, so bleibt die moderne Analysis dieser Frage gegenüber merkwürdig neutral. Auch dieser Wandel kann am Begriff der reellen Zahlen im Detail verfolgt werden.

Es ist klar, daß im folgenden nur ein kleiner Ausschnitt der historischen Entwicklung nachgezeichnet werden kann. Insbesondere verzichten wir darauf, auch die Diskussionen um die Grundlagen der Arithmetik, d.h. um den Begriff der natürlichen Zahlen nachzuzeichnen, die mit den Namen Graßmann, Dedekind, Frege und Peano verbunden sind. Interessierte Leserinnen und Leser seien hier auf entsprechende Literatur verwiesen (vgl. z.B. Dugac 1978). Im übrigen sei generell empfohlen, sich einige der im folgenden behandelten Quellen durch eigene Lektüre anzueignen. Viele dieser Texte sind gut lesbar, und sie vermitteln etwas von der bewegten Atmosphäre des Umbruchs, über den hier berichtet wird.

10.1 Konstruktionen der reellen Zahlen

Im letzten Drittel des 19. Jahrhunderts erschien, zunächst vor allem im deutschsprachigen Raum, später auch in anderen europäischen Ländern, eine Vielzahl von Arbeiten, die sich alle einem gemeinsamen Thema widmeten: der präzisen Definition reeller Zahlen und einem genauen Studium der Eigenschaften reeller Funktionen. In der folgenden Liste sind einige der einschlägigen Werke ohne Anspruch auf Vollständigkeit zusammengestellt.

10 Grundlagen der Analysis 1860 - 1910

1858	Dedekind arbeitet für eine Anfängervorlesung am Züricher Polytechnikum die Idee der Schnitte aus
ab 1865	Weierstraß stellt in Vorlesungen seine Theorie reeller Zahlen vor
1867	Hankel: *Theorie der complexen Zahlsysteme*
1869	Méray: *Remarques sur la nature des quantités ...*
1872	Dedekind: *Stetigkeit und irrationale Zahlen*
1872	Kossak: *Die Elemente der Arithmetik*
1872	Heine: *Elemente der Functionenlehre*
1872	Cantor: *Über die Ausdehnung eines Satzes aus der Theorie der trigonometrischen Reihen*
1877-1880	Lipschitz: *Grundlagen der Analysis*
1878	Dini: *Fondamenti per la teoria delle funzioni di variabili reali*
1880, ²1898	Thomae: *Theorie der analytischen Functionen*
1882	Bois-Reymond: *Die allgemeine Functionentheorie*
1885-1886	Stolz: *Vorlesungen über allgemeine Arithmetik nach den neueren Ansichten*
1886	Tannery: *Introduction à la théorie des fonctions*
1900	Hilbert: *Über den Zahlbegriff*
1903	Frege: Grundgesetze der Arithmetik, Band 2

Im folgenden werden die wichtigsten der dabei vorgestellten Ansätze im Hinblick auf ihre philosophischen Motivationen und Konsequenzen diskutiert. Es zeigt sich, daß alle Ansätze in einem Gebiet zwischen drei Polen angeordnet sind. Der erste Pol bestand in einem Festhalten an der tradierten Idee, die Analysis müsse letztlich auf den Begriff der stetigen Größe gegründet werden (Hankel, Frege). Der zweite Pol bestand in der Überzeugung, der Begriff der Größe müsse *ersetzt* werden durch eine strikt *arithmetische*, d.h. auf den (als unproblematisch vorausgesetzten) Begriff der rationalen Zahl gegründete Konstruktion des Begriffs „reelle Zahl" (Dedekind, Weierstraß, Cantor). Den dritten Pol bildete die Idee, die Grundbegriffe der Analysis könnten und sollten, unter weitgehender Absehung von philosophischen Grundlegungsfragen, rein formal gefaßt werden (Heine, Thomae, später Hilbert).[1]

---

[1] Eine knappe Zusammenfassung der in diesem Abschnitt beschriebenen Entwicklung findet sich in Pringsheim 1898, 1. Abschnitt.

10.1.1 Hankels Zahlen

Im Jahr 1867 veröffentlichte ein junger Mathematiker, der bei Riemann in Göttingen sowie bei Weierstraß und Kronecker in Berlin studiert und soeben eine außerordentliche Professur in Leipzig erhalten hatte, eine *Theorie der complexen Zahlensysteme, insbesondere der gemeinen imaginären Zahlen und der Hamiltonschen Quaternionen*. Der Autor, Hermann Hankel, behandelte darin eines jener Themen, die für das Ende der Größenlehre charakteristisch waren, nämlich das Problem, ob es neben den komplexen Zahlen weitere „Zahlsysteme" gebe, in denen dieselben oder doch fast dieselben Rechenregeln galten wie im Bereich der komplexen Zahlen. Solche Zahlsysteme waren von Graßmann (die sog. alternierenden Zahlen) und Hamilton (die Quaternionen) um 1840 eingeführt worden, hatten sich aber nicht sehr verbreitet. Hankels Buch machte diese Systeme einem größeren Leserkreis bekannt. Darüber hinaus enthielt es einen Beweis des grundlegenden Satzes, daß es keine Erweiterung der komplexen Zahlen zu einem größeren Zahlsystem unter Aufrechterhaltung aller formalen Rechengesetze gibt.[2]

Um diesen Satz zu formulieren und zu beweisen, entwickelte Hankel einen begrifflichen Rahmen, der die formalen Eigenschaften der damals bekannten Zahlbereiche ungewohnt stark betonte. Er begründete diesen Schritt mit einem Hinweis auf eine grundlegende Veränderung im Verständnis des Zahlbegriffs:

> Ein Ding, eine Substanz, die selbstständig ausserhalb des denkenden Subjectes und der sie veranlassenden Objecte existirte, ein selbstständiges Princip, wie etwa bei den Pythagoreern, ist die Zahl heute nicht mehr. Die Frage von der Existenz kann daher nur auf das denkende Subject oder die gedachten Objecte, deren Beziehungen die Zahlen darstellen, bezogen werden. Als unmöglich gilt dem Mathematiker streng genommen nur das, was logisch unmöglich ist, d.h. sich selbst widerspricht. (Hankel 1867, § 2)

Ob in solcher Weise möglichen und also mathematisch behandelbaren Zahlen auch eine reale Existenz zugesprochen werden könne, war für Hankel die Frage „ob es im Gebiete des Realen oder des in der Anschauung Wirklichen [...] Objecte gebe, an welchen die Zahlen, also die intellectuellen Beziehungen der bestimmten Art zur Erscheinung kommen." (Ebd.) Eine Frage also, die im Grunde nicht mehr die Mathematik zu entscheiden hatte. Hankel suchte diese Differenz durch eine Unterscheidung zu fassen: „Solche Zahlen, deren Begriff ein vollkommen bestimmter ist, die aber einer Construction in der Anschauung

---

[2] Hankel 1867, 106 ff. In moderner Sprache formuliert zeigte Hankel: Eine endlichdimensionale, assoziative und kommutative Algebra über dem Körper ℂ der komplexen Zahlen ist entweder gleich ℂ oder besitzt Nullteiler. Dieser Satz war bereits einige Jahre zuvor von Weierstraß in Vorlesungen formuliert worden. Näheres z.B. bei Ebbinghaus et al. 1983, 4.3.6.

nicht fähig sind," sollten nach Hankel „rein intellectuelle oder *rein formale"* Zahlen genannt werden, „im Gegensatz zu den *actuellen* Zahlen, welche in der Lehre von den wirklichen Grössen und ihrer Verknüpfung ihre Repräsentation finden." (Ebd.)

Es lohnt sich, Hankels Darstellung der *reellen Zahlen* genauer zu beschreiben. Hankel unterschied zwischen den „reellen Zahlen in ihrem formalen Begriffe" und den „reellen Zahlen in der Größenlehre". Beiden widmete er jeweils ein Kapitel seines Buches. In ihrem *formalen* Begriff waren Zahlsysteme für Hankel generell - und im Anschluß an die britische Tradition Peacocks und de Morgans - Systeme von Zeichen und Operationen (d.h. Verknüpfungen von Zeichen, deren Resultat ein Zeichen desselben Systems ist), so daß zum einen die Zeichen des Systems durch die Operationen aus gewissen Grundzeichen (den „Einheiten") hervorgingen und zum andern das System gegenüber den Operationen abgeschlossen war (ebd., § 8). Hankel präzisierte diese allgemeine Vorstellung für die reellen Zahlen dann durch die Forderung, daß dieses Zahlsystem aus einer Einheit entsteht und daß zu den zulässigen Operationen insbesondere die vier Grundrechenarten gehören. Ausgehend von der Einheit 1 gab er eine rekursive Definition der Addition und Multiplikation und bewies auf dieser Basis die beiden Assoziativ- die beiden Kommutativgesetze sowie die Distributivgesetze. Anschließend wurden negative Zahlen und Brüche als neue Zeichen definiert und die Rechengesetze auf den so entstehenden (formalen) Bereich der rationalen Zahlen ausgedehnt. Hankel stellte nun die Frage, „ob das Zahlensystem, das wir geschaffen haben, vollständig ist oder nicht." (Ebd., § 12.) Er verstand diese Frage so: Gibt es nicht weitere, „höhere" Operationen, wie etwa die des Wurzelziehens, die, ausgehend von den (positiven) rationalen Zahlen, im Bereich der reellen Zahlen als unbegrenzt oft ausführbar gelten sollen? So daß also beispielsweise

$$\sqrt{q_1 + \sqrt{q_2 + \ldots \sqrt{q_n}}} \quad (n \in \mathcal{N}, q_i \in \mathcal{Q}, q_i > 0) \tag{10.1}$$

oder der Logarithmus einer gegebenen positiven Zahl stets eine reelle Zahl sein sollte? Dieses Problem der *Irrationalzahlen* glaubte Hankel nicht mehr auf formalem Wege lösen zu können, da die „höheren Operationen", deren allgemeine Ausführbarkeit gefordert werden könnte, nicht von vornherein überblickbar sind. Hier schien nur das Paradigma der Größenlehre weiterzuhelfen: „Es ist klar: Man wird verzichten müssen, alle Aufgaben, welche die Einführung neuer Zeichen erfordern würden, vollständig und erschöpfend zu betrachten; man würde sich in ein ungeheures Labyrinth verirren, wenn man den bisherigen Gesichtspunkt der rein formalen Zahlenbildung ausschließlich festhalten wollte. [...] Das Irrationale verlangt zu seiner systematischen Fassung den Grössenbegriff." (Ebd.) Der tiefere Grund für die Grenze, die Hankel dem „formalen Begriffe" der reellen Zahlen zog, lag also in der spezifischen *konstruktiven* Auffassung eines formalen Zahlbereichs, der verstanden wurde als ein durch eine letztlich stets abzählbar bleibende Folge von Operationen aus der Einheit 1 erzeugter Bereich von Zeichen. Die anschauliche Größenvorstellung aber umfaßt einen sozusagen in anderer, nämlich stetiger Weise unendlich vielfältigen Bereich. Erst unter Rückgriff auf diese Anschauung, meinte Hankel, konnte daher der Begriff der reellen Zahlen vollständig erfaßt werden (Ebd., § 16).

Hankels bemerkenswerte Konstruktion stand mit einem Fuß noch in der Größenlehre, mit dem anderen schon jenseits derselben. Viele Gesichtspunkte, die Hankel ansprach, wurden in den späteren Debatten aufgegriffen und weiterverfolgt. Manche der frühen Hilbertschen Ideen, über die im dritten Abschnitt dieses Kapitels berichtet wird, sind nahe an denen Hankels, und hätte Hankel ein Konzept der Vollständigkeit eines Zahlbereichs zur Verfügung gehabt wie das später von Hilbert formulierte, wäre sein Rückgriff auf die anschauliche Größenlehre nicht mehr zwingend gewesen. Aber nicht nur dem formalen Standpunkt lieferte Hankels Text Material. Auch sein Bedenken, ob auf dem Weg der Konstruktion eines „denkenden Subjects" eine formale Charakterisierung des durch eine Gerade anschaulich repräsentierten Kontinuums möglich sei, erwies sich in der Folge in vielen Diskussionen als zentral.

10.1.2 Weierstraß' Zahlen

Während Hankel die reellen Zahlen und damit die Analysis noch in einer Größenlehre verankern zu müssen glaubte, war sein früherer Lehrer Weierstraß bereits einen Schritt weitergegangen. In Vorlesungen hatte er einen Begriff der reellen Zahlen skizziert, der auf rein arithmetischer Grundlage, d.h. ausgehend vom Bereich der rationalen Zahlen und von gewissen Überlegungen über (unendliche) Mengen rationaler Zahlen gebildet war. Weierstraß stellte seine Konzeption wohl zum ersten Mal 1863 in einer Vorlesung über analytische Funktionen vor und baute sie in späteren Vorlesungen weiter aus.[3] Viele der durch die Berliner Schule gegangenen Mathematiker, so z.B. Cantor, haben sie dort kennengelernt.

Weierstraß faßte Zahlen grundsätzlich als „Aggregate", als Zusammenstellungen gewisser Elemente auf (für das folgende vgl. Weierstraß 1878/1988, 3 ff). *Positive, ganze Zahlen* waren Aggregate von „gedanklich identischen Dingen", Einheiten. *Positive, rationale Zahlen* wurden als endliche Aggregate aufgefaßt, deren Elemente Grundeinheiten 1 und „genaue Teile" der Grundeinheit ($1/a$, $a \in N$) waren. Beliebige (z.B. irrationale) Zahlgrößen wurden auf

---

[3] Vgl. Dugac 1973, 57. Durch Kossak 1872 wurden Weierstraß' Ideen allgemein bekannt. Die folgende Darstellung stützt sich vor allem auf eine Vorlesungsmitschrift von Adolf Hurwitz (Weierstraß 1878/1988).

10 Grundlagen der Analysis 1860 - 1910

dieselbe Weise als *unendliche Aggregate* solcher Elemente verstanden. Genau gesprochen handelte es sich jeweils um *Äquivalenzklassen* der betrachteten Aggregate bezüglich einer Äquivalenzrelation der „Gleichheit", deren Definition etwas Umsicht erforderte. Weierstraß betrachtete dazu zwei Sorten von *Transformationen* einer Zahlgröße, die dieselbe nicht wesentlich verändern: (i) „Irgend n Elemente $1/n$ können durch die Haupteinheit ersetzt werden"; (ii) „Jedes Element kann durch seine genauen Teile ersetzt werden, z.B. 1 durch $n \cdot 1/n$, $1/a$ durch $b \cdot 1/ab$ etc." Weierstraß nannte nun eine Zahlgröße a' einen *Bestandteil* von a'', wenn a' aus endlich vielen Elementen bestand und durch eine Kette der beiden obigen Transformationen in a'' transformiert werden konnte, „so daß sämtliche Elemente von a'' ebenso oft in a vorkommen als in a'' und a außerdem noch andere Elemente oder dieselben in größerer Anzahl enthält". Damit konnte Weierstraß „zwei Zahlengrößen a und b *gleich*" nennen, „wenn ein jeder Bestandteil von a durch Transformation zu einem von b gemacht werden kann und umgekehrt jeder Bestandteil von b zu einem von a". Können nur die Bestandteile von a in Bestandteile von b transformiert werden, nicht aber umgekehrt, so hieß $b > a$. Schließlich charakterisierte Weierstraß *endliche* Zahlgrößen durch die Bedingung, daß „es Größen c gibt, die, aus einer endlichen Zahl von Elementen bestehend, größer sind als a." Die für positive ganze Zahlen durch Vereinigung bzw. Vervielfachung der enthaltenen Einheiten erklärten Operationen der Addition und Multiplikation wurden entsprechend auf beliebige Aggregate übertragen. Die Einführung negativer Zahlen geschah durch Einführung neuer, „entgegengesetzter" Aggregate unter Festsetzung der Konvention, daß entgegengesetzt gleiche Aggregate einander „aufheben".

Wie diese Definitionen zeigen, konnten die Weierstraßschen Aggregate in gewisser Hinsicht als die (eventuell unendlichen) Summen ihrer Elemente betrachtet werden. Dennoch ist der Ausdruck „Summe" bei Weierstraß wohl mit Bedacht vermieden, um so dicht wie möglich am traditionellen Begriff der (ganzen) Zahl als eines Inbegriffs von Einheiten zu bleiben.

Mit dieser Konstruktion hatte Weierstraß ein Fundament für den eigentlichen Gegenstand seiner Vorlesungen, die Theorie analytischer Funktionen, geschaffen, das ihm strenge Beweise von Sätzen über Grenzwerte von Zahlen- und Funktionenfolgen erlaubte. Eine Schlüsselrolle spielten dabei der heute nach Bolzano und Weierstraß benannte Satz, daß jede beschränkte, unendliche Menge reeller Zahlen mindestens einen Häufungspunkt besitzt, und der verwandte Satz über die Existenz des Supremums einer nach oben beschränkten Menge reeller Zahlen. Zugleich war der Begriff der (reellen und also auch komplexen) Größe auf den der Zahl zurückgeführt. Nominell hielt Weierstraß am Größenbegriff noch fest, aber der Zusatz „arithmetische Größe" bzw. „Zahlgröße" machte deutlich, worum es ihm ging: um eine logische Trennung seines Begriffs von dem der in der Anschauung, in der Geometrie oder in der

Physik gegebenen Größe.[4] *Dieser*, oder auch nur der geometrische Begriff der Punkte einer Geraden, tauchte in Weierstraß Konstruktion selbst nicht mehr auf.

Ein erkenntnistheoretisches Problem der Weierstraßschen Grundsätze der Analysis, das in ähnlicher Form auch etliche spätere Theorien betrifft, verdient hervorgehoben zu werden. Beide erwähnten Sätze sind in gewissen Fällen nicht konstruktiv in dem Sinn, daß der betreffende Häufungspunkt bzw. das angegebene Supremum unter Umständen nicht konkret, etwa durch die Angabe eines Gesetzes für seine Dezimalbruchentwicklung oder durch die Aufzählung der Elemente, aus denen es aggregiert ist, aufgewiesen werden kann. Die erkenntnistheoretische Frage, wie sinnvoll es ist, zu sagen, die betreffende Zahl sei „bekannt", wurde von Weierstraß zwar nicht ausdrücklich gestellt, sollte aber in der Folge noch eine wichtige Rolle spielen (vgl. 10.2.2, 10.3.3).

10.1.3 Dedekinds Zahlen

Unabhängig von Weierstraß hatte der von Dirichlet und Riemann beeinflußte Richard Dedekind, dessen Hauptarbeitsgebiet die algebraische Zahlentheorie war, gegen Ende der 1850er Jahre eine rein arithmetische Konstruktion der reellen Zahlen erfunden. Wie er im Vorwort seiner kurzen Schrift *Stetigkeit und irrationale Zahlen* angab, war der unmittelbare Zweck eine Anfängervorlesung am Züricher Polytechnikum und der Wunsch, die grundlegenden Sätze der Analysis unabhängig von geometrischen Vorstellungen zu beweisen. Dieser letzte Wunsch zeigt, daß auch Dedekinds Konstruktion nicht nur beweistechnisch motiviert, sondern mit grundsätzlichen Erwägungen über die Beziehung zwischen Analysis und Geometrie verknüpft war. Die Konstruktion knüpfte an eine antike Idee der Beziehung zwischen Geometrie und Arithmetik an, an die Definition der Proportionalität zweier Streckenverhältnisse in Buch V der *Elemente* Euklids (vgl. Dedekind an Lipschitz, 10. 6. 1876, in Lipschitz 1986, 59 ff.). Dedekind deutete diese Definition so, daß jedes Verhältnis von zwei Strecken eine Einteilung der rationalen Zahlen (d.h. der Verhältnisse von ganzen Zahlen) in zwei disjunkte Mengen hervorbrachte. Diese Eigenschaft geometrischer Streckenverhältnisse suchte er nun unabhängig von der Geometrie zu fassen und daraus den Begriff der reellen Zahl zu gewinnen.

---

[4] Vgl. hierzu auch Weierstraß' Erläuterungen im Brief an Du Bois-Reymond vom 21. 12. 1873, in Weierstraß 1923, 203 f.

10 Grundlagen der Analysis 1860 - 1910 379

Dedekinds Zahlen (nach Dedekind 1872):

Wir betrachten alle Einteilungen der rationalen Zahlen Q in zwei Mengen A_1, A_2 mit der Eigenschaft, daß $a_1 < a_2$ für alle a_1 in A_1 und alle a_2 in A_2 gilt. A_1 und A_2 bilden dann eine disjunkte Zerlegung von $Q = A_1 \cup A_2$. Eine solche Zerlegung heißt ein *Schnitt*. Besitzt in einem Schnitt (A_1, A_2) entweder A_1 ein größtes oder A_2 ein kleinstes Element $a \in Q$, so heißt der Schnitt *von a hervorgebracht*; dabei werden die beiden von a erzeugten Schnitte als nicht wesentlich verschieden betrachtet. Natürlich gibt es viele Schnitte, die nicht durch rationale Zahlen erzeugt werden, ein Beispiel ist $(\{a \in Q: a < 0 \wedge a^2 \leq 2\}, \{a \in Q: a > 0 \wedge a^2 > 2\})$. „Jedesmal nun, wenn ein Schnitt (A_1, A_2) vorliegt, welcher durch keine rationale Zahl hervorgebracht wird, so *erschaffen* wir eine neue, eine *irrationale* Zahl α, welche wir als durch diesen Schnitt vollständig definiert ansehen; wir werden sagen, daß die Zahl α diesem Schnitt entspricht, oder daß sie diesen Schnitt (A_1, A_2) hervorbringt." Die Menge R der reellen Zahlen ist mithin Resultat eines geistigen Akts, bei dem jedem Schnitt (A_1, A_2) der rationalen Zahlen eine (rationale oder neugeschaffene irrationale) reelle Zahl α zugeordnet wird.

Aus der natürlichen Ordnung der Schnitte ergibt sich eine Ordnung der reellen Zahlen, und die Menge der reellen Zahlen erfüllt die sog. *Schnittbedingung*, die Dedekind als die charakterisierende *Stetigkeitseigenschaft* des eindimensionalen Kontinuums ansah:

Satz: Zerfällt die Menge R aller reellen Zahlen in zwei Teilmengen A_1 und A_2, so daß für jedes α_1 in A_1 und jedes α_2 in A_2 gilt: $\alpha_1 < \alpha_2$, so existiert genau eine Zahl $\alpha \in R$, durch welche diese Zerlegung hervorgebracht wird, d.h. so daß entweder $A_1 = \{\beta \in R: \beta < \alpha\}$ und $A_2 = R - A_1$ oder $A_2 = \{\beta \in R: \beta > \alpha\}$ und $A_1 = R - A_2$ gilt.

Es ist umständlich, aber nicht schwierig, die üblichen Operationen mit reellen Zahlen unter Zuhilfenahme der Schnitte zu definieren und die formalen Gesetze der reellen Zahlen nachzuprüfen.

An Dedekinds Konstruktion waren drei Punkte bemerkenswert. Zum einen konstruierte auch Dedekind, wie Weierstraß, die reellen Zahlen aus unendlichen Mengen rationaler Zahlen. Zum zweiten insistierte er darauf, daß die mathematischen „Objekte", die wir reelle Zahlen nennen, *Schöpfungen des menschlichen Geistes* sind (Dedekind 1872, 14). Das galt für ihn bereits für die natürlichen und rationalen Zahlen, wie er 1872 andeutete und 1888 in seiner Schrift *Was sind und was sollen die Zahlen* näher ausführte, und ebenso für die neuen Begriffsbildungen in der algebraischen Zahlentheorie (vgl. z.B. Dedekind an Heinrich Weber, 24. 1. 1888, in Dedekind 1932, 488 ff). Dedekind machte sich damit zum Fürsprecher einer *kreationistischen* Auffassung der mathematischen Grundbegriffe, die in der mathematischen Moderne immer mehr Anhänger gewinnen sollte. An dieser Auffassung zeigte sich auch, wie weit er die traditionelle Metaphysik der Größen bereits hinter sich gelassen hatte.

Zum dritten machte Dedekind den Abschied von der Größenvorstellung sehr bewußt. Er schlug nicht nur eine arithmetische Konstruktion der reellen Zahlen vor, sondern setzte sich auch explizit mit der dadurch aufgeworfenen Frage auseinander, wie diese Konstruktion mit der geometrischen Vorstellung der Punkte auf einer Geraden und also mit der anschaulichen Vorstellung eines Größenkontinuums zusammenhing. Es war klar, daß (mit Hilfe der Euklidischen Definition) jedes Größen- oder Streckenverhältnis einen Schnitt der rationalen Zahlen hervorbrachte. War dies aber auch umgekehrt klar? Brachte jeder solche Schnitt ein mögliches Streckenverhältnis bzw., nach Festlegung einer Einheitsstrecke auf einer Geraden, einen bestimmten Punkt dieser Geraden hervor? Hier sah Dedekind - anders als Weierstraß noch 1878 - den entscheidenden Mangel der antiken Konzeption und die zwingende Notwendigkeit, den Zusammenhang zwischen den reellen Zahlen und den Punkten einer stetigen Geraden durch ein Postulat zu fassen:

> Zerfallen alle Puncte der Geraden in zwei Classen von der Art, daß jeder Punct der ersten Classe links von jedem Puncte der zweiten Classe liegt, so existirt ein und nur ein Punct, welcher diese Eintheilung aller Puncte in zwei Classen, diese Zerschneidung der geraden in zwei Stücke hervorbringt.(Dedekind 1872, 3).

Daß der entsprechende Satz für reelle Zahlen galt (vgl. „Dedekinds Zahlen"), so Dedekind, war die Garantie dafür, daß die Schöpfung der reellen Zahlen der anschaulichen Vorstellung stetiger Größen doch noch entsprach.[5] Mit der bewußten Trennung des Begriffs der reellen Zahl von dem der (an einer Geraden veranschaulichten) Größe entschied sich Dedekind also anders als Hankel: Die Stetigkeit des Bereichs der reellen Zahlen wurde nicht mehr als Grund für den Rückzug in die Größenlehre betrachtet, sondern im Gegenteil als Grund für die

---

[5] Dieser Punkt und besonders die Frage, inwiefern Dedekind über Euklids Definition der Proportion hinausgegangen war, war Gegenstand eines ausführlichen und interessanten Briefwechsels zwischen Dedekind und Lipschitz, der sich an Dedekinds Büchlein anschloß. (Lipschitz 1986, 56ff.)

Formulierung eines Brückenprinzips zwischen Arithmetik und Geometrie, zwischen diskretem Zahlbegriff und anschaulichem Größenkontinuum. Daß Dedekind dabei ausgerechnet die *Zerschneidbarkeit* zum charakteristischen Merkmal des Kontinuums machte, brachte ihm später allerdings viel Kritik ein (vgl. z.B. Weyl 1921).

10.1.4 Heines und Cantors Zahlen

Im Vorwort zu *Stetigkeit und irrationale Zahlen* schrieb Dedekind, daß die Veröffentlichung zweier Schriften ihn in seiner Absicht, seine Konstruktion der reellen Zahlen endlich zu publizieren, bestärkt habe: des Aufsatzes *Elemente der Functionenlehre* von Eduard Heine und der Arbeit *Über die Ausdehnung eines Satzes aus der Theorie der trigonometrischen Reihen* von Georg Cantor. Heine und Cantor, beide von der Berliner Schule der Analysis beeinflußt, waren Kollegen in Halle und standen in jener Zeit in regem Austausch. Über den Hauptgegenstand ihrer Arbeiten wird im nächsten Abschnitt noch zu berichten sein. Hier geht es zunächst um jenen Aspekt, der auch Dedekind interessierte, um die in beiden Arbeiten vorgestellte, dritte Konstruktion reeller Zahlen auf der Basis unendlicher Mengen rationaler Zahlen. Heine bezog zunächst eine philosophisch prägnantere Position, so daß hier seinem Text gefolgt sei.

Heine begann seinen Aufsatz mit einem Hinweis auf die damals noch unveröffentlichten, für die Analysis grundlegenden Sätze über Funktionen, die Weierstraß bewiesen hatte. An diesen Sätzen gebe es noch immer Zweifel, die „auf der nicht völlig feststehenden Definition der irrationalen Zahlen" beruhten, „bei welcher Vorstellungen der Geometrie, nämlich über die Erzeugung einer Linie durch Bewegung, oft verwirrend eingewirkt haben." (Heine 1872, 172) Obwohl er Bedenken habe, einen Stoff von solcher Schwierigkeit darzustellen, der noch dazu auf den mündlichen Mitteilungen anderer (Heine nannte Weierstraß und Cantor) beruhe, habe er, Heine, sich nun doch dazu entschlossen, seine Arbeit zu veröffentlichen. Um die Frage nach der Existenz der irrationalen Zahlen ein für allemal aus dem Weg zu räumen, beschloß Heine, an die formalen Ideen, wie sie bei Hankel für rationale Zahlen formuliert worden waren, in einer sogar noch radikalisierten Weise anzuknüpfen: „Ich stelle mich bei der Definition auf den rein formalen Standpunkt, indem ich gewisse greifbare Zeichen Zahlen nenne, so dass die Existenz dieser Zahlen also nicht in Frage steht." Diese Zeichen müßten nun „mit einem solchen Apparate ausgerüstet werden, dass [sie] einen Anhalt zur Definition der Operationen" gewähren (ebd., 173).

Heines und Cantors Zahlen (nach Heine 1872):

Sei das Zeichen- und Operationssystem der rationalen Zahlen gegeben. Eine unendliche Folge $a_1, a_2, a_3,...$ von rationalen Zahlen heißt *Zahlenreihe* (modern: Cauchy-Folge), „wenn für jede noch so klein gegebene von Null verschiedene [positive, rationale] Zahl η ein Werth n existirt, der bewirkt, dass $|a_n - a_{n+\nu}|$ für alle ganzen positiven ν unter η liegt." Mit $a_1, a_2, a_3,...$ und $b_1, b_2, b_3,...$ sind auch $a_1 \pm b_1,\ a_2 \pm b_2,\ a_3 \pm b_3,...$ Zahlenreihen. Eine gegen Null konvergente Zahlenreihe heißt *Elementarreihe*. Zahlenreihen $a_1, a_2, a_3,...$ und $b_1, b_2, b_3,...$ „heißen nur und immer gleich", wenn die Zahlenreihe $a_1 - b_1,\ a_2 - b_2,\ a_3 - b_3,...$ eine elementare ist. Jeder Zahlenreihe werde alsdann ein Zeichen hinzugefügt, wobei jeder aus konstanten rationalen Gliedern bestehenden Reihe die betreffende rationale Zahl als Zeichen zugefügt werde. Einer beliebigen Reihe ordnet Heine als Zeichen „die Reihe selbst, diese in eckige Klammern gesetzt" zu, also z.B. $[a_1, a_2, a_3,...]$. Äquivalenten („gleichen") Zahlenreihen zugeordnete Zeichen werden ebenfalls als „gleich" betrachtet. Insbesondere ist also 0 das Zeichen jeder Elementarreihe. Die so konstruierten Zahlen, „wenn sie auch in besonderen Fällen rational werden, sollen irrationale Zahlen erster Ordnung heissen."

Die Rechenoperationen mit den neuen Zahlzeichen werden durch gliedweise Anwendung der Operation auf die zugrundeliegenden Zahlenreihen definiert; bei der Division ist darauf zu achten, daß die Nennerreihe keine Elementarreihe ist und keine verschwindenden Glieder besitzt. Entsprechend wird die Ordnungsrelation eingeführt.

Aus den neuen Zahlzeichen können wieder Zahlreihen (Cauchy-Folgen) und damit „Irrationalitäten 2. Ordnung" gebildet werden usw. Für $m \geq 0$ gilt der Satz: „Die Irrationalitäten $m+2^{ter}$ Ordnung sind keine neuen, sondern stimmen mit denen erster Ordnung überein."

Die mathematische Grundidee, die Heine von Cantor übernommen hatte, war die Verwendung von Folgen rationaler Zahlen zur Einführung der reellen Zahlen, die das heute nach Cauchy benannte Konvergenzkriterium erfüllen. Er führte dann die reellen Zahlen als Zeichen ein, die Äquivalenzklassen solcher Folgen zugeordnet werden (vgl. „Heines und Cantors Zahlen; bei Heine fehlende Betragszeichen wurden ergänzt). Das wichtigste technische Resultat war, daß die so durchgeführte Erweiterung (modern: Vervollständigung) der rationalen Zahlen „stabil" war, d.h. daß eine Wiederholung derselben Konstruktion für Cauchyfolgen von *reellen* Zahlen nicht zur Einführung neuer Zahlzeichen zwang. Im zweiten Teil der Arbeit folgten dann einige grundlegende Sätze über stetige Funktionen; der Höhepunkt war der Beweis des Satzes, daß jede auf einem kompakten Intervall $[a,b]$ definierte, stetige Funktion dort auch gleichmäßig stetig ist.

Auch Heines Konstruktion versuchte, den Begriff der reellen Zahlen von anschaulichen Größenvorstellungen abzulösen, und auch er zahlte als Preis die Verwendung von unendlichen Mengen rationaler Zahlen. Sein philosophischer Akzent war dagegen sowohl von Weierstraß' als auch von Dedekinds Intentionen verschieden. In merkwürdig naiver Weise suchte er sich alle philosophischen Probleme vom Halse zu schaffen, indem er die Zahlen als „greifbare Zeichen" betrachtete, ungeachtet der Vagheit dieser Vorstellung. Abgesehen davon, daß höchstens abstrakte Zeichen*typen*, nicht aber individuelle materielle Zeichen für Heines Konstruktion in Frage kamen, war schwer verständlich, wie Heine einen offensichtlich unvollständigen Zeichentyp wie $[a_1, a_2, a_3, ...]$ zur Definition einer Irrationalzahl verwenden mochte. Sollte man sich eine unendlich lange Zeichenkette denken? War diese noch ein „greifbares Zeichen"? Und bestand eine irrationale Zahl aus einer solchen Zeichenkette oder aus allen zueinander äquivalenten? Der strenge Philosoph Frege sollte Heine diese Schwächen später unerbittlich unter die Nase reiben (Frege 1903, 86 ff). Trotzdem wäre es falsch, Heines Konstruktion der reellen Zahlen im Rückblick nur auf ihren „mathematischen Gehalt" zu reduzieren. Der formale Ansatz Heines fand nicht nur Kritiker, sondern auch eine ganze Reihe Befürworter, die spürten, daß sich hinter diesem Ansatz doch eine faßbare Vorstellung und vor allem ein Ausweg aus den metaphysischen Problemen verbarg, die die Trennung des arithmetischen Zahlbegriffs von dem der anschaulichen Größe aufgeworfen hatte. Selbst kritisch Gesinnte wie z.B. Paul Du Bois-Reymond mußten zugeben, daß das formale, schwierigen philosophischen Fragen ausweichende Vorgehen zumindest didaktischen Wert besaß, weil es gestattete, gleich mathematisch *in medias res* zu gehen (Du Bois-Reymond 1882/1968, 55).

Eine auf derselben mathematischen Idee aufbauende, wenn auch nicht so ausgereifte Konstruktion der reellen Zahlen war übrigens bereits 1869 von dem französischen Mathematiker Charles Méray publiziert worden (Méray 1869). Auch Méray ging von Folgen von rationalen Zahlen aus, die das Cauchysche Konvergenzkriterium erfüllen. Für den Fall, daß eine solche Folge nicht gegen eine rationale Zahl konvergierte, sprach Méray abkürzend von einem „fiktiven Grenzwert", der durch ein beliebiges Zeichen bezeichnet werden könne, und auch er führte dann den notwendigen Begriff der Äquivalenz von Folgen ein, um die Menge der rationalen und fiktiven Grenzwerte von Cauchyfolgen als Bereich der reellen Zahlen zu definieren. Heine und Cantor scheinen ihre Ideen unabhängig von Mérays Arbeit entwickelt zu haben, was in der Zeit um den deutsch-französischen Krieg 1871 vielleicht auch nicht allzu verwunderlich ist.

10.1.5 Thomaes Zahlen

Ein typischer Anhänger des formalen Stils in der Grundlegung der Analysis war der Funktionentheoretiker Johannes Thomae, der in in der Mitte der 60er Jahre bei Weierstraß in Berlin studiert hatte, in den frühen 70er Jahren ein Kollege Cantors und Heines in Halle wurde, in den späten 70ern zusammen mit Bois-Reymond in Freiburg lehrte und schließlich 1879 nach Jena kam. In sein Lehrbuch *Elementare Theorie der analytischen Functionen einer complexen Veränderlichen*, das 1880 erschien, nahm er eine Einführung in die Arithmetik auf, die auf einer interessanten Mischung früherer Ansichten beruhte. Nach der einführenden Behauptung „Die gesammte reine Mathematik beschäftigt sich mit Beziehungen zwischen Zahlen" wurden die rationalen Zahlen im wesentlichen Weierstraß folgend als Aggregate eingeführt, die reellen Zahlen jedoch dem Cantor-Heineschen Verfahren entsprechend konstruiert. Die höheren (nicht natürlichen) Zahlen wurden wie bei Heine als Zeichen gedeutet, und Thomae griff Hankelsche Motive auf, wenn er betonte, daß die höheren Zahlen „als rein inhaltslose Schemen aufzufassen" seien, deren „Existenzberechtigung" einzig darin begründet sei, „dass sich von ihnen die vom Rechnen mit ganzen Zahlen abstrahirten Verknüpfungsregeln widerspruchslos ausführen lassen" (Thomae 1880, 2). Im Jahr 1898 erschien die 2. Auflage des Thomaeschen Lehrbuchs. Hier waren die einleitenden Abschnitte zu den Grundlagen der Arithmetik noch weiter ausgeführt. Thomae bezeichnete seinen Standpunkt nun ausdrücklich als den einer „formalen Arithmetik" und faßte ihn prägnant wie folgt zusammen:

> Die formale Auffassung der Zahlen zieht sich bescheidenere Grenzen als die logische. Sie fragt nicht, was sind und was wollen die Zahlen, sondern sie fragt, was braucht man von den Zahlen in der Arithmetik. Die Arithmetik ist für die formale Auffassung ein Spiel mit Zeichen, die man wohl leere nennt, womit man sagen will, daß ihnen (im Rechenspiel) kein anderer Inhalt zukommt als der, der ihnen in Bezug auf ihr Verhalten gegenüber gewissen Verknüpfungsregeln (Spielregeln) beigelegt wird. Ähnlich bedient sich der Schachspieler seiner Figuren, er legt ihnen gewisse Eigenschaften bei, die ihr Verhalten im Spiel bedingen, und die Figuren sind nur äußere Zeichen für dies Verhalten. Zwischen dem Schachspiel und der Arithmetik findet freilich ein bedeutsamer Unterschied statt. Die Schachspielregeln sind willkürliche, das System der Regeln der Arithmetik ist ein solches, daß die Zahlen mittels einfacher Axiome auf anschauliche Mannigfaltigkeiten bezogen werden können und uns in Folge dessen wesentliche Dienste in der Erkenntnis der Natur leisten.[6] Der formale Standpunkt hebt uns über alle metaphysischen Schwierigkeiten hinweg, das ist der Gewinn, den er uns bietet. (Thomae 1898, 3)

---

[6] Daß hier „Axiome" - weit davon entfernt, einfach willkürlich festgelegte Basisregeln der formalen Arithmetik anzugeben - gerade die Brücke zur Anschauung schlagen sollten, erinnert an Dedekinds Diskussion des „Schnittpostulats" als

10.1.6 Freges Zahlen

Thomae hatte die einleitenden Passagen seines Lehrbuchs nicht umsonst präzisiert. Bereits mit der ersten Auflage hatte er sich die Gegnerschaft eines Kollegen zugezogen, der sich selbst mit großem Ernst den Grundlagen der Mathematik zugewandt hatte: die Gottlob Freges. Im Jahr 1884 hatte Frege eine Schrift über *Die Grundlagen der Arithmetik* veröffentlicht, in der eine Definition positiver ganzer Zahlen mit strikt logischen Mitteln vorgestellt wurde, die Philosophen bis heute fasziniert und beschäftigt. Über viele Jahre hinweg war Freges Hauptziel die Begründung der *gesamten* Arithmetik mit den Mitteln der reinen Logik. Dazu paßten Thomaes formale Ideen schlecht, und Frege griff seinen Kollegen in Vorträgen in Jena öffentlich an (vgl. z.B. Frege 1886). Die neugefaßten einführenden Abschnitte in der 2. Auflage von Thomaes Lehrbuch waren ein Versuch, sich gegen Freges Kritik zu verteidigen. Zugleich suchte Thomae seinen Kollegen dadurch etwas zu besänftigen, daß er immerhin dessen Definition der natürlichen Zahlen ausdrücklich anerkannte (Thomae 1898, § 1). Das Gegenteil trat jedoch ein. 1903 erschien der zweite Band des Fregeschen Hauptwerks, der *Grundgesetze der Arithmetik*, die eine logische Theorie der reellen Zahlen hätte enthalten sollen, jedoch aus Gründen, über die gleich zu berichten sein wird, nur eine *Kritik* nahezu aller früheren Versuche, ein strenges System der reellen Zahlen zu konstruieren, sowie einige Vorarbeiten zur Theorie der reellen Zahlen enthielt. Thomaes formale Arithmetik wurde dort, wie Frege und mit ihm viele spätere, in seiner Tradition argumentierende Philosophen meinten, vernichtend kritisiert.[7] Eine harte, beide Seiten verletzende Polemik, die in den folgenden Jahren in den *Jahresberichten der Deutschen Mathematiker-Vereinigung* ausgetragen wurde, schloß sich an (zur Diskussion dieser Kontroverse vgl. Epple 1994).

Obwohl Frege sein Ziel, eine eigene Theorie der reellen Zahlen als Grundlage der Analysis zu entwickeln, nicht erreichte, wies er doch zumindest mit großer Schärfe auf die philosophischen Schwachstellen der vor ihm gemachten Konstruktionen der Irrationalzahlen hin. Neben den bereits genannten kritischen Bemerkungen zu den zeichentheoretischen Ideen Heines und Thomaes hob er vor allem einen Punkt hervor, der die Auffassungen Dedekinds und Weierstraß' ebenso traf wie die formale Arithmetik: Wodurch war denn in allen diesen Konstruktionen der reellen Zahlen garantiert, daß die neugeschaffenen Begriffe oder die eingeführten Regeln für die Operationen mit Zeichen einander tatsächlich nicht widersprachen und damit das allgemein akzeptierte

---

Brückenprinzip zwischen Arithmetik und Geometrie. Dieser Aspekt „axiomatischen Denkens" wird uns auch bei Cantor (vgl. 10.2.1) und Hilbert (vgl. 10.3.3) wieder begegnen.

[7] Vgl. Frege 1903, 86-137. Die oben zitierte Passage aus Thomaes Buch ist durch diesen Text heute jedem Frege-Kenner bestens vertraut.

Minimalkriterium für die Möglichkeit eines mathematischen Begriffs verletzten? „Diese Aufgabe", schrieb Frege mit Recht, „ist wohl nicht einmal ernstlich in Anspruch genommen, geschweige denn gelöst worden." (Frege 1903, § 156.) Weierstraß', Dedekinds, Heines Konstruktionen *funktionierten* im Betrieb der Analysis, mehr konnte eigentlich nicht gesagt werden. Frege verlangte jedoch Gewißheit, und in der Rückführung aller arithmetischen Begriffe und Sätze auf logische Begriffe und Sätze, deren Wahrheit ihm vorläufig unzweifelhaft schien, sah er einen Weg, diese zu erreichen.

Zum andern war Frege vielleicht der einzige Autor, der sich dem Ende der Größenlehre konsequent zu verweigern suchte. Die wenigen Bemerkungen, die er in positivem Sinn zu seinem eigenen Definitionsversuch machte, zeigen dies deutlich. Er hielt an der traditionellen Vorstellung fest, daß reelle Zahlen allgemein als *Größenverhältnisse* definiert werden sollten und lehnte damit alle früheren Versuche ab, die Analysis auf die Arithmetik der positiven ganzen Zahlen zurückzuführen. Er wollte jedoch auch nicht mehr den hergebrachten Weg gehen, die reellen Zahlen mit geometrischen Mitteln, etwa als Streckenverhältnisse zu definieren. Der Begriff des Größenverhältnisses sei allgemeiner und nur er erlaube, die logische Natur der Arithmetik der reellen Zahlen deutlich zu machen (ebd., § 158). Er sah seinen eigenen Weg „zwischen der alten noch von H. Hankel vorgezogenen geometrischen Begründungsweise der Lehre von den Irrationalzahlen und den in neuerer Zeit eingeschlagenen Wegen. Von jener behalten wir bei die Auffassung der reellen Zahl als Grössenverhältnis [...], lösen sie jedoch von den geometrischen wie von allen besondern Grössenarten ab und nähern uns dadurch den neueren Bestrebungen." (Ebd., § 159.)

Alles hing danach vom Begriff der Größe selbst ab. Der Rest des zweiten Bandes der *Grundgesetze* enthält Freges Versuch, diesen Begriff in ähnlicher Weise wie früher den der Anzahl rein logisch zu definieren. Bevor er dieses anspruchsvolle Programm zur Rettung der Größenlehre vollständig durchführen konnte, erreichte ihn jedoch eine niederschmetternde Nachricht. Der junge englische Philosoph Bertrand Russell teilte Frege 1902 brieflich mit, daß das logische System der *Grundgesetze* einen paradoxen Begriff zu bilden erlaubte, dem kein Begriffsumfang zugesprochen werden konnte, d.h. der nicht wie gefordert die Menge (oder, in Freges Sprache, die Klasse) der unter ihn fallenden Objekte definierte. Dieser paradoxe Begriff war der einer „Klasse, die sich nicht selbst [als Element] angehört". Frege selbst teilte die Paradoxie im Nachwort zum bereits im Druck befindlichen 2. Band seiner *Grundgesetze der Arithmetik* mit. Nach anfänglichen Versuchen, sein System doch noch konsistent zu machen, sah er sich aber schließlich genötigt, sein ehrgeiziges, logizistisches Programm aufzugeben. Am Ende seines Lebens machte er, konsequent konservativ, einen Schritt zurück in die traditionelle Vorstellung, daß der Zahlbegriff auf die Geometrie und damit letztlich auf die Raumanschauung gegründet werden müsse.[8] Trotz dieser Niederlage zeigte Freges Projekt, daß es neben der kreationistischen und der formalen Überwindung der Größenlehre vielleicht auch eine logische Neukonstruktion derselben geben konnte. Damit hat Frege das Spektrum der Alternativen in der Grundlegung der Analysis auf jeden Fall erweitert.

10.1.7 Zusammenfassung

Fassen wir den Stand der Diskussion zusammen. Was waren die reellen Zahlen nun am Ende des 19. Jahrhunderts? Anschauliche, geometrische oder physikalische kontinuierliche Größen? Aggregate gedanklich identischer Dinge? Schöpfungen des menschlichen Geistes? Bestimmten Regeln unterworfene Zeichen? Rein logisch definierte Begriffe? Niemand konnte das sicher entscheiden. Fest stand nur eines: Ein Konsens irgendeiner Art in bezug auf diese Fragen bestand nicht mehr. Die drei Pole der Diskussion, das Festhalten am Größenbegriff, die arithmetisierende Strategie und die formale Sicht, strukturierten ein komplexes Feld, in dem jeder Autor seinen Standpunkt sozusagen frei - bzw. aufgrund philosophischer Überzeugungen - wählen konnte. Selbst die Position einer konsequenten Leugnung der Existenz irrationaler Zahlen war vertretbar: Weierstraß' Berliner Kollege Kronecker verteidigte sie ausdrücklich. Ihm schien es möglich, die Mathematik in ihrer Gesamtheit letzten Endes auf in finiten Verfahren entscheidbare Aussagen über natürliche Zahlen zurückzuführen und dadurch „die Modificationen und Erweiterungen [des Begriffs der ganzen Zahl, namentlich Irrationalzahlen und stetige Größen] wieder abzustreifen" (Kronecker 1887, 253). Ungeachtet aller Auseinandersetzungen aber blühte die höhere Analysis, und wenige stellten die vielen neuen Resultate, die auf der Basis der strengen Sätze der Weierstraßschen Schule gewonnen wurden, noch ernsthaft in Frage. *Hier* gab es kaum Dissens, sieht man einmal von Kroneckers, freilich gewichtigem, Einspruch ab.

Das Ende der Größenlehre hatte insbesondere den antiken Graben zwischen Arithmetik und Geometrie, den die Analysis der frühen Neuzeit so erfolgreich geschlossen hatte, wieder aufgerissen. Die Beziehungen zwischen den Zahlen einerseits und Größengebieten wie den kontinuierlich angeordneten Punkten einer Geraden andererseits schienen von Grund auf neu geklärt werden zu müssen. Dabei hatte sich vor allem ein Aspekt als zentral herausgestellt: Es schien notwendig, unendliche Zahlenmengen zu betrachten, wenn überhaupt eine Brücke geschlagen werden sollte.

---

[8] Eine moderne Diskussion von Freges Ideen zu den Grundlagen der Mathematik findet sich in Dummett 1991. Zur Theorie der reellen Zahlen vgl. besonders Kap. 22.

10.2 Die Entstehung der Mengenlehre

Etliche Jahre bevor in Jena der Streit zwischen Frege und Thomae Wellen schlug, hatte nicht weit entfernt, in Halle, Georg Cantor ein Theoriegebäude zu entwickeln begonnen, das aus dem Bedürfnis hervorgegangen war, gewisse grundlegende Sätze über trigonometrische Reihen scharf zu fassen. Gegen Ende der 1870er Jahre hatte Cantor es bereits in eine umfassende Theorie „linearer Punktmannigfaltigkeiten" verwandelt und in den 1880er Jahren wurde schließlich eine „transfinite Mengenlehre" daraus. Cantors auf dem Begriff der Menge aufgebautes Theoriegebäude entwickelte sich zu Beginn des 20. Jahrhunderts zu einem der vielversprechendsten Kandidaten für einen neuen Konsens über die Grundlegung der Analysis, ja der gesamten Mathematik. Im vorliegenden Abschnitt wird Cantors Weg in knappen Zügen nachgezeichnet. Wir können uns hier umso kürzer fassen, als die Geschichte der Entstehung der Mengenlehre bereits oft und kompetent beschrieben worden ist (vgl. Fraenkel 1930, Dauben 1979 sowie Purkert und Ilgauds 1987; bestimmte philosophische Aspekte werden in Hallett 1984 diskutiert). An einer Vertiefung interessierte Leserinnen und Leser seien auf diese Texte verwiesen.

Georg Cantor wurde am 3. März 1845 in Petersburg in eine erfolgreiche Kaufmannsfamilie geboren. Im Jahr 1856 übersiedelte die Familie nach Frankfurt am Main, und der junge Georg besuchte nach dem Wunsch des Vaters die Höhere Gewerbeschule in Darmstadt, um später eine Ingenieursausbildung beginnen zu können. Cantor entschied sich jedoch schließlich für ein Mathematikstudium, das er 1863 in Zürich begann und dann in Berlin, vor allem bei Weierstraß, fortführte. Im Jahr 1869 habilitierte er sich mit einer zahlentheoretischen Arbeit und begann, als Privatdozent in Halle zu unterrichten. 1872 erhielt er dort eine außerordentliche Professur, und bereits 1879 wurde er zum Ordinarius ernannt. Trotz dieser raschen Karriere blieb Cantor lange die Anerkennung seines Lebenswerks, der Mengenlehre, versagt, und es gelang ihm deshalb nicht, an eine bedeutendere Universität berufen zu werden. Cantor blieb bis zu seiner Emeritierung in Halle. In den Jahren um 1890 trug Cantor wesentlich zur Gründung des ersten Berufsverbands der Mathematiker in Deutschland, der Deutschen Mathematiker-Vereinigung, bei. In den letzten Jahren seines Lebens plagte ihn zunehmend eine in Abständen wiederkehrende Nervenkrankheit, die ihn mehr und mehr zwang, auf seine Forschungs- und Lehrtätigkeit zu verzichten. Im Jahre 1913 wurde Cantor emeritiert. Er starb am 6. Januar 1918 in Halle.

10.2.1 Von trigonometrischen Reihen zu Punktmengen

Cantor wandte sich der reellen Analysis zu, kurz nachdem er seine Privatdozentur in Halle angetreten hatte. Dort war Eduard Heine gerade mit einem der klassischen Themen der reellen Analysis des 19. Jahrhunderts, der Konvergenz trigonometrischer Reihen, d.h. Reihen der Form

$$d_0/2 + \sum_{n=1}^{\infty}(c_n \sin nx + d_n \cos nx), \quad (c_n, d_n \in \mathcal{R}) \tag{10.2}$$

beschäftigt (vgl. Kap. 6 und die historischen Bemerkungen in Riemann 1854b). Durch Riemanns Habilitationsschrift (die auch seine Ausführungen zum Integralbegriff enthielt, vgl. Kap. 9) war die Diskussion neu belebt worden. Heine hatte im Anschluß an Riemanns Arbeit die Frage der Eindeutigkeit der Darstellung einer Funktion durch eine trigonometrische Reihe aufgeworfen, und auch Cantor griff jetzt dieses Thema auf. Nach einigen Vorarbeiten gelang ihm der Beweis eines Satzes, der Heines Ergebnisse verbesserte:

Satz: Konvergiert eine trigonometrische Reihe „mit Ausnahme gewisser Werte" punktweise gegen Null, so verschwinden alle ihre Koeffizienten (Cantor 1871, 85[9]).

Der Witz steckte hier im Detail, d.h. in der Beschreibung der „gewissen Werte". Cantor zeigte, daß der Satz noch gilt, wenn für eine unendliche Wertreihe $\{...,x_{-1},x_0,x_1,...\}$, die keinen Häufungspunkt besitzt, die Konvergenz unbekannt ist. Cantor schrieb zu seinem Resultat: „Diese Erweiterung des Satzes [von Heine] ist keineswegs die letzte; es ist mir gelungen, eine ebenfalls auf strengen Verfahren beruhende, um vieles weitergehende Ausdehnung desselben zu finden, welche ich bei Gelegenheit mitteilen werde."(Ebd.) Cantor hatte damit eine Richtung eingeschlagen, die ihn zum systematischen Studium reeller Punktmengen (was ist die allgemeinste zulässige Ausnahmemenge für den obigen Satz?) führte.

Die erwähnte Mitteilung ist die bereits in 10.1.4 genannte Arbeit von 1872. Um sein neues Resultat zu formulieren, sah sich Cantor genötigt, „Erörterungen vorauszuschicken, welche dazu dienen mögen, Verhältnisse in ein Licht zu stellen, die stets auftreten, sobald Zahlengrößen in endlicher oder unendlicher Anzahl gegeben sind" (Cantor 1872, 92). Insbesondere bedurfte es einer ge-

---

[9] Seitenzahlen beziehen sich im folgenden stets auf Cantors *Gesammelte Abhandlungen*.

nauen Definition reeller Zahlen selbst. Hier ging Cantor ganz ähnlich wie Heine vor. Größeres Gewicht legte er allerdings auf die Möglichkeit der Iteration des Verfahrens. Eine durch eine Cauchy-Folge rationaler Zahlen gegebene Zahl nannte Cantor „Zahlengröße 1. Art", und eine auf dieselbe Weise durch eine Cauchy-Folge von Zahlengrößen (λ-1)-ter Art gegebene Zahl wurde entsprechend „Zahlengröße (λ-1)-ter Art" genannt. Cantor sprach dabei den grundlegenden Satz, daß alle Zahlbereiche höherer Art äquivalent sind (vgl. „Heines und Cantors Zahlen" in 10.1.4), nur sehr informell aus. Er bestand aber auf dem Unterschied des begrifflichen *Gegebenseins* der Zahlgrößen verschiedener Stufe. Eine Zahlgröße zweiter Art war beispielsweise strenggenommen gegeben durch eine Cauchyfolge von reellen Zahlen, die ihrerseits durch Cauchyfolgen rationaler Zahlen definiert waren. Mit anderen Worten: Sie entsprach einer *Menge von Mengen* rationaler Zahlen. Diese konnte selbst durch eine (einfache) Menge rationaler Zahlen dargestellt werden. So kann etwa die Zahl 0 durch

$$0 = \lim_{k \to 0} r_k, \quad r_k := \lim_{l \to \infty} \frac{1}{2^k} + \frac{1}{2^{k+l}} \quad (k,l \in N) \tag{10.3}$$

als Zahlgröße 2. Art gegeben werden. Die zugehörige Menge rationaler Zahlen ist hier $\{2^{-k} + 2^{-k-l} | k,l \in N\}$. Hier, wie auch in Heines Text, ist zum erstenmal eine *Analysis in begrifflichen Stufen* angedeutet. Diese Idee sollte in den Grundlagendiskussionen des 20. Jahrhunderts noch eine wichtige Rolle spielen, als es darum ging, die aufgetretenen Paradoxien in Logik und Mengenlehre zu überwinden (vgl. 10.3.3).

Wie bei Dedekind fand sich nun auch bei Cantor eine Überlegung, wie die rein arithmetisch definierten Zahlgrößen mit den Punkten einer Geraden, dem klassischen Beispiel eines Größengebiets, zusammenhingen. Auch Cantor erkannte, daß es hier eines Brückenprinzips bedurfte, das Cantor als Axiom bezeichnete und das besagte, daß „zu jeder Zahlengröße ein bestimmter Punkt der Geraden gehört, dessen Koordinate [bezüglich einer Einheitsstrecke] gleich ist jener Zahlengröße" (Cantor 1872, 97). Mithilfe dieses Axioms konnte Cantor seine nun folgenden Ausführungen über Zahlmengen auch als Aussagen über Punktmengen einer Geraden (über „lineare Punktmannigfaltigkeiten", wie er später sagte) deuten.

Die für Cantors Arbeit technisch entscheidenden Begriffe waren die der *Grenzpunkte* und der *Ableitungen* einer gegebenen Punktmenge. Ein Grenzpunkt war das, was heute als Häufungspunkt bezeichnet wird, und die Ableitung P' einer Punktmenge P wurde definiert als die Menge aller Grenz- oder Häufungspunkte von P. Damit konnte auch für Zahl- bzw. Punktmengen eine Stufung eingeführt werden. Cantor nannte eine Punktmenge P *von der ν-ten Art*, wenn die ν-te Ableitung von P aus einer endlichen Zahl von Punkten bestand und also selbst keine Ableitung mehr besaß. (Wie man an obigem Beispiel sieht, ist die einer Zahlgröße der ν-ten Art zugrundeliegende Menge rationaler Zahlen selbst im allgemeinen von der ν-ten Art.) Damit konnte Cantor seinen erweiterten Eindeutigkeitssatz formulieren:

Satz: Wenn eine Gleichung besteht von der Form

$$0 = d_0 / 2 + \sum_{n=1}^{\infty} \left(c_n \sin nx + d_n \cos nx \right)$$

für alle Werte von x mit Ausnahme derjenigen, welche den Punkten einer im Intervalle $[0, 2\pi]$ gegebenen Punktmenge P der ν-ten Art entsprechen, wobei ν eine beliebig große ganze Zahl bedeutet, so ist $d_0 = 0$, $c_n = d_n = 0$. (Ebd., 99)

Nicht oft in der Geschichte der Analysis hat ein für vergleichbare technische Zwecke entworfener Begriff für die Grundlagen der Analysis, ja der Mathematik so weitreichende Folgen gehabt wie der der Ableitung einer Punktmenge. In den folgenden Jahren wandte sich Cantor vom speziellen Problem der trigonometrischen Reihen ab und vertiefte sich immer mehr in das systematische Studium der linearen Punktmannigfaltigkeiten. Das erste Problem, das er sich stellte, war die Frage, ob das eindimensionale *Kontinuum*, also die Menge der reellen Zahlen, abzählbar war. Im Dezember 1873 fand Cantor eine Lösung, die er Dedekind mitteilte. Dieser half, sie zu vereinfachen, und 1874 erschien sie zusammen mit dem nicht sehr tiefliegenden Satz, daß die Menge aller algebraischen Zahlen mit ganzzahligen Koeffizienten abzählbar war, unter dem harmlosen Titel *Über eine Eigenschaft des Inbegriffs aller reellen algebraischen Zahlen* in Crelles Journal.[10] Sechzehn Jahre später gab Cantor dann noch einmal einen neuen, eleganten Beweis für die Nichtabzählbarkeit der reellen Zahlen mit Hilfe des später nach Cantor benannten Diagonalverfahrens.

---

[10] Die Gründe für diesen Umstand werden in der Literatur kontrovers diskutiert. Dauben vertritt die These, daß Cantor die schlafenden Hunde, die noch immer an der Existenz der Irrationalzahlen zweifelten, insbesondere den Herausgeber des Crelleschen Journals, Kronecker, nicht wecken wollte (vgl. Dauben 1979, 66 ff). Freilich darf auch nicht übersehen werden, daß ein Titel, der an die damals in stürmischer Entwicklung befindliche algebraische Zahlentheorie und das noch relativ neue Resultat von Liouville über die Existenz transzendenter Zahlen anknüpfte, Cantors Aufsatz vielleicht mehr Leser gewinnen konnte als ein Titel, der sich direkt auf die neuen Theorien der Irrationalzahlen bezog.

Cantors Beweise für die Nichtabzählbarkeit von R

Der Beweis von 1874: Sei $w = \{w_1, w_2, ...\}$ eine unendliche Folge reeller Zahlen. Dann gibt es in jedem vorgegebenen offenen Intervall (a,b) eine Zahl y, die nicht in der Folge w vorkommt. Denn seien a_1, b_1 die beiden ersten Glieder von w, die in (a,b) liegen, so bezeichnet, daß $a_1 < b_1$ gilt. Seien entsprechend für jedes $n \in \mathbb{N}$ a_{n+1}, b_{n+1} die beiden ersten Glieder von w, die in (a_n, b_n) liegen, wobei wieder $a_{n+1} < b_{n+1}$ gelte. Dann kann nur einer von zwei Fällen eintreten: (i) Die Kette der so gebildeten Intervalle ist endlich, so daß die Behauptung folgt. (ii) Die Kette der gebildeten Intervalle ist unendlich. Dann konvergiert die monoton wachsende, beschränkte Folge $\{a_k\}$ gegen einen Grenzwert a_∞ und ebenso existiert $b_\infty = \lim b_k$. Ist $a_\infty = b_\infty$, so ist dies eine Zahl y der gewünschten Art, wie man leicht überlegt. Ist dagegen $a_\infty < b_\infty$, so erfüllt jedes y im Innern von (a_∞, b_∞) die Forderung.

Der Beweis von 1890 (Cantors Diagonalverfahren): Wegen der Darstellbarkeit der Punkte in [0,1] durch Binärbrüche kann der Satz auf folgenden zurückgeführt werden: Die Menge Φ aller Funktionen der Form $\phi: \mathcal{N} \to \{0,1\}$ ist nicht abzählbar. Um dies zu beweisen, sei angenommen, es gäbe eine Abzählung aller solcher Funktionen in der Form $\phi_1, \phi_2, ...$. Dann ist aber auch die durch $\psi(k) := 1 - \phi_k(k)$ definierte Funktion ein Element von Φ. Aber ψ ist offensichtlich von allen ϕ_k verschieden! Wählt man im zweiten Beweis statt $\mathcal{N}$ eine Menge M der Kardinalität $\mathfrak{m}$, so hat die Menge $\Phi := \{\phi : M \to \{0, 1\}\}$ die Kardinalität $2^\mathfrak{m}$. Das Diagonalverfahren, angewandt auf eine angenommene „Abzählung" der Funktionen in Φ durch Elemente in M, zeigt dann, daß generell $2^\mathfrak{m} > \mathfrak{m}$ gilt.

Jedenfalls war nun klar: Wurde Cantors (oder Dedekinds oder Weierstraß') Konstruktion der reellen Zahlen akzeptiert, so gab es zumindest *zwei* ganz verschiedene Typen unendlicher Mengen, den Typ der Menge aller natürlichen Zahlen und den des Kontinuums. Cantor hatte damit ein weitverbreitetes Gefühl (das uns z.B. in Hankels Ausführungen zu den Irrationalzahlen begegnet ist, vgl. 10.1.1) technisch präzisiert. Die Frage lag nahe, ob es noch mehr Arten des Unendlichen gab. Das Kriterium für die Gleichartigkeit oder Verschiedenartigkeit zweier unendlicher Mengen war dabei die Existenz einer eineindeutigen Zuordnung zwischen den Mengen. Vier Jahre später publizierte

Cantor die überraschende Lösung des nächsten Problems: War es möglich, die Punkte einer Geraden und einer Fläche eineindeutig aufeinander zu beziehen? Ja, lautete die Antwort, die Punkte des n-dimensionalen Einheitswürfels $[0,1]^n$ ließen sich den Punkten des Einheitsintervalls $[0,1]$ eineindeutig zuordnen, d.h., wie Cantor sich nun terminologisch festlegte, die beiden Mengen waren von „gleicher Mächtigkeit" (Cantor 1878). Dieses Ergebnis schien paradox. Sagte nicht die Anschauung, daß eine mehrdimensionale kontinuierliche Punktmenge *unendlich viel mehr* Punkte enthielt als eine eindimensionale? Cantor fand sich hier in einer Situation, wie sie nach dem Ende der Größenlehre typisch war: Der neugeschaffene Begriff des reellen *Zahl*kontinuums wies Eigenschaften auf, die sich von den an anschaulichen *Größen*kontinua gebildeten Erwartungen deutlich unterschieden. Differenzierungen wurden nötig, an die vorher noch niemand gedacht hatte. So mußte nun Riemanns Begriff der mehrfach ausgedehnten Mannigfaltigkeit präzisiert werden: Die Dimension einer solchen konnte nicht mehr einfach definiert werden als die Anzahl der zur eindeutigen Bestimmung aller Punkte notwendigen Zahlkoordinaten (eine genügte ja nach Cantors Resultat in jedem Fall), sondern höchstens als die der notwendigen beidseitig stetigen Zahlkoordinaten. Obwohl bereits Cantor versuchte, den Dimensionsbegriff entsprechend zu präzisieren, gelang dies erst Brouwer in zufriedenstellender Weise (Brouwer 1911).

10.2.2 Von Punktmengen zu transfiniten Zahlen

In den Jahren zwischen 1879 und 1884 veröffentlichte Cantor eine Serie von 6 Artikeln, die seine systematische Theorie linearer Punktmannigfaltigkeiten vorstellten. Ausgangspunkt der Cantorschen Überlegungen war die Beobachtung, daß das Bilden der Ableitung einer gegebenen Punktmenge beliebig oft iteriert werden konnte. Dies gab Anlaß zu einer Unterscheidung: Cantor nannte eine Punktmenge P, die eine *nichtabbrechende* Folge $P, P', P'', \ldots$ von abgeleiteten Punktmengen besitzt, „von der zweiten Gattung" und bildete für solche Mengen den unendlichen Durchschnitt

$$P^{(\infty)} := \bigcap_{n \in N} P^{(n)}. \tag{10.5}$$

Auch diese Menge war wieder eine reelle Punktmenge, so daß auch auf $P^{(\infty)}$ der Prozeß der Ableitung beliebig oft angewandt werden konnte. Wurde dann erneut der unendliche Durchschnitt aller dieser Ableitungen gebildet, so entstand eine Punktmenge $P^{(2\infty)}$, ebenso nach erneuter Anwendung des Verfahrens $P^{(3\infty)}$ und so fort. Nun konnte man aber wieder von allen so erhaltenen Mengen den Durchschnitt bilden:

$$P^{(\infty^2)} := \bigcap_{n \in N} P^{(n\infty)}. \tag{10.6}$$

Durch Wiederholung dieses Wechselspiels von Mengenableitung und Durchschnittsbildung gelangte Cantor zu Ableitungen der ursprünglichen Punktmenge P, die er durch die Symbole

$$P^{\left(n_k \infty^k + n_{k-1} \infty^{k-1} + \ldots n_0\right)}, \left(n_0, \ldots n_k \in N\right) \tag{10.7}$$

bezeichnete. Aber selbst damit nicht genug: Eine Ableitung noch höherer Ordnung konnte z.B. durch den Durchschnitt $P^{(\infty^\infty)}$ aller Mengen $P^{(\infty^n)}$ gebildet werden. Dem Wechselspiel von Ableitung und Durchschnittsbildung war keine Grenze gesetzt. Cantor notierte beeindruckt: „Wir sehen hier eine dialektische Begriffserzeugung, welche immer weiter führt und dabei frei von jeglicher Willkür in sich notwendig und konsequent bleibt." (Cantor 1880, 148.) Die Tür zu den transfiniten Zahlen war aufgestoßen.

Auch hier sollte angemerkt werden, daß abgeleitete Punktmengen im allgemeinen nicht in dem Sinn *gegeben* waren, daß ihre Mitglieder konstruiert, konkret aufgewiesen werden konnten (vgl. die Bemerkung am Ende von 10.1.2).

Im Jahr 1883 faßte Cantor seine Überlegungen in einem klassisch gewordenen Text mit dem Titel *Grundlagen einer allgemeinen Mannigfaltigkeitslehre* zusammen. Dieser Text führte nun transfinite Ordinal- und Kardinalzahlen unabhängig von reellen Punktmengen und ihren Ableitungen ein. Cantor hatte bemerkt, daß zumindest die abzählbaren Punktmengen eine Eigenschaft besaßen, die im Grunde für die Bildung transfiniter Zahlbegriffe ausreichte: Sie waren *wohlgeordnet*, d.h. sie trugen eine vollständige Ordnung, in der es einerseits ein „erstes" Element der Menge gab und in der andererseits jede endliche oder unendliche Teilmenge ein eindeutig bestimmtes „nächstfolgendes" Element besaß. Cantors entscheidender Schritt war nun, den Begriff der wohlgeordneten Menge selbst zum Ausgangspunkt der Zahlbegriffe zu machen (Cantor 1883a, § 2). Eine (endliche oder unendliche) *Anzahl* α war für ihn jetzt nichts anderes mehr als der Ordnungstyp einer beliebigen wohlgeordneten Menge. Ebenso war eine *Abzählung* einer gegebenen Menge M durch eine Anzahl α im allgemeinen, transfiniten Sinn die Wahl einer Ordnung auf M, sodaß eine bijektive, ordnungserhaltende Korrespondenz von M zu einer Menge des Ordnungstyps α entstand. Sozusagen als „Zählparadigmen" standen einerseits die früher betrachteten Punktmengen zur

Verfügung, andererseits die Kette der bei deren wiederholter Ableitung gebildeten „Unendlichkeitssymbole" (um Mißverständnisse zu vermeiden, ersetzte Cantor nun das mehrdeutige Symbol ∞ durch das Symbol ω:

$$1,2,...,\omega,\omega+1,...2\omega,...\omega^2,...,\alpha,... \tag{10.8}$$

In der Tat war der einer gegebenen transfiniten Anzahl α *vorangehende Abschnitt* dieser Reihe selbst eine wohlgeordnete Menge, deren Ordnungstyp durch α symbolisiert werden konnte. Diesem Begriff der Anzahl (heute: Ordinalzahl) untergeordnet war der Begriff der *Mächtigkeit* (heute: Kardinalzahl) einer Menge. Hier wurde von der Ordnung der Mengen abgesehen und nur nach der bijektiven Korrespondenz ihrer Elemente gefragt. Damit erhielt Cantor eine zweite transfinite Zahlfolge, die der Mächtigkeiten, die er später durch die Symbole $\aleph_0, \aleph_1, \aleph_3,...$ bezeichnete (Cantor 1895/1897).

Eine Frage grundsätzlicher Natur stellte sich dabei: Konnte *jede* Menge im transfiniten Sinn abgezählt, d.h. wohlgeordnet werden? Cantor antwortete: „Daß es immer möglich ist, jede *wohldefinierte* Menge in die *Form* einer *wohlgeordneten Menge* zu bringen, auf dieses, wie mir scheint, grundlegende und folgenreiche, durch seine Allgemeingültigkeit besonders merkwürdige Denkgesetz werde ich in einer späteren Abhandlung zurückkommen." (Cantor 1883a, § 3.) Er hat sein Versprechen nicht eingehalten. Erst im Kontext der Axiomatisierung des Mengenbegriffs nach der Jahrhundertwende gab Zermelo einen „Beweis" dieses Wohlordnungssatzes, freilich auf der Basis eines anderen unbewiesenen Satzes, des sogenannten Auswahlaxioms, das nicht viel weniger umstritten war als der Wohlordnungssatz selbst (vgl. 10.3.2 sowie Dauben 1979, 250 ff., und Moore 1982).

10.2.3 Philosophie des Unendlichen

Cantors *Grundlagen* beschränkten sich nicht auf die neuen mathematischen Begriffe. Ausführliche philosophische Überlegungen sollten zeigen, daß die neukonstruierten Begriffe legitime Begriffsbildungen waren. Immerhin standen Cantors Stufen des Unendlichen in krassem Widerspruch zu einer langen, philosophisch und theologisch argumentierenden Tradition, die von Aristoteles über Thomas v. Aquin bis hin zu Descartes, Locke, Spinoza und Leibniz reichte, und die bestritt, daß sinnvolle Begriffe des aktual Unendlichen existierten. Cantors zentrales Argument war hier, daß alle früheren Autoren davon ausgegangen seien, daß nur für Endliches wohlbestimmte, wohldefinierte Begriffe möglich waren. Ebendies sei aber durch die tatsächlich durchgeführte Konstruktion der transfiniten Zahlen (oder auch der Punktmengen, an denen sie vorkommen) widerlegt: Damit war Cantor zufolge Unendliches durch wohlbestimmte Begriffe philosophisch und mathematisch erfaßbar.

Wie früher Hankel (vgl. 10.1.1) diskutierte nun auch Cantor den Zusammenhang zwischen der Widerspruchsfreiheit mathematischer Begriffe und der Existenz der durch diese Begriffe bezeichneten Gegenstände. Cantor ging insofern weiter als Hankel, als er die Unterscheidung zwischen widerspruchsfrei gebildeten Begriffen und Begriffen mit gegenständlicher Bedeutung als eine Unterscheidung zwischen zwei Formen der Realität faßte: Jedem widerspruchsfrei gebildeten Begriff kam „immanente Realität" zu, „transiente Realität" dagegen kam Begriffen zu, die sich auf reale Gegenstände oder Sachverhalte der „körperlichen oder geistigen Natur" bezogen (Cantor 1883a, § 8). Ein korrekt gebildeter Begriff wie z.B. der einer transfiniten Ordnungszahl, trat „fertig ins Dasein, versehen mit der transsubjektiven Realität, welche überall von Begriffen nur verlangt werden kann; seine transiente Bedeutung zu konstatieren ist alsdann Sache der Metaphysik" (Ebd., Anm. 7). Cantors Position zeigt sich damit als eine *begriffsrealistische* Position mit deutlicher Abhängigkeit von den begriffsgenetischen Theorien des deutschen Idealismus (vgl. Purkert und Ilgauds 1987, 105 ff.). Im entlastenden Verweis der Frage nach der „transienten Bedeutung" mathematischer Begriffsbildungen in den Bereich der Metaphysik traf sich Cantor freilich mit Hankel, Dedekind, Du Bois-Reymond und Thomae.

Cantor sprach freizügig auch die fachpolitische Dimension an, die diese Strategie kennzeichnete. Da Mathematik seines Erachtens im Gegensatz zu allen anderen Wissenschaften nur auf die immanente Realität ihrer Begriffsbildungen zu achten hatte, verdiente sie den Namen einer „freien Mathematik" eher als den der reinen:[11]

> Die Mathematik ist in ihrer Entwickelung völlig frei und nur an die selbstredende Rücksicht gebunden, daß ihre Begriffe sowohl in sich widerspruchslos sind, als auch in festen durch Definitionen geordneten Beziehungen zu den vorher gebildeten, bereits vorhandenen und bewährten Begriffen stehen. [...] Es ist, wie ich glaube, nicht nötig, in diesen Grundsätzen irgendeine Gefahr für die Wissenschaft zu befürchten, wie dies von vielen geschieht [...]. Dagegen scheint mir jede überflüssige Einengung des mathematischen Forschungsbetriebes eine viel größere Gefahr mit sich zu bringen und eine umso größere, als dafür aus dem Wesen der Wissenschaft wirklich keinerlei Rechtfertigung gezogen werden kann; denn das Wesen der Mathematik liegt gerade in ihrer Freiheit. (Cantor 1883a,§ 8)

---

[11] Herbert Mehrtens nimmt dieses Motiv zum Ausgangspunkt einer weitreichenden kulturtheoretischen Interpretation der „mathematischen Moderne", vgl. Mehrtens 1990, 25 ff.

10.2.4 Der Begriff des Kontinuums

Auch Cantors Konstruktion der transfiniten Mengenlehre muß im Kontext des Endes der Größenlehre gesehen werden. Das zeigt sich nicht nur an der Tatsache, daß sie aus einer Theorie unendlicher Punktmengen entstand. Cantor versuchte auch, mit seiner neuen Theorie den vielleicht wichtigsten Begriff dieses Übergangs zu klären, den des Kontinuums (ebd., § 10). Nachdem er philosophische Versuche abgewiesen hatte, den Begriff des Kontinuums auf der Basis der Zeit- oder Raumanschauung zu erklären, schlug Cantor einen „rein arithmetischen" Begriff des Kontinuums vor. Er verstand die Frage so: Welche Punktmengen $T \subseteq R^2$ können sinnvollerweise als Kontinua bezeichnet werden? Cantor sah zwei Eigenschaften als charakteristisch an: Zum einen sollte ein Kontinuum T mit der Menge seiner Häufungspunkte, d.h. der Mengenableitung T', identisch sein. Solche Mengen nannte er *perfekte* Punktmengen. Zum anderen sollte ein Kontinuum T sicherlich *zusammenhängend* sein. Diesen Begriff verstand Cantor so: Zu je zwei Punkten $t, t' \in T$ und beliebig vorgegebenem $\varepsilon > 0$ gibt es stets Punkte $t_1, t_2, ..., t_n \in T$, so daß die (euklidischen) Abstände $\overline{tt_1}, \overline{t_1 t_2}, ..., \overline{t_n t'}$ sämtlich kleiner als ε sind. Die Teilkontinua der reellen Zahlen sind demnach gerade die abgeschlossenen Intervalle [a,b], die halboffenen Intervalle (-∞, a]; [b, ∞) und die Zahlengerade selbst.

Daß eine perfekte Punktmenge nicht unbedingt zusammenhängend sein mußte, zeigte Cantor in einer Fußnote durch ein erstaunliches Beispiel, das heute oft *Cantorsches Diskontinuum* oder schlicht Cantor-Menge genannt wird. Sei C die Menge aller reellen Zahlen c, die durch eine Reihe der Form

$$c = \sum_{k=1}^{\infty} \frac{c_k}{3^k} \quad \left(c_k \in \{0, 2\}\right), \tag{10.9}$$

dargestellt werden können. Dann ist C eine perfekte, aber nirgends dichte Teilmenge des Einheitsintervalls (ebd., Anm. 11).

Nach der rein arithmetischen Definition des Kontinuumsbegriffs hätte Cantor gerne auch noch eine Beschreibung der Mächtigkeit der Kontinua und insbesondere des Einheitsintervalls [0,1] gegeben. Auch hier gelang es ihm nicht, mehr als eine Vermutung zu formulieren: Die Mächtigkeit von [0,1] ist $\aleph_1$, d.h. die kleinste Kardinalzahl, die größer als $\aleph_0$, die Mächtigkeit der natürlichen Zahlen ist. Im Jahr 1900 war diese Vermutung immer noch unbewiesen, und Hilbert nannte sie als erstes der 23 Probleme, deren Lösung ihm für die Entwicklung der Mathematik am bedeutsamsten schien (Hilbert 1900b). Nachdem Cantors „Kontinuumshypothese" auch weiterhin allen Beweisversuchen widerstand, zeigte Gödel im Jahr 1938 immerhin, daß sie mit der inzwischen axiomatisierten Mengenlehre (vgl. 10.3.2) nicht im Widerspruch stand (Gödel 1940). Erst 1963 gelang es Paul Cohen, mit schwierigen Methoden zu zeigen, daß Cantors Hoffnung in der Tat *unberechtigt* war: Auch die Negation der Kontinuumshypothese steht nicht im Widerspruch zu den Axiomen der Mengenlehre (Cohen 1966). Diese Resultate hängen allerdings stark von der gewählten Formalisierung der Mengenlehre (ZFC mit einer Logik 1. Stufe) ab, so daß schwer zu entscheiden ist, ob Cohens Satz noch viel mit Cantors Intentionen zu tun hat.

10.2.5 Die Wissenschaft von $\in$

Konnte die Mengenlehre in ihrer Cantorschen Form als Basis eines neuen Konsenses über die Grundlagen der Analysis bzw. der Mathematik betrachtet werden? War die Größenlehre in Mengenlehre übergegangen? Cantor selbst war durchaus dieser Ansicht: Die Mengenlehre umfaßt, so schrieb er, „die Gebiete der Arithmetik, der Funktionenlehre und der Geometrie; sie faßt sie auf Grund des Mächtigkeitsbegriffs zu einer höheren Einheit zusammen." (Cantor 1882, 152) Ähnliche Vorstellungen fanden sich auch bei dem Cantor nahestehenden Dedekind. In seiner Schrift *Was sind und was sollen die Zahlen* beschrieb dieser die Mathematik allgemein als Theorie von Mengen und Abbildungen (Dedekind 1888), und Dedekinds algebraische Arbeiten lassen diese Denkweise auch im technischen Detail deutlich erkennen. Mit dem Mengenbegriff, und insbesondere bei einem freien Umgang mit unendlichen Mengen, so schien es, hatte man nicht nur eine solide technische Basis für alte und neue mathematische Konstruktionen gefunden, sondern auch einen neuen einheitlichen Gesichtspunkt, unter dem die Mathematik als organisches Ganzes erschien.

Allerdings war der neue Basisbegriff der Menge selbst technisch nicht vollständig präzisiert. Unter einer Menge verstand Cantor in den 1880er Jahren ganz ähnlich wie Frege den Umfang von Begriffen. Allerdings gab Cantor schon 1882 eine einschränkende Bedingung an: Mengen mußten „wohldefiniert" sein, d.h. es sollte „aufgrund ihrer Definition und infolge des logischen Prinzips vom ausgeschlossenen dritten [...] als *intern bestimmt* angesehen werden [müssen], *sowohl* ob irgendein derselben Begriffssphäre angehöriges Objekt zu der gedachten Mannigfaltigkeit als Element gehört oder nicht, *wie auch*, ob zwei zur Menge gehörige Objekte, trotz formaler Unterschiede in der Art des Gegebenseins, einander gleich sind oder nicht" (ebd., 150). In den 1895 bis 1897 verfaßten *Beiträgen zur transfiniten Mengenlehre*, der Quintessenz der Cantorschen Theorie, fand sich dann die später oft zitierte Passage: „Unter einer 'Menge' verstehen wir jede Zusammenfassung M von bestimmten wohlunterschiedenen Objekten m unserer Anschauung oder unseres Denkens

[...] zu einem Ganzen." (Cantor 1895/1897, 282) Hier wurden Mengen nicht nur als Begriffsumfänge, sondern gegebenenfalls auch als anschauliche Zusammenstellungen angesehen. Wie Cantors Briefwechsel mit Dedekind zeigt, war Cantor auch in dieser Phase die Bedingung der Wohldefiniertheit von Mengen (nun „Konsistenz" genannt) wichtig (Cantor 1932, 443 ff.). Der Vorschlag, Mathematik als Mengenlehre zu betreiben, blieb umstritten. Cantors Ideen fanden zunächst nur eine zögerliche Rezeption. Kroneckers Skepsis gegenüber den neuen Theorien der Irrationalzahlen (vgl. 10.1.7), philosophische Zweifel an Cantors Theorie des Transfiniten und in Cantors Augen fehlerhafte Versuche, mathematische Theorien des Unendlichkleinen zu entwickeln[12], brachten Cantor in seinen späten Jahren zu einer defensiven und enttäuschten Haltung gegenüber seinen Fachkollegen. Erst um 1900 fanden seine Ideen allmählich Aufnahme in der Analysis, z.B. in Frankreich, wo Borel und andere Cantorsche Ideen in die Integrationstheorie einbrachten (vgl. Kap. 9). Ein Teil der Skepsis stammte sicher aus einer Haltung, wie sie Weyl im Jahr 1910, nach der Axiomatisierung der Mengenlehre (vgl. 10.3.2), zur Sprache brachte: Die Mengenlehre erschien ihm beinahe wie ein Gespenst, das den „stolzen Baum" der klassischen Mathematik auf die Enthaltenseinsbeziehung zu reduzieren strebte: Mathematik war ihrem logischen Gehalt nach nicht mehr Größenlehre, sondern „Wissenschaft von $\in$" (Weyl 1910, 304). War es aber wirklich wünschenswert, beispielsweise den Bedeutungsreichtum des anschaulichen Kontinuums - ein Erbe der Größenlehre - auf eine technische Definition als perfekte, zusammenhängende Menge zu reduzieren?

Aber das Gespenst des $\in$ wurde seinerseits von einem anderen Gespenst verfolgt. Gegen Ende des Jahrhunderts wurde noch aus einer anderen Richtung Kritik an Cantors Mengenlehre laut, ja an der naiven Verwendung des Mengenbegriffs überhaupt. 1897 veröffentlichte der italienische Mathematiker Burali-Forti die Paradoxie des Inbegriffs aller Ordnungszahlen, 1903 veröffentlichte Frege die bereits erwähnte Paradoxie Russells, und 1905 rückte eine Paradoxie Richards die Möglichkeit konsistenter sprachlicher Konstruktionen unendlicher Mengen ins Zwielicht. Es zeigte sich, daß ähnliche Paradoxien sich leicht bilden ließen. Anders als Frege blieb Cantor selbst jedoch gelassen. Ihm schien seine Forderung der Konsistenz einer Mengendefinition eine genügende Sicherung gegen die Paradoxien, die ihm vermutlich schon länger bekannt waren, darzustellen (vgl. Purkert und Ilgauds 1987, 147 ff.). Es bedurfte lediglich einer gewissen Vorsicht bei mengentheoretischen Forschungen, den inkonsistenten Vielheiten nicht zu nahe zu kommen. Wie Hilbert

---

[12] Solche Theorien waren u.a. von Du Bois-Reymond und Veronese vorgeschlagen worden. Cantor meinte, die Widersprüchlichkeit dieser Theorien streng nachweisen zu können. Er stützte sich dabei allerdings auf das archimedische Axiom, das in diesen Theorien - Vorläufern der heutigen Nonstandard-Analysis - nicht mehr galt. (Vgl. Dauben 1979, 233 ff., Purkert und Ilgauds 1987, 114 f.)

jedoch später treffend beobachtete, war diese Forderung technisch nicht präzise handhabbar (Hilbert 1905, 176), so daß die Theorie der transfiniten Mengen auf ähnliche Weise in Frage gestellt schien wie Freges Lebenswerk (vgl. 10.1.6).

Die Paradoxien:

Burali-Fortis Paradoxie (1897): Die Menge aller Ordnungszahlen,

$$\{1, 2, \ldots \omega, \omega+1, \ldots, 2\omega, 2\omega+1, \ldots, \omega^2, \ldots, \omega^\omega, \ldots, \alpha, \ldots\}$$

ist eine wohlgeordnete Menge, also müßte eine Ordnungszahl β in der obigen Reihe existieren, die dem Ordnungstyp dieser Menge entpricht. Da aber jede Ordnungszahl dem Ordnungstyp der Menge der *ihr voraufgehenden* Ordnungszahlen entspricht, müßte dann gelten: $\beta > \beta$.

Russells Paradoxie (1902): Sei M diejenige Menge, die als Umfang des Begriffs „Menge, die sich nicht selbst als Element enthält" definiert ist. Wäre M Element von M, dann fiele M nicht unter den angegebenen Begriff, wäre also kein Element von M. Wäre umgekehrt M nicht Element von M, so fiele M unter den angegebenen Begriff, wäre also Element von M.

Richards Paradoxie (1905): Sei E die Menge aller reellen Zahlen, die durch endlich viele Worte definiert werden kann. Diese Menge ist abzählbar. Man kann mit Cantors Diagonaltrick eine Zahl definieren, die nicht zu dieser Menge gehört: „Sei p die n-te Dezimalstelle der n-ten Zahl der Menge E, wir bilden eine Zahl N, die 0 als ganzzahligen Teil und $p + 1$ als n-te Dezimalstelle besitzt, wenn p nicht 8 oder 9 ist, und 1 in den anderen Fällen." Diese Zahl N gehört offensichtlich nicht zu E, denn sie ist verschieden von jedem Element von E. Andererseits ist sie mit endlich vielen Worten definiert. Also müßte sie zu E gehören.

10.3 Die axiomatische Methode

Während der Begriff unendlicher Mengen durch die Paradoxien ernsthaft in Frage gestellt war, bereitete sich eine neue Entwicklung in einem anderen Gebiet der Mathematik vor, die schließlich auch den Begriff der reellen Zahl und damit die gesamte Analysis auf eine neue Grundlage stellte: in den Grundlagen der Geometrie. Im Jahre 1899 veröffentlichte David Hilbert zur

Enthüllung des Gauß-Weber-Denkmals in Göttingen eine Festschrift zu den Grundlagen der Geometrie. Darin war auch eine neue Definition der reellen Zahlen enthalten, deren logischer Aufbau sich von fast allen früheren unterschied. Das neue, „axiomatisch" genannte Definitionsverfahren, das Hilbert auch für die Geometrie selbst anwandte, fand in Hilberts Umkreis bald Nachahmer. Eine der ersten mathematischen Theorien, die ebenfalls auf der Basis einer axiomatischen Definition neukonstruiert wurde, war die Mengenlehre selbst. Im folgenden Abschnitt wird der axiomatische Ansatz kurz beschrieben und angedeutet, wie dadurch einerseits viele der früheren philosophischen Diskussionen im wörtlichen Sinn „gegenstandslos" wurden, andererseits eine neue Runde der Auseinandersetzungen um die Grundlagen der Mathematik eingeläutet wurde.

10.3.1 Hilberts Zahlen

Ab etwa 1892 beschäftigte sich Hilbert mit den Grundlagen der Geometrie, einem Thema, das im letzten Drittel des 19. Jahrhunderts vielleicht ein noch größeres Maß an Aufmerksamkeit errungen hatte als die Frage der Neuformulierung des Begriffs der Größe.[13] Sein Hauptziel war, die logische Abhängigkeit der Hauptsätze der Euklidischen Geometrie untereinander zu studieren, und im Zuge dieser Aufgabe suchte er die unbewiesenen Basissätze der Geometrie in eine möglichst übersichtliche und für seinen Zweck geeignete Form zu bringen. Um in diesem Neuaufbau der Geometrie auch arithmetische Methoden anwenden zu können, mußte Hilbert dabei die Brücke von der Geometrie zur Zahlenrechnung neu schlagen, d.h. jene Brücke, die auch bei der arithmetischen Neukonstruktion des Größenbegriffs eine fundamentale Rolle gespielt hatte. Hilbert schlug diese Brücke, indem er eine inhaltlich recht eng den früheren formalen Ideen etwa Hankels oder Thomaes folgende Charakterisierung des reellen „Zahlsystems" durch eine Reihe von Axiomen gab. Diese Axiome wurden einerseits durch die in der üblichen Weise arithmetisch konstruierten reellen Zahlen erfüllt, andererseits bildete jedes System, das die aufgestellten Axiome erfüllte, auch ein Modell der Axiome der Geometrie. Damit war insbesondere der Nachweis erbracht, daß unter Voraussetzung der Widerspruchsfreiheit der Arithmetik der reellen Zahlen auch das aufgestellte System der geometrischen Axiome keine Widersprüche enthielt (Hilbert 1899, 9). Merkwürdigerweise übersah Hilbert dabei zunächst ein Axiom, das die notwendige Eindeutigkeit der gesamten Konstruktion sicherte. In der veröffentlichten Fassung eines Vortrags *Über den Zahlbegriff* von 1899 fand sich dann auch das fehlende Axiom, von Hilbert „Axiom der Vollständigkeit" genannt.

---

[13] Für eine detaillierte Darstellung der Hilbertschen Studien zu den Grundlagen der Geometrie vgl. Toepell 1986.

Hilberts Axiom der Vollständigkeit wird heute oft durch eine andere Vollständigkeitseigenschaft ersetzt, z.B. durch Dedekinds Schnittpostulat oder die Bedingung metrischer Vollständigkeit (alle Cauchyfolgen konvergieren).

Hilberts Zahlen (nach Hilbert 1900a):

> Wir denken ein System von Dingen; wir nennen diese Dinge Zahlen und bezeichnen sie mit a,b,c,... Wir denken diese Zahlen in gewissen gegenseitigen Beziehungen, deren genaue und vollständige Beschreibung durch die folgenden Axiome geschieht:
>
> I. Axiome der Verknüpfung
>
> I 1. Aus der Zahl a und der Zahl b entsteht durch „Addition" eine bestimmte Zahl c, in Zeichen: $a + b = c$ oder $c = a + b$.
> I 2. Wenn a und b gegebene Zahlen sind, so existirt stets eine und nur eine Zahl x, und auch eine und nur eine Zahl y, sodaß $a + x = b$ bezw. $y + a = b$ wird.
> I 3. Es giebt eine bestimmte Zahl - sie heiße 0 -, so daß für jedes a zugleich $a + b = a$ und $0 + a = a$ ist.
> I 4. Aus der Zahl a und der Zahl b entsteht noch auf eine andere Art, durch „Multiplikation" eine bestimmte Zahl c, in Zeichen: $ab = c$ oder $c = ab$.
> I 5. Wenn a und b beliebig gegebene Zahlen sind, und a nicht 0 ist, so existirt stets eine und nur eine Zahl x, und auch eine und nur eine Zahl y, sodaß $ax = b$ bezw. $ya = b$ wird.
> I 6. Es giebt eine bestimmte Zahl - sie heiße 1 -, so daß für jedes a zugleich $a \cdot 1 = a$ und $1 \cdot a = a$ ist.
>
> II. Axiome der Rechnung
>
> Wenn a,b,c beliebige Zahlen sind, so gelten stets folgende Formeln:
> II 1. $a + (b + c) = (a + b) + c$
> II 2. $a + b = b + a$
> II 3. $a(bc) = (ab)c$
> II 4. $a(b + c) = ab + ac$
> II 5. $(a + b)c = ac + bc$
> II 6. $ab = ba$"

III. Axiome der Anordnung

III 1. Wenn a, b irgend zwei verschiedene Zahlen sind, so ist stets eine bestimmte von ihnen (etwa a) größer (>) als die andere; die letztere heißt dann die kleinere, in Zeichen: $a > b$ und $b < a$.
III 2. Wenn $a > b$ und $b > c$, so ist auch $a > c$.
III 3. Wenn $a > b$ ist, so ist auch stets $a + c > b + c$ und $c + a > c + b$.
III 4. Wenn $a > b$ und $c > 0$ ist, so ist auch stets ac > bc und ca > cb

IV. Axiome der Stetigkeit

IV 1.(Archimedisches Axiom.) Wenn $a > 0$ und $b > 0$ zwei beliebige Zahlen sind, so ist es stets möglich, a zu sich selbst so oft zu addiren, daß die entstehende Summe die Eigenschaft hat $a + a + \ldots + a > b$.
IV 2.(Axiom der Vollständigkeit.) Es ist nicht möglich, dem Systeme der Zahlen ein anderes System von Dingen hinzuzufügen, so daß auch in dem durch Zusammensetzung entstehenden Systeme die Axiome I, II, III, IV 1. sämtlich erfüllt sind; oder kurz: die Zahlen bilden ein System von Dingen, welches bei Aufrechterhaltung sämtlicher Axiome keiner Erweiterung mehr fähig ist.

Es lohnt sich, den logischen Aufbau dieser Definition näher zu betrachten. Zunächst ist auffallend, daß Hilbert nicht wie die Vertreter einer arithmetischen Konstruktion der reellen Zahlen von einem als bekannt vorausgesetzten Bereich von Objekten (den rationalen Zahlen und Mengen von solchen) ausging und dann gewisse auf dieser Basis konstruierte Objekte als reelle Zahlen bezeichnete, an denen dann die formulierten Eigenschaften *nachgewiesen* werden konnten. Statt dessen forderte Hilbert dazu auf, sich ein „System von Dingen" zu denken, in dem jene Beziehungen erfüllt sind, die in den nachfolgenden Axiomen niedergelegt waren. Das hieß: Der Begriff „reelle Zahl" wurde erst durch die *gesamte*, komplexe Anordnung von Forderungen bestimmt. Diese Definition war *ontologisch neutral*, und das in zweifacher Hinsicht: Sie sagte weder, welche der in der Welt existierenden Gegenstände reelle Zahlen waren (konnte es z.B. ausgeschlossen werde, daß meine Taschenuhr einem System von Dingen mit den geforderten Eigenschaften angehört und also eine reelle Zahl ist?[14]), noch, *ob* es solche Systeme von Dingen überhaupt gab. Der erste Punkt war von Hilbert beabsichtigt. In einem Brief an Frege erläuterte er diesen Aspekt seiner axiomatischen Definitionstechnik für die Geometrie wie folgt:

---

[14] Dieses Beispiel stammt, auf den Begriff „Punkt" in der Geometrie bezogen, von Frege. (Vgl. Frege an Hilbert, 6. 1. 1900, in Frege 1980, 17.)

> Wenn ich unter meinen Punkten irgendwelche Systeme von Dingen, z.B. das System: Liebe, Gesetz, Schornsteinfeger ..., denke und dann meine sämtlichen Axiome als Beziehungen zwischen diesen Dingen annehme, so gelten meine Sätze, z.B. der Pythagoras, auch von diesen Dingen (Hilbert an Frege, 29. 12. 1899, in Frege 1980, 13).

Was den zweiten Punkt betrifft, waren Hilberts Ausführungen etwas unklarer. Einerseits stellte er sich in die Linie der Überlegungen, denen wir bereits bei Hankel, Cantor und Thomae begegnet sind: Den Existenzbeweis des *Begriffs* aller reellen Zahlen sah er im Nachweis der Widerspruchslosigkeit der aufgestellten Axiome, den er anhand „einer geeigneten Modification bekannter Schlußmethoden" liefern zu können hoffte (Hilbert 1900a, 184). Andererseits ließ er offen, ob damit auch eine Aussage über die Existenz eines „Systems von *Dingen*" mit den geforderten Eigenschaften verbunden war.

Sollte eine ontologisch neutrale Definition wie die Hilbertsche überhaupt als zulässig gelten? Was wäre, wenn ein System von Dingen mit den Eigenschaften der reellen Zahlen in der Welt gar nicht vorkäme? Durfte eine mathematische Theorie entwickelt werden, die diese Frage einfach offenließ? Es ist klar, daß die Hilbertsche Definitionstechnik hier das allgemeine Problem der richtigen Strategie einer Grundlegung der Mathematik berührte. Ganz unabhängig von Hilberts eigenen Intentionen, die mehr mit der internen Architektonik des Gebäudes der geometrischen Sätze und ihrer Beziehung zur Arithmetik zu tun hatten als mit philosophischen Fragen, stand das axiomatische Definitionsverfahren doch in der Linie der modernen Neutralisierung metaphysischer Fragen in der Konstruktion mathematischer Theorien. Die axiomatische Definition formulierte eben just das, „was man von den Zahlen in der Arithmetik brauchte", allgemeiner: das, was man von irgendwelchen mathematischen Begriffen für den Aufbau einer Theorie brauchte, *ohne* sich weiter um ontologische oder erkenntnistheoretische Fragen zu kümmern.

10.3.2 Die Axiomatisierung der Mengenlehre

Ein junger Mathematiker aus Hilberts Kreis in Göttingen, Ernst Zermelo, machte sich schließlich daran, auch der Mengenlehre ein axiomatisches Fundament im Stil Hilberts zu geben. Sein unmittelbares Motiv war, seinem 1904 veröffentlichten, umstrittenen Beweis des Cantorschen Wohlordnungssatzes (vgl. 10.2.2) ein solides technisches Fundament zu geben. Gleichzeitig zeigte er aber auch, wie auf der Basis einer axiomatischen Definition des Mengenbegriffs die Paradoxien vermieden werden konnten. Die Ergebnisse seiner Arbeit publizierte er 1908 mit einigem Zögern, weil es ihm nicht gelungen war, zu zeigen, daß die formulierten Axiome auch widerspruchsfrei waren. Es war lediglich klar, daß die Axiome ausreichten, um die Mengenlehre mathematisch aufzubauen, und daß die bekannten Paradoxien in Zermelos System nicht mehr auftreten konnten. Eine ausführliche und genaue Darstellung der Vorgeschichte, der Entwicklung und der Rezeption der Zermeloschen Ideen, mit Schwerpunkt auf den Diskussionen um das Auswahlaxiom, findet sich in Moores grundlegender Studie *Zermelo's axiom of choice* (Moore 1982).

Zermelos Axiome der Mengenlehre (nach Zermelo 1908):

Die Mengenlehre hat es „zu tun mit einem 'Bereich' $\mathscr{B}$ von Objekten, die wir einfach als 'Dinge' bezeichnen wollen, unter denen die 'Mengen' einen Teil bilden." In diesem Bereich sollen gewisse Beziehungen vorliegen, insbesondere eine Grundbeziehung zwischen Objekten, $a \in b$, die durch die Worte „a ist ein Element von b" ausgedrückt wird. Jedes Objekt b des Bereichs, das mindestens ein Element besitzt, heißt Menge. Eine Menge M heißt Teilmenge von N, in Zeichen $M \subset N$, wenn alle Elemente von M auch Elemente von N sind. Es gelten folgende Axiome:
Axiom I. Ist gleichzeitig $M \subset N$ und $N \subset M$, so gilt $M = N$.
Axiom II. Es gibt eine (uneigentliche) Menge, die „Nullmenge" $\emptyset$, die gar kein Element enthält. Ist a irgendein Ding des Bereichs $\mathscr{B}$, so existiert eine Menge $\{a\}$, welche a und nur a als Element enthält.
Axiom III. Ist die Klassenaussage $\mathscr{E}(x)$ definit für alle Elemente einer Menge M, so besitzt M immer eine Untermenge M_E, welche alle diejenigen Elemente x von M enthält, für welche $\mathscr{E}(x)$ wahr ist, und nur solche.
Axiom IV. Jeder Menge T entspricht eine zweite Menge $\mathscr{U}T$ (die „Potenzmenge" von T), welche alle Untermengen von T und nur solche als Elemente enthält.
Axiom V. Jeder Menge T entspricht eine zweite Menge $\mathscr{S}T$ (die „Vereinigungsmenge" von T), welche alle Elemente der Elemente von T und nur solche als Elemente enthält.
Axiom VI. Ist T eine Menge, deren sämtliche Elemente von $\emptyset$ verschiedene Mengen und untereinander elementenfremd sind, so enthält ihre Vereinigung $\mathscr{S}T$ mindestens eine Untermenge S_1, welche mit jedem Elemente von T ein und nur ein Element gemein hat.
Axiom VII. Der Bereich $\mathscr{B}$ enthält mindestens eine Menge Z, welche die Nullmenge als Element enthält und so beschaffen ist, daß sie mit jedem ihrer Elemente a auch die entsprechende Menge $\{a\}$ als Element enthält.

Von Zermelos Axiomen waren zwei besonders auffallend. Zunächst das dritte, das den axiomatisch nicht genau präzisierten Begriff der „definiten Klassenaussage" enthielt, d.h. einer Aussage $\mathscr{E}(x)$, die eine Variable x enthält, welche eine „Klasse von Dingen des Bereichs $\mathcal{B}$" - hier schlich sich der naive Begriff der Menge durch die Hintertür wieder ein - durchlaufen darf, und von der für jedes einzelne Individuum a dieser Klasse feststeht, ob $\mathcal{E}(a)$ wahr ist oder nicht (z.b. ist nach Voraussetzung die Aussage $x \in b$ immer definit für den gesamten Bereich $\mathcal{B}$). Dieses Axiom, das - Cantors Forderung der Wohldefiniertheit nicht unverwandt (vgl. 10.2.5) - die Bildung neuer Mengen auf kontrollierte Weise erlauben sollte, sorgte für die Blockierung der Paradoxien. Freilich war die nichtaxiomatische Definition des Begriffs „definite Klassenaussage" ein Problem, und entsprechend wurde dieses Axiom später von Skolem und Fraenkel modifiziert (vgl. Moore 1982, 160 ff. und 260 ff.). Das zweite auffallende Axiom war das sechste, „Axiom der Auswahl" genannte. Damit schien ein Prozeß der Mengenbildung erlaubt, der intuitiv unübersehbar war, wenn die Menge T selbst sehr viele Elemente besaß. Zermelo hatte dieses Axiom im Jahr 1904 benutzt, um den Wohlordnungssatz herzuleiten (vgl. Moore 1982, 85 ff.). Auch Axiom VII, das die Existenz einer unendlichen Menge garantierte, verdient besondere Erwähnung. Es knüpfte an Dedekinds Ideen zur Charakterisierung der natürlichen Zahlen an (vgl. Dedekind 1888, bes. § 5).

Wegen des fehlenden Widerspruchsbeweises, wegen der problematischen Fassung des Axioms III und wegen der kontraintuitiven Aussage von Axiom VI wurde Zermelos Axiomatisierungsvorschlag nicht unmittelbar allgemein anerkannt. So begnügte sich z.B. Hausdorff in seiner erfolgreichen *Einführung in die Mengenlehre* von 1914 mit einem Hinweis auf den noch unabgeschlossenen Charakter der Zermeloschen Untersuchungen und stellte sich ansonsten bezüglich des Mengenbegriffs auf einen naiven, Cantor näherstehenden Standpunkt. Trotzdem bildet Zermelos Axiomatisierung bis heute die Basis ähnlicher axiomatischer Definitionen des Mengenbegriffs. Später von Fraenkel, Skolem, von Neumann, Bernays und anderen vorgeschlagene Modifikationen stellen keinen *grundsätzlich* anderen Zugang zur Mengenlehre dar. Insbesondere besitzen alle die für die axiomatische Methode typische Eigenschaft der ontologischen Neutralität. Auch die Mengenlehre hatte es nun mit einem nicht näher bestimmten Bereich von Objekten zu tun, in dem Beziehungen ($\in$, $\subset$, ...) mit gewissen axiomatisch geforderten Eigenschaften erfüllt sein sollten. Die Frage, ob es einen solchen Bereich von Objekten und Beziehungen in der Welt gibt oder welche der wirklichen Dinge Mengen sind (meine Taschenuhr?), blieb und bleibt genauso unbeantwortet wie im Fall von Hilberts Axiomensystem für die reellen Zahlen oder für die Geometrie.

Die Aussage, die Mathematik sei auf die Mengenlehre gegründet, darf deshalb bestenfalls in einem ontologisch folgenlosen Sinn verstanden werden. Wovon die „Wissenschaft von $\in$" wirklich handelt, läßt die Axiomatisierung offen. Ein anderes Verständnis der Zermeloschen Bemühungen würde voraussetzen, daß seine Axiome als *wahre Sätze* über die Welt verstanden werden können, wie das z.B. in der Antike von den Axiomen der Geometrie angenommen wurde. Ihre Wahrheit müßte dann freilich auf *andere*, nichtaxiomatische Weise gerechtfertigt werden. Hier öffnet sich ein weites Feld für philosophische Diskussionen (eine Einführung in die Problematik gibt Maddy 1990).

10.3.3 Konsens oder Dissens?

Die Anwendung der axiomatischen Methode zur Begründung der Geometrie, der Arithmetik und der Mengenlehre blieb nicht ohne grundsätzlichen Einspruch. Bereits 1899 trat Frege - nach anfänglichen Diskussionen über Hilberts Festschrift mit seinem Jenenser Kollegen Thomae - mit Hilbert in direkten Kontakt und teilte diesem seine logischen Bedenken mit (Frege an Hilbert, 27. 12. 1899 und 6. 1. 1900, in Frege 1980, 6 ff. und 14 ff.). Insbesondere bestand Frege darauf, daß Definitionen mathematischer Begriffe nur als *Namengebungen* für mathematische Gegenstände, deren Existenz bereits gesichert war, erlaubt seien. Außerdem betonte er, daß der Zusammenhang zwischen der Wahrheit und der Widerspruchslosigkeit mathematischer Sätze genau umgekehrt sei wie von Hilbert angedeutet: *Weil* die Axiome der Euklidischen Geometrie oder auch der reellen Zahlen von bestimmten wirklich existierenden Gegenständen wahr seien, seien sie auch widerspruchsfrei (Frege war zu diesem Zeitpunkt noch nicht durch Russells Paradoxie unsicher geworden). Der Nachweis der Widerspruchsfreiheit gewisser Sätze könne mithin nur dadurch geschehen, daß man gewisse Objekte aufweise, an denen die Sätze alle erfüllt sind. Damit war es genau die ontologische Neutralität der Hilbertschen Definition, die Frege frontal angriff und damit erst scharf herausstellte.[15]

Hilbert brach den Briefwechsel mit Frege bald ab. Eine Sache mußte ihm jedoch spätestens durch Freges Einspruch klargeworden sein: die Notwendigkeit der Ausführung eines Beweises der Widerspruchsfreiheit der Arithmetik. Als Hilbert im August 1900 in Paris seine berühmte Rede über „Mathematische Probleme" hielt, nannte er dieses Problem unmittelbar nach Cantors Kontinuumshypothese als zweites, für die Sicherung der Grundlagen der Mathematik wichtigstes Problem, das es zu lösen galt. Hilberts eigene Bemühungen, durch eine formale Untersuchung axiomatischer Kalküle einen Beweis der Widerspruchsfreiheit der Arithmetik zu liefern, blieben allerdings erfolglos (vgl. z.B. Peckhaus 1990). Auch der Versuch Bertrand Russells und Alfred North Whiteheads, durch ein neues System der mathematischen Logik sowohl den Paradoxien zu entgehen wie auch eine konsistente Begründung der Arithmetik zu liefern, das sie in den Jahren 1910 bis 1913 in drei dicken Bänden mit dem Titel *Principia mathematica* vorstellten, führte nicht zum Ziel. Eine Grundidee der *Principia* war, die Paradoxien des Mengenbegriffs dadurch zu vermeiden, daß

---

[15] Zur Einordnung dieser Kontroverse in einen umfassenderen kulturellen Horizont vgl. Mehrtens 1990, 117 ff.

die in Cantors Analysis angedeutete und logisch von Frege ausgearbeitete Idee einer logischen Stufung ernstgenommen und zu einer „Theorie logischer Typen" ausgearbeitet wurde. Freilich bedeutete das für die Grundlegung der Analysis große Schwierigkeiten: Cantors Zahlgrößen verschiedener Art gehörten plötzlich verschiedenen logischen Typen an und konnten deshalb nicht ohne weiteres denselben Mengen angehören. Poincaré (1914) und nach ihm Weyl (1918, 1921) gingen aus diesem Grund sogar soweit, der klassischen Analysis vorzuwerfen, sie enthielte einen *circulus vitiosus*, der im wesentlichen aus der bereits erwähnten Tatsache entstand, daß die arithmetischen Theorien der reellen Zahlen nichtkonstruktive Elemente enthielten (vgl. 10.1.2, 10.2.2). In der Tat hat eine Definition wie z.b. die des Supremums s einer gegebenen Menge M reeller Zahlen eine merkwürdige logische Struktur. Die definierende Eigenschaft von s ist, in Formeln ausgedrückt:

$$\forall x \in R \, \forall r \in R : (x \in M \Rightarrow x \le s) \wedge ((x \in M \Rightarrow x \le r) \Rightarrow r \ge s) \qquad (10.10)$$

Hier wird über einen Bereich quantifiziert, der das zu definierende Objekt bereits enthält. Dasselbe gilt z.B. für die Russellsche „Menge aller Mengen, die sich nicht selbst als Element enthalten" (vgl. 10.2.5). Auch in der Alltagssprache lassen sich Definitionen mit dieser logischen Struktur, für die sich die Bezeichnung „imprädikative Definitionen" eingebürgert hat, leicht bilden. Beispielsweise ist die Definition „Der *Bandwurm* sei der längste aller Sätze dieses Buches" imprädikativ, da die im Definiens erwähnte Gesamtheit (alle Sätze dieses Buches) das Definiendum (den Bandwurm) schon enthält.[16] Russell, Poincaré und Weyl glaubten, daß solche in gewisser Weise zirkulären Definitionen der Grund für die aufgetretenen Paradoxien waren und forderten deshalb, daß auf imprädikative Definitionen generell verzichtet werden solle. Im Rahmen der Theorie logischer Typen waren dementsprechend imprädikative Definitionen nicht zulässig. Um jedoch der Tatsache Rechnung zu tragen, daß viele der nichtkonstruktiven Definitionen der klassischen Mathematik imprädikativ waren, führten Russell und Whitehead ein eigenes Axiom ein, das „Reduzibilitätsaxiom", das es gestattete, solche Definitionen in äquivalente, „prädikative" Definitionen umzuwandeln. Dieses Axiom hatte allerdings eher mathematischen als logischen Charakter und konnte deshalb nicht dasselbe Maß an Evidenz beanspruchen wie etwa der Satz des Widerspruchs,

---

[16] Solche alltagssprachlichen Beispiele sind meist deshalb unproblematisch, weil das Definiens als Kennzeichnung eines bereits fertig gegebenen Objekts verstanden werden kann. Das gilt für imprädikative Definitionen in der Mathematik - je nach Standpunkt - natürlich nicht unbedingt.

$\neg(p \wedge \neg p)$. Auch die Frage der Widerspruchsfreiheit der Arithmetik mußte weiter als offen gelten.[17]

Alle Versuche, die Widerspruchslosigkeit der Arithmetik zu beweisen, fanden ein vorläufiges Ende durch aufsehenerregende Sätze des österreichischen Logikers Kurt Gödel im Jahr 1930. Gödel zeigte unter verhältnismäßig schwachen Voraussetzungen, daß jede formale Theorie, die die Arithmetik der natürlichen Zahlen umfaßte, im Rahmen dieser Theorie unbeweisbare Sätze enthielt und daß insbesondere der Satz, der die Widerspruchsfreiheit der betreffenden Theorie ausdrückte, zu den unbeweisbaren Sätzen gehörte (Gödel 1931). Das Ziel eines Beweises der Widerspruchsfreiheit der Arithmetik war damit nur noch auf der Basis einer grundsätzlichen Modifikation der Idee einer formalen Theorie bzw. der zulässigen Beweisverfahren sinnvoll. In der Tat gelang es Gentzen 1936, die Widerspruchsfreiheit der gewöhnlichen Arithmetik unter Zuhilfenahme „transfiniter" Schlußverfahren, die allerdings bis heute nicht allgemein Anerkennung gefunden haben, zu beweisen.

Neben der logischen Diskussion gab es auch im Namen der Anschauung Einwände gegen die axiomatische Methode. Hier waren es vor allem Poincaré, Brouwer und schließlich Hilberts Schüler Weyl, die den axiomatischen Zugang für unvereinbar mit ihrer Überzeugung hielten, daß Mathematik stets als Ergebnis einer kreativen Aktivität menschlicher Subjekte aufgefaßt werden müsse. Bereits im Zusammenhang mit Hankels Überlegungen haben wir gesehen, daß diese Idee mit dem Begriff überabzählbar unendlicher Mengen in einer gewissen Spannung steht (vgl. 10.1.1). Brouwer verwarf daher konsequent Cantors Theorie transfiniter Mengen und die arithmetische Theorie des Kontinuums (vgl. z.B. Brouwer 1907). Die Idee des Stetigen, des Kontinuums galt ihm - ebenfalls nicht unähnlich zu Hankels Überzeugungen - als eine „primitive", logisch nicht weiter analysierbare Anschauung, die der Mathematik ebenso zugrundelag wie die Intuition des diskreten „Eins, zwei, drei, ..." In den folgenden Jahrzehnten entwickelte Brouwer auf der Basis dieser Überzeugungen allmählich eine grundsätzlich revidierte Fassung der Logik, Mengenlehre und Analysis unter dem Namen einer „intuitionistischen Mathematik" (vgl. die lesenswerte Einführung von Brouwers bedeutendstem Schüler, Heyting 1956). Auch Weyls Kritik der klassischen Analysis beruhte nicht nur auf den oben dargestellten logischen Überlegungen, sondern suchte nach einer neuen Lösung für „das durch das Kontinuum aufgegebene begriffliche Problem - es verdiente, den Namen des *Pythagoras* zu tragen - das wir durch die arithmetische Theorie der Irrationalzahlen zu lösen versuchen" (Weyl 1918, Vorwort). Weyls spätere Parteinahme für den Intuitionismus Brouwers rief eine offene Kontroverse mit seinem Lehrer Hilbert hervor, in deren Verlauf

---

[17] Die Auseinandersetzung um die Zulässigkeit imprädikativer Definitionen in der Mathematik dauert bis heute an. Einen guten Überblick über den Verlauf der Diskussionen gibt Thiel 1972.

Hilbert sein beweistheoretisches Programm deutlich vertiefte, während Weyl schließlich die Berechtigung der axiomatischen Methode anerkannte. Auch das Studium der intuitionistischen Mathematik verschob sich schließlich mehr und mehr auf die Untersuchung ihrer formalen Struktur. Nach ersten Axiomatisierungsvorschlägen durch Heyting im Jahr 1930 haben Gödel, Kleene, Bishop und andere dazu im Lauf der Jahre wichtige Beiträge geleistet.

Es ist im gegebenen Rahmen nicht möglich, die komplexen, auf den verschiedensten Ebenen geführten Auseinandersetzungen um die Grundlagen der Analysis und der Mathematik im Ganzen in den Jahrzehnten nach 1900 näher zu beschreiben. Interessierte Leserinnen und Leser seien auf weiterführende Literatur verwiesen (z.B. Weyl 1966, Thiel 1972, Guilleaume 1978, Mehrtens 1990). Zwei Punkte seien jedoch zum Abschluß hervorgehoben. Zum einen zeigen die obigen Bemerkungen, daß es in den Auseinandersetzungen um die Grundlagen der Analysis immer wieder um die Beziehung der mathematischen Konstruktionsarbeit zu dem ging, was durch die moderne Trennung des Zahlbegriffs von dem der kontinuierlichen Größe unbearbeitet gelassen worden war: zur Idee des anschaulichen oder physischen Kontinuums. Selbst Hilbert faßte seine axiomatische Definitionstechnik - anders als oft gesagt wird - nicht als einen Abschied von der Anschauung des Kontinuums auf. Im Gegenteil: Der durch Erfahrung und Anschauung gegebene Begriff des Kontinuums wurde seines Erachtens durch die Axiome der reellen Zahlen sogar treffender eingefangen als durch die arithmetischen Konstruktionen des 19. Jahrhunderts (Hilbert 1900, 2). Zum anderen ist klar: Die philosophischen Fragen, die das Ende der Größenlehre aufgeworfen hat, müssen bis heute als ungelöst gelten. Einen Konsens über die Grundlagen der Analysis gibt es heute bestenfalls noch in dem pragmatischen Übereinkommen, Analysis auf der Grundlage der ontologisch neutralen Axiomatik der Mengenlehre zu betreiben. Die Elimination jener philosophischen Diskussion, die nach dem Ende der Größenlehre aufbrach, aus dem mathematischen Forschungs- und Lehrbetrieb hieß und heißt deshalb bis heute auch die Elimination eines grundsätzlichen und multipolaren Dissenses aus der modernen mathematischen Praxis.

11 Differentialgleichungen: Ein historischer Überblick bis etwa 1900

Thomas Archibald

11.1 Einführung

Beim Lösen von Differentialgleichungen gewinnt man Informationen über Funktionen aus Angaben über deren Änderungsraten. Wenn irgend eine Beziehung zwischen den Differentialen dx und dy gegeben ist, dann sagt dies etwas darüber aus, wie die Größen x und y selbst von einander abhängen. Mit der Entstehung der Analysis in den Arbeiten von Leibniz und Newton treten auch solche Gleichungen auf.

Noch mehr als ein Jahrhundert nach der Erfindung der Differentialrechnung wurden Differentialgleichungen analog zu gewöhnlichen algebraischen Gleichungen behandelt, und die Lösungsverfahren hatten zunächst einen ausgeprägt algebraischen Charakter, wobei zu den gewöhnlichen algebraischen Operationen die neuen Operationen des Differenzierens und Integrierens hinzutraten.

Die Differentialgleichungen widersetzten sich einer völlig systematischen Behandlung. Dies liegt zum Teil an ihrer inhärenten Komplexität. Zum einen sind sie Gleichungen, und ihre Untersuchung erfordert die Behandlung algebraischer Fragen. Ihre Terme sind andererseits Funktionen und Ableitungen, und sie drücken Beziehungen zwischen diesen Objekten aus. Das führt auf analytische, topologische und geometrische Probleme.

Die von Anbeginn vorhandene enge Wechselwirkung zwischen Differentialgleichungen und der Physik hat die Entwicklung des Gebietes stark beeinflußt, da die Richtung der Forschung häufig von dem Wunsch bestimmt wurde, spezielle Gleichungen zu lösen, die in der Physik Bedeutung hatten. Außerdem stand die Geschichte der Differentialgleichungen im engen Zusammenhang mit anderen Entwicklungen innerhalb und außerhalb der Mathematik, vor allem in der Analysis. Man kann daher die Geschichte der Differentialgleichungen nicht einfach als Reifungsprozeß einer Theorie darstellen, wie das häufig bei den Grundlagen der Analysis geschieht, und ihre Entwicklung war keine Folge notwendiger Schritte hin zu einer konsistenten Theorie. Die folgende Darstellung ist ein Überblick und versucht, einige der wichtigsten Entwicklungen in ihrem Zusammenhang mit der Analysis insgesamt zu betrachten.

11.2 Von den Ursprüngen des Kalküls bis zum späten 18. Jahrhundert

11.2.1 Newton

In seinem Manuskript *De Methodis serierum et fluxionum* (1670-71) behandelte Newton das Problem der Quadratur, also der Bestimmung von Flächeninhalten, in einer Weise, die zeigt, daß er es unter dem allgemeinen Blickwinkel von Differentialgleichungen betrachtete. Natürlich benutzte er seine Sprache der Fluxionen und Fluenten. Aufgabe 2 der Abhandlung fordert: „Wenn eine Gleichung gegeben ist, die die Fluxionen von Größen enthält, dann bestimme man das Verhältnis der Größen zueinander." Damit wird das Grundproblem der Lösung einer Differentialgleichung formuliert. Newton versuchte, diese Aufgaben in drei Gruppen zu unterteilen:

1. Diejenigen, bei denen es um zwei Fluxionen zusammen mit nur einer ihrer fluenten Größen geht.
2. Solche, in denen es um zwei fluente Größen zusammen mit ihren Fluxionen geht.
3. Solche, in denen es um mehr als zwei Fluxionen geht. (Newton 1670-71, 91)

Mit „zwei Fluxionen zusammen" meint Newton Ausdrücke der Form $\frac{\dot{y}}{\dot{x}}$, also in differentieller Schreibweise $\frac{dy/dt}{dx/dt}$, d.h. einfache Ableitungen. Eine durchgehende Methode bei der Behandlung solcher Aufgaben ist es, wie schon der Titel sagt, durch algebraische Methoden eine Reihenentwicklung für den Integranden und daraus durch gliedweise Integration die Lösung zu erhalten. Im Fall 2, der im wesentlichen Gleichungen des Typs $\frac{dy}{dx} = f(x, y)$ umfaßt, erhält er, etwa durch Polynomdivision, Reihen in zwei Variablen und entwickelt Methoden zu deren Trennung.

Aufgabe 9 der Arbeit läuft darauf hinaus, „die Fläche unter einer beliebigen Kurve zu bestimmen", ein Problem, „das die Bestimmung der Beziehung zwischen fluenten Größen aus einer Beziehung zwischen ihren Fluxionen" beinhaltet. Er beginnt mit einfachen Beispielen, wie der Gleichung $\frac{\dot{z}}{\dot{x}} = \frac{x^2}{a}$, worin a eine Konstante ist (zur Schreibweise vgl. Kap. 3.2.6.). In diesem Problem kann $\dot{x}$ gleich Eins gesetzt werden, und die resultierende Quadratur konnte man auch vor Newton schon ausführen. Er behandelt alsbald jedoch kompliziertere Probleme wie

$$\dot{z}^3 + a^2 \dot{z} + ax\dot{z} = 2a^3 + x^3. \tag{11.1}$$

Dann stellt Newton eine umfangreiche Integraltabelle auf, die er als Katalog bezeichnet, und bemerkt:

> Sollte jemals eine Gleichung für irgendeine Kurve in diesem Katalog nicht aufgeführt und auch nicht vermittels Division oder einem anderen Verfahren auf einfachere Ausdrücke zurückführbar sein, muß sie in eine andere Gleichung einer verwandten Kurven transformiert werden, ... bis am Schluß eine [Kurve] herauskommt, deren Fläche mit Hilfe des Katalogs ermittelt werden kann. Wenn es um mechanische Kurven geht, müssen diese zunächst in äquivalente geometrische transformiert werden... (Newton 1670-71, 275)

Newton waren keine allgemeinen Methoden zur Durchführung derartiger Transformationen bekannt, doch sehen wir hier die Geburt des frühesten Forschungsthemas der Differentialgleichungen, nämlich der Suche nach allgemeinen Lösungsmethoden.

11.2.2 Leibniz und die Brüder Bernoulli: Inverse Tangentenaufgaben und frühe Lösungsmethoden

Die Verwendung des Begriffs Differentialgleichung setzt den Gebrauch der Differentiale von Leibniz und seiner Schule voraus, und daher sind Differentialgleichungen als solche eine Entwicklung des kontinentalen Europa. Hofmann meint, daß Differentialgleichungen bis zum Ursprung von Leibniz' Arbeiten zum Kalkül zurückgehen und vom ihm bereits 1673 erörtert worden sind (Hofmann 1974, 193). Leibniz habe 1676 „wirkliche Differentialgleichungen" im Zusammenhang der Erörterung eines Problems verwendet, das von de Beaune, einem Briefpartner Descartes gestellt worden war und bei dem eine Kurve mit konstanter Subtangente gesucht ist. Wie auch immer, Leibniz' erste

Publikation seiner Differentialmethoden erschien erst 1684, und explizit traten Differentialgleichungen in einer wenig später veröffentlichten Arbeit auf. 1692 scheint die Bezeichnung *aequationes differentiales* allgemein üblich gewesen zu sein, wie ein Manuskript von Jakob Bernoulli (1692/1991, 123) zeigt. Die in den Anfängen gelösten Aufgaben waren sogenannte „inverse Tangentenprobleme". Aus einer gegebenen Tangente und ihrer kartesischen Gleichung sollte die zugehörige Kurve konstruiert werden. Seit Descartes' Erfindung der analytischen Geometrie war die (geometrische) Konstruktion von Gleichungslösungen ein leitendes Ziel der Mathematiker geworden, und Lösungen für Differentialgleichungen wurden ebenso als Hilfsmittel zu einer Konstruktion gesehen.

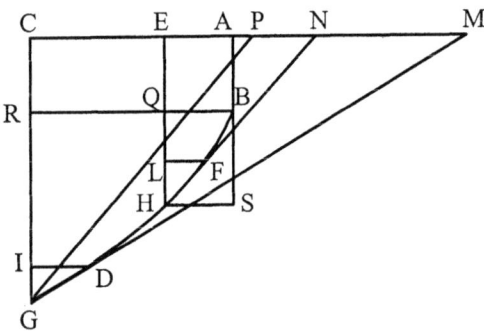

Abbildung 11.1: Das Isochronenproblem

Die Wechselwirkungen zwischen Differentialgleichungen und physikalischen Problemen wurden schon früh beim Problem der Isochrone deutlich, das von Leibniz 1687 in einer Polemik gegen die Cartesianer gestellt worden war. Wie sieht die Kurve aus, die ein fallender Körper durchmessen muß, damit er in gleichen Zeitintervallen gleiche Höhenveränderungen erfährt? Eine Lösung wurde ohne Beweis von Huygens geliefert, und Leibniz veröffentlichte 1689 eine synthetische Lösung, die unabhängig von seinem Kalkül war. 1690 legte Jakob Bernoulli eine Behandlung des Problems mit den Methoden des Leibnizschen Kalküls vor. Im folgenden wird Bernoullis Herleitung der Differentialgleichung beschrieben, während wir die Synthese und die Konstruktion der Lösungskurve, einer semikubischen Parabel, auslassen.

Bernoullis Schlüsselgedanke ist die Tatsache, daß beim freien Fall die Fallstrecke proportional zum Quadrat der Geschwindigkeit ist und daß Momentangeschwindigkeiten durch die Verhältnisse der Differentiale in einem Punkt gegeben sind. Bernoulli stellt das wie folgt dar:

11 Differentialgleichungen: Ein historischer Überblick

Wir nehmen einen in *A* losgelassenen Körper an, der sich auf der gesuchten Kurve *BFG* bewegt, die aus unendlich kleinen geraden Teilen wie den Geraden *DG*, *FH* bestehend gedacht wird, denen die Höhen *GI*, *HL* entsprechen. Wenn man diese (kleinen Teile) bis *M* und *N* verlängert, werden sie die Tangenten *GM*, *HN*. Zu *HN* wird eine Parallele *GP* gezeichnet. Die Geschwindigkeiten, die der schwere Körper in *G* und *H* erreicht, sind gleich denen, die bei einem senkrechten Fall von derselben Horizontalen *AC* längs der Geraden *CG* und *EH* erreicht würden, welche sich zueinander bekanntlich wie die Quadrate dieser Geschwindigkeiten verhalten. Dies vorausgesetzt, verhält sich *CG* zu *EH* wie das Quadrat der Geschwindigkeit in *G* zu dem Quadrat der Geschwindigkeit in *H*, also wie DG^2 zu FH^2, folglich wie DG^2 zu GI^2 und GI^2 zu FH^2 (das Wörtchen „und" bezieht sich hier auf das Produkt der zwei Verhältnisse), was wie GM^2 zu GC^2 und HE^2 zu HN^2 ist, und dies wie GM^2 zu GC^2 und GC^2 zu GP^2, und daher wie GM^2 zu GP^2. Auf reine Geometrie zurückgeführt, lautet das Problem also wie folgt: Gegeben sei die Lage einer Linie *AC* und eines Punktes *A*, man finde eine Kurve *BHG* so, daß die Linie *CG* und die Linie *EH* sich zueinander wie das Quadrat des Verhältnisses verhalten, das die Tangente *GM* zur Linie *GP* parallel zur Tangente *HN* hat. (Jak. Bernoulli 1690/1744, 1, 421 - 424)

Aus dieser längeren Überlegung erhält er unmittelbar die Differentialgleichung:

ANALYSIS

(sei) $CG = a$, $GM = b$, $AE = x$, $EH = y$.

$HL:HF = GC:GP$

$$dy : \sqrt{dx^2 + dy^2} = a : \left(a\sqrt{dx^2 + dy^2}/dy \right) \qquad (11.2)$$

$CG:EH = GM^2:GP^2$

$$a:y = bb:\left(aadx^2 + aady^2 \right)/dy^2.$$

Dies ist eine gute Veranschaulichung der bündigen Argumentationsweise bei der analytischen Aufstellung einer Differentialgleichung. Durch Trennung der Variablen gewann Bernoulli den Ausdruck

$$dy\sqrt{b^2 y - a^3} = dx\sqrt{a^3} \qquad (11.3)$$

und schloß, daß wegen der Gleichheit dieser beiden Ausdrücke auch ihre beiden Integrale gleich seien. Diese konnte er explizit aufstellen. Es scheint dies die erste gedruckte Erwähnung des Begriffs Integral zu sein. Ein paar Jahre später, 1696, schrieb Jakob Bernoulli:

Die inverse Tangentenmethode, die ich derzeit für den Gipfel der Geometrie halte, zerfällt in drei sehr mächtige Teile: Der erste besteht darin, Differentiale höherer Ordnung auf solche erster Ordnung zurückzuführen; der zweite betrifft die Trennung der unbestimmten Buchstaben und der dazu gehörigen Differentiale; und der dritte besteht darin, die Lösungen der so reduzierten Gleichungen zu konstruieren. (Jak. Bernoulli 1696, 725)

Dies umreißt sehr schön die Sichtweise im späten 17. Jahrhundert und faßt die damals verfügbaren Methoden zusammen. Die erste Methode besteht in der Erniedrigung der Ordnung, bei der eine neue Variable (etwa u) für dy/dx gesetzt wird, so daß Differentiale höherer Ordnung um eine Stufe reduziert werden. Beim nächsten Schritt werden die Variablen getrennt, um die Integration zu ermöglichen. Schließlich muß das erhaltene Integral interpretiert werden, um eine Konstruktion der gesuchten Größe zu gewinnen.

Man rechnete mit Differentialen, nicht mit Ableitungen. Um die dabei auftretenden Probleme zu verdeutlichen, betrachten wir einige Beispiele. Das erste stammt aus einem Manuskript Jakob Bernoullis von 1692 und veranschaulicht die Strategie der Reduktion der Ordnung. Jedes Differential wird als separate Größer behandelt und mit Hilfe der üblichen algebraischen Verfahren manipuliert. So werden Differentiale freizügig quadriert, miteinander multipliziert und dividiert ohne Sorge um die funktionale Beziehung, obwohl wir häufig ein Bedenken beobachten, das später explizit wird, ob die fraglichen Ausdrücke einen Sinn ergeben. Bernoullis Methode ist die folgende:

Sei $ady = tdx$ oder $tdy = adx$, und daraus suche ich den Wert der Ausdrücke der gegebenen Gleichung, wonach t selbst gefunden werden kann ... z. B. $adsd^2x = dy^3$ (ds ist die Bogenlänge)

(Nun sei) $tdy = adx$ (11.4)

(Quadrieren ergibt) $t^2(dy)^2 = a^2(dx)^2$

(und $ds^2 = dx^2 + dy^2$, also) $t^2(ds)^2 = (a^2 + t^2)(dx)^2$

(weshalb) $tds = dx\sqrt{(a^2 + t^2)}$ (oder)

$$dx = tds/\sqrt{(a^2 + t^2)}$$ (11.5)

(Jak. Bernoulli 1692/1991, 123)

Bernoulli findet dann durch Differentiation nach t, daß

11 Differentialgleichungen: Ein historischer Überblick

$$d^2x = \frac{a^2 dt ds}{\left(a^2+t^2\right)^{3/2}} = \frac{a^2 dt dx}{t\left(a^2+t^2\right)}, \qquad (11.6)$$

wobei (11.5) verwendet wurde, um den letzten Ausdruck zu erhalten. Indem er (11.4) in die dritte Potenz erhob, um einen Ausdruck für dy^3 zu gewinnen, erhielt er

$$t dt / \sqrt{\left(a^2+t^2\right)} = dx \qquad (11.7)$$

durch eine rein algebraische Umformung, bei der die Differentiale wie gewöhnliche Zahlen behandelt werden. Dies läßt sich dann integrieren und t kann durch Substitution eliminiert werden, um eine Gleichung erster Ordnung mit getrennten Variablen zu erhalten.

Trotz des leichten Vorsprungs seines Bruders Jakob war es Johann Bernoulli, der als erster viele der grundlegenden Verfahren zur Integration von Funktionen und Differentialgleichungen entwickelte. In dieser Hinsicht trug er mehr zur frühen Entwicklung der Integralrechnung bei als jeder andere, einschließlich Leibniz, da dieses Repertoire von leicht erlernbaren Verfahren entscheidend zum Erfolg der Leibnizschen Methode beitrug. Johanns Schlüsselrolle wurde noch durch seine Rolle als Lehrer und Mentor Leonhard Eulers, des kreativsten Analytikers des 18. Jahrhunderts, sowie seiner Söhne Niklaus und Daniel verstärkt. Bereits im Mai 1694 schrieb Johann an Leibniz über seine Erfolge:

> Ich glaube nicht, daß eine allgemeine Methode für inverse Tangentenprobleme je gefunden werden wird. Indessen habe ich viele Regeln, mit denen ich eine große Zahl von Einzelbeispielen löse... (Joh. Bernoulli 1694, 138)

Auffallend ist hier der Unterschied, der zwischen *methodus* und *regula* gemacht wird. Wie bei Leibniz wird der Begriff 'Methode' für ein Verfahren von allgemeingültiger oder zumindest sehr umfassender Anwendung benutzt. Der Gedanke, daß eine allgemeine Methode nicht zu finden sei, sollte später noch angezweifelt werden.

Für Johann bestand die zentrale Aufgabe jeder Methode darin, die Variablen zu trennen:

Ich versuche nur, die Unbestimmte *x* und ihr Differential *dx* von den Unbestimmten *y* und *dy* zu trennen, was den Preis in dieser Untersuchung verdient, denn anders kann die Konstruktion der Lösungen von Differentialgleichungen nicht erreicht werden. (a.a.O.)

In seinen Aufsätzen aus den 1690er Jahren erläuterte Johann seine Integrationsverfahren nicht, veröffentlichte jedoch 1702 und 1707 Beschreibungen davon. Etwa um 1710 lagen daher publizierte Darstellungen der grundlegenden Verfahren einschließlich der Trennung der Variablen, der Substitution und der Reduktion von Gleichungen zweiter auf solche erster Ordnung vor.

Differentialgleichungen hatten ihre beträchtliche Leistungsfähigkeit schon bei einer Reihe von Anwendungen gezeigt, indem sie sich als geeignet erwiesen, Probleme zu bewältigen, mit denen Descartes und seine Schüler sich schwergetan hatten. Außer dem bereits erwähnten Isochronenproblem stellten und analysierten die Bernoullis und Leibniz einige physikalische und mechanische Probleme, darunter das der Kettenlinie (vgl. Kap. 4.2), der Segelkurve und der Linie der kürzesten Fallzeit (Brachystochrone).

Trotzdem wurden diese Methoden jedoch nur allmählich aufgenommen. Zum Teil war das typisch für den starken Konkurrenzgeist der damaligen Zeit. Die Mathematiker in England fühlten sich wegen des Prioritätsstreits über den Kalkül gezwungen, die Newtonsche Schreibweise zu verwenden, und konnten daher die durch die Differentiale gegebene algorithmische Freiheit nicht nutzen.

Differentialgleichungen waren allerdings einer der Hauptgegenstände der Abhandlung *Methodus Incrementorum* des Engländers Brook Taylor aus dem Jahre 1715. Taylor benutzte die Newtonsche Sprache der Fluxionen und Fluenten, obwohl er die zeitgenössischen Arbeiten im übrigen Europa durchaus kannte. Der Titel seines Werkes bezieht sich auf die Methode endlicher Differenzen, mit deren Hilfe Taylor die Newtonsche Fluxionsrechnung begründete (vgl. Kap. 4.3). Differentialgleichungen wurden von ihm als Gleichungen für endliche Differenzen betrachtet, aus denen durch Grenzübergang Gleichungen für entstehende oder verschwindende Zuwächse hervorgehen.

Taylor befaßte sich insbesondere mit der Rolle der Anfangs- und Randbedingungen bei Differenzen- und Differentialgleichungen, sowie mit verschiedenen Lösungsmethoden, einschließlich der Methode der unbestimmten Koeffizienten im Zusammenhang der 'Taylor' - Reihe. Hier erkannte er als erster die Bedeutung der Berücksichtigung der Randbedingungen für die Bestimmung der Koeffizienten. Taylor war auch der erste, der eine singuläre Lösung einer Differentialgleichung fand und kommentierte, das heißt, eine Lösung, die nicht aus einer allgemeinen Lösung durch Festlegung der Integrationskonstanten erhalten wird. Die Arbeit behandelte auch mehrere Anwendungen, die zuvor von den Bernoullis untersucht worden waren, wie zum Beispiel das isoperimetrische Problem, die Kettenlinie und die Segelkurve. Taylor übertraf

11 Differentialgleichungen: Ein historischer Überblick 419

seine Vorläufer, indem er die Schwingungen einer Saite und die atmosphärische Lichtbrechung untersuchte.
Die meisten Lösungsverfahren für Gleichungen erster Ordnung waren schon zu Beginn des 18. Jahrhunderts bekannt. Nicht - lineare Gleichungen, die gelöst werden konnten, waren per se von Interesse. So reduziert sich zum Beispiel die Gleichung $\frac{dy}{dx} + P(x)y = Q(x)y^n$, die heute als Bernoullische Gleichung bekannt ist, für $n \geq 2$ durch die Substitution $z = y^{1-n}$ auf eine lineare Gleichung. Gleichungen höherer Ordnung zogen ebenfalls das Interesse auf sich, häufig wegen ihrer Anwendungen. Im Hinblick auf die spätere Entwicklung ist vor allem die Riccatische Gleichung zu nennen, die in einem Aufsatz des Venezianers Jacopo Francesco Graf von Riccati auftaucht, in dem Kurven erörtert werden, deren Krümmungsradius nur von der Ordinate abhängt. Dieser Aufsatz wurde 1724 veröffentlicht, doch das Ergebnis war mehrere Jahre früher durch Riccatis Bekannten Niklaus (II) Bernoulli, Sohn des Johann, in Umlauf gebracht worden, der sich von 1720 bis 1722 in Venedig aufgehalten hatte. Riccati untersuchte die Gleichung

$$x^m d^2 x = d^2 y + (dy)^2 , \qquad (11.8)$$

bei der x und y als von einer weiteren Variablen abhängig betrachtet werden, die wir p nennen wollen. Unter Verwendung eines Verfahrens zur Reduzierung der Ordnung, das bereits einige Jahre früher von Jakob Bernoulli benutzt worden war, setzte er $dx/dp = q$ und $dy/dp = u$, und erhielt so die Gleichung erster Ordnung

$$x^m \frac{dq}{dx} = \frac{du}{dx} + \frac{u^2}{q} . \qquad (11.9)$$

Da hier die Variablen nicht ohne weiteres getrennt werden können, machte Riccati die vereinfachende Annahme, daß $q = x^m$, und gelangte so zu

$$\frac{du}{dx} + \frac{u^2}{x^n} = nx^{m+n-1} , \qquad (11.10)$$

eine Gleichung, bei der er für bestimmte Werte von n die Variablen trennen konnte. Unabhängig von Riccati haben auch Mitglieder der Familie Bernoulli diesen Sachverhalt nachgewiesen, wobei Nikolaus (II) 1721 in einem Brief an Goldbach den Wert $n = -4k/(2k+1)$, k eine ganze Zahl, mitteilte. In diesen Fällen ist die Gleichung „durch Quadraturen" lösbar, d. h. die Lösung läßt sich durch Integrale ausdrücken, selbst wenn das Integral nicht in geschlossener

Form dargestellt werden kann. Dies ist das erste Beispiel eines „Spektrums" von Lösungen. Die Frage, ob die Gleichung auch für andere Werte von n lösbar sei, war Gegenstand vieler erfolgloser Untersuchungen im 18. Jahrhundert. 1840 wies Liouville dann nach, daß es keine anderen Werte für n gibt (Lützen 1990, 411). Heute trägt eine allgemeinere Gleichung den Namen Riccatis, nämlich

$$\frac{dy}{dx} = P_0(x) + P_1(x)y + P_2(x)y^2, \tag{11.11}$$

eine Form, die d'Alembert zu verdanken ist.

11.2.3 Weitere Lösungsverfahren

Neben den bereits erwähnten wurden die Lösungsverfahren für gewöhnliche Differentialgleichungen, die heutigen Studenten am besten bekannt sind, meist um die Mitte des 18. Jahrhunderts entwickelt. Zum Beispiel behandelte Euler lineare Gleichungen höherer Ordnung mit konstanten Koeffizienten und löste 1743 den homogenen Fall vollständig. Dabei bemerkte er, daß die allgemeine Lösung der Gleichung n-ter Ordnung (er bezeichnete sie als *vollständige Lösung*)

$$Ay + B\frac{dy}{dx} + C\frac{d^2y}{dx^2} + \ldots + L\frac{d^n y}{dx^n} = 0 \tag{11.12}$$

n beliebige Konstante enthalten sollte und sich als Linearkombination der partikulären Lösungen mit den Konstanten als Gewichten ausdrücken lasse. Unter Verwendung der Substitution

$$y = e^{\int r dx} \tag{11.13}$$

erhielt er das charakteristische Polynom $A + Br + Cr^2 + \ldots + Lr^n = 0$, das eine sofortige Auffindung der Lösung gestattet. Zu diesem Zeitpunkt glaubte Euler offenbar, daß sich jede Lösung aus der sogenannten vollständigen Lösung durch Einsetzen spezieller Werte für die Konstanten ergibt. Euler sonderte die Fälle vielfacher und komplexer Wurzeln des charakteristischen Polynoms aus und hinterließ das Thema im Großen und Ganzen so, wie es heute in einführenden Texten dargestellt wird. Den nicht - homogenen Fall behandelte er ein paar Jahre später (1750), indem er das geschilderte Verfahren mit einer schrittweisen Reduktion der Ordnung verband. Sein Vorgehen benutzte we-

sentlich die unten erörterten integrierenden Faktoren und die Exaktheitskriterien.
Reihenlösungen von Differentialgleichungen gab es seit den Anfängen, doch die heute übliche weite Anwendung dieser Methode geht ebenfalls auf Euler zurück. Indem er eine Lösung in der Form

$$y = x^k \left(A + Bx + Cx^2 + ... \right), \tag{11.14}$$

annahm, berechnete Euler die Ableitungen und substituierte diese in die Differentialgleichung, um Werte für die Koeffizienten zu erhalten. Euler war der erste, der solche Methoden systematisch anwandte, vor allem bei Gleichungen, für die keine Lösungen in geschlossener Form zu finden waren. Konvergenz war dabei, wie auch sonst in Eulers Werk, kein zentrales Thema.

11.2.4 Lineare Gleichungen im 18. Jahrhundert: Integrierende Faktoren, Exaktheitskriterien und singuläre Lösungen

In der 2. Hälfte des 18. Jahrhunderts entwickelten zwei Generationen von Mathematikern die heute üblichen Verfahren zur Lösung von Differentialgleichungen. Euler, d'Alembert, Lagrange und Laplace waren die wichtigsten. Die große Vielfalt der Lösungsmethoden für spezielle Gleichungen macht es unmöglich, einen vollständigen Überblick über die von ihnen erzielten Ergebnisse zu geben. Von einem allgemeineren Standpunkt aus lassen sich diese Forschungen in drei eng miteinander verwandte Entwicklungslinien gruppieren: die Suche nach allgemeinen Lösungsmethoden, unter denen die der integrierenden Faktoren die bedeutendste ist; Überprüfung der Möglichkeit einer Lösung durch direkte Integration und Gewinnung von Kriterien für die Exaktheit einer Differentialgleichung; sowie die Frage nach Lösungen, die sich nicht als Spezialisierung aus allgemeinen Lösungen ergeben und die später als singuläre Integrale oder singuläre Lösungen bezeichnet wurden.

Heute lernen wir in einem Einführungskursus als eines der ersten Lösungsverfahren, eine Differentialform daraufhin zu prüfen, ob sie ein exaktes Differential ist. Wenn $Pdx + Qdy = 0$, dann untersuchen wir, ob $dQ/dx = dP/dy$. Ist das der Fall, dann ist die linke Seite das Differential df einer Funktion f, sofern bestimmte Stetigkeitsbedingungen erfüllt sind. Wenn das nicht klappt, können wir einen integrierenden Faktor suchen, das heißt, eine Funktion, mit der die Gleichung multipliziert wird, um sie integrierbar zu machen. Es überrascht nicht, daß die Entdeckung von konkreten integrierenden Faktoren durch Johann Bernoulli dem allgemeinen Kriterium vorausging.

Das oben beschriebene Exaktheitskriterium für Gleichungen erster Ordnung, das auf dem Begriff des Differentials einer Funktion oder eines Ausdrucks zweier Variablen beruht, geht auf Clairaut (1739, 1740) zurück. Sonderfälle waren schon früher von Euler betrachtet worden, der bemerkte, daß diese Idee bei Niklaus Bernoulli und Jakob Hermann vorkommt. Clairauts *Recherches générales sur le calcul intégral* wurde 1741 in den *Mémoires* der Pariser Akademie für 1739 publiziert. Eine Denkschrift von Fontaines zum selben Thema erschien ironischerweise erst später, obwohl Clairauts Arbeit eine Kritik der Methode von Fontaine und die Entwicklung einer Alternative beinhaltete. Ähnliche Bedingungen für partielle Differentialgleichungen wurden später von Condorcet entwickelt.

Es lag auf der Hand, solche Kriterien auch für Gleichungen höherer Ordnung zu suchen. Bemühungen in diese Richtung wurden von Clairaut und Euler angestellt, und ein paar Ergebnisse, die in Spezialfällen nützlich waren, wurden Anfang der 1740er Jahre gefunden. Das nächste allgemeine Ergebnis wurde jedoch erst 1760 erzielt und geht auf Euler zurück. Diese Entdeckung liefert ein schönes Beispiel für die Schwierigkeiten, vor denen eine verstreut lebende Gemeinschaft von Mathematikern stand, wenn sie einander ihre Ergebnisse mitteilen wollten, und für die zu jener Zeit verbreitete Neigung, die Ergebnisse anderer ohne Namensnennung zu verwenden, aus der sich häufig Prioritätsstreitigkeiten ergaben.

1760 hatte Euler festgestellt, daß eine gegebene Differentialform

$$dZ = Mdx + Ndy + Pdp + Qdq + ...$$ (11.15)

mit $p = \dfrac{dy}{dx}$, $q = \dfrac{d^2y}{dx^2}$, etc. sich integrieren läßt, falls

$$N - \frac{dP}{dx} + \frac{d^2Q}{dx^2} - ... = 0.$$ (11.16)

Dieses Ergebnis wurde der Akademie von St. Petersburg 1760 mitgeteilt, aber erst in den Akademieberichten von 1764 veröffentlicht, die 1766 erschienen. Inzwischen hatte Euler 1763 diesen Satz d'Alembert ohne Beweis brieflich zukommen lassen. Dieser weilte damals zu Besuch in Preußen. Nach seiner Rückkehr nach Paris teilte er das Resultat unter anderen Lagrange und Condorcet mit, was dazu führte, daß Condorcet der Pariser Akademie 1764 einen Beweis vorlegte und 1765 ohne Erwähnung Eulers veröffentlichte. Euler selbst publizierte sein Ergebnis in den *Institutiones calculi integralis* (1768-1770). Lagrange wußte, was sich ereignet hatte, und drängte Euler, den Satz für sich zu beanspruchen. Doch Euler überließ diese Aufgabe Lagrange, der es jedoch nicht über sich brachte, seinen Freund Condorcet in gedruckter Form zu kritisieren. Erst 1980 nach der Veröffentlichung dieses Briefwechsels wurde klar, daß Condorcet das Theorem nicht entdeckt hatte.

11 Differentialgleichungen: Ein historischer Überblick

Integrierende Faktoren für verschiedene Typen von Gleichungen waren über das ganze Jahrhundert hinweg ein viel bearbeitetes Thema. Der allgemeine Begriff ist Euler zu verdanken, der versuchte, Differentialgleichungen aufgrund ihrer integrierenden Faktoren zu klassifizieren. Um 1770 verfügte Euler über einen umfangreichen Katalog von Gleichungen, den er in seinen *Institutiones* veröffentlichte. Nach Eulers Ansicht waren integrierende Faktoren der Schlüssel, um Lösungen für beliebige Gleichungen zu finden. Er schlug dies Verfahren als allgemeine Methode für Gleichungen vor, die irgend welche Exaktheitskriterien oder „Bedingungsgleichungen", wie sie damals allgemein genannt wurden, erfüllen.

Die Bedeutung von Eulers Lehrbüchern für die spätere Entwicklung kann kaum übertrieben werden. Die *Institutiones Calculi Integralis* von 1768 - 1770 lieferten einen Überblick über fortgeschrittene Integrationsmethoden, die zum großen Teil auf Euler persönlich zurückgingen und den damaligen Stand der Wissenschaft darstellten, eine Art Lehrbuch für Graduierte. Das Werk unterscheidet zwischen der Integration von Formeln und der von Differentialgleichungen. Ersteres beinhaltet die Integration von Funktionen, die wir heute in der Integralrechnung lehren, und war Gegenstand des ersten Abschnitts. Differentialgleichungen im eigentlichen Sinne wurden im zweiten Abschnitt behandelt und mit Hilfe von einfachen Integrationsregeln, unendlichen Reihen, einschließlich der Sinus- und Cosinus - Reihen, und durch Näherungsverfahren gelöst. Hier wurde die Sprache der Funktionen bereits durchgängig verwendet.

Lineare Gleichungen mit nicht-konstanten Koeffizienten wurden von Lagrange (1762) behandelt, der dabei die adjungierten Gleichungen einführte, ohne diesen Begriff zu benutzen. Man betrachte die Gleichung

$$Ly + M\frac{dy}{dt} + N\frac{d^2y}{dt^2} + \ldots + P\frac{d^ny}{dt^n} = T, \tag{11.17}$$

worin L, M usw. Funktionen von t sind. Lagrange bemerkte, daß nach Multiplikation mit zdt die Gleichung einmal integriert und damit ihre Ordnung um 1 erniedrigt werden kann, wenn z eine Lösung der „adjungierten" Gleichung

$$Lz - \frac{dMz}{dt} + \frac{d^2Nz}{dt^2} + \ldots + (-1)^n \frac{d^nPz}{dt^n} = 0 \tag{11.18}$$

ist. In demselben Aufsatz stellte Lagrange fest, daß die allgemeine Lösung einer homogenen linearen Gleichung der Ordnung n eine Linearkombination von n unabhängigen speziellen Lösungen ist. Ergebnisse im Hinblick auf die Superposition von Lösungen waren bereits zuvor, insbesondere von Euler, gewonnen worden.

Es war bekannt, daß bestimmte Lösungen von Differentialgleichungen nicht durch Integration erhältlich waren. Leibniz hatte bereits 1694 festgehalten, daß die Hüllkurve der Lösungsfamilie einer bestimmten Differentialgleichung notwendig ebenfalls eine Lösung ist, da sie nach Definition in jedem Punkt mit einer der Lösungen eine Tangente gemeinsam hat. Andererseits scheint Brook Taylor (1715) der erste gewesen zu sein, der feststellte, daß es Lösungen gibt, die nicht durch Spezialisierung aus einer allgemeinen, durch Integration gefundenen Lösung erhältlich sind. Diese bezeichnete er als singuläre Lösungen.

Die ersten Autoren, die dieses Phänomen untersuchten, waren Clairaut und Euler. Clairaut stellte in Verbindung mit der Untersuchung einer bestimmten Ortslinie die Gleichung auf, die heute seinen Namen trägt. Man schreibt sie gewöhnlich als

$$y = xy' + f(y').\qquad(11.19)$$

Clairaut löste diese Gleichung, indem er sie zunächst differenzierte. Setzt man, wie heute üblich, $y' = p$, dann ergibt die Differenzierung nach x

$$p = p + (x + f'(p))\frac{dp}{dx},\qquad(11.20)$$

woraus wir die Bedingungen

$$\frac{dp}{dx} = 0 \text{ und } x + f'(p) = 0\qquad(11.21)$$

erhalten. Die erste ergibt eine allgemeine Lösung, die aus einer Familie von Geraden besteht. Die zweite liefert jedoch ebenfalls eine Lösung, wenn man p aus dem System eliminiert, das durch Kombination mit der Ursprungsgleichung entsteht. Diese Lösung erhält keine beliebige Konstante, und gehört nicht zu der Familie von Geraden, die Lösungen der ersten Gleichung sind, wie Clairaut festhielt. Andere Gleichungen dieses Typs wurden von d'Alembert untersucht, jedoch war es Euler, dessen Erstaunen über diese merkwürdigen Lösungen Bemühungen anregte, die Situation zu klären. Seine erste Untersuchung zu diesem Thema erschien 1756. Ihr Einfluß blieb begrenzt, bis er seine Ergebnisse in den *Institutiones* erneut darstellte.

Euler bemerkte, daß Singularitäten einer Differentialgleichung häufig mit Lösungen zusammenhängen, die singulär oder nicht singulär sein können. Zum Beispiel ist $y = 3$ sowohl eine Singularität, als auch eine Lösung der Gleichung $dy/(y-3) = dx$. Daher entwickelte er einen Test, um festzustellen, ob Singularitäten einer Gleichung tatsächlich Lösungen entsprechen. Dieser bestand im

11 Differentialgleichungen: Ein historischer Überblick

wesentlichen darin, die singuläre Lösung um einen infinitesimalen Betrag zu stören und festzustellen, ob sich daraus eine reguläre Lösung ergibt. Diese Methode konnte sogar ohne Kenntnis der allgemeinen Lösung von Nutzen sein. Der erste von ihm betrachtete Fall ist folgender. Gegeben sei $dy = dx/Q$, wobei die Funktion Q für $x = a$ verschwindet. Man soll dann untersuchen, in welchen Fällen diese Gleichung $x = a$ ein spezielles Integral der vorgelegten Differentialgleichung ist. Außerdem stellte er fest, daß im Zusammenhang mit integrierenden Faktoren singuläre Lösungen auftreten können, wenn das Reziproke des integrierenden Faktors verschwindet.

Lagrange war von Eulers Arbeit besonders beeindruckt. Am 22. Dezember 1763 schrieb er an Euler: „Ich bin vor allem entzückt über das, was Sie über singuläre Integrale sagen, und über die Methoden, die Sie entwickelt haben, um zu erkennen, wann ein Integral in einem allgemeinen Integral enthalten sein kann. Es ist ein völlig neues Thema, das bis jetzt niemand berührt hat, und es ist ebenso merkwürdig wie wichtig." (Lagrange 1769, 464). Lagrange griff die Frage der singulären Lösungen auf und seine Ergebnisse wurden 1776 veröffentlicht (Lagrange 1774/1776). Sein reifstes Theorem besagte, daß bei gegebener allgemeiner Lösung $F(x,y,a) = 0$ einer Differentialgleichung ein singuläres Integral die Relation $D = 0$ erfüllen muß, die man erhält, wenn man die Integrationskonstante a aus dem System

$$F = 0, \quad \frac{\partial F}{\partial a} = 0. \tag{11.22}$$

eliminiert.

Dies führte ihn zu der geometrischen Schlußfolgerung, daß die singulären Lösungen der Einhüllenden der Kurvenfamilie entsprechen, die durch die allgemeine Lösung gegeben ist. Dies ist im allgemeinen nicht ganz richtig, da es noch andere Möglichkeiten gibt. So kann zum Beispiel eine singuläre Lösung einen Zweig enthalten, der eine partikuläre Lösung ist. Diese Schwierigkeiten wurden fast ein Jahrhundert lang nicht gelöst, und waren weiter von Bedeutung.

Die Erfolge Eulers und anderer im Auffinden von Methoden, die für relativ große Klassen von Gleichungen nützlich waren, bewirkten einen gewissen Optimismus, daß man wirklich allgemeine Methoden finden könne. Am Ende der *Institutiones* machte Euler auf die Erwünschtheit einer wahrhaft allgemeinen Lösungsmethode aufmerksam, indem er die Frage stellte, „ob nicht eine einzige Methode gegeben sein kann, ... durch deren Verwendung alle diese verschiedenen Differentialgleichungen ... integriert werden können?" Er fuhr fort: „Es gibt keine Zweifel, daß die Entdeckung einer solchen Methode ein großer Zuwachs zur Welt der Analysis wäre." Euler selbst hatte sich intensiv bemüht, solche Methoden zu finden, zum Beispiel durch den Versuch, Gleichungstypen nach der Gestalt des integrierenden Faktors zu klassifizieren, den sie zuließen: ein guter Einfall, der jedoch nur zu vereinzelten Ergebnissen führte. Weitere Bemühungen um allgemeine Methoden durch d'Alembert und Condorcet hatten nur begrenzte Erfolge und wurden schließlich gegen Ende des 18. Jahrhunderts als unergiebig betrachtet. Frühere Untersuchungen, ob Lösungen sich durch elementare Funktionen oder Quadraturen darstellen lassen, wurden dahingehend erweitert, ob transzendente Lösungen sich als Lösungen einer gewissen Auswahl gegebener gewöhnlicher Differentialgleichungen ausdrücken ließen. Allmählich teilte sich die Forschung in diesem Feld in zwei Richtungen, zum einen um die Lösung spezieller Gleichungen und zum anderen um die Untersuchung, ob es überhaupt Lösungen bzw. ob es Lösungen einer gegebenen Form gebe. Man studierte also spezielle gewöhnliche oder partielle Differentialgleichungen und beschäftigte sich mit Existenzproblemen und der Frage, ob eine Integration in endlichen Ausdrücken möglich ist.

11.2.5 Mechanik, Physik und partielle Differentialgleichungen

Bei diesen Entwicklungen standen physikalische Überlegungen verschiedener Art häufig an erster Stelle. Besonders wichtig war die Astronomie, die auf den Grundbegriffen der Newtonschen Mechanik aufbaute. Der Vektorcharakter des Kraftgesetzes bedeutete, daß zur Beschreibung von Gravitationssystemen Systeme gewöhnlicher Differentialgleichungen erforderlich waren. Es überrascht vielleicht, daß Euler erst 1750 die berühmte Newtonsche Gleichung $F = ma$ in Differentialform niederschrieb, nämlich als System

$$f_x = m\frac{d^2x}{dt^2}, \quad f_y = m\frac{d^2y}{dt^2}, \quad f_z = m\frac{d^2z}{dt^2}. \tag{11.23}$$

Da die Komponenten der Gravitationskraft zwischen zwei Körpern durch Newtons Gravitationsgesetz gegeben sind und da sich beide Körper bewegen können, wird die Bewegung eines solchen Systems durch sechs Gleichungen zweiter Ordnung mit zwölf Integrationskonstanten beschrieben, deren Werte aus den anfänglichen Positionen und Geschwindigkeiten der Körper bestimmt werden müssen.

Größere Anzahlen von Körpern führen zu größeren Systemen: für n Körper gibt es $3n$ Gleichungen, folglich $6n$ Integrale. Dennoch war das Problem von enormer praktischer Bedeutung für Kalender- und Navigationsberechnungen. Im Rahmen unseres Überblicks beschränken wir uns auf die Aussage, daß solche Systeme für die Entwicklung der Störungstheorie durch Euler, Laplace und Lagrange von Bedeutung waren, und umgekehrt erwies sich die Unter-

11 Differentialgleichungen: Ein historischer Überblick

suchung von Störungen für die Methode der Variation der Parameter und für die Ursprünge der Potentialtheorie als ausschlaggebend.

Als Störungen bezeichnen wir die relativ kleinen Veränderungen der elliptischen Umlaufbahnen der Planeten um die Sonne, die auf das Vorhandensein anderer Körper zurückgehen. Leider können wir diese Verbindung zur Astronomie hier nicht nachzeichnen, ohne eine umfangreiche Terminologie einzuführen. Uns soll die Aussage genügen, daß Euler die Methode der Variation der Parameter in einem Aufsatz (1748b) über Schwankungen der Umlaufbahnen von Jupiter und Saturn benutzt hatte. In Wirklichkeit hatte er sie schon früher angewandt, und könnte sie sogar von Johann Bernoulli gelernt haben, der sie zumindest einmal verwendet hatte. Sowohl Laplace als auch Lagrange griffen die Methode in ihren grundlegenden himmelsmechanischen Untersuchungen der 1770er und 1780er Jahre auf.

Die Idee dieser Methode läßt sich an einem Beispiel darstellen, das auf Johann Bernoulli zurückgeht (Joh. Bernoulli 1697), wobei wir die Notation beträchtlich modernisieren. Wenn wir die inhomogene Gleichung erster Ordnung

$$\frac{dy}{dx} + \phi y = \rho \qquad (11.24)$$

betrachten, dann ergibt die Trennung der Variablen in der homogenen Gleichung $y = ce^{-\int \phi dx}$, wo c eine Konstante ist. Wenn wir jetzt den Parameter c als von x abhängig behandeln, und in die inhomogene Gleichung substituieren, erhalten wir

$$\frac{dc}{dx} e^{-\int \phi dx} = \rho, \qquad (11.25)$$

woraus für c die Beziehung

$$c = \int \rho e^{\int \phi dx} + C \qquad (11.26)$$

folgt.

Damit erhalten wir $y = Ce^{-\int \phi dx} + e^{-\int \phi dx} \int \rho e^{\int \phi dx} dx$ in einer Form, die zwei Quadraturen erfordert. Lagranges Methode verallgemeinert dies auf lineare Gleichungen n-ten Grades.

Die Untersuchung partieller Differentialgleichungen setzte nicht vor der Mitte des Jahrhunderts ein und begann mit d'Alemberts *Traité de dynamique*, wo erstmals die Gleichung der schwingenden Saite aufgestellt wurde (Kap. 4.6). Das erscheint recht spät, aber es sollte betont werden, daß feste rechtwinklige Koordinatensysteme erst mit Johann Bernoullis *Integralrechnung* von 1742 allgemein in Gebrauch kamen. Sogar der Begriff der partiellen Ableitung war zunächst problematisch (Kap. 4.2). D'Alembert formulierte und löste des weiteren ein Randwertproblem für eine partielle Differentialgleichung in seinem preisgekrönten Aufsatz von 1747 *Réflexions sur la cause générale des vents* (vgl. Demidov 1982a). In der Folge klärte Euler die Idee der partiellen Ableitung sowohl in der Schreibweise als auch begrifflich, nachdem er die Gleichheit der gemischten partiellen Ableitungen bereits 1734 bewiesen hatte. Um die Mitte der 1760er Jahre waren daher die grundlegenden Ergebnisse in Bezug auf Variablentransformation, Inversion usw. bekannt. Truesdell verweist indessen darauf, daß noch 1788 nur eine Handvoll Menschen diese Methoden wirklich anwenden konnten, bei denen es sich natürlich um die größten Namen der Analysis des 18. Jahrhunderts handelte (Truesdell 1960, 418).

Eine wichtige frühe Methode zur Lösung einer partiellen Differentialgleichung, die Euler im dritten Band seiner *Institutiones Calculi Integralis* anhand vieler Beispiele entwickelte, beruhte auf den vollständigen Differentialen. Wenn zum Beispiel die Gleichung $px + qy = 0$ gegeben ist, wo wie heute üblich $p = \frac{\partial z}{\partial x}, q = \frac{\partial z}{\partial y}$ ist, dann betrachtet Euler den Ausdruck für das vollständige Differential von z, nämlich $dz = pdx + qdy$, und versucht, die beiden Gleichungen simultan zu lösen. Im vorliegenden Fall können wir $q = -px/y$ in das Differential substituieren, um auf diese Weise $dz = p\left(dx - \frac{xdy}{y}\right)$ oder

$$dz = py\left(\frac{dx}{y} - \frac{xdy}{y^2}\right) = pyd(x/y)$$ zu erhalten (Euler 1768-1770, 3, 94). Die

Argumentation, daß py auch eine Funktion von x/y sein muß, gestattete ihm die Integration der Gleichung. Demidov (1982b, 329) beweist unter Zitierung dieses Beispiels, daß die Verwendung des integrierenden Faktors und das Fehlen jeder geometrischen Interpretation für diese formalistische Periode typisch sind.

Die ersten Probleme, bei denen partielle Differentialgleichungen auftraten, stammten aus der Kontinuumsmechanik. Später trug dann auch die Potentialtheorie, die es mit Anziehung und Abstoßung diskreter Massenpunkte zu tun hat, zur Entwicklung dieses Gebietes bei (Kap. 7.1.1)

Nachdem in physikalischen Anwendungen spezielle Lösungen spezieller partieller Differentialgleichungen gefunden waren, lag es nahe, wie bei gewöhnlichen Differentialgleichungen nach allgemeinen Lösungsmethoden zu suchen. Euler hatte den Begriff einer allgemeinen Lösung für partielle Differentialgleichungen in verschiedenen Zusammenhängen thematisiert; und zu seiner Zeit wurde es üblich, solche Gleichungen als gelöst zu betrachten, wenn sie auf ein System gewöhnlicher Differentialgleichungen zurückgeführt werden konnten. Wie im Fall gewöhnlicher Differentialgleichungen betrachtete Euler eine Lösung als vollständig, wenn sie eine geeignete Anzahl beliebiger Konstanten enthielt, die mit Hilfe der Randbedingungen bestimmt werden können.

Der bedeutendste Fortschritt zu allgemeinen Lösungen im 18. Jahrhundert geht auf Lagrange (1774/1776) zurück und betrifft Gleichungen erster Ordnung, die sich als erste einer systematischen Untersuchung fügten. Lagranges Erfolg wurde zum Teil dadurch möglich, daß er den Begriff einer allgemeinen Lösung änderte: diese sollte eine willkürliche Funktion statt einer willkürlichen Konstanten enthalten (Engelsmann 1980).

1774 hatte Lagrange angenommen, daß eine Gleichung der Form

$$f(x,y,z,p,q) = 0, \quad p = \frac{\partial z}{\partial x}, \quad q = \frac{\partial z}{\partial y} \qquad (11.27)$$

nach q aufgelöst werden könne, und dann versucht, sie nach p in Abhängigkeit von x, y und z derart aufzulösen, daß die Differentialgleichung

$$dz - pdx - qdy = 0 \qquad (11.28)$$

mit Hilfe eines integrierenden Faktors lösbar wird. Euler hatte bereits ein Integrierbarkeitskriterium angegeben, das Lagrange jedoch nicht besonders hervorhob. Das Kriterium ist eine lineare Gleichung. Die Auflösung von (11.28) nach p führt jedoch auf ein Ergebnis, das eine willkürliche Konstante enthält. Als er 1776 die Frage wieder aufgriff, definierte Lagrange eine „vollständige" Lösung des Problems für zwei unabhängige Variablen als eine Lösung, die nicht eine, sondern zwei beliebige Konstanten enthält:

$$V(x,y,z,a,b) = 0. \qquad (11.29)$$

Dies ergibt nicht alle Lösungen; die Elimination von a und b aus V und seinen Ableitungen führt jedoch auf die gegebene Gleichung. Die Variation von Parametern ergibt in diesem Fall Eulers vollständige Lösung und, wie bereits beschrieben, die singulären Lösungen.

Lagrange arbeitete auch an linearen partiellen Differentialgleichungen und zeigte, wie sie auf Systeme simultaner Gleichungen von der Gestalt

$$\frac{dx}{P} = \frac{dy}{Q} = \frac{dz}{R} \qquad (11.30)$$

zurückgeführt werden können.

1784 bemerkte P. Charpit, daß unter Verwendung von Lagranges zweiter Methode jede partielle Differentialgleichung erster Ordnung mit zwei unabhängigen Variablen auf ein Problem für gewöhnliche Differentialgleichungen zurückgeführt werden kann.

Geometrische Ideen hatten bis dahin bei der Untersuchung von Differentialgleichungen nur eine geringe Rolle gespielt, wobei Lagranges Charakterisierung singulärer Lösungen als Hüllkurven eine Ausnahme darstellte. In den 1770er Jahren begann jedoch Gaspard Monge die geometrischen Eigenschaften von Lösungen partieller Differentialgleichungen zu untersuchen, eine Arbeit, die in seiner *Application de l'analyse à la géométrie* von 1807 mündete. Hauptsächlich für geometrische Zwecke erfand Monge den Begriff der charakteristischen Kurve einer Fläche, wobei die Fläche als Hüllfläche einer Flächenfamilie aufgefaßt wurde, deren Elemente durch Translation längs einer (durch *a*) parametrisierten Kurve auseinander hervorgingen. In diesem Fall kann die Hüllfläche nach Monge auch durch eine Kurve erzeugt werden, die er als charakteristische Kurve der Fläche bezeichnete. Geometrisch ist sie als die Kurve gegeben, längs deren zwei Mitglieder der Familie der erzeugenden Flächen, die zu „aufeinander folgenden" Parameterwerten *a* und *a* + *da* gehören, sich schneiden. Monge selbst gibt das Beispiel eines Kegels, dessen Scheitelpunkt entlang einer gegebenen ebenen Kurve bewegt wird. Die charakteristische Kurve der so erzeugten Fläche ist folglich eine Linie durch den Scheitelpunkt des Kegels. In diesem Fall ist es nicht schwer zu sehen, wie die charakteristische Kurve die Hüllfläche erzeugt.

Wenn eine gegebene partielle Differentialgleichung erster Ordnung der Form

$$f(x,y,z) + P\frac{\partial z}{\partial x} + Q\frac{\partial z}{\partial y} = 0 \qquad (11.31)$$

so behandelt wird, als habe sie eine gegebene Hüllfläche zur Lösung, dann lieferte Monges Methode ein Verfahren zur Gewinnung eines Systems gewöhnlicher Differentialgleichungen

$$\frac{dx}{P} = \frac{dy}{Q} = \frac{dz}{f} \qquad (11.32)$$

für die charakteristische Kurve. Im allgemeinen jedoch wurde die Frage, ob die charakteristischen Kurven tatsächlich die Hüllflächen charakterisieren, von Monge nicht gelöst, und außerdem scheint ihm die Beziehung zwischen den so gefundenen einparametrigen Lösungsfamilien und den vollständigen Lösungen nicht klar gewesen zu sein. Dieser Ansatz wurde später u. a. von Cauchy und Darboux weiter entwickelt.

11.3 Von der Französischen Revolution bis etwa 1900

11.3.1 Differentialgleichungen im 19. Jahrhundert

Das späte 18. Jahrhundert ist gekennzeichnet von einer grundsätzlichen Verschiebung der Forschungsinteressen. Bis dahin hatte besonders bei gewöhnlichen Differentialgleichungen die Suche nach speziellen Lösungsmethoden für Klassen von Gleichungen oder für einzelne Gleichungen vorgeherrscht. Der Einfallsreichtum der hervorragendsten Analytiker war nun erschöpft, so daß ein tieferes Verständnis erforderlich war, bevor ein weiterer Fortschritt möglich wurde. Aus heutiger Sicht können wir mehrere Forschungsrichtungen unterscheiden, die häufig eng miteinander verbunden waren. Zu diesen gehören:

1. Der Versuch, unmittelbar aus den Gleichungen qualitative Informationen über die Lösungen zu gewinnen. Zu dieser Richtung gehören die wichtigsten Existenzsätze, die Sturm-Liouvillesche Theorie, die Arbeiten von Briot und Bouquet über algebraische Differentialgleichungen und die Poincaré-Bendixson-Theorie.

2. Die Anwendung der Geometrie, um die Theorie und ihre Systematik besser zu verstehen. Diese Bemühungen setzten mit Lagranges Arbeiten über singuläre Lösungen ein und wurden hauptsächlich von Monge und Cauchy weitergeführt. Darboux untersuchte später beim Studium von Raumkurven und von Bewegungen starrer Körper Systeme von Differentialgleichungen. Diese Bemühungen können im Zusammenhang mit Lies Theorie der Berührungstransformationen gesehen werden, durch die eine Lösung in eine andere überführt werden kann. Im 20. Jahrhundert entstand schließlich der funktionalanalytische Zugang, bei dem Funktionen als Punkte in einem normierten Raum betrachtet werden.

3. Ein besseres Verständnis von Randwertproblemen bei gewöhnlichen und partiellen Differentialgleichungen führte zu bedeutenden Entwicklungen (für partielle Differentialgleichungen vgl. Kap. 7). Cauchys Arbeiten über bestimmte Integralen und seine Berücksichtigung der Randbedingungen waren dabei von grundsätzlicher Bedeutung, ebenso wie Arbeiten von Dirichlet, Picard, Poincaré. Im 20. Jahrhundert setzte Hadamard diese Untersuchungen fort, der schließlich die Idee hatte, daß je nach Typ der Differentialgleichung bestimmte Arten von Randbedingungen geeignet sein könnten oder nicht. Dies führte auf die Frage nach gut gestellten und schlecht gestellten Problemen.

4. Die Bemühungen, Teile der Theorie zu systematisieren, führten auf verschiedene allgemeine Methoden: in Anlehnung an Arbeiten von Lagrange wurde von Pfaff und Jacobi eine vollständige Theorie für partielle Differentialgleichungen erster Ordnung aufgestellt; die Hamilton - Jacobi-Theorie

klärte die Beziehungen zwischen Differentialgleichungen und der Variationsrechnung, die Klassifizierung von partiellen Differentialgleichungen durch Paul DuBois-Reymond erwies sich als nützlich für die Frage, welche Methoden unter welchen Bedingungen funktionieren.

Neben diesen allgemeinen Entwicklungen wurden bedeutende Ergebnisse durch Einführung von Begriffen aus anderen Gebieten der Analysis erzielt. Am wichtigsten war gewiß die komplexe Analysis, und die in dieser Hinsicht bedeutendsten Autoren waren Cauchy, Weierstraß und Frobenius. In engem Zusammenhang damit führte das Studium der elliptischen Funktionen zu hervorragenden Resultaten bei Jacobi, Lamé, Briot, Bouquet und anderen. Im Anschluß an das Werk von Lie schien die Gruppentheorie ein sehr wirksames Werkzeug zur Systematisierung darzubieten. allerdings hatte die Komplexität der notwendigen Rechnungen zur Folge, daß erst in jüngster Zeit größere Fortschritte in dieser Richtung erzielt wurden.

Dies alles läßt sich auf wenigen Seiten nicht darstellen. Differentialgleichungen waren eine der großen Triebkräfte der Mathematik im 19. Jahrhundert, und es gibt wenige Gebiete, die nicht in irgendeiner Weise mit Differentialgleichungen zu tun hatten. Das im folgende dargestellte Material ist zum Teil nach seiner Wichtigkeit ausgewählt, zum Teil aber auch danach, ob sich in wenigen Absätzen Stichhaltiges darüber sagen läßt, und zum Teil, ob es im heutigen Mathematikstudium vorkommt.

11.3.2 Cauchy: Existenzsätze und der *calcul des limites*

Cauchys sogenannte erste Methode zum Beweis der Existenz von lokalen Lösungen für gewöhnliche Differentialgleichungen, über die er vermutlich seit 1820 verfügte, wird heute bisweilen Cauchy - Lipschitz - Methode genannt. Die Methode fordert nur die Stetigkeit und Beschränktheit der Ableitung, eine Voraussetzung, die später von Lipschitz abgeschwächt wurde, und man erhält nur ein lokales Ergebnis. Cauchys spätere Methode der Majoranten (1835) für gewöhnliche und partielle Differentialgleichungen setzte Analytizität voraus. Er benutzte diese Methode in den meisten seiner Arbeiten, und in der Tat ist nicht bekannt, daß er die erste Methode später noch gebraucht hat. Bis vor kurzem war sie nur aus Moignos Darstellung (1844) bekannt, der seine *Leçons* auf Cauchys Notizen gestützt hatte. 1981 fand Gilain eine Version des von Cauchy in seinen Vorlesungen benutzten Satzes (Cauchy 1821/1981).

Schon die Tatsache, daß Cauchy das Bedürfnis nach einem solchen Satz verspürte und ihn für wert hielt, ihn seinen Studenten im zweiten Jahr der École polytechnique mitzuteilen, ist an sich von Interessse. Zu verstehen ist dies im Gesamtzusammenhang seines Programms der Begründung der Analysis. Insbesondere Cauchys Existenzbeweis, der für ihn mehr als nur ein Approxima-

11 Differentialgleichungen: Ein historischer Überblick

tionssatz war, vermied Argumentationen mit endlichen Differenzen im Stile Lagranges.

In seinen Vorlesungsausarbeitungen bewies Cauchy mehrere Sätze, die für die Frage nach der Existenz einer Lösung relevant sind (Cauchy 1821/1981). Die Kapitelüberschriften suggerieren, daß er eine Methode zur näherungsweisen Integration liefert, eine genauere Lektüre zeigt jedoch, daß die Näherung beliebig gut sein soll, so daß der Begriff „approximativ" im Gegensatz zu den exakten Methoden, etwa der des integrierenden Faktors, verwendet wird, die in früheren Kapiteln dargestellt werden. Nehmen wir an, sagt Cauchy, daß wir eine Differentialgleichung

$$dy = f(x,y)dx \qquad (11.33)$$

haben. Sofern sie integrierbar ist, können wir y als Funktion von x so finden, daß es einer gegebenen Anfangsbedingung $y(x_0) = y_0$ genügt. Cauchy dreht nun das Problem um: Können wir für eine gegebene Anfangsbedingung und eine gegebene Gleichung nachweisen, daß es eine Funktion y gibt, die der Differentialgleichung und der Anfangsbedingung genügt? So entsteht das Problem, die Existenz von Lösungen zu untersuchen.

Dies wird von Cauchy ziemlich mühselig bewerkstelligt. Ausgehend von einer Zerlegung des Intervalls zwischen x_0 und X, stellt er fest, daß wir eine Folge von Werten y_i konstruieren können, die den Punkten x_i der Zerlegung wie folgt entspricht: y_0 ist der x_0 entsprechende gegebene Wert, die anderen Punkte y_i erhält man durch die Definition

$$y_1 - y_0 = (x_1 - x_0)f(x_0, y_0), \quad y_2 - y_1 = (x_2 - x_1)f(x_1, y_1), \quad \ldots \qquad (11.34)$$

indem man sich jeweils auf Tangenten bewegt, deren Steigungen durch f gegeben sind, wie es die Differentialgleichung nahelegt. Der Wert Y, der am rechten Endpunkt des Intervalls X entspricht, ist dann abhängig von den Zerlegungspunkten und y_0. Cauchy beweist sodann einige Sätze, die ich in Paraphrase wiedergebe.

Satz 1. Wenn für alle x zwischen x_0 und X die Funktion $f(x, y)$ stetig in Bezug auf die Variablen x und y ist, wobei Cauchy nicht zwischen der Stetigkeit in jeder einzelnen Variablen und in beiden gemeinsam unterscheidet, und wenn $|f| \leq A$, dann kann der Wert von Y in der Form

$$Y = y_0 + (X - x_0)f(x_0 + \vartheta(X - x_0), y_0 \pm \theta A(X - x_0)) \qquad (11.35)$$

dargestellt werden, in der die griechischen Buchstaben Zahlen zwischen 0 und 1 sind.

Dies ist ein Mittelwertsatz, der besagt, daß es einen Punkt in dem Rechteck mit den Ecken (x_0, y_0) und (X, Y) gibt, wo die Funktion f den in der Gleichung angegebenen Wert hat.

Satz 2. Sei H die Länge des Intervalls von x_0 bis X, und sei für alle x in diesem Intervall die Funktion $\frac{\partial f}{\partial y}$ in Bezug auf x und y stetig und im Absolutbetrag durch C beschränkt. Wenn wir dann y_0 einen beliebigen Zuwachs β_0 erteilen, dann ist der resultierende Zuwachs von Y gleich $\pm \theta \beta_0 e^{CH}$ mit $\theta < 1$.

Hierbei handelt es sich um ein technisches Lemma für den Beweis des folgenden Satzes.

Satz 3. Wenn unter derselben Hypothese die Längen aller Teilintervalle der Zerlegung unendlich klein werden, dann nähert sich der Wert von Y einer Grenze, die nur von x_0, X und y_0 abhängt. Diese Grenze bezeichnet er später mit $F(x_0, X, y_0)$, wobei er die Variablen, wenn sie fest bleiben, wegläßt.

Satz 4. Wenn wir unter denselben Hypothesen $Y = F(X)$ und $y = F(x)$ schreiben, dann ist y eine Funktion von x, die der Differentialgleichung und der Anfangsbedingung genügt, zumindest für alle Werte von x zwischen x_0 und X.

Das sieht ziemlich ähnlich aus wie in einer heutigen einführenden Vorlesung über reelle Analysis, obwohl Cauchys Sprache mehr Unbestimmtheiten enthält, als wir erwarten würden. Ohne in die Einzelheiten zu gehen können wir aus Satz 1 und 3 ersehen, daß

$$F(x) = y_0 + (x - x_0) f\big(x_0 + \vartheta(x - x_0), y_0 \pm \theta A(x - x_0)\big), \tag{11.36}$$

falls $x+h$ und x im Intervall liegen. Daraus ergibt sich $F(x_0) = y_0$. Außerdem liefert eine leichte Veränderung des Beweises in Satz 1

$$F(x + h) - F(x) = h f\big(x + h\vartheta, F(x) \pm \theta A h\big), \tag{11.37}$$

so daß wir für $h \to 0$

$$F'(x) = f(x, F(x)) \tag{11.38}$$

erhalten. Ein paar Seiten später erscheint ein etwas stärkerer Satz, von dem Cauchy behauptet, er sei auf eine beliebige Differentialgleichung anwendbar.

Es mutet heute seltsam an, daß der Cauchy-Lipschitz-Satz über die Existenz von Lösungen in der Zeit zwischen Cauchy und Lipschitz weitgehend unbe-

11 Differentialgleichungen: Ein historischer Überblick 435

merkt geblieben ist. In der Tat waren Cauchys Arbeiten zur Theorie der Funktionen einer komplexen Variablen so erfolgreich, daß es schien, dies sei der einzig „richtige Weg", um Funktionen zu behandeln (vgl. Kap. 8) und die Theorie reeller Funktionen wurde nur als begrenzt wichtig betrachtet. Dies galt besonders im Hinblick auf Differentialgleichungen, bei denen die Konvergenz von Reihenlösungen unter theoretischen und praktischen Gesichtspunkten von erstrangiger Bedeutung war. Daher bevorzugte man den Gebrauch analytischer Funktionen, und Cauchys Forschung lieferte für komplexe Variable wiederum einen wichtigen Existenzsatz, der auf einem Werkzeug von noch größerer Bedeutung beruhte, nämlich dem „calcul des limites" (vgl. Kap. 8.3).

Die wesentliche Idee des calcul des limites beruht darauf, Schranken für alle Ableitungen einer Funktion, die analytisch auf einer geschlossenen Kreisscheibe mit Mittelpunkt z_0 und Radius r ist, zu erhalten. Eine solche Funktion nimmt ihren maximalen Wert M auf dem Rand der Kreisscheibe an, eine Cauchy bekannte Tatsache. Die Cauchysche Integralformel sagt dann für die Ableitungen aus, daß

$$f^{(n)}(z_0) = \frac{n!}{2\pi i} \int_c \frac{f(z)dz}{(z-z_0)^{n+1}}.$$ (11.39)

Es läßt sich leicht zeigen, daß der Modul der n-ten Ableitung nach oben durch $Mn!/r^n$ beschränkt ist, wobei M eine obere Grenze für die Funktionswerte auf der Kreisscheibe ist. Diese Tatsache kann dann herangezogen werden, um zu zeigen, daß die Koeffizienten der Taylor - Entwicklung durch die Glieder der geometrischen Reihe $\sum M/r^n$, die für $|t| \leq 1$ konvergiert, majorisiert werden. Bei mehreren Variablen sind nur geringfügige Modifikationen erforderlich.

Dies in einen Existenzsatz für gewöhnliche Differentialgleichungen der Form $du/dz = f(u,z)$ zu verwandeln, worin u und z nun komplexe Variable sind, war für Cauchy eine beträchtliche Aufgabe, die in verschiedenen Versionen zwischen 1831 und 1846 behandelte. Die letzte Version wurde durch Briot und Bouquet erheblich vereinfacht (1856). Wenn f analytisch ist, dann können wir zur Berechnung der Taylor-Koeffizienten die sukzessiven Ableitungen bestimmen und zeigen, daß die resultierende Reihe in einem hinreichend kleinen Bereich konvergiert und eindeutig ist. Um dies zu erreichen, definieren Briot und Bouquet eine Vergleichsfunktion

$$\phi(z,u) = \frac{M}{\left(1-\frac{z}{\rho}\right)\left(1-\frac{u}{r}\right)},$$ (11.40)

worin ρ und r jeweils Radien für z und u sind, innerhalb deren f sich wie gewünscht verhält. Da die Differentialgleichung mit ϕ statt f leicht gelöst werden kann und da die Reihe für ϕ diejenige für f majorisiert, konvergiert offenbar auch die Reihe für f und genügt, wie man leicht zeigt der Differentialgleichung. Das Ergebnis läßt sich leicht auf Systeme gewöhnlicher Differentialgleichungen ausdehnen. Die Verallgemeinerung auf Funktionen mehrerer Variabler ist schwieriger und wurde von Kowalewskaja aufgrund von Weierstraß' Methoden erreicht.

11.3.3 Die Sturm-Liouvillesche Theorie und die Integration in endlichen Ausdrücken

Eigenwertprobleme, bei denen eine Differentialgleichung, die von einem Parameter abhängt, nur für eine bestimmte diskrete Menge von Werten des Parameters nicht-triviale Lösungen hat, traten beim Studium schwingender Systeme auf. So fanden Brook Taylor und Johann Bernoulli, als sie die schwingende Saite untersuchten, den ersten Eigenwert, der dem fundamentalen Schwingungszustand entspricht. Daniel Bernoulli fiel auf, daß die Lösungen, zu bestimmten Eigenwerten gehören, die Eigenfunktionen, superponiert werden können, obwohl dies um die Mitte des 18. Jahrhunderts umstritten war (vgl. Kap. 4.6). Sobald Euler und d'Alembert begannen, für solche Probleme partielle Differentialgleichungen zu benutzen, führte das Verfahren der Variablentrennung auf die heute so genannten Eigenwertprobleme. Nach Fouriers Untersuchung der Wärmeleitung von 1807 wurde die Variablentrennung bei partiellen Differentialgleichungen weithin üblich, und diese Probleme fanden große Verbreitung.

Die Sturm-Liouvillesche Theorie geht solche Probleme in Situationen an, wo explizite Lösungen nicht zur Verfügung stehen. Mit geringen Ausnahmen waren frühere Arbeiten von einer expliziten Kenntnis der Lösungen abhängig, von daher war der grundlegende Ansatz, auf den Joseph Liouville und sein Mitarbeiter Charles Sturm zurückgriffen, im wesentlichen neu, ebenso wie die starken Ergebnisse in Bezug auf die Eigenschaften der Eigenwerte, das qualitative Verhalten der Eigenfunktionen und die Entwicklung beliebiger Funktionen in unendliche Reihen von Eigenfunktionen als Verallgemeinerung der Methoden von Fourier. Die Ergebnisse sind so technisch, daß sie nur schwer anschaulich beschrieben werden können, und wir begnügen uns daher mit einigen Andeutungen. Nähere Einzelheiten sind in Lützen (1990, 423 - 475) zu finden.

Um 1829 begann Sturm sich mit diesen Problemen zu beschäftigen. Er betrachtete Gleichungen der Form

11 Differentialgleichungen: Ein historischer Überblick 437

$$L\frac{d^2V}{dx^2} + M\frac{dV}{dx} + NV = 0,\qquad(11.41)$$

bei welchen die Koeffizientenfunktionen von einem einzigen Parameter r abhängen. Die Gleichung wird für ein Intervall $x \in (\alpha, \beta)$ angenommen. Indem er sie in der Form schrieb, die man heute als selbstadjungiert bezeichnet, erhielt er

$$K(r,x)V'_r(x))' + G(r,x)V_r(x) = 0,\qquad(11.42)$$

eine Gleichung, der er zunächst eine Randbedingung für $x = \alpha$, nämlich

$$K(r,x)V'_r(x) / V_r(x) = h(r).\qquad(11.43)$$

auferlegte. Sturm fand damit ohne weiteres, daß es auf dem ganzen Intervall für jeden Wert von r eine eindeutige Lösung gibt und daß die Lösungsfamilie stetig mit r variiert, wenn man zusätzlich Werte für V und seine Ableitung in $x = \alpha$ vorgibt. Sturms ursprüngliches Ziel bestand in der Gewinnung weiterer Informationen darüber, wie die Lösungen mit r variieren, und in dem Versuch, Maxima, Minima, Nullstellen und Vorzeichenwechsel zu lokalisieren. Seine früheren Bemühungen zur Lokalisierung von Wurzeln bewogen ihn, damit anzufangen, die Zahl der Wurzeln in einem gegebenen Intervall (α, β) zu bestimmen. Bemerkenswerterweise erhielt er zwei verwandte Sätze zu dieser Frage. Zunächst, wenn wir zwei Systeme ($i = 1, 2$)

$$\begin{aligned}(K_i V'_i)' + G_i V_i &= 0,\\ K_i V'_i / V_i &= h_i, \quad x = \alpha\end{aligned}\qquad(11.44)$$

haben, und wenn $G_2 \geq G_1, K_2 \leq K_1, h_2 < h_1$, dann können wir schließen, daß V_2 mindestens so oft wie V_1 im Intervall verschwindet und das Vorzeichen wechselt, und daß die Wurzeln von V_2 größer sind als die entsprechenden Wurzeln von V_1. Unter diesen selben Bedingungen gilt der Sturmsche Vergleichssatz: Das Intervall zwischen zwei Wurzeln von V_1 enthält eine Wurzel von V_2 (Sturm 1836). In demselben Jahr untersuchte Sturm in einer zweiten Denkschrift ein ähnliches System mit etwas stärker eingeschränkten Koeffizienten und mit Randwerten in zwei Punkten. Durch Trennung der Variablen ordnete er den Eigenwerten r_i die Lösungen V_i zu und zeigte, daß alle Eigenwerte reell und positiv sind und bewies den Sachverhalt, den wir heute als Orthogonalität der zu verschiedenen Eigenwerten gehörenden Lösungen bezeichnen würden.

Sturms qualitative Ergebnisse zur Lokalisierung von Wurzeln und zur Abhängigkeit der Schwingungen von Parametern waren äußerst originell, und es verdient hervorgehoben zu werden, daß sowohl die Methoden als auch die Ergebnisse vorher völlig unbekannt waren. Liouville dehnte sie beträchtlich aus, indem er insbesondere Reihenentwicklungen nach Eigenfunktionen betrachtete und die Theorie als selbständiges Thema etablierte, dessen volle Bedeutung erst nach dem Aufkommen der Funktionalanalysis klar wurde.

Die Frage, ob es möglich ist, ein Integral mit Hilfe von elementaren Funktionen auszudrücken, geht auf Johann Bernoulli zurück, der den Nachweis führte, daß rationale Funktionen sich durch algebraische, logarithmische und trigonometrische Funktionen integrieren lassen. Sowohl Alexis Fontaine als auch der Marquis de Condorcet behaupteten, herausgefunden zu haben, wie man große Klassen von Differentialgleichungen unter Verwendung solcher Funktionen in endlichen Ausdrücken lösen könne, d. h. ohne Rückgriff auf Integrale solcher Funktionen oder unendliche Reihen. Zu ihren wesentlichen Ideen gehörte die Vorstellung, daß man durch schrittweise Zusammensetzung der elementaren Funktionen alle Möglichkeiten abdecken können müßte. Ihre Bemühungen waren jedoch unsystematisch und berücksichtigten vor allem nicht die Möglichkeit, daß die Methoden in manchen Fällen nicht zu einem Ergebnis führen. Condorcet war sich zwar über diese Möglichkeit im Klaren, erwähnte sie jedoch nicht im Druck, und er scheint keine Gegenbeispiele für seine Methode gefunden zu haben. Natürlich wußte Condorcet, daß für viele Integrale wie etwa die elliptischen keine endlichen Ausdrücke bekannt waren.

Laplace argumentierte, wenn auch sehr vage, daß solche Funktionen sehr verbreitet seien. Insbesondere stellte er fest, daß exponentielle, algebraische und logarithmische Funktionen wegen ihres unterschiedlichen Verhaltens im unendlichen „wesentlich verschieden" seien, und daß Radikale verschiedener Ordnung ebenfalls nicht aufeinander zurückgeführt werden könnten. Da die Integration diese verschiedenen Klassen gesondert lasse, könne das Integral einer solchen Funktion keine Exponentialfunktionen oder Radikale außer den bereits vorhandenen umfassen. Infolgedessen seien die meisten Integrale mit Radikalen im Nenner nicht auf elementare Weise zu gewinnen. Diese plausible Argumentation bedurfte der Vervollständigung. Wir werden jedoch sehen, daß sie folgende Fragen aufwirft: Wann sind Lösungen von Differentialgleichungen in endlicher Form möglich? Wann sind sie algebraisch? Dies war ein bedeutender Schritt weg von der einfachen Annahme, daß Lösungen in endlicher Form immer zu finden seien. In den 1820er und 1830er Jahren wurden diese Fragen von Niels Hendrik Abel gestellt, Fragen, die uns an seine Arbeit über Lösungen algebraischer Gleichungen erinnern.

Liouvilles Werk stellte diese Debatte auf eine feste Grundlage und führte zu einer großen Zahl von Ergebnissen über die Integration in endlichen Ausdrücken und die Lösung von Differentialgleichungen (Lützen 1990, Kap. IX). So konnte er zum Beispiel 1840 nachweisen, daß die einzigen geschlossenen Lö-

11 Differentialgleichungen: Ein historischer Überblick 439

sungen der Riccati-Gleichung diejenigen von Daniel Bernoulli sind, zusammen mit dem Grenzfall $n = 2$, den man aus dem Ausdruck $n = -4m/(2m \pm 1)$ bekommt, wenn m gegen unendlich geht.
Liouvilles Ergebnis ist tatsächlich noch allgemeiner und besagt, daß die Besselsche Gleichung der rationalen Ordnung v,

$$z^2 \frac{d^2 y}{dx^2} + z \frac{dy}{dx} + (z^2 - v^2) = 0, \tag{11.45}$$

keine Lösungen in endlicher Form hat, sofern $2v$ nicht eine ungerade ganze Zahl ist. Da die Besselsche Gleichung in die Riccati-Gleichung transformiert werden kann, folgt das obige Ergebnis. Diese Arbeiten zu den Gleichungen von Bessel und Riccati zeigten, daß man solche Fragen auch bei anderen Klassen von Gleichungen stellen kann. Zum Beispiel kann man sich überlegen, ob alle Lösungen einer gegebenen Gleichung, etwa einer gewöhnlichen linearen Differentialgleichung, algebraisch sind. Diese Frage wurde von H. A. Schwarz für die hypergeometrische Gleichung untersucht, und später von Lazarus Fuchs auf die allgemeine lineare Gleichung zweiter Ordnung ausgedehnt, eine Arbeit, zu der die Invariantentheorie gebraucht wurde.

11.3.4 Partielle Differentialgleichungen erster Ordnung: Pfaff und Jacobi

Wie bereits gesagt, waren Gleichungen erster Ordnung mit zwei unabhängigen Variablen von Lagrange geklärt worden. Die Methode von Lagrange-Charpit erfordert $n(n-1)/2$ Exaktheitsbedingungen, um $n-1$ unbekannte Funktionen zu bestimmen. Für $n = 2$ funktioniert dies ganz gut, doch im allgemeinen stößt das Verfahren auf Schwierigkeiten. Probleme mit einer größeren Variablenzahl wurden von Monge aufgegriffen, doch die ersten Ergebnisse für eine größere Zahl von Variablen erzielte 1815 J. F. Pfaff, der einer der Lehrer von Gauß gewesen war. Pfaffs Methode bestand darin, die partielle Differentialgleichung als totale Differentialgleichungen in $2n$-Variablen zu schreiben, und so ihre Ordnung zu erniedrigen. Seine Methode war jedoch umständlich. Cauchy gelangte später unabhängig zu diesem Ergebnis und bemerkte wie Jacobi, daß sich die Lagrange-Charpit-Methode auf Pfaffs Begriffsrahmen anwenden läßt.
Jacobis Untersuchungen von Gleichungen erster Ordnung standen in engem Zusammenhang mit seinen Studien in der theoretischen Mechanik, insbesondere seiner Untersuchung und Erweiterung der Hamiltonschen Dynamik. Neben seinen zahlreichen Leistungen auf diesem Gebiet erwähnen wir hier sein Exaktheitskriterium, das sich mit Hilfe der Poisson - Klammer formulieren läßt. Angenommen, wir haben $n - 1$ Lösungen $f_i = k_i$ für eine Gleichung erster

Ordnung $f(x_1, x_2, \ldots, x_n p_1, \ldots p_n) = 0$, wobei die p_i wie üblich die partiellen Ableitungen sind, und wir lösen die Gleichung nach den p_i in Abhängigkeit von den unabhängigen Variablen auf, dann ist die Differentialform $\sum p_i dx_i$ dann und nur dann exakt, wenn die Poisson - Klammern der Lösungspaare sämtlich verschwinden. Das Verschwinden der Poisson - Klammern erzeugt ein System linearer partieller Differentialgleichungen für die Lösungen, das Jacobi auf ein System von gewöhnlichen Differentialgleichungen zurückführen konnte, indem er das benutzte, was heute als die Jacobische Identität für Poisson - Klammern bezeichnet wird. Diese Arbeit wurde von Jacobi Ende der 1830er und Anfang der 1840er Jahre geleistet. Veröffentlicht wurden diese und verwandte Ergebnisse aber nur bruchstückhaft, bis Clebsch 1862 Jacobis lange Abhandlung druckte.

11.3.5 Die Anwendung der Weierstraßschen Methoden auf Differentialgleichungen

Karl Weierstraß' strenge Methoden erweiterten und verfeinerten diejenigen von Cauchy und legten das Fundament für die heutige Analysis. Für unsere Zwecke sind seine eigenen Arbeiten über Differentialgleichungen von sekundärem Interesse, doch wir wollen auf mehrere Ergebnisse seiner Schüler eingehen, insbesondere von Lazarus Fuchs und Sonja Kowalewskaja, und auf andere, die in demselben Stil arbeiteten wie zum Beispiel Rudolf Lipschitz.

Im Zusammenhang seiner Untersuchungen über analytische Funktionen und ihre Darstellung in Potenzreihen entdeckte Weierstraß unabhängig von Cauchy eine weniger allgemeine Formulierung der Methode der Majoranten, wobei er die Analytizität der Lösungen und ihre Eindeutigkeit betonte, ein Punkt, der von Cauchy nicht angesprochen worden war. Die Bedeutung der Eindeutigkeit ergab sich daraus, daß er Differentialgleichungen zur Definition von Funktionen nutzen wollte. Zugleich befaßte Weierstraß sich mit der analytischen Fortsetzung solcher Lösungen, d. h. mit der Erweiterung des Definitions- und Konvergenzbereichs durch die Verschiebung des Basispunktes der Potenzreihenentwicklung.

Lazarus Fuchs studierte in den 1860er Jahren in Berlin, wo er 1863 Weierstraß' Vorlesung über Abelsche Funktionen hörte. Weierstraß behandelte sein Thema mit Hilfe von Differentialgleichungen, und das regte Fuchs zu eigenen Untersuchungen an. Dabei schuf er den größten Teil der grundlegenden Theorie linearer Differentialgleichungen über dem Körper der komplexen Zahlen. Insbesondere lieferte er in dem Aufsatz *Zur Theorie der linearen Differentialgleichungen mit veränderlichen Coefficienten* von 1865 eine Charakterisierung derjenigen Gleichungsklasse, die keine Lösungen mit wesentlichen Singulari-

11 Differentialgleichungen: Ein historischer Überblick 441

täten, sondern nur endliche Pole und möglicherweise logarithmische Verzweigungspunkte aufweisen. Diese bezeichnete er als reguläre Lösungen. Auf Arbeiten von Riemann, Briot und Bouquet aufbauend, stellte Fuchs fest, daß die Pole einer Funktion ihr Verhalten bestimmen. Im Falle der Differentialgleichungen lautet die entscheidende Frage: Welches sind die Singularitäten? Im Falle der linearen Gleichungen werden diese durch die Singularitäten der Koeffizienten bestimmt. Fuchs nutzte Riemanns Monodromie-Methoden für den Nachweis, daß die Lösungen regulär sind, wenn die Koeffizienten rationale Funktionen eines bestimmten Typs sind, der später als Fuchssche Klasse bezeichnet wurde. Im Fall $n = 2$ haben diese Gleichungen die Form

$$\frac{d^2y}{dx^2} + \frac{F_{r-1}(x)}{\psi}\frac{dy}{dx} + \frac{F_{2r-1}(x)}{\psi^2}y = 0. \tag{11.46}$$

Hier ist $\psi = (x - a_1)(x - a_2)\cdots(x - a_p)$, wobei die a_i im Endlichen liegende singuläre Punkte und die F Polynome sind, deren Grade jeweils um eins kleiner als oder gleich $r - 1$ und $2r - 1$ sind (Gray 1986).

11.3.6 Die Lipschitz - Bedingung

Rudolf Lipschitz studierte in Berlin, jedoch bevor Weierstraß dort Professor wurde. Er stand aber stark unter dem Einfluß der Methoden von Weierstraß, wie sein *Lehrbuch der Analysis* (1877-1880) zeigt. Die meisten heutigen Studenten kennen die Lipschitz - Bedingung und ihre Bedeutung für die Existenz von Lösungen. Dieses Ergebnis wurde zuerst 1868 in einer Festschrift zum fünfzigsten Jahrestag der Universität Bonn veröffentlicht und bald darauf auf italienisch in der Zeitschrift *Annali di matematica*. Ein größeres Publikum scheint sie allerdings erst in einer späteren Übersetzung erreicht zu haben, die 1876 in Darboux' *Bulletin* erschien. Für diese verspätete Rezeption gibt es zwei Gründe. Der erste liegt in der größeren Auflage des *Bulletin* und der Tatsache, daß Darboux auf Lipschitz' Fortschritt gegenüber Cauchy aufmerksam machte. Der zweite hat damit zu tun, daß erst um diese Zeit allmählich die grundlegende Bedeutung der Theorie reeller Funktionen für die Analysis erkannt wurde.

Nebenbei können wir festhalten, daß Lipschitz im März 1872 ausdrücklich aufgefordert worden war, in Darboux' Zeitschrift zu publizieren, und seither mehrere Aufsätze nach Paris geschickt hatte. Darboux' Bemühungen um deutsche Beiträge zu seiner Zeitschrift müssen vor dem Hintergrund des deutsch-französischen Kriegs von 1870/71 und der französischen Niederlage gesehen werden. Der nationale Chauvinismus wirkte als Hindernis für den internationalen Gedankenaustausch, und Darboux versuchte entschlossen dem entgegenzuwirken. Solche deutschen Beiträge zum *Bulletin* und andere Bemühungen führten zur Wiederherstellung der Verbindungen, wie sich aus dem Aufblühen der internationalen Mathematikergemeinschaft in den 1880er und 1890er Jahren ersehen läßt.

Lipschitz war sich über die frühere Vorherrschaft der komplexen Funktionentheorie in der Analysis durchaus bewußt. Seit Jacobi, bemerkte er, seien die wichtigsten Ergebnisse für Systeme von Differentialgleichungen dadurch erzielt worden, daß man Funktionen einer komplexen Variablen betrachtete. Da solche Funktionen außer in bestimmten Punkten konvergente Potenzreihenentwicklungen in ihren Bereichen haben, wird die Frage der Existenz einer Lösung somit zu der Frage, ob es eine Reihe gibt, die der Gleichung genügt. Hier zitierte er Briots und Bouquets Überarbeitung von Cauchys Majorantenmethode und die Weierstraßsche Wiederentdeckung dieses Ergebnisses unabhängig von komplexen Integralen und unter alleiniger Verwendung von Potenzreihen im Jahre 1842.

Im Fall reeller Variabler sind Reihenmethoden nutzlos. Lipschitz' Ziel in diesem Aufsatz besteht darin, diesen Fall zu untersuchen, der für ihn neu war, nicht aber für Darboux, der den Leser auf die in Moignos *Traité du calcul intégral* beschriebene Methode Cauchys und auf eine Arbeit von Coriolis in Liouvilles *Journal* hinwies. Im wesentlichen entdeckte Lipschitz die Cauchysche Methode wieder, obwohl er mit Systemen gewöhnlicher Differentialgleichungen, statt mit einer einzigen Gleichung arbeitete, und konnte die Voraussetzung der Beschränktheit der Ableitung durch seine 'Lipschitz' - Bedingung verbessern. Wenn $dy/dx = f(x,y)$ gegeben ist, dann wird gefordert, daß

$$|f(x,y) - f(x,z)| < c|y-z|, \text{ wo } c < 1. \qquad (11.47)$$

Diese Methoden hatten großen Einfluß auf einen Schüler von Weierstraß, Otto Hölder, der in seiner Doktorarbeit von 1882 bewies, daß eine analoge Bedingung für die Dichte der Poissonschen Gleichung die Existenz einer Lösung garantiert.

11.3.7 Sonja Kowalewskaja

In den meisten Staaten Europas wurden Frauen bis ins 20. Jahrhundert systematisch daran gehindert, Universitätsabschlüsse zu erwerben, auch wenn die Vorstellung einer gebildeten Frau nicht mehr wie früher als ein Widerspruch in sich betrachtet wurde. Dennoch waren außergewöhnliche Hartnäckigkeit und Befähigung nötig, damit eine Frau die höchsten Ebenen der Gelehrsamkeit

11 Differentialgleichungen: Ein historischer Überblick 443

erreichen konnte, und eine Laufbahn in Forschung und Lehre war um die Mitte des Jahrhunderts noch schwer vorstellbar.

Sophia Kowalewskaja (1850 - 1891), gewöhnlich unter dem Kosenamen Sonja bekannt, war demnach eine Pionierin. Da sie aus einer Familie stammte, die Bildung hoch schätzte, und von ihrer unabhängig denkenden älteren Schwester Anna angeregt wurde, überzeugte die Kowalewskaja ihren Vater, ihr ein Privatstudium bei einem gewissen Professor Strannoliubsky in Petersburg zu gestatten. Um ihre Studien fortsetzen zu können, mußte sie offenbar Rußland verlassen, was ihr durch ihre Heirat mit Wladimir Kowalewsky im Jahr 1868 ermöglicht wurde. Das Paar verließ Rußland im Jahr 1869 und ging nach Heidelberg, wo sich die Universität dazu bereit fand, die Kowalewskaja mit Erlaubnis der Professoren an Vorlesungen teilnehmen zu lassen. So besuchte sie die Vorlesungen von Helmholtz, Kirchhoff und zwei früheren Schülern von Weierstraß: Leo Königsberger und Paul Du Bois-Reymond. 1870 wechselte sie nach Berlin, um bei Weierstraß zu studieren, der ihr Privatstunden erteilte, weil sie zu Vorlesungen nicht zugelassen werden konnte. 1872 war sie imstande, selbständig zu arbeiten und verfaßte unter Weierstraß' Anleitung drei größere Aufsätze. Der erste behandelte Existenzfragen für Lösungen partieller Differentialgleichungen und enthält den heute so genannten Cauchy - Kowalewskaja - Satz. Im zweiten Aufsatz ging es um die Gestalt der Saturnringe und im dritten um die Reduktion Abelscher auf elliptische Integrale. Die verwaltungstechnischen Hürden an der Berliner Universität verhinderten dort ihre Promotion, und Weierstraß traf über seinen Kollegen Lazarus Fuchs Vorkehrungen, damit sie aufgrund dieser drei Aufsätze, deren erster unten erörtert werden soll, in Göttingen promovieren konnte. So wurde sie im August 1874 die erste Frau seit der italienischen Renaissance, die einen Doktortitel in Mathematik erwarb.

Dann kehrte sie mit ihrem Gatten nach Rußland zurück, wo ihre mathematische Tätigkeit über etliche Jahre sehr eingeschränkt war. Häusliche Probleme wegen der Unzuverlässigkeit ihres Gatten führten 1882 zur Trennung, und um diese Zeit begann sie sich wieder gründlicher mit Mathematik zu befassen. 1883 beging ihr Ehemann Selbstmord und im Zusammenhang mit dessen Bewältigung und der Neugestaltung ihres eigenen Lebens besuchte sie Weierstraß, der bei Mittag-Leffler angeregt hatte, ihr eine Anstellung in Stockholm zu verschaffen. 1883 zog sie nach Stockholm, um eine Stelle als Lektorin anzunehmen, und begann im Januar 1884 ihre Vorlesungen. Während ihrer letzten Lebensjahre konzentrierten sich ihre Forschungen auf Differentialgleichungen, insbesondere auf die Lamésche Gleichung und die Eulerschen Gleichungen für die Bewegungen starrer Körper. Ihr Aufsatz zum letzteren Thema wurde von der Pariser Akademie der Wissenschaften preisgekrönt, und sie wurde 1889 zur Professorin auf Lebenszeit ernannt. 1891 starb sie unerwartet an einer Erkrankung der Atemwege (Hibner Koblitz 1983, Cooke 1984).

In engem Zusammenhang mit seinen eigenen Arbeiten regte Weierstraß die Kowalewskaja an, sich mit der Existenztheorie für partielle Differentialgleichungen zu befassen. Jahre zuvor hatte er gemutmaßt, daß eine formale Potenzreihenlösung einen positiven Konvergenzradius hat, wenn die zugehörige partielle Differentialgleichung nur analytische Funktionen als Koeffizienten enthält. Offenbar kannte Weierstraß sogar damals um 1872 Cauchys Methode der Majoranten nicht. Das war nicht ungewöhnlich. Cauchys Arbeiten waren an sehr verstreuten Stellen erschienen, darunter auch in eigenen lithographierten Veröffentlichungen, und die Tatsache, daß etliche Mathematiker sich mit der Wiederentdeckung seiner Ergebnisse befaßten, wurde von der Akademie der Wissenschaften als dringender Grund für die Herausgabe seiner gesammelten Werke angeführt. Bei ihrer Arbeit an diesem Problem konnte die Kowalewskaja also nur den Weierstraßschen Aufsatz als Ausgangspunkt nehmen. Damit war die Klasse von Gleichungen, mit der sie zu tun hatte, von vornherein eingeschränkt, auch wenn die von Cauchy ebenfalls begrenzt war. Der Satz, den die Kowalewskaja in ihrer Dissertation formulierte und der heute als Satz von Cauchy-Kowalewskaja- bezeichnet wird, betrifft Lösungen einer partiellen Differentialgleichung mit algebraischen Koeffizienten. Sie zeigte, daß man eine konvergente Potenzreihe, die der Gleichung genügt, finden könne, und zwar so, daß die ersten n Koeffizienten analytisch sind, wobei n die Ordnung der höchsten vorkommenden reinen, nicht gemischten partiellen Ableitung in der Gleichung ist. Für diese begrenzte Klasse von Gleichungen lassen sich die Koeffizienten aus der Differentialgleichung bestimmen. In der Dissertation, die 1874 abgeschlossen wurde, lieferte sie auch ein Gegenbeispiel zu Weierstraß' ursprünglicher Vermutung (Cooke 1984), daß jede partielle Differentialgleichung mit analytischen Koeffizienten analytische Lösungen hat. Ihr Beispiel bezog sich auf einen Spezialfall der eindimensionalen Wärmegleichung, bei dem eine gegebene Anfangsverteilung der Temperatur auf eine divergente Reihe führte.

11.3.8 Picards Existenztheorie

Gegen Ende des Jahrhunderts stieg das Interesse an Existenzsätzen für reelle Differentialgleichungen. Die Cauchy-Lipschitz Methode gab nur eine nichtkonstruktive Antwort. Ein erster bedeutender Durchbruch zu konstruktiven Verfahren wurde von dem französischen Mathematiker Émile Picard mit seiner Methode der sukzessiven Näherungen erzielt (Picard 1890). Erstmals entdeckt wurde das Verfahren von Liouville, doch damals nicht besonders zur Kenntnis genommen, Picards Wiederentdeckung erfolgte unabhängig.

Zur Illustration der Picardschen Methode soll hier ein einfaches Beispiel gegeben werden. Man betrachte die Gleichung erster Ordnung

11 Differentialgleichungen: Ein historischer Überblick 445

$$\frac{dx}{dt} = g(x,t) \tag{11.48}$$

mit der Anfangsbedingung $x = 0$ für $t = 0$. Wir wählen eine erste Näherungslösung, etwa $x_0(t) = 0$, und definieren durch die Formel

$$x_{n+1}(t) = \int_0^t g(\tau, x_n(\tau)) d\tau \tag{11.49}$$

rekursiv eine Folge von Näherungen. Wenn diese Folge konvergiert, dann ist ihr Grenzwert eine (lokale) Lösung.
Für die Differentialgleichung $dx/dt = x + t$ mit $x = 0$ für $t = 0$ liefert die Wahl von $x_0(t) = 0$ die erste Approximation $x_1(t) = \int_0^t \tau d\tau = \frac{t^2}{2}$, wobei wegen der Anfangsbedingung die Integrationskonstante verschwindet. Sukzessive Integrationen ergeben

$$x_n(t) = \frac{t^2}{2} + \frac{t^3}{3!} + \ldots + \frac{t^{n+1}}{(n+1)!}, \tag{11.50}$$

so daß wir im Grenzfall $x(t) = e^t - t - 1$ erhalten, was unschwer als Lösung erkannt wird.
Picards Interesse an partiellen Differentialgleichungen ging auf die Anfänge seiner Laufbahn zurück; schon 1880 veröffentlichte er einige Aufsätze - einen davon zusammen mit Paul Appell - über lineare partielle Differentialgleichungen erster und zweiter Ordnung. Die Existenztheorie für solche Gleichungen war bis dahin hauptsächlich von Cauchys Methode der Majoranten bestimmt gewesen. Der Einfall mit der Methode sukzessiver Näherungen scheint Picard Ende 1888 gekommen zu sein, nach der Vollendung der Dissertation seines Schülers Jules Riemann; seine ersten Berichte über das Thema waren in den *Comptes Rendus* von Dezember 1888 und September 1889 enthalten, und 1890 wurden erstmals Einzelheiten veröffentlicht. Zur Würdigung von Picards Leistung betrachte man zum Beispiel seine Behandlung der Gleichung

$$\frac{\partial^2 u}{\partial x^2} + \frac{\partial^2 u}{\partial y^2} = F(u, u_x, u_y, x, y). \tag{11.51}$$

Für diesen Fall konstruierte Picard auf ähnliche Weise wie oben eine Folge von Näherungslösungen, wobei für jedes Element u_n Randbedingungen längs einer geschlossenen Kurve C vorgegeben waren, und konnte nachweisen, daß die Folge der u_n, wenn C analytisch ist, lokal gegen eine Lösung konvergiert. Falls F linear in u und seinen ersten partiellen Ableitungen ist, dann ist die Lösung eindeutig; diesen Fall behandelte er besonders eingehend.

Picard fand außerdem Bedingungen, wann lokale Lösungen global gemacht werden können, zum Beispiel für den Fall, daß F unabhängig von den Ableitungen von u ist.

Bei diesen Untersuchungen benutzte Picard frühere deutsche Arbeiten über konvergente Näherungsmethoden zur Konstruktion von Lösungen der Laplaceschen Gleichung. Diese Methoden von Carl Neumann und H. A. Schwarz waren ursprünglich entwickelt worden, um Riemanns Beweis seines Abbildungssatzes zu retten, der besagt, daß jedes einfach zusammenhängende Gebiet der komplexen Ebene konform auf die Einheitskreisscheibe abgebildet werden kann.

11.3.9 Neue Orientierungen: Lie und Poincaré

Zu Beginn dieses Kapitels hatten wir festgestellt, daß es schwer fällt, die Geschichte der Differentialgleichungen als einfachen Reifungsprozeß einer Theorie darzustellen. Damit sollte allerdings nicht gesagt werden, daß in der erörterten Epoche niemand versucht hätte, eine allgemeine Theorie zu entwickeln. In diesem Zusammenhang müssen wir die Arbeiten von Sophus Lie erwähnen. Lie versuchte, mit Hilfe des Begriffs der Berührungstransformation, d. h. einer infinitesimalen Transformation, die die Berührungseigenschaften erhält, einen allgemeinen geometrischen Rahmen für das Studium von partiellen Differentialgleichungen zu schaffen. Von 1870 an untersuchte Lie unter Verwendung des Apparates der damals entstehenden Theorie stetiger Gruppen die Bedingungen, unter denen zwei Lösungen für eine partielle Differentialgleichung ineinander transformiert werden können. Dieser Ansatz versprach, die ansonsten äußerst verwirrende Beziehung zwischen analytischen und geometrischen Aspekten bei Gleichungen höherer Ordnung und mehrerer Variabler zu vereinfachen, indem man die Methoden der Invariantentheorie und der Gruppentheorie nutzt, um die Lösungen in Klassen zu unterteilen, deren Geometrie wesentlich verschieden ist. Tatsächlich führten Lies Ergebnisse zu einem gewissen Optimismus über die weitere Entwicklung der Theorie. Dieser Optimismus war kurzlebig, da die nötigen Berechnungen im allgemeinen viel zu kompliziert sind, um in annehmbarer Zeit (von Hand) ausgeführt zu werden, und daher lag die wesentliche Bedeutung von Lies Lebenswerk viele Jahrzehnte lang in der Geometrie. Erst in den letzten Jahren ist dieser Ansatz,

11 Differentialgleichungen: Ein historischer Überblick

ergänzt um den komplizierten analytischen Rahmen der Sobolew- Räume, allmählich in der von Lie beabsichtigten Weise wirksam geworden.

Ein weiteres einflußreiches Forschungsgebiet wurde von Henri Poincaré eröffnet, der die Idee der qualitativen Untersuchungen seit Anfang der 1880er Jahre in eine neue Richtung entwickelte. Poincarés Serie von Denkschriften über Kurven, die durch Differentialgleichungen definiert werden, verfolgte und erweiterte ausdrücklich die Ideen von Sturm, Liouville, Briot und Bouquet. Er selbst formulierte es wie folgt (1881):

> Man beginnt das Studium einer algebraischen Gleichung, indem man unter Verwendung von Sturms Satz die Zahl der Wurzeln bestimmt . . . In ähnlicher Weise beginnen wir die Untersuchung einer algebraischen Kurve damit, daß wir sie konstruieren, wie man im Kurs Spezielle Mathematik (ein Kurs für mathematisch begabte Schüler im Lycée oder Gymnasium) zu sagen pflegt, das heißt, wir untersuchen, welches die geschlossenen Zweige der Kurve sind, welches die unendlichen usw. . . . Natürlicher Weise sollten daher wir die Theorie jeder Funktion durch eine qualitative Untersuchung angehen, und aus diesem Grunde ist das Problem, das sich zunächst stellt, das folgende: man konstruiere die durch Differentialgleichungen definierten Kurven (Poincaré 1881, 376).

Beim Studium dieser qualitativen Eigenschaften untersuchte er Stabilität und asymptotisches Verhalten der Lösungskurven oder Orbits. Zum Beispiel fand er bei der Gleichung erster Ordnung $dx/X = dy/Y$, wo X und Y Polynome sind, daß jede Integralkurve, die nicht in einem singulären Punkt endet, ein Zyklus ist oder eine um einen Zyklus gewundene Spirale. Unter Hervorhebung des geometrischen Charakters der Lösungen klassifizierte er die verschiedenen Typen singulärer Punkte, die im Fall von Gleichungen erster Ordnung vorkommen. Diese Sätze wurden 1901 von I. Bendixson präzisiert, und die unter den Namen von Poincaré und Bendixson bekannte Theorie bildet einen wichtigen Teil der Bemühungen, Differentialgleichungen von einem qualitativen Standpunkt aus zu untersuchen. Sie steht auch im Hintergrund der heutigen Auffassung, daß Differentialgleichungen Auskunft über tangentiale Vektorfelder geben. In Verbindung mit diesen Studien benutzte Poincaré Methoden der algebraischen Topologie, um globale Lösungen zu gewinnen (Barrow-Green 1997).

Das Stichwort Topologie bringt uns zusammen mit den Arbeiten von Poincaré und Bendixson an die Schwelle des 20. Jahrhunderts und zu den Anfängen eines tiefgreifenden Wandels der Forschungen in der Analysis. In Verbindung mit dem Aufkommen der Punktmengentopologie gestattete es die Entwicklung der Sprache der Funktionenräume die Analogie zwischen algebraischen und Differentialgleichungen zu reinterpretieren (Kap. 13). Lösungen einer Differentialgleichung werden zum Beispiel als Fixpunkte eines Differentialoperators aufgefaßt, so daß die Existenztheorie auf die Existenz von Fixpunkten gewisser Operatoren zurückgespielt wird. Andererseits ist es möglich,

Lösungsmethoden durch Reduktion der Ordnung einer Differentialgleichung im Sinne von Abbildungen zwischen Sobolew- Räumen zu interpretieren. Außerdem wird der Begriff einer Lösung mit dem Aufkommen der Distributionentheorie auf eine Art und Weise verallgemeinert, die der Theorie neue Einheitlichkeit verleiht.

12 Die Genese
der Variationsrechnung

Craig Fraser

12.1 Einleitung

Als eine für sich bestehende Teildisziplin der Mathematik geht die Variationsrechnung auf eine 1696 publizierte „Einladung" Johann Bernoullis an die Mathematiker Europas zurück, die Kurve der kürzesten Fallzeit, die Brachystochrone, zu finden. Dieses und andere Probleme, bei denen eine Kurve mit einer Minimal- oder Maximaleigenschaft bestimmt werden sollte, konnte mit den Techniken des neuen Kalküls gelöst werden, erforderte aber auch neue Ideen, die letzlich zur Etablierung einer neuen Disziplin führten. An der Entwicklung dieses Gebietes waren führende Analytiker wie Jakob Bernoulli, Leonhard Euler und Joseph Louis Lagrange beteiligt. Bernoulli fand eine allgemeine und erfolgreiche Lösungsmethode. Diese griff Euler auf und schuf eine zusammenhängende mathematische Theorie, die sich auf gewisse Differentialgleichungen stützte. 1762 wurde das Gebiet durch Lagranges Einführung des δ–Algorithmus radikal umgeformt. Diese Formulierung des Variationsproblems steckte den allgemeinen mathematischen Rahmen für die weitere Entwicklung ab.

Euler und Lagrange zeigten durch Untersuchung der sogenannten ersten Variation, daß die Lösung eines Variationsproblems eine bestimmte Differentialgleichung erfüllen muß, die heute als Eulersche oder Euler-Lagrangesche Differentialgleichung bekannt ist. In einer 1788 veröffentlichten Untersuchung der zweiten Variation leitete Legendre ein zusätzliches Kriterium ab, das von dieser Lösung erfüllt werden muß. Seine Herleitung stützte sich auf eine bestimmte Umformung des Variationsintegranden, die die Integration einer weiteren Differentialgleichung implizierte. Er gab weder eine Methode zur Integration dieser Gleichung an, noch analysierte er die Bedingungen, unter denen die Umformung gültig ist. In einer folgenreichen Arbeit, die 1837 erschien, umriß Carl Gustav Jacobi genau solch eine Theorie, die eine systematische Methode zur Umformung der zweiten Variation enthielt und außerdem Kriterien zur Bestimmung der später so genannten konjugierten Punkte lieferte. In den folgenden 30 Jahren beschäftigten sich eine Reihe von Autoren mit der Ausarbeitung der in Jacobis Arbeit enthaltenen Ergebnisse. Diese Arbeiten gipfelten 1868 in einer Abhandlung von Adolph Mayer, der eine brillante Synthese der Theorie Jacobis gab.

In den 70er Jahren des 19. Jahrhunderts trat die Variationsrechnung in eine neue Phase ein, als deutsche Forscher begannen, das Gebiet rigoros vom Standpunkt der Theorie reeller Funktionen aus zu untersuchen. 1877 veröffentlichte G. Erdmann Bedingungen, unter denen gebrochene Extremale, d. h. Funktionen, deren Ableitungen in einer endlichen Anzahl von Punkten unstetig sind, Lösungen eines Variationsproblems sind. Zwei Jahre später untersuchte P. Du Bois-Reymond detailliert die grundlegenden Variationsmethoden vom Standpunkt der reellen Analysis, und Mitte der 80er Jahre unterzog Ludwig Scheeffer die traditionellen Bedingungen von Euler, Legendre und Jacobi einer sehr genauen kritischen Prüfung.

Die führende Persönlichkeit in der neuen Variationsrechnung war Karl Weierstraß. In seinen Vorlesungen in den 70er und frühen 80er Jahren bahnte er einer neuen Methode den Weg, die hinreichende Bedingungen für die Existenz eines Maximums oder Minimums bei Variationsproblemen mit einfachem Integral lieferte. Weierstraß' Begriff eines Feldes von Extremalen erlaubte es, eine viel größere Klasse von Vergleichsvariationen in die Theorie einzubeziehen. Eine bedeutende Vereinfachung der Weierstraßschen Methode wurde von Hilbert in seinem berühmten Pariser Vortrag von 1900 vorgestellt. Zwischen 1895 und 1905 erschienen Arbeiten von Ernst Zermelo, Adolph Kneser, E. R. Hedrick, Oskar Bolza und E. J. B. Goursat, die auf der Weierstraßschen Feldmethode beruhten. Die bedeutenden Lehrbücher von Bolza (1909) und Jacques Hadamard (1910) lieferten eine meisterhafte Synthese der damals auf diesem Gebiet erzielten Leistungen.

Der vorliegende Überblick folgt diesen Hauptlinien. Wichtige Themen, die übergangen oder unvollständig diskutiert werden, betreffen die Theorie der mehrfachen Integrale, die Optimierung unter Nebenbedingungen, direkte Methoden, die Zusammenhänge zwischen Differentialgeometrie und Variationsrechnung und weitere Entwicklungen wie die Existenztheorie, die Variationsrechnung im Großen und die Kontrolltheorie, die für unser Jahrhundert kennzeichnend sind. In den beiden letzten Abschnitten diskutieren wir Variationsprinzipien in der Mechanik und Existenzprobleme, deren Geschichte wir allerdings nur kurz streifen können.

12.2 Die Vorgeschichte

Irgendwann um 150 v. Chr. schrieb der griechische Mathematiker Zenodoros eine Abhandlung über *isoperimetrische Figuren*. Seine Ergebnisse wurden ein halbes Jahrtausend später von Pappos im fünften Buch seiner *Collectio*, eines um 350 n. Chr. verfaßten Werkes, dargestellt. Pappos' Abhandlung wurde von Commandino ins Lateinische übersetzt (publiziert 1588) und war im 17. Jahrhundert ein viel gelesenes und studiertes Werk.

Pappos leitete verschiedene Ergebnisse über die Flächeninhalte von Kreisen und Polygonen gleichen Umfangs ab. Er zeigte, daß der Kreis einen größeren Flächeninhalt hat als jedes reguläre Polygon von gleichem Umfang. Von zwei gegebenen regulären Polygonen gleichen Umfangs besitzt dasjenige mit der größeren Seitenzahl die größere Fläche. Und schließlich zeigte er, daß von zwei Polygonen gleicher Seitenzahl und gleichen Umfangs - eines regulär und das andere nicht regulär - das reguläre Polygon den größeren Flächeninhalt hat. Pappos bewies ferner einige Resultate im Hinblick auf das Volumen einer Kugel und die Volumina von Körpern mit gleichem Oberflächeninhalt wie die Kugel.

In Galileis *Discorsi* von 1638 wurde die Untersuchung des Falls unter Zwangsbedingungen auf eine neue und verbesserte physikalische und mathematische Grundlage gestellt. Eines der von ihm betrachteten Probleme bestand darin, die Bewegung entlang dem Bogen eines Kreises mit der entsprechenden Bewegung entlang einer Reihe von in den Kreis einbeschriebenen Sehnen zu vergleichen. Galilei stellte fest, daß die Fallzeit längs der aus mehreren Sehnen bestehenden Bahn abnimmt, wenn die Anzahl der Sehnen zunimmt. Indem er den Kreis als Grenzwert polygonaler Sehnenbahnen betrachtete, folgerte er, daß die Fallzeit entlang der Kreislinie kürzer ist als die entsprechende Fallzeit entlang der Sehne, die den Anfangs- und Endpunkt verbindet (Galilei 1638/1973, 199-214, Wisan 1974).

Die Ergebnisse von Pappos und Galilei betrafen Vergleiche zwischen Kreis und Polygon. Keiner der beiden betrachtete sein jeweiliges Problem im Hinblick auf eine allgemeinere Klasse von Vergleichskurven. Diese Einschränkung kann dem Fehlen geeigneter mathematischer Methoden zur Darstellung einer beliebigen ebenen Kurve und zur Analyse ihres Verhaltens zugeschrieben werden. Mit der Erfindung der analytischen Geometrie und der Infinitesimalrechnung wurde es möglich, weitergehende Untersuchungen durchzuführen. Das erste genuine Problem der Variationsrechnung scheint von Isaac Newton in seinen *Principia Mathematica* von 1687 formuliert worden zu sein. In einem Scholium zur Proposition 34 des II. Buches betrachtete Newton das Problem, den Umdrehungskörper zu bestimmen, der den geringsten Widerstand erfährt, wenn er sich in der Richtung seiner Achse in einem widerstehenden Medium bewegt. Er konnte eine Bedingung für die minimierende Kurve in Abhängigkeit von ihrer Kurventangente in jedem Punkt ableiten. Dazu schreibt Whiteside: „Die unmittelbare Reaktion von Newtons Zeitgenossen auf dieses Scholium in den *Principia* von 1687 war fast völliges Unverständnis" (Newton 1974, 466). Eine Durchsicht von Newtons privaten Aufzeichnungen, die erstmals in unserem Jahrhundert veröffentlicht worden sind, läßt erkennen, daß er zur Lösung dieses Problems Techniken angewandt hatte, die den von Jakob Bernoulli später entwickelten Techniken ähneln (vgl. Goldstine 1980, 7-29). Leider enthalten die publizierten *Principia* nur eine Angabe der Lösung. Newtons Methoden scheinen seinen Zeitgenossen unbekannt geblieben zu sein, und sein Werk hat die Entwicklung der Variationsrechnung kaum beeinflußt.

12.3 Die Bernoullis, Taylor und Euler

Die frühe Leibnizsche Infinitesimalrechnung war eine Art geometrischer Analysis, in der die Algebra der Differentiale auf das Studium der „höheren" Geometrie angewandt wurde. Man untersuchte eine Kurve in der infinitesimalen Nachbarschaft eines Punktes und charakterisierte ihren Gesamtverlauf mit Hilfe einer Differentialgleichung.

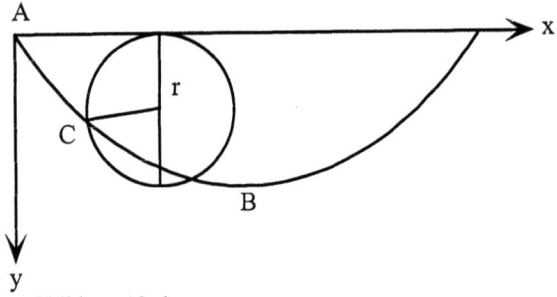

Abbildung 12.1

Eine wichtige Kurve der frühen Variationsrechnung war die Zykloide. Diese beschreibt die Bahn eines Punktes, der sich auf dem Umfang eines Kreises bewegt, während dieser auf einer Geraden abrollt, ohne zu gleiten. Die Zykloide besitzt eine einfache Differentialgleichung. Der erzeugende Kreis mit dem Radius r möge entlang der x-Achse abrollen, und der vertikale Abstand möge auf der y-Achse vom Nullpunkt nach unten gemessen werden (Abb. 12.1). Ein elementares geometrisches Argument zeigt, daß die Gleichung der Zykloide

12 Die Genese der Variationsrechnung

$$\left(\frac{ds}{dy}\right)^2 = \frac{2r}{y} \quad (12.1)$$

lautet, wobei $ds = \sqrt{dx^2 + dy^2}$ das Differential der Bogenlänge ist.

Bemerkenswerterweise war die Zykloide die Lösung des Brachystochronenproblems. Man betrachtet eine Kurve, die zwei Punkte in einer vertikalen Ebene verbindet, sowie ein Teilchen, das sich entlang dieser Kurve unter dem Einfluß der Schwerkraft bewegt. Gesucht ist die Kurve, für die die Fallzeit ein Minimum ist. Nehmen wir den Koordinatenursprung als den ersten Punkt und (a,b) als den zweiten. Wir setzen voraus, daß das Teilchen aus der Ruhelage startet. Laut Galileis Gesetz beträgt die Geschwindigkeit eines Teilchens beim Fall unter Zwangsbedingungen $\sqrt{2gy}$, wobei g eine Beschleunigungskonstante und y die Fallhöhe ist. Wir erhalten die Beziehungen

$$\frac{ds}{dt} = \sqrt{2gy} \text{ oder } dt = \frac{1}{\sqrt{2gy}} ds = \frac{\sqrt{1+y'^2}\, dx}{\sqrt{2gy}}. \quad (12.2)$$

Die Gesamtzeit des Falls wird daher durch das Integral

$$T = \frac{1}{\sqrt{2g}} \int_0^a \frac{\sqrt{1+y'^2}}{\sqrt{y}} dx \quad (12.3)$$

gegeben. Das Brachystochronenproblem besteht darin, die spezielle Kurve $y = y(x)$ zu finden, die dieses Integral minimiert.

Auf Johann Bernoullis öffentliche Aufforderung im Jahre 1696 hin wurden Lösungen dieses Problems von seinem älteren Bruder Jakob, von Johann selbst und von Newton und Leibniz vorgelegt. Jeder von ihnen zeigte, daß die Bedingung einer minimalen Fallzeit zu Gleichung (12.1) führt, und alle außer Leibniz schlossen daraus, daß die gesuchte Kurve eine Zykloide ist. Goldstine (1980, 36) vermutet aber, daß Leibniz bereits 1686 wußte, daß diese Differentialgleichung auf die Zykloide führt. Johanns Lösung stützte sich auf eine optisch-mechanische Analogie, die heute aus ihrer Beschreibung in Ernst Machs *Die Mechanik in ihrer Entwicklung historisch-kritisch dargestellt* wohlbekannt ist (Mach 1883/1973, 412-414). Obwohl von beträchtlichem Interesse, gab Johann Bernoullis Lösung keine geeignete Basis für die Weiterentwicklung der Variationsrechnung ab.

Jakob Bernoullis Lösung dagegen war beispielhaft für die Ideen, die sich zur Variationsrechnung weiterentwickeln sollten. Er betrachtete drei beliebige unendlich nahe Punkte C, G und D auf der hypothetischen minimierenden Kurve und konstruierte eine zweite benachbarte Kurve, die mit der ersten bis auf den Bogen CGD, der durch CLD ersetzt ist, übereinstimmt (Abb. 12.2). Da die Kurve die Fallzeit minimiert, ist die Zeit, in der CGD durchlaufen wird, näherungsweise gleich der Zeit, in der CLD durchlaufen wird. Mit Hilfe dieser Bedingung und der aus der Dynamik folgenden Relation $ds/dt \propto \sqrt{y}$ konnte Bernoulli die Gleichung (12.1) herleiten.

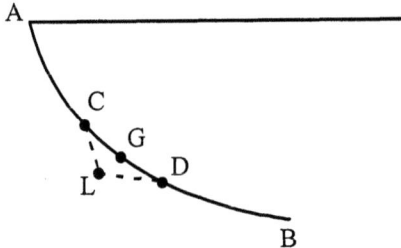

Abbildung 12. 2

Jakob Bernoulli untersuchte auch Probleme, in denen die minimierende oder maximierende Kurve eine zusätzliche Bedingung in Form eines Integrals erfüllte. Prototyp war das klassische isoperimetrische Problem. Seine Idee bestand darin, die Kurve in zwei aufeinanderfolgenden Ordinaten zu variieren. Dadurch erhielt er einen zusätzlichen Freiheitsgrad und nutzte diese Nebenbedingung zur Ableitung einer Differentialgleichung. Obwohl Jakob 1705 starb, wurden einige seiner Ideen fortgeführt und von Brook Taylor in seinem Werk *Methodus incrementorum* von 1715 aufgegriffen. Taylor entwickelte und verfeinerte Jakobs Konzeption geschickt, wobei er eine Reihe wichtiger analytischer Neuerungen einführte. Durch Taylors Untersuchung angeregt und mit der Absicht, den Prioritätsanspruch seines Bruders zu sichern, machte sich der damals achtundvierzigjährige Johann Bernoulli Jakobs Methoden zu eigen und entwickelte sie in mehr geometrischer Weise in einer 1718 veröffentlichten Schrift weiter.

In zwei Abhandlungen, die 1738 und 1741 in der St. Petersburger Akademie der Wissenschaften veröffentlicht wurden, gewann Euler aus den verschiedenen Lösungen Jakob und Johann Bernoullis sowie aus den Untersuchungen Taylors eine allgemeine Methode zur Lösung von Variationsproblemen, die ein Integral enthalten. Diese Untersuchungen arbeitete er weiter aus und machte sie zum Gegenstand seiner klassischen Abhandlung *Methodus inveniendi curvas lineas* (1744). Diese Abhandlung, die Euler im Alter von 37 Jahren veröffentlichte, war eine bemerkenswerte Synthese, in der er faktisch die *Variationsrechnung* als einen eigenständigen Zweig der Analysis begründete. Der Name selbst kam erst später auf.

12 Die Genese der Variationsrechnung 455

Euler erkannte, daß die verschiedenen Integrale in den früheren Problemen alle von der Form

$$\int_a^b Z(x, y, y', \ldots, y^{(n)}) dx \qquad (12.4)$$

sind, wobei Z eine Funktion von x, y und den ersten n Ableitungen von y in bezug auf x ist. Als eine fundamentale Bedingung, die eine Lösung des Variationsproblems befriedigen muß, leitete er eine Differentialgleichung ab, die heute als Eulersche oder Euler-Lagrangesche Differentialgleichung bekannt ist.

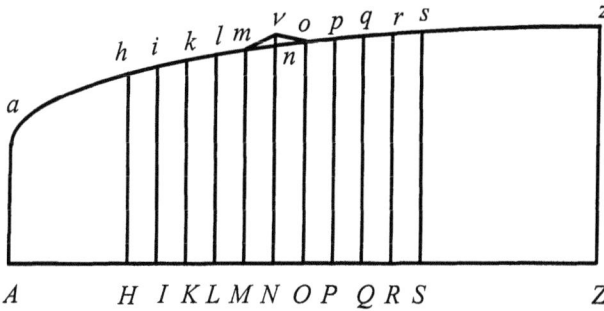

Abbildung 12.3

Die Herleitung dieser Gleichung stellte Euler im zweiten Kapitel für den Fall $n = 1$ dar, in der die Linie mno die hypothetische extremale Kurve ist (Abbildung 12.3). Die Buchstaben M, N, O bezeichnen drei unendlich nahe Punkte auf der x-Achse AZ. Die Buchstaben m, n, o bedeuten entsprechende Punkte auf der durch die Ordinaten Mm, Nn, Oo gegebenen Kurve. Es sei $AM = x$, $AN = x'$, $AO = x''$ und $Mm = y$, $Nn = y'$, $Oo = y''$. Der Differentialkoeffizient p ist definiert durch die Relation $dy = p dx$, also $p = dy/dx$. Dann gelten die folgenden Beziehungen:

$$p = \frac{y'-y}{dx}, \qquad p' = \frac{y''-y'}{dx}. \qquad (12.5)$$

Das Integral $\int_a^b Z dx$ wurde von Euler als eine unendliche Summe der Form $\ldots + Z_{/} dx + Z dx + Z' dx + \cdots$ betrachtet, wobei $Z_{/}$ der Wert von Z in $x - dx$, Z sein Wert in x und Z' sein Wert in $x+dx$ ist und die Summation bei $x=a$ beginnt und bei $x=b$ endet. Es ist wichtig zu erwähnen, daß Euler keine Grenzübergänge oder endlichen Approximationen anwandte. Nun wird der Ordinate y' das unendlich kleine „Stückchen" nv hinzugefügt und auf diese Weise eine Vergleichskurve *amvoz* erhalten. Nach der Aufgabenstellung wird die Differenz zwischen dem Wert von $\int_a^b Zdx$ entlang dieser Kurve und dem von $\int_a^b Zdx$ längs der tatsächlichen Kurve Null sein. Der einzige Anteil des Integrals, der durch die Variation von y' beeinflußt wird, ist $Zdx + Z'dx = (Z + Z')dx$. Euler schrieb:

$$dZ = Mdx + Ndy + Pdp, \qquad dZ' = M'dx + N'dy' + P'dp'. \tag{12.6}$$

Er interpretierte dann die Differentiale in (12.6) als die infinitesimalen Veränderungen in Z, Z', x, y, y', p, p', die sich ergeben, wenn y' um nv vergrößert wird. Aus (12.5) ersehen wir, daß dp und dp' gleich nv/dx und $-nv/dx$ sind. Diese Änderungen werden von Euler in einer Tabelle dargestellt, bei der die Variablen in der linken und ihre korrespondierenden Inkremente in der rechten Spalte stehen. Danach folgt aus (12.6)

$$dZ = P \cdot \frac{nv}{dx}, \qquad dZ' = N' \cdot nv - P' \cdot \frac{nv}{dx}. \tag{12.7}$$

Daher ist die Gesamtänderung von $\int_a^b Zdx$ gleich

$$(dZ + dZ')dx = nv \cdot (P + N'dx - P')$$

Dieser Ausdruck muß gleich Null sein. Euler setzte $P'-P = dP$ und ersetzte N' durch N. Folglich erhielt er $0 = Ndx - dP$ oder

$$N - \frac{dP}{dx} = 0 \tag{12.8}$$

als die abschließende Gleichung des Problems.

Gleichung (12.8) ist der einfachste Fall der Eulerschen Differentialgleichung, die eine Bedingung angibt, welche durch den minimierenden oder maximierenden Bogen befriedigt werden muß. Sie lautet in moderner Schreibweise

12 Die Genese der Variationsrechnung 457

$$\frac{\partial Z}{\partial y} - \frac{d(\partial Z/\partial y')}{dx} = 0.$$

Euler leitete auch die entsprechende Gleichung her, wenn höhere Ableitungen von y in bezug auf x im Variationsintegral erscheinen. Dies war eine große theoretische Leistung. Sie faßte die vielen Spezialfälle und Beispiele, die in den Arbeiten früherer Forscher aufgetreten waren, in einer Gleichungsform zusammen.

Vom Standpunkt der begrifflichen Grundlagen der Analysis ist Kapitel 4 der Eulerschen Abhandlung besonders interessant. In Gleichung (12.8) sind die Variablen x und y die orthogonalen Koordinaten eines Punktes auf der minimierenden Kurve (vgl. Abbildung 12.3). In Kapitel 4 jedoch berechnete Euler Gleichung (12.8) bei mehreren Problemen, in denen die Variablen eine ganz verschiedene geometrische Interpretation haben. Beispielsweise formulierte er das Problem des kürzesten Abstands zwischen zwei Punkten mit Hilfe von Polarkoordinaten, leitete (12.8) in Abhängigkeit von diesen Variablen her und bewies, daß die sich ergebende Kurve eine Gerade ist. Sein Vorgehen zeigte, daß die bei der Herleitung von (12.8) benutzte Argumentation sehr allgemein ist und nicht von der in Abbildung (12.3) unterstellten Interpretation von x und y abhängt. Wie Euler selbst bemerkte, sind die Variablen des Problems abstrakte Größen, und die Figur ist nur eine bequeme geometrische Veranschaulichung eines zugrunde liegenden analytischen Prozesses (vgl. Fraser 1996).

12.4 Lagrange

Lagrange leistete seinen ersten bedeutenden Beitrag zur Mathematik als 19jähriger. Dieser bestand in der Erfindung des δ-Algorithmus zur Lösung der Probleme von Eulers *Methodus inveniendi*. Im Jahre 1755 teilte er Euler seine neue Methode brieflich mit, und 1762 veröffentlichte er sie in den Berichten der Turiner Akademie der Wissenschaften. Sein δ-Algorithmus erlaubte die systematische Ableitung der Variationsgleichungen und erleichterte die Behandlung der Randbedingungen. Seine Neuerung wurde von Euler sofort aufgegriffen, der den Namen „Variationsrechnung" einführte, um das auf der neuen Methode beruhende Gebiet zu bezeichnen.

In seinem Buch von 1744 hatte Euler den etwas komplizierten Charakter seines Variationsprozesses bemerkt und die Entwicklung einer einfacheren Methode verlangt, um die Variationsgleichungen abzuleiten. Lagranges neuer Ansatz erwuchs aus seiner stillschweigenden Erkenntnis, daß das Symbol d in

Eulers Herleitung von (12.8) auf zwei verschiedene Weisen gebraucht wurde. In (12.8) und dem letzten Schritt, mit dem man (12.8) gewinnt, bezeichnete d ein Differential, wie es in der kontinentaleuropäischen Analysis jener Zeit gewöhnlich gebraucht und verstanden wurde (vgl. Kap. 3 und 4). Das Differential dx wurde konstant gehalten und das jeder anderen Variablen war dann gleich der Differenz ihrer Werte an der Stelle x und an einer um dx von x entfernten Stelle. Im Gegensatz dazu wurden die Differentiale dx, dy usw., die in (12.6) erscheinen, von Euler als die Änderungen in x, y usw. interpretiert, die sich ergeben, wenn die einzelne Ordinate y um das „Stückchen" nv vermehrt wird. So sind die „Differentiale" dy', dp, dp' gleich nv, nv/dx, $-nv/dx$; und die „Differentiale" dx, dy, dp'' usw. sind gleich Null.

Der junge Lagrange besaß den Scharfblick, diesen zweifachen Gebrauch zu erkennen und erfand das Symbol δ, um den zweiten Typ einer differentiellen Änderung zu bezeichnen. Unter Benutzung dieses Symbols entwickelte er ein neues analytisches Verfahren, um Extremalprobleme zu untersuchen. Obwohl seine Methode dazu dienen sollte, Kurven in der Ebene zu vergleichen, wurde sie nichtsdestoweniger sehr formal eingeführt. Das Symbol δ besitzt Eigenschaften, die dem gewöhnlichen d der Differentialrechnung analog sind. So gelten zum Beispiel die Regeln $\delta(x+y) = \delta x + \delta y$ und $\delta(xy) = x\delta y + y\delta x$. Außerdem sind d und δ vertauschbar: $d\delta = \delta d$, wie das auch für d und den Integraloperator $\int$ der Fall ist.

Der δ-Algorithmus führte zu einer neuen und sehr einfachen Ableitung von Eulers Gleichung (12.8): $y = y(x)$ ist so zu bestimmen, daß

$$\delta \int_a^b Z dx = 0, \qquad (12.9)$$

mit $Z = Z(x,y,p)$ und $p = dy/dx$. Wenn wir den δ-Operator auf den Ausdruck Z anwenden, erhalten wir

$$\delta Z = N\delta y + P\delta p. \qquad (12.10)$$

Zu beachten ist, daß hier alle Ordinaten gleichzeitig variiert werden und nicht nur eine, wie das in Eulers Analysis der Fall war. Da δ und $\int$ vertauschbar sind, haben wir

$$\delta \int_a^b Z dx = \int_a^b \delta Z dx = \int_a^b (N\delta y + P\delta p) dx. \qquad (12.11)$$

12 Die Genese der Variationsrechnung

Weil d und δ vertauschbar sind, haben wir auch $\delta p = \delta(dy/dx) = d(\delta y)/dx$.
Partielle Integration führt zu der Identität

$$\int_a^b P\delta p\,dx = \int_a^b P\frac{d(\delta y)}{dx}dx = P\delta y\Big|_a^b - \int_a^b \frac{dP}{dx}\delta y\,dx. \qquad (12.12.)$$

Folglich wird die Bedingung $\delta\int_a^b Z\,dx = 0$ zu

$$P\delta y\Big|_a^b - \int_a^b \left(N - \frac{dP}{dx}\right)\delta y\,dx = 0. \qquad (12.13)$$

Wir nehmen an, daß δy in den Randwerten $x = a$ und $x = b$ gleich Null ist. (12.13) reduziert sich dann auf

$$\int_a^b \left(N - \frac{dP}{dx}\right)\delta y\,dx = 0, \qquad (12.14)$$

und daraus können wir die Eulersche Gleichung

$$N - \frac{dP}{dx} = 0 \qquad (12.15)$$

folgern. In seiner Untersuchung stützte sich Lagrange stark auf die algorithmischen und algebraischen Eigenschaften seines neuen Verfahrens, und es ist nicht klar, wieweit er sie als ein Mittel zur Durchführung eines Kurvenvergleichs ansah oder als ein rein formales Konstrukt (vgl. Goldstine 1980, 112). Man kann in dieser frühen Arbeit von Lagrange eine bemerkenswerte analytische Einstellung erkennen, die später ein hervorstechendes Merkmal seiner reifen Mathematik wurde: die Ablehnung geometrischer Diagramme und Beweismethoden. Mit fortschreitender Karriere sollten sich seine Forschungen in der Variationsrechnung eng mit der Konzeption der Infinitesimalrechnung als algebraischer Analysis verknüpfen (vgl. Kap. 4), die in seinen berühmten Lehrbüchern von 1797 und 1801 am systematischsten zum Ausdruck gekommen ist.

Euler griff in seinen Schriften der 1760er und 1770er Jahre Lagranges Methode auf. In einer 1772 veröffentlichten Abhandlung stellte er dar, was zur Standardinterpretation des δ-Prozesses als eines Mittels zum Vergleich von

Kurven- und Funktionsklassen werden würde. Wir nehmen an, daß y eine Funktion von x und einem Parameter t ist, $y = y(x,t)$, wobei die gegebene Kurve $y = y(x)$ durch den Wert von $y(x,t)$ bei $t = 0$ gegeben wird. Euler definiert dann δy als $(\partial y/\partial t)\big|_{t=0} dt$. Wenn wir $y(x,t) = X(x) + t \cdot V(x)$ setzen, wo $y(x) = X(x)$ die gegebene Kurve und $V(x)$ eine Vergleichs- oder Inkrementfunktion ist, erhalten wir $\delta y = dt \cdot V(x)$. In dieser Konzeption gewinnt man die Variation eines komplizierteren Ausdrucks, bestehend aus $y(x, t)$ und seinen Ableitungen in bezug auf x, indem man die partielle Ableitung bezüglich t nimmt, $t = 0$ setzt und den multiplikativen Faktor dt einführt. In der späteren Variationsrechnung wurde dann häufig der Parameter ε anstelle von t gebraucht.

12.5 Legendre

In einer Abhandlung von 1788 führte Legendre die Untersuchung eines Ausdrucks ein, der später als zweite Variation bezeichnet wurde. Das betrachtete Variationsintegral sei

$$I = \int_a^b f(x,y,y')dx, \qquad (12.16)$$

und eine gegebene Funktion $y = y(x)$ mache das Integral I zu einem Maximum oder Minimum. Man setze $\delta y = w(x)$ mit $w(a) = w(b) = 0$. Die erste und zweite Variation I_1 und I_2 sind dann definiert als

$$I_1 = \int_a^b \left(\frac{\partial f}{\partial y}w + \frac{\partial f}{\partial y'}w'\right)dx,$$

$$I_2 = \int_a^b \left(\frac{\partial^2 f}{\partial y^2}w^2 + 2\frac{\partial^2 f}{\partial y \partial y'}ww' + \frac{\partial^2 f}{\partial y'^2}w'^2\right)dx. \qquad (12.17)$$

Später werden wir die Standard-Abkürzungen

12 Die Genese der Variationsrechnung　　　　　　　　　　　　　　　　461

$$P = \frac{\partial^2 f}{\partial y^2}, \quad Q = \frac{\partial^2 f}{\partial y \partial y'}, \quad R = \frac{\partial^2 f}{\partial y'^2} \tag{12.18}$$

für die zweiten partiellen Ableitungen benutzen. Die Differenz des Wertes von I zwischen dem aktuellen und dem Vergleichsbogen beträgt

$$\Delta I = I_1 + \frac{1}{2} I_2 + \text{Terme höherer Ordnung} . \tag{12.19}$$

Es ist klar, daß I_1 in dieser Entwicklung überwiegen wird. Wenn ein Minimum eintreten soll, dann muß folglich I_1 für alle zulässigen $w(x)$ Null sein. Aus diesem Sachverhalt können wir mit Hilfe des Lagrangeschen Verfahrens die Gültigkeit der Eulerschen Gleichung für diesen Problemtyp schließen. Legendre erkannte, daß es auch erforderlich ist, I_2 zu untersuchen und nachzuweisen, daß es für alle zulässigen $w(x)$ positiv ist. Sei $v = v(x)$ eine Funktion von x; wir betrachten den Ausdruck

$$\frac{d}{dx}(w^2 v) . \tag{12.20}$$

Wegen $w(a) = w(b) = 0$ ist das Integral von (12.20) gleich Null:

$$\int_a^b \frac{d}{dx}(w^2 v) dx = 0 . \tag{12.21}$$

Deshalb ergibt sich, wenn wir (12.21) zu (12.17b) addieren, keine Änderung im Wert der zweiten Variation:

$$I_2 = \int_a^b \left((P + v') w^2 + 2(Q + v) w w' + R w'^2 \right) dx . \tag{12.22}$$

Der Integrand ist ein quadratischer Ausdruck in w und w'. Legendre bemerkte, daß er ein vollständiges Quadrat wird, wenn

$$R(P + v') = (Q + v)^2 . \tag{12.23}$$

Für ein $v(x)$, das diese Differentialgleichung erfüllt, ist die zweite Variation

$$I_2 = \int_a^b R\left(w' + \frac{Q+v}{R}w\right)^2 dx. \qquad (12.24)$$

Es ist klar, daß diese Umformung nur möglich ist, wenn $R = \partial^2 f/\partial y'^2$ über dem Intervall $[a,b]$ nicht Null ist. Legendre schloß, daß die vorgeschlagene Lösung tatsächlich ein Minimum sein wird, wenn wir über dem Intervall

$$\frac{\partial^2 f}{\partial y'^2} > 0 \qquad (12.25)$$

haben. (12.25) wurde später Legendresche Bedingung genannt.

Legendre dehnte seine Analyse auf den Fall aus, bei dem die zweite Ableitung von y in bezug auf x im Variationsintegranden erscheint. Hier schließt die zugehörige Transformation die Einführung dreier Hilfsfunktionen v, v_1, v_2 ein, die durch drei Differentialgleichungen, analog zu (12.23), verknüpft sind. Legendres Resultate warfen verschiedene Fragen auf; einige davon wurden von Lagrange in seiner *Théorie des fonctions analytiques* von 1797 diskutiert. Um die oben erwähnte Transformation durchzuführen, muß man (12.23) integrieren und eine Lösung $v = v(x)$ erhalten. Legendre gab keine allgemeine Methode zur Integration dieser nichtlinearen Differentialgleichung an, und Lagrange zeigte anhand von Beispielen, daß das Integral über dem gegebenen Intervall nicht immer existieren muß. Außerdem kann man für eine gegebene Lösung, die die Legendresche Bedingung erfüllt, Vergleichsfunktionen finden, die einen größeren oder kleineren Wert des Variationsintegrals ergeben, wenn die Größe des Intervalls nicht irgendwie begrenzt ist. Lagrange entwickelte jedoch keine Theorie, um diese Fragen zu beantworten.

12.6 Jacobi

12.6.1 Jacobi und seine „Schule"

Die nächste Figur in unserer Geschichte ist der deutsche Mathematiker Carl Gustav Jacob Jacobi, der 1837 in Crelles Journal eine fruchtbare und sehr originelle Abhandlung veröffentlichte. Die Variationsrechnung ist nur eines von vielen Gebieten der Mathematik, zu denen Jacobi fundamentale Beiträge geleistet hat. Seine Untersuchungen zur Theorie der elliptischen Funktionen, zur Analysis, zur Theorie der Funktionaldeterminanten, zur Zahlentheorie und zur analytischen Mechanik ließen ihn zu einem der führenden Mathematiker Europas werden. Jacobi entstammte einer jüdischen Familie, konvertierte aber zum Christentum, um eine mathematische Laufbahn einschlagen zu können. Seine mathematisch produktivste Zeit waren die Jahre von 1826 bis 1843, die er an der Königsberger Universität verbrachte. 1843 erhielt Jacobi eine Position in Berlin, wo er bis zu seinem Tod im Jahr 1851 lehrte und forschte.

Neben seinen vielfältigen Arbeiten auf dem Gebiet der Analysis und der Mechanik war Jacobi ein aktiver Lehrer, der einen starken Einfluß auf die jüngeren Mathematiker seiner Zeit hatte. Scriba (1973, 51) schreibt: „Jacobis eindrucksvolle Persönlichkeit und sein mitreißender Enthusiasmus waren derart, daß sich keiner seiner begabten Schüler seiner Faszination entziehen konnte; sie wurden in seine Gedankenwelt hineingezogen, wenn sie in ihrer Arbeit den mannigfaltigen, von ihm vorgeschlagenen Wegen folgten, und repräsentierten bald eine 'Schule'. C. W. Borchardt, E. Heine, L. O. Hesse, F. J. Richelot, J. Rosenhain und P. L. von Seidel gehörten zu diesem Kreis; sie trugen nicht nur viel zur Verbreitung von Jacobis mathematischen Schöpfungen bei, sondern auch zur Verbreitung der neuen forschungsorientierten Einstellung zum Universitätsunterricht."[1] Jacobi und der Physiker Franz Neumann orientierten sich am Modell der damaligen philologischen Seminare, und machten in Königsberg ihre Forschungen direkt zum Thema ihrer Lehrveranstaltungen, - eine neue Praxis, die später im ganzen deutschen Universitätssystem übernommen wurde.[2]

12.6.2 Jacobis Abhandlung von 1837

In seiner Abhandlung von 1837 gelang es Jacobi, eine systematische Theorie für Bedingungen zu schaffen, unter denen man ein Maximum oder Minimum für ein Variationsproblem erhält. Seine Abhandlung, in der Beweise und Begründungen fehlten, sollte die Grundlage eines nachhaltigen mathematischen Forschungsprogramms bilden. Wir beginnen unsere Diskussion mit einer Untersuchung seiner grundlegenden anfänglichen Einsicht. Lagranges Methode folgend, integrieren wir die Gleichung $I_1 = 0$ partiell und erhalten

$$I_1 = \int_{x_0}^{x_1} Vw\,dx = 0, \qquad (12.26)$$

wobei

---

[1] Näheres über die „Jacobische Schule" siehe in Klein (1926, 112 - 115).
[2] Siehe Turner (1971).

$$V = \frac{\partial f}{\partial y} - \frac{d}{dx}\left(\frac{\partial f}{\partial y'}\right). \qquad (12.27)$$

Weil $w(x)$ beliebig ist, ist es klar, daß die Lösung $y = y(x)$ des Variationsproblems der Eulerschen Differentialgleichung genügen muß:

$$V = \frac{\partial f}{\partial y} - \frac{d}{dx}\left(\frac{\partial f}{\partial y'}\right) = 0. \qquad (12.28)$$

Jacobis neue Idee bestand darin, die Beziehung zwischen der ersten und der zweiten Variation mit Hilfe des Variationsoperators δ auf besondere Weise auszudrücken. Zwischen dem Variationsintegral I und seiner ersten und zweiten Variation I_1 und I_2 bestehen die Relationen

$$I_1 = \delta I, \qquad I_2 = \delta I_1. \qquad (12.29)$$

Wenn wir I_1 ausdrücken als

$$I_1 = \int_{x_0}^{x_1} V w \, dx, \qquad (12.30)$$

nimmt die zweite Variation I_2 die Form

$$I_2 = \delta I_1 = \delta\left(\int_{x_0}^{x_1} V w \, dx\right) = \int_{x_0}^{x_1} \delta V w \, dx \qquad (12.31)$$

an, oder einfach

$$I_2 = \int_{x_0}^{x_1} \delta V w \, dx. \qquad (12.32)$$

Wie wir gesehen haben, muß die Lösung $y = y(x)$ des Variationsproblems die Eulersche Differentialgleichung (12.28) erfüllen. Die allgemeine Lösung dieser Gleichung zweiter Ordnung wird zwei willkürliche Konstanten α und β enthalten. Da der Term erster Ordnung I_1 in (12.19) Null ist, ist klar, daß der Term,

12 Die Genese der Variationsrechnung

der I_2 enthält, in dieser Entwicklung überwiegen wird. Es läßt sich leicht erkennen, daß der Term dritter Ordnung im allgemeinen entweder positiv oder negativ gemacht werden kann. Um ein echtes Extremum zu erhalten, muß deshalb der Fall eintreten, daß es kein w(x) gibt, für das I_2 gleich Null ist. Wir werden also ganz natürlich dazu gebracht, die Bedingungen zu betrachten, unter denen $I_2 = 0$ ist. Aus (12.32) ist offensichtlich, daß $I_2 = 0$, wenn

$$\delta V = 0. \tag{12.33}$$

Es sei $y = y(x, \alpha)$ eine Lösung der Eulerschen Gleichung (12.28), wobei die Schreibweise die Abhängigkeit der Lösung von der willkürlichen Konstanten α andeutet. Wir haben $V(\alpha) = 0$. Wir betrachten α als einen Parameter und vergrößern α um das Inkrement $\delta\alpha$. Wir haben wieder $V(\alpha + \delta\alpha) = 0$. Nun betrachten wir eine Variation, bei der $\delta y = (\partial y/\partial \alpha)\delta\alpha$ ist. Subtrahieren wir $V(\alpha) = 0$ von $V(\alpha + \delta\alpha) = 0$, dann sehen wir, daß $(\partial y/\partial \alpha)\delta\alpha$ eine Lösung von $\delta V = 0$ ist. Gleichermaßen ergibt sich: wenn β eine zweite willkürliche Konstante ist, die in y vorkommt, dann wird $\delta y = (\partial y/\partial \beta)\delta\beta$ eine Lösung von $\delta V = 0$ sein. Da $\delta V = 0$ eine lineare Differentialgleichung zweiter Ordnung in δy ist, wird die allgemeine Lösung die Form $\delta y = \varepsilon \cdot u(x)$ haben, wobei u(x) durch

$$u(x) = c_1 \frac{\partial y}{\partial \alpha} + c_2 \frac{\partial y}{\partial \beta} \tag{12.34}$$

gegeben ist und c_1, c_2 Konstanten sind.

Jacobis Leistung bestand darin, eine Theorie gefunden zu haben, die die Lösungen der Eulerschen Gleichung mit der Analyse der zweiten Variation verknüpfte. Daher war er in der Lage, die durch (12.34) gegebene Funktion u(x) unmittelbar zur Lösung der Legendreschen Differentialgleichung (12.23) zu verwenden. Das war ein bemerkenswertes Resultat. Jacobi fand es durch eine neue Transformation der zweiten Variation, in der (12.34) eine zentrale Rolle spielte und die I_2 auf die Form (12.24) reduzierte. Ausführliche Ableitungen dieser Lösung wurden von Delaunay (1841) und Spitzer (1854/55) gegeben. Jacobi dehnte seine Theorie auch auf die Behandlung des allgemeineren Falles aus, bei dem der Variationsintegrand höhere Ableitungen von y bezüglich x enthält.

Die durch Jacobi angeregte umfangreiche Forschung galt hauptsächlich der Untersuchung der Transformation der zweiten Variation. Die bemerkenswertesten Beiträge leisteten hier Delaunay (1841), Spitzer (1854/55) und Hesse (1857). In einem kurzen Passus seiner Schrift hatte Jacobi jedoch auch auf einen anderen Aspekt des Problems aufmerksam gemacht, der in der späteren Variationsrechnung Theorie der konjugierten Punkte genannt werden würde. Die wesentliche Frage ist folgende: mögliche minimale Bögen werden Lösungen der Eulerschen Gleichung $V = 0$ sein. Ihre allgemeine Lösung $y = y(x,\alpha)$ enthalte die willkürliche Konstante α. Wir fordern, daß $y = y(x,\alpha)$ durch die Endpunkte gehe. Eine benachbarte Lösung $y = y(x, \alpha + \delta\alpha)$ möge ebenfalls durch die Endpunkte gehen. Da sowohl $y = y(x,\alpha)$ als auch $y = y(x, \alpha + \delta\alpha)$ die Randbedingungen erfüllen, folgt, daß $\delta y = (\partial y/\partial \alpha)\delta\alpha$ eine zulässige Variation ist, d. h. eine solche, für die $\delta y(a) = \delta y(b) = 0$ ist. Für diese Wahl von δy haben wir gemäß Jacobis anfänglicher Einsicht $\delta V = 0$. Folglich ist die entsprechende zweite Variation I_2 Null. In dieser Situation ist klar, daß es kein Minimum geben kann, weil das Vorzeichen der dritten Variation (im allgemeinen) entweder positiv oder negativ gemacht werden kann.

Wenn wir im Anfangspunkt beginnen, werden wir schließlich in einem zweiten Punkt ankommen, wodurch es möglich ist, zwei Lösungen der Eulerschen Gleichung zu finden, die die zugehörigen Randbedingungen erfüllen. Dieser zweite Grenzpunkt, dessen Wert nicht erreicht oder überschritten werden kann, wenn ein Minimum angestrebt wird, sollte später als konjugierter Punkt bekannt werden. Analytisch betrachtet, muß gezeigt werden, daß es nicht möglich ist, Funktionen der Form (12.34) zu finden, die in zwei Punkten des gegebenen Intervalls [a, b] verschwinden. Mit der Untersuchung von (12.34) sind wir in der Lage, die Grenzen zu bestimmen, innerhalb derer es eine Lösung des Variationsproblems gibt.

Jacobi illustrierte diese Beschränkung mit dem Beispiel der elliptischen Bewegung eines Teilchens um ein Kraftzentrum, bei dem die Bahnkurve aus dem Prinzip der kleinsten Wirkung hergeleitet wird. In den posthum veröffentlichten *Vorlesungen über Dynamik* (1866, 46), die er in den frühen 1840er Jahren gehalten hatte, führte er ein noch einfacheres Beispiel an: den Fall eines Teilchens, das sich auf der Oberfläche einer Kugel bewegt, sonst aber von keiner Kraft abhängt. Das Prinzip der kleinsten Wirkung führt hier zu dem Schluß, daß die Bahnkurve eine Geodätische sein muß. Daher bewegt sich das Teilchen auf einem Großkreis. Wenn wir in einem gegebenen Punkt A beginnen und einen Bogen von 180° durchlaufen, erreichen wir einen Punkt C, der zu A konjugiert ist. Ist der zweite Punkt B gleich oder jenseits von C, dann ist leicht zu erkennen, daß es Vergleichswege gleicher oder kürzerer Distanz gibt.

12.7 Mayer

Nach der Veröffentlichung von Jacobis Schrift fand das Transformationsproblem fünfundzwanzig Jahre lang die größte Beachtung unter den Forschern, während der Theorie der konjugierten Punkte relativ wenig Interesse entgegengebracht wurde. Das traf auch auf Hesses Schrift von 1857 zu, obwohl Hesse für den Fall von Variationsintegralen der Form $\int_a^b f(x,y,y')dx$ gezeigt hatte, daß die Nichtexistenz eines konjugierten Punktes über dem gegebenen Intervall die Gültigkeit der Transformation der zweiten Variation impliziert. Wenn es über dem Intervall [a, b] keinen zu a konjugierten Punkt gibt, dann sind die Bedingungen für die Transformation der zweiten Variation erfüllt. Die Jacobische Theorie bezog sich natürlich in erster Linie auf den allgemeineren Fall, wenn das Variationsintegral die Form $\int_a^b f(x,y,y',\ldots,y^{(n)})dx$ für $n \geq 2$ hat. Hesse versuchte nicht, sein Resultat auf diesen Fall zu erweitern. Es war keineswegs offensichtlich, wie im allgemeinen Fall das Transformationsproblem mit der Theorie der konjugierten Punkte zu verknüpfen wäre.

Es war der Leipziger Mathematiker Adolph Mayer, der diese theoretische Frage klar erkannt und befriedigend gelöst hat. Nachzulesen ist das in seiner Habilitationsschrift von 1866 und in einem zwei Jahre später in Crelles Journal veröffentlichten Aufsatz. Eine vollständige Darlegung seines Resultats ginge über den Rahmen der vorliegenden Studie hinaus. Wir können jedoch den allgemeinen analytischen Hintergrund seiner Untersuchung andeuten. Clebsch (1858a) folgend, formulierte Mayer das fundamentale Variationsproblem als ein Lagrangesches Problem. Angenommen, es gibt n abhängige Variablen $y_1, \ldots, y_n$. Das Variationsintegral hat die Form

$$I = \int_a^b f(x,y,y',\ldots,y^{(n)})dx . \qquad (12.35)$$

Die Variablen y_i mögen m zusätzlichen Differentialgleichungen der Form

$$\Phi_m(x, y_1, \ldots, y_n, y'_1, \ldots, y'_n) = 0 \qquad (12.36)$$

genügen. Man muß I abhängig von (12.36) maximieren oder minimieren. 1806 hatte Lagrange gezeigt, wie die Variationsgleichungen mit Hilfe von Multiplikatoren gewonnen werden können. Wir multiplizieren jede der Gleichungen $\Phi_m = 0$ mit der Multiplikatorfunktion $\lambda_m(x)$ und bilden den Ausdruck

$$F = f + \sum_{i=1}^{n} \lambda_i \Phi_i. \qquad (12.37)$$

Damit wird die Lösung des Problems die Bedingung (12.36) und die dem Variationsintegranden F entsprechenden Eulerschen Gleichungen

$$\frac{\partial F}{\partial y_i} - \frac{d}{dx}\frac{\partial F}{\partial y'_i} = 0 \qquad (12.38)$$

erfüllen. Die so formulierte Multiplikatorregel enthält als einen Spezialfall das traditionelle Problem der Maximierung oder Minimierung des Integrals $\int_a^b f(x, y, y', ..., y^{(n)}) dx$. Dieses Tatsache wurde von Clebsch in seiner Arbeit von 1858 explizit erwähnt. Man betrachte den Fall $n = 2$. Es sei $f = f(x, y_1, y_2, y'_2)$ und $\Phi = y'_1 - y_2$. Dann ist $F = f + \lambda(y'_1 - y_2)$. Die F entsprechenden Eulerschen Gleichungen sind

$$\frac{\partial f}{\partial y_1} - \frac{d\lambda}{dx} = 0,$$
$$\frac{\partial f}{\partial y_2} - \lambda - \frac{d}{dx}\frac{\partial f}{\partial y'_2} = 0. \qquad (12.39)$$

Wenn wir den Multiplikator λ aus diesen Gleichungen eliminieren und $y_1 = y$ setzen, erhalten wir die gewöhnliche Eulersche Gleichung, die dem Integral $\int_a^b f(x, y, y', y'') dx$ entspricht:

$$\frac{\partial f}{\partial y} - \frac{d}{dx}\frac{\partial f}{\partial y'} + \frac{d^2}{dx^2}\frac{\partial f}{\partial y''} = 0. \qquad (12.40)$$

Clebsch zeigte in seiner Arbeit, wie die Jacobische Transformationstheorie auf die allgemeine Situation des Lagrangeschen Problems ausgedehnt werden könnte. Mayers Untersuchung der Transformationsbedingungen und der Theorie der konjugierten Punkte bewegte sich im Rahmen von Clebschs Analyse der zweiten Variation. Bei der Herleitung seiner Resultate gebrauchte er die von Hamilton und Jacobi speziell entwickelten Methoden zur Integration der Variationsgleichungen. Mayers Schrift von 1866 war theoretisch und technisch auf dem höchsten Stand der damaligen Mathematik.

12.8 Erdmann

Die mit den klassischen Methoden der Variationsrechnung erzielten Lösungen erfüllen gewisse Glättebedingungen und insbesondere die Forderung, daß das Gefälle des optimierenden Bogens stetig mit der Bogenlänge variiert. In einem 1871 veröffentlichten Buch machte der englische Mathematiker Isaac Todhunter auf „diskontinuierliche" Lösungen aufmerksam, die Eckpunkte enthalten, in denen die Ableitung sprunghaft ihren Wert ändert. Todunters Verwendung der Begriffe „kontinuierlich" und „diskontinuierlich" entsprach dem älteren Stetigkeitsbegriff des achtzehnten Jahrhunderts, bei dem eine Funktion „stetig" hieß, wenn sie durch einen einzelnen analytischen Ausdruck gegeben wurde und sich ihre Ableitung (außer in singulären Punkten) stetig veränderte (vgl. Kap. 4). In der Variationsrechnung wurde dieser Sprachgebrauch auch später beibehalten. Auf Todhunters Anstoß hin gelang es 1877 dem Mathematiker G. Erdmann, analytische Bedingungen herzuleiten, die durch solche Bögen mit Ecken erfüllt werden.

Erdmann benutzte dazu eine Formel, die man als Transversalitätsbedingung bezeichnet. Bisher sind wir in unserer Diskussion davon ausgegangen, daß die Variation an den Endpunkten Null ist. Jetzt erweitern wir das Variationsproblem, um extremale Bögen einzubeziehen, bei denen der zweite Endpunkt sowohl in der x- als auch in der y-Richtung variieren darf. Die Formel für die Variation von I lautet nun

$$\delta I = \delta \int_a^b f dx = \int_a^b \left[\frac{\partial f}{\partial y} - \frac{d}{dx}\frac{\partial f}{\partial y'}\right]\delta y dx + \frac{\partial f}{\partial y'}\delta y\bigg|_{x=b} + \left(f - \frac{\partial f}{\partial y'}y'\right)\delta x\bigg|_{x=b}.$$
(12.41)

Spielarten dieser Formel hatten in Lehrbüchern von Lagrange (1806, Lektion 22) und Lacroix (1806, 492 - 493) gestanden, und sie stellten im 19. Jahrhundert ein Standardergebnis dar. Wenn wir fordern, daß der die Endpunkte verbindende Bogen eine Lösung der Eulerschen Gleichung ist, dann reduziert sich (12.41) auf

$$\delta I = \frac{\partial f}{\partial y'}\delta y\bigg|_{x=b} + \left(f - y'\frac{\partial f}{\partial y'}\right)\delta x\bigg|_{x=b}. \quad (12.42)$$

Wir betrachten nun das Variationsproblem $\delta \int_a^b f(x, y, y')\, dx = 0$, bei dem die Lösung $y = y(x)$ in $x = c$ eine Ecke hat. Es ist klar, daß das Integral von a bis c und das von c bis b einzeln optimal sein müssen. Deshalb gilt die Eulersche Gleichung für jedes einzelne dieser Intervalle. Betrachten wir einen Vergleichsbogen, der entsteht, indem der Punkt $(c, y(c))$ sowohl in der x- als auch in der y-Richtung variiert wird. Aus der Transversalitätsbedingung erhalten wir die Gleichung

$$\frac{\partial f}{\partial y'}\delta y\bigg|_{x=c^-} + \left(f - y'\frac{\partial f}{\partial y'}\right)\delta x\bigg|_{x=c^-} - \frac{\partial f}{\partial y'}\delta y\bigg|_{x=c^+} - \left(f - y'\frac{\partial f}{\partial y'}\right)\delta x\bigg|_{x=c^+} = 0. \quad (12.43)$$

In dieser Formel werden die Zeichen + und − gebraucht, um darauf hinzuweisen, daß die Ableitung y' in den jeweiligen Ausdrücken rechts oder links von c genommen wird. Da $\delta x(c)$ und $\delta y(c)$ beliebig sind, erhalten wir die Gleichungen

$$\frac{\partial f}{\partial y'}\bigg|_{x=c^-} = \frac{\partial f}{\partial y'}\bigg|_{x=c^+},$$

$$\left(f - y'\frac{\partial f}{\partial y'}\right)\bigg|_{x=c^-} = \left(f - y'\frac{\partial f}{\partial y'}\right)\bigg|_{x=c^+} \quad (12.44)$$

die die Bedingungen angeben, die ein optimierender Bogen in einem Eckpunkt c erfüllen muß. In der heutigen Variationsrechnung sind sie als Erdmannsche Eckenbedingungen bekannt.

Zwei Aspekte der Erdmannschen Untersuchung waren für die nachfolgende Entwicklung der Variationsrechnung von Bedeutung. Nachdem die Lösungskonzeption erweitert worden war, um Bögen mit Ecken einzubeziehen, war es ganz natürlich, diese Idee auf die Vergleichskurven selbst auszudehnen und damit die Familie der Vergleichskurven enorm zu vergrößern.[3] Die Untersuchung solcher „starker" Extrema, bei denen die Variation Vergleichskurven

---

[3] Diese Möglichkeit wurde 1871 von Todhunter klar erkannt - siehe die Diskussion weiter unten.

12 Die Genese der Variationsrechnung 471

einschließt, deren Gefälle sich im Verlauf der Kurve um einen beliebigen endlichen Betrag schlagartig ändert, setzte Weierstraß in Gang. Die mit traditionellen Variationsmethoden erhaltenen Lösungen wurden dagegen „schwache" Extrema genannt. Beispiele in der nach-Weierstraßschen Periode für den Unterschied zwischen starken und schwachen Extrema gingen zum Teil auf Erdmanns Arbeit von 1877 zurück.[4]

Der zweite wichtige Aspekt in Erdmanns Schrift war sein Gebrauch der Transversalitätsbedingung. Wie wir noch sehen werden, ging diese Formel direkt in die Weierstraßsche Ableitung der notwendigen und hinreichenden Bedingungen ein, die seine berühmte Exzeßfunktion einschließt.

12.9 Weierstraß

12.9.1 Die Vorlesungen von Weierstraß

Die Beiträge von Weierstraß zur Variationsrechnung waren ein Produkt seiner mittleren und reifen Jahre. Obwohl er schon 1865 an der Berliner Universität Vorlesungen über den Gegenstand zu halten begann, wurden seine wichtigsten Ergebnisse erst in den Vorlesungen des Sommers 1879 vorgestellt, als er 63 Jahre alt war. Die schließlich 1927 publizierte Ausgabe basiert auf diesen Vorlesungen sowie auf einer zweiten Vorlesungsreihe, die er 1883 hielt. Obwohl diese Verzögerung der Veröffentlichung die Verbreitung seiner Ideen behinderte, hat er dennoch die zeitgenössische deutsche Forschung in der Variationsrechnung wesentlich beeinflußt. Abschriften seiner Vorlesungen waren privat im Umlauf, und seine Ergebnisse wurden seit Mitte der 90er Jahre durch die Veröffentlichungen anderer Mathematiker verbreitet.

Mehr als jeder andere entwickelte Weierstraß die logischen Grundlagen der Variationsrechnung als einer modernen mathematischen Theorie. In seinen Vorlesungen tritt der Unterschied zwischen notwendiger und hinreichender Bedingung erstmals klar in Erscheinung. Sorgfältig spezifizierte er die Stetigkeitseigenschaften, die von den Funktionen und ihren Variationen erfüllt werden müssen. Bei Optimierungsproblemen mit Nebenbedingungen gebrauchte er Sätze über implizite Funktionen, um sicherzustellen, daß der optimierende Bogen in einer entsprechende Familie von Vergleichskurven enthalten ist. Wie wir oben gesehen haben, wurden die traditionellen Methoden der Variationsrechnung zur Bestimmung von schwachen Lösungen oder Extrema herangezogen. Vor den 60er Jahren des vorigen Jahrhunderts pflegten die Mathematiker die präzise Klasse von Vergleichsbögen in einem gegebenen Variati-

---
[4] Siehe beispielsweise Bolza (1904, 39, 73 - 74).

onsproblem am Anfang einer Untersuchung nicht zu spezifizieren. Es gab keine logische Konzeption im Hinblick auf die Natur dieser Klasse. Der von Lagrange eingeführte δ-Prozeß forderte jedoch, daß sowohl der Vergleichsbogen als auch sein Gefälle in jedem Punkt nur um einen kleinen Betrag von der tatsächlichen Kurve abweichen. Diese Bedingung, die durch die Art der Variation impliziert war, tritt in Formel (12.17b) für die zweite Variation in Erscheinung, wo sowohl $\delta y = w$ und $\delta y' = w'$ kleine Größen sind. Todhunter (1871, 269) hat in seiner Abhandlung über diskontinuierliche Lösungen anscheinend als erster explizit auf diese Beschränkung der Klasse der Vergleichsbögen aufmerksam gemacht: „Wenn wir behaupten, daß die Beziehung (d. h. die Eulersche Gleichung) ein Minimum ergibt, müssen wir berücksichtigen, daß ein Minimum in bezug auf die *zulässigen Variationen* gemeint ist ... unsere Untersuchung ist nicht anwendbar auf solch eine Variation, wie sie beim Übergang von der Zykloide zu einer diskontinuierlichen Lösung erforderlich wäre: bei solch einem Übergang wäre $\delta p\,[=\delta y']$ nicht immer unendlich klein. Natürlich wäre es möglich, einen solchen Fall speziell zu untersuchen, doch gehört dies sicher nicht zu den üblichen Methoden der Variationsrechnung."[5]

Weierstraß lieferte eine solche Untersuchung, indem er den Begriff einer Lösung durch Einbeziehung einer viel größeren Klasse von Vergleichsbögen verallgemeinerte. Sein Zugang zur Variationsrechnung implizierte eine grundlegende logische Neuorientierung des Gebietes. In der früheren Variationsforschung war der Charakter der mathematischen Gegenstände durch die angewandten Methoden implizit determiniert. Weierstraß dagegen begann mit Objekten, die explizit im Rahmen der Theorie der Funktionen reeller Variabler definiert sind.

Als Folge dieser Bemühungen begannen manche Autoren um 1900, von der „modernen" oder „neuen" Variationsrechnung zu sprechen. Dabei bezogen sie sich auf die Arbeiten von Weierstraß, G. Erdmann, L. Scheeffer und P. Du Bois-Reymond. Ein hervorstechendes Merkmal des neuen Vorgehens war das Bemühen um Strenge, d. h. die Ableitung der Ergebnisse aus den Prinzipien der Theorie reeller Funktion. Ein gutes Beispiel dieser kritischen Auffassung stellt Du Bois-Reymonds (1879) Beweis eines Satzes dar, der heute als das Fundamentalemma der Variationsrechnung bekannt ist. Dieses Lemma gibt den informellen Argumenten, mit denen man die Eulersche Bedingung aus Gleichung (12.26) ableitete, eine strenge Basis. In seiner einfachsten Form

---

[5] Hervorhebung im Original. Es sollte erwähnt werden, daß Todhunter (1861/1961, 3) zehn Jahre früher in bezug auf die zweite Variation en passant beobachtet hatte, daß sowohl δy als auch δp klein sind. Das war jedoch eine isolierte Beobachtung, die er nicht weiter auswertete.

besagt es: Wenn $F(x)$ stetig ist und $\int_a^b F(x)\lambda(x)dx = 0$ für alle zulässigen $\lambda(x)$ gilt, dann folgt daraus $F(x) = 0$ über $[a, b]$.

12.9.2 Die Weierstraßsche Exzeßfunktion[6]

In Abb. 12.4 ist der Bogen (0 1) die Lösung eines gegebenen Variationsproblems, d. h. eine Kurve, die durch die Punkte 0 und 1 geht. Für eine solche Lösung der Eulerschen Gleichung wurde 1900 von A. Kneser der Begriff der „Extremalen" eingeführt, den Weierstraß noch nicht benutzt hat. Punkt 2 liege auf dieser Kurve, 3 sei ein benachbarter Punkt, und man bilde den Bogen (3 2), der die zwei Punkte verbindet. (0 3) sei die Extremalkurve, die 0 und 3 verbindet. Der resultierende Bogen (0 3 2 1) ist ein Vergleichsbogen zur gegebenen Kurve. Das Gefälle des Segments (3 2) wird im allgemeinen um einen endlichen Betrag von demjenigen von (0 1) im Punkt 2 abweichen.

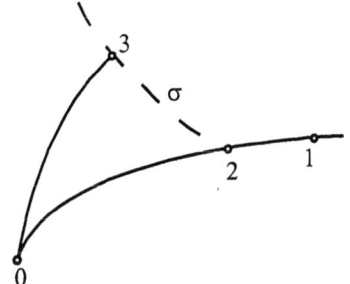

Abbildung 12. 4

---

[6] In allen seinen Arbeit wandte Weierstraß eine parametrische Methode an, bei der die Variablen x und y als Funktionen eines Parameters t betrachtet werden. Die meisten Mathematiker betrachteten aber x als die unabhängige Variable und y als eine Funktion von x. Obwohl der parametrische Ansatz aus geometrischer Sicht gewisse Vorteile hat, ist seine analytische Entwicklung viel weniger natürlich als die übliche Theorie. In der Zeit von 1895 bis 1905, als die Ideen von Weierstraß einen größeren Bekanntheitsgrad erlangten, verwandten Autoren wie Bolza, Osgood und Goursat einige Mühe darauf, seine Ergebnisse in den Begriffen der üblichen Theorie zu reformulieren. In unserer Darstellung benutzen wir aus Gründen der Übersichtlichkeit die übliche Theorie anstelle der parametrischen. Und da wir uns vor allem für die wesentlichen Ideen von Weierstraß interessieren, lassen wir auch die in den Originalvorlesungen enthaltenen detaillierten analytischen Überlegungen zu den Funktionen einer reellen Variablen außer acht.

Wir bezeichnen mit I_{01} den Wert des gegebenen Integrals längs des Bogens (0 1). Die Koordinaten des Punktes 2 seien (x, y). Es sei σ eine kleine positive Größe, und q das Gefälle des Bogens (3 2). q wird im allgemeinen um einen endlichen Betrag vom Wert y' in 2 abweichen. Es sei $\delta x = -\sigma$ und $\delta y = -\sigma q$. Die Koordinaten des Punktes 3 sind dann $(x+\delta x, y+\delta y)$. Nach der Transversalitätsbedingung (12.4) erhalten wir

$$I_{03} - I_{02} = \frac{\partial f}{\partial y'}(-\sigma q) + \left(f - y'\frac{\partial f}{\partial y'}\right)(-\sigma). \quad (12.45)$$

Für kleine σ gilt

$$I_{32} = f(x,y,q)\sigma. \quad (12.46)$$

Folglich ist die Variation des Integrals:

$$I_{03} + I_{32} - I_{02} = \left\{f(x,y,q) - f(x,y,y') - \frac{\partial f}{\partial y'}(x,y,y')(q-y')\right\}\sigma. \quad (12.47)$$

Diesen Ausdruck benutzte Weierstraß, um eine sogenannte Exzeßfunktion zu definieren:

$$E(x,y,y',q) = f(x,y,q) - f(x,y,y') - \frac{\partial f}{\partial y'}(x,y,y')(q-y'). \quad (12.48)$$

Mit Hilfe von (12.48) konnte er eine neue notwendige Bedingung einführen, die gültig ist, wenn die Vergleichsfamilie von Bögen um Kurven erweitert wird, deren Gefälle um einen endlichen Betrag von dem der tatsächlichen Kurve abweicht. Damit das gegebene Integral ein Minimum ist, muß für alle Punkte x, y und für alle Werte des Gefälles q

$$E(x,y,y',q) \geq 0 \quad (12.49)$$

sein. Weierstraß nannte (12.49) die vierte notwendige Bedingung, die die von Euler, Legendre und Jacobi abgeleiteten Bedingungen ergänzte.

12 Die Genese der Variationsrechnung 475

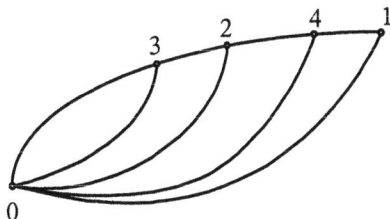

Abbildung 12. 5

Weierstraß zeigte in seinen Vorlesungen, daß eine modifizierte Version von (12.49) für ein Minimum hinreichend ist. Dazu gebrauchte er eine etwas kompliziertere Konstruktion, die jedoch eine natürliche Weiterentwicklung der vorangegangenen Untersuchung war. Wie zuvor sei (0 1) eine Extremale, die die Endpunkte 0 und 1 verbindet (Abb. 12.5). Sie sei analytisch durch $y_0 = y_0(x)$ gegeben. Man betrachte den Vergleichsbogen $y = y(x)$, der in Abb. 12.5. durch die Kurve (0 3 2 4 1) dargestellt ist. 2 und 3 sind Punkte auf dieser Kurve mit den Koordinaten (x,y) beziehungsweise $(x + dx, y + dy)$. Es seien (0 2) und (0 3) Extremalen, die 0 und 2 und 0 und 3 verbinden. Man definiere

$$S(x) = I_{02} + I_{21},$$ (12.50)

wobei I_{02} das längs der Extremalen (0 2) berechnete Variationsintegral ist und I_{21} der Wert dieses Integrals längs des Segments (2 1) des Vergleichsbogens (0 3 2 4 1). Man hat

$$S(b) = \int_a^b f(x, y_o, y'_o) dx,$$
$$S(a) = \int_a^b f(x, y, y') dx.$$ (12.51)

Dann ist die Variation von I

$$\Delta I = \int_a^b (f(x, y, y') - f(x, y_o, y'_o)) dx = -(S(b) - S(a)).$$ (12.52)

Wenn wir zeigen können, daß $S(x)$ eine fallende Funktion von x über $[a, b]$ ist, dann folgt, daß $\Delta I \geq 0$. Wir berechnen deshalb dS/dx und untersuchen die Bedingung $dS/dx \leq 0$. Es ist

$$dS = S(x+dx) - S(x) = I_{03} + I_{32} - I_{02}.$$ (12.53)

Es bezeichne $p(x, y)$ das Gefälle der Extremalen (0 2) in dem Punkt 2. Wir nehmen an, daß $p(x, y)$ eine wohldefinierte Funktion der Koordinaten x, y von 2 ist. Aus der Transversalitätsbedingung (12.42) erhalten wir

$$I_{03} - I_{02} = \frac{\partial f}{\partial y'}(x,y,p)dy + \left(f(x,y,p) - p\frac{\partial f}{\partial y'}(x,y,p)\right)dx$$
$$= \left(f(x,y,p) + \frac{\partial f}{\partial y'}(x,y,p)(y'-p)\right)dx.$$ (12.54)

Ferner

$$I_{32} = f(x,y,y')dx.$$ (12.55)

Also

$$dS = -\left(f(x,y,y') - f(x,y,p) - \frac{\partial f}{\partial y'}(x,y,p)(y'-p)\right)dx$$
$$= -E(x,y,p,y')dx.$$ (12.56)

Wenn folglich die Bedingung

$$E(x,y,p,y') \geq 0$$ (12.57)

für alle Vergleichsbögen $y = y(x)$ erfüllt ist, dann ist dS/dx immer negativ, und die Lösung $y_0 = y_0(x)$ macht das gegebene Variationsintegral zu einem Minimum.

12.9.3 Der Feldbegriff

Im obigen Beweis nahm Weierstraß an, daß der minimierende Bogen $y_0 = y_0(x)$ in einen „Flächenstreifen" eingebettet ist, der $y_0(x)$ enthält und von einer Familie von Lösungen der Eulerschen Gleichung überdeckt wird. Diese Familie hat die Eigenschaft, daß es ein eindeutiges Element gibt, das den Anfangspunkt 0 und einen beliebigen folgenden Punkt in dem Gebiet verbindet. In seinem *Lehrbuch der Variationsrechnung* von 1900 führte Kneser den Begriff eines „Feldes von Extremalen" ein, um eine solche Familie von Kurven zu bezeichnen. Bei diesem Sprachgebrauch war Kneser offensichtlich vom physikalischen Feldbegriff inspiriert. In Faradays Schriften erstmals aufgetreten und von Maxwell und anderen weiterentwickelt, war der Begriff des Feldes spätestens Ende des Jahrhunderts zu einer Standardidee der theoretischen Physik geworden. Ein Extremalenfeld in der Variationsrechnung ist natürlich ein rein mathematisches Konstrukt und dient als begriffliches Hilfsmittel; die Beziehung zu wirklichen physikalischen Feldern besteht nur in einer Analogie. Lediglich in gewissen Spezialfällen, beispielsweise bei der Bewegung eines Teilchens, die durch eine Zentralkraft bewirkt und durch ein Variationsgesetz bestimmt ist, fallen die möglichen physikalischen Bahnen des Teilchens mit den Extremalen des mathematischen Feldes zusammen; in diesem Fall besitzt der mathematische Begriff eine direkte physikalische Interpretation, obwohl natürlich auch hier die Kraftlinien nicht dasselbe sind wie die Extremalen des Feldes. Im allgemeinen jedoch ist der Feldbegriff der Variationsrechnung abstrakter und steht nur in Analogie zum Konstrukt der Physiker.

12.10 Die Verfeinerung der Weierstraßschen Methoden

12.10.1 Hilberts invariantes Integral

Die Weierstraßschen Methoden erfuhren zwei signifikante Modifikationen durch die nachfolgenden Mathematiker. Die wichtigste war Hilberts Einführung des invarianten Integrals (1900c), um die Herleitung der hinreichenden Bedingung (12.57) zu vereinfachen.[7]

Angenommen, $y_0(x)$ ist eine Lösung der Eulerschen Gleichung, die durch die gegebenen Endpunkte geht. Es sei

$$I = \int_a^b f(x, y_0, y'_0) dx . \qquad (12.58)$$

Wir nehmen an, daß $y_0(x)$ so in ein Extremalenfeld eingebettet ist, daß es in jedem Punkt (x, y) eines gewissen Gebietes, das $y_0(x)$ enthält, eine wohlde-

---

[7] Zu Hilberts Untersuchungen auf dem Gebiet der Variationsrechnung, einschließlich seiner Einführung des invarianten Integrals, siehe Goldstine (1980, 314 - 330).

finierte Funktion $p(x,y)$ gibt, die das Gefälle der eindeutigen Extremalen angibt, welche durch den Anfangspunkt und (x,y) geht. Es sei $y(x)$ ein Vergleichsbogen, der mit $y_0(x)$ in $x = a$ und $x = b$ koinzidiert. $|y(x) - y_0(x)|$ ist klein, aber $|y'(x) - y'_0(x)|$ braucht dies nicht zu sein.

Man betrachte das Integral

$$I^* = \int_a^b \left(f(x,y,p) + \frac{\partial f}{\partial y'}(x,y,p)(y'-p) \right) dx . \tag{12.59}$$

Hilbert erkannte, daß I^* wegunabhängig ist, d. h., daß sein Wert nicht von der speziellen Funktion $y = y(x)$ abhängt, solange $y = y(x)$ in den Endpunkten mit $y_0(x)$ zusammenfällt. Längs der Kurve $y_0 = y_0(x)$ haben wir $y'_0(x) = p(x, y_0(x))$, und damit folgt, daß $I^* = I$. Also ist die Variation ΔI

$$\begin{aligned}\Delta I &= \int_a^b \left(f(x,y,y') - f(x,y_0,y'_0) \right) dx \\ &= \int_a^b \left(f(x,y,y') - f(x,y,p) - \frac{\partial f}{\partial y'}(x,y,p)(y'-p) \right) dx,\end{aligned} \tag{12.60}$$

d. h.

$$\Delta I = \int_a^b E(x,y,p,y') dx . \tag{12.61}$$

Wenn also die Bedingung

$$E(x, y, p(x,y), y') \geq 0 \tag{12.62}$$

für alle Vergleichsbögen $y = y(x)$ erfüllt ist, dann folgt, daß die Lösung $y_0(x)$ das gegebene Variationsintegral zu einem Minimum macht.

Der Schlüssel zu Hilberts Ableitung lag in der Einsicht, daß I^* invariant ist. Wir schreiben den Integranden von (12.59) in der Form

12 Die Genese der Variationsrechnung   479

$$\left(f(x,y,p)+\frac{\partial f}{\partial y'}(x,y,p)(y'-p)\right)dx$$
$$=\left(f(x,y,p)-p\frac{\partial f}{\partial y'}(x,y,p)\right)dx+\frac{\partial f}{\partial y'}(x,y,p)dy. \quad (12.63)$$

Hilbert stellte fest, daß die Bedingung der exakten Differenzierbarkeit, ausgedrückt mit Hilfe der partiellen Differentialgleichung

$$\frac{\partial}{\partial y}\left(f(x,y,p)-p\frac{\partial f}{\partial y'}(x,y,p)\right)=\frac{\partial}{\partial x}\left(\frac{\partial f}{\partial y'}(x,y,p)\right), \quad (12.64)$$

äquivalent ist zur Gültigkeit der Eulerschen Gleichung

$$\frac{\partial f(x,y,y')}{\partial y}-\frac{d}{dx}\frac{\partial f(x,y,y')}{\partial y'}=0 \quad (12.65)$$

längs der Kurven des Feldes, für die die Beziehung $dy/dx = p(x,y)$ gilt.

Obwohl Hilbert nicht erklärt, wie er auf die Idee des invarianten Integrals gekommen ist, ist ein naheliegender möglicher Ausgangspunkt in Transversalitätsbedingung zu sehen. Man betrachte das Integral

$$S(x,y)=\int_a^x f(x,y,y')dx, \quad (12.66)$$

wobei vorausgesetzt wird, daß S längs der eindeutigen Extremalen vom Anfangspunkt bis zum Punkt (x,y) berechnet wird. Wir haben $S(b,y_0(b))=I$.
Für $\delta y = dy$ und $\delta x = dx$, erhalten wir aus (12.42) die Beziehung

$$dS=\frac{\partial f}{\partial y'}dy+\left(f-\frac{\partial f}{\partial y'}y'\right)dx. \quad (12.67)$$

In dieser Formel ist die Größe y' in (x,y) gleich dem Gefälle $p(x,y)$ der Extremalen, die durch diesen Punkt geht. Damit dS ein exaktes Differential ist, muß die in (12.64) ausgedrückte Bedingung gelten. Eine Rechnung bestätigt Hilberts Feststellung, daß (12.64) für die Extremale, die durch den Punkt

(x, y) geht, äquivalent ist zur Gültigkeit der Eulerschen Gleichung in diesem Punkt.
Wir schreiben dS nunmehr in der Form

$$dS = \left(\frac{\partial f}{\partial y'} \frac{dy}{dx} + f - \frac{\partial f}{\partial y'} p \right) dx, \tag{12.68}$$

$$dS = \left(f(x, y, p) + \frac{\partial f}{\partial y'}(x, y, p)(y' - p) \right) dx. \tag{12.69}$$

Hier bezeichnet y' das Gefälle des Vergleichsbogens $y = y(x)$ in (x, y). Das von a bis b berechnete Variationsintegral ist daher durch die Formel

$$S(b, y_0(b)) = \int_a^b \left(f(x, y, p) + \frac{\partial f}{\partial y'}(x, y, p)(y' - p) \right) dx \tag{12.70}$$

gegeben. Die linke Seite von (12.70) ist gleich I, und die rechte Seite ist gleich I^*. Folglich haben wir bewiesen, daß I^* invariant ist.

Diese Ableitung basiert auf zwei Ideen. Die erste ist die Transversalitätsbedingung. Die zweite besteht darin, das Integral S als eine Funktion der Variablen x und y zu betrachten. Letztere hat eine ganz natürliche Basis in Hamiltons Konzeption einer Prinzipalfunktion (vgl. Abschnitt 12.12) Beltramis Erfindung des invarianten Intgrals im Jahre 1868 stand, wie in Thiele (1996) diskutiert, mit seinem Interesse an der Hamilton-Jacobischen Theorie in Verbindung. Auch Hilbert hat bei seiner Diskussion des invarianten Integrals in seinem Pariser Vortrag auf die Hamilton-Jacobischen Gleichungen und auf Knesers diesbezügliche Untersuchungen aufmerksam gemacht. Es stellt sich daher die Frage nach dem Platz der Hamilton-Jacobischen Theorie in Hilberts eigenen Untersuchungen. Bei einer Durchsicht von Hilberts Vorlesungen ab ca. 1900 fand Thiele (persönliche Mitteilung an den Verfasser; siehe auch dess. (1996)) keinen Hinweis auf ein bei Hilbert bestehendes Interesse an der Hamilton-Jacobischen Theorie. Hilbert scheinen vor allem die Zusammenhänge zwischen der Variationsrechnung und der Theorie der partiellen Differentialgleichungen interessiert zu haben. 1906 hat Hilbert dann eine Arbeit veröffentlicht, in der er sein Resultat bezüglich des invarianten Integrals auf die Hamilton-Jacobische Theorie angewandt hat.

12.10.2 Die moderne Sicht

Bei der Herleitung der notwendigen Bedingung (12.49) betrachtete Weierstraß den Bogen (0 3) (Abb. 12.4) als Extremale, d. h. als Lösung der Eulerschen Gleichung. Da der Punkt 3 verschieden von 2 sein muß, forderte er, daß es längs des Bogens (0 1) keinen zu 0 konjugierten Punkt gibt. Damit die gegebene Konstruktion ausgeführt werden kann, muß folglich die Jacobische Bedingung gelten.

Spätere Autoren, angefangen bei Goursat, gaben dann die Forderung, der benachbarte Bogen (0 3) sei eine Extremale, auf. Es wird nur gebraucht, daß er auf irgend eine bestimmte Weise gegeben ist. In modernen Lehrbüchern wird die Weierstraßsche notwendige Bedingung auf diese Weise hergeleitet. Heute ist sie als die zweite notwendige Bedingung bekannt, während die erste die Eulersche ist und die dritte und vierte die Legendresche und die Jacobische. Der Grund für diese Umstellung der ursprünglichen historischen Reihenfolge liegt darin, daß Legendres Bedingung von der Weierstraßschen abgeleitet werden kann, wenn bestimmte Stetigkeitsvoraussetzungen erfüllt sind.

Nichtsdestoweniger muß angemerkt werden, daß in Weierstraß' Herleitung die Jacobische Bedingung der Forderung (12.49) logisch vorausgeht. Demgemäß war in der ursprünglichen Weierstraßschen Theorie der Feldbegriff bei der Herleitung der notwendigen Bedingung, die von der Exzeß-Funktion Gebrauch macht, schon stillschweigend vorausgesetzt. Es gab daher einen inneren Zusammenhang zwischen seiner Ableitung dieser Bedingung und der komplizierten Analyse, die erforderlich ist, um zu beweisen, daß sie auch hinreichend ist. In der modernen Auffassung des Gebietes ist diese Einheit nicht mehr vorhanden. Die Weierstraßsche notwendige Bedingung wird hergeleitet, ohne Vergleichsextremalen heranzuziehen, und seine hinreichende Bedingung erhält man auf die oben beschriebene Weise durch das Hilbertsche invariante Integral.[8]

Mit Ausnahme des grundlegenden Falles $\int_a^b f(x, y, y')dx \to$ max./min. formulieren moderne Lehrbücher bei der Untersuchung hinreichender Lösungsbedingungen das allgemeine Variationsproblem meist als ein Lagrange-Problem. In der modernen Theorie wird man vergeblich nach einer Darstellung des traditionellen Falles $\int_a^b f(x, y, y', y'')dx \to$ max./min. suchen, der so detailliert von Euler, Jacobi und Hesse behandelt worden ist. Stattdessen werden

---

[8] In seinen „Vorlesungen" von 1904 stellte Bolza sowohl die ursprüngliche Weierstraßsche Herleitung der hinreichenden Bedingung (12.57) als auch die spätere Demonstration dar, die das Hilbertsche invariante Integral einbezieht. In der überarbeiteten Ausgabe der „Vorlesungen" von 1909 ist nur die zweite Demonstration verblieben.

diese Fälle als Optimierungsprobleme unter Nebenbedingungen aufgefaßt und unter die allgemeine und etwas dunkle Theorie für das Lagrange-Problem subsumiert. Als Ergebnis dieser Situation gibt es einen gewissen Kontrast zwischen dem elementaren Fall $n = 1$ und der allgemeinen Theorie.

12.11 Variationsmethoden in der Mechanik

In ihrer ganzen Geschichte war die Variationsrechnung eng mit der theoretischen Mechanik verknüpft. Statik und Dynamik lieferten Beispiele für die mathematische Theorie, und diese wiederum hat sich im Zusammenhang mit physikalischen Fragestellungen entwickelt. Um diese historische Wechselwirkung zu verstehen, wollen wir kurz die Arbeiten von Lagrange, Hamilton und Jacobi zur Dynamik untersuchen. Lagranges *Mécanique analytique* von 1788 war ein umfassendes Lehrbuch der Statik und Dynamik, das auf einer allgemeinen Fassung des Prinzips der virtuellen Arbeit beruhte. Dieses Prinzip wurde mit Hilfe des δ-Formalismus ausgedrückt und angewandt. Lagranges große technische Leistung bestand in der Ableitung der „Lagrangeschen" Form der Differentialgleichungen der Bewegung

$$\frac{\partial T}{\partial q_i} - \frac{d}{dt}\frac{\partial T}{\partial \dot{q}} = \frac{\partial V}{\partial q_i}, \qquad (12.74)$$

für ein System mit n Freiheitsgraden und verallgemeinerten Koordinaten q_i für $i = 1, \dots, n$. Die Größen T und V sind skalare Funktionen, die später als kinetische und potentielle Energie des Systems bezeichnet wurden. Die Vorzüge dieser Gleichungen sind allgemein bekannt: ihre Anwendbarkeit auf eine Vielzahl physikalischer Systeme; die Freiheit, geeignete Koordinatensysteme zu wählen, die Eliminierung der Zwangskräfte sowie ihre Einfachheit und Eleganz. Zusätzlich zu den wirkungsvollen neuen Untersuchungsmethoden bot Lagrange auch eine Diskussion der verschiedenen Prinzipien der Mechanik.

Die *Mécanique analytique* wurde eine wichtige Quelle der Inspiration für Hamilton und Jacobi. In den frühen 30er Jahren des 19. Jahrhunderts kam Hamilton bei der Untersuchung von Problemen der Teilchendynamik auf die Idee, ein gewisses Integral als eine Funktion des Anfangs- und Endwertes der Koordinaten zu betrachten. Er konnte zeigen, daß das auf diese Weise betrachtete Integral - die sogenannte Prinzipalfunktion - zwei partielle Differentialgleichungen erster Ordnung erfüllt.

12 Die Genese der Variationsrechnung 483

Hamiltons Theorie war ein sehr origineller und fruchtbarer Beitrag zur formalen Entwicklung der Dynamik. Er selbst sprach 1834 in einem Brief an seinen Freund William Whewell davon, daß er „die Mechanik revolutioniert habe" (Hankins 1980, XVIII). Hamilton hatte das große Glück, in Jacobi einen Leser zu finden, der sofort die Bedeutung seiner Arbeit erkannte und selbst ebenfalls ein außergewöhnlicher Mathematiker war. Jacobi griff Hamiltons „schöne Idee" auf und entwickelte eine überarbeitete, verbesserte Theorie. Während Hamilton die Erhaltung der mechanischen Energie (der „lebendigen Kräfte") gefordert hatte, stellte Jacobi fest, daß seine Gleichung ohne eine solche Voraussetzung abgeleitet werden kann. Ferner betonte Jacobi das Integrationsproblem und benutzte die Theorie der partiellen Differentialgleichungen, um eine Lösung der gewöhnlichen dynamischen Differentialgleichungen in Abhängigkeit von der Lösung der entsprechenden Hamilton-Jacobischen Gleichung zu gewinnen.

Jacobi beschränkte seine Untersuchung auf das Hauptproblem der analytischen Mechanik. 1858 nutzte Clebsch in seiner mathematischen Untersuchung der zweiten Variation einige Ideen der Hamilton-Jacobischen Theorie. Dabei gelang ihm eine einfache und allgemeine Darlegung der Jacobischen Herleitung der Hamilton-Jacobischen Gleichung. Mayer faßte in seiner einige Jahre später durchgeführten Untersuchung der zweiten Variation (siehe 12.6) ebenfalls einige der wesentlichen Ideen der Hamilton-Jacobischen Theorie zusammen. In den Schriften von Clebsch und Mayer wurde diese Theorie als mathematischer Gegenstand entwickelt, der im großen und ganzen unabhängig von der Mechanik ist.

Eine historische Darstellung der Hamilton-Jacobischen Theorie ginge über den Rahmen des vorliegenden Buches hinaus. Es sollte nicht unerwähnt bleiben, auf welche Weise der spätere Begriff des Extremalenfeldes in der Hamilton-Jacobischen Entwicklung implizit enthalten ist. In Clebschs Herleitung der Hamilton-Jacobischen partiellen Differentialgleichung wird vorausgesetzt, daß das gegebene Gebiet der x-y-Ebene von einer Familie von Kurven bedeckt ist, die Lösungen der Eulerschen Differentialgleichung sind; es wird ebenfalls implizit vorausgesetzt, daß es abhängig vom Anfangspunkt eine eindeutige Lösung in dem Gebiet gibt. Das Gefälle der Extremalen in jedem Punkt bedingt eine Feldfunktion, die in dem Gebiet wohldefiniert ist. Die Urform dieser Idee kann bis in Hamiltons ursprüngliche Herleitung seiner Prinzipalfunktion in seiner Schrift von 1834 (und noch früher in seinen Entwürfen) zurückverfolgt werden. Hamilton beschäftigte sich mit einem Problem der Dynamik und faßte sein Resultat nicht als ein Ergebnis der Variationsrechnung. Beispielsweise erforderte ein Schritt in seiner Herleitung der Hamilton-Jacobischen Gleichung, daß die von dem System verfolgte Trajektorie mithilfe der dynamischen Bewegungsgleichungen in kanonischen Koordinaten beschrieben wird. Als ein reines Problem der Variationsrechnung betrachtet, besagt dies, daß die Eulersche Variationsgleichung gilt und die gegebene Bahn eine Extremale ist.

Das in den späteren Jahren des 19. Jahrhunderts bestehende Interesse an der Hamilton-Jacobischen Theorie gründete sich anscheinend hauptsächlich auf ihre Rolle bei der Integration der Differentialgleichungen der Variationsrechnung. Clebsch und Mayer wandten bei ihrer Untersuchung der zweiten Variation eine spezielle Integration der Eulerschen Gleichungen in Abhängigkeit von den kanonischen Konstanten an. In mechanischen Untersuchungen konzentrierten sich die Bemühungen auf die Frage der Transformation der Koordinaten eines Systems, um Koordinaten zu erhalten, die eine leicht zu handhabende Lösung des Integrationsproblems boten.

Weierstraß scheint seine Untersuchungen auf dem Gebiet der Variationsrechnung einschließlich seiner Entwicklung der Feldmethoden größtenteils ohne ein besonderes Interesse an der Hamilton-Jacobischen Theorie durchgeführt zu haben. Obwohl einige Arbeiten von Beltrami mit dieser Theorie direkt in Zusammenhang standen, hat er anscheinend keinen großen Einfluß auf die hauptsächlich in Deutschland stattfindende Entwicklung des Gebietes ausgeübt. Knesers „Lehrbuch der Variationsrechnung" von 1900 war die erste größere Abhandlung, in der sowohl die Feldmethoden als auch die Hamilton-Jacobische Theorie dargestellt wurden. Später hat dann Carathéodory (1935) den Zusammenhang zwischen der Variationsrechnung, der Hamilton-Jacobischen Theorie und der Theorie der partiellen Differentialgleichungen systematisch untersucht.

12.12 Existenzfragen

Obwohl wir uns in diesem Überblick auf Variationsprobleme mit einfachem Integral konzentriert haben, erstreckt sich die Theorie in natürlicher Weise auf Probleme mit mehr als einer unabhängigen Veränderlichen. Es sei $u = u(x, y)$ und $p = \partial u/\partial x$, $q = \partial u/\partial y$. Angenommen, wir stehen vor dem Problem, das Integral

$$\iint_R f(x, y, p, q) \, dx \, dy \tag{12.75}$$

zu maximieren oder minimieren, wobei R ein Gebiet der x-y-Ebene ist und u einen vorgegebenen Wert auf dem Rand C von R annehmen soll. Die Lösung u muß die Eulersche Differentialgleichung

12 Die Genese der Variationsrechnung

$$\frac{\partial f}{\partial u} - \frac{\partial}{\partial x}\frac{\partial f}{\partial p} - \frac{\partial}{\partial y}\frac{\partial f}{\partial q} = 0 \qquad (12.76)$$

erfüllen.
Man nehme beispielsweise an, daß

$$f = \left(\frac{\partial u}{\partial x}\right)^2 + \left(\frac{\partial u}{\partial y}\right)^2 = p^2 + q^2. \qquad (12.77)$$

Dann reduziert sich die Eulersche Gleichung auf die Potential- oder Laplacesche Gleichung für die Funktion u:

$$\Delta u = \frac{\partial^2 u}{\partial x^2} + \frac{\partial^2 u}{\partial y^2} = 0. \qquad (12.78)$$

Im 19. Jahrhundert stieß man bei verschiedenen Fragen der Potentialtheorie und der komplexen Funktionentheorie (vgl. Kap. 6 und 7) auf das Problem, eine Funktion zu finden, die die Laplacesche partielle Differentialgleichung in einem gegebenen Gebiet erfüllt und auf dem Rand vorgegebene Werte annimmt. George Green, William Thomson und Peter Lejeune Dirichlet in der Potentialtheorie und Bernhard Riemann in der komplexe Funktionentheorie leiteten die Existenz einer solchen Funktion aus der Tatsache ab, daß sie die Lösung eines wohldefinierten Problems der Variationsrechnung wäre. Auf diese Weise wurde die Variationsrechnung zum Garanten für die Existenz einer Funktion, die in einem anderen Teil der Analysis gebraucht wurde. Diese Schlußweise erhielt von Riemann den Namen „Dirichletsches Prinzip".[9]

1870 erkannte Weierstraß, daß dieses Problem nicht immer eine Lösung hat.[10] Er betrachtete das Beispiel

$$\int_{-1}^{1} x^2 \left(\frac{dy}{dx}\right)^2 dx, \qquad (12.79)$$

wobei vorausgesetzt wird, daß die Werte von y bei $x = -1$ und $x = +1$ verschieden sind. Er zeigte, daß der Minimalwert Null niemals wirklich erreicht

---

[9] Zur Geschichte des Dirichletschen Prinzips siehe Kline (1972, 658 - 660, 682 - 687, 704 - 705), Monna (1975), Bottazzini (1986, 295 - 303) und Renteln 1996.
[10] Dieses Beispiel wird in Bottazzini (1986, 300 - 301) beschrieben.

wird, obwohl es möglich ist, zulässige $y = y(x)$ zu finden, die das Integral beliebig klein machen.

Das Weierstraßsche Resultat zog die Gültigkeit des Dirichletschen Prinzips als einer apriorischen Methode der Analysis in Zweifel, und für eine Zeit geriet das Prinzip in Verruf. In seinem Pariser Vortrag von 1900 forderte Hilbert im 20. Problem die weitere Untersuchung der Existenzfragen in der Variationsrechnung. In Aufsätzen, die zwischen 1901 und 1906 erschienen sind (siehe Monna 1975, 132) ließ er das Dirichletsche Prinzip wieder aufleben, indem er zeigte, daß das Variationsproblem unter bestimmten speziellen Bedingungen immer eine Lösung hat. Um dieses Ergebnis abzusichern, wandte er eine sogenannte „direkte" Methode an: anstatt die Eulersche Differentialgleichung abzuleiten und zu versuchen, ein Integral dieser Gleichung zu erhalten, zeigt man direkt mit einem passenden Grenzübergang, daß eine Lösung des ursprünglichen Variationsproblems existiert. Hilberts Untersuchung initiierte ein Forschungsprogramm in der Variationsrechnung des 20. Jahrhunderts, in dem Fragen der Existenz eine herausragende Rolle gespielt haben.[11]

---

[11] Einen Überblick über diese Entwicklung gibt Hildebrandt (1989).

13 Die Entstehung der Funktionalanalysis

Reinhard Siegmund-Schultze

13.1 Einführung

Dem Wesen nach war die Entstehung der Funktionalanalysis eine Übertragung einzelner oder mehrerer Begriffe wie Kompaktheit, Beschränktheit, Konvergenz, Abstand, Stetigkeit, Vollständigkeit, Dimension, Skalarprodukt, Linearität usw. vom n-dimensionalen euklidischen Raum R^n und den auf ihm erklärten Funktionen auf unendlichdimensionale „Funktionenräume" verschiedenen Typs und ihre „Operatoren".

Hierzu war ein „Übergang vom Endlichen zum Unendlichen" erforderlich, dessen konkrete Gestalt Gegenstand der Bemühungen und auch des Streits der frühen „Funktionalanalytiker" war. Vielfach wurden erst durch die Verallgemeinerung, durch die in der Tendenz axiomatische Definition der neuen Räume, in die sich der R^n als Spezialfall einordnete, das Verhältnis der ursprünglichen Begriffe, ihre partielle logische Abhängigkeit oder ihre Unabhängigkeit erkennbar. Begriffe wie der der Konvergenz diversifizierten sich, ehemals äquivalente Eigenschaften wie Beschränktheit und Kompaktheit fielen auseinander. Hinzu traten neue Grundprinzipien und Begriffe, die im Endlichen keinen Sinn besaßen (Hahn-Banachscher Fortsetzungssatz, Kategorientheorem, Separabilität) und nur mit Hilfe der Cantorschen Mengenlehre eingeführt werden konnten.

Wichtige Brücken des „Übergangs vom Endlichen zum Unendlichen" waren die verallgemeinerte geometrische Anschauung und Sprechweise (z.B. mit Hilfe des „Schmidtschen Orthogonalisierungsverfahrens"), der Analogiegedanke zur linearen Algebra und zur Theorie der reellen Funktionen sowie die Übernahme von Approximations-und Iterationsprinzipien (z.B. „Neumannsche Reihe").

Wesentliche und gleichwertige historische Stimuli der Entstehung der Funktionalanalysis waren konkrete Anwendungsprobleme einerseits und die eigengesetzliche Suche der Mathematik nach vereinheitlichenden, verallgemeinernden Gesichtspunkten andererseits (Abb. 13.1).

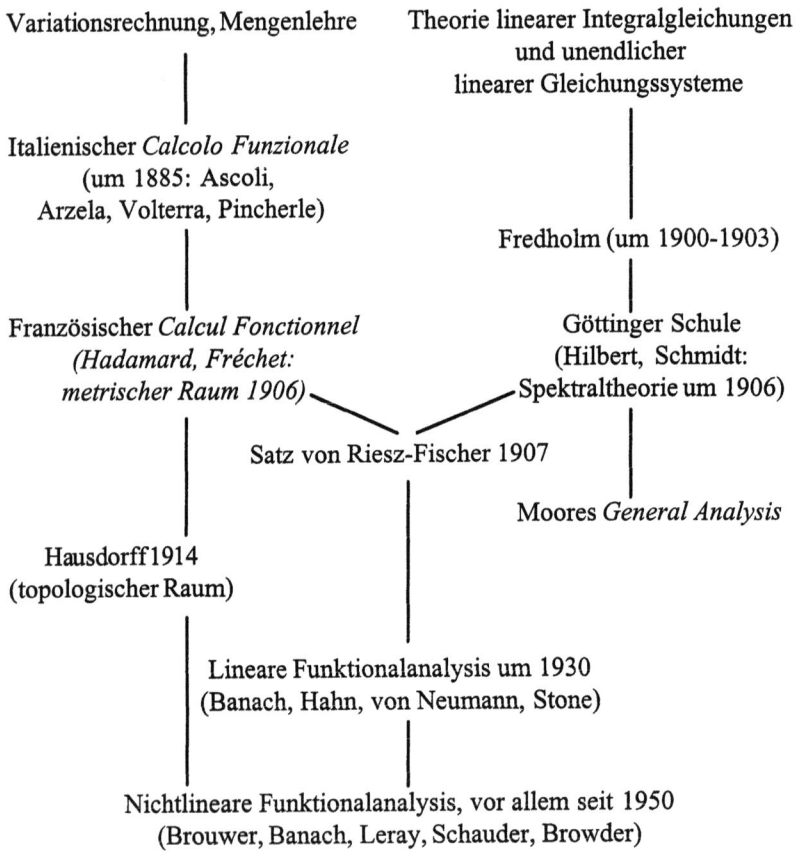

Abbildung 13.1 Die historischen Anfänge der Funktionalanalysis

13.2 Die Wurzeln in der Theorie linearer Gleichungssysteme und Integralgleichungen

Bei der Suche nach einer Lösung der partiellen Differentialgleichung $\Delta v = v_{xx} + v_{yy} = 0$ (Potentialgleichung) stieß der Franzose J. B. Fourier 1822 in der Wärmetheorie auf ein unendliches lineares Gleichungssystem

$$\sum_{q=1}^{\infty} a_{pq} x_q = c_p \quad p = 1, 2, \ldots \tag{13.1}$$

Er fand die Lösung ($x_1, x_2, \ldots$) dieses Systems, indem er $x_k = 0$ und $c_k = 0$ für $k > n$ setzte, für festes n die Lösung des endlichen (!) Systems berechnete, das aus den ersten n Gleichungen besteht, und dann n gegen unendlich gehen ließ. Dieses Verfahren ist nicht streng, und Fouriers Erfolg beruhte darauf, daß die Koeffizienten a_{pq} und c_p in seinem konkreten Anwendungsproblem günstige Werte hatten.

Dies zeigt anschaulich folgendes Beispiel des Österreichers Eduard Helly aus dem Jahre 1921 (Monna 1973, 10):

$$\begin{aligned} x_1 + x_2 + x_3 + \ldots &= 1 \\ x_2 + x_3 + \ldots &= 1 \\ x_3 + \ldots &= 1 \\ \ldots &= 1. \end{aligned} \tag{13.2}$$

Das System der ersten n Gleichungen hat die Lösung $x_i = 0$ ($i < n$), $x_n = 1$, aber (13.2) hat nicht die Lösung $x_i = 0$ ($i=1,2,\ldots$), sondern ist unlösbar.

Der Grundgedanke Fouriers jedoch erwies sich als fruchtbar. Er wurde auch von dem Amerikaner George William Hill 1877 beim Studium der Mondbewegung benutzt (Heuser 1986, 612) und von H. Poincaré (1886) und Helge von Koch (1890) in einer Theorie unendlicher Determinanten streng ausgearbeitet (Dieudonné 1981, 77 ff., Bernkopf 1968).

In der Potentialtheorie („Dirichletsche Randwertprobleme") hatten in Arbeiten des Physikers A. Beer (1856) und von Carl Neumann (1877) sogenannte „Integralgleichungen" (die Bezeichnung stammt von P. Du Bois-Reymond) Bedeutung erlangt. Schon Beer hatte erkannt, daß die „Integralgleichung 2. Art" (Bezeichnung von D. Hilbert)

$$x(s) + \int_a^b K(s,t) \; x(t) \; dt = f(s), \tag{13.3}$$

wo x, f, und K stetig und x unbekannt sind, mit Hilfe der Methode der sukzessiven Approximation („Neumannsche Reihe") behandelt werden konnte.

Auf die Möglichkeit, Integralgleichungen als Grenzfälle unendlicher linearer Gleichungssysteme zu deuten, wies der Italiener Vito Volterra 1896 erstmals hin. Er sprach dabei von einem „passagio dal discontinuo al continuo" (Heuser 1986, 616).

Der Schwede Ivar Fredholm führte diesen Analogiegedanken zwischen 1900 und 1903 systematisch durch (Fredholm 1903). Er faßte (13.3) als Grenzfall des diskretisierten Problems

$$x_p + \sum_{q=0}^{n} \frac{1}{n} K_{pq} x_q = f_p \; (p = 1, 2, \ldots) \tag{13.4}$$

auf, wo x_p, f_p und K_{pq} die Werte der stetigen Funktionen x, f und K an Zwischenstellen der in n Abschnitte unterteilten Intervalle $[a,b]$ bzw. (im Fall von K) der n^2 Teilquadrate von $[a,b] \times [a,b]$ sind. Fredholm gab mit Hilfe unendlicher Determinanten Lösungsformeln für (13.3) an und formulierte unter Verwendung von Orthogonalitätsrelationen die berühmte „Fredholmsche Alternative". Diese stellt einen Zusammenhang zwischen der Lösbarkeit der „homogenen" ($f(s) \equiv 0$) und inhomogenen Integralgleichung (13.3) her. Bei Fredholm sind auch Ansätze einer Theorie von Operatoren in Funktionenräumen erkennbar.

13.3 Die Wurzeln in der Variationsrechnung und der italienische *calcolo funzionale*

Geläufiger war dieser Gedanke in der schon älteren, traditionsreichen Variationsrechnung, der zweiten Hauptquelle der Funktionalanalysis. In der Variationsrechnung waren konkrete „Funktionale" (die Bezeichnung *fonctionnelle* stammt von Jacques Hadamard), also Funktionen, die auf Mengen von Funktionen erklärt sind, seit über einem Jahrhundert untersucht worden.

Es war ebenfalls Volterra, der 1887 versuchte, allgemeine Gesichtspunkte herauszuarbeiten und sogenannte „Linienfunktionen" (*funzione di linee*)

13 Die Entstehung der Funktionalanalysis

$y = y[\![\Phi(x)]\!]$ zu analysieren, wobei y und Φ durch allgemeine Eigenschaften und nicht (wie in der Variationsrechnung) konkret gegeben waren (Volterra 1887). Die „Linie" war dabei im einfachsten Fall der Graph einer Funktion $\Phi(x)$, dem durch die „Linienfunktion" ein Zahlenwert zugeordnet wurde. Volterra definierte „Ableitungen" seiner Linienfunktionen, wobei er letztlich wie in der klassischen Variationsrechnung nach einem Parameter differenzierte, und er versuchte sogar, die Linienfunktionentheorie in Analogie zur (komplexen) Riemannschen Funktionentheorie aufzubauen (Siegmund-Schultze 1982, 40 ff.).

Diese Bemühungen hatten, anders als in der Integralgleichungstheorie, wenig Bedeutung für die Anwendungen. Hadamard sagte über Volterras Motive:

„Warum wurde der große italienische Mathematiker dazu geführt, mit Funktionen zu operieren, wie die Infinitesimalrechnung mit Zahlen operiert hatte?... Nur deshalb, weil er erkannte, daß dies eine harmonische Methode war, die Architektur des mathematischen Gebäudes zu vervollkommnen." (Hadamard 1945, 129)

Aber Volterras „Verallgemeinerung um ihrer selbst willen" hatte wegen der unzureichenden Klärung der topologischen Grundlagen der zugehörigen Funktionenräume im Detail kaum Wirkung auf den Entstehungsprozeß der Funktionalanalysis. Das von Volterras geistigem Anhänger Paul Lévy unternommene groß angelegte Studium von (verallgemeinerten) Differentialgleichungen in Funktionalableitungen blieb weitgehend unfruchtbar. Lévy sprach dabei von einem *passage du fini à l'infini*. Hier wurde jeder Satz der *analyse fonctionnelle* (diese Bezeichnung führte Lévy in seinem Buch von 1922 ein) als Grenzfall eines Satzes über Funktionen von n Variablen aufgefaßt, wobei diese Variablen strikt als Funktionswerte von traditionellen Funktionen an Stützstellen immer feiner werdender Intervallunterteilungen gedeutet wurden.

Was von Volterras *funzione di linee* blieb, waren lediglich der allgemeine Begriff und die Erkenntnis der Notwendigkeit der Analyse der Definitionsmengen dieser verallgemeinerten Funktionen.

13.4 Der mengentheoretische Impuls und Fréchets *analyse générale*

Diese Notwendigkeit wurde schon von Volterras Schüler Cesare Arzelà erkannt, der 1889 versuchte, grundlegende Weierstraßsche Sätze über stetige Funktionen auf Linienfunktionen zu übertragen (Arzelà 1889). Arzelà konnte sich dabei auf eine Arbeit Giulio Ascolis aus dem Jahre 1884 stützen, in der

der Weierstraßsche Häufungsstellensatz (also die Eigenschaft der Kompaktheit) auf Mengen gleichgradig stetiger und gleichmäßig beschränkter Funktionen übertragen worden war. Vielleicht ist Ascolis Satz das erste substantielle Resultat über unendlichdimensionale Funktionenräume (Ascoli 1884).

Mit der Herausarbeitung des Unterschieds zwischen gewöhnlicher (punktweiser) und gleichmäßiger Konvergenz von Funktionenfolgen waren solche „Räume" (soweit man sie überhaupt schon so nennen kann) vor allem in der Fourieranalysis allmählich aufgetaucht. Bernhard Riemann gab in seinem berühmten Habilitationsvortrag *Über die Hypothesen, welche der Geometrie zu Grunde liegen* von 1854 in einer Nebenbemerkung erstmals einen deutlichen Hinweis:

„Es gibt indess auch Mannigfaltigkeiten, in welchen die Ortsbestimmung nicht eine endliche Zahl, sondern entweder eine unendliche Reihe oder eine stetige Mannigfaltigkeit von Grössenbestimmungen erfordert. Solche Mannigfaltigkeiten bilden z.B. die möglichen Bestimmungen einer Function für ein gegebenes Gebiet, die möglichen Gestalten einer räumlichen Figur u.s.w." (Riemann 1854a, 308)

Karl Weierstraß' Approximationssatz von 1885, wonach jede stetige Funktion durch eine gleichmäßig konvergente Reihe über Polynome dargestellt werden kann (Siegmund-Schultze 1988), war nach Ascolis Satz ein weiteres bedeutendes Resultat. Die zwischen 1874 und 1884 entstandene Mengenlehre von Georg Cantor erwies sich immer deutlicher als notwendige Grundlage des Studiums unendlichdimensionaler Funktionenmengen, sowohl in allgemeiner methodischer Hinsicht, als auch hinsichtlich der Verallgemeinerung des Begriffs der die Räume bildenden Funktionen (z.B. Lebesguescher Integralbegriff). Die Schlußweise des Satzes von Ascoli ist beispielsweise eng mit der des sogenannten „2. Cantorschen Diagonalverfahrens" verwandt.

Ein Stimulus für die Beschäftigung mit den unendlichen Funktionenmengen waren auch die Bemühungen um die Rechtfertigung des „Dirichletschen Prinzips" der Variationsrechnung. Darauf wies Arzelà 1889 hin. Die bedeutendsten Arbeiten in dieser Richtung waren die von David Hilbert um 1900, in denen ganz analog zur Ascolischen Schlußweise die „direkten Methoden" der Variationsrechnung begründet wurden.

Arzelàs Arbeit war ein unmittelbarer Anknüpfungspunkt für die „analyse générale" des Franzosen Maurice Fréchet, der die Bezeichnung, aber nicht den Inhalt seiner Theorie um 1925 von dem Amerikaner E. H. Moore übernahm (Abschnitt 13.7). Fréchet führte in seiner epochemachenden Dissertation von 1906 den Begriff des abstrakten metrischen Raums ein (die Bezeichnung stammt von F. Hausdorff 1914), untersuchte auf ihm abstrakte (halbstetige) Funktionale und formulierte den Begriff der „Kompaktheit" abstrakt (Fréchet 1906). Im Hintergrund stand Fréchets Lehrer Jacques Hadamard, der bereits 1897 auf dem Internationalen Mathematikerkongreß von Zürich vorgeschlagen hatte, „ein neues Kapitel der Mengenlehre" zu schaffen, das man heute als mengentheoretische Topologie bezeichnen würde. Besonders einflußreich auf diesem Gebiet sollte das Buch Felix Hausdorffs von 1914 werden.

13.5 Pioniertaten ohne Wirkung: G. Peanos und S. Pincherles Axiomatik unendlichdimensionaler Vektorräume

Die Schilderung der Arbeiten der Italiener zur frühen Funktionalanalysis wäre unvollständig, würde man nicht Salvatore Pincherle erwähnen, der den Begriff *calcolo funzionale* einführte und in seinem Buch von 1901 von einer *geometria dello spazio funzionale* sprach. Der Form nach standen Pincherles Arbeiten unter allen italienischen Beiträgen der axiomatischen Funktionalanalysis am nächsten. Pincherle arbeitete in den 90er Jahren eine formale Theorie „distributiver Operationen", d.h. linearer Operatoren in unendlichdimensionalen Vektorräumen aus. Diese Räume waren bereits 1888 von Pincherles Landsmann Giuseppe Peano in Anknüpfung an Hermann Grassmanns *Ausdehnungslehre* von 1844 streng axiomatisch eingeführt worden (Monna 1973, 120). Pincherle stand aber eher in der Tradition der Leibnizschen und d'Alembertschen abstrakten Operatorentheorie. Seine Arbeiten blieben von geringem Einfluß auf die Entwicklung der Funktionalanalysis. Auch der Begriff des axiomatischen unendlichdimensionalen Vektorraums wurde erst in den 20er Jahren in der Banach-Schule wiederentdeckt, als die lineare Funktionalanalysis ein entsprechendes Entwicklungsniveau hatte und solche allgemeinen Begriffe wirklich benötigte (Vgl. Moore 1995, 277 ff.).

13.6 David Hilberts Integralgleichungstheorie und ihre Vereinfachung durch E. Schmidt

Mit Fréchets Dissertation von 1906 war ein Stück moderner Funktionalanalysis geschaffen. Im folgenden ging es um die inhaltliche Auffüllung und Erweiterung der Theorie.

Es war vor allem der Ungar Frigyes Riesz, der, gestützt auf den Fréchetschen Abstandsbegriff, die Beziehungen zwischen der französischen Schule der reellen Funktionen (vor allem H. Lebesgue) und der Göttinger Schule der Theorie der linearen Integralgleichungen herstellte (vgl. unten Abschnitt 13.8). Diese Göttinger Schule wurde von David Hilbert angeführt, der vielleicht der wichtigste Vertreter der frühen Funktionalanalysis überhaupt ist.

Hilbert wurde am 23. Januar 1862 in Königsberg in Ostpreußen geboren, studierte und promovierte an der dortigen Universität und gelangte an ihr 1893 zu einer vollen Professur. 1890 hatte er mit einer grundlegend neuen Beweismethode in der Invariantentheorie für Aufsehen gesorgt, die auf nichtkonstruktiven Existenzaussagen beruhte. Hilbert wurde 1895 nach Göttingen berufen, wo er bis zu seinem Tode am 14. Februar 1943 wirkte. Er gilt als ein Wegbereiter der axiomatischen Methode, die er zunächst für die Grundlagen der Geometrie entwickelte, worüber er 1899 ein bahnbrechendes Buch veröffentlichte. Auch in seinen fundamentalen Arbeiten in Zahlentheorie und Logik offenbarte sich seine axiomatische Denkweise, die er außerdem in Ansätzen für die mathematische Physik fruchtbar machte. Allerdings war Axiomatik bei Hilbert eher eine allgemeine, auf die Grundlagen großer Theoriebereiche gerichtete Methode und kaum im Sinne der später aufkommenden „Strukturmathematik" auf der Ebene speziellerer mathematischer Einzelobjekte verankert. So stammt auch der Begriff des „Hilbertraums" in seiner modernen, axiomatisierten Form erst aus den 1920er Jahren (John von Neumann, vgl. Abschnitt 13.11), obwohl er in konkreter Form von Hilberts Schülern seit 20 Jahren verwendet worden war und seinen Namen früh erhalten hatte. Hinsichtlich der axiomatischen Durchdringung der Integralgleichungstheorie ging bereits Hilberts Schüler Erhard Schmidt seit 1905 einen wesentlichen Schritt weiter.

In Göttingen hatte David Hilbert in sechs berühmten „Mitteilungen" zwischen 1904 und 1910 die Integralgleichungstheorie völlig neu begründet (Hilbert 1912). 1904 leitete er die Fredholmschen Resolventen erstmals streng her. Für den besonders wichtigen Fall symmetrischer Kerne $K(s,t)=K(t,s)$ nutzte Hilbert die Analogie zur Eigenwerttheorie der linearen Algebra aus, führte einen Parameter vor dem Summenzeichen in (13.4) ein und verallgemeinerte so das „Hauptachsentheorem" auf Integraloperatoren mit stetigen Funktionen. Dies war die von Hilbert so genannte „Fundamentalformel", die im endlichen Fall der Hauptachsentransformation der linearen Algebra entspricht (e_i sind Eigenwerte, E_i die zugehörigen Eigenfunktionen):

$$\int\int K(s,t)\, x(s)\, y(t)\, ds\, dt$$
$$= \sum_{i}^{\infty} e_i \int x(s)\, E_i(s)\, ds \int y(t)\, E_i(t)\, dt. \qquad (13.5)$$

13 Die Entstehung der Funktionalanalysis

Der Grenzübergang vom Hauptachsentheorem zu (13.5) mittels der Theorie unendlicher Determinanten entsprach bei Hilbert in etwa der Volterra- Lévyschen Art beim Übergang von (13.4) zu (13.3).

Schmidt dagegen wählte in seiner Dissertation von 1905 eine ganz andere Methode (Schmidt 1907). Er stellte, gestützt auf allgemeine Integralungleichungen in Anlehnung an F. W. Bessel und H. A. Schwarz, Aussagen über die Existenz von Eigenwerten und Eigenfunktionen der symmetrischen Integraloperatoren an den Anfang und erschloß daraus gewissermaßen „synthetisch-axiomatisch" die Hilbertsche „Fundamentalformel". Ein wesentliches Zwischenresultat ist für Schmidt 1905 der fundamentale Entwicklungssatz („Hilbert-Schmidt-Theorem") für Integraloperatoren mit symmetrischem Kern K nach Reihen in Eigenfunktionen E_i des Operators:

$$\int K(s,t)\, x(t)\, dt = f(s) = \sum_{i=1}^{\infty} E_i(s) \int f(t)\, E_i(t)\, dt. \qquad (13.6)$$

Dieses Entwicklungstheorem war für Hilbert 1904 lediglich eine *Folge* seiner aus dem Endlichen verallgemeinerten Fundamentalformel (13.5), die er aber nur unter einer speziellen Voraussetzung („Allgemeinheit" des Kerns K) ziehen konnte. Ein historischer Vergleich der Beweise des Hilbert-Schmidt-Theorems durch Hilbert 1904 und Schmidt 1905 offenbart somit auch die inhaltlichen Vorteile des „moderneren", sofort auf die allgemeinen, strukturellen Eigenschaften des Funktionenraums gerichteten Vorgehens von Schmidt (Vgl. Abb. 13.2, Details in Siegmund-Schultze 1986).

Hilbert 1904	Schmidt 1905
Hauptachsentheorem der linearen Algebra | (traditioneller Grenzübergang) | „Fundamentalformel" (13.5)	Existenz eines Eigenwertes für symmetrische Kerne, Orthogonalität der Eigenfunktionen
| („analytische" Methode, d.h. fortwährende Spezialisierung von (13.5) |	| („synthetische" Methode, d.h. „Zusammensetzen" und volle Ausnutzung der axiomatischen Grundeigenschaften)
| Zusatzbedingung: „Allgemeinheit" des Kerns: starke Einschränkung ↓ Hilbert-Schmidt-Th. (13.6) (mit obiger Einschränkung)	| | | ↓ Hilbert-Schmidt-Th. (13.6) (in voller Allgemeinheit) ↓ Hilberts FF (13.5)

Abbildung 13.2: Der Beweis des Hilbert-Schmidt-Theorems durch Hilbert und Schmidt 1904/5 (stark vereinfachte Darstellung)

Bei Schmidt traten die orthogonalen Funktionensysteme (13.8) deutlicher hervor, die bereits Hilbert 1904 in Anknüpfung an die Fourieranalysis eingeführt hatte.

In der Tendenz wurde damit die Lösung von (13.3) auf die Lösung des unendlichen linearen Gleichungssystems (13.7) zurückgeführt:

$$x_p + \sum_{q=1}^{\infty} K_{pq} x_q = f_p \ (p = 1, 2, \ldots) \tag{13.7}$$

Dabei waren x_p, f_p nicht mehr wie in (13.4) als Funktionswerte an Stützstellen deutbar (man beachte den Faktor $1/n$ in (13.4)), sondern „Fourier-Koeffizienten", die durch Vermittlung eines „orthogonalen, normierten und vollständigen Funktionensystems" { Φ_p } im Raum der stetigen Funktionen $C\,[a,b]$ definiert waren:

$$x_p = \int_a^b \Phi_p(t)\,dt, \quad \int_a^b \Phi_i \Phi_j \, dt = \delta_{ij} \qquad (13.8)$$

wobei δ_{ij} das Kroneckersche Delta ist. Sie unterlagen deshalb auch den Konvergenzbeschränkungen $\sum x_p^2 < \infty$ und $\sum f_p^2 < \infty$, und damit wurde der Raum der „quadratisch summierbaren" Zahlenfolgen l^2 allmählich Gegenstand der Untersuchung. Ausführlich wurde diese Theorie in Hilberts 4. Mitteilung von 1906 entwickelt, der vielleicht inhaltsreichsten Arbeit der frühen Funktionalanalysis, die erst Ende der 20er Jahre ihre wirkliche Bedeutung offenbaren sollte (vgl. Abschn. 13.11).

13.7 Der verfehlte Versuch einer Synthese durch einen Außenseiter: die *General Analysis* von E. H. Moore

Der US-Amerikaner Eliakim Hastings Moore entwickelte seit etwa 1906, maßgeblich angeregt von Peano, Fréchet, Hilbert und Pincherle, eine *General Analysis*, die alle bekannten Ansätze einer verallgemeinerten Analysis unter einheitlichen Gesichtspunkten zusammenfassen wollte (Moore 1909, Siegmund-Schultze 1998). Im wesentlichen handelte es sich dabei um eine Theorie von Klassen von (zahlenwertigen) Funktionen einer allgemeinen (also zunächst nicht genauer spezifizierten) Variablen. Moore fragte danach, welche Einschränkungen und konkreten Spezifizierungen der betrachteten Funktionenmengen und Operatoren notwendig waren, um die Inhalte der Fréchetschen und Hilbertschen Theorien zu reproduzieren (Bolza 1914). Da Moore diese Einschränkungen und Spezifizierungen jedoch formal und rein postulatorisch, sowie nicht konstruktiv und „von oben herab" einführte, gelang ihm weder die Reproduktion der Allgemeinheit der Fréchetschen Theorie (da Moores „Räume" schon zu kompliziert waren), noch eine Wiederherstellung der inhaltlichen Vielfalt und Tiefe der Hilbert-Schmidtschen Integralgleichungstheorie, da sein Ansatz dafür zu formal war. Ein Hauptgrund für das Mißlingen der Synthese war Moores Verzicht auf H. Lebesgues neuen Integralbegriff.

Obwohl Moores Zeitgenossen die zum Teil an Peanos Logikkalkül angelehnte ungewöhnliche Symbolik der *General Analysis* verwirrend fanden, sahen sie dennoch nicht die Erfolglosigkeit der Mooreschen Theorie voraus. Die Franzosen Hadamard und Fréchet vermuteten zeitweilig in Moores Arbeiten sogar einen erfolgversprechenden Mittelweg, der einer schon manchmal fühlbar werdenden übermäßigen Abstraktheit der Funktionalanalysis vorbeugen könnte. Fréchet übernahm um1925 Moores Bezeichnung *General Analysis* für seine eigene, freilich ganz andersartige Theorie (Abschnitt 13.4).

Dennoch ist von Moores Theorie etwas mehr geblieben als ihr Name (der später auch unüblich wurde), und zwar genau an der Stelle, wo sie den Übergang zu einer allgemeinen Topologie der Punktmengen suchte (Moore 1910). Moores Schüler E. W. Chittenden (vgl. Aull 1981), T. H. Hildebrandt und R. L. Moore nutzten vor allem die in Moores allgemeinerer Theorie enthaltenen Ansätze für ihre Untersuchungen der Metrisierbarkeit topologischer Räume. In dieselbe Richtung wies Moores allgemeiner Grenzwertbegriff (1915), den er zusammen mit seinem Schüler H. L. Smith 1922 zu der heute Moore-Smith-Konvergenz genannten Grenzwerttheorie weiterentwickelte, die sich maßgeblich auf den Begriff der Ordnung in allgemeinen Mengen stützt.

Allerdings setzten diese Verallgemeinerungen einen vorherigen Verzicht auf die methodologische Bindung an die Abzählbarkeit voraus, die Moores ursprünglichem Integralbegriff noch eigen war. Die Erfolglosigkeit der früheren Arbeiten Moores war zum Teil anscheinend auf die relative Isolation der jungen amerikanischen Mathematik und auf ein übertriebenes Unabhängigkeitsstreben ihres damaligen Hauptvertreters E. H. Moore zurückzuführen. Die späteren Arbeiten Moores zur *General Analysis*, die zum großen Teil erst posthum 1935/39 veröffentlicht wurden, konnten das Hauptprojekt der Verallgemeinerung der klassischen Analysis kaum noch beeinflussen, das inzwischen wesentlich durch Riesz, Banach und von Neumann vorangetrieben worden war.

13.8 F. Riesz' Synthese der Fréchetschen *analyse générale* und der Hilbert-Schmidtschen Integralgleichungstheorie

Die neue Art des „Übergangs vom Endlichen zum Unendlichen", die Hilbert in seiner 4. Mitteilung entwickelt hatte, entsprach nicht mehr dem Volterra-Lévyschen Vorgehen. Lévy äußerte an der neuen Stufe der Abstraktheit, die durch die Zwischenschaltung der unendlichen Parameterfolgen, der Elemente des l^2, erreicht wurde, deutliche Kritik.

Doch vom Standpunkt der *analyse générale* aus war die Hilbertsche Theorie noch nicht abstrakt genug, wie Fréchet kritisch bemerkte. Es ging darum, die unendlichstufige Dimensionalität in allgemeine, axiomatische Eigenschaften abstrakter Punktmengen zu überführen. Einen Schritt in diese Richtung tat Schmidt mit seiner Arbeit von 1908, die die Sprache der Geometrie (Projektion, Zerlegung, Orthogonalität, Skalarprodukt) in den „Hilbertraum" l^2 einführte und deutlich zwei verschiedene Konvergenzbegriffe, die gewöhnliche und die „starke Convergenz", unterschied (Schmidt 1908).

Ein entscheidendes Resultat auf diesem Weg war der sogenannte Satz von F. Riesz und Ernst Fischer aus dem Jahre 1907, demzufolge bei geeigneter Verallgemeinerung des Konvergenz- und des Integralbegriffs umgekehrt jedem Element aus l^2 auch eine Funktion entspricht, deren Fourier-Koeffizienten die Komponenten jenes Elements aus l^2 sind. Dieser Satz konnte nur auf der Grundlage der inzwischen erfolgten Verallgemeinerung des Integralbegriffs durch den Franzosen Henri Lebesgue (1902) bewiesen werden (Kapitel 9). Durch den Nachweis der Isomorphie des l^2 und des L^2, des Raums der nach Lebesgue quadratisch integrierbaren Funktionen, war der Begriff des Hilbertraums, dessen Abstandsnorm durch ein Skalarprodukt erzeugt wird, begründet.

Bis zu diesem historischen Zeitpunkt waren lediglich (meist stetige, häufig lineare) Funktionale, also Operatoren mit Zahlenwerten, auf l^2 bzw. auf C betrachtet worden. Auch die Hilbertschen Bilinearformen („Funktionen von unendlich vielen Variablen") im l^2, die die Integraltransformationen in (13.3) vertraten, waren ja als (sogar stetige) Funktionale deutbar. Es war nun die Beantwortung der Frage nach der allgemeinen Form der linearen und (in Bezug auf die Abstandsnorm) stetigen Funktionale auf jenen Räumen sehr wünschenswert. Dies stand in engem Zusammenhang mit den sogenannten Momentenproblemen der Wahrscheinlichkeitsrechnung. Momentenprobleme fragen nach den Bedingungen der Eindeutigkeit von Verteilungsfunktionen, deren „Momente" (gewisse Integrale der Verteilungsdichten) vorgegebenen Zahlenfolgen entsprechen sollen.

Zu gegebenen Funktionen $f_n(x)$ (zum Beispiel Potenzfunktionen x^n) und Zahlen a_n wurden Funktionen Φ bzw. α gesucht, die

$$\int_a^b f_n(x) \, \Phi(x) \, dx = a_n \qquad (13.9)$$

bzw.

$$\int_a^b f_n(x) \, d\, \alpha(x) = a_n \qquad (13.10)$$

für $n = 1,2,...$ erfüllen.

In berühmten „Darstellungssätzen" zeigten unabhängig voneinander Fréchet und F. Riesz 1907 für den Hilbertraum L^2 $[a,b]$ sowie F. Riesz 1909 für den C $[a,b]$, daß jedes lineare und stetige Funktional in L^2 durch ein Integral (13.9) und in C durch ein „Stieltjesintegral" (13.10) (nach einer Arbeit des Holländers Th. J. Stieltjes von 1894) dargestellt werden kann, wobei $f_n(x)$ für das Argument des Funktionals steht. Die Momentenprobleme konnten also so verstanden werden, daß lineare und stetige Funktionale gesucht waren, die auf dem gesamten zugrundeliegenden Funktionenraum erklärt sind und auf der endlichen oder unendlichen Teilmenge $\{f_1, f_2,...\}$ vorgeschriebene Werte annehmen.

Riesz verallgemeinerte das Problem 1910 nochmals, indem er für die $f_n(x)$ aus (13.9) $p/(p-1)$-fach Lebesgue-integrierbare Funktionen und für die $\Phi(x)$ p-fach Lebesgue-integrierbare Funktionen zuließ ($p > 1$) und damit den neuen, linearen und normierten Funktionenraum L^p einführte, der für $p \neq 2$ kein Hilbertraum ist (Riesz 1910).

Riesz gab allgemeine Bedingungen für die Lösung der Momentenprobleme an, die in die Richtung des fundamentalen „Satzes von Hahn und Banach" wiesen, der 1927 von Hans Hahn und 1929 von Stefan Banach für abstrakte, axiomatische lineare und normierte Räume bewiesen wurde. Dieser Satz, der allgemein nur mit Hilfe des Auswahlaxioms der Mengenlehre begründet werden kann, sichert die Existenz einer genügend inhaltsreichen Theorie des „dualen Raums", der Menge der linearen und stetigen Funktionale des jeweiligen Raums.

Riesz' Darstellungssatz von 1909 und seine Theorie des L^p hatten die Theorie der linearen und stetigen Funktionale zu einem gewissen Abschluß gebracht und zugleich den funktionalanalytischen Zugang zur Integrationstheorie begründet.

Riesz' Arbeit von 1910 bedeutete aber auch den Startpunkt der modernen Operatorentheorie.

13.9 Der Beginn der Operatorentheorie bei Riesz

Riesz' Arbeit von 1910 fußt auf der Tatsache, daß L^2 mit dem dualen Raum von L^p identifiziert werden kann, wenn $1/q + 1/p = 1$ ($p,q > 1$). Folglich existiert für L^2 keine eigentliche Dualitätstheorie, da dieser Raum zu sich selbst dual ist. Der verallgemeinerte Darstellungssatz für Funktionale in L^p gab Riesz die Möglichkeit, Transformationen (Operatoren) T in L^p „transponierte" (heute „adjungierte") Transformationen T^* in L^q durch folgende Gleichung zuzuordnen:

$$\int_a^b T(f(x)) \, g(x) \, dx = \int_a^b f(x) \, T^*(g(x)) \, dx , \qquad (13.11)$$

wobei f aus L^p und g aus L^q sind. Auf diese Weise konnten „Funktionsgleichungen" in L^p.

$$T(f(x)) = \Phi(x), \qquad f(x) \text{ unbekannt}, \qquad (13.12)$$

auf Momentenprobleme in L^q zurückgeführt werden. Eine besondere Rolle spielten dabei diejenigen Operatoren, die Riesz in Anknüpfung an Hilberts 4. Mitteilung von 1906 „vollstetig" nannte. Hilbert hatte dort solche Funktionale $F(x_1,x_2,...)$ in l^2 als vollstetig bezeichnet, die nicht nur hinsichtlich der l^2-Norm, sondern auch koordinatenweise stetig waren. Riesz übertrug 1910 diese Eigenschaft auf Operatoren und machte somit die Hilbertsche Methode der Reduktion der Integralgleichungstheorie auf die Theorie der Gleichungssysteme mittels einer allgemeinen Theorie überflüssig. In L^p waren freilich die aus den Orthogonalitätsrelationen ableitbaren eleganten Schlußweisen nicht mehr verwendbar (Birkhoff/Kreyszig 1984, 293).

In einer Arbeit von 1918 kam Riesz nahe an eine axiomatische Theorie vollständiger linearer normierter Räume und ihrer Operatoren heran (Riesz 1918), die später nach dem Polen Stefan Banach benannt werden sollten. In dieser Arbeit spielte der Satz, daß jeder lokalkompakte normierte Raum von endlicher Dimension ist, eine entscheidende Rolle. Dieser Satz gestattet es, „qualitativ" (d.h. hinsichtlich Existenz-, nicht hinsichtlich Darstellungsfragen) die Theorie der vollstetigen Operatoren (insbesondere die Fredholmsche Alternative) auf die Theorie endlicher linearer Gleichungssysteme („entartete Operatoren") zurückzuführen.

13.10 Die Polnische Schule um Stefan Banach

Abstrakt axiomatisch wurde der „Banachraum" (Bezeichnung von Fréchet) 1920 in der Dissertation von Banach in Lwów eingeführt. Die Hauptleistung der von Banach geführten polnischen funktionalanalytischen Schule der 20er und 30er Jahre bestand in der Herausarbeitung grundlegender, tragfähiger Prinzipien und Sätze der Funktionalanalysis (Banachscher Fixpunktsatz, Banach-Steinhaus, Hahn-Banach-Theorem u.a.) unter maßgeblicher Verwendung mengentheoretischer Methoden. Hier wurde auch die „Vollständigkeit" der Banachräume, also die Konvergenz der Cauchyfolgen in ihnen, wichtig.

Mit dem Fixpunktsatz des Banach-Schülers J. P. Schauder (1930) und den Arbeiten von Schauder und des Franzosen J. Léray von 1934 wurden von L. E. J. Brouwer stammende Begriffe der Topologie (Fixpunktsatz von 1910, „Abbildungsgrad") auf unendlichdimensionale Räume übertragen. Damit wurden auch wesentliche Grundlagen für die nichtlineare Funktionalanalysis und ihre Anwendung auf nichtlineare Differential-und Integralgleichungen seit den 50er Jahren gelegt. Das Hahn-Banach-Theorem erwies sich als fundamental in der linearen Funktionalanalysis, unter anderem in der Theorie der lokalkonvexen Räume seit 1935 und in der Distributionentheorie.

13.11 Schluß

Auf dem Internationalen Mathematikerkongreß von Bologna 1928 gab es drei Hauptvorträge über verallgemeinerte Analysis (Fréchet, Volterra, Hadamard), von denen jeder einen etwas anderen Entwicklungsprozeß im Auge hatte. Dabei wurden die Banachschen Arbeiten wenig gewürdigt, die weitgehend ohne Hinweise auf Anwendungsmöglichkeiten geschrieben worden waren.

Den entscheidenden Durchbruch zur axiomatischen Funktionalanalysis brachten erst die Arbeiten John von Neumanns seit 1928, die die Anwendbarkeit der Hilbertschen Spektraltheorie in der Quantenmechanik zeigten. Von Neumann wendete die Resultate der Hilbertschen 4. Mitteilung zur Integralgleichungstheorie von 1906 ins Abstrakte. Hilbert hatte bereits beschränkte,

13 Die Entstehung der Funktionalanalysis

nichtvollstetige „Funktionen von unendlich vielen Variablen" im l^2 betrachtet, obwohl im wesentlichen mit Ausnahme eines Falles von „singulären" Integralgleichungen, die Hilberts Schüler H.Weyl 1908 untersuchte (vgl. Dieudonné 1981, 161), nur die vollstetigen (eigentlich sogar nur die symmetrischen) für die Integralgleichungstheorie benötigt wurden. Von Neumann dehnte die Resultate auf unbeschränkte Operatoren im Hilbertraum aus, der von ihm 1928 abstrakt axiomatisch definiert wurde.

Mit den Büchern John von Neumanns *Mathematische Grundlagen der Quantenmechanik* und Banachs *Théorie des opérations linéaires*, die beide 1932 erschienen, war die Funktionalanalysis, eine der wichtigsten Strömungen der modernen Analysis, als selbständige mathematische Disziplin begründet.

Literatur

Aaboe, A. & Berggren, J. L. 1996. Didactical and other remarks on some Theorems of Archimedes and Infinitesimals. *Centaurus*, **38**, 295 - 316.

Abel, N. H. 1826. Untersuchung über die Reihe $1+\frac{m}{1}x+\frac{m(m-1)}{1\cdot 2}$ $1+\frac{m}{1}x+\frac{m(m-1)}{1\cdot 2}+\frac{m(m-1)(m-2)}{1\cdot 2\cdot 3}x^3+...$ *Journal für die reine und angewandte Mathematik*, **1**, 311 - 339.

Abel, N. H. 1902. *Festskrift ved Hundredeaarsjubilæet for Niels Henrik Abels Fødsel*. Kristiania: Dybwad. Frz. Ausg.: Leipzig: Teubner.

Ahlfors, L. V. 1953. Development of the theory of conformal mapping and Riemann surfaces through a century. *Annals of Mathematical Studies*, **30**, 3 - 13.

d'Alembert, J. le R. 1743/1899. *Traité de dynamique*. Paris. Dt. Ausgabe: A. Korn (Hg. u. Üb.), *Ostwalds Klassiker der exakten Wissenschaften*, Nr. 106, Leipzig: Engelmann.

d'Alembert, J. le R. 1744. *Traité de l'équilibre et du mouvement des fluides*. Paris.

d'Alembert, J. le R. 1747/1749. Recherches sur la courbe que forme une corde tendue mise en vibration. *Mémoires de l'Académie Royale des Sciences et Belles-Lettres de Berlin*, **3**, 214 - 219.

d'Alembert, J. le R. 1750/1752. Addition au mémoire sur la courbe que forme une corde tendue mise en vibration. *Mémoires de l'Académie Royale des Sciences et Belles-Lettres de Berlin*, **6**, 355 - 360.

d'Alembert, J. le R. 1752. *Essai d'une nouvelle théorie de la résistance des fluides*. Paris.

d'Alembert, J. le R. 1763. Brief an Euler vom 29. Juli 1763, in: L. Euler, *Opera omnia* (**IVA**)$_5$, 320.

d'Alembert, J. le R. 1765. Limite, in: J. le R. d'Alembert & D. Diderot (Hg.): *Encyclopédie ou dictionnaire raisonné des sciences, des arts et des metiers*, Paris/Neuchâtel/Amsterdam, **9**, 542.

Alexander, D. S. 1995. Gaston Darboux and the History of Complex Dynamics. *Historia Mathematica*, **22**, 179 - 185.

Andersen, K. 1986. The Method of Indivisibles: Changing Understandings. *Studia Leibnitiana*, Sonderheft **14**, 14 - 25.

Apollonius 1967. *Die Kegelschnitte des Apollonius*. Übersetzt von A. Czwalina. Nachdruck der Ausgabe München 1926. Darmstadt: Wissenschaftliche Buchgesellschaft.

Arbogast, L. F. A. 1791. *Mémoire sur la nature des fonctions arbitraires qui entrent dans les intégrales des équations aux différences partielles*. St. Petersburg.

Arbogast, L. F. A. 1800. *Du calcul des dérivations*. Strasbourg: Levrault Frères.

Archimedes 1963. *Werke*. Deutsch von J. L. Heiberg, kommentiert von H. G. Zeuthen. Darmstadt: Wissenschaftliche Buchgesellschaft.

Aristoteles 1956 ff. *Werke*. E. Grumach & H. Flashar (Hg.). Berlin: Akademie-Verlag.

Arzelà, C. 1889. Funzioni di linee. *Rendiconti dell'Accademia dei Lincei*, **5**(4), 342 - 348.

Ascoli, G. 1883/84. Le curve limite di una varietà data di curve. *Memorie dell'Accademia dei Lincei*, **18**(3), 521 - 586.

Auger, L. 1962. *Un Savant Méconnu: Gilles Personne de Roberval (1602 - 1675)*. Paris: Blanchard.

Aull, C. E. 1981. E. W. Chittenden and the Early History of General Topology. *Topology and its Applications*, **12**, 115 - 125.

Bachmakova, I. G. 1962/66. Les méthodes différentielles d'Archimède. *Archive for History of Exact Sciences*, **2**, 87 - 107.

Barbeau, E. J., & Leah, P. J. 1976. Euler's 1760 paper on divergent series. *Historia Mathematica*, **3**, 141 - 160.

Baron, M. 1969. *The Origins of the Infinitesimal Calculus*. Oxford: Pergamon Press.

Barroso-Filho, W. 1994/1995. *La méchanique de Lagrange. Principes et Methodes*. Paris: Karthala.

Barroso-Filho, W. & Comte, C. 1988. La formalisation de la dynamique par Lagrange (1736 - 1813), in: R. Rasched (Hg.): *Sciences à l'époche de la révolution française*, Paris: Blanchard, 329 - 348.

Barrow-Green, J. 1997. *Poincaré and the three body problem*. Providence: American Mathematical Society.

Becker, O. (Hg.) 1965. *Zur Geschichte der griechischen Mathematik*. Darmstadt: Wissenschaftliche Buchgesellschaft.

Becker, O. 1957. *Das mathematische Denken in der Antike*. Göttingen: Vandenhoek & Ruprecht.

Becker, O. 1975. *Grundlagen der Mathematik*. Frankfurt/M.: Suhrkamp.

Behnke, H. 1966. Karl Weierstraß und seine Schule, in: H. Behnke & K. Kopfermann (Hg.): *Festschrift zur Gedächtnisfeier für Karl Weierstraß 1815 - 1865*, Köln: Westdeutscher Verlag, 13 - 39.

Belhoste, B. 1991. *Augustin-Luis Cauchy. A Biography*. New York: Springer.

Belhoste, B. 1996. Autour d'un mémoire inedit: la contribution d'Hermite au developpement de la théorie des fonctions elliptiques. *Revue d'histoire des mathématiques*, **2**, 1 - 66.

Berggren, J. L. 1984. History of Greek mathematics: a survey of recent research. *Historia mathematica*, **11**, 394 - 410.

Berkeley, G. 1734/1969. The analyst. Deutsch in: W. Breidert (Hg.): *George Berkeley, Schriften über die Grundlagen der Mathematik und Physik*, Frankfurt: Suhrkamp, 81 - 141.

Bernkopf, M. 1968. History of Infinite Matrices. *Archive for History of Exact Sciences*, 4, 308 - 358.

Bernoulli, D. 1738. *Hydrodynamica, sive de viribus et motibus fluidorum commentarii.* Straßburg.

Bernoulli, D. 1753/1755. Reflexions et eclaircissements sur les nouvelles vibrations des cordes. *Mémoires de l'Académie Royale des Sciences et Belles-Lettres de Berlin*, 9, 147 - 172.

Bernoulli, Jak. 1689/1909. Tractatus de seriebus infinitis. Mskrpt. Dt. Ausgabe: G. Kowalewski (Hg. u. Üb.), *Ostwalds Klassiker der exakten Wissenschaften*, Nr. 171, Leipzig: Engelmann.

Bernoulli, Jak. 1690. Analysis problematis antehac propositi de inventione lineae descensus a corpore gravi percurrendae uniformiter, sic ut temporibus aequalibus aequales altitudines emetiatur... *Acta Eruditorum*, 217 - 219, oder in: *Opera*, 1, 421 - 423.

Bernoulli, Jak. 1692/1991. Meditationes CLXXXVII: Methodus reducendi in aequationibus differentialibus differentias secundas ad primas, in: Bernoulli, Jak. & Joh. 1991, 123 - 124.

Bernoulli, Jak. 1696. Constructio Generalis Omnium Curvarum Transcendentium. *Acta Eruditorum*, 261 - 263, oder in: *Opera*, 2, 725 - 728.

Bernoulli, Jak. 1697. Solutio problematum fraternorum, una cum propositione reciproca aliorum. *Acta eruditorum*, 211 - 217, oder in: *Opera*, 2, 768 - 778.

Bernoulli, Jak. 1701. Analysis magni problematis isoperimetrici. *Acta eruditorum*, 213 - 228, oder in: *Opera*, 2, 895 - 920.

Bernoulli, Jak. 1713. *Ars conjectandi: Opus Posthumum. Accedit Tractatus de Seriebus Infinitis, Et Epistola Gallice Scripta De Ludo Pilae Recticularis.* Basel: Thurneysen.

Bernoulli, Jak. 1744. *Opera*, Gabriel Cramer (Hg.), 2 Bd. Genf.

Bernoulli, Jak. & Bernoulli, Joh. 1991. *Die Streitschriften von Jacob und Johann Bernoulli: Variationsrechnung.* D. Speiser (Hg.), bearbeitet von H. H. Goldstine, mit historischen Anmerkungen von P. Radelet-de-Grave. Veröffentlicht von der Naturforschenden Gesellschaft in Basel. Basel/Boston/Berlin: Birkhäuser.

Bernoulli, Joh. 1692/1924. *Lectiones de calculo differentialium.* Mskrpt. Dt. Ausgabe: P. Schafheitlin, (Hg. u. Üb.), *Ostwalds Klassiker der exakten Wissenschaften*, Nr. 211, Leipzig: Akademische Verlagsgesellschaft.

Bernoulli, Joh. 1692/1914. *Lectiones mathematicae de methodo integralium*, oder in: *Opera*, 3, 385 - 558. Dt. Teilausgabe: G. Kowalewski (Hg. u. Üb.), *Ostwalds Klassiker der exakten Wissenschaften*, Nr. 194, Leipzig: Akademische Verlagsgesellschaft.

Bernoulli, Joh. 1694. Additamentum effectionis omnium quadraturarum & rectificationum curvarum per seriem quandam generalissimam. *Acta Eruditorum,* 437 - 441, oder in: *Opera,* **1,** 125 - 128.

Bernoulli, Joh. 1697. De Conoidibus et Sphaeroidibus quaedam. *Acta Eruditorum,* 113 - 118, oder in: *Opera,* **1,** 174 - 179.

Bernoulli, Joh. 1702. Solution d'un problème concernant le calcul intégral, avec quelques abréges par raport à ce calcul. *Mémoires de l'Académie Royale des Sciences de Paris,* 289 - 197, oder in: *Opera,* **1,** 393 - 400.

Bernoulli, Joh. 1718. Remarques sur ce qu'on a donné jusqu'ici de solutions des problèmes sur les isopérimètres. *Mémoires de l'Académie Royale des Sciences de Paris,* 100 - 138, oder in: *Opera,* **2,** 235 - 269.

Bernoulli, Joh. 1742a. *Opera omnia.* Gabriel Cramer (Hg.), 4 Bde. Lausanne/Genf: Bousquet.

Bernoulli, Joh. 1742b. *Hydraulica nunc primum detecta ac demonstrata directe ex fundamentis pure mechanicis, Anno 1732,* in: *Opera,* **4,** 387 - 493.

Bernoulli, N. 1712. Brief an Leibniz vom 25. Okt. 1712, in: Leibniz, *Mathematische Schriften,* **3/2,** 979 - 981.

Bernoulli, N. 1719. Tentamen solutionis generalis problematis de construenda curva, quae alias ordinatim positione datas ad angulos rectos secat. *Acta Eruditorum,* 295 - 304, oder in: Joh. Bernoulli, *Opera,* **2,** 305 - 314.

Bertoloni Meli, D. 1993a. *Equivalence and priority: Newton versus Leibniz.* Oxford: Clarendon Press.

Bertoloni Meli, D. 1993b. The Emergence of Reference Frames and the Transformation of Mechanics in the Enlightenment. *Historical Studies in the Physical and Biological Sciences,* **23**(2), 301 - 335.

Birkhoff, G. und Kreyszig, E. 1984. The Establishment of Functional Analysis. *Historia Mathematica,* **11,** 258 - 321.

Blay, M. 1992. *La naissance de la méchanique analytique. La science du mouvement au tournant des XVIIième et XVIIIième siècles.* Paris: PUF.

Bliss, G. A. 1925. *Calculus of variations.* Mathematical Association of America: Open Court Publishing.

Bliss, G. A. 1946. *Lectures on the calculus of variations.* Chicago: University Press.

Du Bois-Reymond, P. 1875. Versuch einer Classification der willkürlichen Funktionen reeller Argumente nach ihren Änderungen in den kleinsten Intervallen. *Journal für die reine und angewandte Mathematik,* **79,** 21 - 37.

Du Bois-Reymond, P. 1879. Erläuterungen zu den Anfangsgründen der Variationsrechnung. *Mathematische Annalen,* **15,** 283 - 314.

Du Bois-Reymond, P. 1880. *Zur Geschichte der trigonometrischen Reihen: Eine Entgegnung.* Tübingen: Laupp.

Du Bois-Reymond, P. 1882/1968. *Die allgemeine Functionentheorie. Erster Teil. Metaphysik und Theorie der mathematischen Grundbegriffe: Größe, Grenze,*

Argument und Function. Tübingen: Laub; Nachdruck Darmstadt: Wissenschaftliche Buchgesellschaft.

Du Bois-Reymond, P. 1883. Über das Doppelintegral. *Journal für die reine und angewandte Mathematik,* **94**, 273 - 290.

Bolza, O. 1904. *Lectures on the calculus of variations.* Chicago: University Press.

Bolza, O. 1909. *Vorlesungen über Variationsrechnung.* Leipzig/Berlin: Teubner.

Bolza, O. 1914. Einführung in E. H. Moores „General Analysis" und deren Anwendung auf die Verallgemeinerung der Theorie der linearen Integralgleichungen. *Jahresbericht der Deutschen Mathematiker-Vereinigung,* **23**, 248 - 303.

Bolzano, B. 1817/1905. *Rein analytischer Beweis des Lehrsatzes, daß zwischen je zwey Werthen, die ein entgegengesetztes Resultat gewähren, wenigstens eine reelle Wurzel der Gleichung liege.* Prag: G. Haase, oder in: *Ostwalds Klassiker der exakten Wissenschaften,* Nr. 153 Leipzig: Engelmann.

Bolzano, B. 1930. *Bernard Bolzanos Schriften. Bd. 1. Functionenlehre.* K. Rychlik (Hg.). Prag: Königlich Böhnmischen Gesellschaft der Wissenschaften.

Bombelli, R. 1572/1966. *L'algebra.* Mskrpt. Neudruck: E. Bortolotti & U. Forti (Hg.), Milano: Feltrinelli 1966.

Borchardt, C. W. 1880. Leçons sur les fonctions doublement périodiques faites en 1847 par M. J. Liouville. *Journal für die reine und angewandte Mathematik,* **88**, 277 - 310.

Borel, E. 1898. *Leçons sur la théorie des fonctions.* Paris: Gauthier-Villars.

Bos, H. J. M. 1974. Differentials, Higher-Order Differentials and the Derivative in the Leibnizian Calculus. *Archive for History of Exact Sciences,* **14**, 1 - 90.

Bos, H. J. M. 1977. Calculus in the Eighteenth Century - The Role of Applications. *Bulletin of the Institute of Mathematics and Its Applications,* **13**, 221 - 227.

Bos, H. J. M. 1980. Newton, Leibniz and the Leibnizian tradition, in: Grattan-Guinness 1980, 49 - 93.

Bos, H. J. M. et al. 1980. *Studies on Christiaan Huygens.* Lisse: Swetz & Seitlinger.

Bottazzini, U. 1983. Enrico Betti e la formazione della scuola matematica pisana, in: *La storia delle matematiche in Italia,* hg. O. Montaldo & L. Grugnetti, Cagliari: Università di Cagliari, 229 - 276.

Bottazzini, U. 1986. *The Higher Calculus. A History of Real and Complex Analysis from Euler to Weierstraß.* New York: Springer.

Bottazzini, U. 1989. Lagrange et le problème de Kepler. *Revue d'histoire des sciences,* **42** (1/2), 27 - 42.

Bottazzini, U. 1990. Geometrical Rigour and „Modern" Analysis. An Introduction to Cauchy's *Cours d'Analyse,* in: U. Bottazzini (Hg.): *A. L. Cauchy, Cours d'Analyse de l'École Royale Polytechnique,* kommentierter Nachdruck der Ausgabe von 1821. Bologna: CLUEB.

Bottazzini, U. & Tazzioli, R. 1995. Naturphilosophie and its Role in Riemann's Mathematics. *Revue d'histoire des mathématiques,* **1**, 3 - 38.

Bouquet, J. C. & Briot, C. A. 1859. *Théorie des fonctions doublement périodiques, et, en particulier, des fonctions elliptiques.* Paris: Gauthier-Villars.

Breger, H. 1990. Das Kontinuum bei Leibniz, in: A Lamarra (Hg.): *L'infinito in Leibniz, problemi e terminologia,* Roma: Edizioni dell'Ateneo, 53 - 67.

Brill, A. & Noether, M. 1892/93. Die Entwicklung der Theorie der algebraischen Funktionen in älterer und neuerer Zeit. Bericht erstattet der Deutschen Mathematiker-Vereinigung. *Jahresbericht der Deutschen Mathematiker-Vereinigung,* 3, 107 - 566.

Briot, C. & Bouquet, J.-C. 1856. *Théorie des fonctions élliptiques.* Paris: Gauthier-Villars.

Brouwer, L. E. J. 1907. Over de grondslagen der wiskunde. Amsterdam/Leipzig: Maas & van Suchtelen. Engl. Ausg: *Collected Works,* 1, 13 - 101.

Brouwer, L. E. J. 1911. Beweis der Invarianz der Dimensionszahl. *Mathematische Annalen,* 70, 161 - 165.

Brunet, P. 1929. *Maupertuis. I. Etude biographique. II. L'oeuvre et sa place dans la pensée scientifique et philosophique du XVIIIe siècle.* Paris: Hermann.

Brunet, P. 1938. *Étude historique sur le principe de la moindre action.* Paris: Hermann.

Buée, M. 1806. Mémoire sur les quantités imaginaires. *Philosophical Transactions of the Royal Society in London,* 96, 13 - 88.

Burali-Forti, C. 1897. Una questione sui numeri transfiniti. *Rendiconti del Circolo Matematico di Palermo,* 11, 154 - 164.

Burzio, F. 1942. *Lagrange.* Turin: UTET.

Cannell, D. M. 1993. *George Green, Mathematician and Physicist 1793 - 1841.* London: Athlone.

Cantor, G. 1871. Notiz zu dem Aufsatze: Beweis, daß eine für jeden reellen Wert von x durch eine trigonometrische Reihe gegebene Funktion $f(x)$ sich nur auf eine einzige Weise in dieser Form darstellen läßt. *Journal für die reine und angewandte Mathematik,* 73, 294 - 296, oder in: *Gesammelte Abhandlungen,* 84 - 86.

Cantor, G. 1872. Über die Ausdehnung eines Satzes aus der Theorie der trigonometrischen Reihen, *Mathematische Annalen,* 5, 123 - 132, oder in: *Gesammelte Abhandlungen,* 92 - 102.

Cantor, G. 1874. Über eine Eigenschaft des Inbegriffs aller algebraischen Zahlen. *Journal für die reine und angewandte Mathematik,* 77, 258 - 262, oder in: *Gesammelte Abhandlungen,* 115 - 118.

Cantor, G. 1878. Ein Beitrag zur Mannigfaltigkeitslehre. *Journal für die reine und angewandte Mathematik,* 84, 242 - 258, oder in: *Gesammelte Abhandlungen,* 119 - 133.

Cantor, G. 1880. Über unendliche lineare Punctmannichfaltigkeiten, Nr. 2. *Mathematische Annalen,* 17, 355 - 358, oder in: *Gesammelte Abhandlungen,* 145 - 148.

Cantor, G. 1882. Über unendliche lineare Punctmannichfaltigkeiten, Nr. 3. *Mathematische Annalen,* 20, 113 - 121, oder in: *Gesammelte Abhandlungen,* 149 - 157.

Cantor, G. 1883a. Grundlagen einer allgemeinen Mannigfaltigkeitslehre. Leipzig: Teubner, oder in: *Gesammelte Abhandlungen,* 165 - 208.

Cantor, G. 1883b. Über unendliche lineare Punctmannichfaltigkeiten, Nr. 4. *Mathematische Annalen,* **21,** 51- 58, oder in: *Gesammelte Abhandlungen,* 157 - 164.

Cantor, G. 1883c. Über unendliche lineare Punctmannichfaltigkeiten, Nr. 5. *Mathematische Annalen,* **21,** 545 - 586, oder in: *Gesammelte Abhandlungen,* 165 - 209.

Cantor, G. 1884. Über unendliche lineare Punctmannichfaltigkeiten, Nr. 6. *Mathematische Annalen,* **23,** 453 - 488, oder in: *Gesammelte Abhandlungen,* 210 - 246.

Cantor, G. 1890. Über eine elementare Frage der Mannigfaltigkeitslehre. *Jahresbericht der Deutschen Mathematiker-Vereinigung,* **1,** 75 - 78, oder in: *Gesammelte Abhandlungen,* 278 - 281.

Cantor, G. 1895 - 1897. Beiträge zur Begründung der transfiniten Mengenlehre. *Mathematische Annalen,* **46,** 481 - 512; **49,** 207 - 246, oder in: *Gesammelte Abhandlungen,* 282 - 356.

Cantor, G. 1932. *Gesammelte Abhandlungen.* E. Zermelo (Hg.), Berlin: Springer.

Carathéodory, C. 1935. *Variationsrechung und Partielle Differentialgleichungen erster Ordnung.* Leipzig/Berlin: Teubner.

Carathéodory, C. 1952. Einführung in Eulers Arbeiten über Variationsrechnung, in: L. Euler, *Opera omnia,* I_{24}, viii - li.

Carnot, L. 1797. *Réflexions sur la métaphysique du calcul infinitésimal.* Paris.

Cartan, H. 1966. Sur le théorème de préparation de Weierstraß, in: H. Behnke & K. Kopfermann (Hg.): *Festschrift zur Gedächtnisfeier für Karl Weierstraß 1815 - 1865,* Köln: Westdeutscher Verlag, 155 - 168.

Casorati, F. 1868. *Theorica delle funzioni di variabili complesse.* Pavia: Fusi.

Cauchy, A. L. 1814/1827. Mémoire sur les intégrales définies. *Mémoires presentés a l'Academie Royale des Sciences par divers savans,* **1,** 601 - 799, oder in: *Oeuvres,* 1, 1, 319 - 506.

Cauchy, A. L. 1817a. Sur les racines imaginaires des équations. *Oeuvres,* 2, 2, 210 - 216.

Cauchy, A. L. 1817b. Seconde note sur les racines imaginaires des équations. *Oeuvres,* 2, 2, 217 - 222.

Cauchy, A. L. 1821a/1885. *Cours d'Analyse de l'École Polytechnique. Premiere partie. Analyse algébrique.* Paris: De Bure, oder in: *Oeuvres,* 2, 3. Dt. Ausgabe: C. Itzigsohn (Hg. u. Üb.). Berlin: Springer.

Cauchy, A. L. 1821b. Mémoire sur l'intégration des équations linéaires aux différences partielles, à coefficients constants et avec un dernier terme variable. Second mémoire. *Oeuvres,* 2, 2, 267 - 275.

Cauchy, A. L. 1823a. *Résumé des leçons données à l'Ecole Polytechnique sur le calcul infinitésimal.* Paris: De Bure, oder in: *Oeuvres,* 2, 4, 5 - 261.

Cauchy, A. L. 1823b. Mémoire sur l'intégration des équations linéaires aux différentielles partielles et à coefficients constants. *Oeuvres*, **2**, 1, 275 - 357.

Cauchy, A. L. 1825. *Mémoires sur les intégrales définies prises entre des limites imaginaires*. Paris: De Bure, oder in: *Oeuvres*, **2**, 15, 41 - 89.

Cauchy, A. L. 1827. Mémoire sur les développements des fonctions en séries périodiques. *Mémoire de l'Académie des Sciences*, **6**, 603, oder in: *Oeuvres*, **1**, 2, 12 - 19.

Cauchy, A. L. 1829/1836. *Leçons sur le calcul différentiel*. Paris, oder in: *Oeuvres* **2**, 4, 263 - 609. Dt. Ausgabe: C. H. Schnuse (Üb.): *Vorlesungen über die Differentialrechnung*, Braunschweig: Meyer.

Cauchy, A. L. 1831a. Sul calcolo infinitesimale ed in particolare sul calcolo differenziale. *Biblioteca italiana, o sia Giornale di letteratura, scienze ed arti complato da vari letterati*, **61**, 321 - 334, oder in: *Oeuvres*, **2**, 15, 161 - 171.

Cauchy, A. L. 1831b. Extrait du mémoire présenté à l'Académie de Turin le 11 Octobre 1831 par A. L. Cauchy, membre de l'Institut de France. *Oeuvres*, **2**, 15, 262 - 411.

Cauchy, A. L. 1835. Mémoire sur l'intégration des équations différentielles. *Oeuvres*, **2**, 11, 299 - 465.

Cauchy, A. L. 1837. Extrait d'une lettre de M. Cauchy à M. Coriolis. *Oeuvres*, **1**, 4, 38 - 42.

Cauchy, A. L. 1839. Mémoire sur l'intégration des équations différentielles des mouvements planetaires. *Oeuvres*, **1**, 4, 483 - 491.

Cauchy, A. L. 1840a. Note sur l'intégration des équations différentielles des mouvements planetaires. *Oeuvres*, **2**, 11, 43 - 50.

Cauchy, A. L. 1840b. Considerations nouvelles sur la théorie des suites et sur les lois de leur convergence. *Oeuvres*, **2**, 11, 331 - 353.

Cauchy, A. L. 1842. Mémoire sur l'emploi du nouveau calcul, appelé calcul des limites, dans l'intégration d'un système d'équations différentielles. *Oeuvres*, **1**, 7, 5 - 17.

Cauchy, A. L. 1844a. Mémoire sur les fonctions continuées ou discontinuées. *Comptes Rendus de l'Académie des Sciences*, **18**, 116 - 130, oder in: *Oeuvres*, **1**, 8, 145 - 160.

Cauchy, A. L. 1844b. Mémoire sur quelques propositions fondamentales du calcul des résidues et sur la théorie des intégrales singuliers. *Oeuvres*, **1**, 8, 366 - 375.

Cauchy, A. L. 1846a. Sur les intégrales qui s'étendent à tous les points d'une courbe fermée. *Oeuvres*, **1**, 10, 70 - 74.

Cauchy, A. L. 1846b. Mémoire sur les fonctions de variables imaginaires. *Oeuvres*, **1**, 10, 75 - 80.

Cauchy, A. L. 1846c. Mémoire sur les intégrales dans lesquelles la fonction sous le signe $\int$ change brusquement de valeur. *Oeuvres*, **1**, 10, 133 - 143.

Cauchy, A. L. 1846d. Mémoire sur les intégrales imaginaires des équations différentielles, et sur le grand avantage que l'on peut retirer de la consideration de ces intégrales ... *Oeuvres*, **1**, 10, 143 - 150.

Cauchy, A. L. 1846e. Considerations nouvelles sur les intégrales definies qui s'étendent à tous les points d'une courbe fermée, et sur celles qui sont prises entre des limites imaginaires. *Oeuvres*, 1, 153 - 168.

Cauchy, A. L. 1847a. Mémoire sur une nouvelle théorie des imaginaires, et sur les racines symboliques des équations et des équivalences. *Oeuvres*, 1, 10, 312 - 323.

Cauchy, A. L. 1847b. Mémoire sur les quantités géométriques. *Oeuvres*, 2, 14, 175 - 202.

Cauchy, A. L. 1847c. Mémoire sur les fonctions des quantités géométriques. *Oeuvres*, 2, 14, 359 - 365.

Cauchy, A. L. 1847d. Mémoire sur les fonctions continues de quantités algébriques ou géométriques. *Oeuvres*, 2, 14, 367 - 392.

Cauchy, A. L. 1849. Sur les quantités géométriques, et sur une méthode nouvelle pour la résolution des équations algébriques de degré quelconque. *Oeuvres*, 1, 11, 152 - 160.

Cauchy, A. L. 1851a. Sur les fonctions de variables imaginaires. *Oeuvres*, 1, 11, 301 - 304.

Cauchy, A. L. 1851b. Mémoire sur les fonctions irrationelles. *Oeuvres*, 1, 11, 292 - 300.

Cauchy, A. L. 1851c. Rapport sur un mémoire présenté à l'Academie par M. Puiseux. *Oeuvres*, 1, 11, 325 - 335.

Cauchy, A. L. 1853. Note sur les séries convergentes dont les divers termes sont des fonctions continues d'une variable réelle ou imaginaire, entre des limites donnés. *Comptes Rendus de l'Académie des Sciences*, 36, 454, oder in: *Oeuvres*, 1, 12, 30 - 36.

Cauchy, A. L. 1857. Théorie nouvelle des résidues. *Oeuvres*, 1, 12, 433 - 444.

Cauchy, A. L. 1882 - 1974. *Oeuvres complètes*. Paris: Gauthier-Villars.

Cavalieri, B. 1635. *Geometria indivisibilibus continuorum nova quadam ratione promota*. Bologna: Ferroni.

Chae, S. B. 1995. *Lebesgue Integration*. 2. Aufl. New York/Berlin/Heidelberg u. a.: Springer.

Clairaut, A. 1739. Recherches générales sur le calcul intégral. *Mémoires de l'Académie Royale des Sciences*, 425 - 436.

Clairaut, A. 1740. Sur l'intégration ou la construction des équations différentielles de premier ordre. *Mémoires de l'Académie Royale des Sciences*, 293 - 323.

Clairaut, A. 1743. *Théorie de la figure de la terre, tirée de principes de l'hydrostatique*. Paris.

Clebsch, R. F. A. 1858a. Ueber die Reduktion der zweiten Variation auf ihre einfachste Form. *Journal für die reine und angewandte Mathematik*, 60, 254 - 273.

Clebsch, R. F. A. 1858b. Ueber diejenigen Probleme der Variationsrechnung, welche nur eine unabhängige Variable enthalten. *Journal für die reine und angewandte Mathematik,* **60**, 335 - 355.

Cohen, P. J. 1966. *Set theory and the continuum hypothesis.* New York: Benjamin.

Cooke, R. 1984. *The Mathematics of Sonya Kovalevskaya.* New York: Springer.

Cotes, R. 1714. Logometria. *Philosophical Transactions,* **29**, 5 - 45.

Courant, R. 1927 - 29. *Vorlesungen über Differential- und Integralrechnung.* Berlin: Springer.

Crowe, M. 1985. *A History of Vector Analysis: The Evolution of the Idea of a Vectorial System.* New York: Dover.

Dahan-Dalmedico, A. 1990. Le formalisme variationnel dans les travaux de Lagrange. *Atti dell'Accademia delle Scienze di Torino, Classe di Scienze Fisiche, Matematiche e Naturali,* **124**, (Supplement), 81 - 106.

Dalen, D. van & Monna, A. F. 1972. *Sets and integration. An outline of the development.* Groningen: Wolters-Noordhoff.

Darboux, G. 1872. Sur un théorème relatif à la continuité des fonctions. *Bulletin des sciences mathématiques et astronomiques,* **3**, 307 - 313.

Darboux, G. 1875. Mémoire sur les fonctions discontinues. *Annales scientifiques de l'École Normale Supérieure, 2ème série,* **IV**, 57 - 112.

Darboux, G. 1879. Addition au mémoire sur les fonctions discontinues. *Annales scientifiques de l'École Normale Supérieure, 2ème série,* **VIII**, 195 - 201.

Dauben, J. W. 1979. *Georg Cantor: His mathematics and philosophy of the infinite.* Princeton: Princeton University Press.

Davis, P. J. 1959. Leonhard Euler's Integral: A Historical Profile of the Gamma Function. *American Mathematical Monthly,* **66**, 849 - 869.

Dedekind, R. 1872. *Stetigkeit und irrationale Zahlen.* Braunschweig: Vieweg, oder in: *Werke,* 315 - 334.

Dedekind, R. 1876. Bernhard Riemanns Lebenslauf, in: Riemann, *Gesammelte mathematische Werke,* 571 - 590.

Dedekind, R. 1888. *Was sind und was sollen die Zahlen.* Braunschweig: Vieweg, oder in: *Werke,* 335 - 391.

Dedekind, R. 1930 - 32. *Gesammelte mathematische Werke.* 3 Bd. Hg. von R. Fricke, E. Noether, O. Ore. Braunschweig: Vieweg.

Delaunay, C. 1841. Thèse sur la distinction des maxima et des minima dans les questions qui dépendent de la méthode des variations. *Journal de mathématiques pures et appliquées,* **6**, 209 - 237.

Demidov, S. S. 1982a. Création et développement de la théorie des équations différentielles aux derivées partielles dans les travaux de J. d'Alembert. *Revue d'Histoire des Sciences,* **35**, 3 - 42.

Demidov, S. S. 1982b. The Study of Partial Differential Equations of First Order in the 18th and 19th Centuries. *Archive for History of Exact Sciences*, **26**, 325 - 350.

Demidov, S. S. 1983. On the history of the theory of linear differential equations. *Archive for History of Exact Sciences*, **28**, 369 - 387.

Demidov, S. S. 1992. La théorie des équations différentielles à la limite des XVIII - XIX siècles. In: S. Demidov (Hg.): *Amphora, Festschrift für Hans Wußing*, Basel: Birkhäuser, 157 - 169.

Descartes, R. 1637/1969. *La Géométrie*. Leyden. Dt. Ausg.: L. Schlesinger (Hg. u. Üb., Erstdruck 1894). Darmstadt: Wissenschaftliche Buchgesellschaft.

Dhombres, J. 1992. Le rôle des équations fonctionnels dans l'Analyse algébrique de Cauchy. *Revue d'Histoire des Sciences*, **45**, 25 - 49.

Dieudonné, J. (Hg.) 1985. *Geschichte der Mathematik, 1700 - 1900*, Braunschweig: Vieweg.

Dieudonné, J. 1981. *History of Functional Analysis*. Amsterdam/New York/Oxford: North-Holland.

Dijksterhuis, E. J. 1956. *Archimedes*. Kopenhagen: E. Munksgaard.

Dini, U. 1878/1892. *Fondamenti per la teoria delle funzioni di variabili reali*. Pisa: Nistri. Dt. Ausgabe: J. Lueroth u. A. Schepp (Hg. u. Üb.): *Grundlagen für eine Theorie der Functionen einer veränderlichen reellen Größe*, Leipzig: Teubner.

Dirichlet, J. P. G. Lejeune 1829. Sur la convergence des séries trigonométriques qui servent a représenter une fonction arbitraire entre des limites données. *Journal für die reine und angewandte Mathematik*, **4**, 157 - 169, oder in: *Werke*, **1**, 117 - 132.

Dirichlet, J. P. G. Lejeune 1837. Über die Darstellung ganz willkürlicher Funktionen durch Sinus- und Cosinusreihen. *Repertorium der Physik*, **1**, 152 - 174, oder in: *Werke*, **1**, 133 - 160, oder in: *Ostwalds Klassiker der exakten Wissenschaften*, Nr. 116, Leipzig 1900, 1 - 34.

Dirichlet, J. P. G. Lejeune 1862. Démonstration d'un théorème d'Abel. Note de M. Lejeune Dirichlet communiquée par M. Liouville. *Journal de Mathématiques pures et appliquées*, **7**(2), 253 - 255, oder in: *Werke*, **2**, 305 - 306.

Dirichlet, J. P. G. Lejeune 1876. *Vorlesungen über die im umgekehrten Verhältnisse des Quadrats der Entfernung wirkenden Kräfte*. Leipzig: Teubner.

Dirichlet, J. P. G. Lejeune 1889 - 1897. *Werke*. Hg. auf Veranlassung der Königlich Preußischen Akademie der Wissenschaften von L. Kronecker u. L. Fuchs. Berlin: Reimer.

Drake, S. 1987. Euclid Book V from Eudoxos to Dedekind. In: I. Grattan-Guinness (Hg.): *History in mathematics education*, Paris: Belin.

Dugac, P. 1973. Éléments d'analyse de Karl Weierstrass. *Archive for History of Exact Sciences*, **10**, 41 - 176.

Dugac, P. 1978. Grundlagen der Analysis, in: Dieudonné 1985, 359 - 421.

Dugac, P. 1989. Sur la correspondance de Borel et le théorème de Dirichlet-Heine-Weierstrass-Borel-Schoenflies-Lebesgue. *Archives Internationales d'Histoire des Sciences*, **39**, 69 - 110.

Dugas, R. 1950. *Histoire de la mécanique*. Paris: Dunod & Neuchâtel: Griffon.

Dummett, M. 1991. *Frege - Philosophy of mathematics*. London: Duckworth.

Ebbinghaus, H.-D. et al. 1983. *Zahlen*. Berlin: Springer.

Edwards, C. H. 1979. *The Historical Development of the Calculus*. New York: Springer.

Edwards, H. M. 1974. *Riemann's Zeta Function*. New York: Academic Press.

Engelsman, S. B. 1980. Lagrange's early contributions to the theory of first-order partial differential equations. *Historia Mathematica*, **7**, 7 - 23.

Engelsman, S. B. 1984. *Families of Curves and the Origins of Partial Differentiation*. Amsterdam: North-Holland.

Epple, M. 1994. Das bunte Geflecht der mathematischen Spiele: Ein Diskurs über die Natur der Mathematik. *Mathematische Semesterberichte*, **41**, 113 - 133.

Erdmann, G. 1877. Ueber unstetige Lösungen in der Variationsrechnung. *Journal für die reine und angewandte Mathematik*, **82**, 21 - 30.

Eudoxos 1966. *Die Fragmente des Eudoxos von Knidos*. F. Lasserra (Hg. u. Üb.). Berlin: de Gruyter.

Euklid 1984. *Die Elemente*. Dt. Ausgabe: C. Thaer (Hg. u. Üb.): Leipzig: Akademische Verlagsgesellschaft (Nachdruck von *Ostwalds Klassiker der exakten Wissenschaften*, Nr. 235, 236, 240, 242, 243).

Euler, L. 1730/1738. De progressionibus transcendentibus seu quarum termini generales algebraice dari nequeunt. *Commentarii Academiae Scientiarium Petropolitanae*, **5**, 36 - 57, oder in: *Opera omnia*, I_{14}, 36 - 57.

Euler, L. 1732/1738. Problematis isoperimetrici in latissimo sensu accepti solutio generalis, in *Commentarii academiae scientiarum Petropolitanae*, **6**, 123 - 155, oder in: *Opera omnia*, I_{25}, 13 - 40.

Euler, L. 1734/1740. De summis serierum reciprocarum. *Commentarii Academiae Scientiarium Petropolitanae*, **7**, 110 - 124, oder in: *Opera omnia*, I_{14}, 73 - 86.

Euler, L. 1736. *Mechanica, sive motus scientia analytice exposita*. 2 Bde. St. Petersburg: Akademie der Wissenschaften, oder in: *Opera omnia*, II_{1-2}.

Euler, L. 1736/1741a. Inventio summae cuiusque seriei ex dato termino generali. *Commentarii Academiae Scientarum Petropolitanae*, **8**, 9 - 22, oder in: *Opera omnia*, I_{14}, 108 - 123.

Euler, L. 1736/1741b. Curvarum maximi minimive proprietate gaudentium inventio nova et facilis, in *Commentarii academiae scientiarum Petropolitanae*, **8**, 159 - 190, oder in: *Opera omnia*, I_{25}, 54 - 80.

Euler, L. 1739. De novo genere oscillationum. *Commentarii Academiae Scientiarium Petropolitanae*, **7**, 99 - 122, oder in: *Opera omnia*, II_{10}, 35 - 49.

Euler, L. 1740/1750. De seriebus quibusdam considerationes. *Commentarii Academiae Scientiarium Petropolitanae*, **12**, 53 - 96, oder in: *Opera omnia*, I_{14}, 407 - 462.

Euler, L. 1743. De integratione aequationum differentialium altiorum graduum. *Miscellanea Berolinensia*, **7**, 193 - 242, oder in: *Opera omnia*, I_{22}, 108 - 149.

Euler, L. 1744. *Methodus inveniendi curvas lineas maximi minimive proprietate gaudentes sive solutio problematis isoperimetrici latissimo sensu accepti.* Lausanne, oder in: *Opera omnia*, I_{24}.

Euler, L. 1748/1750. Sur la vibration des cordes. *Mémoires de l'Académie Royale des Sciences et Belles-Lettres de Berlin*, **6**, 69 - 85, oder in: *Opera omnia*, II_{10}, 63 - 77.

Euler, L. 1748/1885. *Introductio in analysin infinitorum*, 2 Bde. Lausanne: Bousquet, oder in: *Opera omnia*, I_{8-9}. Dt. Ausgabe: H. Maser (Üb.). Berlin: Springer.

Euler, L. 1748a. Recherches sur les plus grands et les plus petits qui se trouvent dans les actions des forces. *Mémoires de l' Académie Royale des Sciences et des Belles Lettres de Berlin*, **4**, 149 - 188, oder in: *Opera omnia*, II_5, 1 - 37.

Euler, L. 1748b. Réflexions sur quelques loix générales de la nature qui s'obversent dans les effets des forces quelconques. *Mémoires de l'Académie Royale des Sciences et des Belles Lettres de Berlin, Mèmoires*, **4**, 189 - 218, oder in: *Opera omnia*, II_5, 38 - 63.

Euler, L. 1749/1751. De la controverse entre Mrs. Leibniz et Bernoulli sur les logarithmes des nombres négatifs et imaginaires. *Mémoires de l'Académie Royale des Sciences et Belles-Lettres de Berlin*, **5**, oder in: *Opera omnia*, I_{17}, 195 - 232.

Euler, L. 1749a. *De vibratione chordarum exercitatio*. Nova Acta Eruditorum, 512 - 527, oder in: *Opera omnia*, II_{10}, 50 - 62.

Euler, L. 1749b. *Scientia navalis seu tractatus de construendis ac dirigendis navibus*. St. Petersburg, oder in: *Opera omnia*, II_{18-19}.

Euler, L. 1750. Methodus aequationes differentialium altiorem graduum integrandi ulterius promota. *Novi Commentarii Academiae Scientiarum Petropolitanae*, **3**, 3 - 35, oder in: *Opera omnia*, I_{22}, 181 - 213.

Euler, L. 1751a. Harmonie entre les principes generaux de repos et de mouvement de M. de Maupertuis. *Mèmoires de l'Académie Royale des Sciences et des Belles Lettres de Berlin*, **7**, 169 - 198, oder in: *Opera omnia*, II_5, 152 - 176.

Euler, L. 1751b. Essay d'une démonstration métaphysique du principe générale de l'équilibre. *Mèmoires de l'Académie Royale des Sciences et des Belles Lettres de Berlin*, **7**, 246 - 254, oder in: *Opera omnia*, II_5, 250 - 256.

Euler, L. 1753/1755. Remarques sur les mémoires precédents de M. Bernoulli. *Mémoires de l'Académie Royale des Sciences et Belles-Lettres de Berlin*, **9**, 196 - 22, oder in: *Opera omnia*, II_{10}, 232 - 254.

Euler, L. 1754(5)/1760. De seriebus divergentibus. *Novi Commentarii Academiae Scientiarium Petropolitanae*, **5**, 205 - 237, oder in: *Opera omnia*, I_{14}, 585 - 617.

Euler, L. 1755/1790. *Institutiones calculi differentialis.* 2 Bde. St. Petersburg, oder in: *Opera omnia,* I_{10}. Dt. Ausg.: J. A. C. Michelsen (Hg. u. Üb.). Berlin: Lagarde & Libau: Friedrich.

Euler, L. 1756. Exposition de quelques paradoxes dans le calcul intégral. *Mémoires de l'Académie Royale des Sciences et Belles-Lettres de Berlin,* **12**, 300 - 321, oder in: *Opera omnia,* I_{22}, 214 - 236.

Euler, L. 1763/1768. De usu functionum discontinuarum in analysi. *Novi Commentarii Academiae Scientiarium Petropolitanae,* **11**, 67 - 102 oder in: *Opera omnia,* I_{23}, 74 - 91.

Euler, L. 1768 - 1770. *Institutiones calculi integralis.* St. Petersburg, oder in: *Opera omnia,* I_{11-13}.

Euler, L. 1771. *Vollständige Anleitung zur Algebra.* St. Petersburg: Kaiserliche Akademie der Wissenschaften, oder in: *Opera omnia* I_1, 1 - 498.

Euler, L. 1771/1772. Methodus nova et facilis calculum variationum tractandi. *Novi Commentarii Academiae Scientiarum Petropolitanae,* **16**, 35 - 70, oder in: *Opera omnia,* I_{25}, 208 - 235.

Euler, L. 1791/1795. Dilucidationes super formulis, quibus sinus et cosinus angulorum multiplorum exprimi solent, ubi simul ingentes difficultates diluuntur. *Nova Acta Academiae Scientiarium Petropolitanae,* **9**, 54 - 80, oder in: *Opera omnia,* I_{16}, 282 - 310.

Euler, L. 1911 ff. *Leonhardi Euleri Opera Omnia.* Sub auspiciis Societatis Scientiarum Naturalium Helveticae ...

Euler, L. 1983. *Zur Theorie komplexer Funktionen.* Eingel. v. A. P. Juschkewitsch. Ins Dt. übertragen von W. Purkert. *Ostwalds Klassiker der exakten Wissenschaften,* Nr. 261. Leipzig: Geest & Portig.

Fauvel, J. & Gray, J. 1987. *The History of Mathematics - a Reader.* Basingstoke: MacMillan.

Feigenbaum, L. 1985. Brook Taylor and the Method of Increments. *Archive for History of Exact Sciences,* **34**, 1 - 140.

Fleckenstein, J. O. 1957. Vorwort des Herausgebers, in: L. Euler, *Opera omnia,* II_5, VII - LI.

Folkerts, M. 1980. Probleme der Euklidinterpretation. *Centaurus,* **23**, 185 - 215.

Fourier, J. 1822/1884. *Théorie analytique de la chaleur.* Paris. Dt. Ausgabe: B. Weinstein (Hg. u. Üb.), Berlin: Springer.

Fowler, D. H. 1979. Ratio in early Greek mathematics. *Bulletin of the American Mathematical Society,* N. S., **1**, 807 - 846.

Fraenkel, A. 1930. Georg Cantor. *Jahresbericht der Deutschen Mathematiker-Vereinigung,* **39**, 189 - 266, gekürzt in: Cantor, *Abhandlungen,* 452 - 483.

Fraser, C. 1983. J. L. Lagrange's Early Contributions to the Principles and Methods of Mechanics. *Archive for History of Exact Sciences,* **28**, 197 - 241.

Fraser, C. 1985a. J. L. Lagrange's Changing Approach to the Foundations of the Calculus of Variations. *Archive for History of Exact Sciences*, **32**, 151 - 191.

Fraser, C. 1985b. D'Alembert's Principle: The Original Formulation and Application in Jean d'Alembert's Traité de Dynamique (1743). *Centaurus*, **28**, 31 - 61 und 145 - 159.

Fraser, C. 1987. Joseph Louis Lagrange's Algebraic Vision of the Calculus. *Historia Mathematica*, **14**, 38 - 53.

Fraser, C. 1989. The Calculus as Algebraic Analysis: Some Observations on Mathematical Analysis in the 18th Century. *Archive for History of Exact Sciences*, **39**, 317 - 335.

Fraser, C. 1992. Isoperimetric problems in the variational calculus of Euler and Lagrange. *Historia mathematica*, **19**, 4 - 23.

Fraser, C. 1994. The origins of Euler's variational calculus. *Archive for history of exact sciences*, **47**, 103 - 141.

Fraser, C. 1996. The background to an early emergence of Euler's analysis, in: M. Otte & M. Panza (Hg.): *Analysis and synthesis in mathematics. History and philosophy*. Dordrecht/Boston/London: Kluwer, 47 - 78.

Fréchet, M. 1906. Sur quelques points du calcul fontionnel. *Rendiconti del Circolo Matematico di Palermo*, **22**, 1 - 74.

Fréchet, M. 1929. The Inauguration of the Institute Henri Poincaré in Paris. *Bulletin of the American Mathematical Society*, **35**, 198 - 200.

Fredholm, I. 1903. Sur une classe d'équations fonctionnelles. *Acta Mathematica*, **27**, 365 - 390.

Frege, G. 1884/1987. *Grundlagen der Arithmetik*. Breslau: Koebner. Neuausgabe Stuttgart: Reclam jun.

Frege, G. 1886. Über formale Theorien der Arithmetik. *Jenaische Zeitschrift für Naturwissende*, **19**, 94 - 104, oder in: G. Frege, *Kleine Schriften*, hg. von I. Angelelli, Hildesheim: Olms 1967.

Frege, G. 1903. *Grundgesetze der Arithmetik*, 2. Band. Jena: Pohle.

Frege, G. 1980, *Briefwechsel*. Hg. von G. Gabriel, F. Kambartel & C. Thiel, Hamburg: Meiner.

Freudenthal, H. 1971a. Cauchy, Augustin-Louis, in: *Dictionary of Scientific Biography*, **3**, 131 - 148.

Freudenthal, H. 1971b. Did Cauchy plagiarize Bolzano? *Archive for History of Exact Sciences*, **7**, 375 - 392.

Friedelmeyer, J.-P. 1994. *Le calcul des dérivations d'Arbogast dans le projet d'algébrisation de l'analyse à la fin du XVIIIe siècle*. Paris: Blanchard.

Fritz, K. von 1971. Die Entdeckung der Inkommensurabilität durch Hippasos von Metapont. In: K. von Fritz, *Grundprobleme der Geschichte der antiken Wissenschaft*. Berlin: de Gruyter.

Funk, P. 1962. *Variationsrechnung und ihre Anwendung in Physik und Technik.* Berlin/Göttingen/Heidelberg: Springer.

Fuss, P. H. 1843. *Correspondance Mathématique et Physique de quelques célèbres géomètres du XVIIIème Siècle. Précédée d'une notice sur les Traveaux de Léonhard Euler.* St. Petersburg.

Galilei, G. 1638/1973. *Discorsi e dimostrazioni matematiche intorno a due nuove scienze.* Arcetri, in: *Le Opere di Galileo Galilei* (1890 - 1909), **VIII**, 190 - 313. Dt. Ausgabe: A. von Oettingen (Hg. u. Üb.), Darmstadt: Wissenschaftliche Buchgesellschaft. (Nachdruck von *Ostwalds Klassiker der exakten Wissenschaften*, Nr. 11, 24, 25).

Galletto, D. 1991. Lagrange e la Meccanica Analitica. *Memorie dell' Istituto Lombardo, Classe di Scienze Matematiche e Naturali,* **29**, 77 - 179.

Gauß, C. F. 1799. *Demonstratio nova theorematis omnem functionem algebraicam rationalem integram unius variabilis in factores reales primi vel secundi gradus resolvi posse.* Helmstedt, oder in: *Werke*, 3, 1 - 31.

Gauß, C. F. 1811. Brief an Bessel vom 18. Dez. 1813. *Werke,* **8**, 90 - 92.

Gauß, C. F. 1813. Disquisitiones generales circa seriem infinitam. *Commentationes societatis regiae scientiarum Gottingensis recentiores,* **2**, oder in: *Werke,* 3, 123 - 162.

Gauß, C. F. 1816a. Demonstratio nova altera theorematis omnem functionem algebraicam rationalem integram unius variabilis in factores reales primi vel secundi gradus resolvi posse, *Commentationes Societatis Regiae Scientiarum Gottingensis recentiores,* **3**, oder in: *Werke,* 3, 31 - 56.

Gauß, C. F. 1816b. Theorematis de resolubilitate functionum algebraicarum integrarum in factores reales demonstratio tertia. *Commentationes Societatis Regiae Scientiarum Gottingensis recentiores,* **3**, oder in: *Werke,* 3, 57 - 64.

Gauß, C. F. 1831. Anzeige von 'Theoria residuorum biquadraticorum, Commentatio secunda'. *Göttingische gelehrte Anzeigen,* oder in: *Werke,* **2**, 169 - 178.

Gauß, C. F. 1840a. Selbstanzeige von Gauß 1840b/1899. In *Göttingische gelehrte Anzeigen,* oder in: *Werke,* **5**, 305 - 308.

Gauß, C. F. 1840b. Allgemeine Lehrsätze in Beziehung auf die im verkehrten Verhältnisse des Quadrats der Entfernung wirkenden Anziehungs- und Abstossungs-Kräfte, in: C.F. Gauß & W. Weber (Hg.): *Resultate aus den Beobachtungen des magnetischen Vereins im Jahre 1839,* Leipzig 1840, oder in: *Werke,* **5**, 197 - 242.

Gauß, C. F. 1850. Brief an Schumacher vom 1. Sept. 1850, in: *Werke,* **10/1**, 434 - 36.

Gauß, C. F. 1863 - 1873. *Werke.* Hg. von der Königlichen Gesellschaft der Wissenschaften. Göttingen.

Gentzen, G. 1936. Die Widerspruchsfreiheit der reinen Zahlentheorie. *Mathematische Annalen,* **112**, 493 - 565.

Gericke, H. 1984. *Mathematik in Antike und Orient.* Berlin: Springer.

Gilain, C. 1989. Cauchy et le Cours d'Analyse de l'École Polytechnique. *Bulletin de la Société des Amis de la Bibliothéque de l'École Polytechnique*, **5**, 3 - 46.

Gilain, C. 1991. Sur l'histoire du théorème fondamental de l'algèbre: théorie des équations et calcul intégral. *Archive for History of Exact Sciences*, **42**, 91 - 136.

Gispert, H. 1983. Sur les fondements de l'analyse en France. *Archive for History of Exact Sciences*, **28**, 37 - 106.

Giusti, E. 1984. Gli 'errori' di Cauchy e i fondamenti dell'analisi. *Bolettino di Storia delle Scienze matematiche*, **4**, 24 - 54.

Gödel, K. 1931. Über formal unentscheidbare Sätze der Principia Mathematica und verwandter Systeme. *Monatshefte für Mathematik und Physik*, **38**, 173 - 198.

Gödel, K. 1940. *The consistency of the axiom of choice and of the generalized continuum hypothesis*. Princeton: University Press.

Goldstine, H. H. 1980. *A History of the Calculus of Variations from the 17th through the 19th Century*. New York/Heidelberg/Berlin: Springer.

Goursat, E. 1900. Sur la définition générale des fonctions analytiques d'après Cauchy. *Transactions of the American Mathematical Society*, **1**, 14 - 16.

Goursat, E. 1905. *Cours d'analyse mathématique*, Bd. 2. Paris: Gauthier-Villars.

Grabiner, J. V. 1981. *The Origins of Cauchy's rigorous calculus*. Cambridge/Mass.: MIT Press.

Grandi, G. 1710. *De infinitis infinitorum infiniteque parvorum ordinibus*. Pisa.

Grattan-Guinness, I. 1970a. Bolzano, Cauchy and the 'New analysis' of the Early Nineteenth Century. *Archive for History of Exact Sciences*, **6**, 372 - 400.

Grattan-Guinness, I. 1970b. *The development of the foundations of mathematical analysis from Euler to Riemann*. Cambridge/Mass.: MIT Press.

Grattan-Guinness, I. 1980. *From the calculus to set theory, 1630 - 1910*. London: Duckworth.

Gray, J. 1986. *Linear Differential Equations and Group Theory from Riemann to Poincaré*. Basel: Birkhäuser.

Gray, J. 1994. On the history of the Riemann Mapping Theorem, in: U. Bottazzini (Hg.): *Studies in the History of Modern Mathematics I*, Suppl. Rendiconti del Circolo Matematico di Palermo, **34**, 2, 47 - 94.

Green, G. 1828/1895. *An Essay on the Application of Mathematical Analysis to the Theories of Electricity and Magnetism*. Nottingham. Dt. Ausgabe: A. Oettinger & A. Wangerin (Hg. u. Üb.), *Ostwalds Klassiker der exakten Wissenschaften*, Nr. 61, Leipzig: Engelmann.

Green, G. 1833/35. On the determination of the exterior and interior attractions of ellipsoids of variable densities. *Transactions of the Cambrige Philosophical Society*, 3(5).

Greenberg, J. L. 1995. *The problem of the Earth's shape from Newton to Clairaut*. New York: Cambridge University Press.

Grigorian, A. T. 1965. On the development of variational principles of mechanics. *Archives internationales d'histoire des sciences,* **18**, 23 - 35.

Grootendorst, A. W. & van Maanen, J. A. 1982. Van Heuraet's Letter (1659) in the Rectification of Curves. Text, translation (English, Dutch), commentary. *Nieuw archief voor wiskunde,* **30**, 95 - 113.

Gueroult, M. 1934. *Dynamique et Métaphysique leibniziennes.* Straßburg: Faculté des Lettres de l'Université de Strasbourg.

Guicciardini, N. 1989. *The development of Newtonian calculus in Britain, 1700 - 1800.* Cambridge: Cambridge University Press.

Guicciardini, N. 1993. Newton and British Newtonians on the foundations of the calculus, in: M. J. Petry (Hg.): *Hegel and Newtonianism,* Dordrecht/Boston/ London: Kluwer, 167 - 177.

Guicciardini, N. 1995. Johann Bernoulli, John Keill and the inverse problem of central forces. *Annals of Science,* **52**, 537 - 575.

Guicciardini, N. 1996. An Episode in the History of Dynamics: Jakob Hermann's Proof (1716 - 1717) of Proposition 1, Book 1, of Newton's Principia. *Historia Mathematica,* **23**, 167 - 181.

Guilleaume, M. 1978. Axiomatik und Logik, in: Dieudonné 1985, 748 - 882.

Haas, J. 1956. Die mathematischen Arbeiten von Johann Hudde (1628 - 1704), Bürgermeister von Amsterdam. *Centaurus,* **4**, 235 - 284.

Hadamard, J. 1910. *Leçons sur le calcul des variations.* Paris: Hermann.

Hadamard, J. 1945. *The Psychology of Invention in the Mathematical Field.* Princeton: Dover.

Hall, A. R. 1980. *Philosophers at war: the quarrel between Newton and Leibniz.* Cambridge: Cambridge University Press.

Hallett, M. 1984. *Cantorian set theory and the limitations of size.* Oxford: Oxford University Press.

Hamilton, W. R. 1834. On a general method employed in Dynamics, by which the study of the motions of all free systems of attracting or repelling points is reduced to the search and differentiation of one central solution or characteristic function. *Philosophical Transactions of the Royal Society of London,* **124**, 247 - 308.

Hamilton, W. R. 1837. The theory of conjugate functions, or algebraic couples; with a preliminary and elementary essay on algebra as science of pure time. *Transactions of the Royal Irish Academy,* **17**, 293 - 422.

Hankel, H. 1867. *Theorie der complexen Zahlsysteme, insbesondere der gemeinen imaginären Zahlen und der Hamiltonschen Quaternionen.* Leipzig: Voss.

Hankel, H. 1870. Untersuchungen über die unendlich oft oscillierenden und unstetigen Functionen. Tübingen: Gratulationsprogramm der Universität; oder in: *Mathematische Annalen,* **20** (1882), 63 - 112.

Hankel, H. 1871. Grenze, in: *Allgemeine Encyklopädie der Wissenschaften und Künste, erste Section, neunzigster Theil.* Leipzig, 185 - 211.

Hankel, H. 1974. *Zur Geschichte der Mathematik im Alterthum und Mittelalter.* Leipzig: Teubner.

Hankins, T. L. 1980. *Sir William Rowan Hamilton.* Baltimore/London: John Hopkins University Press.

Hardy, G. H. 1918. Sir George Stokes and the concept of uniform convergence. *Proceedings of the Cambridge Philosophical Society,* **19**, 148 - 156.

Hardy, G. H. 1949. *Divergent series.* Oxford: Clarendon.

Harnack, A. 1880. Über die trigonometrische Reihe und die Darstellung willkürlicher Functionen. *Mathematische Annalen,* **17**, 123 - 132.

Harnack, A. 1881. *Die Elemente der Differential- und Integralrechnung.* Leipzig: Teubner.

Harnack, A. 1885. Über den Inhalt von Punktmengen. *Mathematische Annalen,* **25**, 241 - 250.

Hausdorff, F. 1914. *Grundzüge der Mengenlehre.* Leipzig. Veit & Comp.

Hawkins, T. 1970. *Lebesgue's Theory of Integration. Its Origins and Development.* Madison: University of Wisconsin Press.

Hawkins, T. 1980. The Origins of Modern Theories of Integration, in: Grattan-Guiness 1980, 149 - 180.

Hawkins, T. 1989. Line Geometry, Differential Equations, and the Birth of Lie's theory of Groups, in: D. Rowe & J. McCleary (Hg.): *The History of Modern Mathematics,* **2**, 275 - 327.

Heath, T. L. 1953. *The works of Archimedes.* New York: Dover.

Heaviside, O. 1899. *Electromagnetic Theory,* Bd. 2. London.

Heine, E. 1870. Ueber trigonometrische Reihen. *Journal für die reine und angewandte Mathematik,* **71**, 353 - 365.

Heine, E. 1872. Die Elemente der Functionenlehre. *Journal für die reine und angewandte Mathematik,* **74**, 172 - 188.

Hesse, L. O. 1857. Ueber die Criterien des Maximums und Minimums der einfachen Integrale. *Journal für die reine und angewandte Mathematik,* **54**, 227 - 273.

Heuser, H. 1986. *Funktionalanalysis. Theorie und Anwendung.* 2. Auflage. Stuttgart: Teubner.

Heyting, A. 1956. *Intuitionism: An introduction.* Amsterdam: North-Holland.

Hilbert, D. 1899. *Grundlagen der Geometrie.* Leipzig: Teubner.

Hilbert, D. 1900a. Über den Zahlbegriff. *Jahresbericht der Deutschen Mathematiker-Vereinigung,* **8**, 180 - 184.

Hilbert, D. 1900b. Mathematische Probleme. Vortrag, gehalten auf dem Internationalen Mathematiker-Kongress zu Paris. *Gesammelte Abhandlungen,* **3**, 290 - 329.

Hilbert, D. 1900c. Über das Dirichletsche Prinzip. *Jahresbericht der Deutschen Mathematiker-Vereinigung*, **8**, 184 - 188, oder in: *Gesammelte Abhandlungen*, **3**, 10 - 14.

Hilbert, D. 1904. Über das Dirichletsche Prinzip. Festschrift zur Feier des 150jährigen Bestehens der Königlichen Gesellschaft der Wissenschaften zu Göttingen (1901). *Mathematische Annalen*, **59**, 161 - 186, oder in: *Gesammelte Abhandlungen*, **3**, 15 - 37.

Hilbert, D. 1905. Über die Grundlagen der Logik und der Arithmetik, in: A. Krazer (Hg.): *Verhandlungen des 3. Internationalen Mathematiker-Kongresses, Heidelberg 1904*, Leipzig: Teubner, 174 - 185.

Hilbert, D. 1906. Zur Variationsrechnung. *Mathematische Annalen*, **62**, 351 - 371.

Hilbert, D. 1912. *Grundzüge einer allgemeinen Theorie der linearen Integralgleichungen*. Leipzig/Berlin: Teubner.

Hilbert, D. 1932 - 1935. *Gesammelte Abhandlungen*. Berlin: Springer.

Hildebrandt, S. 1989. The calculus of variations today. *Mathematical intelligencer*, **11**, 50 - 60.

Hindenburg, C. F. (Hrsg.) 1796. *Der polynomische Lehrsatz, das wichtigste Theorem der ganzen Analysis: nebst einigen verwandten und anderen Sätzen, neu bearbeitet und dargestellt v. Tetens, ... Zum Druck befoerdert und mit Anmerkungen, auch einem kurzen Abrisse d. combinatorischen Methode und ihrer Anwendung auf die Analysis versehen*. Leipzig: Fleischer.

Hofmann, J. E. 1949. *Die Entwicklungsgeschichte der Leibnizschen Mathematik whärend des Aufenthaltes in Paris (1672 - 1676)*. München: Oldenbourg.

Hofmann, J. E. 1962. *Frans van Schooten der Jüngere*. Wiesbaden: Steiner.

Hofmann, J. E. 1974. *Leibniz in Paris, 1672 - 76: His Growth to Mathematical Maturity*. Cambridge: Cambridge University Press.

Hospital, G. F. A. de l' 1696. *Analyse des infiniment petits*. Paris: Imprimerie Royale.

Huygens, C. 1888 ff. *Oeuvres Complètes de Christiaan Huygens*. La Haye: Nyhoff.

Jacobi, C. G. J. 1837. Zur Theorie der Variations-Rechnung und der Differential-Gleichungen. *Journal für die reine und angewandte Mathematik*, **17**, 68 - 82.

Jacobi, C. G. J. 1838. Über die Reduction der Integration der partiellen Differentialgleichungen erster Ordnung zwischen irgend einer Zahl Variabeln auf die Integration eines einzigen Systemes gewöhnlicher Differentialgleichungen. *Journal für die reine und angewandte Mathematik*, **17**, 97 - 162.

Jacobi, C. G. J. 1866. *Vorlesungen über Dynamik*. Hg. A. Clebsch. Berlin: Georg Reimer.

Jacobi, C. G. J. 1881. *Gesammelte Werke*. hg. von K. Weierstraß, C. Borchardt. Berlin: Reimer.

Jahnke, H. N. 1987. Motive und Probleme der Arithmetisierung der Mathematik in der ersten Hälfte des 19. Jahrhunderts - Cauchys Analysis in der Sicht des Mathematikers Martin Ohm. *Archive for History of Exact Sciences*, **37**, 101 - 182.

Jahnke, H. N. 1990. *Mathematik und Bildung in der Humboldtschen Reform*. Göttingen: Vandenhoeck & Ruprecht.

Jahnke, H. N. 1993. Algebraic Analysis in Germany, 1780 - 1840: Some Mathematical and Philosophical Issues. *Historia Mathematica*, **20**, 265 - 284.

Jarnik, V. 1981. *Bolzano and the Foundations of Mathematical Analysis*. Prag: Society of Czechoslovak Mathematicians and Physicists.

Jordan, C. 1892. Remarques sur les intégrales définies. *Journal de Mathématiques pures et appliquées*, **8**, 69 - 99, oder in: *Oeuvres de Camille Jordan*, **IV**, 427 - 457.

Jordan, C. 1893. *Cours d'Analyse de l'École Polytechnique*. 2. Aufl. Paris: Gauthiers-Villars.

Juschkewitsch, A. P. 1976/77. The Concept of Function up to the Middle of the 19th Century. *Archive for History of Exact Sciences*, **16**, 37 - 85.

Katz, V. J. 1979. The History of Stokes' Theorem. *Mathematics Magazine*, **52**, 146 - 156.

Katz, V. J. 1987. The Calculus of the Trigonometric Functions. *Historia Mathematica*, **14**, 311 - 324.

Kitcher, P. 1973. Fluxions, limits and infinite littleness: a study of Newton's presentation of the calculus. *Isis*, **64**, 33 - 49.

Klein, F. 1894. Riemann und seine Bedeutung für die Entwicklung der modernen Mathematik. *Jahresbericht der Deutschen Mathematiker-Vereinigung*, **4**, 71 - 87, oder in: *Gesammelte Mathematische Abhandlungen*, **3**, 482 - 497.

Klein, F. 1895. Über die Arithmetisierung der Mathematik. *Gesammelte Mathematische Abhandlungen*, **2**, 232 - 240.

Klein, F. 1926. *Vorlesungen über die Entwicklung der Mathematik im 19. Jahrhundert*. 2 Bde. Berlin: Springer.

Kline, M. 1972. *Mathematical Thought from Ancient to Modern Times*. New York: Oxford University Press.

Klügel, G. S. 1803 - 8. *Mathematisches Wörterbuch oder Erklärung der Begriffe, Lehrsätze, Aufgaben und Methoden der Mathematik mit den nöthigen Beweisen und litterarischen Nachrichten begleitet in alphabetischer Ordnung. Erste Abtheilung: Die reine Mathematik, Bd. I bis III*. Leipzig: Schwickert.

Kneser, A. 1900. *Lehrbuch der Variationsrechnung*. Braunschweig.

Kneser, A. 1904. Variationsrechnung. *Encyklopädie der Mathematischen Wissenschaften mit Einschluss ihrer Anwendungen*, **IIA**, Teil 8, 571 - 625.

Knobloch, E. 1983. Von Riemann zu Lebesgue - Zur Entwicklung der Integrationstheorie. *Historia Mathematica*, **10**, 318 - 343.

Knobloch, E. 1994. The infinite in Leibniz's mathematics, the historiographical method of comprehension in context, in: K. Gavroglu (Hg.): *Trends in the historiography of science*, Dordrecht/ Boston/ London: Kluwer, 265 - 278.

Knorr, W. R. 1978. Archimedes and the pre-Euclidean proportion theory. *Archives Internationales d'Histoire des Sciences*, **28**, 183 - 244.

Koblitz, A. H. 1983. *A Convergence of Lives. Sofia Kovalevskaya: Scientist, Writer, Revolutionary.* Boston: Birkhäuser.

Koppelmann, E. 1971/72. The Calculus of Operations and the Rise of Abstract Algebra. *Archive for History of Exact Sciences*, **8**, 155 - 242.

Kossak, E. 1872. *Die Elemente der Arithmetik.* Berlin: Nicolai.

Kronecker, L. 1887. Über den Zahlbegriff. *Journal für die reine und angewandte Mathematik*, **101**, 337 - 355, oder in: *Werke*, Band 3, 249 - 274.

Kummer, E. E. 1836. Über die hypergeometrische Reihe .... *Journal für die reine und angewandte Mathematik*, **15**, 39 - 83, oder in: *Collected Papers*, **2**, 71 - 166.

Lacroix, S. F. 1797 - 1800. *Traité du calcul différentiel et du calcul intégral.* Paris: Duprate.

Lacroix, S. F. 1820. *Traité élémentaire de calcul différentiel et de calcul intégral.* 3. Aufl. Paris.

Lagrange, J. L. 1759. Recherches sur la nature et la propagation du son. *Miscellanea Taurinensia*, **1**, i - x, 1 - 112, oder in: *Ouevres*, I, 39 - 148.

Lagrange, J. L. 1761a. Essai d'une nouvelle méthode pour déterminer les maxima et les minima des formules intégrales indéfinies. *Mélanges de Philosophie et de Mathématiques de la Societé Royale de Turin*, **2**, 173 - 195, oder in: *Oeuvres*, I, 333 - 362.

Lagrange, J. L. 1761b. Applications de la méthode exposée dans le mémoir précédent à la solution de différents problèmes de dynamique. *Mélanges de Philosophie et de Mathématiques de la Societé Royale de Turin*, **2**, 196 - 298, oder in: *Oeuvres* , I, 363 - 468.

Lagrange, J. L. 1762. Essai sur une nouvelle méthode pour déterminer les maxima et les mimima des formules intégrales indéfinies. *Miscellanea physico-mathematica societatis Taurinensia*, **2**, 407 - 418, oder in: *Oeuvres*, I, 333 - 362.

Lagrange, J. L. 1764. Recherches sur la libration de la lune, dans lesquelles on tâche de résoudre la question proposée par l'Académie Royale des Sciences pour le Prix de l'année 1764. *Recueil des pièces qui ont remportés les prix de l'Académie Royale de Sciences*, **9**, 1 - 50, oder in: *Oeuvres*, VI, 5 - 122.

Lagrange, J. L. 1768/1770. Nouvelle méthode pour résoudre les équations littérales par le moyen des séries. *Mémoires de l'Académie Royale des Sciences et des Belles-Lettres de Berlin*, **24**, oder in: *Oeuvres*, III, 5 - 73.

Lagrange, J. L. 1769. Brief an Euler vom 22. Dezember 1769, in: Euler, *Opera Omnia* (IVA)$_5$, 464.

Lagrange, J. L. 1770/1771. Sur le problème de Kepler. *Mémoires de l'Académie Royale des Sciences et des Belles-Lettres de Berlin*, **25**, oder in: *Oeuvres*, III, 113 - 138.

Lagrange, J. L. 1772/1774. Sur l'intégration des équations à différences partielles du premier ordre. *Nouveaux Mémoires d' Académie Royale des Sciences et des Belles Lettres de Berlin*, 353 - 372, oder in: *Oeuvres*, III, 549 - 575.

Lagrange, J. L. 1774/1776. Sur les intégrales particuliers des équations différentielles. *Nouveaux Mémoires d' Académie Royale des Sciences et des Belles Lettres de Berlin*, 197 - 275, oder in: *Oeuvres*, IV, 5 - 108.

Lagrange, L. 1777. Remarques générales sur le mouvement de plusieurs corps qui s'attirent mutuellement en raison inverse des carrés des distances. *Nouveaux Mémoires de l'Académie Royale des Sciences et des Belles-Lettres de Berlin*, oder in: *Oeuvres*, IV, 401 - 418.

Lagrange, J. L. 1780. Théorie de la libration de la lune, et des autres phénomènes qui dépendent de la figure non sphérique de cette Planète. *Nouveaux Mémoires d' Académie Royale des Sciences et des Belles Lettres de Berlin*, 203 - 309, oder in: *Oeuvres*, V, 5 - 122.

Lagrange, J. L. 1785/1787. Méthode générale pour intégrer les équations aux différences partielles du premier ordre, lorsque ces diférences ne sont que linéaires. *Nouveaux Mémoires d' Académie Royale des Sciences et des Belles Lettres de Berlin*, oder in: *Oeuvres*, V, 543 - 562.

Lagrange, J. L. 1788. *Mécanique analytique*. Paris: La Veuve Desaint, oder in: *Oeuvres*, XI und XII.

Lagrange, J. L. 1797/1823. *Théorie des fonctions analytiques*. Paris: Imprimerie de la République, oder in: *Oeuvres*, IX (Nachdruck der 2. Auflage 1813). Dt. Ausgabe: A. L. Crelle (Üb.), Berlin: Reimer.

Lagrange, J. L. 1801. *Leçons sur le calcul des fonctions*. Paris. oder in: *Oeuvres*, X (Nachdruck der 2. Auflage 1806).

Lagrange, J. L. 1867 - 1892. *Oeuvres*. M. J. A. Serret & G. Darbourx (Hg.). Paris: Gauthier-Villars.

Lai T. 1975. Did Newton renounce infinitesimals? *Historia Mathematica*, 2, 127 - 136.

Lakatos, I. 1976. *Proofs and refutations. The logic of mathematical discovery*, J. Worrall und E. Zahar (Hg.), Cambridge: Cambridge University Press.

Lakatos, I. 1978. Cauchy and the continuum. *The Mathematical Intelligencer*, 1, 151 - 161.

Lambert, J. H. 1758. Observationes variae in Mathesin puram. *Acta Helvetica*, 3.

Laplace, P. S. 1777/1780. Mémoire sur l'usage du calcul aux différences partielles dans la théorie des suites. *Mémoires de l'Académie Royale des Sciences de Paris*, 99 - 122, oder in: *Oeuvres*, X, 1 - 89.

Laplace, P. S. 1782/1785. Théorie des attractions des sphéroides et de la figure des planètes. *Mémoires de l'Académie Royale des Sciences des Paris*, oder in: *Oeuvres*, X, 341 - 419.

Laplace, P. S. 1784. *Théorie du mouvement et de la figure elliptique des planètes*. Paris.

Laplace, P. S. 1787/1789. Mémoire sur la théorie de l'anneau de Saturne. *Mémoires de l'Académie Royales des Sciences de Paris,* oder in: *Oeuvres,* **XI,** 275 - 292.

Laplace, P. S. 1799. *Traité de Mécanique Céleste.* Paris: Coucier.

Laplace, P. S. 1873 ff. *Oeuvres complètes.* Paris: Gauthier-Villars.

Laugwitz, D. 1987. Infinitely Small Quantities in Cauchy's Textbooks. *Historia Mathematica,* **14,** 258 - 274.

Laugwitz, D. 1989. Definite values of infinite sums: Aspects of the foundations of infinitesimal analysis around 1820. *Archive for History of Exact Sciences,* **39,** 195 - 245.

Laugwitz, D. 1992. „Das letzte Ziel ist immer die Darstellung einer Funktion". Grundlagen der Analysis bei Weierstraß 1886. *Historia Mathematica,* **19,** 341 - 55.

Laugwitz, D. 1996. *Bernhard Riemann, 1826 - 1866. Wendepunkte in der Auffassung der Mathematik.* Basel/Boston/Berlin: Birkhäuser.

Laugwitz, D. & Schmieden, C. 1958. Eine Erweiterung der Infinitesimalrechnung. *Mathematische Zeitschrift,* **69,** 1 - 39.

Lebesgue, H. 1902. *Intégrale, Longueur, Aire.* Mailand: Rebeschini & Co., oder in: *Oeuvres Scientifiques,* **I,** 201 - 331.

Lebesgue, H. 1905. Sur les fonctions représentables analytiquement. *Journal de Mathématiques Pures et Appliquées,* **1,** 139 - 216.

Lebesgue, H. 1922. Notice sur les travaux scientifiques de M. Henri Lebesgue. Toulouse: Privat, oder *Oeuvres Scientifiques,* **I,** 97 - 175.

Lebesgue, H. 1926. Sur le d de la notion d'intégrale. *Matematisk Tidsskrift,* **19,** 54 - 74, oder in: *Oeuvres Scientifiques,* **II,** 354 - 374 (englische Übersetzung in Chae 1995, 234 - 248).

Legendre, A. M. 1786/1788. Sur la manière de distinguer les maxima des minima dans le calcul des variations. *Mémoires de l'Académie Royale des Sciences,* 7 - 37.

Legendre, A. M. 1808. *Essai sur la théorie des nombres.* Paris.

Legendre, A. M. 1811 - 17. *Exercises du calcul intégral.* 3 Bde. Paris.

Leibniz, G. W. 1684. Nova methodus pro maximis et minimis, itemque tangentibus, quae nec fractas nec irrationales quantitates moratur et singulare pro illis calculi genus. *Acta Eruditorum,* 467 - 473, oder in: *Mathematische Schriften,* **5,** 220 - 226.

Leibniz, G. W. 1686. De geometria recondita et analysi indivisibilium atque infinitorum. *Acta Eruditorum,* 292 - 300, oder in: *Mathematische Schriften,* **5,** 226 - 233.

Leibniz, G. W. 1687. Lettre de M. L. sur un principe general utile à l'explication des loix de la nature par la consideration de la sagesse divine, pour servir de replique à la reponse du R. P. D. Malebranche. *Philosophische Schriften,* **3,** 51 - 55.

Leibniz, G. W. 1692. De linea ex lineis numero infinitis ordinatim ductis inter se concurrentibus formata easque omnes tangentes, ac de novo in ea re analysis infinitorum usu. *Acta Eruditorum,* 168 - 171.

Leibniz, G. W. 1701. Mémoire de Mr. G. G. Leibniz touchant son sentiment sur le calcul différentiel. *Mathematische Schriften*, **5**, 350.

Leibniz, G. W. 1713. Epistola ad V. cl. Christianum Wolfium, professorem Matheseos Halensem circa scientiam infinita. *Acta Eruditorum* (Supplement), oder in: *Mathematische Schriften*, **5**, 382 - 387.

Leibniz, G. W. 1714. Historia et origo calculi differentialis. Mskrpt. *Mathematische Schriften*, **5**, 392 - 410.

Leibniz, G. W. 1742. *Epistolae ad Diversos*. Christian Kortholt (Hg.). Leipzig: Breitkopf.

Leibniz, G. W. 1849 ff. *Mathematische Schriften*; C. J. Gerhardt (Hg.), Berlin: Asher & Co. u. Halle: Schmidt. Nachdruck Hildesheim: Olms 1971.

Leibniz, G. W. 1875 ff. *Die Philosophischen Schriften*. C. J. Gerhardt (Hg.), Berlin: Weidmann. Nachdruck Hildesheim: Olms 1960/61.

Leibniz, G. W. 1993. *De quadratura arithmetica circuli ellipseos et hyperbolae cujus corollarium est trigonometria sine tabulis*, E. Knobloch (Hg.), Göttingen: Vandenhoeck & Ruprecht.

Lévy, P. 1922. *Leçons d'analyse fonctionnelle*. Paris: Gauthier-Villars.

Liouville, J. 1844. Remarques (relatives 1° à des lignes géodesiques 2° à des fonctions doublement périodiques) à l'occassion d'une note de M. Chasles. *Comptes Rendus de l'Académie des Sciences de Paris*, **19**, 1261 - 1263.

Lipschitz, R. 1877 - 1880. *Grundlagen der Analysis*. 2 Bd. Bonn: Cohen & Sohn.

Lipschitz, R. 1986. *Briefwechsel*. W. Scharlau (Hg.). Braunschweig: Vieweg.

Luria, S. 1933. Die Infinitesimaltheorie der antiken Atomisten. *Quellen und Studien zur Geschichte der Mathematik, Astronomie und Physik*. Abt. B, **2**, 106 - 185. Berlin: Springer.

Lützen, J. 1979. Heaviside's operational calculus and the attempts to rigorize it. *Archive for History of Exact Sciences*, **21**, 161 - 200.

Lützen, J. 1982. *The Prehistory of the Theory of Distributions*. New York/Heidelberg/Berlin: Springer.

Lützen, J. 1983. Euler's Vision of a General Partial Differential Calculus for a Generalized Kind of Function. *Mathematics Magazine*, **56** (5), 299 - 306.

Lützen, J. 1987. The solution of partial differential equations by separation of variables: a historical survey. *Studies in the History of Mathematics*, in: E. Phillips (Hg.), Washington: MAA, 242 - 277.

Lützen, J. 1990. *Joseph Liouville 1809 - 1882: Master of Pure and Applied Mathematics*. New York: Springer.

Mach, E. 1883/1973. *Die Mechanik in ihrer Entwicklung historisch-kritisch dargestellt*. Leipzig: Brockhaus. Nachdruck der 9. Auflage: Darmstadt: Wissenschaftliche Buchgesellschaft.

Maclaurin, C. 1742. *A Treatise of Fluxions, in Two Books*. Edinburgh: Ruddimans.

Maddy, P. 1990. *Realism in mathematics.* Oxford: Clarendon.

Mahoney, M. S. 1968. Another look at Greek geometrical analysis. *Archive for History of Exact Sciences,* **5,** 318 - 348.

Markuschewitsch, A. I. 1996. Analytic function theory, in: A. N. Kolmogorov & A. P. Juschkewitsch (Hg.): *Mathematics of the 19th Century,* Bd. 2, Basel: Birkhäuser, 119 - 272.

Maupertuis, P. L. M. 1740. Loi du repos des corps. *Mémoires de l'Académie des Sciences de Paris,* 170 - 176, oder in: L. Euler, *Opera omnia,* II_5, 268 - 273.

Maupertuis, P. L. M. 1744. Accord de différentes loix de la Nature qui avoient jusqu'ici paru incompatibles. *Mémoires de l'Académie des Sciences de Paris,* 417 - 426, oder in: L. Euler, *Opera omnia,* II_5, 274 - 281.

Maupertuis, P. L. M. 1746. Les loix du mouvement et du repos déduites d'un principe métaphysique. *Mémoires de l'Académie des Sciences de Paris,* 267 - 294, oder in: L. Euler, *Opera omnia,* II_5, 282 - 302.

Mayer, A. 1866. *Beiträge zur Theorie der Maxima und Minima der einfachen Integrale.* Habilitationsschrift. Leipzig.

Mayer, A. 1868. Über die Kriterien des Maximums und Minimums der einfachen Integrale. *Journal für die reine und angewandte Mathematik,* **69,** 238 - 263.

Mayer, A. 1886. Begründung der Lagrange'schen Multiplicatorenmethode in der Variationsrechnung. *Mathematische Annalen,* **26,** 74 - 82.

Mehrtens, H. 1990. *Moderne - Sprache - Mathematik.* Frankfurt/Main: Suhrkamp.

Méray, C. 1869. Remarques sur la nature des quantités définies de servir de limites à des variables données. *Revue des Sociétés Savantes, Sciences mathématiques, physiques et naturelles,* Séries 2, **4,** 280 - 289.

Mittag-Leffler, G. 1884. Sur la répresentation analytique des fonctions monogènes. *Acta Mathematica,* **4,** 1 - 79.

Mittag-Leffler, G. 1923a. Die ersten 40 Jahre des Lebens von Weierstraß. *Acta Mathematica,* **39,** 1 - 57.

Mittag-Leffler, G. 1923b. Weierstraß et Sonja Kowalewskaja. *Acta Mathematica,* **39,** 133 - 198.

Moivre, A. de 1698. A Method of extracting the Root of an Infinite Equation. *Philosophical Transactions,* **20,** 190 - 193.

Monge, G. 1807. *Application de l'analyse à la géométrie à l'usage de l'École impériale polytechnique.* Paris: Bernard.

Monna, A. F. 1973. *Functional Analysis in Historical Perspective.* New York/Toronto: Wiley.

Monna. A. F. 1975. *Dirichlet's principle: A mathematical comedy of errors and its influence on the development of analysis.* Utrecht: Oosthoek, Scheltema & Holkema.

Montucla, J. 1799 - 1802. *Histoire des Mathématiques* (4 Bde.), 2. Auflage. Paris: H. Agasse.

Moore G. H. 1982. *Zermelo's axiom of choice: Its origins, development, and influence.* New York: Springer.

Moore, E. H. 1909. On a Form of General Analysis With Application to Linear Differential and Integral Equations. *Atti del IV Congresso Internazionale dei Matematici* (Rom 1908), **II**, 98 - 114.

Moore, E. H. 1910. Introduction to a Form of General Analysis, in: *The New Haven Mathematical Colloquium,* New Haven: Yale University Press, 1 - 150.

Moore, G. H. 1995. The Axiomatization of Linear Algebra: 1875 - 1940, *Historia Mathematica,* **22**, 262 - 303.

Narasimhan, R. 1990. Editor's Preface, in: Riemann, *Gesammelte mathematische Werke,* 1 - 21.

Neuenschwander, E. 1978a. Riemann's Example of a Continuous, 'nondifferentiable' function. *The Mathematical Intelligencer,* **1**, 40 - 44.

Neuenschwander, E. 1978b. Der Nachlaß von Casorati in Pavia. *Archive for History of Exact Sciences,* **19**, 1 - 89.

Neuenschwander, E. 1978c. The Casorati-Weierstraß Theorem. *Historia mathematica,* **5**, 139 - 166.

Neuenschwander, E. 1980. Riemann und das 'Weierstraßsche' Prinzip der analytischen Fortsetzung. *Jahresbericht der Deutschen Mathematiker-Vereinigung,* **82**, 1 - 11.

Neuenschwander, E. 1981. Über die Wechselwirkung zwischen der französischen Schule, Riemann und Weierstraß. Eine Übersicht mit zwei Quellenstudien. *Archive for History of Exact Sciences,* **24**, 221 - 255.

Neugebauer, O. 1936. Zur geometrischen Algebra. *Quellen und Studien zur Geschichte der Mathematik, Astronomie und Physik.* Abt. B, **3**, 245 - 259.

Nevanlinna, R. 1966. Entwicklung der Theorie der eindeutigen analytischen Funktionen einer complexen Veränderlichen seit Weierstraß, in: H. Behnke & K. Kopfermann (Hg.): *Festschrift zur Gedächtnisfeier für Karl Weierstraß 1815 - 1965,* Köln : Westdeutscher Verlag, 97 - 122.

Newton, I. 1665. A method whereby to square those crooked lines which may bee squared. Mskrpt. *Mathematical Papers,* **1**, 302 - 13.

Newton, I. 1669. De analysi per aequationes infinitas. Mskrpt. *Mathematical Papers,* **2**, 206 - 247.

Newton, I. 1670 - 71. De methodis serierum et fluxionum. Mskrpt. *Mathematical Papers,* **3**, 32 - 329.

Newton, I. 1676. Brief an Leibniz vom 24. Okt. In: Leibniz, *Mathematische Schriften,* **1**, 128.

Newton, I. 1687/1963. *Philosophiae Naturalis Principia Mathematica.* London. Dt. Ausgabe: J. Ph. Wolfers (Hg. u. Üb.), Darmstadt: Wissenschaftliche Buchgesellschaft (Nachdruck der Ausgabe Berlin 1872).

Newton, I. 1691 - 92. De quadratura curvarum. Mskrpt. *Mathematical Papers,* **7**, 48 - 129.

Newton, I. 1704. Tractatus de quadratura curvarum [Überarbeitung von Newton 1691 - 92]. *Mathematical Papers*, **8**, 92 - 167.

Newton, I. 1736. Methodus fluxionum et serierum infinitorum, written 1671. *Opuscula*, **1**, 1744, 66.

Newton, I. 1967 - 1981. *Mathematical Papers*, D. T. Whiteside (Hg.), 8 Bde., Cambridge: Cambridge University Press.

Nicomachos Gerasenus 1866. *Pythagoraei introductionis arithmeticae*. Leipzig: Teubner.

Osgood, W. F. 1897. Non-uniform convergence and the integration of series term-by-term. *American Journal of Mathematics*, **19**, 155 - 190.

Oughtred, W. 1631. *Clavis mathematicae*. Oxford.

Panza, M. 1991. The Analytic Foundation of Mechanics of Discrete Systems in Lagrange's Théorie des Fonctions Analytiques. Compared with Lagrange's Earlier Treatments of This Topic. *Historia Scientiarium*, **43**, 181 - 212 und **44**, 87 - 132.

Panza, M. 1992. La forma della quantità. Analisi algebrica e analisi superiore: il problema dell' unità della matematica nel secolo dell'illuminismo. *Cahiers d'Histoire et de Philosophie des Sciences*, **38** und **39**.

Panza, M. 1995. De la Nature épargnante aux forces génereuses: le Principe de Moîndre Action entre mathématiques et métaphysique. Maupertuis et Euler, 1740 - 1751. *Revue d'Histoire des Sciences*, **48**, 435 - 520.

Pappos 1875 - 78/1965. *Pappi Alexandrini Collectionis quae supersunt*. 3 Bde. Herausgegeben von F. Hultsch in griechisch und lateinisch. Berlin. Nachdruck Amsterdam: Hakkert.

Pappos 1871. Der Sammlung des Pappus von Alexandrien siebentes und achtes Buch. C. J. Gerhardt (Hg. u. Üb.). Halle: Schmidt.

Pascal, B. 1659. *Lettres de „A. Dettonville"*. Paris.

Pasini. E. 1993. *Il reale e l'immaginario: la fondazione del calcolo infinitesimale nel pensiero di Leibniz*. Mailand/Turin: Sonda.

Peano, G. 1890. Sur une courbe, qui remplit toute une aire plane. *Mathematische Annalen*, **36**, 157 - 160.

Peckhaus, V. 1990. *Hilbertprogramm und kritische Philosophie*. Göttingen: Vandenhoeck & Ruprecht.

Pfeiffer, J. 1978. *Les premiers exposés globaux de la théorie des fonctions de Cauchy, 1840 - 1860*. Diss. Paris.

Picard, Ch.-E. 1879a Sur une propriété des fonctions entières. *Comptes Rendues de l'Académie des Sciences Paris*, **88**, 1024 - 1027, oder in: *Oeuvres*, **I**, 19 - 22.

Picard Ch.-E. 1879b. Sur les fonctions entières. *Comptes Rendues de l'Académie des Sciences Paris*, **89**, 662 - 665, oder in: *Oeuvres*, **I**, 23 - 25.

Picard, Ch.-E. 1978 - 1981. *Oeuvres*. 4 Bde. Paris: Centre National de la Recherche Scientifique.

Pietschmann, H. 1996. *Phänomenologie der Naturwissenschaft: wissenschaftstheoretische und philosophische Probleme der Physik.* Berlin: Springer.

Pincherle, S. 1880. Saggio di una introduzione alla teoria delle funzioni analitiche secondo i principi del prof. Weierstraß. *Giornale di Matematiche,* **18**, 178 - 254; 317 - 357.

Plato, J. von 1994. *Creating Modern Probability. Its Mathematics, Physics and Philosophy in Historical Perspective.* Cambridge/New York/Melbourne: Cambridge University Press.

Platon 1977. *Werke,* 8 Bd. Darmstadt: Wissenschaftliche Buchgesellschaft.

Poincaré, H. 1881. Mémoire sur les courbes définies par une équation différentielle. *Journal de Matématiques pures et appliquées,* 3, 7, 375 - 422.

Poincaré, H. 1887. Sur le problème de la distribution èlèctrique. *Oeuvres,* **9**, 15 - 17.

Poincaré, H. 1890. Sur les équations aux dérivées partielles de la physique mathématique. *Oeuvres,* **9**, 28 - 113.

Poincaré, H. 1896. La méthode de Neumann et le problème de Dirichlet. *Acta Mathematica,* **20**, 59 - 142, oder in: *Oeuvres,* **9**, 202 - 272.

Poincaré, H. 1899. La logique et l'intuition dans la science mathématique et dans l'enseignement. *L'enseignement mathématique,* **1**, 157 - 62, oder in: *Oeuvres,* **11**, 129 - 133.

Poincaré, H. 1914. *Wissenschaft und Methode.* F. Lindemann (Üb.), Leipzig: Teubner.

Poisson, S. D. 1820a. Sur les integrales des fonctions qui passent par l'infini et sur l'usage des imaginaires . . ., *Journal de l'Ecole Polytechnique,* **11** (18), 295 - 341.

Poisson, S. D. 1820b. Mémoire sur la manière d'exprimer les fonctions par des séries de quantités périodiques. *Journal de l'Ecole Polytechnique,* 11(18), 417 - 489.

Poisson, S. D. 1822. Mémoire sur les intégrales definies et sur la sommation des séries. *Bulletin de la Societé Philomathique,* **9**, 134 - 139.

Poisson, S.-D. 1813. Remarques sur une équation qui se présente dans la théorie de l'attraction des sphéroïdes. *Bulletin de la Societé Philomathique de Paris,* 3, 388 - 392.

Pringsheim, A. 1898. Irrationalzahlen und Konvergenz unendlicher Prozesse, in: *Encyklopädie der mathematischen Wissenschaften,* 1. Band, 1. Teil, A3, 47 - 146.

Proklos Diadochos 1945. *Kommentar zum ersten Buch von Euklids „Elementen ".* P. L. Schönberger (Üb.), M. Steck (Hg.). Halle: Leopoldina.

Ptolemaios, K. 1963. *Handbuch der Astronomie.* K. Manitius (Üb.). 2. Aufl. Leipzig: Teubner.

Puiseux, V. 1850. Recherches sur les fonctions algébriques. *Journal de Mathématiques pures et appliquées,* **15**, 365 - 480.

Pulte, H. 1989. Das Prinzip der kleinsten Wirkung und die Kraftkonzeptionen der rationalen Mechanik. *Studia Leibnitiana,* Sonderheft **19**. Stuttgart: Steiner.

Purkert, W. 1981. Die Mathematik an der Universität Leipzig von ihrer Gründung bis zum zweiten Drittel des 19. Jahrhunderts, in: H. Beckert & H. Schumann (Hg.): *100 Jahre Mathematisches Seminar der Karl-Marx-Universität Leipzig*, Berlin: VEB Deutscher Verlag der Wissenschaften, 9 - 40.

Purkert, W. & Ilgauds, H.-J. 1987. *Georg Cantor*. Basel: Birkhäuser.

Reich, K. 1994. *Die Entwicklung des Tensorkalküls*. Basel: Birkhäuser.

Reidemeister, K. 1949. *Das exakte Denken der Griechen*. Hamburg: Claasen & Goverts.

Reiff, R. 1889. *Geschichte der unendlichen Reihen*. München: Urban & Schwarzenberg.

Remmert, R. 1984. *Theory of complex functions*. New York: Springer.

Renteln, M. von 1996. Friedrich Prym (1841 - 1915) and his investigations on the Dirichlet problem, in: U. Bottazzini (Hg.): *Studies in the History of Modern Mathematics II*, Suppl. Rendiconti del Circolo Matematico di Palermo, **44**, 2, 43 - 56.

Richard, J. 1905. Les principes des mathématiques et le problème des ensembles. *Revue générale des sciences*, **16**, 541 - 542.

Ridell, R. C. 1979. Eudoxian mathematics and the Eudoxian spheres. *Archive for History of Exact Sciences*, 20, 1 - 19.

Riemann, B. G. F. 1851. *Grundlagen für eine allgemeine Theorie der Funktionen einer veränderlichen complexen Grösse*. Inauguraldissertation Göttingen, oder in: *Gesammelte mathematische Werke*, 35 - 80.

Riemann, B. G. F. 1854a. Über die Hypothesen, welche der Geometrie zu Grunde liegen, in: *Gesammelte mathematische Werke*, 304 - 319.

Riemann, B. G. F. 1854b. *Über die Darstellbarkeit einer Function durch eine trigonometrische Reihe*. Habilitationsschrift, Universität Göttingen, oder in: *Gesammelte mathematische Werke*, 259 - 303.

Riemann, B. G. F. 1857a. Beiträge zur Theorie der durch die Gaußsche Reihe $F(\alpha, \beta, \gamma, x)$ darstellbaren Functionen. *Abhandlungen der Königlichen Gesellschaft der Wissenschaften Göttingen*, **7**, oder in: *Gesammelte mathematische Werke*, 99 - 115.

Riemann, B. G. F. 1857b. Theorie der Abelschen Funktionen. *Journal für die reine und angewandte Mathematik*, **54**, 115 - 155, oder in: *Gesammelte mathematische Werke*, 120 - 176.

Riemann, B. G. F. 1859. Über die Anzahl der Primzahlen unter einer gegebenen Größe. *Monatsberichte der Berliner Akademie, November*, oder in: *Gesammelte mathematische Werke*, 177 - 185.

Riemann, B. G. F. 1861. Commentatio mathematica, qua respondere tentatur quaestioni ab III^{ma} Academia Parisiensi propositae. *Gesammelte mathematische Werke*, 423 - 436.

Riemann, B. G. F. 1865. Über das Verschwinden der Theta-Functionen. *Journal für die reine und angewandte Mathematik*, **65**, 161 - 172, oder in: *Gesammelte mathematische Werke*, 244 - 256.

Riemann, B. G. F. 1990. *Gesammelte mathematische Werke, wissenschaftlicher Nachlaß und Nachträge nach der Ausgabe von H. Weber & R. Dedekind*. R. Narasimhan (Hg.), Berlin: Springer.

Riesz, F. 1910. Untersuchungen über Systeme integrierbarer Funktionen, *Mathematische Annalen*, **69**, 449 - 497.

Riesz, F. 1918. Über lineare Funktionalgleichungen. *Acta Mathematica*, **41**, 71 - 98.

Robinson, A. 1966. *Nonstandard analysis*. Amsterdam: North-Holland.

Robinson, A. 1967. The Metaphysics of the Calculus, in: I. Lakatos (Hg.): *Problems in the Philosophy of Mathematics*, Amsterdam: North-Holland, 28 - 40.

Rudio, F. 1907. *Der Bericht des Simplicius über die Quadraturen des Antiphon und des Hippokrates*. Leipzig: Teubner.

Russell, B. & Whitehead, A. N. 1910 - 1913. *Principia mathematica*. 3 Bände. Cambridge: Cambridge University Press.

Rychlik, K. 1962. *Theorie der reellen Zahlen in Bolzano's handschriftlichem Nachlass*. Prag: Tschechoslowakische Akademie der Wissenschaften.

Sageng, E. L. 1989. *Colin Maclaurin and the foundations of the method of fluxions. Dissertation Princeton*. Ann Arbor: University Microfilms International.

Sarton, G. 1944. Lagrange's Personality (1736 - 1813). *Proceedings of the American Mathematical Society*, **88**, 457 - 496.

Scheeffer, L. 1885. Die Maxima und Minima der einfachen Integrale zwischen festen Grenzen. *Mathematische Annalen*, **25**, 522 - 595.

Schmidt, E. 1907. Zur Theorie der linearen und nichtlinearen Integralgleichungen. Teil I: Entwicklung willkürlicher Funktionen nach Systemen vorgeschriebener. *Mathematische Annalen*, **63**, 433 - 476.

Schmidt, E. 1908. Über die Auflösung linearer Gleichungen mit unendlich vielen Unbekannten. *Rendiconti del Circolo Matematico di Palermo*, **25**, 53 - 77.

Schneider, I. 1979. *Archimedes*. Darmstadt: Wissenschaftliche Buchgesellschaft.

Schneider, I. 1988. *Isaac Newton*. München: Beck.

Schoenflies, A. 1900. Die Entwickelung der Lehre von den Punktmannigfaltigkeiten. *Jahresbericht der Deutschen Mathematiker-Vereinigung*, **8**, 1 - 251.

Schramm, M. 1965. Steps toward the idea of function. *History of Science*, **4**, 70 - 103.

Schwartz, L. 1950/51. *Théorie des distributions*. Straßburg: Publications de l'Institut de Mathématiques de l'Université de Strasbourg.

Schwarz, H. A. 1869a. Über einige Abbildungsaufgaben. *Journal für die reine und angewandte Mathematik*, **70**, 105 - 120, oder in: *Gesammelte mathematische Abhandlungen*, II, 65 - 83.

Schwarz, H. A. 1869b. Notizia sulla rappresentazione conforme di un'area ellittica sopra un'area circolare. *Annali di Matematica pura e applicata*, Serie II, **3**, 166 - 170, oder in: *Gesammelte mathematische Abhandlungen*, II, 102 - 107.

Schwarz, H. A. 1870a. Über einen Grenzübergang durch alternierendes Verfahren. *Vierteljahresschrift der Naturforschenden Gesellschaft in Zürich,* **15**, 272 - 286, oder in: *Gesammelte Mathematische Abhandlungen,* **II**, 133 - 143.

Schwarz, H. A. 1870b. Über die Integration der partiellen Differentialgleichung $\frac{\partial^2 u}{\partial x^2} + \frac{\partial^2 u}{\partial y^2} = 0$ unter vorgeschriebenen Grenz- und Unstetigkeitsbedingungen. *Monatsberichte der Königlichen Akademie der Wissenschaften Berlin,* 767 - 795, oder in: *Gesammelte Mathematische Abhandlungen,* **II**, 144 - 171.

Schwarz, H. A. 1872. Zur Integration der partiellen Differentialgleichung $\frac{\partial^2 u}{\partial x^2} + \frac{\partial^2 u}{\partial y^2} = 0$. *Journal für die reine und angewandte Mathematik,* **74**, 218 - 253, oder in: *Gesammelte Mathematische Abhandlungen,* **II**, 175 - 210.

Scriba, C. 1963. The inverse method of tangents, a dialogue between Leibniz and Newton (1675 - 1677). *Archive for history of exact sciences,* **2**, 113 - 37.

Scriba, C. 1973. Jacobi, Carl Gustav Jacob. *Dictionary of Scientfic Biography,* **7**, 50 - 55.

Seidel, P. L. 1847 - 1849. Note über eine Eigenschaft der Reihen, welche discontinuirliche Funktionen darstellen. *Abhandlungen der Mathematisch-Physikalischen Klasse der Königlichen Bayrischen Akademie der Wissenschaften,* **5**, 381 - 394.

Seidel, P. L. 1871. Über die Darstellung des Kreisbogens, des Logarithmus und des elliptischen Integrals erster Art durch unendliche Producte. *Journal für die reine und angewandte Mathematik,* **73**, 273 - 291.

Siegmund-Schultze, R. 1982. Die Anfänge der Funktionalanalysis und ihr Platz im Umwälzungsprozeß der Mathematik um 1900. *Archive for History of Exact Sciences,* **26**, 13 - 71.

Siegmund-Schultze, R. 1986. Der Beweis des Hilbert-Schmidt-Theorems. *Archive for History of Exact Sciences,* **36**, 251 - 270.

Siegmund-Schultze, R. 1988. Der Beweis des Weierstraßschen Approximationssatzes 1885 vor dem Hintergrund der Entwicklung der Fourieranalysis. *Historia Mathematica,* **15**, 299 - 310.

Siegmund-Schultze, R. 1998. Eliakim Hastings Moore's „General Analysis", *Archive for History of Exact Sciences,* **52**, 51 - 89.

Sigurdsson, S. 1992. Equivalence, pragmatic platonism, and discovery of the calculus, in: M. J. Nye et al (Hg.): *The invention of physical science,* Dordrecht/Boston/London: Kluwer, 97 - 116.

Simpson, T. 1750. *The Doctrine and Application of Fluxions.* London: Nourse.

Smith, C. & Wise, N. 1989. *Energy and Empire: a biographical Study of Lord Kelvin.* Cambridge: Cambridge University Press.

Smith, H. J. S. 1875. On the Integration of Discontinuous Functions. *Proceedings of the London Mathematical Society,* **6**, 140 - 153.

Spalt, D. 1992. Aufklärung des Cauchy-Problems. *Preprint Fachbereich Mathematik der Technischen Hochschule Darmstadt Nr. 1457.*

Speiser, A. 1945. Vorwort des Herausgebers, in: L. Euler, *Opera omnia*, I_9, VII - XXXII.

Spitzer, S. 1854/55. Über die Kriterien des Grössten and Kleinsten bei den Problemen der Variationsrechnung. *Sitzungsberichte der Mathematisch-Naturwissenschaftlichen Classe der Kaiserlichen Akademie der Wissenschaften Wien*, **13**, 1014 - 1071, **14**, 41 - 120.

Stäckel, P. 1894. Abhandlungen über Variations-Rechnung Zweiter Theil: Abhandlungen von Lagrange (1762, 1770), Legendre (1786) und Jacobi (1837), *Ostwalds Klassiker der exakten Wissenschaften, Nr. 47.*

Stäckel, P. 1907/8. Eine vergessene Abhandlung Leonhard Eulers über die Summe der reziproken Quadrate der natürlichen Zahlen. *Bibliotheca Mathematica*, **8**, 37 - 54, oder in: L. Euler, *Opera omnia*, I, 14, 156 - 176.

Stevin, S. 1585. *L'arithmetique.* Leyden: Plantin.

Stokes, G. G. 1849. On the critical values of the sums of periodic series. *Transactions of the Cambridge Philosophical Society*, **8**, 533 - 583, oder in: *Mathematical and Physical Papers*, **1**, 236 - 313.

Stokes, G. G. 1966. *Mathematical and Physical Papers.* Neudruck 2. Aufl. New York: Johnson.

Stolz, O. 1884. Ueber einen zu einer unendlichen Punktmenge gehörigen Grenzwert. *Mathematische Annalen*, **23**, 152 - 156.

Stolz, O. 1885/86. *Vorlesungen über allgemeine Arithmetik nach den neueren Ansichten.* Leipzig: Teubner.

Struik, D. J. 1969. *A Source Book in Mathematics, 1200 - 1800.* Cambridge/Mass.: Harvard University Press.

Sturm, C. 1836. Mémoire sur les Équations différentielles du second ordre. *Journal de Mathématiques pures et appliquées*, **1**, 106 - 186.

Sturm, C. 1857/59. *Cours d'analyse de l'École Polytechnique.* 2 Bde., Paris.

Szabó, I. 1987. *Geschichte der mechanischen Prinzipien.* 3. Aufl. Basel/Boston/ Stuttgart: Birkhäuser.

Tannery, J. 1886. *Introduction à la théorie des fonctions d'une variable.* Paris: Hermann.

Taylor, B. 1715. *Methodus incrementorum directa & inversa.* London.

Tazzioli, R. 1994. Il teorema di rappresentazione di Riemann: critica e interpretazione di Schwarz. U. Bottazzini (Hg.): *Studies in the History of Modern Mathematics I,* Suppl. Rendiconti del Circolo Matematico di Palermo, **34**, 2, 95 - 132.

Thaer, C. 1943. Antike Mathematik. Bericht über das Schrifttum der Jahre 1906 - 1930. *Jahresbericht über die Fortschritte der klassischen Altertumswissenschaft*, **283**, 1 - 114.

Thiel, C. 1972. *Grundlagenkrise und Grundlagenstreit: Studie über das normative Fundament der Wissenschaften am Beispiel von Mathematik und Sozialwissenschaft.* Meisenheim/Glan: Hain.

Thiele, R. 1982. *Leonhard Euler.* Leipzig: Teubner.

Thiele, R. 1990. Carnots Betrachtungen über die Grundlagen der Analysis, in: D. Spalt (Hg.): *Rechnen mit dem Unendlichen.* Basel: Birkhäuser, 79 - 94.

Thiele, R. 1997. On some contributions to field theory in the calculus of variations from Beltrami to Carathéodory. *Historia Mathematica,* **24,** 281 - 300.

Thomae, J. 1880. *Theorie der analytischen Functionen einer complexen Veränderlichen.* Halle: Nebert.

Thomae, J. 1898. *Theorie der analytischen Functionen einer complexen Veränderlichen.* 2. Aufl. Halle: Nebert.

Thomson, W. 1847. Note sur une équation aux différences partielles qui se présente dans plusieurs questions de physique mathématique. *Journal de mathématiques pures et appliques,* **12,** 493 - 96, oder in: *Mathematical and Physical Papers,* **1,** 93 - 96.

Todhunter, I. 1861/1961. *A history of the progress of the calculus of variations during the nineteenth century.* London. Nachdruck als: *A history of the calculus of variations during the nineteenth century.* New York: Chelsea.

Todhunter, I. 1871. *Researches in the calculus of variations, principally on the theory of discontinuous solutions.* London/Cambridge: Macmillan.

Toepell, M. 1986. *Über die Entstehung von Hilberts „Grundlagen der Geometrie".* Göttingen: Vandenhoeck & Ruprecht.

Toeplitz, O. 1949. *Die Entwicklung der Infinitesimalrechnung.* Berlin: Springer.

Truesdell, C. 1960. The Rational Mechanics of Flexible or Elastic Bodies 1638 - 1788, in: L. Euler, *Opera Omnia,* $II_{11/2}$.

Truesdell, C. 1968. *Essays in the history of mechanics.* Berlin: Springer.

Turner, R. S. 1971. The growth of professorial research in Prussia, 1818 to 1848 - causes and context. *Historical studies in the physical sciences,* **3,** 137 - 182.

Ullrich, P. 1996. The Riemann Mapping Problem, in: U. Bottazzini (Hg.): *Studies in the History of Modern Mathematics II,* Suppl. Rendiconti del Circolo Matematico di Palermo, **44,** 2, 9 - 42.

Unguru, S. 1975. On the need to rewrite the history of Greek mathematics. *Archive for History of Exact Science,* **15,** 67 -114.

Valerio, L. 1604. *De centro gravitatis solidorum libri tres.* Rom: Bonfadini.

Van Maanen, J. 1991. From quadrature to integration: thirteen years in the life of the cissoid. *The Mathematical Gazette,* **75,** 1 - 15.

Van Maanen, J. A. 1984. Hendrick van Heuraet (1634 - 1660?): His Life and Mathematical Work. *Centaurus,* **27,** 218 - 279.

Van Schooten, F. 1659 - 1661. *Geometria à Renato Des cartes Anno 1637 Gallicè edita.* Amsterdam: Elzevir.

Literatur 539

Varignon 1712. *Brief an Leibniz vom 19. November 1712.* In: G. W. Leibniz, *Mathematische Schriften,* **IV**, 187 - 191.

Varignon 1715/18. Précautions à prendre dans l'usage des suites ou séries infinies resultant dans la division infinie des fractions. *Mémoires de l'Académie Royale des Sciences de Paris,* 203 - 225.

Varignon, P. 1725. *Nouvelle mécanique ou statique.* 2 Bde. Paris: Jombert.

Viète, F. 1591. *In artem analyticam isagoge.* Tours.

Viète, F. 1646. *Opera mathematica.* F. van Schooten (Hg.) Leiden.

Volterra, V. 1887. Sopra le funzioni che dipendono da altre funzioni. *Rendiconti dell'Accademia dei Lincei,* 3(4), 97 - 105, 141 - 146, 153 - 160.

Waerden, B. L. van der 1966. *Erwachende Wissenschaft.* 2. Aufl. Basel: Birkhäuser.

Waerden, B. L. van der 1976. Defence of a „shocking" point of view. *Archive for History of Exact Science,* **15**, 199 - 210.

Wallis, J. 1656. *Arithmetica infinitorum.* Oxford.

Weierstraß, K. 1840. Über die Entwicklung der Modular-Functionen. *Mathematische Werke,* **1**, 1 - 49.

Weierstraß, K. 1841a. Darstellung einer analytischen Funktion einer complexen Veränderlichen, deren absoluter Betrag zwischen zwei gegebenen Grenzen liegt. *Mathematische Werke,* **1**, 51 - 66.

Weierstraß, K. 1841b. Zur Theorie der Potenzreihen. *Mathematische Werke,* **1**, 67 - 74.

Weierstraß, K. 1842. Definition analytischer Funktionen einer Veränderlichen vermittelst algebraischer Differentialgleichungen. *Mathematische Werke,* **1**, 75 - 84.

Weierstraß, K. 1854. Zur Theorie der Abelschen Funktionen. *Journal für die reine und angewandte Mathematik,* **47**, 289 - 306, oder in: *Mathematische Werke,* **1**, 133 - 152.

Weierstraß, K. 1856a. Über die Theorie der analytischen Facultäten. *Journal für die reine und angewandte Mathematik,* **51**, 1 - 60, oder in: *Mathematische Werke,* **1**, 153 - 221.

Weierstraß, K. 1856b. Theorie der Abelschen Funktionen. *Journal für die reine und angewandte Mathematik,* **52**, 285 - 339, oder in: *Mathematische Werke,* **1**, 297 - 355.

Weierstraß, K. 1857. Akademische Antrittsrede. *Monatsberichte der Königlich Preußischen Akademie der Wissenschaften Berlin,* 148 - 154, oder in: *Mathematische Werke,* **1**, 223 - 226.

Weierstraß, K. 1870. Über das sogenannte Dirichletsche Prinzip. *Mathematische Werke,* **2**, 49 - 54.

Weierstraß, K. 1872. Über continuirliche Functionen eines reellen Arguments, die für keinen Werth des letzteren einen bestimmten Differentialquotienten besitzen, in: *Mathematische Werke,* **2**, 71 - 74.

Weierstraß, K. 1876. Zur Theorie der eindeutigen analytischen Funktionen. *Mathematische Abhandlungen der Königlichen Akademie der Wissenschaften Berlin,* 11 - 60, oder in: *Mathematische Werke,* **2**, 77 - 124.

Weierstraß, K. 1879. Über die allgemeinsten eindeutigen und $2n$-fach periodischen Functionen von n Veränderlichen. *Monatsberichte der Königlichen Akademie der Wissenschaften Berlin*, 853 - 857, oder in: *Mathematische Werke*, 2, 45 - 48.

Weierstraß, K. 1880a. Untersuchungen über die $2r$-fach periodischen Functionen von r Veränderlichen. *Journal für die reine und angewandte Mathematik*, 89, 1 - 8, oder in: *Mathematische Werke*, 2, 125 - 133.

Weierstraß, K. 1880b. Zur Functionenlehre. *Monatsberichte der Königlichen Akademie der Wissenschaften Berlin*, 719 - 743, oder in: *Mathematische Werke*, 2, 201 - 230.

Weierstraß, K. 1886. Einige auf die Theorie der analytischen Funktionen mehrerer Veränderlichen sich beziehenden Sätze. *Mathematische Werke*, 2, 135 - 188.

Weierstraß, K. 1894 - 1927. *Mathematische Werke* (7 Bde.). Berlin: Mayer/Müller.

Weierstraß, K. 1923. Briefe an Paul Du Bois-Reymond. *Acta Mathematica*, 39, 199 - 225.

Weierstraß, K. 1927. *Vorlesungen über Variationsrechnung*. R. Rothe (Hg.). Leipzig: Akademische Verlagsgesellschaft.

Weierstraß, K. 1988a. *Ausgewählte Kapitel aus der Funktionenlehre. Vorlesung, gehalten in Berlin 1886*. R. Siegmund-Schultze (Hg.). Leipzig: Teubner.

Weierstraß, K. 1988b. *Einleitung in die Theorie der analytischen Funktionen. Nachschrift der Vorlesung Berlin 1878 von A. Hurwitz*. P. Ullrich (Hg.) Braunschweig: Vieweg.

Westfall, R. S. 1980. *Never at Rest: A Biography of Isaac Newton*. Cambridge: Cambridge University Press.

Weyl, H. 1910. Über die Definitionen der mathematischen Grundbegriffe. *Mathematisch-naturwissenschaftliche Blätter*, 7, 93 - 95; 109 - 113.

Weyl, H. 1913. *Die Idee der Riemannschen Fläche*. Leipzig: Teubner.

Weyl, H. 1918. *Das Kontinuum: Kritische Untersuchungen über die Grundlagen der Analysis*. Leipzig: Veit & Comp.

Weyl, H. 1921. Über die neue Grundlagenkrise der Mathematik. *Mathematische Zeitschrift*, 10, 39 - 79.

Weyl, H. 1966. *Philosophie der Mathematik und Naturwissenschaften*. 3. Aufl. München/Wien: Oldenbourg.

Whiteside, D. T. 1961. Patterns of Mathematical Thought in the later Seventeenth Century. *Archive for History of Exact Sciences*, 1, 179 - 388.

Wisan, W. L. 1974. The new science of motion: A study of Galileo's De motu locali. *Archive for history of exact sciences*, 13, 103 - 306.

Wolff, C. 1716. *Mathematisches Lexicon*. Leipzig: Gleditschens.

Wußing, H. & Arnold, W. (Hg.) 1989. *Biographien bedeutender Mathematiker. Eine Sammlung von Biographien*. 3. Aufl. Köln: Aulis.

Zahn, W. v. 1874. Einige Worte zum Andenken an Hermann Hankel. *Mathematische Annalen*, 7, 583 - 590.

Zermelo, E. 1908. Untersuchungen über die Grundlagen der Mengenlehre, I. *Mathematische Annalen*, **65**, 261 - 281.

Zermelo, E. & Hahn, H. 1904. Weiterentwicklung der Variationsrechnung in den letzten Jahren. *Encyklopädie der Mathematischen Wissenschaften mit Einschluß ihrer Anwendungen*, IIA, Teil 8a, 626 - 641.

Personenverzeichnis

Abel, Niels Henrik (1802–1829) 312

d' Alembert, Jean-Baptiste le Rond (1717–1783) 130f, 157ff, 164, 169, 181, 184f, 202, 209, 212, 267f, 270, 273, 420ff, 424, 426ff, 436, 493

Alexander von Aphrodisias (2./3. Jh.) 22

Ampère, André Marie (1775–1836) 208, 222, 224, 240, 262

Anaxagoras (ca. 500–ca. 428 v.C.) 22, 41

Apollonios von Perge (ca. 260 – ca. 190 v.C.) 39, 42, 49, 54

Aquin, Thomas von (1224–1274) 395

Arbogast, Louis Francois Antoine (1759 – 1803) 162, 167, 205

Archimedes (287–212 v.C.) 6f, 12ff, 22, 25ff, 31ff, 38f, 42, 44, 69, 72, 74, 79, 124ff, 204, 243, 399, 403

Argand, Jean Robert (1768–1822) 272, 289

Aristoteles (384–322 v.C.) 5f, 9, 12f, 18f, 38, 41ff, 395

Arzelà, Cesare (1847–1912) 347, 491f

Ascoli, Giulio (1843–1896) 492

Auzout, Adrien (1622–1691) 55

Baire, René Louis (1874–1932) 239, 348

Banach, Stefan (1892–1945) 487, 493, 498, 500ff

Barrow, Isaac (1630–1677) 5, 42f, 86ff, 95

Beer, August (1825–1863) 489

Beltrami, Eugenio (1835–1900) 313, 480, 484

Bendixson, Ivar Otto (1861–1935) 431, 447

Berkeley, George (1685–1753) 163, 240

Bernays, Paul (1888–1977) 406

Bernoulli, Daniel (1700–1782) 130f, 147, 151, 160f, 246, 436, 439, 452

Bernoulli, Jakob I (1654–1705) 72, 85, 107, 117, 131f, 150, 212, 413ff, 449, 452ff

Bernoulli, Johann I (1667–1748) 5, 41, 72, 85, 107, 117, 130ff, 136f, 139f, 143, 146ff, 150, 152, 160, 167, 171, 173, 184, 212, 413, 417ff, 421, 427f, 436, 438, 449, 452ff

Bernoulli, Niklaus I (1687–1759) 132, 136, 155, 422,

Bernoulli, Niklaus II (1695-1726) 417, 419

Bessel, Friedrich Wilhelm (1784–1846) 279, 439, 495

Betti, Enrico (1823–1892) 298, 312f, 323, 327

Bishop, Erret A. (geb. 1928) 410

Bolza, Oskar (1857–1942) 450, 471, 473, 481, 497

Bolzano, Bernard (1781–1848) 5, 200, 218ff, 236f, 240, 273, 327, 377

Bombelli, Rafael (1526–1572) 267

Borchardt, Carl Wilhelm (1817–1880) 294, 306, 312, 463

Borel, Emile (1871–1956) 237, 240, 324, 329, 353, 358ff, 365, 399

Bouquet, Jean-Claude (1819–1885) 234, 291, 295, 298, 312, 314, 323, 431f, 435, 441, 447

Brill, Alexander Wilhelm von (1842 – 1935) 153, 298

Brioschi, Francesco (1824–1897) 312

Briot, Charles Auguste Albert (1817–1882) 234, 291, 295, 298, 312, 314, 323, 431f, 435, 441f, 447

Brodén, Torsten (1857–1931) 344

Brouwer, Luitzen Egbertus Jan (1881–1966) 393, 409, 502

Bryson von Heracleia (450–370 v.C.) 15, 22

Buée, Adrien-Quentin (1748–1826) 289

Burali-Forti, Cesare (1861–1931) 399f

Campanus von Novara (ca. 1210–1296) 22

Cantor, Georg (1845–1918) 5, 42, 237, 323, 357ff, 354f, 373, 376, 381ff, 388ff, 404, 406ff, 487, 492

Carathéodory, Constantin (1873–1950) 484

Carnot, Lazare Nicolas Marguerite (1753–1823) 35, 204

Cartan, Henri Paul (geb. 1904) 325

Casorati, Felice (1835–1890) 236, 290, 312ff, 323

Cauchy, Augustin-Louis (1789–1857) 103, 136, 153, 157, 168, 192ff, 236ff, 240f, 243, 264, 267, 269ff, 298ff, 304, 312, 314, 317f, 325, 327, 330ff, 343, 348, 351, 382f, 390, 402, 430ff, 439ff, 502

Cavalieri, Bonaventura (1598?–1647) 31, 34f, 44, 66, 69, 71, 75, 80, 85, 113

Cavendish, Henry (1731–1810) 253

Chebotarev, Nikolai Grigorievich (1894–1947) 21

Chittenden, Edward Wilson (1885–1977) 498

Christina von Schweden (1626–1689) 45

Christoffel, Elwin Bruno (1829–1900) 266

Clairaut, Alexis Claude (1713–1765) 121, 130f, 422, 424

Clausius, Rudolf (1822–1888) 263f

Clavius, Christoph (1537–1612) 17, 44

Clebsch, Rudolf Friedrich Alfred (1833–1872) 305, 440, 467ff, 483f

Cohen, Paul Joseph (geb. 1934) 398

Commandino, Federigo (1509–1575) 451

Condorcet, Marie Jean Antoine Nicolas Caritat, Marquis de (1743–1794) 422, 426, 438

Coriolis, Gaspard Gustav de (1792–1843) 273, 442

Cotes, Roger (1682–1716) 146

Coulomb, Charles Auguste de (1736–1806) 251

Crelle, August Leopold (1780–1855) 223, 257, 262, 319, 331, 462, 467

Darboux, Jean-Gaston (1842–1917) 33, 238, 241, 337, 339, 341ff, 346, 349f, 352f, 365, 430f, 441f

Dedekind, Richard (1831–1916) 5, 17, 192, 296, 304, 311, 313, 332, 335, 372f, 378ff, 383ff, 390ff, 396, 398, 402, 406

Deinostratos (4. Jh. v.C.) 37

Delaunay, Charles Eugene (1814–1872) 465f

Demokritos von Abdera (ca. 460–ca. 370 v.C.) 31, 40

Descartes, René (1596–1650) 5, 36, 43ff, 56ff, 62ff, 92f, 98, 112, 118, 128, 175, 182, 267, 395, 413f, 418

Dini, Ulisse (1845–1918) 233, 344, 347, 373

Diokles (1 Jh. v.C.?) 67ff

Dirichlet, Johann Peter Gustav (Lejeune) (1805–1859) 162, 194f, 227ff, 237ff, 241f, 252, 256, 262ff, 296f, 301ff, 311, 313ff, 320, 329, 331f, 337f, 368, 378, 431, 485f, 489, 492

Du Bois-Reymond, Paul (1831–1889) 229, 238, 242, 337, 356, 358, 373, 378, 383f, 396, 399, 432f, 450, 472, 489

Eisenstein, Ferdinand Gotthold Max (1823–1852) 296

Epicharmos (Dichter) (530–440 v.C.) 8

Erastothenes von Kyrene (ca. 284–ca. 200) 26, 28

Erdmann, G. (2. H. 19. Jh.) 450, 469ff

Eudemos von Rhodos (4. Jh. v.C.) 21

Eudoxos von Knidos (ca. 400–ca. 347 v.C.) 5, 11f, 18, 23f, 30f, 34, 38

Euklid, (ca. 300 v.C.) 6ff, 17, 19, 22ff, 28, 31, 34f, 39ff, 192, 204, 209, 315, 378, 380, 397, 401, 407, 487

Euler, Leonhard (1707–1783) 5, 22, 121, 130ff, 139, 141ff, 154ff, 167ff, 171f, 174ff, 193ff, 198ff, 204ff, 208, 212, 215, 217, 239, 243, 246, 267ff, 274, 296, 307, 309, 311, 322, 338, 371, 417, 420ff, 436, 443, 449f, 452, 454ff, 464ff, 468ff, 472ff, 476f, 479ff, 483ff

Eutokios von Askalon (5./6. Jh.) 69

Faraday, Michael (1791–1867) 477

Fejér, Lipót (1880–1959) 243

Fermat, Pierre de (1601–1665) 5, 45, 52, 59, 62f, 85f, 100, 174

Fischer, Ernst (1875–1945) 499

Fourier, Jean-Baptiste-Joseph de (1768 – 1830) 162, 191, 193ff, 205f, 212, 224ff, 234, 238f, 243, 248ff, 276f, 329ff, 345, 369, 436, 489, 492, 496f, 499

Fraenkel, Abraham (1891–1965) 388, 406

Fréchet, Maurice René (1878–1973) 359, 491ff, 497, 502

Fredholm, Erik Ivar (1866–1927) 490, 494, 502

Frege, Gottlob (1848–1925) 372f, 383, 385ff, 398ff, 403f, 407f

Friedrich II (1712–1786) 181

Frobenius, Georg Ferdinand (1849–1917) 243, 432

Fuchs, Immanuel Lazarus (1833–1902) 309, 439ff, 443

Galilei, Galileo (1564–1642) 35, 39, 64, 118, 137, 451, 453

Gauß, Carl Friedrich (1777–1855) 42, 218f, 223, 229, 246, 252ff, 257ff, 271f, 279, 288f, 295ff, 301, 307, 309, 311, 322, 331, 401, 439

Gentzen, Gerhard Karl Erich (1909–1945) 409

Gergonne, Joseph Diaz (1771–1859) 272

Gibbs, Josiah Willard (1839–1903) 262

Goedel, Kurt (1906–1978) 398, 409f

Goldbach, Christian von (1690–1764) 147, 150, 155, 419

Goursat, Éduard Jean-Baptiste (1858–1936) 291, 327, 450, 473, 481

Grandi, Guido (1671–1742) 155

Graßmann, Hermann Günther (1809–1877) 371f, 374

Green, George (1793–1841) 246, 252ff, 259, 261ff, 282, 299, 485

Gregorius a St. Vincento (1584–1667) 23

Gregory, James (1637–1675) 80, 85, 106, 139

Gudermann, Christoph (1798–1852) 234f, 316f

Guldin, Habakuk Paul (1577–1643) 66, 75, 84f

Hadamard, Jaques (1865–1963) 275, 324, 431, 450, 490ff, 498, 502

Hahn, Hans (1879–1934) 487, 500, 502

Hamilton, William Rowan (1805–1865) 190, 262, 289, 371, 374, 432, 439, 469, 480, 482ff

Hankel, Hermann (1839–1873) 40, 167, 195, 222, 238f, 242, 262, 289, 337ff, 344, 353ff, 373ff, 380f, 384, 386, 392, 396, 401, 404, 409

Hansteen, Christoffer (1784–1873) 222f

Harnack, Carl Gustav Axel (1851–1888) 242, 356ff

Hartogs, Friedrich (1874–1943) 306

Hausdorff, Felix (1868–1942) 406, 492f

Heaviside, Oliver (1850–1925) 242f, 262

Heine, Heinrich Eduard (1821–1881) 237, 239f, 345f, 373, 381ff, 389f, 463

Helly, Eduard (1884–1943) 489

Heraklit (5. Jh. v.C.) 40

Hérigone, Pierre (1580-1643) 59

Hermann, Jakob (1678–1733) 117, 120, 171

Hermite, Charles (1822–1901) 294f, 308, 312, 326

Heron von Alexandria (40?–120?) 19

Hesse, Ludwig Otto (1811–1874) 463, 466f, 481

Heuraet, Hendrick van (1634–1660?) 52, 55

Heyting, Arend (1898–1980) 409f

Hieron von Syrakus (306–215 v.C.) 26

Hilbert, David (1862–1943) 192f, 309, 373, 376, 385, 397, 399ff, 406f, 409f, 450, 477ff, 486, 489, 492ff, 499ff

Hill, George William (1838–1914) 489

Hindenburg, Karl Friedrich (1741–1808) 167f

Hipparchos (ca. 180–127 v.C.) 25

Hippasos von Metapont (ca. 450 v.C.) 9

Hippias von Elis (ca. 400 v.C.) 36f

Hippokrates von Chios (ca. 450 v.C.) 20f, 24

Hölder, Ludwig Otto (1859–1937) 243, 265, 442

Holmboe, Bernt Michael (1795–1850) 222, 224

Hopkins, William (1793–1866) 257

L'Hospital, Guillaume François Antoine (1661–1704) 43, 72, 107, 122, 132, 136

Hudde, Jan (1628–1704) 52, 55f, 58, 62ff, 92, 100

Hurwitz, Adolf (1859–1919) 239, 376

Huygens, Christiaan (1629–1695) 43f, 52, 55, 66f, 69, 72, 76ff, 84f, 100, 107, 118, 128, 137, 414

Huygens, Constantijn (1596–1687) 44, 52

Ibn al-Haitam (965–ca. 1038) 21

Jacobi, Carl Gustav Jacob (1804–1851) 296, 305f, 314, 316, 431f, 439f, 442, 450, 462ff, 474, 480ff

Joachimstal, Ferdinand (1818–1861) 294

Jordan, Camille Marie Ennemond (1838–1922) 241, 309, 329, 349ff, 362f, 365, 368

Jungius, Joachim (1587–1657) 137

Kepler, Johannes (1571–1630) 44, 66, 74ff, 80, 118ff, 153

Killing, Wilhelm Karl Joseph (1847–1923) 319

Kirchhoff, Gustav Robert (1824–1887) 243, 263, 443

Kleene, Steven Cole (1909-1994) 410

Klein, Christian Felix (1849–1925) 296, 303f, 311, 314f, 327, 463

Klügel, Georg Simon (1739–1812) 7, 143

Kneser, Adolf (1862–1930) 450, 473, 477, 480, 484

Koch, Niels Fabian Helge von (1870–1924) 489

Kolmogorow, Andrej Nikolajewitsch (1903–1987) 359

Konon von Samos (vor 212 v.C.) 26

Kossak, Ernst (1839–1892) 373, 376

Kowalewskaja, Sofia (Sonja) Wasiljewna (1850–1891) 436, 440, 442ff

Kramp, Christian (1760–1826) 319

Kronecker, Leopold (1823–1891) 225, 235f, 311, 313f, 374, 387, 391, 399, 497

Kummer, Ernst Eduard (1810–1893) 288, 307, 311, 371

Lacroix, Sylvestre François (1765–1843) 35, 168, 200, 204, 211, 215, 469

Lagrange, Joseph Louis (1736–1813) 130, 132ff, 152f, 162ff, 171f, 175f, 181ff, 189f, 193, 195, 200f, 204ff, 211, 215, 220, 222, 239, 241, 245ff, 261, 271f, 274, 421ff, 425ff, 429ff, 433, 439, 449, 455, 457ff, 461ff, 467ff, 472, 481f

Lambert, Johann Heinrich (1728–1777) 132, 152

Lamé, Gabriel (1795–1870) 432, 443

Laplace, Pierre Simon (1749–1827) 132, 153, 168, 245ff, 250ff, 263, 268f, 272, 276, 303, 316, 421, 426f, 438, 446, 485

Laugwitz, Detlef (geb. 1932) 203f, 239, 243, 295, 311, 332

Laurent, Pierre Alphonse (1813–1854) 286f, 300, 312, 317

Lebesgue, Henri Léon (1875–1941) 239, 329, 344ff, 353, 362ff, 492f, 498ff

Legendre, Adrien-Marie (1752–1833) 132, 147, 269f, 273, 449f, 460ff, 465, 474, 481

Leibniz, Gottfried Wilhelm (1646–1716) 28, 36, 69, 72, 85f, 88ff, 96f, 99ff, 106ff, 120ff, 132, 134, 136f, 139f, 143f, 146ff, 155, 167, 204, 212, 243, 395, 411, 413f, 417f, 424, 452f, 443

Levi, Eugenio Elia (1883–1917) 306

Lévy, Paul (1886–1971) 491, 495, 499

Liouville, Joseph (1809–1882) 215, 240f, 257, 262, 287f, 290, 292, 294f 306, 391, 420, 431, 436

Lipschitz, Rudolf Otto Sigismund (1832–1903) 383, 378, 380, 432, 434, 440ff, 444

Locke, John (1632–1704) 395

Lord Kelvin s. Thomson, W.

Mach, Ernst (1838–1916) 453

Maclaurin, Colin (1698–1746) 89, 117, 128, 131, 134, 142, 163f

Manfredi, Gabriello (1681–1761) 107

Maupertuis, Pierre Louis Moreau de (1698–1759) 172ff, 176ff

Maxwell, James Clerk (1831–1879) 262, 477

Mayer, Christian Gustav Adolf (1839–1908) 450, 467ff, 483

Méray, Charles Robert (1835–1911) 192, 373, 383

Mersenne, Marin (1588–1648) 64, 69

Mittag-Leffler, Magnus Gustav (1846–1927) 8, 316f, 319, 323, 337, 443

Moivre, Abraham de (1667–1754) 139, 152

Monge, Gaspard (1746–1818) 132, 134, 168, 430f, 439, 441

Montucla, Jean Étienne (1725–1799) 177

Moore, Eliakim Hastings (1862–1932) 395, 405f, 492f, 497f

Morera, Giacinto (1856–1909) 291

Morgan, Augustus de (1806–1871) 371, 375

Napier, John Lord von Merchiston (1550–1617) 42

Navier, Claude Louis Marie Henri (1785–1836) 240

Neumann, Carl Gottfried (1832–1925) 262, 265f, 446, 487, 489f

Neumann, Franz Ernst (1798–1895) 262f, 463

Neumann, John (Janos) von (1903–1957) 406, 494, 498, 502f

Nevanlinna, Rolf Hermann (1895–1980) 315, 324

Newton, Isaac (1643–1727) 42f, 58, 72, 80, 85f, 88ff, 113f, 117ff, 134, 139f, 146, 152, 163f, 171f, 174, 176, 179, 190, 202, 241, 246, 251f, 265, 292, 411ff, 418, 426, 451ff

Nikomedes (2. Jh. v.C.) 37

Nobili, Leopoldo (1784–1835) 264

Noether, Max (1844–1921) 153, 298

Ohm, Martin (1792–1872) 251f, 319

Oldenburg, Henry (1618–1677) 91

Oresme, Nicole (1323–1382) 5, 42, 150

Osgood, William Fogg (1864–1943) 347f, 369, 473

Ostrogradski, Michael Wassilewitsch (1801–1862) 261

Oughtred, William (1575–1660) 92

Pappos von Alexandria (ca. 300) 6, 36f, 45, 53, 451

Parmenides (ca. 520–ca. 450 v.C.) 13, 23, 40

Pascal, Blaise (1623–1662) 85, 109

Pasch, Moritz (1843–1930) 192

Peacock, George (1791–1858) 371, 375

Peano, Giuseppe (1858–1939) 192, 342, 349, 372, 493, 497f

Pell, John (1611–1685) 27

Philolaos (Mitte 5. Jh. v.C.) 11

Philoponos, Johannes (6. Jh. v.C.) 22, 38

Picard, Charles Emile (1856–1941) 324, 431, 444ff

Pieri, Mario (1860–1913) 192

Pincherle, Salvatore (1853–1936) 327, 493, 497

Platon (437–347 v.C.) 12f, 17, 23, 27, 40ff, 359, 361

Plutarch (ca. 45–120) 26

Poincaré, Jules-Henri (1854–1912) 215, 239, 242f, 311, 359, 408f, 431, 446f, 489

Poisson, Simeon Denis (1781–1840) 200, 215, 224, 226f, 246, 248, 251f, 254f, 259, 261, 263, 269f, 272, 274, 276, 303, 439f, 442

Pringsheim, Alfred (1850–1941) 373

Proklos (412–485) 22, 40, 42

Protagoras (480–421 v.C.) 42

Prym, Friedrich Emil (1841–1915) 296

Ptolemaios, Klaudios (ca. 85–ca. 165) 5, 25, 35

Puiseux, Victor Alexandre (1820–1883) 284, 292f, 300, 312

Pythagoras von Samos (ca. 580–ca. 500 v.C.) 8f, 11f, 19ff, 99, 374, 404, 409

Riccati, Jacopo Francesco, Graf (1676 – 1754) 107, 419f, 439

Richard, Jules Antoine (1862–1956) 399f

Richelot, Friedrich Julius (1808–1875) 463

Riemann, Bernhard Georg Friedrich (1826–1866) 33, 157, 194, 216, 238ff, 241ff, 257, 263ff, 267, 269f, 279, 293, 295ff, 320, 325, 327, 329ff, 347ff, 353f, 357, 362, 365, 368f, 371, 374, 378, 389, 393, 441, 445f, 485, 491ff, 498

Riesz, Frédéric (1880–1956) 493, 499ff

Roberval, Gilles Personne de (1602–1675) 45, 64ff

Robinson, Abraham (1918–1974) 204, 243

Rosenhain, Johann Georg (1816–1887) 463

Russell, Bertrand Arthur William (1872–1970) 386, 399f, 407f

Schauder, Juliusz Pawel (1899–1943) 502

Scheeffer, Ludwig (1859–1885) 450, 472

Schmidt, Erhard (1876–1959) 487, 493ff, 499

Schmieden, Curt (1905–1992) 204, 243

Schoenflies, Arthur Moritz (1853–1928) 362

Schooten, Frans van (1615–1660) 43ff, 49, 51ff, 66, 72, 92

Schooten, Frans van sr. (1581?–1645) 51

Schooten, Pieter van (1634–1679) 52

Schopenhauer, Arthur (1788–1860) 35

Schumacher, Heinrich Christian (1780 – 1850) 218, 307

Schwartz, Laurent (geb. 1915) 243f

Schwarz, Hermann Amandus (1843–1921) 222, 237, 265f, 303, 310, 320, 439, 446, 495

Seidel, Philipp Ludwig von (1821–1896) 230f, 233, 302, 463

Simplikios (ca. 500–549) 23

Simpson, Thomas (1710–1761) 122

Skolem, Thoralf Albert (1877–1904) 406

Sluse, René-Francois de (1622–1685) 43, 66f, 69f, 72, 74ff, 78ff, 84f

Smith, Henry John Stanley (1826–1883) 242, 340, 354ff

Sobolew, Sergej Lwowitsch (1908–1989) 447f

Sochozki, Julian Wasiljewitsch (1842–1927) 315, 323

Spinoza, Baruch (1632–1677) 395

Sporos (2. Drittel des 2. Jh.) 38

Steiner, Jacob (1796–1863) 242

Steinhaus, Hugo Dyonizy (1887–1972) 502

Stevin, Simon (1548–1620) 9, 17

Stewart, Matthew (1717–1785) 117

Stieltjes, Thomas Jean (1856–1894) 243, 500

Stirling, James (1692–1770) 131, 142, 147, 150

Stokes, George Gabriel (1819–1903) 230, 232f, 246, 253, 261ff

Stolz, Otto (1842–1905) 13, 358, 373

Sturm, Jaques Charles François (1803–1855) 215, 240f, 431, 436ff, 447

Tait, Peter Guthrie (1831–1901) 262

Tannéry, Samson Paul (1843–1904) 373

Taylor, Brook (1685–1731) 105f, 129, 131, 139ff, 157, 166f, 211, 223, 238, 284, 312, 317, 418, 424, 435f, 452, 454

Theaitetos (ca. 414–369 v.C.) 19

Themistios (317–388) 22

Thomae, Johannes Karl (1840–1921) 373, 384f, 388, 396, 401, 404, 407

Thomson, Sir William (Lord Kelvin of Largs) (1824–1907) 253, 257, 262f

Todhunter, Isaac (1820–1884) 469f, 472

Torricelli, Evangelista (1608–1647) 80

Truel, Henri-Dominique (19. Jh.) 272

Valerio, Luca (1552–1618) 35

Varignon, Pierre (1654–1722) 107, 117, 130, 155, 171, 173

Veronese, Giuseppe (1854–1917) 399

Viète, François (1540–1603) 5ff, 37, 52, 92

Voltaire, François-Marie (1694–1778) 90

Volterra, Vito (1860–1940) 242, 344, 356, 490f, 495, 499, 502

Wallis, John (1616–1703) 66, 79ff, 85, 92ff, 100

Weber, Heinrich (1854–1913) 380, 401

Weber, Wilhelm Eduard (1804–1891) 258, 296

Weierstraß, Karl Theodor Wilhelm (1815–1897) 192f, 204, 234ff, 246, 263, 265, 269, 289, 295, 302f, 305ff, 311, 313ff, 337, 345f, 356, 373f, 376ff, 383ff, 392, 432, 436, 440ff, 450, 471ff, 481, 484ff, 491f

Wessel, Caspar (1745–1818) 272

Weyl, Hermann (1885–1955) 39, 300, 315, 381, 399, 408ff, 503

Whewell, William (1794–1866) 483

Whitehead, Alfred North (1861–1947) 407f, 452

Wijnquist (2. H. 18. Jh.) 21

Witt, Johan de (1625–1672) 52, 55

Wolff, Christian Freiherr von (1679–1654) 7, 155

Zenodoros (2. Jh. v.C. ?) 451

Zenon von Elea (ca. 495–ca. 430 v.C.) 5, 40f

Zermelo, Ernst Friedrich Ferdinand (1871–1953) 395, 404ff, 450

Sachverzeichnis

Abbildungsgrad 502

Ableitung
einer Funktion 95f, 100, 114, 133, 135, 159, 164, 166, 174, 176, 181, 185ff, 197, 204, 211f, 215, 221ff, 243, 246, 270, 282, 286, 288, 291, 302, 327, 343ff, 362, 368, 411f, 421, 432, 435, 440, 442, 446, 450, 454f, 457f, 460ff, 465, 469ff, 478, 480, 482, 491
einer Menge 324, 390f, 393f, 397
Schwarzsche 310

Achilles und die Schildkröte 40

Akademie 40, 132, 162, 181, 184, 198, 235, 237, 261, 268, 272, 281, 283f, 286f, 289ff, 293f, 300, 303, 311f, 316, 319f, 422, 443f, 454, 457

Algorithmus 19, 34, 45, 48, 51, 59, 85f, 88ff, 96, 99f, 112, 116, 123ff, 267, 418, 449, 457ff

Allgemeinheit der Algebra 168, 205

alternierendes Verfahren 266, 303

Analyse générale 491f, 499

Analysis
algebraische 131, 133ff, 139, 153, 156, 163f, 167, 192, 199, 459
Grundlagen 191, 193, 199, 219, 222, 239f, 244, 246, 313, 319, 371, 373, 384f, 387f, 391, 398, 408, 410, 412
höhere vs. niedere 142f
im Gegensatz zur Synthesis 6f
komplexe 268f, 295, 328, 432
Non-Standard- 35, 204, 243f, 399
reelle 272, 389, 434, 450

Analytical Society 241

analytische Mechanik 171, 184, 187, 190, 296, 463, 483

Anfangsbedingung 276, 433f, 445

Anschauung 102, 125f, 163, 192, 220, 240, 242, 297, 303, 341, 374, 376f, 384, 386, 393, 397f, 409f, 487

Anziehung von Ellipsoiden 252, 258f, 263

Arithmetik 6f, 10, 12, 22, 27, 56, 80f, 85, 106, 192f, 236, 239, 289, 309, 321, 325, 327, 372f, 376ff, 380f, 383ff, 390, 397ff, 401, 403f, 407ff

Arithmetisierung 192, 327, 387

Astronomie 25, 36, 44, 72, 131f, 153, 242, 245, 258, 286, 426f

Ausdehnungslehre 493

Ausdruck
algebraischer 45, 53, 59, 200
analytischer 97, 143, 147, 155, 158f, 163f, 193, 195, 199, 201, 205, 215, 228, 297, 307, 324, 329, 469
symbolischer 129, 151, 273, 283, 288

Axiom
als Brückenprinzip 390
archimedisches (Axiom des Messens) 8, 13, 16, 22f, 403, 399
Auswahlaxiom 395, 405f, 500
der reellen Zahlen 372, 401, 410
Axiome der Mengenlehre 372, 395, 398f, 404ff, 410
der Verknüpfung 402
der Rechnung 402
der Anordnung 403
Schnittaxiom 384
Vollständigkeitsaxiom 209, 401ff

Axiomatik 28, 493ff, 500ff

Begriffsbildung 380, 395f

Beschleunigung 44, 106, 120f, 129, 172f, 178, 187ff, 453

Sachverzeichnis

Beschränktheit 237, 243, 263, 320, 326, 334f, 339, 341, 343f, 347f, 350f, 361, 364, 366ff, 372, 392, 432, 434f, 442, 487, 492, 502f

Bewegung
  eines Systems von Körpern 171, 180, 182ff, 189, 242, 426, 431
  virtuelle 184f

Bilinearform 499

Bogenlänge 34, 89, 97ff, 416, 453, 469

Brachystochrone 131, 132, 418, 449, 453

Brechungsgesetz 174

calcolo funzionale 490, 493

calcul des limites 284ff, 318, 432, 435

Cours d'Analyse 193f, 198ff, 203ff, 207f, 213, 216, 218, 220, 223f, 241, 272ff, 278, 283, 285, 288f, 290, 330f, 353, 362

δ
  -Algorithmus 449, 457f
  -Funktion 243

Dedekindscher Schnitt 17, 402

Definition
  axiomatische 359, 372, 401, 403f, 406, 410, 487
  imprädikative 408
  prädikative 408

Diagonalverfahren 391f, 492

Differential
  gemischtes 136
  höherer Ordnung 113f, 135, 416
  partielles 136, 249
  vollständiges (totales) 136, 167, 254, 428
  einer Wurzel 114
  zweiter Ordnung 250, 310

Differential- und Integralrechnung 41, 43, 52, 66, 86, 89ff, 95, 106f, 117f, 128ff, 186, 193, 199, 206, 214, 243, 246, 261, 343, 357

Differentialgleichung
  Euler-Lagrangesche (Eulersche) 449, 455
  erster Ordnung 430, 432, 439, 482
  Cauchy-Riemann 267
  Exaktheit 421
  Fuchssche Klasse 441
  gewöhnliche 250, 420, 426, 428ff, 435f, 439f, 442, 483
  hypergeometrische 307
  lineare 146, 250, 281, 309, 439f, 445, 465
  partielle 130, 157, 159, 162, 167, 205, 246ff256, 263, 296, 422, 426ff, 436, 439f, 443ff, 479f, 482ff, 489
  singuläre Lösung 418
  totale 439
  vollständige Lösung 420

Differentiation
  gliedweise 327

Differenz
  unendliche kleine 140f, 186, 197

Differenzenquotient 211f
Differenzenrechnung 140
Differenzierbarkeit, differenzierbar
  komplexe 212, 287
  reelle 212, 222, 237ff, 243f, 264f, 326, 343, 479

Dimension (bei einer Formel) 141

Dirichlet-Kern 228
Dirichlet-Monster 331

Distribution 244
Distributionentheorie 243, 448, 502

Divergenz
  einer Reihe 35, 154ff, 167, 197, 200, 203, 208, 218, 222, 228, 241ff, 275, 296, 444

Divergenz (Vektorfunktion) 258
doppelter Schnittpunkt 48

Dreieck
  charakteristisches 85, 109f, 112f, 129
  harmonisches 108

Sachverzeichnis

Dreiteilung des Winkels 36, 45
Dualität 501
Dynamik 107, 116ff, 121, 129f, 182, 184, 186, 439, 454, 466, 482f
École Polytechnique 198f, 208, 224, 240f, 286, 295, 330, 353, 432
Efeublattkurve 43
Eigenwert 436f, 494ff
Eindeutigkeit, eindeutig 143, 155, 194, 217, 220, 260, 273f, 278, 280, 287, 290ff, 297, 301, 305, 325, 334, 342ff, 349, 389, 391ff, 401, 435, 437, 440, 446, 476, 478f, 483, 499
Einhüllende (Enveloppe) 136, 425
Elektrostatik 246, 251f, 255, 298
Ellipse 39, 47, 49f, 52ff, 65, 127, 175
Energie
  kinetische 175, 180, 185
  potentielle 181, 185, 246, 482
Entwicklung
  binomische 101, 141, 145, 155
  in eine Potenzreihe 94, 106, 133, 144, 165, 167, 187, 440, 442
Erdmannsche Eckenbedingungen 470
erste und letzte Verhältnisse (Newton) 102ff, 117f, 120, 122
Exhaustion 23f, 33, 44, 69, 125, 129, 164
Existenz 10f, 23f, 34, 38, 122, 125, 129, 133, 170, 192, 199, 207, 209, 215, 220, 237, 246, 253, 257, 259f, 262ff, 279, 282, 286, 291, 297, 301, 303, 305f, 309, 313, 323, 326, 331, 335, 344, 374, 377, 381, 387, 391f, 396, 404, 406f, 426, 431ff, 441ff, 447, 450, 467, 484ff, 494ff, 500f
Extrema
  starke im Gegensatz zu schwachen (in der Variationsrechnung) 470f
Extremale 473, 475f, 478f, 481, 484
  gebrochene 450

Feld von Extremalen 450, 477, 483
Extremwert 28, 44, 59f, 62ff, 98, 136, 142
ε- Formalismus 237
finale Ursache 174
Flächengesetz (Kepler) 119ff
Fluente 96f, 100, 102f, 105, 122, 128f, 412f, 418
Fluxion 80, 90f, 96f, 100, 102ff, 117f, 122ff, 128f, 134, 140ff, 163f, 241, 412f, 418
  höherer Ordnung 105f
Fluxionsgleichung 100, 102, 118
Folge
  Cauchy-(oder Fundamental-) 209, 220, 234, 382, 390
  Funktionenfolge 193, 232, 317, 324, 347f, 350, 369
  Zahlenfolge 147, 196, 311, 322, 382f, 392
Fortsetzung
  analytische 308ff, 314, 318, 326f, 440
Fourier-Koeffizient 212, 251, 331, 497, 499
Fourier-Reihe 191, 194f, 205, 224ff, 234, 238f, 243, 329
Fredholmsche Alternative 490, 502
Fredholmsche Resolvente 494
Fundamentalformel (Hilbert) 494ff
Funktion
  abelsche 235, 298, 304f, 312, 315, 319f, 325ff, 440
  algebraische 133, 143, 149, 157, 284, 291ff, 297, 300, 302, 304f, 315, 320, 438
  analytische 142, 157ff, 164, 235f, 265, 291, 295, 299, 318ff, 324, 326f, 373, 376ff, 384, 435, 440, 444
  Arcussinus 276
  automorphe 311
  Cosinus 146

Cotangens 146
Dirichlet-Funktion 331
doppelt periodische 287, 294f, 305f
Eigenfunktion 436, 438, 494ff
eindeutige 143, 194, 273f, 278, 287, 290ff, 305, 325, 499
elliptische 191, 234f, 284, 291, 293, 296, 304f, 307, 312, 316, 319f, 324, 326f, 432, 462
entwickelte 143, 194, 211
Exponentialfunktion 144, 146, 304, 438
Exzeßfunktion 471, 473f, 481
Gamma- 147
ganze 143, 318, 321ff
geometrischer Größen 288, 290, 293
Greensche 246, 252, 254ff, 263f
harmonische 268, 299, 301, 303
holomorphe 279, 284, 293, 325, 327
imaginäre 267, 270, 274ff, 279f, 282, 289
implizite 94, 143, 194f, 471
in einer dichten Menge nicht differenzierbare 222, 238
irrationale 99, 143
einer komplexen Variablen 258, 267, 283, 290, 292, 295, 305, 311, 317, 435, 442
Lagrangesche 175f
linear unstetige (Hankel) 338, 357
Linienfunktion 490f
mehrdeutige, mehrwertige 143, 148, 154f, 273f, 284, 288, 290f, 297, 300, 312
meromorphe 143, 149, 273f, 281, 293f, 305ff, 318, 320ff, 438, 441
Modul- 307, 316, 324
monodrome 143, 194, 273f, 278, 287, 290ff, 305, 325, 499
monogene 290f, 293f, 325f
nirgends differenzierbare 222, 237f, 242, 314, 320, 326
P- 308f
Potentialfunktion 246ff, 251, 254, 257, 260, 265
Prim- 322
primitive 96, 164

punktiert unstetige (Hankel) 340, 357
rationale 143, 149, 273f, 281, 293f, 305ff, 318, 320ff, 438, 441
Schwankung (Oszillation) einer 334f, 339, 341f
Sinus 27, 146, 149f, 152, 251, 423
spezielle 144, 147, 265, 478
Stammfunktion 136, 214, 329, 362, 368
stetige 33, 158, 192, 194ff, 199, 205ff, 209f, 212f, 215ff, 221f, 224f, 228ff, 232, 234, 236ff, 242, 260, 320, 326, 383, 421, 433f, 469, 473, 490ff, 494, 497, 503
stetige Funktion einer komplexen Variablen 273, 275, 278f, 282, 284ff, 290ff, 299ff, 302, 305, 314
synektische 290
Tangens 146
total unstetige (Hankel) 340
transzendente 116, 130, 142ff, 146, 148f, 167, 274, 304f, 307, 320ff
trigonometrische 5, 146, 161, 438
Unstetigkeitsstellen 229, 231, 304
willkürliche 162, 254, 329ff, 356, 369, 429
Funktional 244, 490ff, 499ff
Funktionalableitung 491
Funktionalanalysis 431, 438, 487f, 490, 493f, 497ff, 500, 502f
Funktionalgleichung 199, 216f, 275
Funktionsbegriff 90, 135, 142, 167ff, 162, 169, 193ff, 201, 239, 314, 329, 337f
General Analysis (Moore) 497f
geometrische Konstruktion 6, 16f, 20, 36, 38, 45, 53, 110, 112, 115, 139, 158f, 414
Geschlecht einer Fläche 305f
Geschwindigkeit 44, 65f, 97f, 106, 113f, 119, 121f, 126f, 129, 134, 164, 174ff, 184, 187ff, 414f, 426, 453
virtuelle 171, 173, 183ff, 189f

Sachverzeichnis

Gleichgewicht
  einer Flüssigkeit 179
  eines Hebels 177
  eines Systems von Körpern 171f, 179
Gleichgewichtsbedingung 172f, 184f
Gleichheit 10f, 16f, 19, 22, 24, 32, 78f, 103f, 127, 206, 311, 377, 415, 428
  algebraische (formale)) 156f
Gleichung
  Bedingungsgleichung 183, 185f, 423
  Bewegungsgleichung 179, 185ff, 189, 264, 483
  allgemeine Bewegungsgleichung 185
  Hamilton-Jacobische 480, 483
  Lagrangesche Bewegungsgleichung 185ff, 482
  Laplacesche 246ff, 250ff, 254f, 263, 268, 276, 303, 485
  symbolische 273
  unvollkommene 166
  Wärmeleitungsgleichung 249
Gravitation 91, 117f, 246, 304, 426
Grenze, Grenzwert 23, 40f, 78, 80f, 90, 102ff, 117, 120, 124ff, 148, 154, 161, 164, 167, 196ff, 206ff, 211f, 214, 216, 219ff, 224f, 228, 232, 234, 236, 239, 242, 271ff, 277, 282, 285, 314, 317f, 324, 331, 333, 335, 337, 340, 342ff, 350ff, 357, 363, 367ff, 377, 383, 392, 434f, 445, 498
Größe
  komplexe 134, 267f, 271ff, 277ff, 279, 283f, 286ff, 289f, 293, 295, 305, 311, 314, 317, 435, 442
  Kürzungsregel für unendlich kleine Größen 114
  reelle 134, 273, 275, 278, 282f, 287, 290, 292, 297, 442, 472f
  unendlich kleine (infinitesimale) 42, 99f, 102, 109, 112f, 117f, 121f, 124f, 126, 134ff, 141, 163f, 167, 196f, 203f, 207f, 210ff, 221, 236, 243f, 278

unendlich kleine Größe höherer Ordnung 113f
  variable 102, 114, 122, 125, 134f, 140, 201f, 204
Größenlehre 371, 374ff, 380, 386f, 393, 397, 399, 410
Gymnasium 191f, 295, 316, 318f, 447
Hamilton-Jacobische Theorie 480, 483f
harmonische Oszillatoren 146
Häufungspunkt 323, 350, 377f, 389f, 397
Hauptachsentransformation 494
Hauptwert (eines Integrals) 280
Hilberts Probleme 397, 404, 407
Himmelsmechanik 44, 198, 245, 253, 427
Huddes Regel 55f, 58, 63f, 92
Hyperbel 39, 53, 69ff, 101, 139, 139, 144
Indivisibel 31, 42, 66, 69ff, 73, 75, 85
Infimum (größte untere Grenze) 334, 341, 363
infinitesimal (s. Größen)
Inhalt
  äußerer 351, 358, 361
  innerer 351, 361
  Jordanscher 351, 365
Inhaltstheorie 329, 341, 350, 357f, 360
inkommensurabel 9f, 12f, 15, 18f, 28
  quadratisch 18f
Integral
  Integralbegriff des Archimedes 33
  bestimmtes 104, 206, 212, 214, 271, 287, 333, 368
  Cauchy- 229, 332, 435
  Darboux- 343
  ∫-Zeichen 69, 127, 212
  invariantes 477, 479ff
  Jordan- 351ff, 368
  längs einer Kurve 474f

… Sachverzeichnis

Lebesgue- 329, 344, 348, 362f, 366, 368f, 492
uneigentliches 72, 147, 268ff
singuläres 271, 282
Integralformel 276, 284, 288
von Cauchy 283ff, 292, 312
von Gauß und Green 252, 261
Integralgleichung 489ff, 493f, 497, 499, 501ff
Integralrechnung 33, 41, 43, 52, 66f, 86, 90f, 95, 106fl15, 117f, 128, 130, 143, 186, 193, 199, 206, 212, 214, 237, 243, 246, 261, 343f, 357f, 417, 423
Integration
 in endlichen Ausdrücken 426, 436, 438
 komplexe 215, 270, 277, 299
 mehrdimensionale 348ff
 näherungsweise 215, 433
 partielle 111, 115, 127, 140, 255, 278, 459
Integrationsgebiet 350f
Integrationstheorie 238f, 268, 296, 329, 338, 341, 348f, 365, 399, 500
Integrationskonstante 175, 418., 425
Integrierbarkeit, integrierbar 238f, 332ff, 339f, 343f, 352, 354, 356f, 429
 Lebesgue- 368, 348, 500
 quadratisch 499
 Riemann- 243, 333ff, 340, 343f, 346ff, 350, 353, 357, 368f
integrierender Faktor 421, 423, 425, 428f, 433

Interpolation 81, 92f
Interpolationsformel von Gregory-Newton 106

Intuitionismus 409f

inverse Tangentenprobleme 413f, 416

Isochrone 414, 418

isoperimetrisches Problem 143, 418, 454

Jacobische Identität 440
Jacobisches Umkehrproblem 305, 315

Kaustiken 131
Kegelschnitte 27, 31, 36, 39, 53, 70, 127
Keplers Apfel 74, 76
Keplersche Gleichung 153
Kettenbruch 10, 19, 143f, 167
Kettenlinie 131, 136, 139, 177, 418
Kissoide 36, 43, 67ff, 72ff, 100
Kombinatorische Schule 167
kommensurabel 12f, 15f, 19, 28, 34
Kompaktheit 191, 237, 306, 317, 487, 492
Konchoide 36, 53, 57, 60, 62f
Kondensation von Singularitäten 238, 344
konforme Abbildung 258, 264f, 297, 302f, 310, 446
konjugierte Punkte 450, 466f, 469, 481
Konstruktionsprobleme 45
konstruktiv (im Gegensatz zu nicht-konstruktiv) 361, 365, 376, 378, 408, 444, 494, 497
Kontinuitätsprinzip 125, 151
Kontinuumshypothese 397f, 407
Konvergenz 94, 141, 153f, 191, 196, 230, 421, 487
 beliebig langsame 231f
 einer Folge 40, 371, 502
 einer Fourier-Reihe 195, 225ff, 230
 gleichmäßige 231ff, 317, 323, 327, 341, 345ff, 356, 492
 Moore-Smith- 498
 punktweise 224, 237, 346, 492
 einer Reihe 150, 153, 155, 167, 208ff, 217, 219, 223ff, 232, 242f, 275f, 284, 286, 289, 307, 317f, 325f, 345, 382, 389, 435, 442, 444
 starke 499
 unendlich langsame 232f
Konvergenzkriterium 154, 382f

Sachverzeichnis

Koordinatenachsen 47, 178, 246, 350
Körper des geringsten Widerstande 451
Kosmologie 45, 91, 117, 127
Kraft
 äußere 178, 182
 beschleunigende 172f, 178, 182, 188f
 innere 182f
 konservative 185
 lebendige 172, 483
 Zentralkraft 119, 121, 172, 174f, 177ff, 184, 477
Kreis 14, 19ff, 24, 27, 27, 30, 36, 38f, 42, 48, 57, 65ff, 70, 72, 74f, 81f, 84f, 101, 116, 118, 146, 242, 264, 353, 451f
Kreismessung 25, 27, 35
Kriterium
 Cauchy- 209, 331
 Integrierbarkeitskriterium von Riemann 333, 336, 340, 354
 Majorantenkriterium 209f
 Quotientenkriterium 209, 216, 219
 Wurzelkriterium 202, 209, 219
Krümmung 89, 97f, 106, 419
Kurve
 algebraische 58, 64, 86, 292, 306, 447
 als Bahn eines Punktes 452
 charakteristische 430
 Einteilung 36
 gemischte 158
 höherer Ordnung 36, 51, 53
 Länge einer 19, 34
 mechanische 36, 413
 Kurvenschar 136
 transzendente 36, 51, 64, 93
Lagrangesches Restglied 167
Leibnizsche Schule 91, 117, 121, 124, 130, 132, 136, 144
Libration des Mondes 184, 186
lignes d'arrêt 291
lineare Algebra 487

Linearität 487, 494, 496
Linse 44, 47
Lipschitz-Bedingung 441f
logarithmischer Indikator 293
Logarithmus 11, 93, 139, 143ff, 265, 267, 275, 305, 375, 438, 441
Logizismus 386
lokalkompakt 501
lokalkonvex 502
Magnetismus 224, 242, 246, 248, 253f, 258f, 263, 304
Mannigfaltigkeit 306, 315, 362, 371, 384, 388, 390f, 393f, 398, 463, 492
Maß
 äußeres 354, 365
 inneres 364f
 Lebesgue- 364f
Maßtheorie 240, 242, 329, 338f, 341, 349, 353f, 358f
Maxima und/oder Minima (s. Extremwert)
Menge
 Borel- 360ff, 365
 Cantor- (oder Fundamental-) 397
 dichte 222, 229, 238, 337, 340, 344, 354f
 mit Inhalt Null 354
 nirgends dichte 340f, 353, 356, 397
 Mächtigkeit 395
 Mengenlehre 338, 372, 388, 397ff, 401, 404ff, 410, 487, 492, 500
 perfekte 355, 397, 399
 unendliche 236, 238, 323, 356, 376f, 398ff, 409, 492
 von der n-ten Art 354
 Nullmenge 339, 354, 360, 368, 405
 wohldefinierte 395, 398f
 zusammenhängende 279
 mengentheoretische Topologie 101, 493
Meßbarkeit, meßbar
 Borel- 365

… 558 …

Jordan- 365
Lebesgue- 365, 368
Methode
  arithmetische 85, 401
  axiomatische 400, 406f, 409f, 494
  der Majoranten 285, 432, 440, 442, 444f
  Reduktion der Ordnung 416, 420, 448
  Reihenentwicklung 412, 438
  der sukzessiven Näherungen 445, 490
  der unbestimmten Koeffizienten 183, 185f, 304, 418
  geometrische 85, 117f, 128f, 164, 314
  kinematische 64
  mechanische (des Archimedes) 28f, 31, 42
  philosophische 44
  Variablentrennung 413, 417
  Variation der Parameter 426f
Minimalfläche 310
Momentenproblem 499f
Mondbewegung 91, 489
Möndchen des Hippokrates 20ff
Multiplikator
  Multiplikatorfunktion 468
  Multiplikatorregel 468
  Lagrangescher Multiplikator 185f, 189, 468
Neuhumanismus 192
Newtonsche Prinzipien der Mechanik 172
Newtonsches Polygon 292
nicht-konstruktiv 444
Norm 501
Normale 43f, 47f, 53, 57
Notation (bei Newton und Leibniz) 97, 100, 109, 128f

Nullstelle 56, 150, 152, 294, 311, 322f, 343, 437
  doppelte 56
omnes lineae 69
Ontologie, ontologisch 40, 124, 134, 267, 273, 403f, 406f, 410
Operationskalkül 168
Operator
  adjungierter 501
  beschränkter 503
  Differential- 241, 447
  entarteter 502
  Integral- 458, 494f
  linearer 493
  symmetrischer 495
  unbeschränkter 503
Operatorentheorie 493, 501
Optik 47, 131, 198, 253, 453
Ordnung (des Zusammenhangs) 298
Orthogonalisierung 487
Parabel 6, 27, 31f, 53f, 127, 137, 175, 414
Paradoxie
  Burali-Forti 399f
  Richard 399f
  Russell 399f, 407
Partition 213f, 330ff, 337, 341f, 348f, 351ff, 366f
Norm 334
Periode 158, 161, 284, 287, 291, 293ff, 305f, 309
Periodizitätsmodul 284
Physik 9, 26f, 31, 40ff, 44, 72, 91, 107, 127, 132, 135, 147, 158ff, 163, 168, 173, 176, 192, 198, 224, 235, 240, 242, 245f, 248, 250, 252f, 256ff, 262, 264ff, 296, 298, 303f, 315, 319, 359, 378, 387, 411, 414, 418, 426, 428, 451, 463, 477, 482, 489, 494
pi, π 25, 28, 33
Pol 57, 278, 280, 286, 291f, 294, 300ff, 305, 311f, 314, 320f, 323, 441

Sachverzeichnis

Polarkoordinaten 36, 120f, 457
Polynom 43, 48, 50, 135, 150f, 166, 220, 288, 292, 321, 324f, 413, 441, 447, 492
 charakteristisches 420
Potentialtheorie 191, 241, 246, 254, 258, 262, 264f, 282, 296f, 426, 428, 485, 489
Prinzip
 Dirichletsches 237, 242, 263ff, 297, 302f, 313ff, 320, 485f, 492
 von Liouville 287f, 294
 der kleinsten Wirkung 171f, 176f, 180f, 183, 466
 der Maxima und Minima (in der Mechanik) 181
 der virtuellen Geschwindigkeit 173, 183f, 186f, 189f
Problem von Pappos 6, 45, 53
Projektion 5, 11f, 17f
Proportionenlehre (des Eudoxos) 5, 11ff
Quadratrix 36f
Quadratur
 der höheren Parabeln 81
 der Kissoide 43, 72, 76, 80f, 83ff, 100
 des Kreises 19f, 22f, 33, 37f, 72, 139
 lösbar durch 419, 426
 der Parabel 6, 27, 31, 33f, 80
 Verfahren der 35, 43, 81, 85
Quantenmechanik 502f
Quaternionen 253, 262, 374
Querschnitt 69ff, 131, 298, 301, 305
Randbedingung 157, 250, 255, 260, 418, 429, 431, 437, 446, 457, 466
Randwertproblem 245f, 252, 256f, 262ff, 428, 431, 489
Raum
 Banach- 502
 der stetigen Funktionen 497

 der quadratisch summierbaren Zahlenfolgen 497
 dualer 500f
 Euklidischer 315, 487
 Funktionenraum 495, 500
 Hilbert- 494, 499f, 502
 metrischer 492
 normierter 431, 500f
 der quadratisch integrierbaren Funktionen 499
 topologischer 498
 Vektorraum 493
reductio ad absurdum (doppelter Widerspruchsbeweis) bei Archimedes 23f, 28, 31f, 35, 38, 79, 124, 164, 271, 273
Reihe
 alternierende 154
 Arcsin 101
 binomische 92f
 der reziproken Quadratzahlen 150
 geometrische 32, 154f, 223, 275, 285, 435
 hypergeometrische 219, 307, 309
 imaginäre 272, 274ff, 285
 Lagrangesche 153
 Laurent- 287, 312
 log- 275
 Lücken- 314, 326
 Neumann- 487, 490
 numerische 153ff, 168f
 Potenzreihe 93f, 102, 106, 129, 133ff, 140ff, 144, 150ff, 154, 158, 165, 167ff, 187, 205, 211, 217, 236, 275f, 278, 285, 287, 292, 304, 314, 317f, 320f, 324, 327, 440, 442, 444
 Sin 423
 Taylor- 105, 140, 166f, 211, 238, 284, 317, 418
 trigonometrische 130, 160, 169, 209, 219, 225, 237f, 274, 304, 388f, 391339ff, 356, 373, 381
 Umkehr- 94, 102, 152f
 unendliche 235, 275, 281, 305, 325, 423, 436, 438, 492
rekursiv 152, 375, 445

Residuum, Residuen   227, 277, 281, 283f, 287ff, 293f, 312
Riemannsche Fläche   300, 302, 306, 312, 315
Riemannsches Maximumprinzip   299
Riemannsche Vermutung   311f
Rotationskörper   27, 30, 33, 42, 74f, 84, 268
Rotationsvolumen   72f, 75f
Ruhe (Gesetz der)   172, 174, 176, 178ff
Satz
  Abbildungssatz von Riemann   302f, 446
  Approximationssatz   239, 432, 492
  binomischer   91ff, 101, 216f, 223, 225f, 272, 275
  Darstellungssätze (Fréchet, Riesz)   500f
  Darstellungssätze (Weierstraß)   323
  Existenzsatz (Cauchy, Lipschitz)   434
  Existenzsatz (Picard)   444ff
  Faktorisierungssatz   322
  Fixpunktsatz (Banach)   502
  Fixpunktsatz (Schauder)   502
  Fortsetzungssatz   487
  Fundamentalsatz der Algebra   216, 219, 258, 267, 271f, 294
  Häufungsstellensatz   492
  Hauptsatz (der Differential- und Integralrechnung)   86f, 89, 94ff, 98, 115, 128, 206, 214f, 261, 343
  Integralsatz (Cauchy)   278f, 281f, 291, 299, 317
  Integralsätze (Gauß, Green, Stokes)   261
  Kategorientheorem   487
  polynomischer   168
  Vorbereitungssatz (Weierstraß)   325
  Zwischenwertsatz   192, 209, 213, 219ff, 239
  von Abel   224, 305
  von Bolzano-Weierstraß   327
  von Casorati-Weierstraß-Sochozki   323
  von Cauchy-Hadamard   275
  von Heine-Borel   237
  von Hilbert-Schmidt   495
  von Laurent   317
  von Picard   324
  von Riemann-Roch   306
  von Taylor   139f
Schwerpunkt   5, 27f, 30, 44, 55, 75, 84, 89, 123f, 172
schwingende Saite   157ff, 330, 419, 427, 436
Separabilität   487
Skalarprodukt   487, 499
Sparsamkeitsprinzip   173
Spektraltheorie   502
Stabilität   477
Stelle
  singuläre   292ff, 297, 299, 305, 311, 320f,
  außerwesentlich singuläre   320f
  wesentlich singuläre   314, 320f, 323f
Stetigkeit, stetig
  gleichmäßige   191, 207f, 214, 221, 237
  im Sinne von Euler   158, 195, 199, 205ff
  im Sinne von Cauchy   195f, 199, 201, 203, 205ff, 210, 212, 216f, 226, 273, 275, 286f, 290ff
  punktweise   191, 207, 220f, 236f
Stetigkeitsaxiom   16, 23, 403
Vollstetigkeit   501ff
Strenge   28, 35, 42, 74, 191ff, 199f, 204, 222, 224f, 240ff, 261, 269, 274, 316, 319f, 327, 331, 341, 472
Sturm-Liouvillesche Theorie   215, 431, 436
Summe
  Darbouxsche   33, 342f, 352
  Obersumme   33, 342, 352
  Untersumme   33, 342, 352
Superposition   160f, 423, 436
Supremum (kleinste obere Schranke)   220f, 234, 237, 341, 377f, 408

System von Körpern 171f, 179f, 182ff, 189f, 247

Tangente 5, 14, 27, 39, 42, 44, 55, 59, 64ff, 68, 73ff, 85ff, 89, 92, 96ff, 104, 106, 109f, 112f, 115, 120, 136, 138, 142, 413ff, 417, 424, 433, 452

Technische Hochschule 192

Torus 75

Transmutation (Leibniz) 109, 111, 115f

Transversalitätsbedingung 469ff, 474, 476, 479f, 484

Typentheorie 408

Umgebung 59, 196, 207, 210, 226, 231ff, 317f, 320, 323, 347

unendlich
  endlich/unendlich 135, 487, 499
  unendliche Determinanten 489f, 495
  unendliches Gleichungssystem 490, 496
  unendliches Produkt 144
  unendlich groß 113, 144ff, 148f, 234, 321, 334
  unendlich kleine Größen (s. Größen)

Uniformisierung 293, 298, 300, 311

Universität 51, 106f, 132, 191f, 235, 241

Variation
  direkte Methoden (der Variationsrechnung) 450, 486, 492
  erste 449, 460, 464
  Variationsgleichung 182, 457, 468f, 484
  Variationsprinzipien (in der Mechanik) 186, 190, 297, 306, 450f
  Variationsrechnung 130, 132, 143, 171, 181, 278, 326f, 432, 449ff, 457, 459f, 462, 466, 469ff, 477, 480, 482ff, 490ff
  Variationsintegral 457, 460, 462, 464, 467, 474ff, 478, 480
  Variationsoperator 464
  schwache 471
  zweite 449f, 453, 460f, 464ff, 469, 472, 483f

Verallgemeinerung 52, 55, 92, 106, 129, 153, 156, 162, 164, 169, 176f, 180, 229, 251, 261, 312, 351ff, 358, 365, 368, 436, 487, 491f, 498f

Verdoppelung des Würfels 67, 69

Verzweigungspunkt 273, 286, 288, 291ff, 298, 300f, 305, 308f, 314, 441

vis viva 172, 175, 180, 182, 246

Volumen 5, 12, 27ff, 33f, 44, 63, 66f, 69f, 72ff, 84f, 134, 259, 451

Wahrscheinlichkeit 132, 155, 359, 363, 499

Wärme, Wärmeleitung 17, 246, 248f, 252, 263, 304, 312, 330f, 436, 444, 489

Wechselwegnahme 10, 18f

Wendepunkt 62, 136, 142

Widerspruchsfreiheit 193, 319, 396, 401, 404, 407, 409

Windungszahl 294

Zahl
  Bernoulli- 151
  Dreieckszahlen 108, 150
  Eulersche 145
  imaginäre 268, 270, 273f, 374
  irrationale 15, 192, 331, 373, 375f, 378, 381ff, 392, 399
  ganze 9, 81, 83, 93, 149, 197, 223f, 234, 250, 308, 311, 320, 322f, 325, 336, 376ff, 384ff, 391, 409, 419, 439
  Kardinalzahlen 394f, 397
  komplexe 146, 148, 169, 192, 267f, 272, 279, 288f, 312, 327, 373f, 440
  natürliche 8ff, 16, 19, 23, 42, 145, 147f, 165f, 192, 221f, 236, 299, 311, 355, 372, 385, 387, 392, 397, 406, 409
  Ordnungszahlen 394ff, 399f
  rationale 16f, 93, 155, 216, 222, 274f, 358, 373, 375f, 378f, 380ff, 390f, 403
  reelle 5, 10, 13, 16f, 23, 90, 192, 200, 204, 209, 216, 221f, 236, 289,

327, 342, 372f, 375ff, 390ff, 397, 400f, 403f, 406ff, 410
transzendente 192
transfinite 393ff
Zahlenverhältnisse 10ff, 15, 17

Zusammenhang eines Flächenteils 298
zyklische Systeme 292
Zykloide 36, 64f, 116, 158, 452f, 472

Zu den Autoren

Thomas Archibald; Department of Mathematics, Science Faculty, Acadia University Wolfville, Nova Scotia, Kanada. *Arbeitsgebiete*: Geschichte der Analysis und ihrer Anwendungen auf die Physik; interkulturelle Beziehungen zwischen den nationalen wissenschaftlichen Gemeinschaften im 19. Jahrhundert, Geschichte der Mathematik in Kanada

Umberto Bottazzini, Dipartimento di Matematica, Università di Palermo und Centro Linceo Interdisciplinare, Accadenia dei Lincei, Rom, Italien. *Arbeitsgebiete*: Geschichte der Mathematik im 18. und 19. Jahrhundert

Moritz Epple, AG: Geschichte der exakten Wissenschaften, Fachbereich Mathematik, Johannes-Gutenberg-Universität Mainz. *Arbeitsgebiete*: Mathematikgeschichte im 19. und 20. Jahrhundert, insbesondere: Geschichte der Topologie, Geschichte philosophischer Ideen über Mathematik, Geschichte der mathematischen Physik

Craig C. Fraser, Institute for the History and Philosophy of Science and Technology, Victoria College, University of Toronto, Kanada. *Arbeitsgebiete*: Geschichte der Analysis und Mechanik, insbesondere der Variationsrechnung; Grundlagen der Mathematik; moderne Kosmologien 1920 - 1965, insbesondere Interaktionen von Beobachtung und Theorie

Niccolò Guicciardini, Departimento di Filosofia, Università di Bologna, Italien. *Arbeitsgebiete*: Newton, Geschichte der Analysis im 18. Jahrhundert, Geschichte der Dynamik, Beziehungen zwischen Algebra und Geometrie

Thomas Hochkirchen, Fachbereich Mathematik, Gesamthochschule Wuppertal, *Arbeitsgebiete*: Geschichte der Mathematik, insbesondere der Stochastik und ihrer Anwendungen, im 19.und 20. Jahrhundert

Hans Niels Jahnke, Institut für Didaktik der Mathematik, Universität Bielefeld, *Arbeitsgebiete*: Geschichte der Mathematik im 18. und 19. Jahrhundert, Beziehungen der Mathematik zu Philosophie und Bildung, Geschichte der Mathematik als Gegenstand des Mathematikunterrichts

Jesper Lützen, Department of Mathematics, University of Copenhagen, Dänemark. *Arbeitsgebiete*: Mathematikgeschichte, Schwerpunkt 19. Jahrhundert

Jan van Maanen, Department of Mathematics, University of Groningen, Niederlande. *Arbeitsgebiete*: Geschichte der Mathematik im 17. und 18. Jahrhundert, Mathematik in den Niederlanden, Geschichte der Mathematik als Gegenstand des Mathematikunterrichts

Marco Panza, Centre F. Viète, Faculté des Sciences, Université de Nantes. *Arbeitsgebiete*: Geschichte der Mathematik im 17. und 18. Jahrhundert, Philosophie der Mathematik

Reinhard Siegmund-Schultze, Institut für Geschichtswissenschaften, Humboldt-Universität Berlin. *Arbeitsgebiete*: Geschichte der Funktionalanalysis und Funktionentheorie, interkulturelle Beziehungen zwischen der deutschen, amerikanischen und französischen Mathematik, Mathematik in Nazi-Deutschland

Rüdiger Thiele, Karl-Sudhoff-Institut für Geschichte der Medizin und der Naturwissenschaften, Universität Leipzig. *Arbeitsgebiete*: Geschichte der Analysis, insbesondere der Variationsrechnung, Aufklärung, Unterhaltungsmathematik

	MIX
FSC www.fsc.org	Papier aus verantwortungsvollen Quellen Paper from responsible sources FSC® C105338

If you have any concerns about our products,
you can contact us on
ProductSafety@springernature.com

In case Publisher is established outside the EU,
the EU authorized representative is:
**Springer Nature Customer Service Center GmbH
Europaplatz 3, 69115 Heidelberg, Germany**

Printed by Libri Plureos GmbH
in Hamburg, Germany